에듀윌이
너를
지지할게

ENERGY

처음에는 당신이 원하는 곳으로
갈 수는 없겠지만,
당신이 지금 있는 곳에서
출발할 수는 있을 것이다.

– 작자 미상

NOTICE

2025 에듀윌 수질환경기사 실기 교재에는 2010년~2024년 2회차까지 최신 15개년 기출문제가 수록되어 있습니다. 2024년 3회차 실기시험 복원문제는 시험 시행 이후 24년 11월 내에 에듀윌 도서몰(book.eduwill.net)을 통해 PDF 파일로 제공할 예정입니다. 학습에 참고 부탁드립니다.

경로 안내 에듀윌 도서몰(book.eduwill.net) ▶ 회원가입/로그인 ▶ 도서자료실 ▶ 부가학습자료 ▶ 수질환경기사 검색

에듀윌과 함께 시작하면,
당신도 합격할 수 있습니다!

대학 졸업을 앞두고 취업준비를 하며
수질환경기사 시험을 준비하는 취준생

비전공자이지만 더 많은 기회를 만들기 위해
수질환경기사에 도전하는 수험생

환경 관련 업체에서 일하면서 승진을 위해
수질환경기사에 도전하는 주경야독 직장인

누구나 합격할 수 있습니다.
시작하겠다는 '다짐' 하나면 충분합니다.

마지막 페이지를 덮으면,

에듀윌과 함께
수질환경기사 합격이 시작됩니다.

에듀윌 수질환경기사

2주 완성 학습 플래너

환경 전공자 플랜

- 하루 3시간 이상 학습
- 기출문제 위주로 학습하여 빠르게 합격하기

WEEK	DAY	학습내용	완료
WEEK 01	DAY 01	PART 01 수질오염방지 기초	☐
	DAY 02	PART 02 수질오염방지 실무	☐
	DAY 03	2024~2023 기출문제	☐
	DAY 04	2022~2021 기출문제	☐
	DAY 05	2020~2017 기출문제	☐
	DAY 06	2016~2013 기출문제	☐
	DAY 07	2012~2010 기출문제 1회독	☐
WEEK 02	DAY 08	2024~2021 기출문제	☐
	DAY 09	2020~2015 기출문제	☐
	DAY 10	2014~2010 기출문제 2회독	☐
	DAY 11	2024~2021 기출문제	☐
	DAY 12	2020~2015 기출문제	☐
	DAY 13	2014~2010 기출문제 3회독	☐
	DAY 14	최종 복습	☐

환경 비전공자 플랜

- 하루 6시간 이상 학습
- 계산문제 해설에 집중하여 학습하기

WEEK	DAY	학습내용	완료
WEEK 01	DAY 01	PART 01 수질오염방지 기초	☐
	DAY 02	PART 02 수질오염방지 실무	☐
	DAY 03	2024~2022 기출문제	☐
	DAY 04	2021~2018 기출문제	☐
	DAY 05	2017~2014 기출문제	☐
	DAY 06	2013~2010 기출문제 1회독	☐
	DAY 07	2024~2021 기출문제	☐
WEEK 02	DAY 08	2020~2015 기출문제	☐
	DAY 09	2014~2010 기출문제 2회독	☐
	DAY 10	2024~2021 기출문제	☐
	DAY 11	2020~2015 기출문제	☐
	DAY 12	2014~2010 기출문제 3회독	☐
	DAY 13	오답문제 복습	☐
	DAY 14	최종 복습	☐

에듀윌 수질환경기사

실기 2주끝장

수질환경기사 실기시험이란?

수질환경기사 실기시험 정보

01 실기시험 일정

구분	원서접수	시험날짜	합격자 발표
1회	2025.03	2025.04	2025.06
2회	2025.06	2025.07	2025.09
3회	2025.09	2025.10	2025.11

※ 2025 시험일정은 2024년 12월에 확정됩니다. 정확한 시험일정 및 시험정보는 한국산업인력공단(Q-net) 참고

02 실기시험 진행방법

구분	내용
시험과목	실기시험은 과목의 구분 없이 18문항 내외가 출제됨
검정방법	• 주관식으로 시험지에 직접 풀이과정과 답을 작성해야 함 • 시험시간은 3시간임
합격기준	• 100점을 만점으로 하여 60점 이상 • 과목의 구분이 없기 때문에 과락은 없음

※ 수질환경기사 실기시험의 경우, 2020년부터 작업형 시험이 폐지되면서 필답형 시험만 시행되고 있습니다.

03 응시자격

수질환경기사 실기시험은 필기시험에 합격한 자와 필기시험 면제자에 한하여 응시할 수 있습니다.

※ 정확한 응시자격은 한국산업인력공단(Q-net)을 참고하시기 바랍니다.

04 출제기준

실기과목명	주요항목	
수질오염 방지실무	1. 일반 항목 분석	8. 점오염원 관리
	2. 무기물질 (기기)분석	9. 비점오염원 관리
	3. 유기물질 (기기)분석	10. 슬러지 처리공정 운전
	4. 생물학적 처리공정 운전	11. 정수시설 관리계획 수립
	5. 생물학적 질소 · 인 제거 고도처리공정 운전	12. 상수도관로 운영 · 관리 계획수립
	6. 물리적 처리공정 운전	13. 하수관로 운영 · 관리 계획수립
	7. 화학적 처리공정 운전	14. 시설 유지 보수

※ 위 출제기준의 적용기간은 2025.01.01~2029.12.31 입니다.

※ 출제기준의 세부항목 및 세세항목은 한국산업인력공단(Q-net) 참고

합격의 노하우를 담은 알찬 교재!

01 실제 실기시험 답안 작성에 최적화된 해설로 실전 대비

계산형 문제

지금까지 기사 실기시험에서 계산문제의 답은 소수점 셋째 자리에서 반올림하여 소수점 둘째 자리까지 적는 방법으로 진행되었습니다. 따라서 계산과정에서 중간값을 소수점 넷째 자리까지 나타내면 결괏값에 거의 영향을 주지 않습니다.

▶ 에듀윌 수질환경기사 실기 교재는 실제 실기시험에서 풀이과정을 작성하는 것처럼 해설을 수록했습니다.

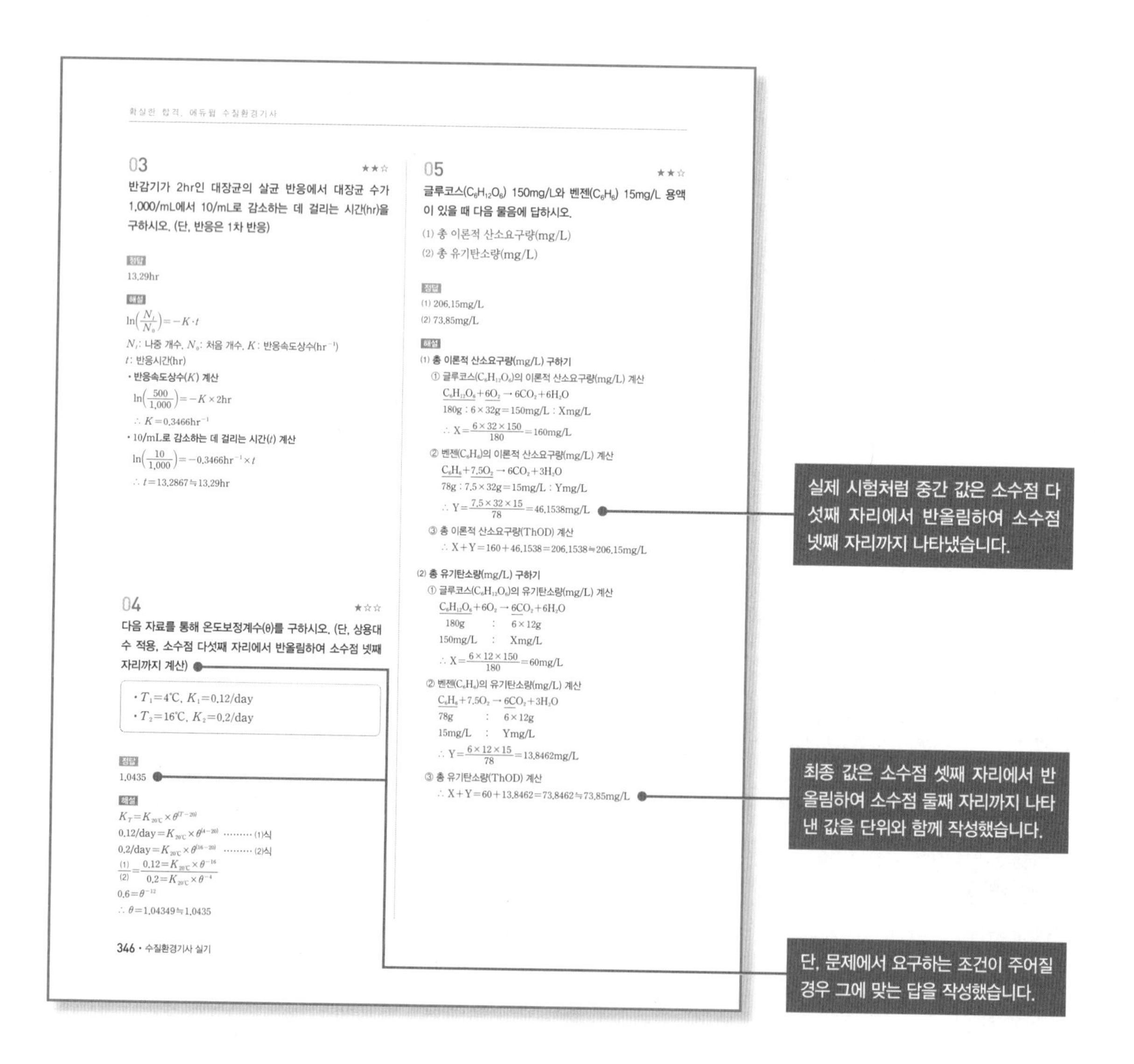

확실한 합격, 에듀윌 수질환경기사

03 ★★☆

반감기가 2hr인 대장균의 살균 반응에서 대장균 수가 1,000/mL에서 10/mL로 감소하는 데 걸리는 시간(hr)을 구하시오. (단, 반응은 1차 반응)

정답

13.29hr

해설

$\ln\left(\frac{N_t}{N_0}\right) = -K \cdot t$

N_t: 나중 개수, N_0: 처음 개수, K: 반응속도상수(hr^{-1})

t: 반응시간(hr)

- 반응속도상수(K) 계산

$\ln\left(\frac{500}{1,000}\right) = -K \times 2hr$

$\therefore K = 0.3466hr^{-1}$

- 10/mL로 감소하는 데 걸리는 시간(t) 계산

$\ln\left(\frac{10}{1,000}\right) = -0.3466hr^{-1} \times t$

$\therefore t = 13.2867 \fallingdotseq 13.29hr$

04 ★☆☆

다음 자료를 통해 온도보정계수(θ)를 구하시오. (단, 상용대수 적용, 소수점 다섯째 자리에서 반올림하여 소수점 넷째 자리까지 계산)

- $T_1 = 4℃$, $K_1 = 0.12/day$
- $T_2 = 16℃$, $K_2 = 0.2/day$

정답

1.0435

해설

$K_T = K_{20℃} \times \theta^{(T-20)}$

$0.12/day = K_{20℃} \times \theta^{(4-20)}$ .... (1)식

$0.2/day = K_{20℃} \times \theta^{(16-20)}$ .... (2)식

$\frac{(1)}{(2)} = \frac{0.12 = K_{20℃} \times \theta^{-16}}{0.2 = K_{20℃} \times \theta^{-4}}$

$0.6 = \theta^{-12}$

$\therefore \theta = 1.04349 \fallingdotseq 1.0435$

05 ★★☆

글루코스($C_6H_{12}O_6$) 150mg/L와 벤젠(C_6H_6) 15mg/L 용액이 있을 때 다음 물음에 답하시오.

(1) 총 이론적 산소요구량(mg/L)

(2) 총 유기탄소량(mg/L)

정답

(1) 206.15mg/L

(2) 73.85mg/L

해설

(1) 총 이론적 산소요구량(mg/L) 구하기

① 글루코스($C_6H_{12}O_6$)의 이론적 산소요구량(mg/L) 계산

$C_6H_{12}O_6 + 6O_2 \rightarrow 6CO_2 + 6H_2O$

180g : 6 × 32g = 150mg/L : Xmg/L

$\therefore X = \frac{6 \times 32 \times 150}{180} = 160mg/L$

② 벤젠(C_6H_6)의 이론적 산소요구량(mg/L) 계산

$C_6H_6 + 7.5O_2 \rightarrow 6CO_2 + 3H_2O$

78g : 7.5 × 32g = 15mg/L : Ymg/L

$\therefore Y = \frac{7.5 \times 32 \times 15}{78} = 46.1538mg/L$

③ 총 이론적 산소요구량(ThOD) 계산

$\therefore X + Y = 160 + 46.1538 = 206.1538 \fallingdotseq 206.15mg/L$

(2) 총 유기탄소량(mg/L) 구하기

① 글루코스($C_6H_{12}O_6$)의 유기탄소량(mg/L) 계산

$C_6H_{12}O_6 + 6O_2 \rightarrow 6CO_2 + 6H_2O$

180g : 6 × 12g

150mg/L : Xmg/L

$\therefore X = \frac{6 \times 12 \times 150}{180} = 60mg/L$

② 벤젠(C_6H_6)의 유기탄소량(mg/L) 계산

$C_6H_6 + 7.5O_2 \rightarrow 6CO_2 + 3H_2O$

78g : 6 × 12g

15mg/L : Ymg/L

$\therefore Y = \frac{6 \times 12 \times 15}{78} = 13.8462mg/L$

③ 총 유기탄소량(ThOD) 계산

$\therefore X + Y = 60 + 13.8462 = 73.8462 \fallingdotseq 73.85mg/L$

346 · 수질환경기사 실기

서술형 문제

기사 실기시험에 출제되는 서술형 문제는 정확한 답이 정해져 있지는 않고, 해당 문제에서 묻고 있는 내용에 해당되는 KEYWORD를 포함해서 작성하면 정답으로 인정됩니다.

▶ 에듀윌 수질환경기사 실기 교재는 서술형 문제에 답안 작성 시 꼭 들어가야 할 KEYWORD를 제시했습니다. 교재에 제시된 KEYWORD를 포함하여 서술형 답안을 작성하면 감점없이 해당 문제에 배정된 점수를 모두 획득할 수 있습니다.

12 ★★☆

봄과 가을에 발생하는 전도현상에 대해 서술하시오.

(1) 봄

(2) 가을

정답

(1) 봄이 되면 얼음이 녹으면서 수표면 부근의 수온이 증가하고 수직혼합이 활발해져 수질이 악화된다.

(2) 대기권의 기온 하강으로 호소수 표면의 수온이 감소되어 표수층의 밀도가 증가하고 수직혼합이 활발해져 수질이 악화된다.

만점 KEYWORD

(1) 얼음 녹음, 수온 증가, 수직혼합 활발, 수질 악화

(2) 기온 하강, 수온 감소, 밀도 증가, 수직혼합 활발, 수질 악화

답안 작성 시 꼭 들어가야 할 만점 KEYWORD를 정답 아래에 제시했습니다.

02 기출문제와 관련된 이론으로 보충 학습

관련이론 | 막여과공법의 종류와 구동력

종류	구동력
정밀여과	정수압차
한외여과	정수압차
역삼투	정수압차
전기투석	전위차(기전력)
투석	농도차

※ 투석: 선택적 투과막을 통해 용액 중에 다른 이온 혹은 분자의 크기가 다른 용질을 분리시키는 것이다.

수질환경기사 실기시험에서는 기존 기출문제와 문제 조건, 수치, 유형 등을 변형하여 출제되는 경우가 많습니다.

▶ 에듀윌 수질환경기사 실기 교재는 이를 대비하기 위하여 문제와 관련된 이론을 수록하여 문제를 풀면서 이론까지 한 번 더 점검할 수 있습니다.

HOW?

에듀윌이라면 2주 안에 합격이 가능하다!

STEP 01 핵심이론과 최빈출 기출문제로 필기 이론 복습

수질환경기사 실기시험에서 다루고 있는 내용은 필기시험에 나온 내용과 거의 유사합니다. 에듀윌 수질환경기사 실기 교재는 15개년 기출문제를 분석하여 기출문제에 자주 나오는 KEYWORD 중심으로 이론을 구성했습니다.

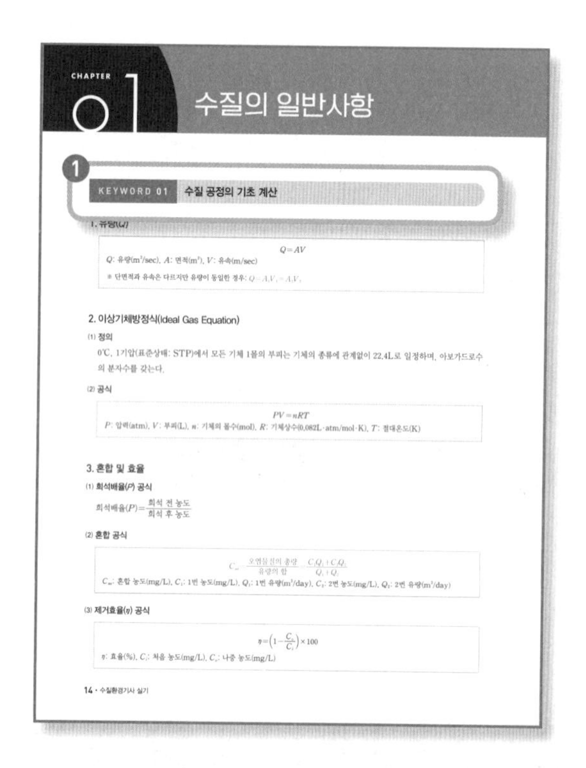

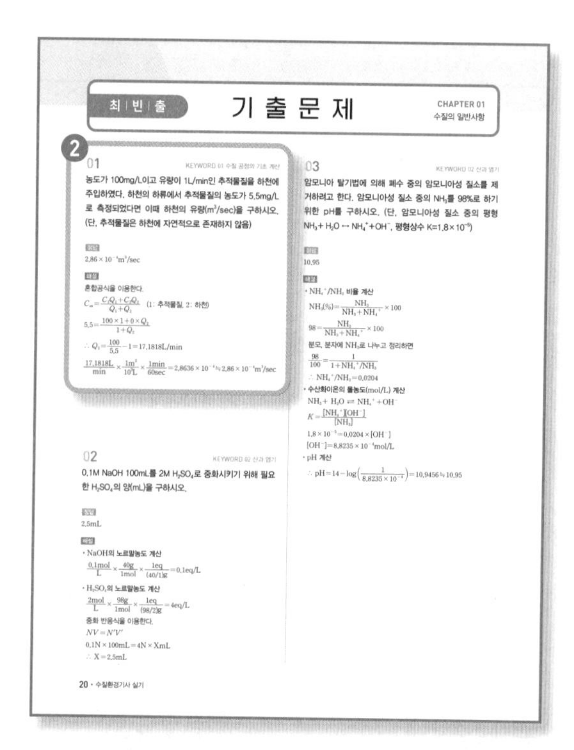

❶ 기출문제의 빈출 KEYWORD 중심으로 이론을 정리했습니다.

❷ 빈출 KEYWORD에 해당되는 기출문제를 수록했습니다.

최빈출 기출문제는 저자 직강을 무료로 제공!

강의 수강경로

에듀윌 도서몰(book.eduwill.net) ▶ 회원가입/로그인 ▶ 동영상강의실 ▶ 수질환경기사 검색

STEP 02 전 문항에 빈출도가 표기된 기출문제로 반복 학습

에듀윌 수질환경기사 실기 교재는 15개년 동안 출제된 전문항을 분석한 후 모든 문제에 빈출도를 별(1~3개)로 표기했습니다. 기출문제를 반복적으로 풀어볼 때 별 표시에 따라 학습의 강약을 조절하면 단기간에 합격할 수 있습니다.

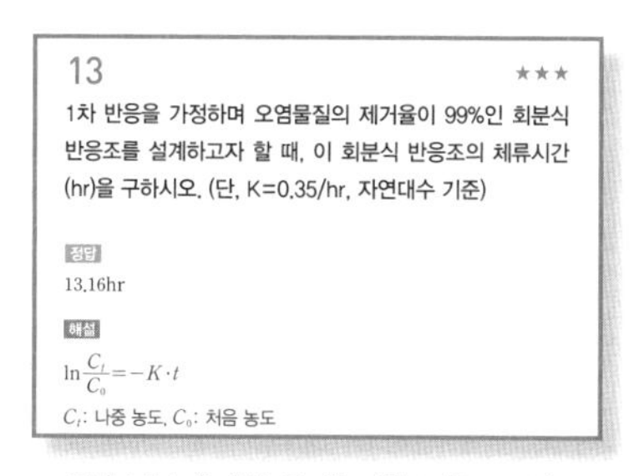

13 ★★★

1차 반응을 가정하며 오염물질의 제거율이 99%인 회분식 반응조를 설계하고자 할 때, 이 회분식 반응조의 체류시간(hr)을 구하시오. (단, K=0.35/hr, 자연대수 기준)

정답

13.16hr

해설

$\ln\frac{C_t}{C_0} = -K\cdot t$

C_t: 나중 농도, C_0: 처음 농도

▲ 5회 이상 출제된 문제는 별 3개로 표시

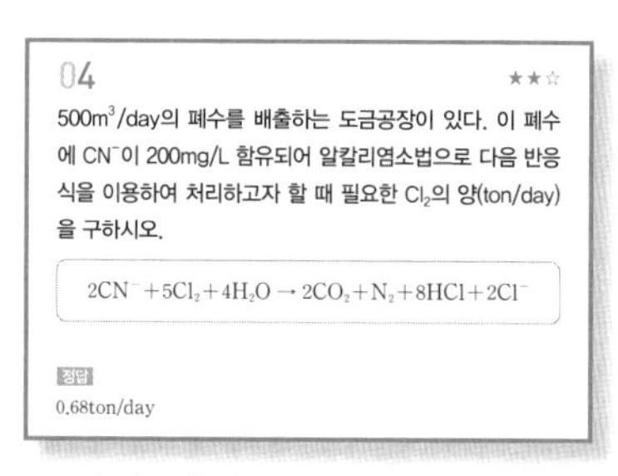

04 ★★☆

$500m^3$/day의 폐수를 배출하는 도금공장이 있다. 이 폐수에 CN^-이 200mg/L 함유되어 알칼리염소법으로 다음 반응식을 이용하여 처리하고자 할 때 필요한 Cl_2의 양(ton/day)을 구하시오.

$$2CN^- + 5Cl_2 + 4H_2O \rightarrow 2CO_2 + N_2 + 8HCl + 2Cl^-$$

정답

0.68ton/day

▲ 2회 이상 출제된 문제는 별 2개로 표시

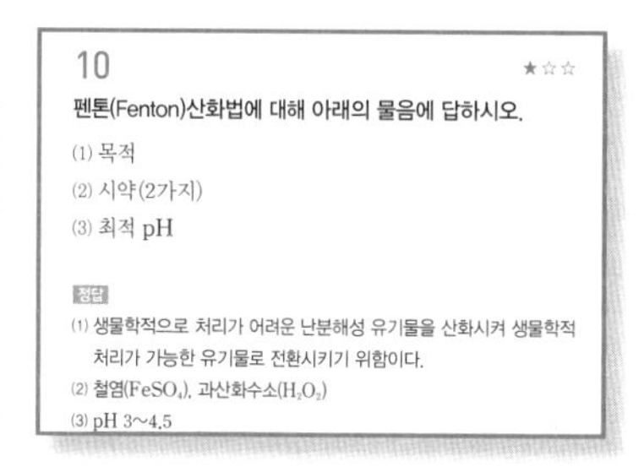

10 ★☆☆

펜톤(Fenton)산화법에 대해 아래의 물음에 답하시오.

(1) 목적

(2) 시약(2가지)

(3) 최적 pH

정답

(1) 생물학적으로 처리가 어려운 난분해성 유기물을 산화시켜 생물학적 처리가 가능한 유기물로 전환시키기 위함이다.

(2) 철염($FeSO_4$), 과산화수소(H_2O_2)

(3) pH 3~4.5

▲ 1회 이상 출제된 문제는 별 1개로 표시

STEP 03 시험 당일, D-DAY 노트로 빈출공식&서술형 문제 암기

에듀윌 수질환경기사 실기 교재는 15개년 동안 출제된 기출문제 중 공식과 서술형 문제를 빈출도에 따라 정리한 D-DAY 노트를 교재 내에 부록으로 제공합니다. D-DAY 노트를 이용하여 시험 당일에 자주 출제되는 빈출공식&서술형 문제를 집중적으로 암기할 수 있습니다.

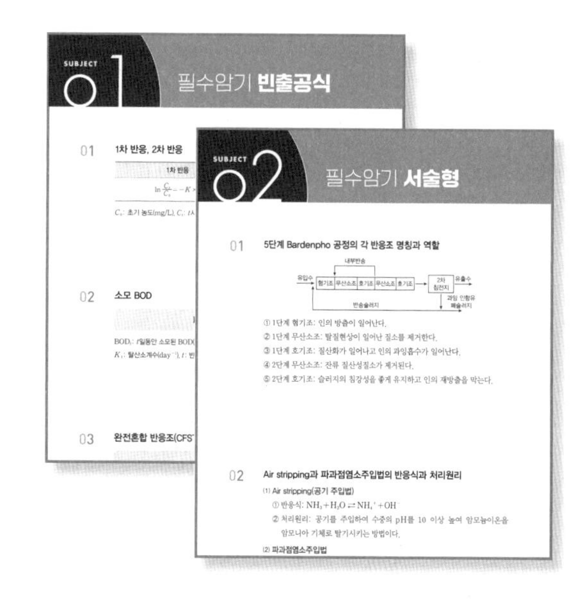

SUBJECT 01 필수암기 빈출공식

01 1차 반응, 2차 반응

02 소모 BOD

03 완전혼합 반응조(CFS

SUBJECT 02 필수암기 서술형

01 5단계 Bardenpho 공정의 각 반응조 명칭과 역할

① 1단계 혐기조: 인의 방출이 일어난다.

② 1단계 무산소조: 탈질현상이 일어난 질소를 제거한다.

③ 1단계 호기조: 질산화가 일어나고 인의 과잉흡수가 일어난다.

④ 2단계 무산소조: 잔류 질산성질소가 제거된다.

⑤ 2단계 호기조: 슬러지의 침강성을 좋게 유지하고 인의 재방출을 막는다.

02 Air stripping과 파과점염소주입법의 반응식과 처리원리

(1) Air stripping(공기 주입법)

① 반응식: $NH_3 + H_2O \rightleftarrows NH_4^+ + OH^-$

② 처리원리: 공기를 주입하여 수중의 pH를 10 이상 높여 암모늄이온을 암모니아 기체로 탈기시키는 방법이다.

(2) 파과점염소주입법

차례 CONTENTS

PART 1 수질오염방지 기초

PART 2 수질오염방지 실무

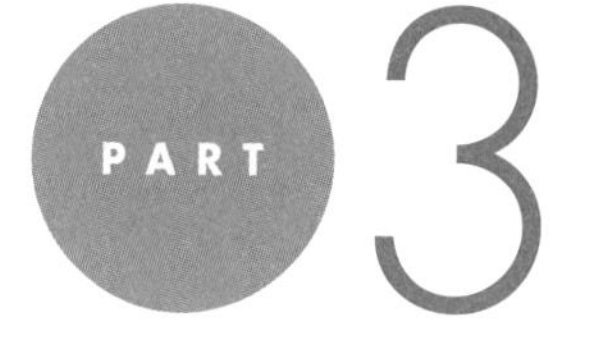

최신 15개년 기출문제

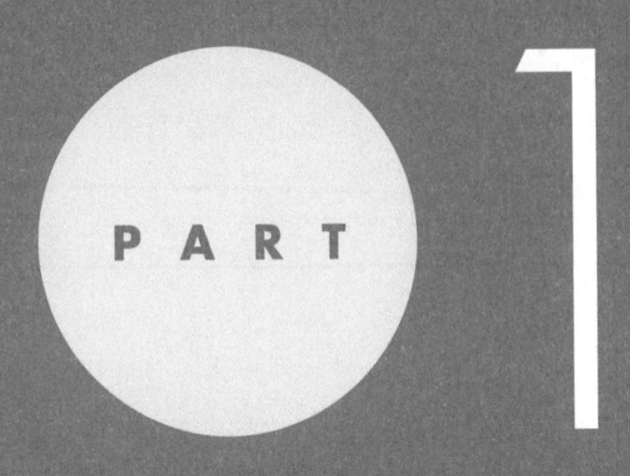

수질오염방지 기초

합격 GUIDE

수질환경기사 실기시험에 출제되는 이론은 크게 수질오염방지 기초, 수질오염방지 실무 2개의 PART로 구분할 수 있습니다. 이 중 수질오염방지 기초는 필기시험 과목 기준으로 수질오염개론에 해당되는 내용이 대부분입니다. PART 1. 수질오염방지 기초는 실제 실기시험에서의 출제 비중은 높지 않지만 실무 문제를 풀기 위한 기초가 되기 때문에 확실하게 공부해야 합니다. 특히 출제빈도가 높은 BOD 소모 공식, 1차 반응식 등의 공식은 실무 문제와 연계되므로 반드시 암기해야 합니다.

본문은 시험에 자주 나오는 KEYWORD 중심으로 이론이 구성되어 있으며 CHAPTER가 끝날 때마다 수록된 최빈출 기출문제를 함께 학습할 수 있습니다. 이론을 학습한 후 최빈출 기출문제를 통해 이론 개념을 마무리 정리한다면 충분히 합격선에 다가설 수 있습니다.

출제빈도별 기출 KEYWORD

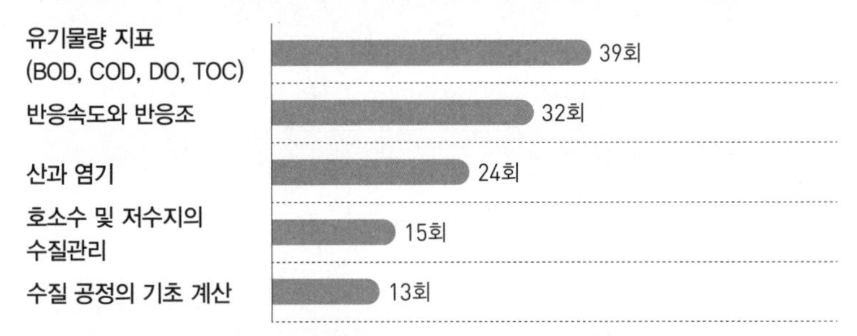

※ 최근 15개년 기출분석 결과로 분류방법에 따라 수치는 달라질 수 있음.

수질의 일반사항

KEYWORD 01 수질 공정의 기초 계산

1. 유량(Q)

$$Q=AV$$

Q: 유량(m^3/sec), A: 면적(m^2), V: 유속(m/sec)

※ 단면적과 유속은 다르지만 유량이 동일한 경우: $Q=A_1V_1=A_2V_2$

2. 이상기체방정식(Ideal Gas Equation)

(1) 정의

0℃, 1기압(표준상태: STP)에서 모든 기체 1몰의 부피는 기체의 종류에 관계없이 22.4L로 일정하며, 아보가드로수의 분자수를 갖는다.

(2) 공식

$$PV=nRT$$

P: 압력(atm), V: 부피(L), n: 기체의 몰수(mol), R: 기체상수(0.082L·atm/mol·K), T: 절대온도(K)

3. 혼합 및 효율

(1) 희석배율(P) 공식

$$\text{희석배율}(P)=\frac{\text{희석 전 농도}}{\text{희석 후 농도}}$$

(2) 혼합 공식

$$C_m=\frac{\text{오염물질의 총량}}{\text{유량의 합}}=\frac{C_1Q_1+C_2Q_2}{Q_1+Q_2}$$

C_m: 혼합 농도(mg/L), C_1: 1번 농도(mg/L), Q_1: 1번 유량(m^3/day), C_2: 2번 농도(mg/L), Q_2: 2번 유량(m^3/day)

(3) 제거효율(η) 공식

$$\eta=\left(1-\frac{C_o}{C_i}\right)\times 100$$

η: 효율(%), C_i: 처음 농도(mg/L), C_o: 나중 농도(mg/L)

고득점 POINT 직각 3각 웨어와 4각 웨어

1) 직각 3각 웨어

$$Q=K\cdot h^{5/2}$$

Q: 유량(m^3/min)

K: 유량계수$=81.2+\frac{0.24}{h}+\left(8.4+\frac{12}{\sqrt{D}}\right)\times\left(\frac{h}{B}-0.09\right)^2$

D: 수로의 밑면으로부터 절단 하부점까지의 높이(m), B: 수로의 폭(m), h: 웨어의 수두(m)

2) 4각 웨어

$$Q=K\cdot b\cdot h^{3/2}$$

Q: 유량(m^3/min)

K: 유량계수$=107.1+\frac{0.177}{h}+14.2\frac{h}{D}-25.7\times\sqrt{\frac{(B-b)h}{D\cdot B}}+2.04\sqrt{\frac{B}{D}}$

D: 수로의 밑면으로부터 절단 하부 모서리까지의 높이(m), B: 수로의 폭(m), b: 절단의 폭(m), h: 웨어의 수두(m)

KEYWORD 02 산과 염기

1. 산과 염기

(1) 정의

① 산: 수용액에서 수소이온을 내어놓는 물질이다.

② 염기: 수용액에서 수산화이온을 내어놓는 물질이다.

구분	산(Acid)의 정의	염기(Base)의 정의
아레니우스 (Arrhenius)	수용액에서 수소이온(H^+)을 생산하는 물질	수용액에서 수산화이온(OH^-)을 생산하는 물질
브뢴스테드-로우리 (Brönsted-Lowry)	화학반응 중에 양성자(H^+)를 제공하는 물질 (양성자 주개)	화학반응 중에 양성자(H^+)를 받는 물질 (양성자 받개)
루이스 (Lewis)	화학반응 중에 비공유 전자쌍을 받는 물질 (전자쌍 받개)	화학반응 중에 비공유 전자쌍을 주는 물질 (전자쌍 주개)

(2) 중화 반응식

$$N_1V_1=N_2V_2$$

N_1: 산의 노르말농도(eq/L), V_1: 산의 부피(L), N_2: 염기의 노르말농도(eq/L), V_2: 염기의 부피(L)

(3) 산화와 환원의 정의

구분	산소 원자	수소 원자	전자	산화수(산화상태)	ORP(산화환원전위)
산화	얻음	잃음	잃음	증가	+mV
환원	잃음	얻음	얻음	감소	−mV

2. 화학평형

(1) 정의

① 정반응과 역반응의 속도가 동일해져서 더이상 반응물과 생성물의 양(농도)이 변하지 않는 상태(동적 평형상태)이다.

② 정반응과 역반응이 모두 가능한 가역반응에서만 화학평형상태가 가능하다.

(2) 화학평형상수(K)

aA+bB ⇄ cC+dD와 같은 가역반응이 있을 때, 다음과 같이 평형상수를 계산할 수 있다.

$$aA+bB \rightleftarrows cC+dD \rightarrow \text{평형상수 } K=\frac{\text{생성물의 몰농도의 곱}}{\text{반응물의 몰농도의 곱}}=\frac{[C]^c[D]^d}{[A]^a[B]^b}$$

(3) 해리상수(=이온화상수, 전리상수)

① 산해리상수(K_a): 약산이 이온화하여 평형상태에 도달하였을 때의 평형상수이다.

$$HA(aq) \rightleftarrows A^-(aq)+H^+(aq) \rightarrow K_a=\frac{[A^-][H^+]}{[HA]}$$

② 염기해리상수(K_b): 약염기가 이온화하여 평형상태에 도달하였을 때의 평형상수이다.

$$BOH(aq) \rightleftarrows B^+(aq)+OH^-(aq) \rightarrow K_b=\frac{[B^+][OH^-]}{[BOH]}$$

(4) 전리도

이온으로 전리된 정도이다.

예 CH_3COOH 0.04M 용액의 전리된 정도(전리도)는 0.08(8%)이다. 이때 해리상수는 아래와 같다.

$$K_a=\frac{[CH_3COO^-][H^+]}{[CH_3COOH]}=\frac{(0.04\times0.08)^2}{0.04-0.04\times0.08}=2.7826\times10^{-4}$$

	CH_3COOH	⇄	CH_3COO^-	+	H^+
해리 전	0.04M		0		0
해리 후	0.04−0.04×0.08M		0.04×0.08M		0.04×0.08M

(5) 수소이온지수(pH), 수산화이온지수(pOH)

① 산이나 알칼리의 강도를 나타낸다.

② 수소이온 및 수산화이온의 농도를 표현하는 지수이다.

$$pH=-\log[H^+]=\log\frac{1}{[H^+]}$$

$$pOH=-\log[OH^-]=\log\frac{1}{[OH^-]}$$

$$pH+pOH=14$$

(6) **완충용액**

① 외부로부터 어느 정도의 산과 염기가 주입되어도 공통이온효과에 의해 그 용액의 pH에 큰 변화가 생기지 않는 용액이다.

② 약산과 그 약산의 짝염기가 혼합된 수용액 또는 약염기와 그 약염기의 짝산이 혼합된 수용액이다.

③ 완충용액의 산성도 방정식[헨더슨-하셀바흐(Henderson Hasselbalch) 방정식]

$$pH = pK_a + \log \frac{[\text{짝염기}]}{[\text{짝산}]}$$

※ K_a: 해리상수, $pK_a = -\log K_a$

PART 01

수질오염방지 기초

3. 이온적상수 및 용해도적

(1) **이온적상수(Q)**

① 혼합된 용액 속의 이온들의 농도의 곱이다.

② 아직 평형에 도달하지 않은 반응의 현재 상태의 농도로 반응의 방향을 예측하는 수단이 된다.

③ 고체 용질이 이온으로 용해되는 가역반응에서만 적용 가능하다.

$$A_aB_b(s) \rightleftarrows aA^+ + bB^- \rightarrow Q = [A^+]^a[B^-]^b$$

(2) **용해도적(K_{sp})**

① 순수한 고체가 용매에 용해되어 포화상태에 이르렀을 때의 평형상수이다.

② 이론적인 용해도라고 말할 수 있다.

③ 고체 용질이 이온으로 용해되는 가역반응에서만 적용 가능하다.

$$A_aB_b(s) \rightleftarrows aA^+ + bB^- \rightarrow K_{sp} = [A^+]^a[B^-]^b$$

(3) **이온적상수(Q)와 용해도적(K_{sp})과의 관계**

① 과포화 상태의 경우: $Q > K_{sp}$, 침전 생성

② 포화 상태인 경우: $Q = K_{sp}$, 평형상태

③ 불포화 상태의 경우: $Q < K_{sp}$, 침전 미생성

KEYWORD 03 반응속도와 반응조

1. 반응속도(rate)

(1) 정의

① 시간에 따른 반응물의 농도 감소나 생성물의 농도 증가이다. 즉, 시간변화에 대한 농도 변화이다.

$$\text{rate}=-\frac{d[\text{반응물}]}{dt}=+\frac{d[\text{생성물}]}{dt}\rightarrow \text{시간변화에 대한 농도 변화}=\frac{dC}{dt}$$

② 시간변화에 대한 농도 변화는 농도의 m승에 비례한다. 이때 m에 따라 0차 반응, 1차 반응, 2차 반응 등으로 나뉜다.

$$\gamma=\frac{dC}{dt}=-KC^m$$

(2) 반응차수

구분	0차 반응	1차 반응	2차 반응
정의	반응속도가 반응물의 농도에 영향을 받지 않는 반응	반응속도가 반응물의 농도에 비례하여 결정되는 반응	반응속도가 반응물의 농도 제곱에 비례하여 결정되는 반응
반응식	$\gamma=\frac{dC}{dt}=-KC^0$ $C_t-C_0=-K\cdot t$	$\gamma=\frac{dC}{dt}=-KC^1$ $\ln\frac{C_t}{C_0}=-K\cdot t$	$\gamma=\frac{dC}{dt}=-KC^2$ $\frac{1}{C_t}-\frac{1}{C_0}=K\cdot t$
	C_0: 초기 농도(mg/L), C_t: 나중 농도(mg/L), K: 반응속도상수(day^{-1}), t: 시간(day)		
반감기	$C_t=0.5\times C_0$		

2. 반응조의 종류와 특성

(1) 회분식 반응조(Batch Reactor)

① 원료를 투입하고 일정시간이나 일정공정을 거쳐 제품을 얻는 공정으로 슬러지 처리공정, 분뇨 처리공정, 산화지법 등이 해당된다.

② 유입과 유출이 동시에 일어나지 않으며 유입 → 반응 → 유출의 순으로 반응이 진행된다.

(2) 완전혼합반응조(CFSTR; Continuous Flow Stirred Tank Reactor)

① 유입과 유출이 동시에 있으며 반응조 내에서는 완전혼합되어 반응한 후 유출된다.

$$Q(C_0-C_t)=K\cdot\forall\cdot C_t^{\,m}$$

Q: 유량(m^3/hr), C_0: 초기 농도(mg/L), C_t: 나중 농도(mg/L)
K: 반응속도상수(반응차수에 따라 다름), $\forall$: 반응조 체적(m^3), m: 반응차수

② 일반식 변형

- 체류시간: $\frac{\forall}{Q}=t=\frac{(C_0-C_t)}{KC_t^m}$
- 다단연결에서의 통과율(1차 반응): $\frac{C_t}{C_0}=\left[\frac{1}{1+K\cdot t}\right]^{n(\text{단수})}$
- 단순희석인 경우(1차 반응): $\ln\frac{C_t}{C_0}=-K\times t \rightarrow \ln\frac{C_t}{C_0}=-\frac{Q}{\forall}\times t$

(3) 압출류형 반응조(PFR; Plug Flow Reactor)

① 긴 관에서의 흐름을 의미하며 축 방향으로의 흐름에 따라 진행된다.

② 반응조 내로 유입하는 유체는 유입되는 순서대로 유입되는 양만큼 유출된다.

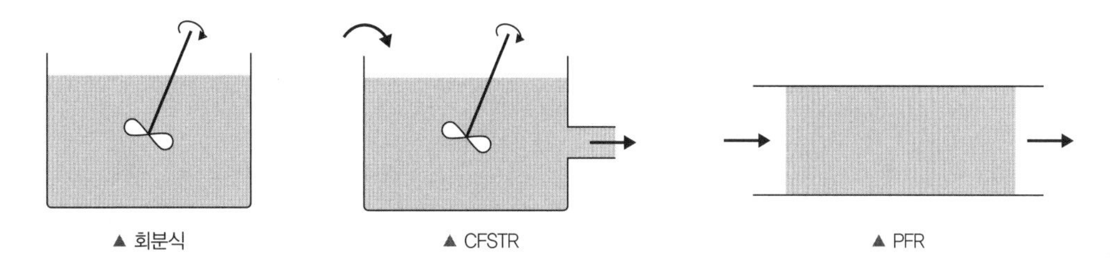

▲ 회분식　▲ CFSTR　▲ PFR

(4) CFSTR(CMFR)와 PFR 비교

① 이상적 CFSTR(CMFR)와 이상적 PFR

구분	CFSTR(CMFR)	PFR
분산	1	0
분산수	∞	0
Morrill 지수	클수록	1
지체시간	0	이론적 체류시간 동일

② 반응조에 주입된 물감의 10%, 90%가 유출되기까지의 시간을 각각 t_{10}, t_{90}이라 할 때 Morrill 지수는 t_{90}/t_{10}으로 나타낸다.

(5) 물질수지식

① CFSTR(CMFR) 물질수지

축적(mass)=유입(input)−유출(output)±반응(reaction)

$$\forall\frac{dC}{dt}=QC_0-QC-KC^m\forall$$

$\forall$: 반응조 체적, C: 반응조 유출농도, C_0: 반응조 유입농도, K: 반응속도상수, m: 반응차수

② PFR 물질수지

$$d\forall\frac{\partial C}{\partial t}=QC_0-\left(C_0+\frac{\partial C}{\partial x}dx\right)Q-d\forall\, KC^m$$

최 | 빈 | 출 **기 출 문 제**

CHAPTER 01
수질의 일반사항

01

KEYWORD 01 수질 공정의 기초 계산

농도가 100mg/L이고 유량이 1L/min인 추적물질을 하천에 주입하였다. 하천의 하류에서 추적물질의 농도가 5.5mg/L로 측정되었다면 이때 하천의 유량(m^3/sec)을 구하시오. (단, 추적물질은 하천에 자연적으로 존재하지 않음)

정답

$2.86\times10^{-4}m^3/sec$

해설

혼합공식을 이용한다.

$C_m=\frac{C_1Q_1+C_2Q_2}{Q_1+Q_2}$ (1: 추적물질, 2: 하천)

$5.5=\frac{100\times1+0\times Q_2}{1+Q_2}$

$\therefore Q_2=\frac{100}{5.5}-1=17.1818L/min$

$\frac{17.1818L}{min}\times\frac{1m^3}{10^3L}\times\frac{1min}{60sec}=2.8636\times10^{-4}\fallingdotseq2.86\times10^{-4}m^3/sec$

02

KEYWORD 02 산과 염기

0.1M NaOH 100mL를 2M H_2SO_4로 중화시키기 위해 필요한 H_2SO_4의 양(mL)을 구하시오.

정답

2.5mL

해설

- NaOH의 노르말농도 계산

$\frac{0.1mol}{L}\times\frac{40g}{1mol}\times\frac{1eq}{(40/1)g}=0.1eq/L$

- H_2SO_4의 노르말농도 계산

$\frac{2mol}{L}\times\frac{98g}{1mol}\times\frac{1eq}{(98/2)g}=4eq/L$

중화 반응식을 이용한다.

$NV=N'V'$

$0.1N\times100mL=4N\times XmL$

$\therefore X=2.5mL$

03

KEYWORD 02 산과 염기

암모니아 탈기법에 의해 폐수 중의 암모니아성 질소를 제거하려고 한다. 암모니아성 질소 중의 NH_3를 98%로 하기 위한 pH를 구하시오. (단, 암모니아성 질소 중의 평형 $NH_3+H_2O\leftrightarrow NH_4^++OH^-$, 평형상수 $K=1.8\times10^{-5}$)

정답

10.95

해설

- NH_4^+/NH_3 비율 계산

$NH_3(\%)=\frac{NH_3}{NH_3+NH_4^+}\times100$

$98=\frac{NH_3}{NH_3+NH_4^+}\times100$

분모, 분자에 NH_3로 나누고 정리하면

$\frac{98}{100}=\frac{1}{1+NH_4^+/NH_3}$

$\therefore NH_4^+/NH_3=0.0204$

- 수산화이온의 몰농도(mol/L) 계산

$NH_3+H_2O\rightleftarrows NH_4^++OH^-$

$K=\frac{[NH_4^+][OH^-]}{[NH_3]}$

$1.8\times10^{-5}=0.0204\times[OH^-]$

$[OH^-]=8.8235\times10^{-4}mol/L$

- pH 계산

$\therefore pH=14-\log\left(\frac{1}{8.8235\times10^{-4}}\right)=10.9456\fallingdotseq10.95$

04

KEYWORD 03 반응속도와 반응조

유량 $1.5\times10^4m^3$/day, 유리잔류염소는 2mg/L, 염소 소멸율 $0.2hr^{-1}$, 접촉시간 122min일 때, 필요한 염소 주입량(kg/day)을 구하시오. (단, 반응은 1차 반응, PFR 기준)

정답

45.05kg/day

해설

$$\ln\frac{C_t}{C_0}=-K\cdot t$$

C_t: 나중 농도(mg/L), C_0: 처음 농도(mg/L)

K: 반응속도상수(day^{-1}), t: 반응시간(day)

$$\ln\left(\frac{2mg/L}{C_0}\right)=-\frac{0.2}{hr}\times122min\times\frac{1hr}{60min}$$

$C_0=3.0036mg/L$

∴ 필요한 염소 주입량(kg/day)

$$=\frac{3.0036mg}{L}\times\frac{1.5\times10^4m^3}{day}\times\frac{10^3L}{1m^3}\times\frac{1kg}{10^6mg}$$

$=45.054≒45.05kg/day$

05

KEYWORD 03 반응속도와 반응조

다음의 조건이 주어졌을 때, 유입되는 완전혼합반응조에서 체류시간(hr)을 구하시오.

- 유입 COD: 2,000mg/L
- 유출 COD: 150mg/L
- MLSS: 3,500mg/L
- MLVSS$=0.7\times$MLSS
- $K=0.469L/g\cdot hr$(MLVSS 기준)
- 생물학적으로 분해되지 않는 COD: 125mg/L
- 설계 SDI(반송슬러지 농도): 7,000mg/L
- 슬러지의 반송 고려
- 정상상태이며 1차 반응

정답

32.20hr

해설

- **반송비(R) 계산**

$$R=\frac{X}{X_r-X}=\frac{3,500}{7,000-3,500}=1$$

R: 반송비, X_r: 반송슬러지 농도(mg/L), X: MLSS 농도(mg/L)

- **반응조 유입 농도(C_m) 계산**

반송비가 1이므로 유입유량과 반송유량은 같다.

$$C_m=\frac{C_1Q_1+C_2Q_2}{Q_1+Q_2}\quad(1:\text{ 유입},\ 2:\text{ 반송})$$

$$=\frac{2,000Q+150Q}{Q+Q}=1,075mg/L$$

- **체류시간(hr) 계산**

$$Q(C_0-C_t)=K\cdot\forall\cdot X\cdot C_t^m$$

Q: 유량(m^3/hr), C_0: 초기 농도(mg/L), C_t: 나중 농도(mg/L)

K: 반응속도상수(L/mg·hr), $\forall$: 반응조 체적(m^3)

X: MLVSS 농도(mg/L), m: 반응차수

$$\frac{\forall}{Q}=\frac{(C_0-C_t)}{K\cdot X\cdot C_t^m}=t$$

$$=\frac{(1,075-125)mg/L-(150-125)mg/L}{\frac{0.469L}{g\cdot hr}\times\frac{(0.7\times3,500)mg}{L}\times\frac{(150-125)mg}{L}\times\frac{1g}{10^3mg}}$$

$=32.2005≒32.20hr$

PART 01 수질오염방지 기초

CHAPTER 02

수질오염

KEYWORD 04 유기물량 지표(BOD, COD, DO, TOC)

1. BOD(생화학적 산소요구량, Biochemical Oxygen Demand)

(1) 정의

① 물속의 호기성 미생물에 의하여 유기물이 분해될 때 소모되는 산소의 양을 mg/L의 단위로 나타낸 것이다.

② 소모되는 산소의 양은 유기물의 양을 간접적으로 알아내는 데 이용된다.

(2) BOD 소모식

① 공식

• 상용대수 기준

$$BOD_t = BOD_u(1-10^{-K_1 \cdot t})$$

• 자연대수 기준

$$BOD_t = BOD_u(1-e^{-K_1 \cdot t})$$

BOD_t: t일 동안 소모된 BOD(mg/L), BOD_u: 최종 BOD(mg/L), K_1: 탈산소계수(day^{-1}), t: 반응시간(day)

② 온도 변화에 따른 탈산소계수의 보정: $K_T = K_{20℃} \times \theta^{(T-20)}$

(3) BOD 실험에 의한 결과식

① 식종하지 않은 시료

$$BOD(mg/L) = (D_1 - D_2) \times P$$

D_1: 15분간 방치된 후 희석(조제)한 시료의 DO(mg/L), D_2: 5일간 배양한 다음 희석(조제)한 시료의 DO(mg/L)
P: 희석시료 중 시료의 희석배수(희석시료량/시료량)

② 식종희석수를 사용한 시료

$$BOD(mg/L) = [(D_1 - D_2) - (B_1 - B_2) \times f] \times P$$

D_1: 15분간 방치된 후 희석(조제)한 시료의 DO(mg/L)
D_2: 5일간 배양한 다음 희석(조제)한 시료의 DO(mg/L)
B_1: 식종액의 BOD를 측정할 때 희석된 식종액의 배양 전 DO(mg/L)
B_2: 식종액의 BOD를 측정할 때 희석된 식종액의 배양 후 DO(mg/L)
f: 식종액의 BOD를 측정할 때 희석시료 중의 식종액 함수율과 희석한 식종액 중의 식종액 함수율의 비
P: 희석시료 중 시료의 희석배수(희석시료량/시료량)

(4) BOD 곡선

① 최종 BOD, 잔존 BOD, 소모 BOD의 관계

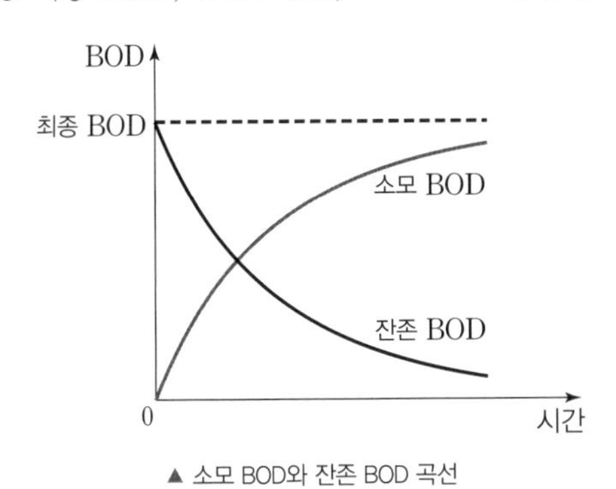

▲ 소모 BOD와 잔존 BOD 곡선

㉠ 최종 BOD(BOD_u)는 소모 BOD와 잔존 BOD의 합이다.

BOD_u = 소모 BOD_t + 잔존 BOD_t

㉡ BOD 잔존식은 다음과 같다.

- $BOD_t = BOD_u \times 10^{-K_1 \cdot t}$ (상용대수 기준)
- $BOD_t = BOD_u \times e^{-K_1 \cdot t}$ (자연대수 기준)

② 탄소성 BOD와 질소성 BOD

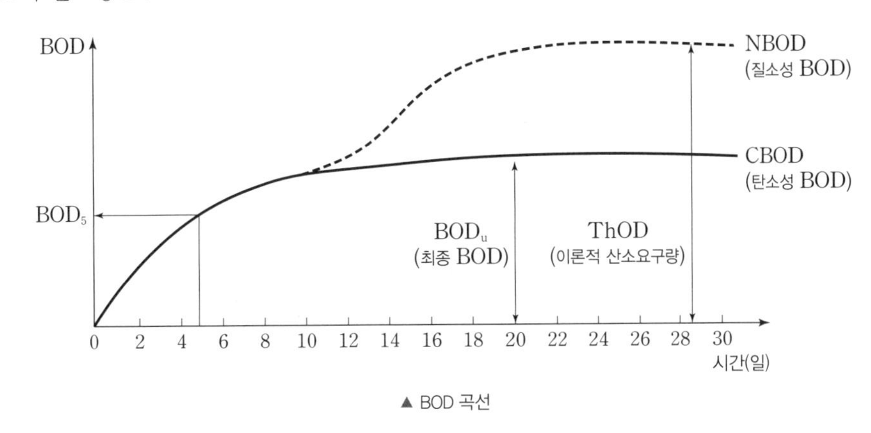

▲ BOD 곡선

㉠ 탄소성 BOD: 호기성 미생물에 의해 탄소화합물이 분해되는 데 소모되는 산소의 양

㉡ 질소성 BOD: 호기성 미생물에 의해 질소화합물이 분해되는 데 소모되는 산소의 양

㉢ BOD_5는 질소성 BOD의 영향을 받지 않고 탄소성 BOD의 양을 알아내는 데 이용한다.

2. COD(화학적 산소요구량, Chemical Oxygen Demand)

(1) 정의

① 강력한 산화제를 이용하여 물속의 유기물을 분해시킬 때 소모되는 산화제의 양으로부터 산소의 양으로 환산하여 유기물의 양을 정량하는 지표이다.

② 해수나 공장폐수 등 BOD 측정이 어려운 시료에 적용 가능하다.

③ 유기물 정량 시 신속하게 정량하기 위해 COD를 이용한다.

④ 산화제로는 $KMnO_4$, $K_2Cr_2O_7$ 등이 있다.

(2) COD의 구분

① BDCOD: 생물학적으로 분해 가능 COD = 최종 BOD

② NBDCOD: 생물학적으로 분해 불가능 COD

③ COD = BDCOD + NBDCOD

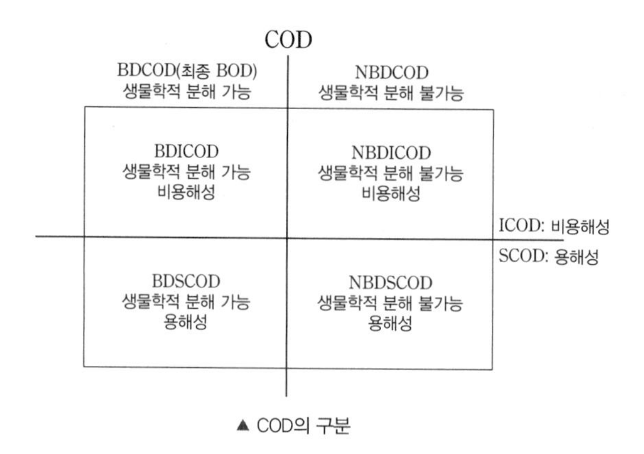

▲ COD의 구분

(3) COD 실험에 의한 결과식

$$COD(mg/L) = (b-a) \times f \times \frac{1,000}{V} \times 0.2$$

a: 바탕시험 적정에 소비된 과망간산칼륨용액(0.005M)의 양(mL)
b: 시료의 적정에 소비된 과망간산칼륨용액(0.005M)의 양(mL)
f: 과망간산칼륨용액(0.005M) 농도계수(factor)
V: 시료의 양(mL)

고득점 POINT COD 측정 시 과망간산칼륨($KMnO_4$) 용액으로 적정할 때, 60~80℃로 유지하며 적정하는 이유

1) **온도가 높을 경우**: 과망간산칼륨($KMnO_4$)의 분해로 인해 COD값이 높게 나올 수 있다.
2) **온도가 낮을 경우**: 과망간산칼륨($KMnO_4$)의 반응속도가 느리기 때문에 정확한 적정점을 찾기 어렵다.

3. DO(용존산소, Dissolved Oxygen)

(1) 정의

① 수중에 용해되어 있는 산소의 양을 mg/L의 단위로 나타낸 것으로 수중 생태계에 절대적인 영향을 미치는 지표이다.
② BOD가 높은 수원은 반대로 DO를 고갈시킨다.
③ DO가 고갈된 수원은 혐기성 조건으로 변하게 된다.

(2) 용존산소 수하곡선

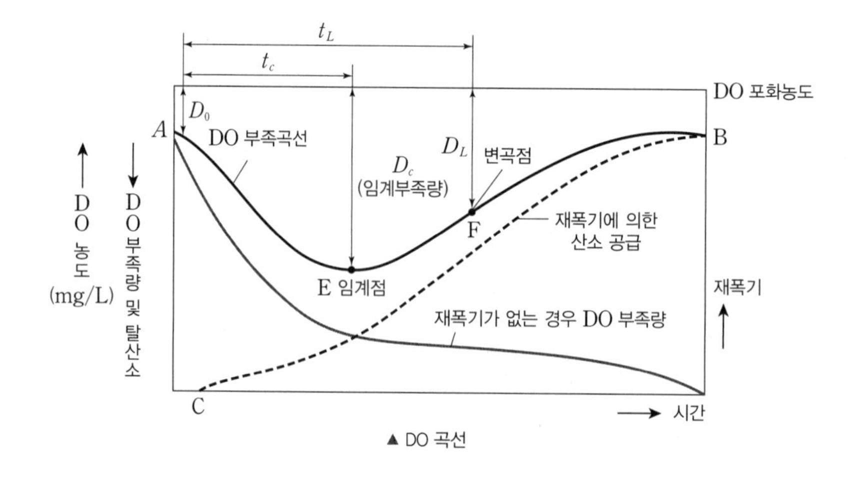

▲ DO 곡선

(3) 공식

① DO 부족량(D_t)

$$D_t=\frac{K_1L_0}{K_2-K_1}(10^{-K_1\cdot t}-10^{-K_2\cdot t})+D_0\times 10^{-K_2\cdot t}$$

D_t: t일 후의 용존산소(DO) 부족량(mg/L)
K_1: 탈산소계수(day^{-1}), K_2: 재폭기계수(day^{-1}), t: 시간(day)
L_0: 최종 BOD=BOD_u(mg/L), D_0: 초기용존산소부족량(mg/L)

② 임계시간(t_c)

$$t_c=\frac{1}{K_1(f-1)}\log\left[f\left\{1-(f-1)\frac{D_0}{L_0}\right\}\right]$$

t_c: 임계시간(day), K_1: 탈산소계수(day^{-1}), f: 자정계수$\left(=\frac{K_2}{K_1}\right)$
D_0: 초기용존산소부족량(mg/L), L_0: 최종 BOD=BOD_u(mg/L)

③ 임계부족량(D_c)

$$D_c=\frac{L_0}{f}10^{-K_1\cdot t_c}$$

D_c: 임계부족량(최대 산소부족량)(mg/L), L_0: 최종 BOD=BOD_u(mg/L)
f: 자정계수$\left(=\frac{K_2}{K_1}\right)$, K_1: 탈산소계수(day^{-1}), t_c: 임계시간(day)

4. TOC(총 유기탄소, Total Organic Carbon)

(1) 정의

① 유기적으로 결합되어 있는 탄소의 총량을 의미한다.

② 완전연소시 대부분 CO_2로 배출된다.

(2) 관련 용어

① TC(총 탄소, Total Carbon): 수중에서 존재하는 유기적 또는 무기적으로 결합된 탄소의 합

② IC(무기성 탄소, Inorganic Carbon): 수중에 탄산염, 중탄산염, 용존 이산화탄소 등 무기적으로 결합된 탄소의 합

③ DOC(용존성 유기탄소, Dissolved Organic Carbon): 총 유기탄소 중 공극 0.45μm의 막 여지를 통과하는 유기탄소

④ SOC(부유성 유기탄소, Suspended Organic Carbon): 총 유기탄소 중 공극 0.45μm의 막 여지를 통과하지 못한 유기탄소

⑤ NPOC(비정화성 유기탄소, Nonpurgeable Organic Carbon): 총 탄소 중 pH 2 이하에서 포기에 의해 정화되지 않는 탄소

KEYWORD 05 수중 고형물 및 부유물질

1. 수중 물질의 분류

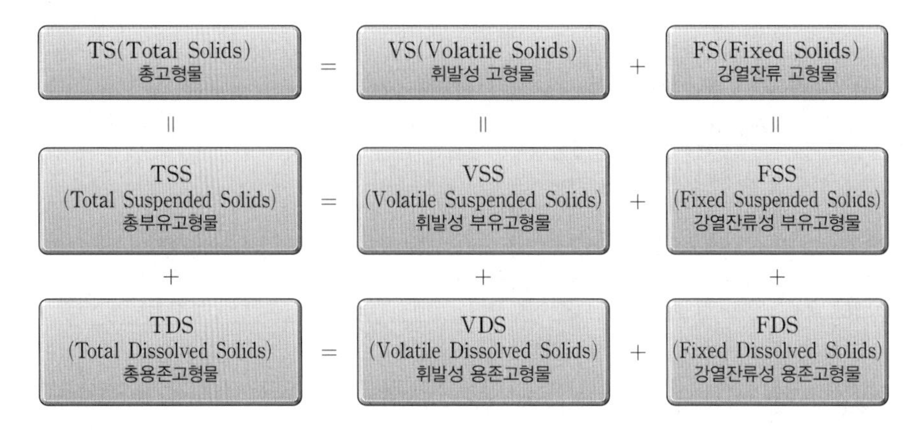

- GF/C 여과지를 통과하지 못하면 SS, 통과하면 DS이다.
- 400~500℃로 회화시켰을 때 휘발이 되면 VS, 휘발되지 않으면 FS이다.

2. SS(부유물질, Suspended Solids)

(1) 정의

① 물속에 존재하는 0.1μm~2mm 정도의 고형물을 의미한다.

② 탁도와 색도를 유발하며 빛의 투과를 방해해 수중식물의 광합성을 감소시킨다.

(2) SS 실험에 의한 결과식

$$SS(mg/L)=(b-a)\times\frac{1,000}{V}$$

a: 시료 여과 전의 유리섬유여지 무게(mg), b: 시료 여과 후의 유리섬유여지 무게(mg), V: 시료의 양(mL)

고득점 POINT SS의 법적기준치 초과 시 추가적인 검토 처리공법

기존 처리시설의 SS는 기준치를 준수하지만 규제의 강화 등으로 인해 법적기준치를 초과하였을 때 추가적으로 검토할 수 있는 처리공법은 아래와 같다.

1) 응집침전법
2) 막분리활성슬러지법(MBR)
3) 여과법
4) 부상분리법

3. 콜로이드(Colloid)

(1) 정의

① 지름이 1nm~1μm인 입자가 용매에 분산되어 있는 상태이다.

② 콜로이드의 안정도는 반발력(제타전위), 중력, 인력(Van der Waals의 힘)의 관계에 의해 결정된다.

(2) 응집의 기본 메커니즘: 이중층 압축, 전하 중화, 침전물에 의한 포착, 입자간 가교형성

(3) 콜로이드의 분류

구분	친수성 콜로이드	소수성 콜로이드
물리적 상태	유탁(Emulsion) 상태	현탁(Suspension) 상태
표면장력	용매(분산매)보다 약함	용매(분산매)와 비슷
점도	용매(분산매)보다 현저히 큼	용매(분산매)와 비슷
틴들효과	약하거나 거의 없음	현저함
민감성	염에 민감하지 않음	염에 민감함

용어 CHECK **제타전위(Zeta Potential)**

콜로이드 입자의 전하와 전하의 효력이 미치는 분산매의 거리를 측정하는 것이다.

$$\varsigma = 4\pi\delta q/D$$

ς: 제타전위, δ: 전하가 영향을 미치는 전단 표면 주위의 층의 두께, q: 단위면적당 전하, D: 액체의 도전상수

KEYWORD 06 경도, 알칼리도, 산도

1. 경도(Hardness)

(1) 정의

① 물의 세기 정도를 의미한다.

② 2가의 양이온 금속 Mg^{2+}, Ca^{2+}, Fe^{2+}, Mn^{2+}, Sr^{2+} 등과 같은 경도 유발물질의 함유 정도를 같은 당량의 $CaCO_3$의 농도로 환산하여 나타낸 값이다.

$$\text{총경도}(mg/L\ as\ CaCO_3) = \sum\left(\text{경도 유발물질}(mg/L) \times \frac{50}{\text{경도 유발물질의 eq}}\right)$$

(2) 종류

① 탄산경도(=일시경도): 경도 유발물질과 알칼리도 유발물질이 결합한 상태일 때 나타나는 경도로, 끓여서 쉽게 제거된다.

② 비탄산경도(=영구경도): 경도 유발물질과 산이온이 결합한 상태일 때 나타나는 경도로, 끓여서 제거되지 않는다.

③ 가경도: 저농도에서는 경도를 발생하지 않는 금속이온 Na^+, K^+ 등이 가경도 유발물질이다.

(3) 경도계산법

① 총경도: 수질분석결과에서 경도 유발물질(Mg^{2+}, Ca^{2+}, Fe^{2+}, Mn^{2+}, Sr^{2+} 등)을 파악하여 $CaCO_3$로 환산한 후 합한다.

② 일시경도(=탄산경도): 수질분석결과에서 알칼리도 유발물질을 파악하여 $CaCO_3$로 환산한 후 합한다.

• 총경도 > 알칼리도일 때 → 일시경도 = 알칼리도 • 총경도 < 알칼리도일 때 → 일시경도 = 총경도

③ 영구경도(=비탄산경도)

영구경도 = 총경도 − 일시경도

2. 알칼리도(Alkalinity)

(1) 정의

① 산을 중화시킬 수 있는 정도를 의미한다.

② OH^-, HCO_3^-, CO_3^{2-} 등과 같은 알칼리도 유발물질의 함유 정도를 같은 당량의 $CaCO_3$의 농도로 환산하여 나타낸 값이다.

$$\text{알칼리도(mg/L as CaCO}_3) = \sum\left(\text{알칼리도 유발물질(mg/L)} \times \frac{50}{\text{알칼리도 유발물질의 eq}}\right)$$

(2) 종류

① P-알칼리도: 페놀프탈레인 지시약을 이용하여 pH 8.3 이상까지 적정한 알칼리도를 말한다.

② M-알칼리도: 메틸오렌지 지시약을 이용하여 pH 4.5 이상까지 적정한 알칼리도를 말하며, T-알칼리도라고도 한다.

3. 산도(Acidity)

(1) 정의

① 알칼리를 중화시킬 수 있는 정도를 의미한다.

② SO_4^{2-}, NO_3^-, Cl^- 등과 같은 산도 유발물질의 함유 정도를 같은 당량의 $CaCO_3$의 농도로 환산하여 나타낸 값이다.

$$\text{산도(mg/L as CaCO}_3) = \sum\left(\text{산도 유발물질(mg/L)} \times \frac{50}{\text{산도 유발물질의 eq}}\right)$$

(2) 종류

① M-산도: 메틸오렌지 지시약을 이용하여 pH 4.5 이하까지 적정한 산도를 말한다.

② P-산도: 페놀프탈레인 지시약을 이용하여 pH 8.3 이하까지 적정한 산도를 말하며, T-산도라고도 한다.

고득점 POINT 적정에 의한 경도/알칼리도/산도의 산정

$$경도/알칼리도/산도\ mg/L\ as\ CaCO_3 = \frac{a \times N \times 50}{V} \times 1,000$$

a: 소모된 산 또는 알칼리의 부피(mL), N: 주입한 산 또는 알칼리의 규정농도(eq/L), V: 시료의 부피(mL)

KEYWORD 07 SAR

SAR(나트륨 흡수 비율)

(1) 정의

① 농업용수의 수질을 판단하는 지표이다.

② Na^+ 농도가 심해지면 Mg^{2+}, Ca^{2+}와 치환되어 토질을 불량하게 한다.

$$SAR = \frac{Na^+}{\sqrt{\frac{Ca^{2+} + Mg^{2+}}{2}}}$$

※ Na^+, Ca^{2+}, Mg^{2+}: meq/L

(2) SAR 수치의 의미

SAR 범위	Na^+의 농도	의미
0~10	미미	토양에 영향 없음
10~18	중간	토양 사용 가능
18~26	높음	토양 제한적 사용 가능
26 이상	매우 높음	토양 사용 불가

최 | 빈 | 출 기출문제

CHAPTER 02
수질오염

01

KEYWORD 04 유기물량 지표(BOD, COD, DO, TOC)

폐수 중에 BOD_2가 600mg/L, NH_4^+-N이 10mg/L 있다. 이 폐수를 활성슬러지법으로 처리하고자 할 때, 첨가해야 할 인(P)과 질소(N)의 양(mg/L)을 구하시오. (단, $K_1=0.2$/day, BOD_5 : N : P=100 : 5 : 1, 상용대수 기준)

(1) 인(P)의 양(mg/L)
(2) 질소(N)의 양(mg/L)

정답

(1) 8.97mg/L
(2) 34.86mg/L

해설

$BOD_t=BOD_u(1-10^{-K_1\cdot t})$

BOD_t: t일 동안 소모된 BOD(mg/L), BOD_u: 최종 BOD(mg/L)
K_1: 탈산소계수(day^{-1}), t: 반응시간(day)

$600\text{mg/L}=BOD_u\times(1-10^{-0.2\times2})$

$\therefore BOD_u=996.8552\text{mg/L}$

$BOD_5=BOD_u\times(1-10^{-K_1\times5})$
$=996.8552\times(1-10^{-0.2\times5})=897.1697\text{mg/L}$

(1) 첨가해야 할 인(P)의 양(mg/L) 구하기

BOD_5 : P=100 : 1=897.1697 : Xmg/L

$$\therefore X=\frac{897.1697\times1}{100}=8.9717≒8.97\text{mg/L}$$

(2) 첨가해야 할 질소(N)의 양(mg/L) 구하기

BOD_5 : N=100 : 5=897.1697 : Ymg/L

$$\therefore Y=\frac{897.1697\times5}{100}=44.8585≒44.86\text{mg/L}$$

※ 첨가해야 할 질소의 양은 기존 폐수에 존재하는 질소의 양(10mg/L)을 제외한 양이어야 한다.

$\therefore$ 44.86mg/L−10mg/L=34.86mg/L

02

KEYWORD 04 유기물량 지표(BOD, COD, DO, TOC)

최종 BOD가 10mg/L, DO가 5mg/L인 하천이 있다. 이때, 상류지점으로부터 36시간 유하 후 하류지점에서의 DO 농도(mg/L)를 구하시오. (단, 온도변화는 없으며, DO 포화농도는 9mg/L, 탈산소계수 0.1/day, 재폭기계수 0.2/day, 상용대수 기준)

정답

4.93mg/L

해설

36시간 유하 후 DO 농도=포화농도−36시간 유하 후 산소부족량
DO 부족량 공식을 이용한다.

$$D_t=\frac{K_1L_0}{K_2-K_1}(10^{-K_1\cdot t}-10^{-K_2\cdot t})+D_0\times10^{-K_2\cdot t}$$

먼저, 시간(t)을 구하면

$$t=36\text{hr}\times\frac{1\text{day}}{24\text{hr}}=1.5\text{day}$$

$$\therefore D_t=\frac{0.1\times10}{0.2-0.1}(10^{-0.1\times1.5}-10^{-0.2\times1.5})+(9-5)\times10^{-0.2\times1.5}$$
$$=4.0723\text{mg/L}$$

따라서, 36시간 유하 후 용존산소 농도를 구하면

36시간 유하 후 DO 농도$=C_s-D_t$
$=9-4.0723=4.9277≒4.93\text{mg/L}$

관련이론 | **용존산소부족량과 임계시간**

(1) 용존산소부족량(D_t)

$$D_t=\frac{K_1L_0}{K_2-K_1}(10^{-K_1\cdot t}-10^{-K_2\cdot t})+D_0\times10^{-K_2\cdot t}$$

(2) 임계시간(t_c)

$$t_c=\frac{1}{K_2-K_1}\log\left[\frac{K_2}{K_1}\left\{1-\frac{D_0(K_2-K_1)}{L_0\times K_1}\right\}\right]$$

또는

$$t_c=\frac{1}{K_1(f-1)}\log\left[f\left\{1-(f-1)\frac{D_0}{L_0}\right\}\right]$$

D_t: t일 후 용존산소(DO) 부족농도(mg/L), t_c: 임계시간(day)
K_1: 탈산소계수(day^{-1}), K_2: 재폭기계수(day^{-1})
L_0: 최종 BOD(mg/L), D_0: 초기용존산소부족량(mg/L)
t: 시간(day), f: 자정계수$\left(=\frac{K_2}{K_1}\right)$

03

KEYWORD 05 수중 고형물 및 부유물질

고형물질의 분석결과 TS=325mg/L, FS=200mg/L, VSS=55mg/L, TSS=100mg/L라고 한다면 이때의 VS, VDS, TDS, FDS, FSS의 농도(mg/L)를 구하시오.

(1) VS
(2) VDS
(3) TDS
(4) FDS
(5) FSS

정답

(1) 125mg/L
(2) 70mg/L
(3) 225mg/L
(4) 155mg/L
(5) 45mg/L

해설

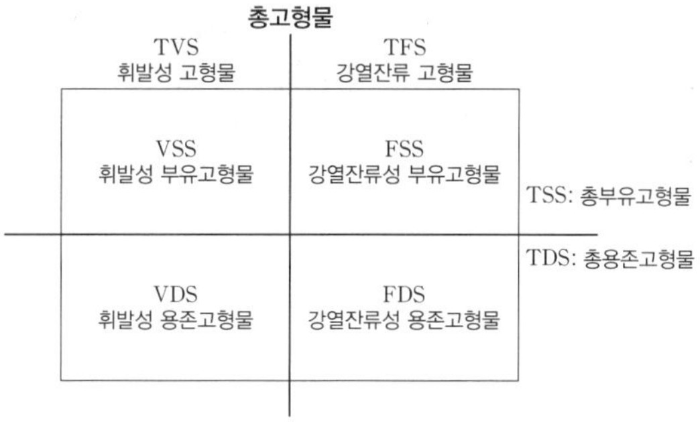

총고형물

TVS 휘발성 고형물	TFS 강열잔류 고형물	
VSS 휘발성 부유고형물	FSS 강열잔류성 부유고형물	TSS: 총부유고형물
VDS 휘발성 용존고형물	FDS 강열잔류성 용존고형물	TDS: 총용존고형물

(1) VS=TS−FS=325mg/L−200mg/L=125mg/L
(2) VDS=VS−VSS=125mg/L−55mg/L=70mg/L
(3) TDS=TS−TSS=325mg/L−100mg/L=225mg/L
(4) FDS=TDS−VDS=225mg/L−70mg/L=155mg/L
(5) FSS=FS−FDS=200mg/L−155mg/L=45mg/L

04

KEYWORD 06 경도, 알칼리도, 산도

유량이 5,000m^3/day인 폐수에 Cu^{2+} 30mg/L, Zn^{2+} 15mg/L, Ni^{2+} 20mg/L이 함유되어 있다. 이를 양이온 교환수지 10^5g $CaCO_3/m^3$으로 제거하고자 할 때, 양이온 교환수지의 양(m^3/cycle)을 구하시오. (단, 양이온 교환수지의 1cycle=10일, 원자량 Cu=64, Zn=65, Ni=59)

정답

51.93m^3/cycle

해설

- Cu^{2+} 당량(eq/m^3) 계산

$$\frac{30g}{m^3}\times\frac{1eq}{(64/2)g}=0.9375eq/m^3$$

- Zn^{2+} 당량(eq/m^3) 계산

$$\frac{15g}{m^3}\times\frac{1eq}{(65/2)g}=0.4615eq/m^3$$

- Ni^{2+} 당량(eq/m^3) 계산

$$\frac{20g}{m^3}\times\frac{1eq}{(59/2)g}=0.678eq/m^3$$

함유된 물질의 당량을 합하여 폐수의 g 당량을 구한다.

$$\therefore \frac{(0.9375+0.4615+0.678)eq}{m^3}\times\frac{5{,}000m^3}{day}\times\frac{10day}{cycle}$$
$$=103{,}850eq/cycle$$

- 양이온의 교환수지의 양(m^3/cycle) 계산

$$\text{양이온 교환수지의 양}=\frac{\text{폐수의 g 당량}}{\text{양이온 교환수지 용량}}$$

$$\therefore \frac{103{,}850eq/cycle}{10^5g\ CaCO_3/m^3\times 1eq/(100/2)g}=51.925\fallingdotseq 51.93m^3/cycle$$

CHAPTER 03

수중 생물학 및 수자원 관리

KEYWORD 08 수중 미생물의 분류

1. 수중 미생물의 형태학적 분류

(1) **간균(막대형):** Vibrio cholerae, Bacillus subtilis

(2) **구균(구형):** Streptococcus

(3) **나선균(나선형):** Spirillum volutans

간균(막대형)	구균(구형)	나선균(나선형)

2. 수중 미생물의 특성에 따른 분류

(1) **산소유무에 따른 분류:** Aerobic(호기성), Anaerobic(혐기성)

(2) **온도에 따른 분류:** Thermophilic(고온성), Psychrophilic(저온성)

(3) **에너지원에 따른 분류:** Photosynthetic(광합성), Chemosynthetic(화학합성)

(4) **탄소 공급원에 따른 분류:** Autotrophic(독립영양계), Heterotrophic(종속영양계)

	광합성 (에너지원: 빛)	화학합성 (에너지원: 산화환원반응)
독립영양 (탄소원: 무기탄소)	광합성 독립영양미생물 (에너지원으로 빛 이용, 탄소원으로 무기탄소 이용)	화학합성 독립영양미생물 (에너지원으로 산화환원반응 이용, 탄소원으로 무기탄소 이용)
종속영양 (탄소원: 유기탄소)	광합성 종속영양미생물 (에너지원으로 빛 이용, 탄소원으로 유기탄소 이용)	화학합성 종속영양미생물 (에너지원으로 산화환원반응 이용, 탄소원으로 유기탄소 이용)

고득점 POINT 메탄올을 탄소원으로 하는 탈질반응에서의 반응식

1) 1단계 반응식: $6NO_3^- + 2CH_3OH \rightarrow 6NO_2^- + 2CO_2 + 4H_2O$
2) 2단계 반응식: $6NO_2^- + 3CH_3OH \rightarrow 3N_2 + 3CO_2 + 3H_2O + 6OH^-$
3) 전체 반응식: $6NO_3^- + 5CH_3OH \rightarrow 3N_2 + 5CO_2 + 7H_2O + 6OH^-$

KEYWORD 09 미생물의 유기물 분해

1. 호기성 분해

① 호기성 세균은 섭취한 유기물을 산화분해하여 무기물(이산화탄소, 암모니아, 물 등)을 생성한다.

유기물				생성물
C, H, O, N, S	+	O_2	→	CO_2, H_2O, O_2, NO_3^-, SO_4^{2-}

② 충분한 용존산소의 조건에서 호기성 미생물에 의해 유기물이 분해된다.
㉠ DO 2mg/L 이상이어야 한다.
㉡ pH 7 정도가 적당하다.
㉢ BOD : N : P＝100 : 5 : 1

2. 혐기성 분해

① 원활한 산소 공급이 어려운 고농도의 유기고형물을 처리할 때 유리한 분해방식이다.

유기물				생성물
C, H, O, N, S	+	혐기성 미생물	→	CH_4, H_2O, 결합산소, NH_3, H_2S

② 부족한 용존산소의 조건에서 혐기성 미생물에 의해 유기물이 분해된다.
㉠ DO 0.2mg/L 이하여야 한다.
㉡ pH 7 정도가 적당하다.
㉢ 온도는 35℃ 혹은 55℃이다.

③ 혐기성 분해가 진행됨에 따라 산이 생성되어 pH가 감소하므로 적정 알칼리도가 필요하다.

고득점 POINT 호기성 분해식

1) 글루코스($C_6H_{12}O_6$)
$C_6H_{12}O_6 + 6O_2 \rightarrow 6CO_2 + 6H_2O$
2) 글라이신($C_2H_5O_2N$)
$C_2H_5O_2N + 3.5O_2 \rightarrow 2CO_2 + 2H_2O + HNO_3$
3) 박테리아($C_5H_7O_2N$)
$C_5H_7O_2N + 5O_2 \rightarrow 5CO_2 + 2H_2O + NH_3$

KEYWORD 10 미생물의 증식

1. 비증식속도(Michaelis-Menten의 식)

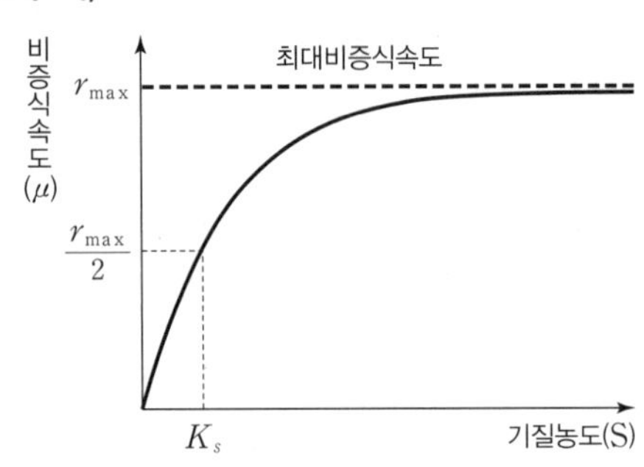

$$r = r_{max} \times \frac{S}{K_s + S}$$

r: 비증식속도(day^{-1}), r_{max}: 최대비증식속도(day^{-1}), K_s: 반포화농도(mg/L), S: 제한기질농도(mg/L)

2. 미생물의 증식단계

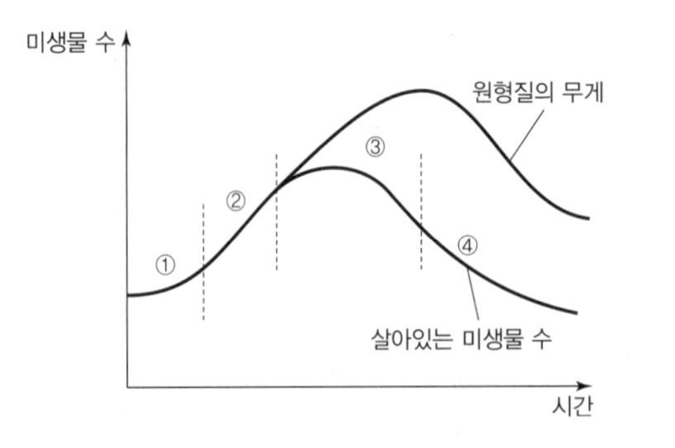

① 증식단계
② 대수성장단계
③ 감소성장단계
④ 내생성장단계

(1) 증식단계(유도기)

영양분이 유입되어 충분한 상태에서 서서히 미생물이 증식하기 시작하는 단계이다.

(2) 대수성장단계(대수증식기)

영양분이 충분한 상태에서 최대비증식속도로 미생물의 수가 증가하게 된다.

(3) 감소성장단계(정지기)

미생물의 개체 수가 최대이며 활성슬러지법에서 응집성이 좋은 floc을 형성하는 단계이다.

(4) 내생성장단계(사멸기)

부족한 영양분으로 인해 미생물들은 자산화하며 원형질의 전체량은 감소하게 된다.

KEYWORD 11 하천의 자정작용

Whipple의 하천 정화단계	특징
분해지대	• 유기성 부유물의 침전과 환원 및 분해에 의한 탄산가스의 방출이 일어난다. • 박테리아가 번성하며 오염에 강한 실지렁이가 나타나고 혐기성 곰팡이가 증식한다. • 용존산소(DO)의 감소가 현저하다.
활발한 분해지대	• 수중에 DO가 거의 없어 혐기성 박테리아가 번식하고 호기성 세균이 혐기성 세균으로 교체하며 fungi는 사라진다. • 수중 환경은 혐기성 상태가 되어 침전물은 흑갈색 또는 황색을 띤다. • 수중 탄산가스 농도나 암모니아성 질소, 메탄의 농도가 증가한다. • 화장실 냄새나 황화수소에 의한 달걀 썩은 냄새가 난다.
회복지대	• 용존산소가 포화될 정도로 증가한다. • 용존산소량이 증가함에 따라 질산염과 아질산염의 농도도 증가한다. • 발생된 암모니아성 질소가 질산화된다. • 혐기성균이 호기성균으로 대체되며 fungi도 조금씩 발생한다. • 조류, 원생동물, 윤충, 갑각류가 번식하며 우점종이 변한다. • fungi와 같은 정도로 청록색 또는 녹색 조류가 번식한다. • 하류로 내려갈수록 규조류가 성장한다.
정수지대	• 용존산소(DO)가 포화상태에 가깝도록 증가한다. • 윤충류, 청수성 어종 등이 번식한다.

KEYWORD 12 호소수 및 저수지의 수질관리

1. 성층현상(Stratification)

(1) 정의

① 연직 방향의 밀도차에 의해 층상으로 구분되어지는 것을 말한다.

② 수심에 따른 온도변화로 인해 발생되는 물의 밀도차에 의하여 발생한다.

(2) 성층의 구분

① 표수층(순환층, Epilimnion): 대기와 접하고 있어 바람에 의해 순환되며 공기 중의 산소가 재폭기되고 DO가 높아져 호기성 상태를 유지한다.

② 수온약층(변온층, Thermocline): 순환층과 정체층의 중간층으로 깊이에 따른 온도변화가 크다.

③ 심수층(정체층, Hypolimnion): 호소수의 하부층으로 DO가 부족한 혐기성 상태이며 혐기성 미생물의 유기물 분해로 인해 황화수소 등이 발생하기도 한다.

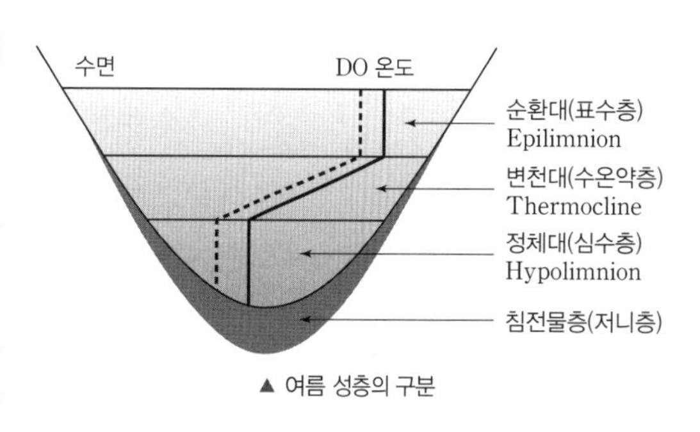

▲ 여름 성층의 구분

2. 전도현상(Turnover)

(1) 정의

① 봄과 가을에 저수지의 수직혼합이 활발하여 뚜렷한 층의 구별이 없어지는 현상이다.

② 봄이 되면 얼음이 녹으면서 수표면 부근의 수온이 높아지게 되고 따라서 수직운동이 활발해져 수질이 악화된다.

③ 가을이 되면 기온이 상승하여 수표면 부근의 수온이 낮아지게 되고 따라서 수직혼합이 활발해져 수질이 악화된다.

(2) 호소수 수질환경에 미치는 영향

① 수괴의 수직운동 촉진으로 호소 내 환경용량이 증대되어 물의 자정능력이 증가한다.

② 심층부까지 조류의 혼합이 촉진되어 상수원의 취수 심도에 영향을 끼치게 되므로 수질이 악화된다.

③ 심층부의 영양염이 상승하게 됨에 따라 표층부에 규조류가 번성하게 되어 부영양화가 촉진된다.

④ 조류의 다량 번식으로 물의 탁도가 증가하고 여과지가 폐색되는 등의 문제가 발생한다.

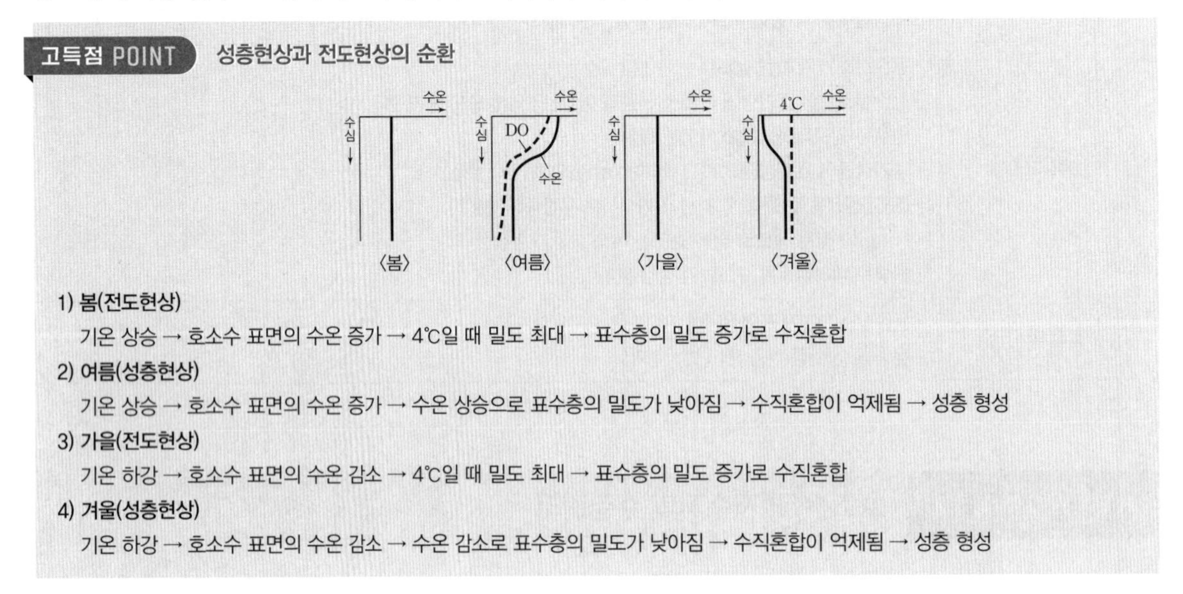

1) 봄(전도현상)
기온 상승 → 호소수 표면의 수온 증가 → 4℃일 때 밀도 최대 → 표수층의 밀도 증가로 수직혼합

2) 여름(성층현상)
기온 상승 → 호소수 표면의 수온 증가 → 수온 상승으로 표수층의 밀도가 낮아짐 → 수직혼합이 억제됨 → 성층 형성

3) 가을(전도현상)
기온 하강 → 호소수 표면의 수온 감소 → 4℃일 때 밀도 최대 → 표수층의 밀도 증가로 수직혼합

4) 겨울(성층현상)
기온 하강 → 호소수 표면의 수온 감소 → 수온 감소로 표수층의 밀도가 낮아짐 → 수직혼합이 억제됨 → 성층 형성

3. 부영양화(Eutrophication)

(1) 정의

① 부영양화 과정

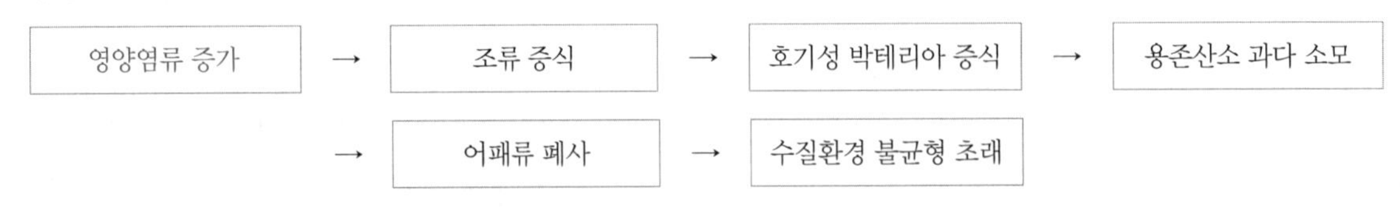

② 부영양화는 호수의 온도성층에 의해 크게 영향을 받는다.

③ 부영양화 평가 모델은 인(P) 부하 모델인 Vollenweider 모델이 대표적이다.

(2) 호소수 수질환경에 미치는 영향

① 심층수의 용존산소량이 감소한다.

② 퇴적물의 용출이 늘어나며, COD 농도가 증가한다.

③ 생물종의 다양성이 감소하고 개체수는 증가한다.

④ 부영양화가 진행되면 플랑크톤 및 그 잔재물이 증가되고 물의 투명도가 점차 낮아진다.

⑤ 표층수에는 과도한 광합성으로 인해 산소의 과포화가 일어나고 pH가 증가한다.

⑥ 식물성 플랑크톤은 점차 규조류가 남조류와 녹조류로 변환한다. 최종단계에서는 청록조류가 생긴다.

⑦ 조류나 미생물에 의해 생성된 용해성 유기물질이 불쾌한 맛과 냄새를 유발한다.

(3) 부영양호의 수면관리 대책

① 수생식물의 이용

② 준설　※ 준설: 하천이나 호수 등 수중 밑바닥의 토사를 굴착하는 작업을 말한다.

③ 약품에 의한 영양염류의 침전 및 황산동 살포

④ N, P의 유입량 억제

(4) 부영양호의 유입저감 대책

① 배출허용기준의 강화

② 하 · 폐수의 고도처리

③ 수변구역 설정 및 유입배수 우회

고득점 POINT 호소의 영양상태를 평가하기 위한 Carlson지수

1) 클로로필-a(Chlorophyll-a)
2) 투명도
3) 총인(T-P)

KEYWORD 13 연안의 수질관리

1. 적조현상

(1) 정의

① 부영양화에 따른 식물성 플랑크톤의 이상증식으로 해수가 적색으로 변하는 현상이다.

② 원인

㉠ 수온의 상승 및 염분농도의 감소

㉡ 상승류(Upwelling)현상으로 인하여 영양염류가 표수층으로 상승

㉢ 정체 해류 및 수괴의 연직안정도가 클 경우에 발생

③ 영향: DO가 감소하고, 수중 생물, 어패류 등이 폐사한다.

(2) 대책

① 황토를 살포하여 적조 생물과 흡착시켜 처리한다.

② 연안 오염저감 정책을 강화한다.

③ 수계로 들어오는 화학비료 및 오수를 처리할 수 있는 처리장을 설치한다.

④ 영양염류가 적은 물을 섞어 교환율을 높인다.

(3) 적조현상에 의해 어패류가 폐사하는 원인

① 어패류의 아가미에 적조생물의 부착으로 인해

② 치사성이 높은 유독물질을 분비하는 조류로 인해

③ 적조류의 사후분해에 의한 부패독의 발생으로 인해

④ 수중 용존산소 감소로 인해

2. 유류오염

(1) 유류의 거동

① 해상 유류의 유출은 선박사고나 공장의 배출에 의하여 발생한다.

② 생태계에 큰 영향을 미치며, 그 범위 또한 상당히 광범위하다.

③ 사고 직후 최단 시간 내에 오일펜스를 둘러 추가 확산을 저지하는 것이 가장 중요하다.

(2) 제어방법

① 계면활성제를 살포하여 기름을 분산시킨다.

② 오일펜스를 띄워 기름의 확산을 차단한다.

③ 미생물을 이용하여 기름을 생화학적으로 분해시킨다.

④ 흡수제를 이용하여 기름을 흡수한다.

⑤ 점도가 낮은 유류는 연소하여 처리한다.

01

KEYWORD 08 수중 미생물의 분류

미생물의 화학식은 $C_5H_7O_2N$로 나타낼 수 있다. 이 미생물의 BOD를 환산할 때 1.42라는 계수를 사용한다. 이를 유도하시오. (단, 내생호흡 기준)

정답

$\underline{C_5H_7O_2N} + \underline{5O_2} \rightarrow NH_3 + 2H_2O + 5CO_2$

$113g : 5 \times 32g = 1 : X$

$\therefore X = \frac{5 \times 32g \times 1}{113g} = 1.4159 ≒ 1.42$

02

KEYWORD 08 수중 미생물의 분류

NO_3^- 30mg/L가 함유되어 있는 폐수 1,000m^3/day를 탈질시키고자 한다. NO_3^-의 탈질 총괄반응식이 다음과 같을 때, 이때 필요한 메탄올(CH_3OH)의 양(kg/day)을 구하시오.

$$\frac{1}{6}CH_3OH + \frac{1}{5}NO_3^- + \frac{1}{5}H^+ \rightarrow \frac{1}{10}N_2 + \frac{1}{6}CO_2 + \frac{13}{30}H_2O$$

정답

12.90kg/day

해설

- 유입된 NO_3^- 양(kg/day) 계산

  $\frac{30mg}{L} \times \frac{1,000m^3}{day} \times \frac{10^3L}{1m^3} \times \frac{1kg}{10^6mg} = 30kg/day$

- 필요한 메탄올(CH_3OH)의 양(kg/day) 계산

  $\underline{6NO_3^-} : \underline{5CH_3OH}$

  $6 \times 62g : 5 \times 32g = 30kg/day : Xkg/day$

  $\therefore X = \frac{5 \times 32 \times 30}{6 \times 62} = 12.9032 ≒ 12.90kg/day$

03

KEYWORD 09 미생물의 유기물 분해

시료 1L에 0.7kg의 $C_8H_{12}O_3N_2$이 포함되어 있다. 1kg의 $C_8H_{12}O_3N_2$이 $C_5H_7O_2N$ 0.5kg을 합성한다면 $C_8H_{12}O_3N_2$의 최종 생성물과 미생물로 완전 산화될 때 필요한 산소량(kg/L)을 구하시오. (단, 최종 생성물은 H_2O, CO_2, NH_3)

정답

0.48kg/L

해설

(1) 세포합성에 필요한 산소량 계산

$C_8H_{12}O_3N_2 + 3O_2 \rightarrow C_5H_7O_2N + NH_3 + H_2O + 3CO_2$

① 세포합성에 소요되는 $C_8H_{12}O_3N_2$ 계산

$\underline{C_8H_{12}O_3N_2} : \underline{C_5H_7O_2N}$

184g : 113g

Xkg/L : 0.5kg/kg × 0.7kg/L

$\therefore X = \frac{184 \times 0.5 \times 0.7}{113} = 0.5699kg/L$

② 필요한 산소량(kg/L) 계산

$\underline{C_8H_{12}O_3N_2} : \underline{3O_2}$

184g : 3 × 32g

0.5699kg/L : Ykg/L

$\therefore Y = \frac{3 \times 32 \times 0.5699}{184} = 0.2973kg/L$

(2) 최종 생성물 생성에 필요한 산소량(kg/L) 계산

$\underline{C_8H_{12}O_3N_2} + \underline{8O_2} \rightarrow 2NH_3 + 3H_2O + 8CO_2$

184g : 8 × 32g

(0.7 − 0.5699)kg/L : Zkg/L

$\therefore Z = \frac{8 \times 32 \times (0.7 - 0.5699)}{184} = 0.1810kg/L$

(3) 완전 산화될 때 필요한 산소량(kg/L) 계산

$\therefore Y + Z = 0.2973 + 0.1810 = 0.4783 ≒ 0.48kg/L$

04

KEYWORD 09 미생물의 유기물 분해

포도당($C_6H_{12}O_6$) 용액 1,000mg/L이 있을 때, 아래의 물음에 답하시오. (단, 표준상태 기준)

(1) 혐기성 분해 시 생성되는 이론적 CH_4의 발생량(mg/L)

(2) 용액 1L를 혐기성 분해 시 발생되는 이론적 CH_4의 양(mL)

정답

(1) 266.67mg/L

(2) 373.33mL

해설

(1) 혐기성 분해 시 생성되는 이론적 CH_4의 발생량(mg/L) 구하기

$\underline{C_6H_{12}O_6} \rightarrow 3CO_2 + \underline{3CH_4}$

180g : 3×16g = 1,000mg/L : Xmg/L

$\therefore X = \frac{3 \times 16 \times 1,000}{180} = 266.6667 \fallingdotseq 266.67\text{mg/L}$

(2) 용액 1L를 혐기성 분해 시 발생되는 이론적 CH_4의 양(mL) 구하기

$\underline{C_6H_{12}O_6} \rightarrow 3CO_2 + \underline{3CH_4}$

180g : 3×22.4L = 1,000mg/L×1L : YmL

$\therefore Y = \frac{3 \times 22.4 \times 1,000 \times 1}{180} = 373.3333 \fallingdotseq 373.33\text{mL}$

관련이론 | 메탄(CH_4)의 발생

(1) 글루코스($C_6H_{12}O_6$) 1kg 당 메탄가스 발생량 (0℃, 1atm)

$\underline{C_6H_{12}O_6} \rightarrow \underline{3CH_4} + 3CO_2$

180g : 3×22.4L = 1kg : Xm^3

$\therefore X = \frac{3 \times 22.4 \times 1}{180} = 0.3733 \fallingdotseq 0.37m^3$

(2) 최종 BOD_u 1kg 당 메탄가스 발생량 (0℃, 1atm)

① BOD_u를 이용한 글루코스 양(kg) 계산

$\underline{C_6H_{12}O_6} + \underline{6O_2} \rightarrow 6H_2O + 6CO_2$

180g : 6×32g = Xkg : 1kg

$\therefore X = \frac{180 \times 1}{6 \times 32} = 0.9375\text{kg}$

② 글루코스의 혐기성 분해식을 이용한 메탄의 양(m^3) 계산

$\underline{C_6H_{12}O_6} \rightarrow \underline{3CH_4} + 3CO_2$

180g : 3×22.4L = 0.9375kg : Ym^3

$\therefore Y = \frac{3 \times 22.4 \times 0.9375}{180} = 0.35m^3$

05

KEYWORD 10 미생물의 증식

Michaelis–Menten식을 이용하여 미생물에 의한 폐수처리를 설명하기 위해 실험을 수행하였다. 실험 결과 1g의 미생물이 최대 20g/day의 유기물을 분해하는 것으로 나타났다. 실제 폐수의 농도가 15mg/L일 때 같은 양의 미생물이 10g/day의 속도로 유기물을 분해하였다면 폐수 농도가 5mg/L로 유지되고 있을 때 2g의 미생물에 의한 분해속도(g/day)를 구하시오.

정답

10g/day

해설

Michaelis–Menten식을 이용한다.

$$r = r_{max} \times \frac{S}{K_m + S}$$

r: 분해속도(g/g·day), r_{max}: 최대분해속도(g/g·day)

K_m: 반포화농도(mg/L), S: 기질농도(mg/L)

- K_m(mg/L) 계산

$$10\text{g/g·day} = 20\text{g/g·day} \times \frac{15\text{mg/L}}{K_m + 15\text{mg/L}}$$

$\therefore K_m = 15\text{mg/L}$

- 분해속도(r) 계산

$$\therefore r = 20\text{g/g·day} \times \frac{5\text{mg/L}}{15\text{mg/L} + 5\text{mg/L}} \times 2\text{g} = 10\text{g/day}$$

06

KEYWORD 12 호소수 및 저수지의 수질관리

여름철 호수의 성층현상에 대해 서술하시오. (각 층의 명칭 및 온도변화 그래프 포함)

정답

성층현상은 연직 방향의 밀도차에 의해 층상으로 구분되어지는 것을 말한다. 특히, 여름에는 밀도가 작은 물이 큰 물 위로 이동하며 온도차가 커져 수직운동은 점차 상부층에만 국한된다. 또한, 여름이 되면 연직에 따른 온도경사와 용존산소 경사가 같은 모양을 나타낸다.

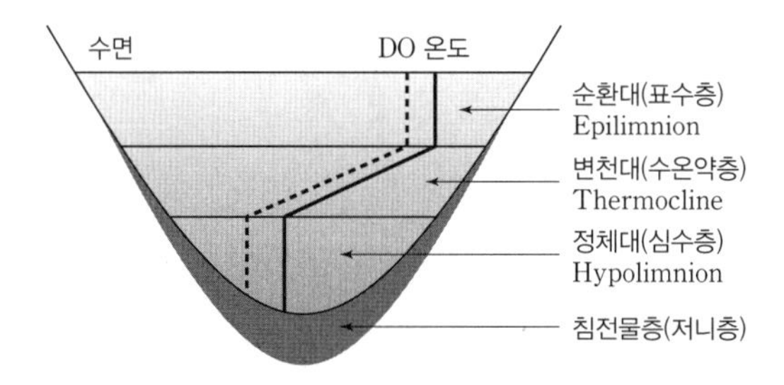

만점 KEYWORD

연직 방향, 밀도차, 층상, 여름, 온도차, 수직운동, 온도 경사, 용존산소 경사, 같은 모양

관련이론 | 성층현상과 전도현상의 순환

(1) **봄(전도현상)**: 기온 상승 → 호소수 표면의 수온 증가 → 4℃일 때 밀도 최대 → 표수층의 밀도 증가로 수직혼합

(2) **여름(성층현상)**: 기온 상승 → 호소수 표면의 수온 증가 → 수온 상승으로 표수층의 밀도가 낮아짐 → 수직혼합이 억제됨 → 성층 형성

(3) **가을(전도현상)**: 기온 하강 → 호소수 표면의 수온 감소 → 4℃일 때 밀도 최대 → 표수층의 밀도 증가로 수직혼합

(4) **겨울(성층현상)**: 기온 하강 → 호소수 표면의 수온 감소 → 수온 감소로 표수층의 밀도가 낮아짐 → 수직혼합이 억제됨 → 성층 형성

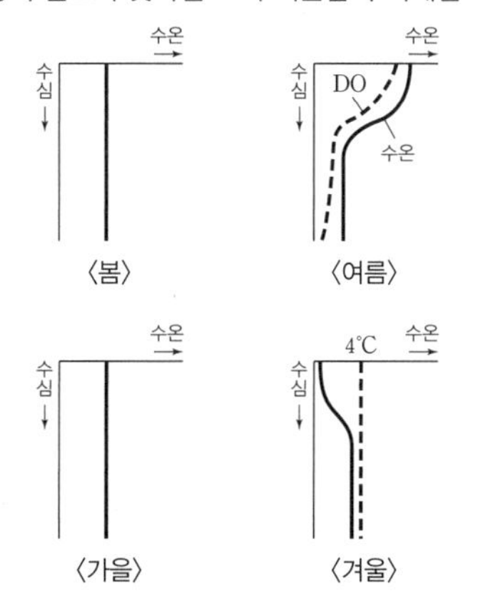

07

KEYWORD 13 연안의 수질관리

적조현상이 발생되는 환경조건 2가지와 영양조건(원소명) 3가지를 쓰시오.

(1) 환경조건(2가지)

(2) 영양조건(원소명)(3가지)

정답

(1) ① 수괴의 연직안정도가 클 때 발생
② 햇빛이 충분하여 플랑크톤이 번성할 때 발생
③ 물속에 영양염류가 공급될 때 발생
④ 홍수기 해수 내 염소량이 낮아질 때 발생

(2) ① 질소
② 인
③ 탄소
④ 규소

관련이론 | 적조현상

(1) **적조현상**
부영양화에 따른 플랑크톤의 증식으로 해수가 적색으로 변하는 현상

(2) **적조 발생 요인**
① 수괴의 연직안정도가 크고 정체된 해류일 때
② 플랑크톤의 번식에 충분한 광량과 영양염류가 공급될 때
③ 홍수기 해수 내 염소량이 낮아질 때
④ 해저에 빈산소 수괴가 형성되어 포자의 발아 촉진이 일어나고 퇴적층에서 부영양화의 원인물질이 용출될 때

(3) **적조현상에 의해 어패류가 폐사하는 원인**
① 적조생물이 어패류의 아가미에 부착되기 때문
② 치사성이 높은 유독물질을 분비하는 조류로 인해
③ 적조류의 사후분해에 의한 부패독이 발생하기 때문
④ 수중 용존산소 감소로 인해

수질오염방지 실무

합격 GUIDE

수질오염방지 실무는 실기시험 문제에서의 주된 이론들이 정리된 PART로 필기시험 과목 기준으로 상하수도계획, 수질오염방지기술에 해당되는 내용이 대부분입니다.
수질환경기사 실기시험에서는 수질오염방지 실무에 해당하는 이론을 적용한 다소 복잡한 계산과정의 문제가 출제되기도 합니다. 따라서, 계산 문제를 풀 때에는 직접 연습장에 계산식을 순서대로 쓰면서 공식 및 단위환산 등을 꼼꼼하게 학습하는 전략이 필요합니다.
특히 활성슬러지법 관련 공식, 인, 질소 제거공정 관련 이론은 매년 문제가 출제될 정도로 출제 비중이 높기 때문에 확실하게 이해하고 암기하는 것이 중요합니다.
2025년 1월 1일부터 적용되는 새 출제기준에 필기 기준 4과목인 수질오염공정시험기준의 비중이 커졌습니다. 새 출제기준에 따라 수질오염공정시험기준 이론을 반영하였으며, 다가오는 실기시험을 위해 위 이론 개념을 학습하는 것을 추천드립니다.

출제빈도별 기출 KEYWORD

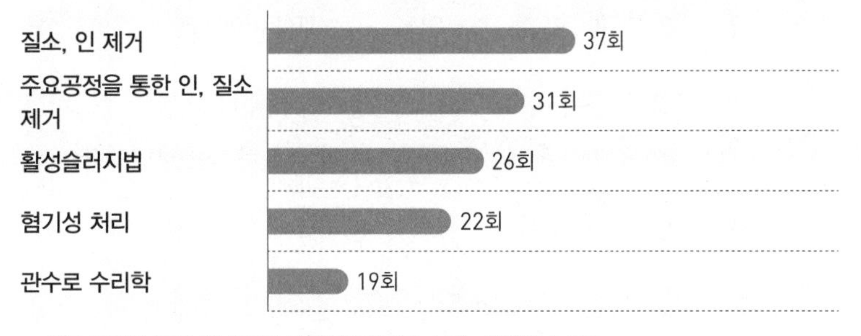

※ 최근 15개년 기출분석 결과로 분류방법에 따라 수치는 달라질 수 있음.

상하수도 기본계획

KEYWORD 01 상수도 기본계획

1. 상수도 계획의 일반사항

(1) 기본사항의 결정

① 계획(목표)년도: 기본계획에서 대상이 되는 기간으로 계획수립 시부터 15~20년간을 표준으로 한다.

② 계획급수구역: 계획년도까지 배수관이 부설되어 급수되는 구역은 여러 상황들을 종합적으로 고려하여 결정한다.

③ 계획급수인구: 계획급수인구는 계획급수구역 내의 인구에 계획급수보급률을 곱하여 결정된다. 계획급수보급률은 과거의 실적이나 장래의 수도시설계획 등이 종합적으로 검토되어 결정된다.

④ 계획급수량: 원칙적으로 용도별 사용수량을 기초로 하여 결정된다.

㉠ 계획1일 평균급수량 $= \dfrac{\text{계획1일 평균사용수량}}{\text{계획유효율}}$

㉡ 계획1일 최대급수량 $=$ 계획1일 평균급수량 $\times$ 계획첨두율 $= \dfrac{\text{계획1일 평균급수량}}{\text{계획부하율}}$

(2) 인구추정법

① 등차급수법: 매년 일정한 수만큼 인구가 증가한다고 가정하는 방법이다.

$$P_n = P_0 + rn$$

P_n: 추정인구(명), r: 인구증가율(%), n: 경과연수(년), P_0: 현재인구(명)

② 등비급수법: 매년 일정한 비율만큼 인구가 증가한다고 가정하는 방법이다.

$$P_n = P_0(1+r)^n$$

P_n: 추정인구(명), r: 인구증가율(%), n: 경과연수(년), P_0: 현재인구(명)

③ 지수함수법: 인구가 지수적으로 증가한다고 가정하는 방법으로 주로 단기간의 추정방법에 사용된다.

$$P_n = P_0 e^{rn}$$

P_n: 추정인구(명), r: 인구증가율(%), n: 경과연수(년), P_0: 현재인구(명)

④ 로지스틱법: 인구를 0으로 시작해서 경과연수에 따라 점차 증가하여 중간 지점에서 증가율이 가장 크고 그 후 점차 감소하여 무한년 후에는 포화된다는 이론에 기초한 방법이다.

$$P_n = \frac{K}{1+e^{a+bn}}$$

P_n: 추정인구(명), n: 경과연수(년), a, b: 상수, K: 극한값(명)

(3) 계획기준

① 취수시설의 계획취수량은 계획1일 최대급수량을 기준으로 한다.

② 도수시설의 계획도수량은 계획취수량(또는 계획1일 최대급수량)을 기준으로 한다.

③ 정수시설의 계획정수량은 계획1일 최대급수량을 기준으로 한다.

④ 송수시설의 계획송수량은 계획1일 최대급수량을 기준으로 한다.

⑤ 배수시설의 계획배수량은 원칙적으로 해당 배수구역의 계획시간 최대급수량으로 한다.

⑥ 계획급수량 결정 시 사용수량의 내역이나 다른 기초자료가 정비되어 있지 않은 경우에는 계획1인1일 평균사용수량을 기초로 사용할 수 있다.

⑦ 계획취수량을 확보하기 위하여 필요한 저수용량의 결정에 사용하는 계획기준년은 원칙적으로 10개년에 제1위 정도의 갈수를 표준으로 한다.

고득점 POINT 급수시설의 설계유량

- 수원지, 저수지, 유역면적 결정에는 1일 평균급수량이 기준이다.
- 배수지, 송수관 구경 결정에는 1일 최대급수량이 기준이다.
- 배수본관의 구경 결정에는 시간 최대급수량이 기준이다.

2. 상수도 급수계통

수원 → 취수 → 도수 → 정수 → 송수 → 배수 → 급수

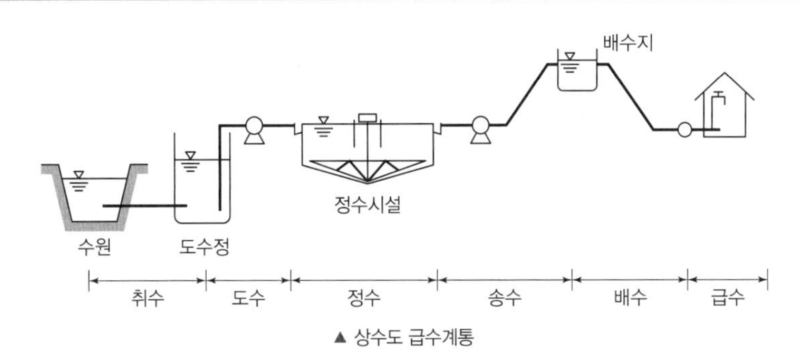

▲ 상수도 급수계통

① 수원 및 취수: 수원(빗물, 지표수, 지하수)에서 필요한 수량을 취입하는 과정으로 계획취수량을 안정적으로 확보할 수 있어야 한다.

② 도수: 수원에서 취수한 원수를 정수처리하기 위해 관로를 통해 정수장으로 이송하는 과정이다.

③ 정수: 원수 수질을 사용목적에 맞게 개선하는 과정으로 계획정수량은 계획1일 최대급수량 외에 정수장 내의 작업수량 등을 감안하여 결정한다.

④ 송수: 정수장에서 정수된 물을 배수지까지 보내는 과정으로 오염 방지를 위해 관수로로 해야 하며 부득이한 경우 개수로라도 암거로 시공한다.

⑤ 배수: 정수장에서 배수지로 보내진 물을 소요수압으로 소요수량만큼 배수관을 통해 급수지로 보내는 과정이다.

⑥ 급수: 배수된 물을 사용자에게 급수관을 통해 보내는 과정이다.

KEYWORD 02 하수도 기본계획

1. 하수도 계획의 일반사항

(1) 기본사항의 결정

① 계획(목표)년도: 원칙적으로 20년 정도로 한다.

② 하수의 배제방식: 분류식과 합류식이 있으며 지역의 특성, 방류수역의 여건 등을 고려하여 배제방식을 정한다.

③ 분뇨처리와 하수도

㉠ 하수처리구역 내 발생하는 수세분뇨는 관로정비상황 등을 고려하여 하수관로에 투입하는 것을 원칙으로 한다.

㉡ 처리구역 내에서 발생하는 수거식 분뇨는 하수처리장에서 전처리 후 합병 처리하는 것을 원칙으로 한다.

(2) 하수도 계획의 수립

① 침수방지계획

② 수질보전계획

③ 물관리 및 재이용 계획

④ 슬러지 처리 및 자원화 계획

2. 하수도 배제방식의 비교

구분		분류식	합류식
배제방식		오수 / 하수처리장 / 하천 / 우수	오수 / 우수 / 강우 시 / 우수토실 / 건기 시 / 하천 / 하수처리장
유지관리면 검토사항	관로오접 감시	철저한 감시 필요	감시 불필요
	관로 내 퇴적	관로 내 퇴적이 적으며, 수세효과는 없음	청천 시에 수위가 낮고 유속이 적어 오염물이 침전하기 쉬우나 우천 시에는 수세효과가 있기 때문에 관로 내의 청소 빈도가 적음
	처리장으로의 토사유입	토사의 유입이 있지만 합류식보다 적음	우천 시에 처리장으로 다량의 토사가 유입하여 장기간에 걸쳐 수로 바닥 등에 퇴적됨
수질보전면 검토사항	청천 시 및 우천 시의 월류	청천 시, 우천 시 월류 없음	• 청천 시 월류가 없음 • 우천 시 일정량 이상이 되면 월류함
건설비		고가	저렴
슬러지 내 중금속 함량		적음	큼

KEYWORD 03 하수도 우수배제계획

1. 우수배제계획

(1) 계획우수량

① 최대계획우수유출량의 산정식: 최대계획우수유출량의 산정은 합리식을 사용하는 것을 원칙으로 하지만 필요에 따라 다양한 우수유출산정 방법도 사용한다.

- 합리식 계획우수량

$$Q=\frac{1}{360}CIA$$

Q: 최대계획우수유출량(m^3/sec)
C: 유출계수, A: 유역면적(ha, 100ha=1km^2)
I: 유달시간(t) 내의 평균강우강도(mm/hr)
※ t(min)=유입시간+유하시간$\left(=\frac{\text{길이}(L)}{\text{유속}(V)}\right)$

② 유출계수(C)

㉠ 유출계수는 토지이용도별 기초유출계수로부터 총괄유출계수를 구하는 것을 원칙으로 한다.

㉡ 총괄유출계수=(유출계수×각 면적)/총 면적

$$C=\frac{\sum_{i=1}^{m}C_iA_i}{\sum_{i=1}^{m}A_i}$$

C: 총괄유출계수
C_i: i 번째 토지이용도별 기초유출계수, A_i: i 번째 토지이용도별 총면적, m: 토지이용도의 수

③ 설계강우 *'설계강우'를 용어 변경 전에는 '확률년수'라고 명칭하였음

㉠ 하수관로의 설계강우: 원칙적으로 10~30년으로 한다.

㉡ 빗물펌프장의 설계강우: 원칙적으로 30~50년으로 한다.

㉢ 지역의 특성 또는 방재상 필요성에 따라 원칙보다 크게 또는 작게 정할 수 있다.

④ 유달시간(t)

유달시간은 유입시간과 유하시간을 합한 것으로 한다.

㉠ 유입시간(t_1): 최소단위 배수구역의 지표면 특성을 고려하여 구하며, 강우가 배수구의 최원격 지점에서 하수관로 입구까지 유입되는 데 걸리는 시간이다.

㉡ 유하시간(t_2): 최상류 관로의 시작으로부터 하류 관로의 특정 지점까지의 거리를 계획유량에 대응한 유속으로 나누어 구하는 것을 원칙으로 한다.

⑤ 배수면적(A): 지형도를 기초로 도로, 철도 및 기존 하천의 배치 등을 답사에 의해 충분히 조사하고 장래의 개발계획도 고려하여 정확히 구한다.

(2) 강우강도(I)

① 한 지점에 내린 우량을 mm/hr 단위로 나타낸다.

② 관련 공식

구분	특징	공식	
Talbot 형	곡선의 굽은 정도가 작은 성질을 가지고 있으며, 유달시간이 짧은 관로 등의 유하시설을 계획할 경우에 적용한다.	$I=\frac{a}{t+b}$	• I: 강우강도(mm/hr) • t: 강우지속시간(min) • a, b, m: 상수
Sherman 형	관로 곡선의 굽은 정도가 심하다.	$I=\frac{a}{t^m}$	
Hisano - Ishiguro 형	관로 곡선의 굽은 정도가 심하다.	$I=\frac{a}{\sqrt{t}+b}$	
Cleveland 형	24시간 이상 장시간 강우강도에 대해 저류시설 등을 계획하는 경우에도 적용한다.	$I=\frac{a}{t^m+b}$	

2. 오수배제계획

(1) 계획오수량

① 생활오수량: 생활오수량의 1인1일 최대오수량은 계획목표년도에서 계획지역 내 상수도 계획상의 1인1일 최대급수량을 감안하여 결정한다.

② 지하수량: 1인1일 최대오수량의 20% 이하로 한다.

③ 계획1일 최대오수량: 1인1일 최대오수량에 계획인구를 곱한 후 기타 배수량(공장폐수량, 지하수량)을 더한 것으로 한다.

④ 계획1일 평균오수량: 계획1일 최대오수량의 70~80%를 표준으로 한다.

⑤ 계획시간 최대오수량: 계획1일 최대오수량의 1시간당 수량의 1.3~1.8배를 표준으로 한다.

⑥ 합류식에서 우천 시 계획오수량: 계획시간 최대오수량의 3배 이상으로 한다.

(2) 계획오염부하량 및 계획유입수질

① 계획오염부하량: 각종 오수(생활오수, 영업오수, 공장폐수, 관광오수 등)의 오염부하량의 합한 값으로 한다.

② 계획유입수질: 계획오염부하량/계획1일 평균오수량으로 한다.

③ 대상 수질항목: 처리목표수질의 항목에 일치하는 것을 원칙으로 한다.

고득점 POINT **전염소처리와 중간염소처리의 염소제 주입지점**

1) **전염소처리 염소제 주입지점**: 착수정과 혼화지 사이
2) **중간염소처리 염소제 주입지점**: 응집침전지와 여과지 사이

KEYWORD 04 수원

1. 수원의 종류

(1) 지표수

① 우리나라 대규모 상수도의 수원으로 가장 많이 이용되며 오염물질 노출에 주의해야 한다.

② 하천수, 호소수 등이 있다.

(2) 지하수

① 오염물과 미생물이 적은 편이며 지하수의 수질은 국지적인 환경에 쉽게 영향을 받는다.

② 복류수, 얕은 우물 지하수, 깊은 우물 지하수, 용천수 등이 있다.

(3) 기타

빗물, 해수 등이 있다.

용어 CHECK 얕은 우물 지하수와 깊은 우물 지하수

1) 얕은 우물 지하수
- 자유 지하수 또는 복류수를 취수하는 우물로, 천정호(Shallow Wells)라고도 말한다.
- 일반적으로 철근 콘크리트제의 우물통을 지하에 설치하여 그 바닥 또는 측면에서 우물통 내로 집수하고 그 물을 수중 모터펌프 등으로 양수한다.

2) 깊은 우물 지하수
- 피압대수층으로부터 취수하는 우물로, 심정호(Deep Wells)라고도 말한다.
- 케이싱, 스크린, 케이싱 내에 설치하는 양수관과 수중 모터펌프로 이루어지며, 좁은 용지에서 비교적 다량의 물을 얻을 수 있다.
- 얕은 우물에서는 주로 대수층의 면적확대를 고려해야만 하는데 반하여 깊은 우물은 대수층을 입체적으로 넓게 이용하는 방식이며, 대수층의 두께가 어느 정도 있어야 한다.

2. 수원의 구비조건

① 수량이 풍부해야 한다.

② 수질이 좋아야 한다.

③ 가능한 한 높은 곳에 위치해야 한다.

④ 수돗물 소비지에서 가까운 곳에 위치해야 한다.

최빈출 기출문제

01

KEYWORD 01 상수도 기본계획

등비급수법에 따라 A도시의 인구는 10년간 3.25배 증가했다. 이때 연평균 인구 증가율(%)을 구하시오.

정답

12.51%

해설

등비급수법에 따른 인구추정식을 이용한다.

$P_n=P_0(1+r)^n$

$3.25P_0=P_0(1+r)^{10}$

$\therefore r=3.25^{\frac{1}{10}}-1=0.1251=12.51\%$

관련이론 | 인구추정식

등차급수법		
$P_n=P_0+rn$	• P_n: 추정인구(명) • r: 인구증가율(%)	• n: 경과연수(년) • P_0: 현재인구(명)
등비급수법		
$P_n=P_0(1+r)^n$	• P_n: 추정인구(명) • r: 인구증가율(%)	• n: 경과연수(년) • P_0: 현재인구(명)
지수함수법		
$P_n=P_0e^{rn}$	• P_n: 추정인구(명) • r: 인구증가율(%)	• n: 경과연수(년) • P_0: 현재인구(명)
로지스틱법		
$P_n=\frac{K}{1+e^{a-bn}}$	• P_n: 추정인구(명) • n: 경과연수(년)	• a, b: 상수 • K: 극한값(명)

02

KEYWORD 01 상수도 기본계획

지하수가 통과하는 대수층의 투수계수가 다음과 같을 때 수평방향(K_x)과 수직방향(K_y)의 평균투수계수(cm/day)를 구하시오.

K_1	10cm/day	↕ 20cm
K_2	50cm/day	↕ 5cm
K_3	1cm/day	↕ 10cm
K_4	5cm/day	↕ 10cm

(1) 수평방향의 평균투수계수(K_x)

(2) 수직방향의 평균투수계수(K_y)

정답

(1) 11.33cm/day

(2) 3.19cm/day

해설

(1) 수평방향의 투수계수(K_x) 구하기

$$K_x=\frac{K_1H_1+K_2H_2+K_3H_3+K_4H_4}{\sum H_T}$$

$$=\frac{10\times20+50\times5+1\times10+5\times10}{(20+5+10+10)}$$

$$=11.3333≒11.33\text{cm/day}$$

(2) 수직방향의 투수계수(K_y) 구하기

$$K_y=\frac{\sum H_T}{\frac{H_1}{K_1}+\frac{H_2}{K_2}+\frac{H_3}{K_3}+\frac{H_4}{K_4}}$$

$$=\frac{(20+5+10+10)}{\frac{20}{10}+\frac{5}{50}+\frac{10}{1}+\frac{10}{5}}$$

$$=3.1915≒3.19\text{cm/day}$$

03

KEYWORD 02 하수도 기본계획

하수도의 배제방식의 비교에서 다음 보기를 이용하여 빈칸에 알맞은 말을 쓰시오.

검토사항	분류식	합류식
건설비(보기: 고가/저렴)		
관로오접 감시(보기: 필요함/필요없음)		
처리장으로의 토사유입(보기: 많음/적음)		
관로의 폐쇄(보기: 큼/적음)		
슬러지 내 중금속 함량(보기: 큼/적음)		

정답

검토사항	분류식	합류식
건설비(보기: 고가/저렴)	고가	저렴
관로오접 감시(보기: 필요함/필요없음)	필요함	필요없음
처리장으로의 토사유입(보기: 많음/적음)	적음	많음
관로의 폐쇄(보기: 큼/적음)	큼	적음
슬러지 내 중금속 함량(보기: 큼/적음)	적음	큼

04

KEYWORD 02 하수도 기본계획

합류식 관로의 장단점을 각각 2가지씩 쓰시오.

(1) 장점(2가지)

(2) 단점(2가지)

정답

(1) ① 우천 시 수세효과가 있어 관로 내의 청소빈도가 적다.
② 관로오접이 없다.
③ 우수를 신속히 배수하기 위해 지형조건에 적합한 관로망이 된다.

(2) ① 대구경관로가 되면 좁은 도로에서의 매설에 어려움이 있다.
② 우천 시 일정량 이상이 되면 월류한다.
③ 우천 시 토사가 유입하여 바닥 등에 퇴적한다.

05

KEYWORD 03 하수도 우수배제계획

유역면적이 $2km^2$인 지역에서의 우수유출량을 산정하기 위해 합리식을 사용하였다. 관로 길이가 1,000m인 하수관의 우수유출량(m^3/sec)을 구하시오.

(단, 강우강도 I(mm/hr)$=\frac{3,600}{t+30}$, 유입시간 5분, 유출계수 0.7, 관 내의 평균 유속 40m/min)

정답

$23.33m^3/sec$

해설

$Q=\frac{1}{360}CIA$

Q: 최대계획우수유출량(m^3/sec), C: 유출계수

I: 유달시간(t) 내의 평균강우강도(mm/hr), A: 유역면적(ha)

t: 유달시간(min), t(min)=유입시간+유하시간$\left(=\frac{길이(L)}{유속(V)}\right)$

※ 합리식에 의한 우수유출량 공식은 특히 각 문자의 단위를 주의해야 한다.

- 유달시간(t) 계산

$t(\text{min})=\text{유입시간}+\text{유하시간}\left(=\frac{길이(L)}{유속(V)}\right)$

$=5\text{min}+1,000\text{m}\times\frac{\text{min}}{40\text{m}}=30\text{min}$

- 강우강도(I) 계산

$I=\frac{3,600}{t+30}=\frac{3,600}{30+30}=60\text{mm/hr}$

- 유역면적(A) 계산

$A=2\text{km}^2\times\frac{100\text{ha}}{1\text{km}^2}=200\text{ha}$

- 유량(Q) 계산

$\therefore Q=\frac{1}{360}CIA$

$=\frac{1}{360}\times0.7\times60\times200=23.3333\fallingdotseq23.33\text{m}^3/\text{sec}$

CHAPTER 02

상하수도 시설 및 설비

KEYWORD 05 취수

1. 계획취수량 및 취수시설

(1) 계획취수량

① 계획1일 최대급수량을 기준으로 한다.

② 기타 필요한 작업용수를 포함한 손실수량 등을 고려한다.

(2) 취수시설의 선정

① 지표수(하천수): 취수보, 취수탑, 취수문, 취수관로 등이 있다.

② 지표수(호소·댐): 취수탑(고정식, 가동식), 취수문, 취수틀 등이 있다.

2. 취수지점

(1) 지표수의 취수지점 선정

① 계획취수량을 안정적으로 취수할 수 있어야 한다.

② 장래에도 양호한 수질을 확보할 수 있어야 한다.

③ 구조상의 안정을 확보할 수 있어야 한다.

④ 하천관리시설 또는 다른 공작물에 근접하지 않아야 한다.

⑤ 하천개수계획을 실시함에 따라 취수에 지장이 생기지 않아야 한다.

⑥ 기후변화에 대비 갈수 시와 비상시 인근의 취수시설의 연계 이용 가능성을 파악한다.

(2) 지하수의 취수지점 선정

① 기존 우물 또는 집수매거의 취수에 영향을 주지 않아야 한다.

② 연해부의 경우에는 해수의 영향을 받지 않아야 한다.

③ 얕은 우물이나 복류수인 경우에는 오염원으로부터 15m 이상 떨어져서 장래에도 오염의 영향을 받지 않는 지점이어야 한다.

④ 복류수인 경우에 장래 일어날 수 있는 유로변화 또는 하상저하 등을 고려하고 하천개수계획에 지장이 없는 지점을 선정한다. 또한, 하상 원래의 지질이 이토질인 지점은 피한다.

KEYWORD 06 관수로 수리학

1. Manning의 유속 공식

$$V=\frac{1}{n}R^{\frac{2}{3}}I^{\frac{1}{2}}$$

V: 유속(m/sec)

n: 조도계수, R: 경심(m)$\left(=\frac{\text{단면적}}{\text{윤변}},\ \text{원형}=\frac{D}{4}\right)$, I: 동수경사

※ $Q=AV$을 이용하여 관의 단면적과 Manning 공식을 통한 유속 산정으로 유량(Q)을 구할 수 있다.

2. Darcy-Weisbach의 마찰손실수두 공식

$$h_L=f\times\frac{L}{D}\times\frac{V^2}{2g}$$

h_L: 마찰손실수두(m), f: 마찰손실계수, L: 관의 길이(m)
D: 관의 직경(m), V: 유속(m/sec), g: 중력가속도(9.8m/sec^2)

KEYWORD 07 관로의 부식

1. 상수도관(금속관) 부식의 종류

(1) 자연부식

부식전지의 형성상황에 따라 마이크로셀 부식과 매크로셀 부식으로 나뉜다.

① 마이크로셀 부식: 양/음극부가 아닌 개개의 원자로 이루어진 활성점으로 무수히 분산하여 부식되는 현상이다.

② 매크로셀 부식: 양/음극부가 뚜렷이 구분되어 거시적 전지가 형성되어 양극부가 부식되는 현상이다.

(2) 전식

지중 또는 수중을 통한 누설전류, 점핑과 같은 간섭에 의해 전기적으로 발생하는 부식이다.

자연부식		전식
마이크로셀 부식	매크로셀 부식	
• 일반토양 부식 • 특수토양 부식 • 박테리아 부식	• 콘크리트 · 토양 부식 • 산소농담(통기차) • 이중금속	• 전철의 미주 전류 • 간섭

고득점 POINT 관수로에서의 유량 측정방법

1) 벤튜리미터 2) 유량측정용 노즐 3) 오리피스 4) 피토우관 5) 자기식 유량측정기

2. 관정부식(Crown 현상)

관정부식은 하수도관의 부식 현상 중 하나로 황화수소(H_2S)와 관련이 있다.

(1) 원인

① 황산염이 혐기성 상태에서 황산염 환원세균에 의해 환원되어 황화수소(H_2S)가 생성된다.

② 황화수소(H_2S)는 콘크리트 벽면의 결로에 재용해되고 유황산화 세균에 의해 산화되어 황산(H_2SO_4)이 된다.

③ 콘크리트 표면에서 황산(H_2SO_4)이 농축되어 pH가 1~2로 저하되면 콘크리트의 주성분인 수산화칼슘($Ca(OH)_2$)이 황산(H_2SO_4)과 반응하여 황산칼슘($CaSO_4$)이 생성되고 관정부식이 일어난다.

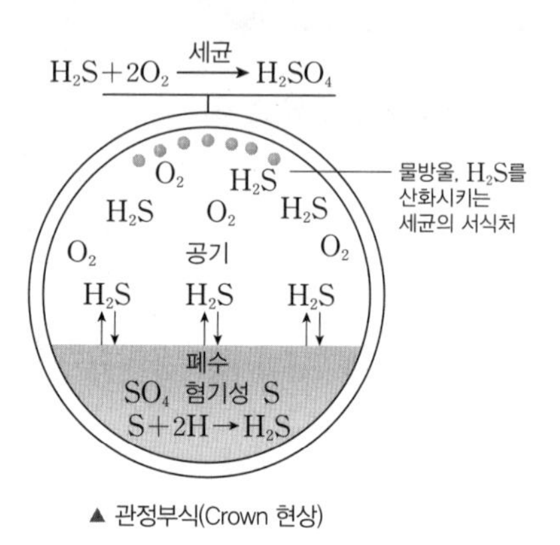

▲ 관정부식(Crown 현상)

(2) 대책

① 공기, 산소, 과산화수소, 초산염 등의 약품을 주입하여 황화수소의 발생을 방지한다.

② 환기를 통해 관 내 황화수소를 희석한다.

③ 산화제의 첨가에 의한 황화물의 산화, 금속염의 첨가에 의한 황화수소의 고정화로 기상 중으로의 확산을 방지한다.

④ 황산염 환원세균의 활동을 억제시킨다.

⑤ 유황산화 세균의 활동을 억제시킨다.

⑥ 방식 재료를 사용하여 관을 방호한다.

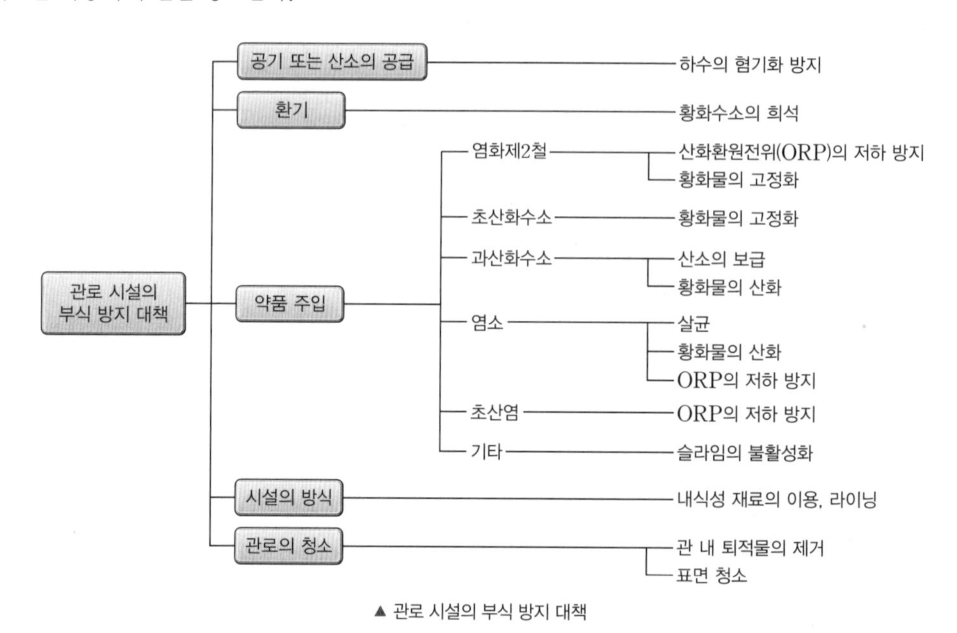

▲ 관로 시설의 부식 방지 대책

KEYWORD 08 역사이펀

1. 역사이펀의 구조 및 특징

(1) 정의

① 하수관이 하천, 수로, 지하철 등 이설이 불가능한 지하 매설물 아래를 횡단하는 경우 평면교차로는 접합이 곤란해 그 밑을 통과하도록 설계된 하수관이다.

② 하수관과 상수관이 만나면 하수관을 역사이펀으로, 오수관과 우수관이 만나면 오수관을 역사이펀으로 배치한다.

(2) 구조

① 장해물의 양측에 수직으로 역사이펀실을 설치하고 이를 수평 또는 하류로 하향 경사의 역사이펀 관로로 연결한다.

② 역사이펀 관로는 일반적으로 복수로 하고, 호안, 기타 구조물의 하중 및 그들의 부등침하에 대한 영향을 받지 않도록 한다.

(3) 특징

① 시공이 어렵고 침전물의 청소가 곤란하다.

② 깊은 매설깊이로 하중이 크기 때문에 균열, 파손의 우려가 크다.

③ 내부검사나 보수가 곤란해 하수도 관리상 지장이 많으므로 가급적 피한다.

2. 역사이펀의 손실수두

$$H = i \cdot L + \left(1.5 \times \frac{V^2}{2g}\right) + \alpha$$

H: 역사이펀에서의 손실수두(m), i: 역사이펀 관 내의 유속에 대한 동수경사
L: 관로의 길이(m), V: 관 내 유속(m/sec), g: 중력가속도(=9.8m/sec^2), α: 여유율(=0.03~0.05m)

KEYWORD 09 펌프 및 펌프장

1. 펌프의 구경

(1) 흡입구경(D)

① 펌프의 구경 공식

$$D = 146\sqrt{\frac{Q}{V}}$$

D: 펌프의 흡입구경(mm), Q: 토출량(m^3/min), V: 흡입구의 유속(m/sec)

② 유량 공식

$$Q = A \cdot V$$

Q: 토출량(m^3/sec), A: 단면적(m^2), V: 흡입구의 유속(m/sec)

※ 단면적(A)를 구한 후 $A = \frac{\pi D^2}{4}$을 통해 구경(D)을 산출할 수 있다.

(2) 토출구경

펌프의 토출구경은 흡입구경, 전양정 및 비교회전도 등을 고려하여 정한다.

2. 펌프의 전양정과 동력

(1) 전양정(H)

펌프의 전양정은 실양정과 펌프에 부수된 흡입관, 토출관 및 밸브의 손실수두를 고려하여 정한다.

$$H = h_a + h_f + h_o$$

H: 전양정(m)

h_a: 실양정(m), h_f: 관로 손실수두의 전체 합$\left(h_f = f \times \frac{L}{D} \times \frac{V^2}{2g}\right)$, h_o: 관 말단의 잔류속도수두(m)

(2) 동력(P)

$$P(\text{kW}) = \frac{\gamma \times \triangle H \times Q}{102 \times \eta} \times \alpha$$

P: 동력(kW)

γ: 물의 비중(1,000kg/m^3), $\triangle H$: 전양정(m), Q: 유량(m^3/sec), η: 효율, α: 여유율

※ 1HP(마력)=0.746kW, 1PS=0.7355kW

3. 펌프의 비교회전도

$$N_S = N \times \frac{Q^{1/2}}{H^{3/4}}$$

N_S: 비교회전도, N: 규정회전수(rpm)

Q: 규정토출량(m^3/min) ※ 양흡입인 경우 유량(Q)을 구하여 $\frac{1}{2}Q$

H: 펌프의 규정양정(m) ※ 다단펌프의 경우에는 1단에 해당하는 양정

고득점 POINT 펌프의 특성곡선

- 펌프의 효율, 축동력, 양정과의 관계를 나타내는 그래프로 펌프의 특성을 나타내는 곡선이다.
- 펌프의 특성곡선에 따라 펌프를 선정한다.

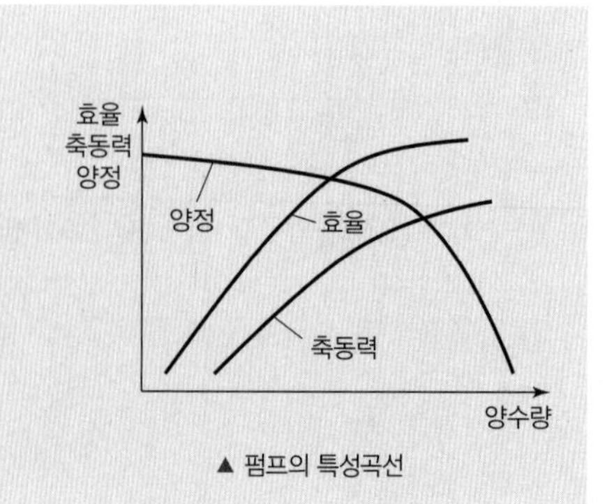

▲ 펌프의 특성곡선

4. 펌프의 장애현상

(1) 공동현상(Cavitation)

① 정의

펌프 회전차나 동체 속에 흐르는 압력이 국소적으로 저하하여 그 액체의 포화증기압 이하로 떨어져 발생하는 현상이다.

② 원인

㉠ 펌프의 내부에서 유속이 급변하거나 와류 발생, 유로 장애 등에 의하여 유체의 압력이 저하되는 경우 발생한다.

㉡ 관 내의 수온이 증가할 때나 펌프의 흡입양정이 높을 때 발생한다.

㉢ 고속회전으로 임펠로 끝단에서 속도가 고속일 때 발생한다.

㉣ 펌프의 흡수면 사이의 수직거리가 길 경우 발생한다.

③ 방지 대책

㉠ 펌프의 회전수를 감소시켜 필요유효흡입수두를 작게 한다.

㉡ 흡입측의 손실을 가능한 한 작게 하여 가용유효흡입수두를 크게 한다.

㉢ 펌프의 설치위치를 가능한 한 낮추어 가용유효흡입수두를 크게 한다.

㉣ 흡입측 밸브를 완전히 개방하고 펌프를 운전한다.

㉤ 임펠러를 수중에 잠기게 한다.

(2) 수격작용(Water Hammer)

① 정의

만관 내에 흐르고 있는 물의 속도가 급격히 변화하여 압력변화가 생기는 현상이다.

② 원인

㉠ 펌프가 정전 등으로 인해 순간적 정지 및 가동을 할 경우 발생한다.

㉡ 배관의 급격한 굴곡이 존재할 때 발생한다.

㉢ 토출측 밸브가 급격히 개폐될 때 발생한다.

③ 방지 대책

㉠ 펌프에 Fly wheel을 붙여 펌프의 관성을 증가시킨다.

㉡ 펌프 토출구 부근에 공기탱크를 두거나 부압 발생지점에 흡기밸브를 설치하여 압력 강하 시 공기를 넣어준다.

㉢ 관 내 유속을 낮추거나 관로상황을 변경한다.

㉣ 토출측 관로에 한 방향 조압수조를 설치한다.

㉤ 토출관측에 조압수조를 설치한다.

(3) 맥동현상(Surging)

① 정의

펌프운전 시 발생할 수 있는 비정상현상 중 펌프 운전 중에 토출량과 토출압이 주기적으로 변동하는 상태이다.

② 원인

㉠ 토출관이 길고 공기가 차 있을 때 발생한다.

㉡ 수량조절 밸브가 수조의 끝단에서 행할 때 발생한다.

③ 방지 대책

㉠ 양수량 및 회전수를 조절한다.

㉡ 관로 내의 공기를 제거한다.

01

KEYWORD 06 관수로 수리학

폭 2.5m, 수심 1.2m, 조도계수 0.014, 동수경사 0.09인 장방형 콘크리트 개수로에서의 유량(m^3/sec)을 구하시오. (단, Manning 공식 이용)

정답

$46.35m^3/sec$

해설

Manning 공식을 이용한다.

$V=\frac{1}{n}R^{\frac{2}{3}}I^{\frac{1}{2}}$

V: 유속(m/sec), n: 조도계수, R: 경심(m), I: 동수경사

- 경심(R) 계산

$R=\frac{\text{단면적}}{\text{윤변}}=\frac{1.2\times 2.5}{2\times 1.2+2.5}=0.6122$

- 유속(V) 계산

$V=\frac{1}{0.014}\times(0.6122)^{\frac{2}{3}}\times(0.09)^{\frac{1}{2}}=15.4498m/sec$

- 유량(Q) 계산

$\therefore Q=AV=(2.5m\times 1.2m)\times\frac{15.4498m}{sec}$

$=46.3494\fallingdotseq 46.35m^3/sec$

02

KEYWORD 06 관수로 수리학

관의 지름이 100mm이고 관을 통해 흐르는 유량이 $0.02m^3$/sec인 관의 손실수두가 10m가 되게 하고자 한다. 이때의 관의 길이(m)를 구하시오. (단, 마찰손실수두만을 고려하며 마찰손실수두는 0.015)

정답

201.50m

해설

유속(V)을 구하면

$Q=AV$

$\frac{0.02m^3}{sec}=\frac{\pi\times(0.1m)^2}{4}\times V$

$V=2.5465m/sec$

$h_L=f\times\frac{L}{D}\times\frac{V^2}{2g}$

h_L: 마찰손실수두(m), f: 마찰손실계수, L: 관의 길이(m)

D: 관의 직경(m), V: 유속(m/sec), g: 중력가속도($9.8m/sec^2$)

$10m=0.015\times\frac{L}{0.1m}\times\frac{(2.5465m/sec)^2}{2\times 9.8m/sec^2}$

$\therefore L=201.5011\fallingdotseq 201.50m$

03

KEYWORD 07 관로의 부식

하수관에서 발생하는 황화수소에 의한 관정부식을 방지하는 대책을 3가지 쓰시오.

정답

① 공기, 산소, 과산화수소, 초산염 등의 약품을 주입하여 황화수소의 발생을 방지한다.
② 환기를 통해 관 내 황화수소를 희석한다.
③ 산화제의 첨가에 의한 황화물의 산화, 금속염의 첨가에 의한 황화수소의 고정화로 기상 중으로의 확산을 방지한다.
④ 황산염 환원세균의 활동을 억제시킨다.
⑤ 유황산화 세균의 활동을 억제시킨다.
⑥ 방식 재료를 사용하여 관을 방호한다.

만점 KEYWORD

① 공기, 산소, 과산화수소, 초산염, 약품, 황화수소, 방지
② 환기, 관 내 황화수소, 희석
③ 산화제 첨가, 황화물, 산화, 금속염 첨가, 황화수소 고정화, 확산, 방지
④ 황산염 환원세균, 억제
⑤ 유황산화 세균, 억제
⑥ 방식 재료, 관, 방호

관련이론 | **관정부식(Crown 현상)**

혐기성 상태에서 황산염이 황산염 환원세균에 의해 환원되어 황화수소를 생성

↓

황화수소가 콘크리트 벽면의 결로에 재용해되고 유황산화 세균에 의해 황산으로 산화

↓

콘크리트 표면에서 황산이 농축되어 pH가 1~2로 저하 → 콘크리트의 주성분인 수산화칼슘이 황산과 반응 → 황산칼슘 생성, 관정부식 초래

04

KEYWORD 09 펌프 및 펌프장

정수시설에서 수직고도 30m 위에 있는 배수지로 관의 직경 20cm, 총연장 0.2km의 배수관을 통해 유량 $0.1m^3/sec$의 물을 양수하려 한다. 다음 물음에 답하시오.

(1) 펌프의 총양정(m) ($f=0.03$)
(2) 펌프의 효율을 70%라고 할 때 펌프의 소요동력(kW) (단, 물의 밀도는 $1g/cm^3$)

정답

(1) 46.03m
(2) 64.46kW

해설

(1) 펌프의 총양정(H) 구하기

① 유속(V) 계산

$$V=\frac{Q}{A}=\frac{\frac{0.1m^3}{sec}}{\frac{\pi\times(0.2m)^2}{4}}=3.1831m/sec$$

② 총양정(H) 계산

총양정 H=실양정+손실수두+속도수두

$$=h+f\times\frac{L}{D}\times\frac{V^2}{2g}+\frac{V^2}{2g}$$

$$=30+0.03\times\frac{200}{0.2}\times\frac{(3.1831)^2}{2\times9.8}+\frac{(3.1831)^2}{2\times9.8}$$

$$=46.0253\fallingdotseq46.03m$$

(2) 펌프의 소요동력(kW) 구하기

$$동력(kW)=\frac{\gamma\times\triangle H\times Q}{102\times\eta}$$

γ: 물의 비중($1,000kg/m^3$), $\triangle H$: 전양정(m), Q: 유량(m^3/sec)
η: 효율

$$동력(kW)=\frac{1,000kg/m^3\times46.0253m\times0.1m^3/sec}{102\times0.7}$$

$$=64.4612\fallingdotseq64.46kW$$

수질공정관리의 기초

KEYWORD 10 일반적인 하수처리

1. 일반적인 하수처리 계통의 예

침사지 앞에는 세목스크린, 침사지 뒤에는 미세목스크린을 설치하는 것을 원칙으로 하며, 대형하수처리시설 또는 합류식인 경우와 같이 대형협잡물이 발생하는 경우는 침사지 앞에 조목스크린을 추가로 설치한다.

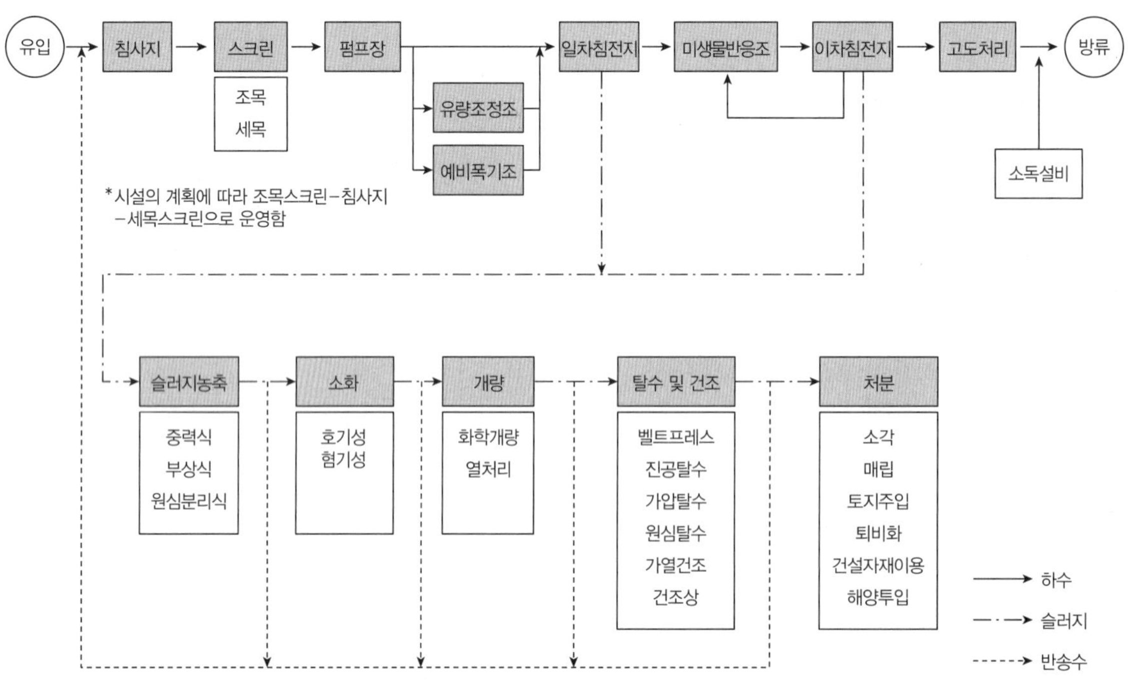

2. 하수처리방법의 분류

구분		처리공정
물리적 처리		유량 측정, 스크린, 분쇄, 유량 조정, 혼합, 침전, 여과, Microscreen, 가스 전달, 휘발 및 가스제거 등
화학적 처리		흡착, 살균, 탈염소, 기타 화학약품 사용
생물학적 처리	부유미생물(2차처리)	표준활성슬러지법, 계단식 폭기법(Step aeration), 순산소활성슬러지법, 장기폭기법, 산화구법, 연속회분식 활성슬러지법(SBR), 혐기－호기활성슬러지법
	부착미생물(2차처리)	호기성여상법, 접촉산화법, 회전생물막법(RBC)
	부유미생물(고도처리)	순환식 질산화탈질법, 질산화내생탈질법, 단계혐기호기법, 혐기무산소호기조합법, 고도처리 산화구법, 막분리활성슬러지법 등
	부유＋부착미생물(고도처리)	유동상미생물법, 담체투입형 A^2/O 변법

KEYWORD 11 체류시간(HRT)

1. 정의

① 하수를 처리할 때, 물이 반응조 내로 유입될 때부터 유출될 때까지의 시간을 의미한다. 즉, 반응조 내에 체류하는 시간을 의미한다.

② 수리학적인 체류시간을 말하며, 반응조 부피를 유량으로 나눈 값이다.

2. 공식

$$t=\frac{\forall}{Q}=\frac{L\cdot W\cdot H}{A\cdot V}$$

t: 체류시간(hr), $\forall$: 부피(m^3), Q: 유량(m^3/sec)
L: 길이(m), W: 폭(m), H: 깊이(m), A: 면적(m^2), V: 유속(m/sec)

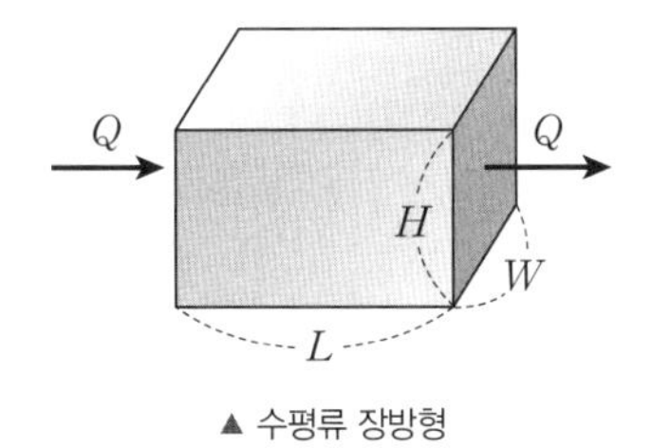

▲ 수평류 장방형

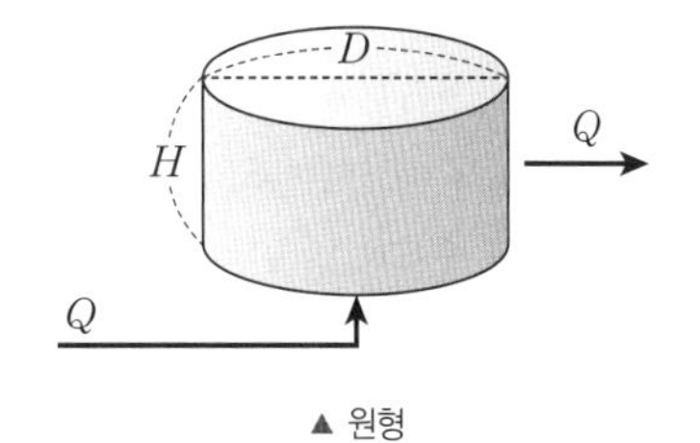

▲ 원형

KEYWORD 12 표면부하 및 월류부하

1. 표면부하

(1) 정의

① 표면적당 유입하는 유량으로, 유량을 침전면적으로 나눈 값이다.

② 수면부하, 설계침강속도라고도 부르며, 100% 제거되는 입자의 침강속도를 의미한다.

(2) 공식

$$\text{표면부하율}=\frac{\text{유량}}{\text{침전면적}}=\frac{AV}{WL}=\frac{WHV}{WL}=\frac{HV}{L}=\frac{H}{t}$$

A: 단면적(m^2), V: 유속(m/sec)
W: 폭(m), L: 길이(m), H: 깊이(m)
t: 수리학적 체류시간(day)

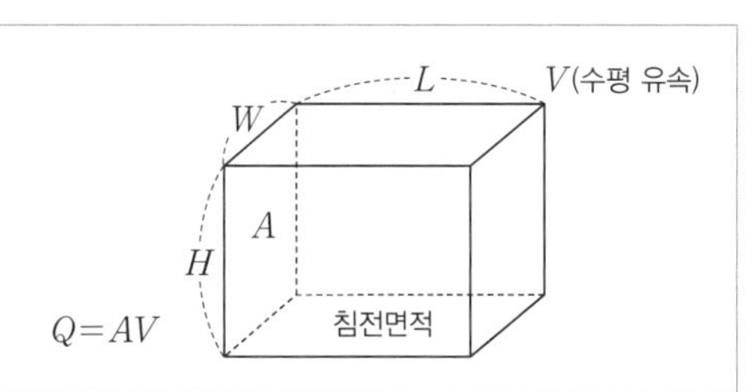

2. 월류부하

(1) 정의

① 침전지 등에서 일정시간 동안 웨어를 통해 넘쳐 흐르는 유량으로 침전지의 수심 및 부유물질의 침전성을 고려하여 결정한다.

② 유량을 월류웨어의 전체 길이로 나눈 값이다.

(2) 공식

$$\text{수평류 장방형 침전지: 월류부하}(m^3/m\cdot day)=\frac{Q}{L}$$

$$\text{원형 침전지: 월류부하}(m^3/m\cdot day)=\frac{Q}{\pi D}$$

Q: 유량(m^3/day), L: 웨어의 길이(m), D: 침전지의 직경(m)

고득점 POINT 표면부하율을 통한 효율 산정

$$\text{효율}=\frac{V_g}{V_o}=\frac{V_g}{\frac{Q}{A}}=\frac{V_g\times A}{Q}$$

V_g: 중력침강속도(m/sec), V_o: 표면부하율($m^3/m^2\cdot day$)
Q: 유량(m^3/day), A: 단면적(m^2)

기 출 문 제

01

KEYWORD 11 체류시간(HRT)

도시에서 발생되는 생활오수의 발생량이 아래 표와 같을 때 평균유량 조건하에서 저류지의 체류시간이 6시간이라면 오전 8시에서 오후 8시까지의 저류지의 평균 체류시간(hr)을 구하시오.

일중시간 (오전)	0시	2시	4시	6시	8시	10시	12시
평균유량의 백분율(%)	88	77	69	66	88	102	125
일중시간 (오후)	2시	4시	6시	8시	10시	12시	
평균유량의 백분율(%)	138	147	150	148	99	103	

정답

4.68hr

해설

$\forall = Q \cdot t \rightarrow t = \frac{\forall}{Q}$

※ 평균유량을 $100m^3/hr$로 가정하면 체류시간이 6시간일 때 저류조의 크기는 $600m^3$이다. 이를 오전 8시에서 오후 8시까지의 각 시간당 유량에 대입하여 체류시간을 계산한다.

$$\therefore t = \frac{600m^3}{\frac{(88+102+125+138+147+150+148)m^3/hr}{7}}$$

$$= 4.6771 \fallingdotseq 4.68hr$$

02

KEYWORD 12 표면부하 및 월류부하

평균유량이 $7,570m^3/day$인 1차 침전지를 설계하려고 한다. 최대표면부하율은 $89.6m^3/m^2 \cdot day$, 평균표면부하율은 $36.7m^3/m^2 \cdot day$, 최대위어월류부하 $389m^3/m \cdot day$, 최대유량/평균유량=2.75이다. 원주 위어의 최대위어월류부하가 적절한지 판단하고 이유를 서술하시오. (단, 원형침전지 기준)

정답

최대위어월류부하 권장치인 $389m^3/m \cdot day$보다 낮으므로 적절하다.

해설

$$표면부하율 = \frac{유량}{침전면적}$$

- **평균유량 – 평균표면부하율에서의 침전면적 계산**

$$\frac{36.7m^3}{m^2 \cdot day} = \frac{7,570m^3/day}{Am^2}$$

$$\therefore A = 206.2670m^2$$

- **최대유량 – 최대표면부하율에서의 침전면적 계산**

$$\frac{89.6m^3}{m^2 \cdot day} = \frac{2.75 \times 7,570m^3/day}{Am^2}$$

$$\therefore A = 232.3381m^2$$

※ 평균침전면적과 최대침전면적 중 더 큰 면적은 최대침전면적이므로 $232.3382m^2$를 기준으로 직경을 구한다.

$$A = \frac{\pi}{4}D^2$$

$$232.3382m^2 = \frac{\pi}{4}D^2$$

$$\therefore D = 17.1995m$$

$$최대위어월류부하 = \frac{유량}{Weir의\ 길이}$$

$$= \frac{2.75 \times 7,570m^3/day}{17.1995m \times \pi} = 385.2679m^3/m \cdot day$$

∴ 최대위어월류부하 권장치인 $389m^3/m \cdot day$보다 낮으므로 적절하다.

물리적 처리

KEYWORD 13 예비처리공정

1. 스크린(봉 스크린 기준으로 설명)

목적	부유협잡물 제거
설치	• 대부분 침사지 앞에 설치 • 조목 – 침사지 – 세목 순으로 설치
경사도	• 인력식 45°~60° • 기계식 70°
유속	• 통과유속: 0.45~0.8m/sec • 접근유속: 수동스크린 0.3~0.45m/sec, 자동스크린 0.45~0.6m/sec
분류	• 봉 간격에 따라 분류 • 세목(눈의 간격 50mm 이하), 조목(눈의 간격 50mm 이상)

2. 손실수두

(1) Kirschmer 손실수두 공식

$$h_L=\beta\sin\alpha\left(\frac{t}{b}\right)^{\frac{4}{3}}\frac{V^2}{2g}$$

h_L: 손실수두(m), β: 스크린 형상계수, α: 스크린의 설치 각도
t: 스크린 봉의 두께(m), b: 스크린의 유효 간격(m), V: 스크린 전(접근) 유속(m/sec), g: 중력가속도(9.8m/sec^2)

(2) 봉 스크린의 손실수두

① 모든 손실수두는 속도수두에 비례한다.

② 대부분의 손실은 마찰에 의한 마찰손실수두이고 나머지 굴곡 손실, 유출입 손실, 확대관 손실, 축소관 손실 등은 미소손실에 해당한다.

$$h_L=\frac{1}{0.7}\times\frac{V_2^2-V_1^2}{2g}$$

h_L: 손실수두(m), V_1: 접근유속(m/sec), V_2: 통과유속(m/sec), g: 중력가속도(9.8m/sec^2)

KEYWORD 14 침전

1. 침전의 형태

(1) Ⅰ형 침전(독립침전, 자유침전)

① 입자의 상호작용 없이 침전하는 형태이다.

② 비중이 1보다 큰 입자의 침전형태이다.

③ Stokes 법칙이 적용된다.

④ 침사지, 1차 침전지에서 적용한다.

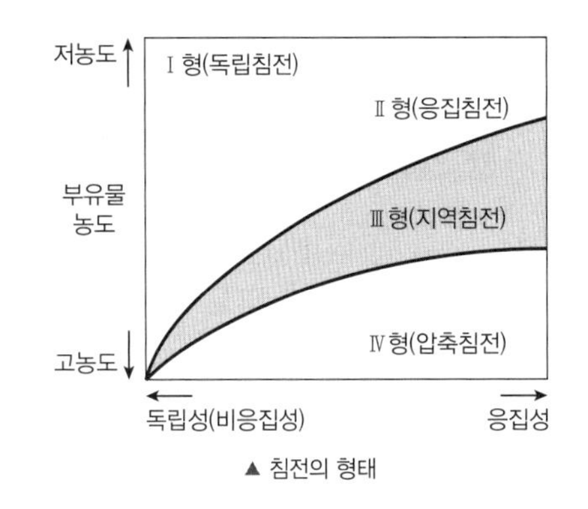

▲ 침전의 형태

(2) Ⅱ형 침전(응집침전, 응결침전, 플록침전)

① 현탁입자가 침전하면서 플록(floc)이 형성되는 형태이다.

② 입자가 서로 응결, 응집되면서 입자의 질량이 증가하여 침전속도가 증가한다.

③ 약품침전지에서 적용한다.

(3) Ⅲ형 침전(지역침전, 간섭침전, 계면침전)

① floc 형성 후 침강하는 입자들이 서로 방해를 받아 침전속도가 감소하는 침전형태이다.

② 입자 서로 간의 상대적 위치를 변경시키려 하지 않고 전체 입자들은 한 개의 단위로 침전한다.

③ 침전하는 부유물과 상등수 간에 뚜렷한 경계면이 생긴다.

④ 생물학적 2차 침전지에서 적용한다.

(4) Ⅳ형 침전(압축침전, 압밀침전)

① 침전된 입자들이 그 자체의 무게로 인하여 서로 접촉한 입자들 사이의 물이 빠져 나가는 압밀 작용이 발생하여 계속 농축되는 침전형태이다.

② 고농도의 폐수 및 농축시설에서 적용한다.

2. 침강공식

(1) Stokes 법칙(중력침강속도)

$$V_g = \frac{d_p^2(\rho_p - \rho)g}{18\mu}$$

V_g: 중력침강속도(m/sec), d_p: 입자의 직경(m), ρ_p: 입자의 밀도(kg/m^3)
ρ: 유체의 밀도(kg/m^3), μ: 유체의 점성계수(kg/m·sec), g: 중력가속도(9.8m/sec^2)

(2) 레이놀즈 수(Reynold's number, *Re*)

① 유체의 흐름상태가 층류인지 난류인지를 판정할 때 사용하는 수치이다.

㉠ 층류: $Re < 2,100$

㉡ 천이영역: $2,100 < Re < 4,000$

㉢ 난류: $Re > 4,000$

② 관성에 의한 힘과 점성에 의한 힘의 비로 나타낸다.

$$Re=\frac{\text{관성력}}{\text{점성력}}=\frac{D\cdot V\cdot \rho}{\mu}=\frac{D\cdot V}{\nu}$$

D: 관의 직경(m), V: 유속(m/sec)
ρ: 유체의 밀도(kg/m^3), μ: 유체의 점성계수(kg/m·sec), ν: 동점성계수(m^2/sec)

용어 CHECK **점성계수와 동점성계수**

1) **점성계수(μ)**
- 유체의 끈끈한 정도를 나타내는 것으로 점성으로 인한 저항이 얼마나 큰지 판단하는 기준이 된다.
- CGS 단위는 g/cm·sec을 사용하며, N·sec/m^2, dyne·sec/cm^2, kg/m·sec도 함께 사용한다.

2) **동점성계수(ν)**
- 점성계수(μ)를 밀도(ρ)로 나눈 값으로, 유체의 유동성에 대한 정도를 나타낸다. $\left(\nu=\frac{\mu}{\rho}\right)$
- CGS 단위는 스토크(St, stoke), cm^2/sec를 사용한다.

KEYWORD 15 부상분리

1. 용존공기부상법(DAF; Dissolved Air Flotation)

① 전처리에서 형성된 플록에 미세기포를 부착시켜 수면 위로 부상시키는 침전공정의 효과적인 대안이며, 부상된 슬러지를 걷어 내어 용존공기부상지의 바닥쪽에 맑은 물이 남는다.

② 플록형성에 소요되는 시간은 재래식 침전공정보다 짧으며 플록형성지에서의 수리학적 표면부하율은 재래식 침전지의 10배 이상이다. 또한 발생슬러지의 고형물의 농도(2~3%)는 침전에서 발생된 슬러지의 농도(0.5%)보다 훨씬 높다.

③ DAF를 운영하는 정수장에서 고탁도(100NTU 이상)의 원수가 유입되는 경우에는 DAF 전에 전처리시설로 예비침전지를 두어야 한다.

2. A/S비

$$\text{A/S비}=\frac{1.3S_a(f\cdot P-1)}{SS}\times R$$

S_a: 공기의 용해도(mL/L), f: 용존 공기의 분율
P: 압력(atm), SS: 부유고형물 농도(mg/L)
R: 반송비$\left(=\frac{Q_r}{Q}\right)$

※ Q_r: 반송유량(반송이 없는 경우 생략)(m^3/day), Q: 기존 폐수유량(m^3/day)

KEYWORD 16 여과

1. 여과재료(여과대상)의 종류

① 모래(일반적으로 많이 사용)

② 안트라사이트(무연탄)

③ 인공경량사

④ 석류석(Garnet)

⑤ 일메나이트(티타늄철광)

2. 급속여과와 완속여과

① 균등계수(U)가 1에 가까울수록 공극이 커지며 탁질의 역류가능성이 높아진다.

② 유효경이 작을수록 부유물질이나 세균 등의 제거효과는 좋아지지만 더 쉽게 막히는 현상이 발생한다.

구분	급속여과	완속여과
구조와 방식	• 여과면적은 계획정수량을 여과속도로 나누어 구함 • 지수는 예비지를 포함하여 2지 이상으로 하고, 10지를 넘을 경우 1할 정도 예비지로 설치함 • 1지의 여과면적은 150m^2 이하	• 여과면적은 계획정수량을 여과속도로 나누어 구함 • 주위 벽 상단은 지반보다 15cm 이상 높여 여과지 내로 오염수나 토사 등의 유입을 방지함
세척방법	• 역세척과 표면세척 조합 • 필요에 따라 공기세척 조합	걷어낸 더러운 모래를 세척하고, 깨끗한 모래로 보충
여과속도	120～150m/day	4～5m/day
모래층의 두께	60～100cm	70～90cm
약품 주입	주입함	주입 안함
균등계수(U)	1.7 이하	2 이하
유효경	0.45～1.0mm	0.3～0.45mm

용어 CHECK 유효경과 균등계수(U)

1) 유효경

- 통과백분율 10%에 해당하는 입자의 직경을 말하며 D_{10}과 같다.
- 유효경$=D_{10}$

2) 균등계수(U)

- 통과백분율 60%에 해당하는 입자의 직경과 유효경의 비를 말한다.
- 균등계수$=\dfrac{D_{60}}{\text{유효경}}=\dfrac{D_{60}}{D_{10}}$

KEYWORD 17 흡착

1. 흡착 공정의 개요

(1) 정의

① 냄새, 맛, 잔류소독제, 난분해성 유기물, 중금속 등이 흡착제(대표적으로 활성탄)에 물리적, 화학적으로 붙는 현상이다.

② 하수의 활성탄 처리는 일반적으로 정상적인 생물학적 처리를 거친 물의 최종 처리공정으로 이용되고 있으며, 이때 활성탄은 잔류 용존유기물의 제거에 사용된다.

(2) 물리적 흡착과 화학적 흡착의 비교

구분	물리적 흡착	화학적 흡착
흡착원리	반데르발스힘	화학적 결합
반응온도(흡착열)	낮음	높음
발열량	작음	큼
형태	다분자층 흡착	단분자층 흡착
흡착속도	빠름	느림
재생	가능함(가역적)	불가능함(비가역적)

(3) 활성탄의 종류

활성탄의 종류에는 입상활성탄(GAC), 분말활성탄(PAC), 생물활성탄(BAC) 등이 있다.

종류	특징
입상활성탄 (GAC)	• 취급이 용이하다. • 재생이 가능하다. • 경제적이고 슬러지가 발생하지 않는다. • 적용 유량범위가 넓다. • 흡착속도가 느리다.
분말활성탄 (PAC)	• 취급이 어렵다. • 재생이 불가능하다. • 슬러지 발생량이 많은 편이다. • 고액분리가 어렵다. • 흡착속도가 빠르다.
생물활성탄 (BAC)	• 분해속도가 느린 물질이나 적응시간이 필요한 유기물 제거에 효과적이다. • 미생물 부착으로 일반 활성탄보다 사용시간이 길다. • 정상상태까지의 시간이 길다. • 활성탄이 서로 부착, 응집되어 손실수두가 증가될 수 있다.

2. 등온흡착식

(1) Freundlich 모델

$$\frac{X}{M}=KC^{\frac{1}{n}}$$

X: 흡착된 용질의 농도(mg/L), M: 주입된 흡착제의 농도(mg/L)
C: 흡착 후 남은 농도(mg/L)
K, n: 상수

(2) Langmuir 모델

① 흡착제의 표면과 흡착되는 가스분자와의 사이에 작용하는 결합력이 약한 화학흡착에 의한 것이다.

② 흡착의 결합력은 단분자층이 두께에 제한된다는 조건과 피흡착물질의 양과 가스압력 간의 관계를 이론적으로 유도한 것이다.

③ 결합력의 작용 그 이상 분리된 층에서는 흡착이 일어나지 않는다는 모델을 이용하여 단분자층 흡착이라고도 한다.

$$\frac{X}{M}=\frac{abC}{1+bC}$$

X: 흡착된 용질의 농도(mg/L), M: 주입된 흡착제의 농도(mg/L)
C: 흡착 후 남은 농도(mg/L)
a, b: 상수

고득점 POINT 활성탄의 재생방법

1) 수세법
2) 가열재생법
3) 약품재생법
4) 용매추출법
5) 미생물분해법
6) 습식산화법

01

KEYWORD 14 침전

비중 2.7, 직경 0.06mm의 입자가 모두 제거될 수 있는 침전지를 설계하였다. 이 침전지에 비중 1.7, 입경 0.05mm인 입자가 유입되었을 때의 이론적 제거효율(%)을 구하시오. (단, 스토크스 법칙 적용, 물의 온도 20℃, 물의 비중 1.0, μ=9.5277×10⁻⁴g/cm·sec)

정답

28.59%

해설

$$V_g = \frac{d_p^2(\rho_p - \rho)g}{18\mu}$$

V_g: 중력침강속도(cm/sec), d_p: 입자의 직경(cm)
ρ_p: 입자의 밀도(g/cm^3), ρ: 유체의 밀도(g/cm^3)
g: 중력가속도(980cm/sec^2), μ: 유체의 점성계수(g/cm·sec)

- **비중 2.7, 직경 0.06mm의 입자의 침강속도 계산**

$$V_{g\,0.06} = \frac{(0.06 \times 10^{-1})^2 \times (2.7-1) \times 980}{18 \times 9.5277 \times 10^{-4}} = 3.4972\text{cm/sec}$$

- **비중 1.7, 직경 0.05mm의 입자의 침강속도 계산**

$$V_{g\,0.05} = \frac{(0.05 \times 10^{-1})^2 \times (1.7-1) \times 980}{18 \times 9.5277 \times 10^{-4}} = 1.0000\text{cm/sec}$$

- **침전지의 이론적 제거효율(η) 계산**

$$\eta = \frac{V_{g\,0.05}}{\text{표면부하율}} = \frac{V_{g\,0.05}}{V_{g\,0.06}} = \frac{1.0000}{3.4972} \times 100 = 28.5943 \fallingdotseq 28.59\%$$

∴ 완전 제거되는 입자의 침강속도(V_g)는 침전지의 표면부하율이라고 할 수 있다.

02

KEYWORD 14 침전

유속이 0.05m/sec이고 수심 3.7m, 폭 12m일 때 레이놀즈 수를 구하시오. (단, 동점성 계수=1.3×10⁻⁶m²/sec)

정답

352,100

해설

- **등가직경(D_o) 계산**

$$\text{등가직경}(D_o) = 4R = 4 \times \frac{\text{HW}}{2\text{H}+\text{W}}$$
$$= 4 \times \frac{3.7 \times 12}{2 \times 3.7 + 12} = 9.1546\text{m}$$

- **레이놀즈 수(Re) 계산**

$$Re = \frac{D_o \times V}{\nu}$$

Re: 레이놀즈 수, V: 유속(m/sec), D_o: 등가직경(m)
ν: 동점성계수(m^2/sec)

$$\therefore Re = \frac{9.1546 \times 0.05}{1.3 \times 10^{-6}} = 352{,}100$$

03

KEYWORD 15 부상분리

폐수유량이 3,000m³/day, 부유고형물의 농도가 200mg/L이다. 공기부상실험에서 공기와 고형물의 비가 0.06mg Air/mg Solid일 때 최적의 부상을 나타낸다. 실험온도는 18℃이고 공기용해도는 18.7mL/L, 용존 공기의 분율 0.5일 때 압력(atm)을 구하시오. (단, 재순환은 없음)

정답

2.99atm

해설

A/S비 공식을 이용한다.

$$\text{A/S비} = \frac{1.3S_a(f \cdot P - 1)}{\text{SS}} \times R$$

S_a: 공기의 용해도(mL/L), f: 용존 공기의 분율, P: 압력(atm)
SS: 부유고형물 농도(mg/L), R: 반송비

$$0.06 = \frac{1.3 \times 18.7 \times (0.5 \times P - 1)}{200}$$

※재순환은 없으므로 R은 무시한다.

$$\therefore P = \frac{1 + \frac{0.06 \times 200}{1.3 \times 18.7}}{0.5} = 2.9872 \fallingdotseq 2.99\text{atm}$$

04

KEYWORD 16 여과

여과기를 사용하여 하루 $100m^3$를 $5L/m^2 \cdot min$로 여과하고, 매일 12시간마다 10분씩의 역세척을 위하여 여과지 1기의 운전을 정지하며 이때 여과율은 $6L/m^2 \cdot min$을 넘지 못한다. 역세척은 $10L/m^2 \cdot min$로 진행되며 여과 유출수는 $1L/m^2 \cdot min$로 표면세척설비를 운영할 때 다음 물음에 답하시오.

(1) 소요 여과지의 수(지)

(2) 역세척에 사용되는 여과 용량
(여과지당 역세척 용량/여과지당 처리폐수 용량)%

정답

(1) 6지

(2) 3.52%

해설

(1) **소요 여과지의 수(지) 구하기**

소요 여과지의 수=전체 소요면적 /1지의 면적

① 전체 여과면적(A) 계산

$$\frac{Q}{A}=5L/m^2 \cdot min=\frac{\frac{100m^3}{day}\times\frac{10^3L}{m^3}\times\frac{1day}{(1,440-20)min}}{Am^2}$$

$A=14.0845m^2$

② 역세척시 여과면적(=1기 중지시 여과면적) 계산

$$\frac{Q}{A}=6L/m^2 \cdot min=\frac{\frac{100m^3}{day}\times\frac{10^3L}{m^3}\times\frac{1day}{(1,440-20)min}}{Am^2}$$

$A=11.7371m^2$

※ 여기서, $(1,440-20)min$은 역세척 시간인 $10min\times\frac{24hr}{12hr}$ $=20min$을 제외한 실제 여과시간이다.

③ 소요 여과지의 수(지) 계산

$$\frac{14.0845m^2}{(14.0845-11.7371)m^2/\text{지}}=6.000 \rightarrow 6\text{지}$$

(2) **역세척에 사용되는 여과 용량 구하기**

$$\text{역세척에 사용되는 여과 용량}=\frac{\text{역세척 용량}}{\text{여과 용량}}\times 100$$

① 역세척 용량(m^3/day) 계산

$$\frac{10L}{m^2 \cdot min}\times 14.0845m^2\times\frac{20min}{1day}\times\frac{1m^3}{10^3L}=2.8169m^3/day$$

② 여과 용량(m^3/day) 계산

여과 용량=여과수량−표면세척수량

$$\frac{100m^3}{day}-\left(\frac{1L}{m^2 \cdot min}\times 14.0845m^2\times\frac{1,420min}{1day}\times\frac{1m^3}{10^3L}\right)$$

$=80m^3/day$

③ (역세척 용량/여과 용량)% 계산

$$\frac{2.8169m^3/day}{80m^3/day}\times 100=3.5211 ≒ 3.52\%$$

05

KEYWORD 17 흡착

어떤 오염물질 A의 기준은 0.005mg/L이다. 현재 수중의 오염물질의 농도는 33μg/L이며 분말활성탄을 이용하여 처리하고자 한다. 이때 주입해야 할 분말활성탄의 양(mg/L)을 구하시오. (단, Freundlich 등온흡착식: $\frac{X}{M}=KC^{\frac{1}{n}}$ 이용, $K=28$, $n=1.6$)

정답

0.03mg/L

해설

$$\text{오염물질 농도}=\frac{33\mu g}{L}\times\frac{1mg}{1,000\mu g}=0.033mg/L$$

$$\frac{X}{M}=KC^{\frac{1}{n}}$$

X: 흡착된 용질의 농도(mg/L)

M: 주입된 흡착제의 농도(mg/L)

C: 흡착 후 남은 농도(mg/L)

K, n: 상수

$$\frac{(0.033-0.005)mg/L}{M}=28\times 0.005^{\frac{1}{1.6}}$$

$\therefore M=0.0274 ≒ 0.03mg/L$

06

KEYWORD 17 흡착

흡착공정에 이용되고 있는 GAC(입상활성탄)와 PAC(분말활성탄)의 특성을 각각 2가지씩 서술하시오.

(1) GAC

(2) PAC

정답

(1) ① 흡착속도가 느리다.
② 재생이 가능하다.
③ 취급이 용이하다.

(2) ① 흡착속도가 빠르다.
② 고액분리가 어렵다.
③ 비산의 가능성이 높아 취급 시 주의를 필요로 한다.

CHAPTER 05

화학적 처리

KEYWORD 18 중화 및 응집

1. 중화

(1) 정의

① pH 7로 만드는 사전적인 의미가 아닌 산성도(pH) 조절 공정의 전체적인 의미를 갖는다.

② 계산상 산과 염기의 당량이 일치해야 중화된다.

(2) 중화제의 종류

① 산성폐수 중화제: $NaOH$, Na_2CO_3, $Ca(OH)_2$, CaO, $CaCO_3$

② 염기성폐수 중화제: H_2SO_4, HCl, CO_2

(3) 중화 반응식

① 산 또는 염기의 표준용액으로 적정함으로써 산 또는 염기의 농도를 분석하는 것을 중화 적정이라고 한다.

② 산과 염기가 중화 반응할 경우 산과 염기는 동일한 당량으로 반응한다.

$$N_1V_1 = N_2V_2$$

N_1: 산의 노르말농도(eq/L), V_1: 산의 부피(L), N_2: 염기의 노르말농도(eq/L), V_2: 염기의 부피(L)

2. 응집

(1) 원리

① 전기적 중화: 양이온계 응집제를 투여하여 입자표면을 전기적으로 중화시켜 floc을 형성한다.

② 가교작용: 고분자 응집제에 의해 입자와 입자가 서로 뭉치게 된다.

③ 체거름 현상: 전기적 중화, 가교작용에 의해 만들어진 floc이 침전하면서 미세한 입자를 걸러 탁도를 제거한다. 이를 스윕응집(Sweep coagulation)이라고 한다.

④ 이 외에 이중층의 압축, 침전물에 의한 포착, 제타전위의 감소 등이 있다.

(2) 적용 효과

① 응집공정은 하수 중의 콜로이드 등 미세입자 및 부유고형물 뿐만 아니라 인의 제거에 효과적이다.

② 용존유기물의 제거에는 큰 효과가 없다.

(3) 응집제의 종류

구분	응집제 종류		장점	단점	적정 pH
무기 응집제	알루미늄염	황산 알루미늄	• 가격이 저렴하다. • 거의 모든 현탁성 물질이나 부유물질의 제거에 유효하다. • 독성이 없어 대량 사용이 가능하다. • 결정은 부식성이 없고 취급이 용이하다. • 철염과 같이 시설을 더럽히지 않는다.	• floc의 비중이 작다. • 적정 pH 폭이 좁다.	5.5~8.5
		폴리염화 알루미늄 (PAC)	• 저수온, 고탁도 시 응집효과가 우수하다. • 응집 및 floc 형성이 빠르다. • pH 및 알칼리도 저하가 작다.	가격이 고가이다.	6~9
	철염	황산 제1철	• 황산알루미늄에 비해 가격이 저렴하다. • floc이 빠르게 침전한다.	• 철이온이 잔류한다. • 부식성이 크다. • 산화할 필요가 있다.	9~11
		황산 제2철	• floc이 빠르게 침전한다. • 적정 pH 폭이 넓다.	• 철이온이 잔류한다. • 부식성이 크다.	4~12
		염화 제2철	• floc이 빠르게 침전한다. • 적정 pH 폭이 넓다.	• 부식성이 크다. • 취급에 주의해야 한다.	4~12
유기 응집제	Polymer		• 황산알루미늄으로 처리하기 곤란한 폐수에 유효하다. • 탈수성 개선과 슬러지 발생량이 적다.	가격이 고가이다.	–

(4) 응집반응식

① $Al_2(SO_4)_3 \cdot 18H_2O + 3Ca(HCO_3)_2 \rightarrow 3CaSO_4 + 2Al(OH)_3 \downarrow + 6CO_2 + 18H_2O$

② $Al_2(SO_4)_3 \cdot 14.3H_2O + 3Ca(OH)_2 \rightarrow 2Al(OH)_3 \downarrow + 3CaSO_4 + 14.3H_2O$

③ $Al_2(SO_4)_3 \cdot 14H_2O + 6OH^- \rightarrow 2Al(OH)_3 \downarrow + 3SO_4^{2-} + 14H_2O$

④ $2FeSO_4 \cdot 7H_2O + 2Ca(OH)_2 + 0.5O_2 \rightarrow 2Fe(OH)_3 + 2CaSO_4 + 13H_2O$

⑤ $2FeCl_3 + Ca(HCO_3)_2 \rightarrow 2Fe(OH)_3 + CaCl_2 + 6CO_2$

(5) Jar-test(응집교반실험)

① 목적

㉠ 적합한 응집제의 종류를 선택한다.

㉡ 적정 응집제의 주입 농도를 산정한다.

㉢ 최적의 pH 조건을 파악한다.

㉣ 최적의 교반조건을 선정한다.

② 실험 순서

㉠ 폐수를 500mL 또는 1L씩 동일량으로 준비한다.

㉡ 약품과 응집제를 빠르게 주입시킨다. 이때, 응집제의 주입량을 점차 증가시킨다.

㉢ 교반기로 급속교반(약 120~150rpm)시킨다.

㉣ 회전속도를 완속교반(약 20~70rpm)으로 감소시키고 10~30분간 교반시킨다.

㉤ 약 30분간 침전시킨 후 상징수를 분석한다.

고득점 POINT 응집에 필요한 칼슘염 형태의 알칼리도를 반응시켜 Floc을 형성하는 반응식

- $2FeSO_4 \cdot 7H_2O + 2Ca(OH)_2 + \frac{1}{2}O_2 \rightarrow 2Fe(OH)_3 + 2CaSO_4 + 13H_2O$
- $Fe_2(SO_4)_3 + 3Ca(HCO_3)_2 \rightarrow 2Fe(OH)_3 + 3CaSO_4 + 6CO_2$

KEYWORD 19 급속 및 완속교반시설

1. 급속교반시설

(1) 목적

① 응집제를 하수중에 신속하게 분산시켜 하수중의 입자와 혼합시킨다.

② 응집제와 하수중의 입자와의 충돌을 최대화하고 균일한 분산을 이루기 위한 것이다.

(2) 속도경사

$$G = \sqrt{\frac{P}{\mu \cdot \forall}}$$

G: 속도경사(sec^{-1}), P: 동력(W), μ: 점성계수(kg/m·sec), $\forall$: 부피(m^3)

※ $1Watt = kg \cdot m^2/sec^3$

2. 완속교반시설

(1) 목적

① 교반기의 회전속도를 비교적 저속으로 유지하여 플록간의 응집을 촉진하고 플록의 크기를 증대시킨다.

② 상대적으로 낮은 교반강도에서 응집된 미세입자가 충돌하여 더욱 조대한 floc으로 응결시키기 위해 필요하다.

(2) 동력과 패들의 면적의 관계

$$P = F_D \times V_p = \frac{C_D \cdot A \cdot \rho \cdot V_p^3}{2}$$

P: 동력(W), F_D: 마찰항력($kg \cdot m/sec^2$), V_p: 패들의 물에 대한 상대속도(m/sec)

C_D: 저항계수, A: 패들의 면적(m^2), ρ: 물의 밀도(kg/m^3)

KEYWORD 20 소독

1. 염소소독

(1) 유리잔류염소

① 하수 내에 염소를 주입하면 낮은 pH(5~6)에서는 차아염소산(HOCl), 높은 pH(8 이상)에서는 차아염소산이온(OCl^-)을 형성한다.

㉠ 가수분해: $Cl_2 + H_2O \rightleftharpoons HOCl + H^+ + Cl^-$ (pH 5~6)

㉡ 이온화: $HOCl \rightleftharpoons H^+ + OCl^-$ (pH 8 이상)

㉢ HOCl과 OCl^-의 비는 수용액의 최종 pH에 의하여 결정한다.

② 염소소독은 pH가 낮을수록 소독력이 강하다.

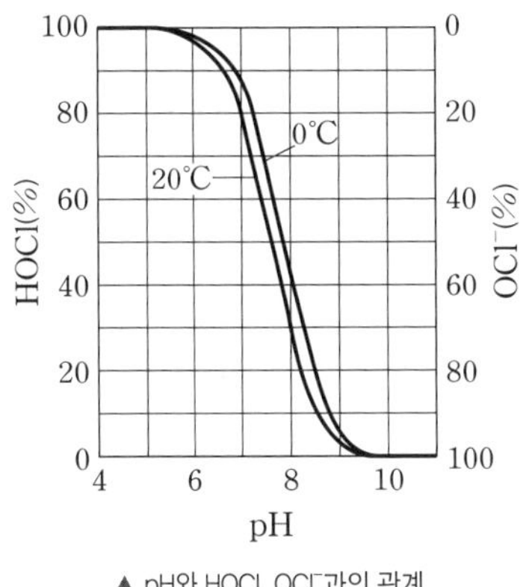

▲ pH와 HOCl, OCl^-과의 관계

(2) 결합잔류염소

① 다량의 암모니아를 함유하고 있는 하수는 암모니아-염소간 반응을 통하여 클로라민 화합물(NH_2Cl, $NHCl_2$, NCl_3)을 형성한다.

② 클로라민 화합물 형성 반응식

㉠ $NH_3 + HOCl \rightarrow NH_2Cl + H_2O$ (pH 8.5 이상)

㉡ $NH_2Cl + HOCl \rightarrow NHCl_2 + H_2O$ (pH 4.5~8.5)

㉢ $NHCl_2 + HOCl \rightarrow NCl_3 + H_2O$ (pH 4.5 이하)

(3) 염소 주입

① 염소를 계속 주입하면 클로라민류가 분해되고 질소는 질소 가스로 배출되어 물속의 질소가 제거된다.

② 파과점(Break point): 일반적으로 출구농도와 입구농도의 약 10%가 되는 점을 파과점이라고 하며 파과점 이후 출구농도는 급격히 증가하여 입구농도와 같게 된다.

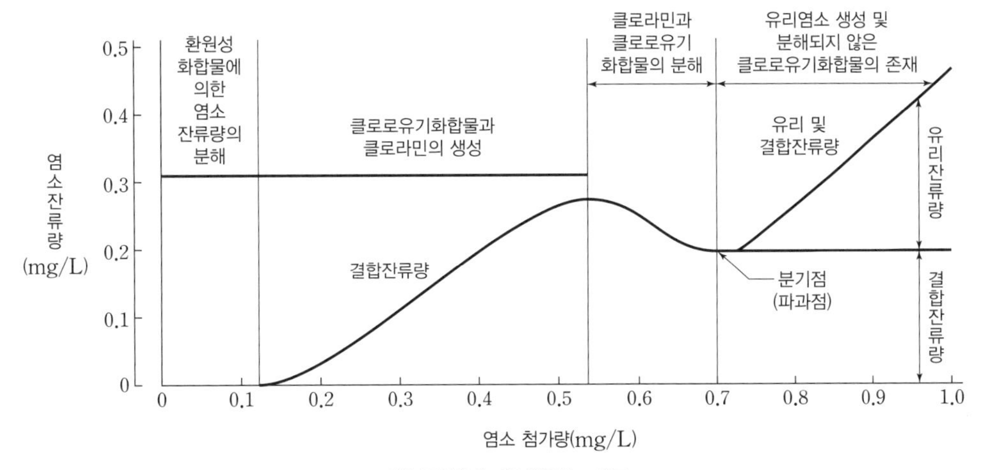

▲ 염소 주입량에 따른 잔류량 그래프

(4) 살균력

① 염소의 살균력 크기: HOCl > OCl^- > 클로라민

② 염소의 살균력을 증가시키는 조건

㉠ 온도가 높을수록, 접촉시간이 길수록, 주입량이 많을수록 강해진다.

㉡ pH가 낮을수록, 알칼리도가 낮을수록, 환원성 물질이 적을수록 강해진다.

고득점 POINT THM(트리할로메탄)

- 소독부산물로 정수처리공정에서 주입되는 염소와 원수 중에 존재하는 브롬, 유기물 등의 전구물질과 반응하여 생성된다.
- 수돗물에 생성된 트리할로메탄류는 대부분 클로로포름($CHCl_3$)으로 존재한다.
- 전구물질의 농도·양 ↑, 수온 ↑, pH ↑ → THM ↑

2. 소독의 장단점 비교

구분	장점	단점
염소 (Cl_2)	• 잘 정립된 기술이다. • 소독이 효과적이다. • 암모니아의 첨가에 의해 결합잔류염소가 형성된다. • 잔류염소의 유지가 가능하다. • 소독력 있는 잔류염소를 수송관로 내에 유지시킬 수 있다.	• 처리수의 잔류독성이 탈염소 과정에 의해 제거되어야 한다. • THM 및 기타 염화탄화수소가 생성된다. • 특히 안정규제가 필요하다. • 대장균 살균을 위한 낮은 농도에서는 Virus, Cysts, Spores 등을 비활성화 시키는 데 비효율적이다. • 처리수의 총용존고형물이 증가한다. • 하수의 염화물함유량이 증가한다. • 염소접촉조로부터 휘발성 유기물이 생성된다. • 안전상 화학적 제거시설이 필요할 수도 있다.
자외선 (UV)	• 소독이 효과적이다. • 잔류독성이 없다. • 대부분의 Virus, Cysts, Spores 등을 비활성화 시키는 데 염소보다 효과적이다. • 안전성이 높다. • 요구 공간이 작다. • 비교적 소독비용이 저렴하다.	• 소독의 성공 여부를 즉시 측정할 수 없다. • 잔류효과가 없다. • 대장균 살균을 위한 낮은 농도에서는 Virus, Cysts, Spores 등을 비활성화 시키는 데 비효율적이다.
오존 (O_3)	• 산화력이 높다. • 바이러스 불활성화 효율이 높다. • 소독에 의한 부산물 생성이 적다. • 탈취 및 탈색 효과가 좋으며, 맛과 냄새에 대한 문제가 없다. • 철 또는 망간 제거에 효과적이다. • 유지관리가 쉬우며 안정성이 높다.	• 에너지 소요가 커 전력비가 많이 든다. • 잔류효과가 낮다. • 오존 발생장치가 필요하다. • 효과의 지속성이 떨어져 염소처리와의 병용이 필요하다.
이산화염소 (ClO_2)	• 염소와 클로라민보다 바이러스와 같은 병원성 미생물에 대하여 더 효과적이다. • 잔류효과가 크다. • pH의 영향을 쉽게 받지 않는다. • 철, 망간, 황 등을 산화시킬 수 있다.	• 공기 또는 햇빛에 노출될 경우 분해된다. • 부산물에 의해 청색증이 유발될 수 있다.

KEYWORD 21 폐수의 유해물질 처리

1. 크롬함유 폐수처리: 환원침전법, 전해법, 이온교환법

(1) 크롬의 특성

① 수중의 크롬은 주로 6가 형태로 존재한다.

② 3가 크롬은 인체 건강에 그다지 해를 끼치지 않으며, 자연수에서 완전 가수분해된다.

③ 6가 크롬은 합금, 도금, 페인트 생산 공정에서 배출된다.

(2) 처리과정

① 6가 크롬을 3가 크롬으로 환원 후 수산화물로 침전제거한다.

② pH 2~3이 적정하며, pH가 낮을수록 반응 속도가 빠르나 비경제적이다.

③ 계통도: 저류 → 환원 → 중화 → 침전

2. 시안(CN) 함유 폐수처리: 알칼리염소법, 오존산화법, 전해법, 감청법

(1) 처리과정

① CN^-가 산화되어 CNO^-가 되고 CO_2, N_2가 생성되어 처리된다.

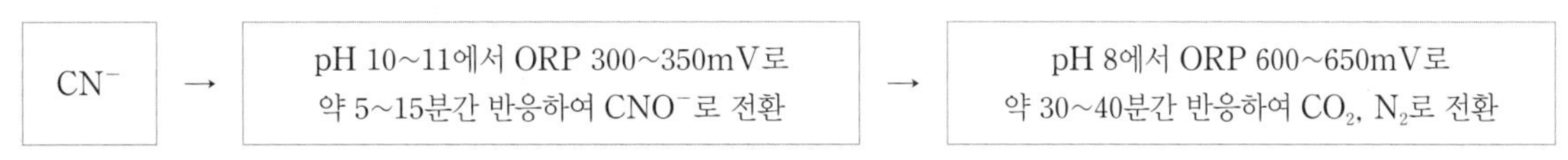

② 시안의 반응비

$2CN^-$: 5NaClO

$2CN^-$: $5Cl_2$

(2) 기타 처리법

① 오존산화법: 오존은 알칼리성 영역에서 시안화합물을 N_2로 분해시켜 무해화시킨다.

② 전해법: 수중의 직류 전류를 통해 전기분해를 일으켜 산화처리한다.

③ 충격법: pH 3 이하의 강산성 영역에서 강하게 폭기해 산화시킨다.

④ 감청법: 과잉의 (3가)철을 첨가하여 불용성의 감청을 생성해 침전분리시킨다.

01

KEYWORD 18 중화 및 응집

SS가 100mg/L, 유량이 10,000m^3/day인 흐름에 황산제이철($Fe_2(SO_4)_3$)을 응집제로 사용하여 50mg/L가 되도록 투입한다. 침전지에서 전체 고형물의 90%가 제거된다면 생산되는 고형물의 양(kg/day)을 구하시오. (단, Fe=55.8, S=32, O=16, Ca=40, H=1)

$$Fe_2(SO_4)_3 + 3Ca(OH)_2 \rightarrow 2Fe(OH)_3 + 3CaSO_4$$

정답

1,140.54kg/day

해설

- 응집제 투입에 의해 생성되는 고형물의 양(kg/day) 계산

$Fe_2(SO_4)_3 : 2Fe(OH)_3$

399.6g : 2×106.8g

$$\frac{50mg}{L} \times \frac{10{,}000m^3}{day} \times \frac{1kg}{10^6mg} \times \frac{10^3L}{1m^3} : Xkg/day$$

$$\therefore X = \frac{2 \times 106.8 \times 500}{399.6} = 267.2673kg/day$$

이 중 90%가 제거되므로

$267.2673kg/day \times 0.9 = 240.5406kg/day$

- SS 제거에 따른 고형물 발생량(kg/day) 계산

$$\frac{100mg}{L} \times \frac{10{,}000m^3}{day} \times \frac{1kg}{10^6mg} \times \frac{10^3L}{1m^3} \times \frac{90}{100} = 900kg/day$$

- 생산되는 고형물의 양(kg/day) 계산

$\therefore 240.5406kg/day + 900kg/day = 1{,}140.5406$

$\fallingdotseq 1{,}140.54kg/day$

02

KEYWORD 19 급속 및 완속교반시설

응집조의 설계에서 속도경사(G) 값을 100sec^{-1}, 부피를 10m^3으로 할 때 필요한 공기량(m^3/min)을 구하시오. (단, 깊이: 2.5m, μ=0.00131N·sec/m^2, 1atm=10.33mH_2O=101,325N/m^2)

정답

0.36m^3/min

해설

- 동력(P) 계산

$P = G^2 \cdot \mu \cdot \forall$

P: 동력(W), G: 속도경사(sec^{-1}), μ: 점성계수(kg/m·sec)

$\forall$: 부피(m^3)

$$P = \left(\frac{100}{sec}\right)^2 \times \frac{0.00131N \cdot sec}{m^2} \times 10m^3 = 131N \cdot m/sec(=Watt)$$

- 공기량(Q_a) 계산

$$P = P_a Q_a \times \ln\left[\frac{(10.3 + h)}{10.3}\right]$$

P: 동력(W), P_a: 공기의 압력(atm), Q_a: 공기량(m^3/sec)

h: 깊이(m)

$$131N \cdot m/sec = 101{,}325N/m^2 \times Q_a \times \ln\left[\frac{(10.3 + 2.5)}{10.3}\right]$$

$$\therefore Q_a = \frac{5.9497 \times 10^{-3}m^3}{sec} \times \frac{60sec}{1min} = 0.3570 \fallingdotseq 0.36m^3/min$$

03

KEYWORD 19 급속 및 완속교반시설

패들 교반장치의 이론 소요동력식 $P=\frac{C_D \cdot A \cdot \rho \cdot V_p^3}{2}$을 이용하여 부피가 1,000m³인 혼합교반조의 속도경사를 30/sec로 유지하기 위한 소요동력(W)과 패들의 면적(m²)을 구하시오. (단, $\mu=1.14\times10^{-3}$N·sec/m², $C_D=1.8$, $V_p=0.5$m/sec, $\rho=1,000$kg/m³)

(1) 소요동력(W)

(2) 패들의 면적(m²)

정답

(1) 1,026W

(2) 9.12m²

해설

(1) **소요동력(P) 구하기**

$P=G^2 \cdot \mu \cdot \forall$

P: 동력(W), G: 속도경사(sec⁻¹), μ: 점성계수(kg/m·sec)

$\forall$: 부피(m³)

$$\therefore P=\left(\frac{30}{\text{sec}}\right)^2\times\frac{1.14\times10^{-3}\text{N}\cdot\text{sec}}{\text{m}^2}\times1,000\text{m}^3 ≒ 1,026\text{W}$$

(2) **패들의 면적(A) 구하기**

$$P=\frac{C_D \cdot A \cdot \rho \cdot V_p^3}{2}$$

$$1,026\text{W}=\frac{1.8\times A\text{m}^2\times1,000\text{m}^3\times(0.5\text{m/sec})^3}{2}$$

$$\therefore A=9.12\text{m}^2$$

04

KEYWORD 20 소독

유량 24,000m³/day의 폐수를 처리하려고 한다. 파과점염소주입법에 의한 염소소모량 곡선이 다음과 같을 때, 결합잔류염소는 0.4mg/L, 유리잔류염소는 0.5mg/L를 만들기 위해 물에 가해줘야 하는 NaOCl의 첨가량(kg/day)을 구하시오. (단, Na와 Cl의 원자량은 각각 23, 35.5)

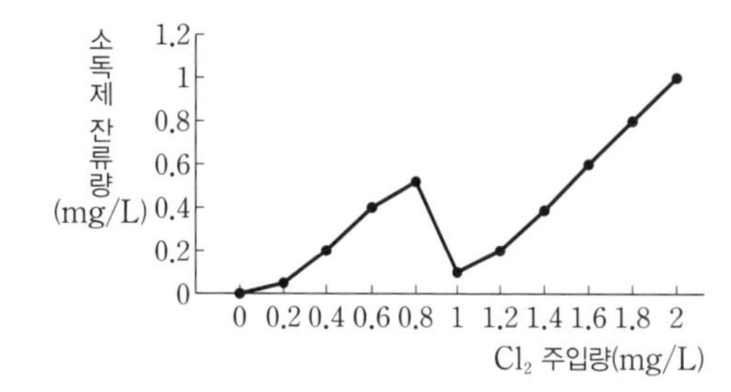

(1) 결합잔류염소 0.4mg/L일 때

(2) 유리잔류염소 0.5mg/L일 때

정답

(1) 15.11kg/day

(2) 40.29kg/day

해설

(1) **결합잔류염소 0.4mg/L일 때 NaOCl의 첨가량(kg/day) 구하기**

※ 그래프에서 하향된 점을 기준으로 첫번째 상승 구간은 결합잔류염소이고 두번째 상승 구간은 유리잔류염소를 의미한다.

① Cl_2 주입량(kg/day) 계산

$$Cl_2\text{ 주입량}=\frac{24,000\text{m}^3}{\text{day}}\times\frac{0.6\text{mg}}{\text{L}}\times\frac{10^3\text{L}}{1\text{m}^3}\times\frac{1\text{kg}}{10^6\text{mg}}$$

$=14.4$kg/day

※ 소독제 잔류량이 0.4mg/L일 때 염소 주입량은 0.6mg/L이다.

② NaOCl 주입량(kg/day) 계산

NaOCl : Cl_2=74.5g : 71g=Xkg/day : 14.4kg/day

$$\therefore X=\frac{74.5\times14.4}{71}=15.1099≒15.11\text{kg/day}$$

(2) **유리잔류염소 0.5mg/L일 때 NaOCl의 첨가량(kg/day) 구하기**

① Cl_2 주입량(kg/day) 계산

$$Cl_2\text{ 주입량}=\frac{24,000\text{m}^3}{\text{day}}\times\frac{1.6\text{mg}}{\text{L}}\times\frac{10^3\text{L}}{1\text{m}^3}\times\frac{1\text{kg}}{10^6\text{mg}}$$

$=38.4$kg/day

※ 소독제 잔류량은 파과점 구간에서 결합잔류염소가 0.1mg/L 존재하므로 유리잔류염소 0.5mg/L에 더하여 0.6mg/L로 계산한다.

② NaOCl 주입량(kg/day) 계산

NaOCl : Cl_2=74.5g : 71g=Ykg/day : 38.4kg/day

$$\therefore Y=\frac{74.5\times38.4}{71}=40.2930≒40.29\text{kg/day}$$

생물학적 처리

KEYWORD 22 활성슬러지법

1. 활성슬러지 처리 공정

(1) 순서

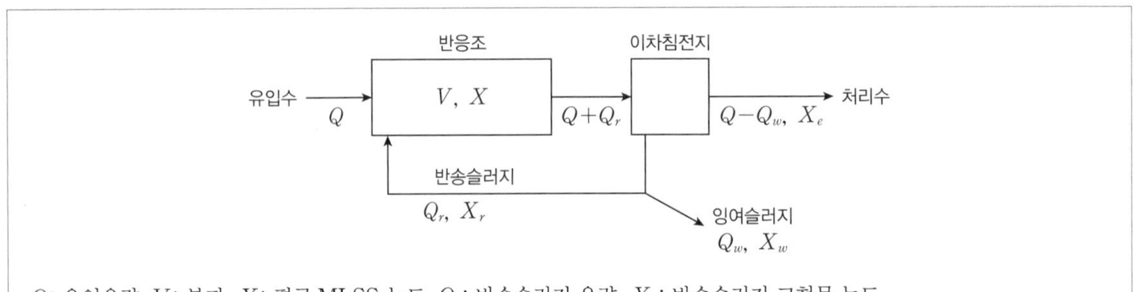

Q: 유입유량, V: 부피, X: 평균 MLSS 농도, Q_r: 반송슬러지 유량, X_r: 반송슬러지 고형물 농도
Q_w: 폐슬러지 유량, X_w: 폐슬러지 고형물 농도, X_e: 유출 고형물 농도

(2) 설계인자

① MLSS는 1,500~2,500mg/L를 표준으로 한다.

② 이상적인 F/M비는 0.2~0.4kg BOD/kg MLSS·day이다.

③ 반응조의 수심은 4~6m로 한다.

④ 포기방식은 전면포기식, 선회류식, 미세기포 분사식, 수중 교반식 등이 있다.

⑤ HRT는 6~8시간으로 한다.

⑥ SRT는 3~6일을 표준으로 한다.

⑦ DO의 농도는 2mg/L 이상으로 한다.

⑧ BOD : N : P는 100 : 5 : 1로 한다.

2. 공식

(1) BOD 부하

① BOD 용적부하: 포기조 용적당 유입하는 BOD량

$$\text{BOD 용적부하}=\frac{\text{유입 BOD}}{\text{부피}}=\frac{\text{BOD}\cdot Q}{\forall}=\frac{\text{BOD}\cdot Q}{Q\cdot t}=\frac{\text{BOD}}{t}$$

BOD: BOD의 농도(mg/L), Q: 유량(m^3/day), $\forall$: 용적(m^3), t: 시간(day)

② F/M비(BOD−MLSS 부하): 공정의 MLSS량당 유입하는 BOD량

$$F/M비 = \frac{유입\ BOD량}{포기조\ 내의\ MLSS량} = \frac{BOD \cdot Q}{\forall \cdot X} = \frac{BOD}{t \cdot X}$$

BOD: BOD의 농도(mg/L), Q: 유량(m^3/day), $\forall$: 부피(m^3)
X: MLSS의 농도(mg/L)(MLSS 대신 MLVSS 적용가능), t: 체류시간(day)

(2) 체류시간

① 수리학적 체류시간(HRT)

$$\forall = Q \cdot t$$

$\forall$: 부피(m^3), Q: 유량(m^3/day), t: 체류시간(day)

② 고형물 체류시간(SRT)

$$SRT = \frac{공정\ 내\ 고형물}{반송+유출\ 고형물} = \frac{\forall \cdot X}{X_r Q_w + X_e(Q-Q_w)} \fallingdotseq \frac{\forall \cdot X}{X_r \cdot Q_w}$$

$\forall$: 부피(m^3), X: MLSS의 농도(mg/L)(MLSS 대신 MLVSS 적용가능)
X_r: 잉여슬러지 SS 농도(mg/L), Q_w: 잉여슬러지 배출량(m^3/day)
X_e: 유출 SS 농도(mg/L), Q: 유량(m^3/day)

(3) 침강성 지표

① SVI: 슬러지 용적지수, 고형물 1g이 만드는 슬러지의 부피를 뜻하며, 단위는 mL/g이다.

$$SVI = \frac{SV_{30}}{MLSS} = \frac{10^6}{X_r}$$

SV_{30}: 30분 침강 후 슬러지 부피(mL/L), MLSS: MLSS의 농도(mg/L), X_r: 잉여슬러지 SS 농도(mg/L)

② SDI: 슬러지 밀도지수

$$SDI = \frac{100}{SVI}$$

(4) 슬러지 반송비

$$R = \frac{Q_r}{Q} = \frac{X-SS}{X_r-X} \fallingdotseq \frac{X}{X_r-X} = \frac{SV(\%)}{100-SV(\%)}$$

Q_r: 반송슬러지 유량(m^3/day), Q: 유량(m^3/day), X: MLSS의 농도(mg/L)
SS: 고형물질의 농도(mg/L), X_r: 잉여슬러지 SS 농도(mg/L)

(5) 슬러지 생산량

$$X_r Q_w = Y \cdot BOD \cdot Q \cdot \eta - K_d \cdot \forall \cdot X$$
$$= Y(S_i - S)Q - K_d \cdot \forall \cdot X$$

X_r: 잉여슬러지 SS 농도(mg/L), Q_w: 잉여슬러지 배출량(m^3/day), BOD: BOD의 농도(mg/L)
Q: 유량(m^3/day), $\forall$: 부피(m^3), K_d: 내생호흡계수, Y: 세포생산계수, X: MLSS의 농도(mg/L)
S_i: 유입수의 BOD 농도(mg/L), S: 처리수의 BOD 농도(mg/L), η: 효율

3. 운영상의 장애현상

구분	정의	원인	대책
Nocardia 거품 발생	끈적한 갈색 거품이 폭기조를 덮는 현상	• 낮은 F/M비일 때 • MLSS 농도가 증가할 때 • 수온이 높을 때	• SRT를 감소시킨다. • 폭기량을 감소시킨다. • 폭기조의 pH를 낮춘다.
핀 플록(Pin floc) 형성	세포가 과도하게 산화되어 활성과 응집력을 잃어 현탁된 상태	• SRT가 길 때 • 독성물질이 유입되었을 때 • 혐기성 상태일 때 • F/M비가 낮을 때	• SRT를 줄인다. • F/M비를 높인다.
슬러지 부상 (Sludge Rising)	2차 침전지에서 탈질화로 인한 슬러지의 부상 현상	• 2차 침전지에서 혐기성화 되었을 때 • 폭기량으로 인해 질산화가 발생했을 때	• 폭기조에서 2차 침전지로의 유량을 감소시킨다. • 폭기량을 줄여 질산화를 줄인다.
플록(floc) 해체 현상	과도한 전단응력이나 독성물질 유입 등으로 플록이 현탁된 상태	• F/M비가 일정하지 않을 때 • 독성물질이 유입되었을 때 • 영양물질이 부족할 때 • 용존산소가 부족할 때	• F/M비를 일정하게 유지한다. • 독성물질의 유입을 막는다. • 용존산소를 일정하게 유지한다.
슬러지 팽화 (Sludge Bulking)	폭기조 내의 사상세균이 증가하면서 발생하며 슬러지가 뿌옇게 올라오는 현상	• SRT가 짧을 때 • DO 농도가 낮을 때 • F/M비가 낮을 때 • 영양상태가 불균형할 때 • MLSS 농도가 낮을 때	• SRT를 적절하게 유지한다. • DO 농도를 높게(2ppm 이상) 유지한다. • F/M비를 높게 유지한다. • 영양물질 BOD : N : P=100 : 5 : 1을 유지한다. • MLSS 농도를 일정하게(1,500~2,500mg/L) 유지한다.

활성슬러지 변법

1. 연속회분식활성슬러지법(SBR: Sequencing Batch Reactor)

(1) 개요

① 1개의 반응조에 반응조와 이차침전지의 기능을 갖게 하여 활성슬러지에 의한 반응과 혼합액의 침전, 상징수의 배수, 침전슬러지의 배출공정 등을 반복하여 처리하는 방식이다.

② 종류는 고부하형과 저부하형이 있다.

(2) 운전방식

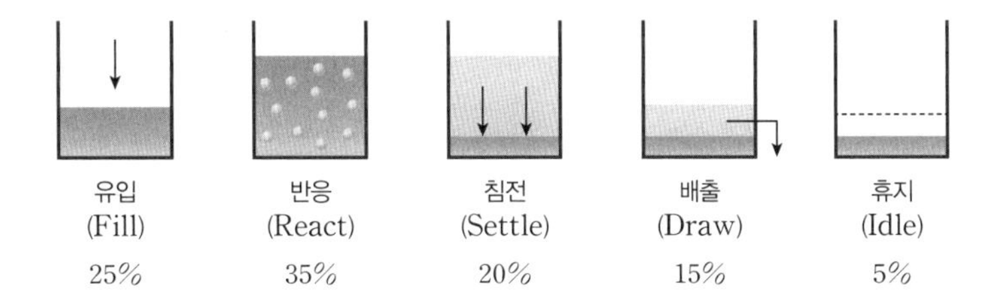

(3) 특징

① 기존 활성슬러지 처리에서의 공간개념을 시간개념으로 전환한 것이라고 할 수 있다.

② 단일 반응조 내에서 1주기(cycle) 중에 혐기 → 호기 → 무산소의 조건을 설정하여 질산화 및 탈질반응을 도모할 수 있다.

(4) 장점과 단점

장점	단점
• 오수의 양과 질에 따라 폭기시간과 침전시간을 비교적 자유롭게 설정할 수 있다. • 별도의 2차 침전지 및 슬러지 반송설비가 필요없다. • 혼합액을 이상적인 정치상태에서 침전시켜 고액분리가 원활하다. • 질소와 인 동시 제거 시 운전의 유연성이 크다. • 고부하형의 경우 다른 처리방식과 비교하여 적은 부지면적에 시설을 건설할 수 있다. • 운전방식에 따라 사상균 벌킹을 방지할 수 있다. • 충격부하 또는 첨두유량에 대한 대응성이 좋다.	• 처리용량이 큰 처리장에는 적용이 어렵다. • 연속적으로 유입되는 폐수처리에 제한적이다. • 보통의 연속식 침전지와 비교해 스컴 등의 잔류가능성이 높다.

2. 산화구법

(1) 개요

① 일차침전지를 설치하지 않고 타원형 무한수로의 반응조를 이용하여 기계식 폭기장치에 의해 폭기하고 이차침전지에서 고액분리가 이루어지는 저부하형 활성슬러지 공법이다.

② 기계식 폭기장치는 처리에 필요한 산소 공급 외에 산화구내의 활성슬러지와 유입하수를 혼합·교반시키고 혼합액의 유속으로 산화구내를 순환시켜 활성슬러지가 침강되지 않도록 하는 기능을 갖는다.

(2) 운전방식

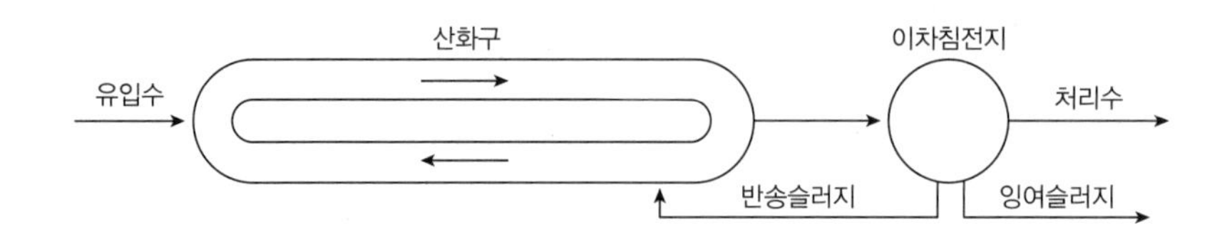

(3) 특징

① 산화구 내의 혼합상태에 따른 용존산소 농도는 흐름의 방향에 따라 농도구배가 발생하지만 MLSS 농도, 알칼리도 등은 구 내에서 균일하다.

② 질산화 반응으로 인한 처리수의 pH 저하를 방지하기 위해 반응조 내 무산소 영역을 만들거나 무산소 시간을 설정하여 탈질반응을 일으킴으로써 알칼리도를 보충할 수 있다.

③ 잉여슬러지는 호기성 분해가 이루어지므로 표준활성슬러지법에 비해 안정화되어 있다.

(4) 장점과 단점

장점	단점
• 저부하에서 운전되므로 유입하수량, 수질의 시간변동 및 수온저하(5℃ 부근)에도 안정된 유기물 제거를 기대할 수 있다. • 질소 제거가 가능하다. • 유입 SS량당 슬러지 발생량이 표준활성슬러지법에 비해 적다.	• 체류시간이 길고 수심이 얕으므로 넓은 소요부지가 필요하다.

3. 기타 활성슬러지 변법

(1) 계단식 폭기법(Step aeration)

① 유입을 나누어서 유입부 과부하, 유출부 과폭기의 단점을 보완한 변법이다.

② 표준활성슬러지법에 비해 폭기조의 용량을 2/3 정도 줄일 수 있다.

(2) 점감식법

① 초반에 폭기량을 집중시키고 이후 과정에서 감소시켜 초반에 산소를 많이 쓰는 만큼 많이 공급하고 공정 마지막에 산소를 적게 쓰는 만큼 적게 공급하는 변법이다.

② 유입부 과부하와 유출부 과폭기의 단점을 보완한 방법이다.

(3) 장기폭기법

① SRT를 길게 운전해 미생물의 내생성장을 이용하는 방법이다.

② 과잉폭기로 슬러지의 분산이 야기되거나 슬러지의 활성도가 저하되는 경우가 있다.

(4) 고율폭기법

① 미생물의 대수성장단계를 적용하여 낮은 효율로 빠르게 BOD를 처리하는 방법이다.

② 높은 F/M비, 긴 평균 미생물 체류시간, 상대적으로 짧은 수리학적 체류시간으로 되어 있다.

1. 살수여상법

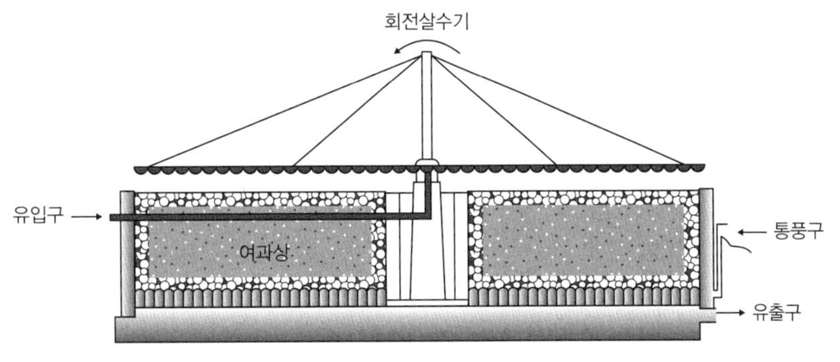

▲ 살수여상법 모식도

(1) 개요

① 미생물 점막으로 덮인 여재 위에 폐수를 뿌려서 미생물 막과 폐수 중 유기물을 접촉시켜 처리하는 생물막 공법이다.

② 부착성장미생물을 이용하는 공정으로 회전살수기로 물을 여과상에 뿌려준다.

(2) 장점과 단점

장점	단점
• 운전이 쉽고 동력소모가 적다. • 슬러지 발생량이 적고 슬러지 반송이 필요없다. • 슬러지 벌킹(팽화)에 문제가 없다. • 질산화가 일어나서 질소 제거에 유리하다. • 건설 및 유지관리비용이 적게 든다.	• 처리효율이 낮고 처리수량이 많다. • 악취와 파리가 발생한다. • 연못화 현상이 발생하고 손실수두가 크다. • 미생물 탈락 발생 가능성이 있다. • 소요 부지면적이 크다.

(3) 공식

① BOD 부하: 하루에 유입되는 BOD 총량(kg BOD/day)

$$\text{BOD 부하} = \text{BOD}\cdot Q$$

② BOD 용적부하: 살수여상 용적당 유입하는 BOD 총량(kg BOD/m^3·day)

$$\text{BOD 용적부하} = \frac{\text{유입유량}(\text{m}^3/\text{day}) \times \text{BOD 농도}(\text{mg/L}) \times 10^{-3}}{\text{여상면적}(\text{m}^2) \times \text{여층깊이}(\text{m})} = \frac{\text{BOD}\cdot Q}{A\cdot H} = \frac{\text{BOD}\cdot Q}{\forall}$$

③ 표면부하: 살수여상 면적(A)당 유입하는 유량(Q)(m^3/m^2·day)

$$\text{재순환이 없는 표준 살수여상일 때의 표면부하} = \frac{Q}{A}$$

$$\text{재순환이 있는 고율 살수여상일 때의 표면부하} = \frac{Q+Q_r}{A}$$

고득점 POINT 살수여상법의 제거효율

1) 제거효율 추정식(NRC 공식)

$$E_T = \frac{100}{1+0.432\sqrt{\frac{W}{\forall \cdot F}}},\quad F = \frac{1+R}{(1+R/10)^2}$$

W: 여과상에 가해지는 BOD 부하(kg/day), $\forall$: 여과상 부피(m^3), F: 반송계수, R: 재순환비

2) 제거효율 온도 보정

$$E_T = E_{20℃} \times \theta^{(T-20)}$$

2. 접촉산화법

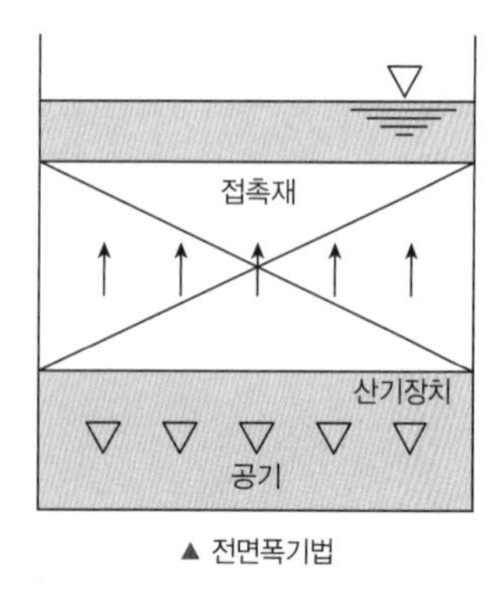

▲ 전면폭기법

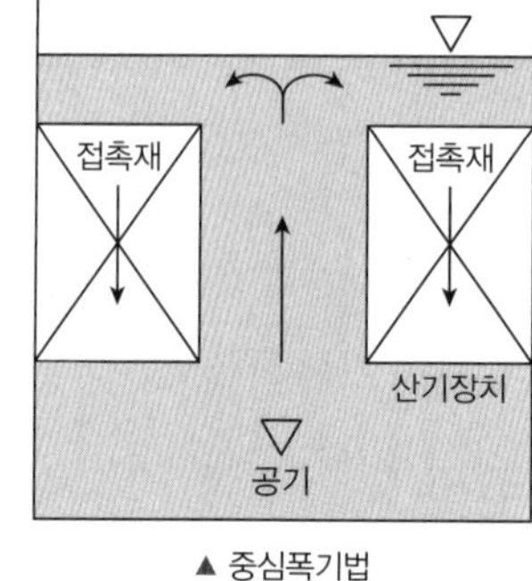

▲ 중심폭기법

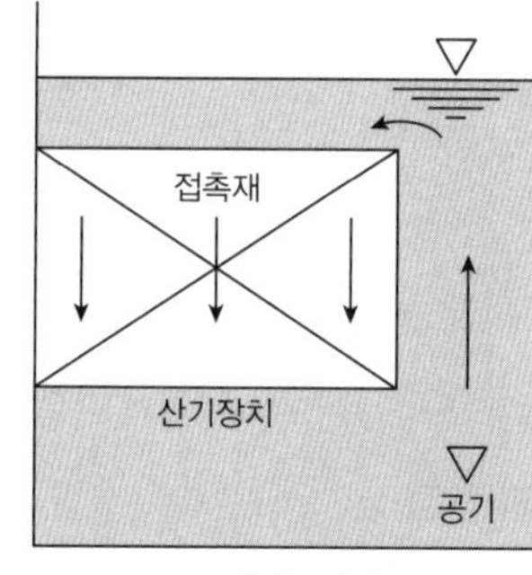

▲ 측면폭기법

(1) 개요

① 반응조 내의 접촉재 표면에 발생 부착된 호기성 미생물(부착생물)의 대사활동에 의해 하수를 처리하는 방식이다.

② 일차침전지 유출수 중의 유기물은 호기상태의 반응조 내에서 접촉재 표면에 부착된 생물에 흡착되어 미생물의 산화 및 동화작용에 의해 분해 제거된다.

③ 부착생물의 증식에 필요한 산소는 포기장치로부터 조 내에 공급된다.

④ 접촉재 표면의 과잉부착생물은 탈리되어 이차침전지에서 침전분리되지만, 활성슬러지법에서처럼 반송슬러지로서 이용되는 것이 아니라 잉여슬러지로서 인출된다.

(2) 장점과 단점

장점	단점
• 유지관리가 용이하다. • 비표면적이 큰 접촉재를 사용하여 부착 생물량을 다량으로 보유할 수 있기 때문에 유입기질의 변동에 유연히 대응할 수 있다. • 부하, 수량 변동에 대하여 완충능력이 있다. • 부착 생물량을 임의로 조정할 수 있기 때문에 조작 조건의 변경 대응이 가능하다. • 난분해성물질 및 유해물질에 대한 내성이 높다. • 슬러지 반송이 필요없고 슬러지 발생량이 적다.	• 미생물량과 영향인자를 정상상태로 유지하기 위한 조작이 어렵다. • 반응조 내 매체를 균일하게 포기 교반하는 조건설정이 어렵고 사수부가 발생할 우려가 있다. • 매체에 생성되는 생물량은 부하조건에 의하여 결정된다. • 고부하 시 매체의 폐쇄위험이 크기 때문에 부하조건에 한계가 있다. • 초기 건설비가 높다.

3. 회전원판법(RBC; Rotating Biological Contactor)

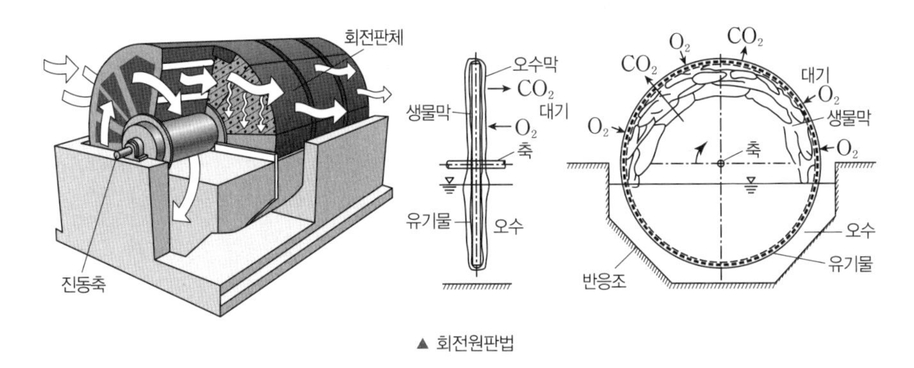

▲ 회전원판법

(1) 개요

① 원판의 일부(40%)가 수면에 잠기도록 원판을 설치하여 이를 천천히 회전시키면서 원판 위에 자연적으로 발생하는 호기성 미생물(부착생물)을 이용하여 하수를 처리하는 방법이다.

② 원판이 회전함에 따라서 생물막 위의 하수막에 용해되는 공기 중의 산소를 부착생물이 흡수하고, 하수중의 유기물을 흡착하여 산화 및 동화작용을 통해 하수를 정화시킨다.

③ 원판의 회전으로 인해 부착생물과 회전판 사이에 전단력이 생겨 과잉의 부착생물은 자연적으로 떨어지게 되며 이러한 작용에 의해 회전판의 부착생물이 유지된다.

④ 원판 전단에서 오수 중의 유기물농도가 저하되면 후단 원판표면의 질산화 미생물이 증식하여 질산화 반응이 진행된다.

(2) 장점과 단점

장점	단점
• 슬러지 반송이 필요없다. • 폐수량 변화에 강하다. • 단회로 현상의 제어가 쉽다. • 운전관리상 조작이 간단하다. • 소규모 처리시설에서 소비 전력량이 적은 편이다. • 슬러지 일령이 높게 유지된다. • 충격부하, 부하변동에 강하다. • 질소 제거가 가능하다.	• 하루살이가 발생할 수 있다. • 활성슬러지법에 비해 2차 침전지에서 미세한 SS가 유출되기 쉽고, 처리수의 투명도가 나쁘다. • 운전조작이 간단하지만 조작의 유연성에 결점이 있어 적절한 대처가 곤란하다. • 다른 생물학적 처리공정에 비해 Scale-up(대규모 처리)이 어렵다. • 회전체가 구조적으로 취약하고 외기기온에 민감하다.

용어 CHECK **단회로 현상**

• 반응조 내 유체의 속도차에 의해 발생하는 현상으로 속도가 빠른 부분과 속도가 느린 부분이 생기는 현상이다.
• 속도가 빠른 부분은 속도가 느린 부분에 비해 적은 접촉시간 및 침전시간을 갖기 때문에 효율에 악영향을 미친다.

KEYWORD 25 혐기성 처리

1. 혐기성 처리 조건 및 과정

(1) 혐기성 처리 조건

① 유기물의 농도가 높아야 한다.

② 적절한 산성도: pH 6.8~7.2

③ 최적 온도: 35℃(중온소화), 55℃(고온소화)

④ 혐기성 미생물도 결합산소가 필요하다.

⑤ 독성물질이 없어야 한다.

(2) 혐기성 처리 과정

① CH_4, CO_2, H_2S가 발생하고 SO_2는 발생하지 않는다.

② 소화가스 발생량 저하의 원인: 저농도 슬러지 유입, 소화슬러지 과잉배출, 조내 온도저하, 소화가스 누출, 과다한 산 생성

(3) 혐기성 처리 장점과 단점

장점	단점
• 슬러지 발생량이 적고 메탄(CH_4)이 생성된다. • 유지관리비가 적게 든다. • 부패성 유기물 분해에 효과적이다. • 고농도 폐수처리에 적당하다.	• 암모니아(NH_3), 황화수소(H_2S)에 의해 악취가 발생한다. • 초기 건설비가 많이 들고, 부지면적이 넓어야 한다. • 처리 후 상등액의 수질이 불량하다. • 운전조건이 변화할 때 그에 적응하는 시간이 오래 걸린다. • 높은 온도(35℃ 혹은 55℃)를 요구한다.

2. 혐기성 처리 공정

(1) 혐기성 소화조

① pH가 낮아지는 원인: 유기물 과부하, 메탄균 활성을 저해하는 중금속 등 유해물질 유입, 온도저하, 교반 부족

② 공정 영향인자: 체류시간, 온도, 영양염류, pH, 독성물질, 알칼리도, 소화가스의 CO_2 함유도

(2) 부패조, 임호프탱크: 분뇨 처리

고득점 POINT 혐기성소화 처리 시 스컴 형성의 발생원인과 대책

1) 발생원인
- 유기물의 과부하로 소화의 불균형
- 온도 급저하
- 교반 부족
- 메탄균 활성을 저해하는 독물 또는 중금속 투입

2) 대책
- 과부하나 영양 불균형의 경우는 유입슬러지 일부를 직접 탈수하는 등 부하량을 조절한다.
- 온도저하의 경우는 온도유지에 노력한다.
- 교반이 부족한 경우는 교반강도, 횟수를 조정한다.
- 독성물질 및 중금속이 원인인 경우는 배출원을 규제하고, 조내 슬러지의 대체방법을 강구한다.

최|빈|출 기 출 문 제

CHAPTER 06
생물학적 처리

01

KEYWORD 22 활성슬러지법

하수처리시설의 운영조건이 아래와 같을 때 다음 물음에 답하시오.

- Q: $2,000m^3/day$
- 유입 BOD: 250mg/L
- BOD 제거효율: 90%
- 체류시간: 6hr
- MLSS: 3,000mg/L
- Y: 0.8
- 내생호흡계수: 0.05/day

(1) SRT(day)
(2) F/M비(day^{-1})
(3) 잉여슬러지의 양(kg/day)

정답

(1) 5.26day
(2) $0.33day^{-1}$
(3) 285kg/day

해설

(1) SRT(day) 구하기

① 포기조의 부피(∀) 계산

$$\forall = Q \cdot t = \frac{2,000m^3}{day} \times 6hr \times \frac{1day}{24hr} = 500m^3$$

② SRT(day) 계산

$$\frac{1}{SRT} = \frac{Y(BOD_i \cdot \eta)Q}{\forall \cdot X} - K_d$$

SRT: 고형물 체류시간(day), Y: 세포생산계수
BOD_i: 유입 BOD 농도(mg/L), η: 효율
Q: 유량(m^3/day), ∀: 부피(m^3), X: MLSS의 농도(mg/L)
K_d: 내생호흡계수(day^{-1})

$$\frac{1}{SRT} = \frac{0.8 \times \frac{(250 \times 0.9)mg}{L} \times \frac{2,000m^3}{day}}{500m^3 \times 3,000mg/L} - 0.05/day$$

$$= 0.19day^{-1}$$

$\therefore$ SRT$=5.2632 \fallingdotseq 5.26$day

(2) F/M비(day^{-1}) 구하기

$$\text{F/M비}(day^{-1}) = \frac{\text{유입 BOD 총량}}{\text{포기조 내의 MLSS량}} = \frac{BOD_i \cdot Q}{X \cdot \forall} = \frac{BOD_i}{X \cdot HRT}$$

BOD_i: 유입 BOD 농도(mg/L), Q: 유량(m^3/day), ∀: 부피(m^3)
X: MLSS의 농도(mg/L), HRT: 체류시간(day)

$$\text{F/M비} = \frac{250mg/L}{3,000mg/L \times 6hr \times \frac{1day}{24hr}} = 0.3333 \fallingdotseq 0.33day^{-1}$$

(3) 잉여슬러지의 양(kg/day) 구하기

$$X_rQ_w = Y(BOD_i - BOD_o)Q - K_d \cdot \forall \cdot X$$

X_rQ_w: 잉여슬러지의 양(kg/day), Y: 세포생산계수
BOD_i: 유입 BOD 농도(mg/L), BOD_o: 유출 BOD 농도(mg/L)
Q: 유량(m^3/day), K_d: 내생호흡계수(day^{-1})
∀: 부피(m^3), X: MLSS의 농도(mg/L)

$$X_rQ_w = 0.8 \times \frac{(250 \times 0.9)mg}{L} \times \frac{2,000m^3}{day} \times \frac{1kg}{10^6mg} \times \frac{10^3L}{1m^3} - \frac{0.05}{day} \times 500m^3 \times \frac{3,000mg}{L} \times \frac{1kg}{10^6mg} \times \frac{10^3L}{1m^3}$$

$$= 285kg/day$$

02

KEYWORD 22 활성슬러지법

활성슬러지 공법으로 운영되는 포기조의 SVI를 측정한 결과 100이었다. MLSS의 농도가 3,000mg/L라면 SV_{30}(cm^3)를 구하시오.

정답

$300cm^3$

해설

$$SVI = \frac{SV_{30}(mL/L)}{MLSS(mg/L)} \times 10^3$$

SVI: 슬러지 용적지수(mL/g), SV_{30}: 30분 침강 후 슬러지 부피(mL)

$$100 = \frac{SV_{30}}{3,000} \times 10^3$$

$\therefore SV_{30} = 300mL = 300cm^3$

03

KEYWORD 23 활성슬러지 변법

회분식연속반응조(SBR)의 장점을 연속흐름반응조(CFSTR)와 비교하여 5가지 서술하시오.

정답

① 충격부하에 강하다.
② 고부하형의 경우 다른 처리방식과 비교하여 적은 부지면적에 시설을 건설할 수 있다.
③ 운전방식에 따라 사상균 벌킹을 방지할 수 있다.
④ 질소(N)와 인(P)의 동시 제거 시 운전의 유연성이 크다.
⑤ 2차 침전지와 슬러지 반송설비가 불필요하다.

만점 KEYWORD

① 충격부하, 강함
② 고부하형, 적은, 부지면적
③ 운전방식, 사상균 벌킹, 방지
④ 질소, 인, 동시 제거, 운전, 유연성, 큼
⑤ 2차 침전지, 슬러지 반송설비, 불필요

관련이론

연속회분식활성슬러지법(SBR: Sequencing Batch Reactor)

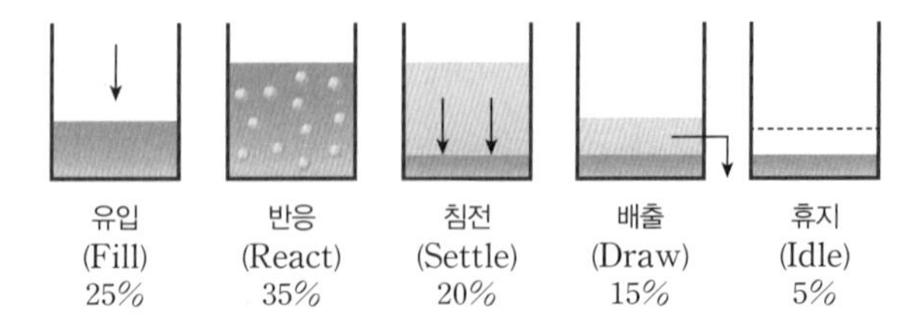

- 기존 활성슬러지 처리에서의 공간개념을 시간개념으로 전환한 것이라고 할 수 있다.
- 단일 반응조 내에서 1주기(cycle) 중에 혐기 → 호기 → 무산소의 조건을 설정하여 질산화 및 탈질반응을 도모할 수 있다.
- 고부하형의 경우 다른 처리방식과 비교하여 적은 부지면적에 시설을 건설할 수 있다.
- 운전방식에 따라 사상균 벌킹을 방지할 수 있다.
- 충격부하 또는 첨두유량에 대한 대응성이 좋다.
- 처리용량이 큰 처리장에는 적용하기 어렵다.
- 질소(N)와 인(P)의 동시 제거 시 운전의 유연성이 크다.

04

KEYWORD 24 생물막법

공장폐수를 재순환형 살수여상으로 처리하고자 한다. 아래의 조건에서 살수여상의 BOD 용적부하(kg/m^3 · day)를 구하시오.

- 유량: 400m^3/day
- 유입 BOD: 1,000mg/L
- 최종 유출 BOD: 48mg/L
- 재순환율: 2.5
- 수리학적 부하율: 20m^3/m^2·day
- 깊이: 2.5m

정답

2.56kg/m^3·day

해설

$$\text{BOD 용적부하} = \frac{\text{유입 BOD}\cdot Q}{A\cdot H}$$

Q: 유량(m^3/day), A: 면적(m^2), H: 깊이(m)

- **살수여상으로의 유입 BOD 농도(mg/L) 계산**

$$C_m = \frac{C_1Q_1 + C_2Q_2}{Q_1+Q_2} \quad (1: \text{유입}, 2: \text{재순환})$$

$$= \frac{1{,}000\text{mg/L} \times 400\text{m}^3/\text{day} + 48\text{mg/L} \times 400\text{m}^3/\text{day} \times 2.5}{(400 + 400 \times 2.5)\text{m}^3/\text{day}}$$

$$= 320\text{mg/L}$$

※ 유입 BOD + 재순환에 의한 BOD를 이용하여 계산한다.

- **살수여상의 유량(Q) 계산**

$400 + (400 \times 2.5) = 1{,}400\text{m}^3/\text{day}$

- **살수여상의 면적(A) 계산**

수리학적 부하율 = 유량/면적

$$\frac{20\text{m}^3}{\text{m}^2\cdot\text{day}} = \frac{1{,}400\text{m}^3/\text{day}}{A\text{m}^2}$$

$\therefore A = 70\text{m}^2$

- **BOD 용적부하(kg/m^3·day) 계산**

∴ BOD 용적부하

$$= \frac{\text{유입 BOD}\cdot Q}{A\cdot H}$$

$$= \frac{320\text{mg}}{\text{L}} \times \frac{1{,}400\text{m}^3}{\text{day}} \times \frac{1}{70\text{m}^2} \times \frac{1}{2.5\text{m}} \times \frac{10^3\text{L}}{1\text{m}^3} \times \frac{1\text{kg}}{10^6\text{mg}}$$

$$= 2.56\text{kg/m}^3\cdot\text{day}$$

05

KEYWORD 24 생물막법

아래의 조건으로 2단 살수여상을 운영할 때 1단 살수여상의 직경(m)을 구하시오. (단, 두 여과기 모두 BOD_5 제거효율과 재순환율은 동일함)

- 유량: $3,785m^3/day$
- 유입 BOD_5: 195mg/L
- 최종 BOD_5: 20mg/L
- 여과상 깊이: 2m
- 반송률: 1.8
- 1단 여과상의 BOD_5 제거효율

  $$E_1=\frac{100}{1+0.432\sqrt{\frac{W_0}{\forall\cdot F}}}$$
- W_0: 여과상에 가해지는 BOD 부하
- $\forall$: 여과상 부피
- 반송계수 $F=\frac{1+R}{(1+R/10)^2}$

정답

14.01m

해설

$$W_0=\frac{3,785m^3}{day}\times\frac{195mg}{L}\times\frac{10^3L}{1m^3}\times\frac{1kg}{10^6mg}=738.075kg/day$$

$$F=\frac{1+R}{(1+R/10)^2}=\frac{1+1.8}{(1+1.8/10)^2}=2.0109$$

$$195mg/L\times(1-E_1)\times(1-E_2)=20mg/L$$

여기서, $E_1=E_2$ 이므로 $(1-E_1)^2=\frac{0}{1^2 95}$

$$E_1=E_2=0.6797=67.97\%$$

$$E_1=\frac{100}{1+0.432\sqrt{\frac{W_0}{\forall\cdot F}}}$$

$$67.97=\frac{100}{1+0.432\sqrt{\frac{738.075}{\forall\times2.0109}}}$$

$\therefore\ \forall=308.4595m^3$

$\forall=308.4595m^3=A\times H=A\times2m$

$$A=\frac{\pi D^2}{4}=154.2298m^2$$

$\therefore\ D=14.0133≒14.01m$

06

KEYWORD 25 혐기성 처리

최종 BOD 1kg을 혐기성 조건에서 안정화시킬 때 30℃에서 발생될 수 있는 이론적 메탄가스의 양(m^3)을 구하시오. (단, 유기물은 $C_6H_{12}O_6$로 가정함)

정답

$0.39m^3$

해설

- **호기성 소화반응식을 통한 $C_6H_{12}O_6$의 양 계산**

  $\underline{C_6H_{12}O_6}+\underline{6O_2}\rightarrow6H_2O+6CO_2$

  $180g:6\times32g=Xkg:1kg$

  $\therefore\ X=\frac{180\times1}{6\times32}=0.9375kg$
- **혐기성 소화반응식을 통한 CH_4의 양 계산**

  $\underline{C_6H_{12}O_6}\rightarrow\underline{3CH_4}+3CO_2$

  $180g\ :\ 3\times22.4L=0.9375kg:Ym^3$

  $\therefore\ Y=\frac{3\times22.4\times0.9375}{180}=0.35m^3$
- **온도 보정** (30℃)

  $0.35m^3\times\frac{(273+30)}{273}=0.3885≒0.39m^3$

관련이론 | 메탄(CH_4)의 발생

(1) **글루코스($C_6H_{12}O_6$) 1kg 당 메탄가스 발생량** (0℃, 1atm)

$\underline{C_6H_{12}O_6}\rightarrow\underline{3CH_4}+3CO_2$

$180g\ :\ 3\times22.4L$

$1kg\ :\ Xm^3$

$\therefore\ X=\frac{3\times22.4\times1}{180}=0.3733≒0.37m^3$

(2) **최종 BOD_u 1kg 당 메탄가스 발생량** (0℃, 1atm)

① BOD_u를 이용한 글루코스 양(kg) 계산

$\underline{C_6H_{12}O_6}+\underline{6O_2}\rightarrow6H_2O+6CO_2$

$180g\ :\ 6\times32g=Xkg\ :1kg$

$\therefore\ X=\frac{180\times1}{6\times32}=0.9375kg$

② 글루코스의 혐기성 분해식을 이용한 메탄의 양(m^3) 계산

$\underline{C_6H_{12}O_6}\rightarrow\underline{3CH_4}+3CO_2$

$180g\ :\ 3\times22.4L=0.9375kg\ :\ Ym^3$

$\therefore\ Y=\frac{3\times22.4\times0.9375}{180}=0.35m^3$

CHAPTER 07

슬러지 및 고도처리

KEYWORD 26 슬러지 처리의 목표 및 표현법

1. 슬러지 처리의 목표 및 과정

(1) 목표

① 부피의 감소

② 안정화(유기물 제거)

③ 안전화(병원균 제거)

④ 처분의 확실성

(2) 처리과정

유입슬러지 ▶ 농축 ▶ 안정화(소화) ▶ 개량(조정) ▶ 탈수 ▶ 소각(최종처분)

2. 슬러지량 표현법

(1) 슬러지의 구성

① 슬러지(SL)=고형물(TS)+수분(W)

② 고형물(TS)=유기물(VS)+무기물(FS)

(2) 슬러지의 비중

$$\frac{100}{\rho_{SL}}=\frac{\%_{TS}}{\rho_{TS}}=\frac{\%_{W}}{\rho_{W}}=\frac{\%_{FS}}{\rho_{FS}}+\frac{\%_{VS}}{\rho_{VS}}+\frac{\%_{W}}{\rho_{W}}$$

%: 함유량, ρ: 밀도 또는 비중

SL: 슬러지, TS: 고형물, W: 수분, VS: 유기물, FS: 무기물

슬러지의 처리공정

1. 농축

(1) 개요

① 슬러지 농축은 다음 공정의 슬러지 소화 또는 탈수를 효과적으로 기능하게 하는 역할을 한다.

② 슬러지 농축에는 중력식, 부상식, 원심분리식, 중력식벨트 농축으로 크게 나눌 수 있다.

③ 불충분한 슬러지 농축은 슬러지 처리효율 저하 초래 뿐만 아니라 상징수 중에 다량의 부유물이 포함되어 반송되므로 처리수의 수질악화 원인이 된다.

(2) 공식

$$\rho_1 V_1(1-W_1)=\rho_2 V_2(1-W_2)$$

ρ_1: 처리 전 밀도 또는 비중, ρ_2: 처리 후 밀도 또는 비중
V_1: 처리 전 슬러지 부피(m^3), V_2: 처리 후 슬러지 부피(m^3)
W_1: 처리 전 슬러지 함수율, W_2: 처리 후 슬러지 함수율

2. 소화

(1) 개요

① 소화 목적은 슬러지의 안정화, 부피 및 무게의 감소, 병원균 사멸 등을 들 수 있다.

② 소화에는 호기성 소화, 혐기성 소화 등이 있다.

(2) 공식

① 소화조의 용량

$$V=\left(\frac{Q_1+Q_2}{2}\right)\cdot t$$

Q_1: 소화조로 주입되는 슬러지 유량(m^3/day), Q_2: 소화조에 축적되는 소화슬러지 유량(m^3/day)
t: 소화 기간(day)

② 슬러지 소화율

$$\text{소화율}(\%)=\frac{\text{제거된 유기물량}}{\text{유입된 유기물량}}\times 100=\left[1-\left(\frac{VS_2/FS_2}{VS_1/FS_1}\right)\right]\times 100$$

FS_1: 투입슬러지의 무기성분(%), VS_1: 투입슬러지의 유기성분(%)
FS_2: 소화슬러지의 무기성분(%), VS_2: 소화슬러지의 유기성분(%)

(3) 혐기성 소화법과 비교한 호기성 소화법의 장점과 단점

장점	단점
• 유출수의 수질이 더 좋다. • 운전이 용이하다. • 최초 시공비가 절감된다. • 악취문제가 감소한다.	• 소화슬러지의 탈수성이 불량하다. • 저온 시 효율이 저하된다. • 폭기(산소 공급)에 드는 동력비가 과다하다. • 유기물 감소율이 저조하다. • 가치 있는 부산물이 생성되지 않는다.

(4) 소화조 운전상의 문제점 및 대책

상태	원인	대책
소화가스 발생량 저하	저농도 슬러지 유입	• 슬러지 농도를 높이도록 노력한다. • 조용량 감소는 스컴 및 토사 퇴적이 원인이므로 준설한다.
	소화슬러지 과잉배출	배출량을 조절한다.
	조내 온도저하	저온일 때에는 온도를 일정온도까지 높이고, 가온시간이 정상인데 온도가 떨어지는 경우는 보일러를 점검한다.
	소화가스 누출	가스누출은 위험하므로 수리한다.
	과다한 산 생성	과다한 산은 과부하, 공장폐수의 영향일 수도 있으므로, 부하조정 또는 배출 원인의 감시가 필요하다.
상징수 악화 (BOD와 SS가 비정상적으로 높은 경우)	소화가스 발생량 저하와 동일 원인	소화가스 발생량 저하의 대책과 동일하다.
	과다교반	교반횟수를 조정한다.
	소화슬러지의 혼입	슬러지 배출량을 줄인다.
pH 저하 (이상발포, 가스발생량 저하, 스컴 다량발생)	유기물의 과부하로 소화의 불균형	유입슬러지 일부를 직접 탈수하는 등 부하량을 조절한다.
	온도 급저하	온도유지에 노력한다.
	교반 부족	교반강도, 횟수를 조정한다.
	메탄균 활성을 저해하는 독물 또는 중금속 투입	배출원을 규제하고, 조내 슬러지의 대체방법을 강구한다.
이상발포 (맥주모양의 이상발포)	과다배출로 조내 슬러지 부족, 유기물의 과부하	슬러지의 유입을 줄이고, 배출을 일시중지 한다.
	1단계 조의 교반 부족	조내 교반을 충분히 한다.
	온도저하	소화온도를 높인다.
	스컴 및 토사의 퇴적	• 스컴을 파쇄 · 제거한다. • 토사의 퇴적은 준설한다.

KEYWORD 28 고도산화처리기술 및 막여과

1. 펜톤(Fenton) 산화

(1) **원리:** 펜톤시약(2가 철염과 과산화수소(H_2O_2))을 사용하여 반응 중 생성되는 OH radical(·OH)의 산화력으로 오폐수의 유기물을 산화처리하는 방법이다.

(2) **특징**

① 최적 pH: pH 3~4.5

② pH 조절 후 산화 반응, 중화 반응, 응집 반응(철염 제거)의 세 단계로 이루어진다.

③ COD값은 감소하지만 BOD값은 증가할 수 있다.

④ 철염량에 비하여 과산화수소(H_2O_2)를 과량으로 주입하면 슬러지를 부상시켜 수산화철의 침전을 방해한다.

⑤ 과산화수소(H_2O_2)는 철염이 과량으로 존재할 때 조금씩 단계적으로 첨가하는 것이 효과적이다. 이는 여분의 과산화수소(H_2O_2)는 후처리의 미생물 성장에 영향을 미치기 때문이다.

2. 막여과공법

(1) **개요**

① 막(Membrane)을 여재로 사용하여 물을 통과시킨 후 원수 중의 불순물질을 분리제거하고 깨끗한 여과수를 얻는 정수방법을 말한다.

② 담수처리에 주로 사용되고 있는 막여과는 정밀여과, 한외여과가 있으며, 이 제거대상물질은 주로 불용해성물질이다.

③ 나노여과 및 역삼투법은 용해성물질을 제거대상물질로 하며 단독 또는 고도정수처리와의 조합 등이 검토되고 있다.

(2) **막여과공법의 종류와 특징**

분리방법	막형태	구동력	분리원리	특징
정밀여과	대칭형 다공성막 0.1~1μm	정수압차 (0.1~1bar)	여과막공 크기 (pore size) 및 흡착현상에 기인한 체거름	• 초순수 제조 • 무균여과
한외여과	비대칭형 다공성막	정수압차 (0.5~1bar)	체거름	• 콜로이드 정제 • 콜로이드 물질과 분자량이 5,000 이상인 큰 분자 제거에 사용 • 경제적
역삼투	비대칭성 Skin형막	정수압차 (20~100bar)	용해, 확산	인 제거율이 가장 높음
투석	비대칭형 다공성막	농도차	대류가 없는 층에서의 확산	–
전기투석	양이온, 음이온 교환막	전위차	입자의 전하 크기	• 주입 수량의 약 10%가 박막의 연속세척을 위해 필요 • 스케일 형성을 최소화하기 위해 pH를 낮게 유지해야 함

※ 투석: 선택적 투과막을 통해 용액 중에 다른 이온 혹은 분자의 크기가 다른 용질을 분리시키는 것이다.

(3) 분리막 모듈의 형식: 판형, 관형, 나선형, 중공사형

용어 CHECK **역삼투와 전기투석법**

1) **역삼투(R.O; Reverse Osmosis)**
   용매만을 통과시키는 반투막을 이용하여 삼투압 이상의 압력을 가하여 용질을 분리해 내는 방법이다.
2) **전기투석법(Electrodialysis)**
   이온교환수지에 전하를 가하여 양이온과 음이온의 투과막으로 물을 분리해 내는 방법이다.

(4) 막의 열화와 파울링

<table>
<tr><td rowspan="4">열화</td><td>정의</td><td>막 자체의 변질로 생긴 비가역적인 막 성능의 저하</td></tr>
<tr><td rowspan="3">종류</td><td>• 물리적 열화: 장기적인 압력부하에 의한 막 구조의 압밀화
• 압밀화: 원수 중의 고형물이나 진동에 의한 막 면의 상처나 마모, 파단
• 손상건조: 건조되거나 수축으로 인한 막 구조의 비가역적인 변화</td></tr>
<tr><td>• 화학적 열화: 막이 pH, 온도 등의 작용에 의해 분해
• 가수분해 산화: 산화제에 의하여 막 재질의 특성 변화나 분해</td></tr>
<tr><td>생물화학적 변화: 미생물과 막 재질의 자화 또는 분비물의 작용에 의한 변화</td></tr>
<tr><td rowspan="4">파울링</td><td>정의</td><td>막 자체의 변질이 아닌 외적 인자로 생긴 막 성능의 저하</td></tr>
<tr><td rowspan="3">종류</td><td>부착층
• 케익층: 공급수 중의 현탁물질이 막 면상에 축적되어 생성되는 층
• 겔층: 농축으로 용해성 고분자 등의 막 표면 농도가 상승하여 막 면에 형성된 겔(gel)상의 비유동성 층
• 스케일층: 농축으로 난용해성 물질이 용해도를 초과하여 막 면에 석출된 층
• 흡착층: 공급수 중에 함유되어 막에 대하여 흡착성이 큰 물질이 막 면상에 흡착되어 형성된 층</td></tr>
<tr><td>막힘
• 고체: 막의 다공질부의 흡착, 석출, 포착 등에 의한 폐색
• 액체: 소수성 막의 다공질부가 기체로 치환(건조)</td></tr>
<tr><td>유로폐색: 막모듈의 공급유로 또는 여과수 유로가 고형물로 폐색되어 흐르지 않는 상태</td></tr>
</table>

(5) 해수의 담수화방식

KEYWORD 29 질소, 인 제거

1. 질소(N) 제거

(1) 공기탈기법(Air Stripping)

① 반응식

$$NH_3 + H_2O \rightleftharpoons NH_4^+ + OH^-$$

② 원리: 공기를 주입하여 수중의 pH를 10 이상 높여 암모늄이온을 암모니아 기체로 탈기시키는 방법이다.

③ 특징

㉠ 석회를 사용하여 유출수의 pH가 증가한다.

㉡ 동절기에는 제거효율이 낮다.

㉢ 온도가 상승할수록 같은 양의 폐수를 처리하는 데 필요한 공기의 양은 감소한다.

㉣ 악취문제가 발생한다.

(2) 파과점염소주입법

① 반응식

$$2NH_3 + 3Cl_2 \rightleftharpoons N_2 + 6HCl$$

② 원리: 물속에 염소를 파과점 이상으로 주입하여 클로라민 형태로 결합되어 있던 질소를 질소 기체로 처리하는 방법이다.

③ 특징

㉠ 시설비가 낮고 기존 시설에 적용이 용이하다.

㉡ 용존성 고형물이 증가하고 THM이 생성된다.

㉢ 휘발성 유기물이 생성되고 수생생물에 독성을 끼치는 잔류염소농도가 증가한다.

(3) 질산화와 탈질산화 반응

① 질산화 반응

구분	반응식	관련 미생물
1단계(아질산화)	$NH_4^+ + 1.5O_2 \rightarrow NO_2^- + H_2O + 2H^+$ $(NH_3 + 1.5O_2 \rightarrow NO_2^- + H_2O + H^+)$	Nitrosomonas $(NH_3^{-N} \rightarrow NO_2^{-N})$
2단계(질산화)	$NO_2^- + 0.5O_2 \rightarrow NO_3^-$	Nitrobacter $(NO_2^{-N} \rightarrow NO_3^{-N})$
전체반응	$NH_4^+ + 2O_2 \rightarrow NO_3^- + H_2O + 2H^+$ $(NH_3 + 2O_2 \rightarrow HNO_3 + H_2O)$	독립영양미생물(질산화 미생물) $NH_3^{-N} \rightarrow NO_2^{-N} \rightarrow NO_3^{-N}$

PART 02 수질오염방지 실무

② 탈질산화 반응

구분	반응식	관련 미생물
1단계	$2NO_3^- + 2H_2 \rightarrow 2NO_2^- + 2H_2O$	Pseudomonas, Bacillus, Acromobacter, Micrococcus ($NO_3^{-N} \rightarrow NO_2^{-N}$, $NO_2^{-N} \rightarrow N_2$)
2단계	$2NO_2^- + 3H_2 \rightarrow N_2 + 2OH^- + 2H_2O$	
전체반응	$2NO_3^- + 5H_2 \rightarrow N_2 + 2OH^- + 4H_2O$	종속영양미생물(탈질화 미생물) $NO_3^{-N} \rightarrow NO_2^{-N} \rightarrow N_2$

③ 질산화 공정의 비교

형태		장점	단점
단일단계 질산화 (하나의 반응조에서 BOD 제거와 질산화가 일어나는 공정)	부유 성장식	• BOD/TKN 비가 높기 때문에 안정적인 MLSS 운영이 가능하다. • BOD와 암모니아성 질소 동시 제거가 가능하다.	• 독성물질에 대한 질산화 저해 방지가 불가능하다. • 온도가 낮을 경우 반응조 용적이 매우 크게 소요된다. • 운전의 안정성은 미생물 반송을 위한 이차 침전지의 운전에 좌우된다.
	부착 성장식	• 미생물이 여재에 부착되어 있기 때문에 안정성은 이차침전과 무관하다. • BOD와 암모니아성 질소 동시 제거가 가능하다.	• 독성물질에 대한 질산화 저해 방지가 불가능하다. • 유출수의 암모니아 농도는 약 1~3mg/L 정도이다.
분리단계 질산화 (다른 반응조에서 BOD 제거와 질산화가 일어나는 공정)	부유 성장식	• 독성물질에 대한 질산화 저해 방지가 가능하다. • 안정적인 운전이 가능하다.	• 운전의 안정성은 미생물 반송을 위한 이차 침전지의 운전에 좌우된다. • 단일단계 질산화에 비해 많은 단위공정이 필요하다.
	부착 성장식	• 독성물질에 대한 질산화 저해 방지가 가능하다. • 미생물이 여재에 부착되어 있기 때문에 안정성은 이차침전과 무관하다.	• 단일단계 질산화에 비해 많은 단위공정이 필요하다.

고득점 POINT **탈질반응조(Anoxic basin) 체류시간**

1) 체류시간 공식

$$\theta = \frac{S_0 - S}{R_{DN} \cdot X}$$

S_0: 반응조로의 유입수 질산염 농도(mg/L)
S: 반응조로의 유출수 질산염 농도(mg/L)
X: MLVSS 농도(mg/L), R_{DN}: 탈질율(day^{-1})

2) 탈질율의 온도 보정

$$R'_{DN(T℃)} = R_{DN(20℃)} \times K^{(T-20)} \times (1 - DO)$$

2. 인(P) 제거

(1) 응집침전

① 금속염 첨가법: 응집제(황산알루미늄, 폴리염화알루미늄, 염화제이철)에 포함된 알루미늄염이나 3가 철염이 인을 침전제거하는 방법이다.

② 정석탈인법: 칼슘이온과 반응하여 인을 침전제거하는 방법이다.

㉠ 석회를 주입해 아파타이트 형태로 고정한다.

㉡ 응집제를 첨가한 응집침전에 비하여 석회의 주입량을 적게 할 수 있으므로, 슬러지 발생이 적어진다.

③ 인 제거를 위한 화학제의 선택에 영향을 미치는 인자: 유입수의 인 농도, 슬러지 처리시설, 알칼리도

(2) 생물학적 탈인

① 활성슬러지 미생물(주 미생물: Acinetobacter)에 의한 반응을 이용하여 수중의 인을 생물학적으로 제거하는 방법이다.

② 혐기성에서 인이 방출되고, 호기성에서 미생물이 인을 과잉흡수하는 현상을 이용한다.

KEYWORD 30 주요공정을 통한 인, 질소 제거

1. A/O 공정: 인 제거

하수유입과 반송슬러지의 유입이 첫 단계의 혐기조로 함께 유입되는 생물학적 탈인 공정의 대표적인 예이다.

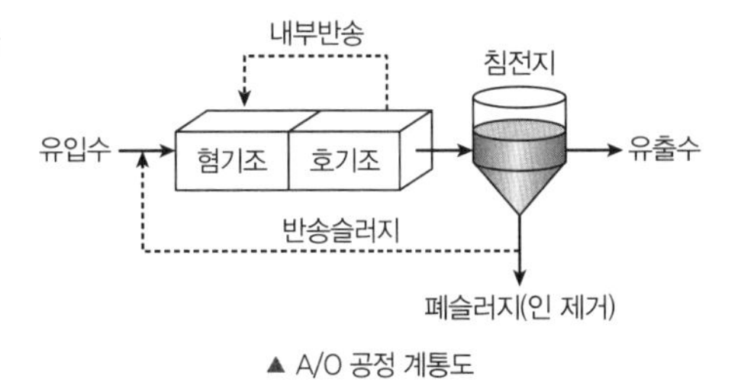

▲ A/O 공정 계통도

(1) 주요공정

① 혐기조: 유기물 흡수, 인 방출

② 호기조: 유기물 흡수, 인 과잉흡수

(2) 장점과 단점

장점	단점
• 비교적 운전이 간단하다. • 비교적 수리학적 체류시간이 짧다. • 폐슬러지 내 인의 함량(3~5% 정도)이 비교적 높아 비료의 가치가 있다.	• 무산소조가 없어 질소 처리는 불가능하다. • 높은 BOD/P 비가 요구된다. • 공정의 운전 유연성이 제한된다.

2. A^2/O 공정: 질소와 인 제거

생물학적 인 제거공정과 생물학적 질소 제거공정을 조합시킨 처리법으로 유입수와 반송슬러지를 혐기조에 유입시키면서 호기조 혼합액을 무산소조에 순환시켜 제거한다.

(1) 주요공정

① 혐기조: 인 방출

② 무산소조: 탈질미생물에 의한 탈질화

③ 호기조: BOD 잔여량 제거, 호기성 미생물의 세포합성을 통한 인 제거, 질산화

④ 내부반송: 호기조에서 질산화된 혼합액을 반송하여 질소가스 제거

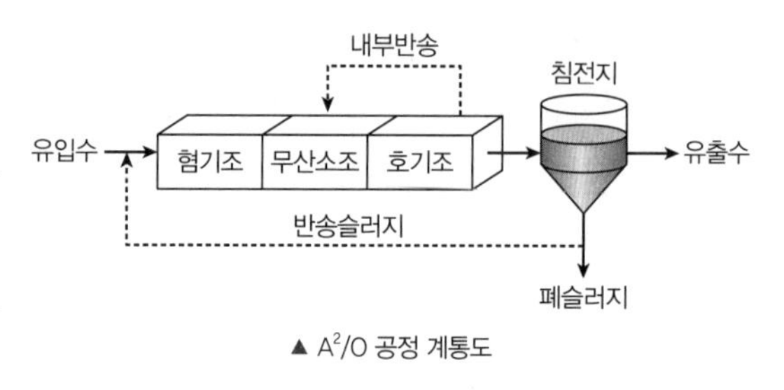

▲ A^2/O 공정 계통도

(2) 장점과 단점

장점	단점
• 무산소조가 추가되어 질산염이 탈질 가능하다. • 폐슬러지 내 인의 함량(3~5% 정도)이 비교적 높아 비료의 가치가 있다. • 기존 하수처리장의 고도처리 공정으로 적용이 용이하다.	• 수온 저하 시 질소, 인 제거효율이 저하된다. • 반송슬러지 내 질산염에 의해 인 방출이 억제되어 인 제거효율이 감소될 수 있다.

3. Phostrip 공정: 인 제거

반송슬러지의 일부만이 포기조로 유입되고 인을 과잉섭취한다. 탈인조에서는 인을 방출시켜 생성된 상징액을 석회를 이용하여 화학적인 방법으로 침전시켜 제거한다. 이 공정은 화학적 방법과 생물학적 방법이 조합된 공정이다.

(1) 주요공정

① 포기조: 반송된 슬러지의 인 과잉흡수, 유기물 제거

② 탈인조: 인 방출

③ 응집조: 응집제(석회)를 이용하여 상등수의 인 응집침전

④ 세정슬러지(탈인조 슬러지): 인의 함량이 높은 슬러지를 포기조로 반송시켜 포기조에서 인 과잉흡수

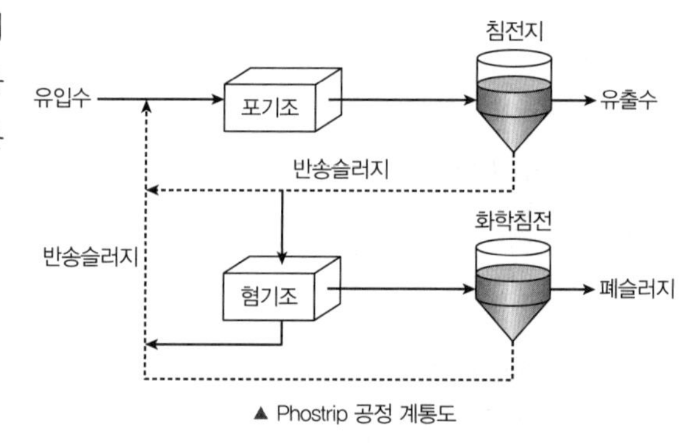

▲ Phostrip 공정 계통도

(2) 장점과 단점

장점	단점
• 인 제거 시 BOD/P 비에 의해 조절되지 않는다. • 유입수질의 부하변동에 강하다. • 기존 활성슬러지 처리장에 쉽게 적용이 가능하다.	• Stripping을 위한 별도의 반응조가 필요하다. • 인 제거를 위한 석회 주입으로 유지관리비가 증가한다. • 최종 침전지에서의 인 방출 방지를 위해 MLSS 내 DO를 높게 유지해야 한다.

4. Modified-Bardenpho 공정(수정(5단계) Bardenpho 공정): 질소와 인 제거

4단계 Bardenpho 공정에서 혐기조가 추가된 공정으로 질소와 인 제거가 가능하다.

(1) 주요공정

① 1단계 혐기조: 인 방출

② 1단계 무산소조: 탈질에 의한 질소 제거

③ 1단계 호기조: 질산화, 인 과잉흡수

④ 2단계 무산소조: 잔류 질산성질소 제거

⑤ 2단계 호기조: 슬러지의 침강성 유지, 인의 재방출 방지

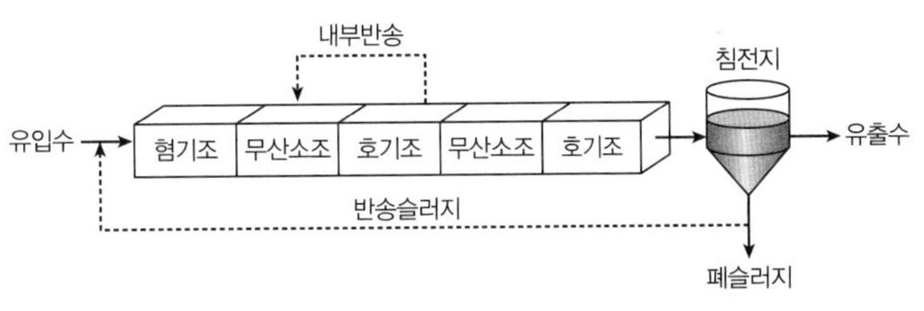

▲ Modified-Bardenpho 공정 계통도

(2) 장점과 단점

장점	단점
• 다른 인 제거 공정에 비해 슬러지 생산이 적다. • 긴 체류시간을 사용함으로 유기물 산화능력이 높다. • 질소(90%)와 인(85%)의 제거율이 높다.	• 높은 BOD/P 비가 필요하다. • 다량의 내부 순환이 펌프에너지와 유지관리를 증가시킨다.

고득점 POINT MBR의 하수처리원리와 특징

1) 하수처리원리

생물반응조와 분리막을 결합하여 이차침전지 등을 대체하는 시설로서 슬러지 벌킹이 일어나지 않고 고농도의 MLSS를 유지하며 유기물, BOD, SS 등의 제거에 효과적이다.

2) 특징

- 완벽한 고액분리가 가능하다.
- 높은 MLSS 유지가 가능하므로 지속적으로 안정된 처리수질을 획득할 수 있다.
- 긴 SRT로 인하여 슬러지 발생량이 적다.
- 분리막의 교체비용 및 유지관리비용 등이 과다하다.
- 분리막의 파울링에 대처가 곤란하다.
- 분리막을 보호하기 위한 전처리로 1mm 이하의 스크린 설비가 필요하다.

최 | 빈 | 출 # 기 출 문 제

01

KEYWORD 26 슬러지 처리의 목표 및 표현법

슬러지의 혐기성 분해 결과 함수율 98%, 고형물의 비중은 1.4였다. 다음 물음에 답하시오.

(1) 슬러지의 비중

(2) 혐기성 분해 시 슬러지 발생량이 호기성 분해보다 적은 이유

정답

(1) 1.01

(2) 혐기성 분해 시 유기물이 분해되어 세포화되는 양보다 가스가 되는 양이 많기 때문이다.

해설

(1) 슬러지의 비중 구하기

$$SL=TS+W$$

$$\frac{SL}{\rho_{SL}}=\frac{TS}{\rho_{TS}}+\frac{W}{\rho_W}$$

$$\frac{100}{\rho_{SL}}=\frac{2}{1.4}+\frac{98}{1}$$

$$\therefore \rho_{SL}=1.0057 \fallingdotseq 1.01$$

(2) 혐기성 분해 시 슬러지 발생량이 호기성 분해보다 적은 이유

혐기성 분해 시 제거되는 기질당 생산되는 세포량이 작기 때문에 슬러지 발생량이 적다.

02

KEYWORD 27 슬러지의 처리공정

혐기성 소화에서 생슬러지 중 유기물이 75%, 무기물이 25%인 슬러지가 소화한 후 유기물이 60%, 무기물이 40%가 되었다. 이때의 (1)소화효율(%)을 구하시오. 또한, 투입한 슬러지의 TOC 농도가 10,000mg/L일 때 슬러지 $1m^3$당 발생되는 (2)소화가스량(m^3)을 구하시오. (단, 슬러지의 유기성분은 포도당인 탄수화물로 구성되어 있으며, 표준상태 기준)

(1) 소화효율(%)

(2) 소화가스량(m^3)

정답

(1) 50%

(2) $9.33m^3$

해설

(1) 소화효율(η) 구하기

$$\eta=\left[1-\left(\frac{VS_2/FS_2}{VS_1/FS_1}\right)\right]\times 100$$

η: 소화효율(%)

FS_1: 투입슬러지의 무기성분(%), FS_2: 소화슬러지의 무기성분(%)

VS_1: 투입슬러지의 유기성분(%), VS_2: 소화슬러지의 유기성분(%)

$$\eta=\left[1-\left(\frac{60/40}{75/25}\right)\right]\times 100=50\%$$

(2) 소화가스량(m^3) 구하기

① 슬러지의 소화되는 TOC량(kg) 계산

$$\frac{10{,}000mg}{L}\times\frac{10^3L}{1m^3}\times\frac{1kg}{10^6mg}\times 1m^3\times\frac{50}{100}=5kg$$

② 혐기성 소화 반응식을 통한 CH_4, CO_2 양(m^3) 계산

$$\underline{C_6H_{12}O_6} \rightarrow \underline{3CH_4}+\underline{3CO_2}$$

$6\times 12kg : 3\times 22.4Sm^3 : 3\times 22.4Sm^3$

$5kg : Xm^3 : Ym^3$

$$X=\frac{3\times 22.4\times 5}{6\times 12}=4.6667m^3$$

$$Y=\frac{3\times 22.4\times 5}{6\times 12}=4.6667m^3$$

$$\therefore X+Y=4.6667+4.6667=9.3334 \fallingdotseq 9.33m^3$$

03

KEYWORD 27 슬러지의 처리공정

폐수처리시설로 유입되는 폐수의 양이 50,000m^3/day일 때, 슬러지의 농축시설을 아래 조건과 같이 설계하려고 한다. 다음 물음에 답하시오.

- 1차 침전지 슬러지 발생량: 200m^3/day
- 2차 침전지 슬러지 발생량: 650m^3/day
- 1차 침전지 슬러지 함수율: 98%
- 2차 침전지 슬러지 함수율: 99.2%
- 농축시간: 12시간
- 고형물 부하: 80kg/m^2·day
- 농축슬러지 함수율: 96.5%
- 슬러지 비중: 1.0

(1) 농축조의 부피(m^3)
(2) 농축조의 필요면적(m^2)
(3) 농축슬러지의 발생량(m^3/day)

정답

(1) 425m^3
(2) 115m^2
(3) 262.86m^3/day

해설

(1) 농축조의 부피(∀) 구하기

$$Q=\frac{\forall}{t} \rightarrow \forall=Q \cdot t$$

$$\therefore \forall=\frac{(200+650)\mathrm{m^3}}{\mathrm{day}}\times 12\mathrm{hr}\times\frac{1\mathrm{day}}{24\mathrm{hr}}=425\mathrm{m^3}$$

(2) 농축조의 필요면적(A) 구하기

① 1차 침전지에서 발생되는 고형물의 양(kg/day) 계산

$$\frac{200\mathrm{m^3}}{\mathrm{day}}\times\frac{1{,}000\mathrm{kg}}{\mathrm{m^3}}\times\frac{2}{100}=4{,}000\mathrm{kg/day}$$

② 2차 침전지에서 발생되는 고형물의 양(kg/day) 계산

$$\frac{650\mathrm{m^3}}{\mathrm{day}}\times\frac{1{,}000\mathrm{kg}}{\mathrm{m^3}}\times\frac{0.8}{100}=5{,}200\mathrm{kg/day}$$

③ 농축조의 필요면적(A) 계산

$$\text{고형물 부하}=\frac{\text{고형물의 양}}{\text{면적}}$$

$$\frac{80\mathrm{kg}}{\mathrm{m^2}\cdot\mathrm{day}}=\frac{(4{,}000+5{,}200)\mathrm{kg/day}}{A\mathrm{m^2}}$$

$$\therefore A=115\mathrm{m^2}$$

(3) 농축슬러지의 발생량(m^3/day) 구하기

$$\frac{(4{,}000+5{,}200)\mathrm{kg}}{\mathrm{day}}\times\frac{100}{3.5}\times\frac{\mathrm{m^3}}{1{,}000\mathrm{kg}}$$

$$=262.8571 \fallingdotseq 262.86\mathrm{m^3/day}$$

04

KEYWORD 28 고도산화처리기술 및 막여과

다음의 주요 막공법의 구동력을 쓰시오.

(1) 역삼투
(2) 전기투석
(3) 투석

정답

(1) 정수압차
(2) 전위차(기전력)
(3) 농도차

관련이론 | 막여과공법의 종류와 구동력

종류	구동력
정밀여과	정수압차
한외여과	정수압차
역삼투	정수압차
전기투석	전위차(기전력)
투석	농도차

※ 투석: 선택적 투과막을 통해 용액 중에 다른 이온 혹은 분자의 크기가 다른 용질을 분리시키는 것이다.

05

KEYWORD 28 고도산화처리기술 및 막여과

유량이 6,000m^3/day이고 경도가 300mg/L as $CaCO_3$인 폐수를 이온교환수지를 이용하여 100mg/L as $CaCO_3$경도로 제거하려고 한다. 허용파과점까지 도달시간이 15일이고 건조 이온교환수지 100g 당 250meq의 경도를 제거한다고 할 때 함수율 40%인 습윤 이온교환수지의 양(kg)을 구하시오.

정답

240,000kg

해설

- **제거해야할 경도의 양(eq) 계산**

$$=\frac{6{,}000\mathrm{m^3}}{\mathrm{day}}\times\frac{(300-100)\mathrm{mg}}{\mathrm{L}}\times\frac{1\mathrm{g}}{10^3\mathrm{mg}}\times\frac{10^3\mathrm{L}}{1\mathrm{m^3}}\times 15\mathrm{day}\times\frac{1\mathrm{eq}}{(100/2)\mathrm{g}}$$

$$=360{,}000\mathrm{eq}$$

- **필요한 습윤 이온교환수지의 양(kg) 계산**

$$360{,}000\mathrm{eq}\times\frac{100\mathrm{kg}}{250\mathrm{eq}}\times\frac{100}{60}=240{,}000\mathrm{kg}$$

06

KEYWORD 29 질소, 인 제거

물리화학적 질소제거 방법인 Air stripping과 파과점염소주입법의 처리원리를 반응식과 함께 서술하시오.

정답

(1) Air stripping(공기탈기법)

① 반응식: $NH_3 + H_2O \rightleftarrows NH_4^+ + OH^-$

② 처리원리: 공기를 주입하여 수중의 pH를 10 이상 높여 암모늄 이온을 암모니아 기체로 탈기시키는 방법이다.

(2) 파과점염소주입법

① 반응식: $2NH_3 + 3Cl_2 \rightleftarrows N_2 + 6HCl$

② 처리원리: 물속에 염소를 파과점 이상으로 주입하여 클로라민 형태로 결합되어 있던 질소를 질소 기체로 처리하는 방법이다.

만점 KEYWORD

(1) 공기, pH 10 이상, 암모늄이온, 암모니아 기체, 탈기

(2) 염소, 파과점 이상, 주입, 질소 기체, 처리

07

KEYWORD 29 질소, 인 제거

탈질에 요구되는 무산소반응조(Anoxic basin)의 운영조건이 다음과 같을 때 탈질반응조의 체류시간(hr)을 구하시오.

- 유입수 질산염 농도: 22mg/L
- 유출수 질산염 농도: 3mg/L
- MLVSS 농도: 2,000mg/L
- 온도: 10℃
- 20℃에서의 탈질율(R_{DN}): 0.10/day
- K: 1.09
- DO: 0.1mg/L
- $R'_{DN} = R_{DN(20℃)} \times K^{(T-20)} \times (1-\text{DO})$

정답

6hr

해설

무산소반응조의 체류시간 공식을 이용한다.

$$\text{체류시간(hr)} = \frac{S_0 - S}{R_{DN} \cdot X}$$

S_0: 유입수 질산염 농도(mg/L), X: MLVSS 농도(mg/L)

S: 유출수 질산염 농도(mg/L), R_{DN}: 탈질율(day^{-1})

- **10℃에서의 탈질율(R'_{DN}) 계산**

$$R'_{DN(10℃)} = R_{DN(20℃)} \times K^{(10-20)} \times (1-\text{DO})$$
$$= 0.10 \times 1.09^{(10-20)} \times (1-0.1)$$
$$= 0.038\text{day}^{-1}$$

- **체류시간(hr) 계산**

$$\therefore \text{체류시간} = \frac{S_0 - S}{R_{DN} \cdot X} = \frac{(22-3)}{0.038 \times 2{,}000} = 0.25\text{day} = 6\text{hr}$$

08

KEYWORD 30 주요 공정을 통한 인, 질소 제거

다음 공법에서의 역할을 서술하시오.

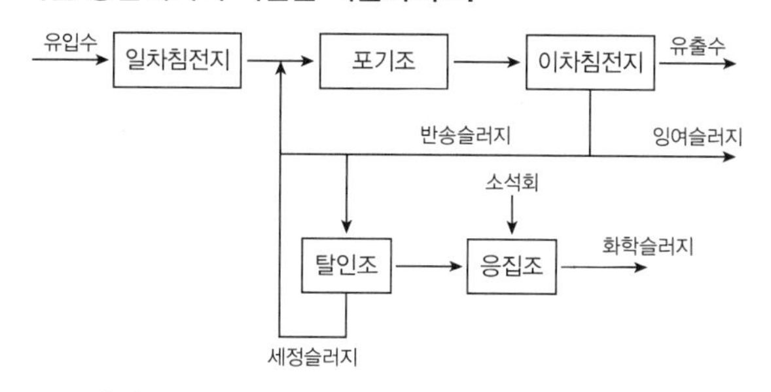

(1) 공법명
(2) 포기조(유기물 제거 제외)
(3) 탈인조
(4) 응집조(화학처리)
(5) 세정슬러지(탈인조 슬러지)

정답

(1) Phostrip 공법
(2) 반송된 슬러지의 인을 과잉흡수한다.
(3) 슬러지의 인을 방출시킨다.
(4) 응집제(석회)를 이용하여 상등수의 인을 응집침전시킨다.
(5) 인의 함량이 높은 슬러지를 포기조로 반송시켜 포기조에서 인을 과잉흡수시킨다.

만점 KEYWORD

(1) Phostrip 공법
(2) 인, 과잉흡수
(3) 인, 방출
(4) 응집제(석회), 인, 응집침전
(5) 포기조, 반송, 인, 과잉흡수

09

KEYWORD 30 주요 공정을 통한 인, 질소 제거

다음 질소와 인을 동시에 제거하는 5단계 Bardenpho 공정의 공정도와 반응조 명칭, 역할을 서술하시오.

(1) 공정도 (반응조 명칭, 내부반송, 슬러지 반송 표시)
(2) 반응조 명칭과 역할

정답

(1)

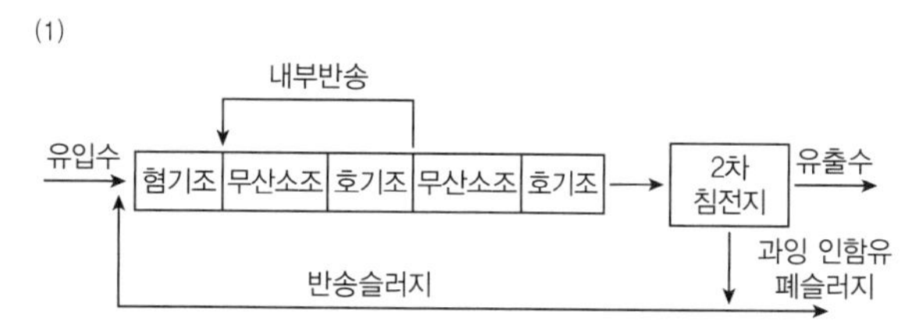

(2) ① 1단계 혐기조: 인의 방출이 일어난다.
② 1단계 무산소조: 탈질에 의한 질소를 제거한다.
③ 1단계 호기조: 질산화가 일어나고 인의 과잉흡수가 일어난다.
④ 2단계 무산소조: 잔류 질산성질소가 제거된다.
⑤ 2단계 호기조: 슬러지의 침강성을 좋게 유지하고 인의 재방출을 막는다.

CHAPTER 08

공정시험기준 일반사항

'CHAPTER 08 공정시험기준 일반사항'은 25년 출제기준 개편에 따라 새롭게 수록되었습니다.

KEYWORD 31 총칙

1. 표시 및 구분

(1) 농도

① 백분율(parts per hundred): %의 기호를 쓴다. 다만, 용액의 농도를 "%"로만 표시할 때는 W/V%를 말한다.

㉠ W/V(%): 용액 또는 기체 100mL 중의 성분무게(g)를 표시할 때

㉡ V/V(%): 용액 또는 기체 100mL 중의 성분용량(mL)을 표시할 때

㉢ V/W(%): 용액 100g 중 성분용량(mL)을 표시할 때

㉣ W/W(%): 용액 100g 중 성분무게(g)를 표시할 때

② 천분율(ppt, parts per thousand): g/L, g/kg의 기호를 쓴다.

③ 백만분율(ppm, parts per million): mg/L, mg/kg의 기호를 쓴다.

④ 십억분율(ppb, parts per billion): μg/L, μg/kg의 기호를 쓴다.

(2) 온도

① ℃(셀시우스): 셀시우스(Celsius) 법에 따라 아라비아 숫자의 오른쪽에 ℃를 붙인다.

② K(켈빈): 절대온도는 K로 표시하고, 절대온도 0K는 −273℃를 의미한다.

③ 표준온도는 0℃, 상온은 15~25℃, 실온은 1~35℃, 찬 곳은 따로 규정이 없는 한 0~15℃의 곳을 뜻한다.

④ 냉수는 15℃ 이하, 온수는 60~70℃, 열수는 약 100℃를 말한다.

⑤ "수욕상 또는 수욕중에서 가열한다"라 함은 따로 규정이 없는 한 수온 100℃에서 가열함을 뜻하고, 약 100℃의 증기욕을 쓸 수 있다.

⑥ 각각의 시험은 따로 규정이 없는 한 상온(15~25℃)에서 조작하고 조작 직후에 그 결과를 관찰한다. 단, 온도의 영향이 있는 것의 판정은 표준온도를 기준으로 한다.

고득점 POINT 시약 및 용액 제조

- 시험에 사용하는 시약은 따로 규정이 없는 한 1급 이상 또는 이와 동등한 규격의 시약을 사용하여 각 시험항목별 시약 및 표준용액에 따라 조제해야 한다.
- 용액의 농도를 (1 → 10), (1 → 100) 또는 (1 → 1,000) 등으로 표시하는 것은 고체 성분에 있어서는 1g, 액체성분에 있어서는 1mL를 용매에 녹여 전체 양을 10mL, 100mL 또는 1,000mL로 하는 비율을 표시한 것이다.
- 액체 시약의 농도에 있어서 예를 들어 염산 (1+2)이라고 되어 있을 때에는 염산 1mL와 물 2mL를 혼합하여 조제한 것을 말한다.

2. 기기

① 공정시험기준의 분석절차 중 일부 또는 전체를 자동화한 기기가 정도관리 목표 수준에 적합하고, 그 기기를 사용한 방법이 국내외에서 공인된 방법으로 인정되는 경우 이를 사용할 수 있다.
② 연속측정, 현장측정 목적의 측정기기는 공정시험기준에 의한 측정치와의 정확한 보정을 행한 후 사용할 수 있다.
③ 분석용 저울은 0.1mg까지 달 수 있는 것이어야 하며, 분석용 저울 및 분동은 국가 검정을 필한 것을 사용한다.

3. 관련 용어의 정의

① 시험조작 중 "즉시"란 30초 이내에 표시된 조작을 하는 것을 뜻한다.
② "감압 또는 진공"이라 함은 따로 규정이 없는 한 15mmHg 이하를 뜻한다.
③ "이상"과 "초과", "이하", "미만"이라고 기재하였을 때는 "이상"과 "이하"는 기산점 또는 기준점인 숫자를 포함하며, "초과"와 "미만"은 기산점 또는 기준점인 숫자를 포함하지 않는 것을 뜻한다. 또 "a~b"라 표시한 것은 a 이상 b 이하임을 뜻한다.
④ "바탕시험을 하여 보정한다"라 함은 시료에 대한 처리 및 측정을 할 때, 시료를 사용하지 않고 같은 방법으로 조작한 측정치를 빼는 것을 뜻한다.
⑤ "방울수"라 함은 20℃에서 정제수 20방울을 적하할 때, 그 부피가 약 1mL 되는 것을 뜻한다.
⑥ "항량으로 될 때까지 건조한다"라 함은 같은 조건에서 1시간 더 건조할 때 전후 무게의 차가 g당 0.3mg 이하일 때를 말한다.
⑦ 용액의 산성, 중성, 또는 알칼리성을 검사할 때는 따로 규정이 없는 한 유리전극법에 의한 pH미터로 측정하고 구체적으로 표시할 때는 pH 값을 쓴다.
⑧ "용기"라 함은 시험용액 또는 시험에 관계된 물질을 보존, 운반 또는 조작하기 위하여 넣어두는 것으로 시험에 지장을 주지 않도록 깨끗한 것을 뜻한다.
⑨ "밀폐용기"라 함은 취급 또는 저장하는 동안에 이물질이 들어가거나 또는 내용물이 손실되지 아니하도록 보호하는 용기를 말한다.
⑩ "기밀용기"라 함은 취급 또는 저장하는 동안에 밖으로부터의 공기 또는 다른 가스가 침입하지 아니하도록 내용물을 보호하는 용기를 말한다.
⑪ "밀봉용기"라 함은 취급 또는 저장하는 동안에 기체 또는 미생물이 침입하지 아니하도록 내용물을 보호하는 용기를 말한다.
⑫ "차광용기"라 함은 광선이 투과하지 않는 용기 또는 투과하지 않게 포장을 한 용기이며 취급 또는 저장하는 동안에 내용물이 광화학적 변화를 일으키지 아니하도록 방지할 수 있는 용기를 말한다.
⑬ 여과용 기구 및 기기를 기재하지 않고 "여과한다"라고 하는 것은 KSM 7602 거름종이 5종 A 또는 이와 동등한 여과지를 사용하여 여과함을 말한다.
⑭ "정밀히 단다"라 함은 규정된 양의 시료를 취하여 화학저울 또는 미량저울로 칭량함을 말한다.
⑮ 무게를 "정확히 단다"라 함은 규정된 수치의 무게를 0.1mg까지 다는 것을 말한다.
⑯ "정확히 취하여"라 하는 것은 규정한 양의 액체를 부피피펫으로 눈금까지 취하는 것을 말한다.
⑰ "약"이라 함은 기재된 양에 대하여 ±10% 이상의 차가 있어서는 안 된다.
⑱ "냄새가 없다"라고 기재한 것은 냄새가 없거나, 또는 거의 없는 것을 표시하는 것이다.
⑲ 시험에 쓰는 물은 따로 규정이 없는 한 증류수 또는 정제수로 한다.

KEYWORD 32 정도보증/정도관리(QA/QC)

1. 검출한계

(1) 기기검출한계

① 시험분석 대상물질을 기기가 검출할 수 있는 최소한의 농도 또는 양이다.

② 일반적으로 S/N 비의 2배~5배 농도 또는 바탕시료를 반복 측정 분석한 결과의 표준편차에 3배한 값 등을 말한다.

※ S/N 비: 기체크로마토그래피 등에서 대상물질의 신호 대 잡신호 비를 말한다.

(2) 방법검출한계

① 시료와 비슷한 매질 중에서 시험분석 대상을 검출할 수 있는 최소한의 농도이다.

② 정량한계 부근의 농도를 포함하도록 준비한 n개의 시료를 반복 측정하여 얻은 결과의 표준편차(s)에 99% 신뢰도에서의 $t-$분포값을 곱한 것이다.

(3) 정량한계

① 시험분석 대상을 정량화할 수 있는 측정값이다.

② 정량한계 부근의 농도를 포함하도록 시료를 준비하고 이를 반복 측정하여 얻은 결과의 표준편차(s)에 10배한 값을 사용한다.

$$\text{정량한계} = 10 \times s$$

2. 정밀도

(1) 정의

시험분석 결과의 반복성을 나타내는 것으로 반복시험하여 얻은 결과를 상대표준편차(RSD, relative standard deviation)로 나타낸다.

(2) 공식

$$\text{정밀도}(\%) = \left(\frac{s}{\bar{x}}\right) \times 100$$

s: 표준편차

$\bar{x}$: 연속적으로 n회 측정한 결과의 평균값

3. 정확도

(1) 정의

시험분석 결과가 참값에 얼마나 근접하는가를 나타내는 것으로 상대백분율 또는 회수율로 구한다.

(2) 공식

$$정확도(\%)=\frac{C_M}{C_C}\times 100=\frac{C_{AM}-C_S}{C_A}\times 100$$

C_M: 표준절차서에 따라 인증표준물질을 분석한 결과값, C_C: 인증값
C_{AM}: 표준물질을 첨가한 시료의 분석값, C_S: 표준물질을 첨가하지 않은 시료의 분석값
C_A: 첨가농도

KEYWORD 33 시료의 채취

1. 시료 채취 방법

(1) 복수시료채취방법 등

① 복수시료채취방법(수동): 30분 이상 간격으로 2회 이상 채취하여 단일시료로 한다.
② 복수시료채취방법(자동): 6시간 이내에 30분 이상 간격으로 2회 이상 채취하여 단일시료로 한다.

(2) 복수시료채취방법 적용 제외가 가능한 경우

① 환경오염사고 또는 취약시간대의 환경오염감시 등 신속한 대응이 필요한 경우
② 사업장 내에서 발생하는 폐수를 회분식 등 간헐적으로 처리하여 방류하는 경우
③ 부득이 복수시료채취방법으로 시료를 채취할 수 없을 경우

2. 시료 채취 시 유의사항

① 시료는 목적시료의 성질을 대표할 수 있는 위치에서 시료채취용기 또는 채수기를 사용하여 채취하여야 한다.
② 시료 채취 용기는 시료를 채우기 전에 시료로 3회 이상 씻은 다음 사용한다.
③ 시료채취량은 시험항목 및 시험횟수에 따라 차이가 있으나 보통 3 L~5 L 정도이어야 한다.
④ 용존가스, 환원성 물질, 휘발성유기화합물, 냄새, 유류 및 수소이온 등을 측정하기 위한 시료를 채취할 때에는 운반중 공기와의 접촉이 없도록 시료 용기에 가득 채운 후 빠르게 뚜껑을 닫는다.
⑤ 지하수 시료는 취수정 내에 고여 있는 물의 양에 4~5배 정도 퍼낸 후 pH 및 전기전도도를 연속적으로 측정하여 이 값이 평형을 이룰 때 채취한다.
⑥ 지하수 시료채취 시 심부층의 경우 저속양수펌프 등을 이용한다.
⑦ 휘발성유기화합물 분석용 시료를 채취할 때에는 뚜껑의 격막을 만지지 않도록 주의하여야 한다.
⑧ 퍼클로레이트를 측정하기 위한 시료채취 시 시료 용기를 질산 및 정제수로 씻은 후 사용하며, 시료채취 시 시료병의 2/3를 채운다.
⑨ 생태독성 시료 용기로 폴리에틸렌(PE) 재질을 사용하는 경우 멸균 채수병 사용을 권장하며, 재사용할 수 없다.

3. 시료 채취 지점

(1) 배출시설 등의 폐수 채취

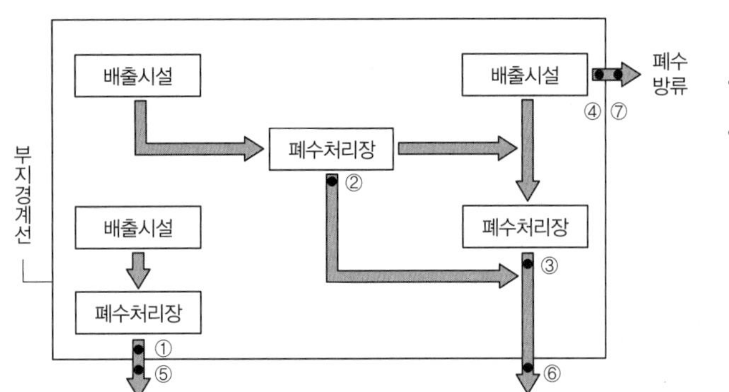

- 당연 채취지점: ① ② ③ ④
- 필요 시 채취지점: ⑤ ⑥ ⑦
  - ① ② ③: 방지시설 최초 방류지점
  - ④: 배출시설 최초 방류지점(방지시설을 거치지 않을 경우)
  - ⑤ ⑥ ⑦: 부지경계선 외부 배출수로

(2) 하천수 채취

① 합류 시 채취지점: 하천본류와 하천지류가 합류하는 경우 하천수의 오염 및 용수의 목적에 따라 채수지점을 선정하며 합류 이전의 각 지점과 합류 이후 충분히 혼합된 지점에서 각각 채수한다.

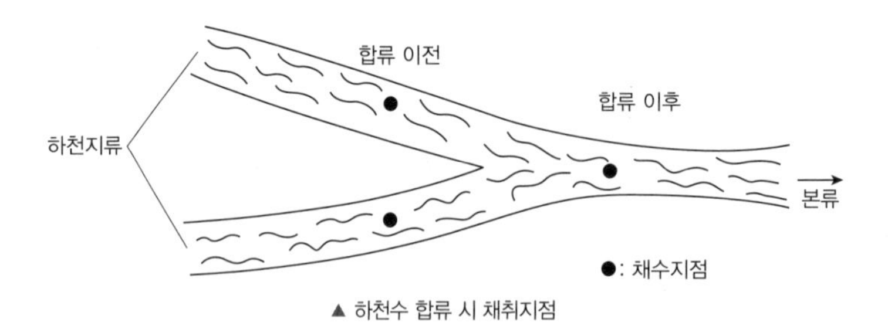

▲ 하천수 합류 시 채취지점

② 수심별 채취지점: 하천의 단면에서 수심이 가장 깊은 수면의 지점과 그 지점을 중심으로 좌우로 수면폭을 2등분한 각각의 지점의 수면으로부터 수심 2m 미만일 때에는 수심의 1/3(아래 그림에서 ①지점)에서, 수심이 2m 이상일 때에는 수심의 1/3 및 2/3(아래 그림에서 ②지점)에서 각각 채수한다.

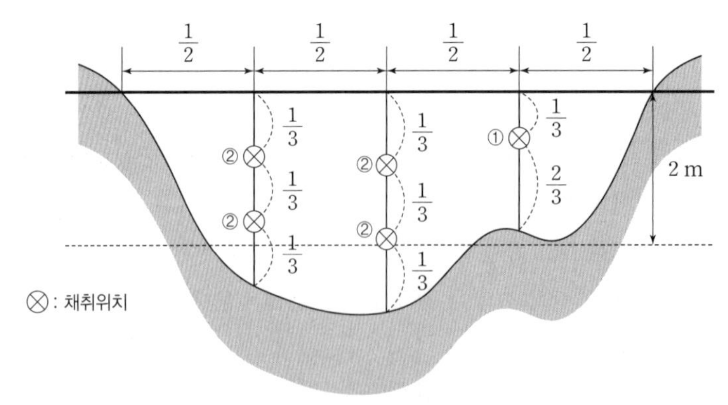

▲ 하천수 수심별 채취지점

KEYWORD 34 시료의 보존

항목		시료용기	보존방법	최대보존기간 (권장보존기간)
냄새		G	가능한 한 즉시 분석 또는 냉장 보관	6시간
노말헥산추출물질		G	4℃ 보관, H_2SO_4로 pH 2 이하	28일
부유물질		P, G	4℃ 보관	7일
색도		P, G	4℃ 보관	48시간
생물화학적 산소요구량		P, G	4℃ 보관	48시간(6시간)
수소이온농도		P, G	—	즉시 측정
온도		P, G	—	즉시 측정
용존산소	적정법	BOD병	즉시 용존산소 고정 후 암소 보관	8시간
	전극법	BOD병	—	즉시 측정
잔류염소		G(갈색)	즉시 분석	—
전기전도도		P, G	4℃ 보관	24시간
총 유기탄소(용존유기탄소)		P, G	즉시 분석 또는 HCl 또는 H_3PO_4 또는 H_2SO_4를 가한 후(pH<2) 4℃ 냉암소에서 보관	28일(7일)
[1]클로로필 a		P, G	즉시 여과하여 −20℃ 이하에서 보관	7일(24시간)
탁도		P, G	4℃ 냉암소에서 보관	48시간(24시간)
투명도		—	—	—
화학적 산소요구량		P, G	4℃ 보관, H_2SO_4로 pH 2 이하	28일(7일)
불소		P	—	28일
브롬이온		P, G	—	28일
[2]시안		P, G	4℃ 보관, NaOH로 pH 12 이상	14일(24시간)
아질산성 질소		P, G	4℃ 보관	48시간(즉시)
[3]암모니아성 질소		P, G	4℃ 보관, H_2SO_4로 pH 2 이하	28일(7일)
염소이온		P, G	—	28일
음이온계면활성제		P, G	4℃ 보관	48시간
인산염인		P, G	즉시 여과한후 4℃ 보관	48시간
질산성 질소		P, G	4℃ 보관	48시간
총인(용존 총인)		P, G	4℃ 보관, H_2SO_4로 pH 2 이하	28일
총질소(용존 총질소)		P, G	4℃ 보관, H_2SO_4로 pH 2 이하	28일(7일)
퍼클로레이트		P, G	6℃ 이하 보관, 현장에서 멸균된 여과지로 여과	28일
[4]페놀류		G	4℃ 보관, H_3PO_4로 pH 4 이하 조정한 후 시료 1L 당 $CuSO_4$ 1g 첨가	28일
황산이온		P, G	6℃ 이하 보관	28일(48시간)

항목	시료용기	보존방법	최대보존기간 (권장보존기간)
금속류(일반)	P, G	시료 1L 당 HNO_3 2mL 첨가	6개월
[5]비소	P, G	1L당 HNO_3 1.5mL로 pH 2 이하	6개월
[5]셀레늄	P, G	1L당 HNO_3 1.5mL로 pH 2 이하	6개월
[6]수은 (0.2μg/L 이하)	P, G	1L당 HCl(12M) 5mL 첨가	28일
6가크롬	P, G	4℃ 보관	24시간
알킬수은	P, G	HNO_3 2mL/L	1개월
[7]다이에틸헥실프탈레이트	G(갈색)	4℃ 보관	7일(추출 후 40일)
[8]1,4-다이옥산	G(갈색)	HCl(1+1)을 시료 10mL당 1~2방울씩 가하여 pH 2 이하	14일
[8]염화비닐, 아크릴로니트릴, 브로모폼	G(갈색)	HCl(1+1)을 시료 10mL당 1~2방울씩 가하여 pH 2 이하	14일
석유계총탄화수소	G(갈색)	4℃ 보관, H_2SO_4 또는 HCl으로 pH 2 이하	7일 이내 추출, 추출 후 40일
유기인	G	4℃ 보관, HCl로 pH 5~9	7일(추출 후 40일)
폴리클로리네이티드비페닐 (PCB)	G	4℃ 보관, HCl로 pH 5~9	7일(추출 후 40일)
[9]휘발성유기화합물	G	냉장보관 또는 HCl을 가해 $\text{pH}<2$로 조정 후 4℃ 보관 냉암소 보관	7일(추출 후 14일)
과불화화합물	PP	냉장보관 (4±2℃) 보관, 2주 이내 분석 어려울 때 냉동(−20℃) 보관	냉동 시 필요에 따라 분석 전까지 시료의 안정성 검토 (2주)
총대장균군 - 환경기준적용 시료	P, G	저온 (10℃ 이하)	24시간
총대장균군 - 배출허용기준 및 방류수 기준 적용 시료	P, G	저온 (10℃ 이하)	6시간
분원성 대장균군	P, G	저온 (10℃ 이하)	24시간
대장균	P, G	저온 (10℃ 이하)	24시간
물벼룩 급성 독성	P, G	4℃ 보관(암소에 통기되지 않는 용기에 보관)	72시간(24시간)
[10]식물성 플랑크톤	P, G	즉시 분석 또는 포르말린용액을 시료의 (3~5)% 가하거나 글루타르알데하이드 또는 루골용액을 시료의 (1~2)% 가하여 냉암소 보관	6개월

P: polyethylene, G: glass, PP: polypropylene

1) 클로로필a 분석용 시료는 즉시 여과하여 여과한 여과지를 알루미늄 호일로 싸서 −20℃ 이하에서 보관한다. 여과한 여과지는 상온에서 3시간까지 보관할 수 있으며, 냉동 보관시에는 25일까지 가능하다. 즉시 여과할 수 없다면 시료를 빛이 차단된 암소에서 4℃ 이하로 냉장하여 보관하고 채수 후 24시간 이내에 여과하여야 한다.

2) 시안 분석용 시료에 잔류염소가 공존할 경우 시료 1L 당 아스코르빈산 1g을 첨가하고, 산화제가 공존할 경우에는 시안을 파괴할 수 있으므로 채수 즉시 이산화비소산나트륨 또는 티오황산나트륨을 시료 1L 당 0.6g을 첨가한다.

3) 암모니아성 질소 분석용 시료에 잔류염소가 공존할 경우 증류과정에서 암모니아가 산화되어 제거될 수 있으므로 시료채취 즉시 티오황산나트륨용액 (0.09%)을 첨가한다.

3-1) 티오황산나트륨용액 (0.09%) 1mL를 첨가하면 시료 1L 중 2mg 잔류염소를 제거할 수 있다.

4) 페놀류 분석용 시료에 산화제가 공존할 경우 채수 즉시 황산암모늄철용액을 첨가한다.
5) 비소와 셀레늄 분석용 시료를 pH 2 이하로 조정할 때에는 질산 (1+1)을 사용할 수 있으며, 시료가 알칼리화되어 있거나 완충효과가 있다면 첨가하는 산의 양을 질산 (1+1) 5mL까지 늘려야 한다.
6) 저농도 수은 (0.0002mg/L 이하) 분석용 시료는 보관기간 동안 수은이 시료 중의 유기성 물질과 결합하거나 벽면에 흡착될 수 있으므로 가능한 한 빠른 시간 내 분석하여야 하고, 용기 내 흡착을 최대한 억제하기 위하여 산화제인 브롬산/브롬용액 (0.1N)을 분석하기 24시간 전에 첨가한다.
7) 다이에틸헥실프탈레이트 분석용 시료에 잔류염소가 공존할 경우 시료 1L 당 티오황산나트륨을 80mg 첨가한다.
8) 1, 4-다이옥산, 염화비닐, 아크릴로니트릴 및 브로모폼 분석용 시료에 잔류염소가 공존할 경우 시료 40mL(잔류염소 농도 5mg/L 이하) 당 티오황산나트륨 3mg 또는 아스코빈산 25mg을 첨가하거나 시료 1L 당 염화암모늄 10mg을 첨가한다.
9) 휘발성유기화합물 분석용 시료에 잔류염소가 공존할 경우 시료 1L 당 아스코르빈산 1g을 첨가한다.
10) 식물성 플랑크톤을 즉시 시험하는 것이 어려울 경우 포르말린용액을 시료의 3~5% 가하여 보존한다. 침강성이 좋지 않은 남조류나 파괴되기 쉬운 와편모조류와 황갈조류 등은 글루타르알데하이드나 루골용액을 시료의 1~2% 가하여 보존한다.

KEYWORD 35 공장폐수 및 하수유량-유량 측정방법

1. 관 내의 유량 측정방법 및 측정공식

(1) 벤튜리미터, 유량측정 노즐, 오리피스

$$Q=\frac{C\cdot A}{\sqrt{1-\left[\frac{d_2}{d_1}\right]^4}}\sqrt{2g\cdot H}$$

Q: 유량(cm^3/sec), H: H_1-H_2 (수두차: cm)
C: 유량계수, H_1: 유입부 관 중심부에서의 수두(cm)
V: 유속($\sqrt{2g\cdot H}$)(cm/sec), H_2: 목(throat)부의 수두(cm)
A: 목(throat) 부분의 단면적(cm^2)$\left(=\frac{\pi {d_2}^2}{4}\right)$, d_1: 유입부의 직경(cm)
g: 중력가속도(980cm/sec^2), d_2: 목(throat)부의 직경(cm)

(2) 피토우(pitot) 관

$$Q=C\cdot A\cdot V$$

Q: 유량(cm^3/sec), H: H_S-H_o (수두차: cm)
C: 유량계수, H_S: 정체압력 수두(cm)
V: 유속($\sqrt{2g\cdot H}$)(cm/sec), H_o: 정수압 수두(cm)
A: 관의 유수단면적(cm^2)$\left(=\frac{\pi D^2}{4}\right)$, D: 관의 직경(cm)

(3) 자기식 유량측정기

$$Q=C\cdot A\cdot V$$

Q: 유량(m^3/sec), V: 유속$\left(=\frac{E}{B\cdot D}10^6\right)$(m/sec)
C: 유량계수, E: 기전력, B: 자속밀도(Gauss), D: 관경(m)
A: 관의 유수단면적(m^2)

용어 CHECK **관내의 유량측정방법**

1) **벤튜리미터(Venturi meter)**
   긴 관의 일부로서 단면이 작은 목(throat) 부분과 점점 축소, 점점 확대되는 단면을 가진 관이다.
2) **유량측정용 노즐(Nozzle)**
   벤튜리미터와 오리피스 간의 특성을 고려하여 만든 유량측정용 기구이다.
3) **오리피스(Orifice)**
   설치에 비용이 적게 들고 비교적 유량측정이 정확하여 얇은 판 오리피스가 널리 이용되고 있으며 흐름의 수로 내에 설치한다.
4) **피토우(Pitot) 관**
   유속은 마노미터에 나타나는 수두 차에 의하여 계산한다.
5) **자기식 유량측정기(Magnetic flow meter)**
   측정원리는 패러데이 법칙을 이용하여 자장의 직각에서 전도체를 이동시킬 때 유발되는 전압은 전도체의 속도에 비례한다는 원리를 이용한다.

2. 측정용 수로 및 기타 유량 측정방법 및 측정공식

(1) 직각 3각 웨어

$$Q=K\cdot h^{5/2}$$

Q: 유량(m^3/min)

K: 유량계수$=81.2+\dfrac{0.24}{h}+\left(8.4+\dfrac{12}{\sqrt{D}}\right)\times\left(\dfrac{h}{B}-0.09\right)^2$

B: 수로의 폭(m)

D: 수로의 밑면으로부터 절단 하부점까지의 높이(m)

h: 웨어의 수두(m)

(2) 4각 웨어

$$Q=K\cdot b\cdot h^{3/2}$$

Q: 유량(m^3/min)

K: 유량계수$=107.1+\dfrac{0.177}{h}+14.2\dfrac{h}{D}-25.7\times\sqrt{\dfrac{(B-b)h}{D\cdot B}}+2.04\sqrt{\dfrac{B}{D}}$

D: 수로의 밑면으로부터 절단 하부 모서리까지의 높이(m)

B: 수로의 폭(m)

b: 절단의 폭(m)

h: 웨어의 수두(m)

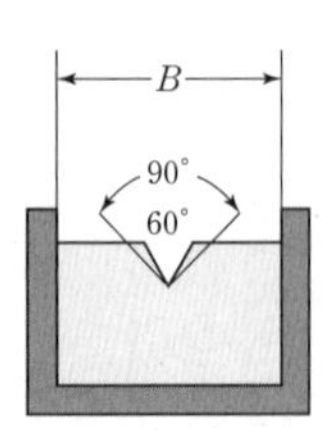

▲ 직각 3각 웨어

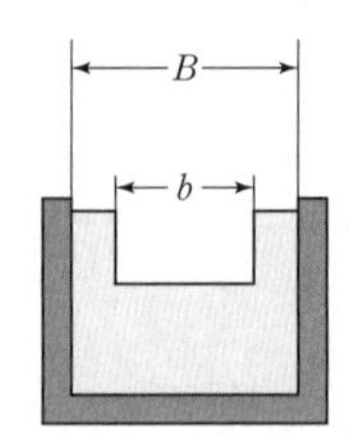

▲ 4각 웨어

3. 개수로에 의한 측정방법 및 측정공식

(1) 수로의 구성재질과 수로 단면의 형상이 일정하고 수로의 길이가 적어도 10m까지 똑바른 경우

① 케이지(Chezy)의 유속공식

$$Q=60\cdot A\cdot V$$

Q: 유량(m^3/min)
V: 평균유속($=C\sqrt{Ri}$)(m/sec)
A: 유수단면적(m^2)
i: 홈 바닥의 구배(비율), C: 유속계수(Bazin의 공식) $C=\dfrac{87}{1+\dfrac{r}{\sqrt{R}}}$(m/sec)
R: 경심(유수단면적 A를 윤변 P로 나눈 것)(m)

② 경심(R) 산출식

$$R=\frac{A(\text{유로의 단면적})}{P(\text{젖은 벽면의 둘레}=\text{윤변})}$$

㉠ 장방형(직사각형)일 때

$$A=B\cdot h$$
$$P=B+2h$$
$$R=\frac{B\cdot h}{B+2h}$$

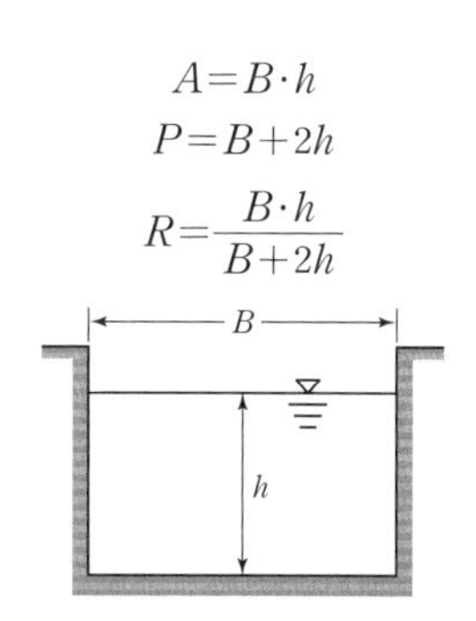

㉡ 제형(사다리꼴)일 때

$$A=\frac{h(B_1+B_2)}{2}$$
$$P=B_2+2b$$
$$R=\frac{h(B_1+B_2)}{2(B_2+2b)}$$

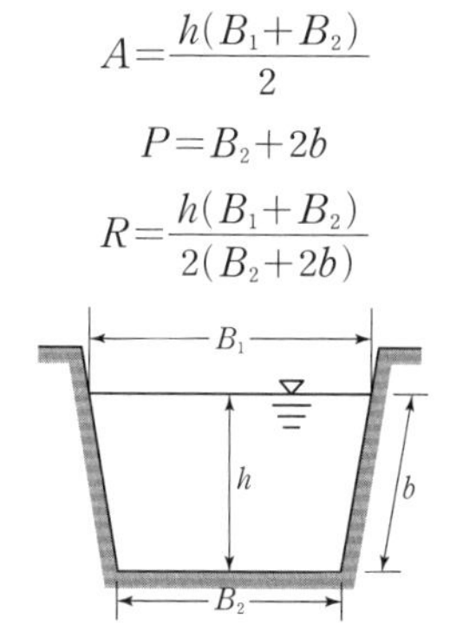

(2) 수로의 구성, 재질, 수로단면의 형상, 구배 등이 일정하지 않은 개수로의 경우

① 수로는 될수록 직선적이며, 수면이 물결치지 않는 곳을 고른다.

② 10m를 측정구간으로 하여 2m마다 유수의 횡단면적을 측정하고, 산술평균값을 구하여 유수의 평균 단면적으로 한다.

③ 유속의 측정은 부표를 사용하여 10m 구간을 흐르는 데 걸리는 시간을 스톱워치(stop watch)로 재며 이때 실측 유속을 표면 최대유속으로 한다.

④ 수로의 수량 공식

$$V=0.75V_e$$

V: 총평균 유속(m/sec)
V_e: 표면 최대유속(m/sec)

전처리 및 시험방법

'CHAPTER 09 전처리 및 시험방법'은 25년 출제기준에 따라 새롭게 수록되었습니다.

KEYWORD 36 전처리

1. 시료의 전처리 방법

(1) 산분해법

① 질산법 : 유기함량이 비교적 높지 않은 시료의 전처리에 사용한다.

② 질산－염산법 : 유기물 함량이 비교적 높지 않고 금속의 수산화물, 산화물, 인산염 및 황화물을 함유하고 있는 시료에 적용된다.

③ 질산－황산법 : 유기물 등을 많이 함유하고 있는 대부분의 시료에 적용된다.

④ 질산－과염소산법 : 유기물을 다량 함유하고 있으면서 산분해가 어려운 시료에 적용된다.

⑤ 질산－과염소산－불화수소산 : 다량의 점토질 또는 규산염을 함유한 시료에 적용된다.

(2) 마이크로파 산분해법

유기물을 다량 함유하고 있으면서 산분해가 어려운 시료에 적용된다.

(3) 회화에 의한 분해

목적성분이 400℃ 이상에서 휘산되지 않고 쉽게 회화될 수 있는 시료에 적용된다.

(4) 용매추출법

원자흡수분광광도법을 사용한 분석 시 목적성분의 농도가 미량이거나 측정에 방해하는 성분이 공존할 경우 시료의 농축 또는 방해물질을 제거하기 위한 목적으로 사용된다.

고득점 POINT 전처리 방법의 목적

1) 목적

채취된 시료에는 보통 유기물 및 부유물질 등을 함유하고 있어 탁하거나 색상을 띠고 있는 경우가 있을 뿐만 아니라 목적성분들이 흡착되어 있거나 난분해성의 착화합물 또는 착이온 상태로 존재하는 경우가 있기 때문에 실험의 목적에 따라 적당한 방법으로 전처리를 한 다음 실험하여야 한다.

2) 전처리를 하지 않는 경우

무색투명한 탁도 1 NTU 이하인 시료의 경우 전처리 과정을 생략하고, pH 2 이하로(시료 1L 당 진한 질산 1mL～3mL를 첨가) 하여 분석용 시료로 한다.

KEYWORD 37 기기분석법–이온류 및 금속류

1. 이온류 분석방법

(1) **음이온류–이온크로마토그래피:** 음이온류(F^-, Cl^-, NO_2^-, NO_3^-, PO_4^{3-}, Br^- 및 SO_4^{2-})를 이온크로마토그래프를 이용하여 분석하는 방법으로 시료를 0.2μm 막 여과지에 통과시켜 고체 미립자를 제거한 후 음이온 교환 컬럼을 통과시켜 각 음이온들을 분리한 후 전기전도도 검출기로 측정한다.

(2) **음이온류–이온전극법:** 불소, 시안, 염소 등을 이온전극법을 이용하여 분석하는 방법으로 시료에 이온강도 조절용 완충용액을 넣어 pH를 조절하고 전극과 비교전극을 사용하여 전위를 측정하고 그 전위차로부터 정량하는 방법이다.

① 지표수, 지하수, 폐수 등에 적용할 수 있다.

② 정량한계는 불소, 시안은 0.1mg/L, 염소는 5mg/L이다.

③ 이온전극의 종류

전극 종류	측정이온
유리막 전극	Na^+, K^+, NH_4^+
고체막 전극	F^-, Cl^-, CN^-, Pb^{2+}, Cd^{2+}, Cu^{2+}, NO_3^-, NH_4^+
격막형 전극	NH_4^+, NO_2^-, CN^-

2. 금속류 분석방법

(1) **금속류–불꽃 원자흡수분광광도법:** 시료를 2,000K~3,000K의 불꽃 속으로 시료를 주입하였을 때 생성된 바닥상태의 중성원자가 고유 파장의 빛을 흡수하는 현상을 이용한다.

(2) **금속류–흑연로 원자흡수분광광도법:** 일정 부피의 시료를 전기적으로 가열된 흑연로 등에서 용매를 제거하고, 전류를 다시 급격히 증가시켜 2,000K~3,000K 온도에서 원자화시킨 후 각 원소의 고유 파장에 대한 흡광도를 측정하여 시료 중의 원소농도를 정량하는 방법이다.

(3) **금속류–유도결합플라스마–원자발광분광법:** 시료를 고주파유도코일에 의하여 형성된 아르곤 플라스마에 주입하여 6,000K~8,000K에서 들뜬 상태의 원자가 바닥 상태로 전이할 때 방출하는 발광선 및 발광강도를 측정하여 원소의 정성 및 정량분석에 이용하는 방법이다.

(4) **금속류–유도결합플라스마–질량분석법:** 6,000K~10,000K의 고온플라스마에 의해 이온화된 원소를 진공상태에서 질량 대 전하비(m/z)에 따라 분리하는 방법이다.

(5) **금속류–양극벗김전압전류법:** 납과 아연을 은/염화은 기준전극에 대해 각각 약 −1,000mV와 −1,300mV 전위차를 갖는 유리질 탄소전극(GCE, glassy carbon electrode)에 수은 얇은 막(mercury thin film)을 입힌 작업전극(working electrode)에 금속으로 석출시키고, 시료를 산성화시킨 후 착화합물을 형성하지 않은 자유 이온 상태의 비소, 수은은 작업전극으로 금 얇은 막 전극(gold thin film electrode) 또는 금 전극(gold electrode)을 사용하며 비소와 수은은 기준전극(Ag/AgCl 전극)에 대하여 각각 약 −1,600mV와 −200mV에서 금속 상태인 비소와 수은으로 석출 농축시킨 다음 이를 양극벗김전압전류법으로 분석하는 방법이다.

KEYWORD 38 기기분석법-유기물 및 무기물

1. 자외선/가시선분석법

(1) 개요

① 시료물질이나 시료물질의 용액 또는 여기에 적당한 시약을 넣어 발색시킨 용액의 흡광도를 측정하여 시료중의 목적성분을 정량하는 방법이다.

② 파장 200nm~1,200nm에서의 액체의 흡광도를 측정함으로써 오염물질 분석에 적용한다.

③ 분석장치: 광원부－파장선택부－시료부－측광부

(2) 관련 공식

① Lambert－Beer의 법칙

$$I_t = I_0 \cdot 10^{-\varepsilon CL}$$

- I_t: 투사광의 강도, I_0: 입사광의 강도
- ε: 흡광계수, C: 농도, L: 빛의 투과거리

② 흡광도 공식

$$A = \log\left(\frac{1}{t}\right) = \varepsilon CL$$

- A: 흡광도, t: 투과도$=\left(\frac{I_t(\text{투사광의 강도})}{I_0(\text{입사광의 강도})}\right)$

2. 기체크로마토그래피법

(1) 개요

① 기체시료 또는 기화한 액체나 고체시료를 운반가스(carrier gas)에 의하여 분리, 관 내에 전개시켜 기체상태에서 분리되는 각 성분을 크로마토그래피적으로 분석하는 방법이다.

② 일반적으로 무기물 또는 유기물에 대한 정성, 정량 분석에 이용한다.

③ 분석장치: 가스유로계－시료도입부－가열오븐－검출기

(2) 검출기

검출기 종류	특성
ECD (전자포획검출기, electron capture detector)	• 유기할로겐화합물, 니트로화합물 및 유기금속화합물 등 전자친화력이 큰 원소가 포함된 화합물이 대상이다. • 수 ppt의 매우 낮은 농도까지 선택적으로 검출할 수 있다.
FID (불꽃이온화검출기, flame ionization detector)	• 대부분의 화합물에 대하여 열전도도검출기보다 약 1,000배 높은 감도를 나타내고 대부분의 유기화합물의 검출이 가능하므로 가장 흔히 사용된다. • 특히 탄소수가 많은 유기물은 10pg까지 검출할 수 있다.
FPD (불꽃광도검출기, flame photometric detector)	황 또는 인화합물의 감도(sensitivity)는 일반 탄화수소 화합물에 비하여 100,000배 커서 H_2S나 SO_2와 같은 황화합물은 약 200ppb까지 인화합물은 약 10ppb까지 검출이 가능하다.

TCD (열전도도검출기, thermal conductivity detector)	• 모든 화합물을 검출할 수 있어 분석대상에 제한이 없고 값이 싸며 시료를 파괴하지 않는 장점이 있다. • 다른 검출기에 비해 감도(sensitivity)가 낮다.

3. 운반가스(Carrier gas)

① 열전도도형 검출기(TCD): 순도 99.8% 이상의 수소나 헬륨

② 불꽃이온화 검출기(FID): 순도 99.8% 이상의 질소 또는 헬륨

③ 기타 검출기: 각각 규정하는 가스를 사용한다.

고득점 POINT 생물 시험방법

1) 총대장균군
- 막여과법 • 시험관법 • 평판집락법 • 효소이용정량법 • 건조필름법

2) 분원성대장균군
- 막여과법 • 시험관법 • 효소이용정량법

3) 대장균
- 막여과법 • 시험관법 • 효소이용정량법

4) 물벼룩을 이용한 급성 독성 시험법

5) 식물성플랑크톤 – 현미경계수법

6) 총대장균군수 공식

$$\text{총대장균군수/100mL} = \frac{\text{생성된 집락수}}{\text{여과한 시료량(mL)}} \times 100$$

KEYWORD 39 일반항목 분석-BOD, COD, DO

1. BOD(생물화학적 산소요구량, Biochemical Oxygen Demand)

시료를 20℃에서 5일간 저장하여 두었을 때 시료 중의 호기성 미생물의 증식과 호흡작용에 의하여 소비되는 용존산소의 양으로부터 측정하는 방법이다.

① 식종하지 않은 시료

$$\text{BOD(mg/L)} = (D_1 - D_2) \times P$$

D_1: 15분간 방치된 후의 희석(조제)한 시료의 DO(mg/L)
D_2: 5일간 배양한 다음의 희석(조제)한 시료의 DO(mg/L)
P: 희석시료 중 시료의 희석배수(희석시료량/시료량)

PART 02 수질오염방지 실무

② 식종희석수를 사용한 시료

$$BOD(mg/L)=[(D_1-D_2)-(B_1-B_2)\times f]\times P$$

D_1: 15분간 방치된 후의 희석(조제)한 시료의 DO(mg/L)
D_2: 5일간 배양한 다음의 희석(조제)한 시료의 DO(mg/L)
B_1: 식종액의 BOD를 측정할 때 희석된 식종액의 배양전 DO(mg/L)
B_2: 식종액의 BOD를 측정할 때 희석된 식종액의 배양후 DO(mg/L)
f: 희석시료 중의 식종액 함유율과 희석한 식종액 중의 식종액 함유율의 비
P: 희석시료 중 시료의 희석배수(희석시료량/시료량)

2. COD(화학적 산소요구량, Chemical Oxygen Demand)

(1) **산성 과망간산칼륨법:** 시료를 황산 산성으로 하여 과망간산칼륨 일정 과량을 넣고 30분간 수욕상에서 가열반응 시킨 다음 소비된 과망간산칼륨량으로부터 이에 상당하는 산소의 양을 측정하는 방법이다.

$$COD(g/L)=(b-a)\times f\times \frac{1,000}{V}\times 0.2$$

a: 바탕시험 적정에 소비된 과망간산칼륨 용액의 양(mL)
b: 시료의 적정에 소비된 과망간산칼륨 용액의 양(mL)
f: 과망간산칼륨 용액의 농도계수(factor)
V: 시료의 양(mL)

(2) **알칼리성 과망간산칼륨법:** 시료를 알칼리성으로 하여 과망간산칼륨 일정 과량을 넣고 60분간 수욕상에서 가열반응 시키고 요오드화칼륨 및 황산을 넣어 남아있는 과망간산칼륨에 의하여 유리된 요오드의 양으로부터 산소의 양을 측정하는 방법이다.

$$COD(mg/L)=(a-b)\times f\times \frac{1,000}{V}\times 0.2$$

a: 바탕시험 적정에 소비된 티오황산나트륨 용액의 양(mL)
b: 시료의 적정에 소비된 티오황산나트륨 용액의 양(mL)
f: 티오황산나트륨 용액의 농도계수(factor)
V: 시료의 양(mL)

(3) **다이크롬산칼륨법:** 시료를 황산 산성으로 하여 다이크롬산칼륨 일정 과량을 넣고 2시간 가열반응 시킨 다음 소비된 다이크롬산칼륨의 양을 구하기 위해 환원되지 않고 남아 있는 다이크롬산칼륨을 황산제일철암모늄 용액으로 적정하여 시료에 의해 소비된 다이크롬산칼륨을 계산하고 이에 상당하는 산소의 양을 측정하는 방법이다.

$$COD(mg/L)=(b-a)\times f\times \frac{1,000}{V}\times 0.2$$

a: 시료의 적정에 소비된 황산제일철암모늄 용액의 양(mL)
b: 바탕시료에 소비된 황산제일철암모늄 용액의 양(mL)
f: 황산제일철암모늄 용액의 농도계수(factor)
V: 시료의 양(mL)

3. DO(용존산소, Dissolved Oxygen)

(1) 적정법

$$DO(mg/L) = a \times f \times \frac{V_1}{V_2} \times \frac{1,000}{V_1 - R} \times 0.2$$

a: 적정에 소비된 티오황산나트륨 용액의 양(mL)
f: 티오황산나트륨의 인자(factor)
V_1: 전체 시료의 양(mL)
V_2: 적정에 사용한 시료의 양(mL)
R: 황산망간 용액과 알칼리성 요오드화칼륨－아자이드화나트륨 용액 첨가량(mL)

(2) 전극법

① 시료중의 용존산소가 격막을 통과하여 전극의 표면에서 산화, 환원반응을 일으키고 이때 산소의 농도에 비례하여 전류가 흐르게 되는데 이 전류량으로부터 용존산소량을 측정하는 방법이다.
② 지표수, 지하수, 폐수 등에 적용할 수 있으며, 정량한계는 0.5mg/L이다.

KEYWORD 40 기타 일반항목 분석

항목	측정방법	측정원리 및 적용범위	정량한계
암모니아성 질소	자외선/가시선 분광법	암모니아성 질소를 측정하기 위하여 암모늄이온이 하이포염소산의 존재하에서, 페놀과 반응하여 생성하는 인도페놀의 청색을 630nm에서 측정하는 방법	0.01mg/L
	이온전극법	시료에 수산화나트륨을 넣어 pH 11~13으로 하여 암모늄이온을 암모니아로 변화시킨 다음 암모니아 이온전극을 이용하여 암모니아성 질소를 정량하는 방법	0.08mg/L
	적정법	암모니아성 질소를 측정하기 위하여 시료를 증류하여 유출되는 암모니아를 황산 용액에 흡수시키고 수산화나트륨 용액으로 잔류하는 황산을 적정하여 암모니아성 질소를 정량하는 방법	1mg/L
아질산성 질소	자외선/가시선 분광법	아질산성 질소를 측정하기 위하여 시료 중 아질산성 질소를 설퍼닐아마이드와 반응시켜 디아조화하고 α－나프틸에틸렌디아민이염산염과 반응시켜 생성된 디아조화합물의 붉은색의 흡광도 540nm에서 측정하는 방법	0.004mg/L
	이온크로마토그래피	시료를 0.2μm 막 여과지에 통과시켜 고체 미립자를 제거한 후 음이온 교환 컬럼을 통과시켜 각 음이온들을 분리한 후 전기전도도 검출기로 측정하는 방법	0.1mg/L
음이온계면 활성제	자외선/가시선 분광법	메틸렌블루와 반응시켜 생성된 청색의 착화합물을 클로로폼으로 추출하여 흡광도를 650nm에서 측정하는 방법	0.02mg/L
	연속흐름법	음이온 계면활성제가 메틸렌블루와 반응하여 생성된 청색의 착화합물을 클로로폼 등으로 추출하여 650nm 또는 기기의 정해진 흡수 파장에서 흡광도를 측정하는 방법	0.09mg/L

항목	측정방법	측정원리 및 적용범위	정량한계
질산성 질소	자외선/가시선 분광법 –부루신법	질산성 질소를 측정하기 위하여 황산 산성(13N H_2SO_4 용액, 100℃)에서 질산이온이 부루신과 반응하여 생성된 황색화합물의 흡광도를 410nm에서 측정하여 질산성 질소를 정량하는 방법	0.1mg/L
	자외선/가시선 분광법 –활성탄흡착법	질산성 질소를 측정하기 위하여 pH 12 이상의 알칼리성에서 유기물질을 활성탄으로 흡착한 다음 혼합 산성액으로 산성으로 하여 아질산염을 은폐시키고 질산성 질소의 흡광도를 215nm에서 측정하는 방법	0.3mg/L
	이온크로마토그래피	시료를 0.2μm 막 여과지에 통과시켜 고체 미립자를 제거한 후 음이온 교환 컬럼을 통과시켜 각 음이온들을 분리한 후 전기전도도 검출기로 측정하는 방법	0.1mg/L
	데발다합금 환원증류법	질산성 질소를 측정하기 위하여 아질산성 질소를 설퍼민산으로 분해 제거하고 암모니아성 질소 및 일부 분해되기 쉬운 유기질소를 알칼리성에서 증류제거한 다음 데발다합금으로 질산성 질소를 암모니아성 질소로 환원하여 이를 암모니아성 질소 시험방법에 따라 시험하고 질산성 질소의 농도를 환산하는 방법	중화적정법: 0.5mg/L 흡광도법: 0.1mg/L
총질소	자외선/가시선 분광법 –산화법	시료 중 모든 질소화합물을 알칼리성 과황산칼륨을 사용하여 120℃ 부근에서 유기물과 함께 분해하여 질산이온으로 산화시킨 후 산성상태로 하여 흡광도를 220nm에서 측정하여 총질소를 정량하는 방법	0.1mg/L
	자외선/가시선 분광법 –카드뮴·구리 환원법	시료 중의 질소화합물을 알칼리성 과황산칼륨의 존재하에 120℃에서 유기물과 함께 분해하여 질산이온으로 산화시킨 다음 산화된 질산이온을 다시 카드뮴·구리환원 칼럼을 통과시켜 아질산이온으로 환원시키고 아질산성 질소의 양을 구하여 총질소로 환산하는 방법	0.004mg/L
	자외선 /가시선 분광법 –환원증류·킬달법	시료에 데발다합금을 넣고 알칼리성에서 증류하여 시료 중의 무기질소를 암모니아로 환원 유출시키고, 다시 잔류시료 중의 유기질소를 킬달 분해한 다음 증류하여 암모니아로 유출시켜 각각의 암모니아성 질소의 양을 구하고 이들을 합하여 총질소를 정량하는 방법	0.02mg/L
	연속흐름법	시료 중 모든 질소화합물을 산화분해하여 질산성 질소(NO_3^-) 형태로 변화시킨 다음 카드뮴–구리환원 칼럼을 통화시켜 아질산성 질소의 양을 550nm 또는 기기에서 정해진 파장에서 측정하는 방법	0.06mg/L
인산염인	자외선/가시선 분광법 –이염화주석환원법	인산염인이 몰리브덴산 암모늄과 반응하여 생성된 몰리브덴산인암모늄을 이염화주석으로 환원하여 생성된 몰리브덴 청의 흡광도를 690nm에서 측정하는 방법	0.003mg/L
	자외선/가시선 분광법 –아스코빈산환원법	몰리브덴산암모늄과 반응하여 생성된 몰리브덴산인암모늄을 아스코빈산으로 환원하여 생성된 몰리브덴산 청의 흡광도를 880nm에서 측정하여 인산염인을 정량하는 방법	0.003mg/L
	이온크로마토그래피	지하수, 지표수, 폐수 등을 이온교환 컬럼에 고압으로 전개시켜 분리되는 인산염인을 분석하는 방법	0.1mg/L
페놀	자외선/가시선 분광법	증류한 시료에 염화암모늄–암모니아 완충용액을 넣어 pH 10으로 조절한 다음 4–아미노안티피린과 헥사시안화철(Ⅱ)산칼륨을 넣어 생성된 붉은색의 안티피린계 색소의 흡광도를 측정하는 방법으로 수용액에서는 510nm, 클로로폼 용액에서는 460nm에서 측정하는 방법	클로로폼추출법: 0.005mg/L 직접측정법: 0.05mg/L
	연속흐름법	페놀 및 그 화합물을 분석하기 위하여 증류한 시료에 염화암모늄–암모니아 완충용액을 넣어 pH 10으로 조절한 다음 4–아미노안티피린과 헥사시안화철(Ⅱ)산칼륨을 넣어 생성된 붉은색의 안티피린계 색소의 흡광도를 510nm 또는 기기에서 정해진 파장에서 측정하는 방법	0.007mg/L

항목	측정방법	측정원리 및 적용범위	정량한계
시안	자외선/가시선 분광법	시료를 pH 2 이하의 산성에서 가열 증류하여 시안화물 및 시안착화합물의 대부분을 시안화수소로 유출시켜 포집한 다음 포집된 시안이온을 중화하고 클로라민-T를 넣어 생성된 염화시안이 피리딘-피라졸론 등의 발색시약과 반응하여 나타나는 청색을 620nm에서 측정하는 방법	0.01mg/L
	이온전극법	pH 12~pH 13의 알칼리성에서 시안이온전극과 비교전극을 사용하여 전위를 측정하고 그 전위차로부터 시안을 정량하는 방법	0.1mg/L
	연속흐름법	시료를 산성상태에서 가열 증류하여 시안화물 및 시안착화합물의 대부분을 시안화수소로 유출시켜 포집한 다음 포집된 시안이온을 중화하고 클로라민-T를 넣어 생성된 염화시안이 발색시약과 반응하여 나타나는 청색을 620nm 또는 기기에 따라 정해진 파장에서 분석하는 시험방법	0.01mg/L
구리	원자흡수분광광도법	시료를 산분해법, 용매추출법으로 전처리 후 시료를 직접 불꽃으로 주입하여 원자화한 후 원자흡수분광광도법에 따라 측정하는 방법	0.008mg/L
	자외선/가시선 분광법	구리이온이 알칼리성에서 다이에틸다이티오카르바민산나트륨과 반응하여 생성하는 황갈색의 킬레이트 화합물을 아세트산부틸로 추출하여 흡광도를 440nm에서 측정하는 방법	0.01mg/L
	유도결합플라스마 -원자발광분광법	시료를 산분해법, 용매추출법으로 전처리 후 시료를 플라스마에 주입하여 방출하는 발광선 및 발광강도를 측정하는 방법	0.006mg/L
	유도결합플라스마 -질량분석법	시료를 산분해법, 용매추출법으로 전처리 후 시료를 고온 플라스마에 분사시켜 이온화된 원소를 진공상태에서 질량 대 전하비(m/z)에 따라 분리하는 방법	0.002mg/L
수은	냉증기 -원자흡수분광광도법	시료에 이염화주석($SnCl_2$)을 넣어 금속수은으로 산화시킨 후, 이 용액에 통기하여 발생하는 수은증기를 원자흡수분광광도법으로 253.7nm의 파장에서 측정하여 정량하는 방법	0.0005mg/L
	자외선/가시선 분광법	수은을 황산 산성에서 디티존·사염화탄소로 일차 추출하고 브롬화칼륨 존재하에 황산 산성에서 역추출하여 방해성분과 분리한 다음 인산-탄산염 완충용액 존재하에서 디티존·사염화탄소로 수은을 추출하여 490nm에서 흡광도를 측정하는 방법	0.003mg/L
	양극벗김전압전류법	시료를 산성화시킨 후 자유이온화 된 수은을 유리탄소전극(GCE, glassy carbon electrode)에 금막(gold metal film)입힌 전극에 의한 은/염화은 전극에 대해 -200mV 전위차에서 작용전극에 농축시킨 다음 이를 양극벗김전압전류법으로 분석하는 방법	0.0001mg/L
	냉증기 -원자형광법	저농도의 수은(0.0002mg/L 이하)을 정량하기 위하여 시료에 이염화주석($SnCl_2$)을 넣어 금속 수은으로 산화시킨 후 이 용액에 통기하여 발생하는 수은증기를 원자형광광도법으로 253.7nm의 파장에서 측정하여 정량하는 방법	0.0005mg/L
6가 크롬	원자흡수분광광도법	6가 크롬을 피로리딘 디티오카르바민산 착물로 만들어 메틸아이소부틸케톤으로 추출한 다음 원자흡수분광광도계로 흡광도를 측정하여 6가 크롬의 농도를 구하는 방법	0.01mg/L
	자외선/가시선 분광법	산성 용액에서 다이페닐카바자이드와 반응하여 생성하는 적자색 착화합물의 흡광도를 540nm에서 측정하는 방법	0.04mg/L
	유도결합플라스마 -원자발광분광법	시료를 용매추출법으로 전처리 후 시료를 플라스마에 주입하여 방출하는 발광선 및 발광강도를 측정하는 방법	0.007mg/L

당신이 상상할 수 있다면 그것을 이룰 수 있고,
당신이 꿈꿀 수 있다면 그 꿈대로 될 수 있다.

– 윌리엄 아서 워드(William Arthur Ward)

최신 15개년 기출문제

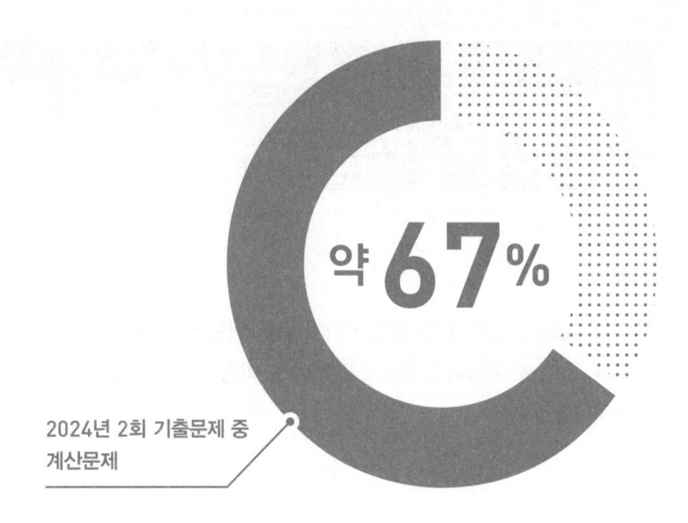

15개년 출제경향 분석

수질환경기사 실기시험은 과목의 구분 없이 약 18문항이 출제됩니다. 2020년부터 작업형이 사라지고 필답형 시험만 시행되면서 서술형 문제의 비중이 점차 커지고 있습니다. 서술형으로 나올만한 이론의 범위는 상당히 방대하기 때문에 이전에 출제된 적이 있었던 서술형 문제들의 개념은 필수로 암기해야 합니다.

또한, 수질환경기사 실기시험에서는 전체의 약 67%가 계산문제로 출제됩니다. 계산문제는 기존 기출문제에서 문제 조건이나 수치만 변형되어 출제되는 경우가 많으므로 계산문제를 학습할 때에는 풀이과정을 정확히 이해하면서 스스로 문제를 풀 수 있을 만큼 반복 학습하는 것을 추천합니다.

2024년 2회 수질환경기사 실기시험의 경우 전체 문제의 약 60%가 기출문제와 동일하거나 유사한 문제였습니다. 따라서 최신 15개년 기출문제를 반복 학습하신다면 충분히 합격하실 수 있습니다.

※ 2024년 3회차 실기시험 복원문제는 시험 시행 이후 24년 11월 내로 에듀윌 도서몰(book.eduwill.net)에 PDF 파일로 제공될 예정입니다.

빈출문항 표기

에듀윌 수질환경기사 실기 교재에는 모든 기출문제의 빈출도를 분석하여 별표로 표기했습니다.

★ ★ ★	빈출문제로 반드시 맞혀야 하는 문제
★ ★ ☆	내용을 이해하고, 해설까지 꼼꼼히 공부해야 하는 문제
★ ☆ ☆	간단하게 답만 확인하는 정도로 공부할 문제

2024년 | 2회 기출문제

01 ★★☆

질산성 질소 20kg/day를 탈질시키기 위한 메탄올(CH_3OH)의 양(L/day)를 구하시오. (단, COD/N=5, 비중 0.8, 순도는 90%이다.)

정답

92.59L/day

해설

- **COD(kg/day) 계산**

  COD/N=5, 질산성 질소 20kg/day이므로

  COD/20=5

  COD=100kg/day
- **질산성 질소를 탈질시키기 위한 메탄올(CH_3OH)의 양(L/day) 계산**

  $CH_3OH+1.5O_2 \rightarrow CO_2+2H_2O$

  32g : 1.5×32g

  Xkg/day : 100kg/day

  $X=\frac{32\times100}{1.5\times32}=66.6667kg/day$

  비중 0.8, 순도 90%이므로

  $\frac{66.6667kg}{day}\times\frac{L}{0.8kg}\times\frac{1}{0.9}=92.5926 ≒ 92.59L/day$

02 ★★★

MBR을 이용한 하수의 처리 시 장점 2가지를 서술하시오.

정답

① 생물학적 공정에서 문제시되는 이차침전지의 침강성과 관련된 문제가 없다.

② 완벽한 고액분리가 가능하며 높은 MLSS 유지가 가능하므로 지속적인 안정된 처리수질을 획득할 수 있다.

③ 긴 SRT로 인하여 슬러지 발생량이 적다.

④ 적은 소요부지로 부지이용성이 탁월하다.

만점 KEYWORD

① 생물학적 공정, 문제시, 이차침전지의 침강성, 관련된 문제, 없음

② 고액분리, 높은, MLSS 유지, 안정된, 처리수질

③ 긴, SRT, 슬러지 발생량, 적음

④ 적은, 소요부지, 부지이용성

03 ★☆☆

유량 12,000m^3/day 폐수 중 TKN 70mg/L, 암모니아성 질소 20mg/L, 아질산성 질소 1mg/L, 질산성 질소 2mg/L이다. 이 때의 총질소부하량(kg/day) 구하시오.

정답

876kg/day

해설

총질소=TKN+아질산성 질소+질산성 질소

=70+1+2=73mg/L

$\therefore \frac{73mg}{L}\times\frac{12,000m^3}{day}\times\frac{kg}{10^6mg}\times\frac{10^3L}{m^3}=876kg/day$

04

★★☆

하수처리시설의 운영조건이 아래와 같을 때 다음을 구하시오.

- 폐수 온도: 20℃
- 포기조 유입유량: 0.32m³/sec
- MLVSS: 2,400mg/L
- 원폐수 BOD_5: 240mg/L
- 원폐수 TSS: 280mg/L
- 유출수 BOD_5: 5.7mg/L
- BOD_5/BOD_u: 0.67
- 포기조 유입수 BOD_5: 161.5mg/L
- VSS/TSS: 0.8
- K_d: 0.06day^{-1}
- Y: 0.5mg VSS/mg BOD_5
- SRT: 10day

(1) 포기조 부피(m^3)

(2) 포기조 체류시간(HRT, hr)

(3) 포기조 폭(m) 및 길이(m)의 규격(폭:길이=1:2, 깊이 4.4m)

정답

(1) 5,608.8m^3

(2) 4.87hr

(3) 폭: 25.25m, 길이: 50.49m

해설

(1) 포기조 부피(∀) 구하기

$$\frac{1}{SRT}=\frac{Y(BOD_i-BOD_o)Q}{\forall\cdot X}-K_d$$

SRT: 고형물 체류시간(day), Y: 세포생산계수

BOD_i: 유입 BOD 농도(mg/L), BOD_o: 유출 BOD 농도(mg/L)

Q: 유량(m^3/day), ∀: 반응조 체적(m^3), X: MLVSS 농도(mg/L)

K_d: 내생호흡계수(day^{-1})

$$\frac{1}{10\text{day}}=\frac{0.5\times\frac{(161.5-5.7)\text{mg}}{\text{L}}\times\frac{0.32\text{m}^3}{\text{sec}}\times\frac{86,400\text{sec}}{1\text{day}}}{\forall\times\frac{2,400\text{mg}}{\text{L}}}-\frac{0.06}{\text{day}}$$

$\therefore \forall=5,608.8\text{m}^3$

(2) 포기조 체류시간(HRT, hr) 구하기

체류시간(HRT)=부피(∀)/유량(Q)

$$\therefore \text{HRT}=\frac{5,608.8\text{m}^3}{\frac{0.32\text{m}^3}{\text{sec}}\times\frac{3,600\text{sec}}{1\text{hr}}}=4.8688≒4.87\text{hr}$$

(3) 포기조 폭 및 길이의 규격(폭:길이=1:2, 깊이 4.4m) 구하기

폭(W): 길이(L)=1:2 이므로 $L=2W$이 된다.

부피(∀)=$A\cdot H=L\cdot W\cdot H$

$5,608.8\text{m}^3=W\times 2W\times 4.4$

$\therefore W=25.2461≒25.25\text{m}$

$L=2W=2\times 25.2461=50.4922≒50.49\text{m}$

05

★★☆

Jar-test의 목적 3가지를 쓰시오.

정답

① 적합한 응집제의 종류를 선택한다.

② 적정 응집제의 주입 농도를 산정한다.

③ 최적의 pH 조건을 파악한다.

④ 최적의 교반조건을 선정한다.

만점 KEYWORD

① 응집제, 종류

② 적정 응집제, 주입 농도

③ pH 조건

④ 교반조건

06 ★☆☆

Alum 50mg/L을 90% 효율로 제거하려고 한다. CMFR과 PFR로 처리하는 경우 제거하는 데 걸리는 시간(min)을 각각 구하시오. (단, 1차반응이며 K는 90day^{-1} 이다.)

(1) 완전혼합반응조(CMFR)(min)

(2) 플러그형(PFR)(min)

정답

(1) 144min

(2) 36.84min

해설

(1) **완전혼합반응조(CMFR)의 제거 시간(min) 구하기**

$Q(C_0-C_t)=K\cdot\forall\cdot C_t^m$

Q: 유량(m^3/hr), C_0: 초기 농도(mg/L), C_t: 나중 농도(mg/L)

K: 반응속도상수(hr^{-1}), $\forall$: 반응조 체적(m^3), m: 반응차수

$$t=\frac{\forall}{Q}=\frac{(C_0-C_t)}{KC_t^1}$$

$$=\frac{(50-5)\text{mg/L}}{\frac{90}{\text{day}}\times\frac{\text{day}}{1{,}440\text{min}}\times 5\text{mg/L}}=144\text{min}$$

(2) **플러그형(PFR)의 제거 시간(min) 구하기**

$$\ln\frac{C_t}{C_0}=-K\cdot t$$

$$\ln\frac{5}{50}=-\frac{90}{\text{day}\times\frac{1{,}440\text{min}}{\text{day}}}\times t$$

$t=36.8414≒36.84\text{min}$

관련이론 | CFSTR(CMFR)와 PFR 물질수지

(1) CFSTR(CMFR) **물질수지**

유입과 유출이 동시에 있으며 반응조 내에서는 완전혼합되어 반응한 후 유출된다.

$Q(C_0-C_t)=K\cdot\forall\cdot C_t^m$

Q: 유량(m^3/hr), C_0: 초기 농도(mg/L), C_t: 나중 농도(mg/L), K: 반응속도상수(hr^{-1}), $\forall$: 반응조 체적(m^3), m: 반응차수

(2) PFR **물질수지**

긴 관에서의 흐름을 의미하며 축방향으로의 흐름을 따라 연속적인 혼합이 진행된다.

① 0차 반응: $C_t-C_0=-K\times t$

② 1차 반응: $\ln\frac{C_t}{C_0}=-K\times t$

③ 2차 반응: $\frac{1}{C_t}-\frac{1}{C_0}=K\times t$

07 ★★★

수격현상과 공동현상의 원인 한 가지와 방지대책 두 가지를 쓰시오.

(1) 수격현상

(2) 공동현상

정답

(1) ① 원인

- 만관 내에 흐르고 있는 물의 속도가 급격히 변화할 경우
- 펌프가 정전 등으로 인해 정지 및 가동을 할 경우
- 펌프를 급하게 가동할 경우
- 토출측 밸브를 급격히 개폐할 경우

② 방지대책

- 펌프에 플라이휠(Fly-wheel)을 붙여 펌프의 관성을 증가시킨다.
- 토출관측에 조압수조를 설치한다.
- 관 내 유속을 낮추거나 관로상황을 변경한다.
- 토출측 관로에 한 방향 조압수조를 설치한다.
- 펌프 토출구 부근에 공기탱크를 두거나 부압 발생지점에 흡기밸브를 설치하여 압력 강하 시 공기를 넣어준다.

(2) ① 원인

- 펌프의 과속으로 유량이 급증할 경우
- 펌프의 흡수면 사이의 수직거리가 길 경우
- 관 내의 수온이 증가할 경우
- 펌프의 흡입양정이 높을 경우

② 방지대책

- 펌프의 회전수를 감소시켜 필요유효흡입수두를 작게 한다.
- 흡입측의 손실을 가능한 한 작게 하여 가용유효흡입수두를 크게 한다.
- 펌프의 설치위치를 가능한 한 낮추어 가용유효흡입수두를 크게 한다.
- 흡입측 밸브를 완전히 개방하고 펌프를 운전한다.
- 임펠러를 수중에 잠기게 한다.

08 ★★★

관의 지름이 100mm이고 관을 통해 흐르는 유량이 0.02m³/sec인 관의 손실수두가 10m가 되게 하고자 한다. 이때의 관의 길이(m)를 구하시오. (단, 마찰손실수두만을 고려하며 마찰손실수두는 0.015)

정답

201.50m

해설

유속(V)을 구하면

$Q = AV$

$\frac{0.02\text{m}^3}{\text{sec}} = \frac{\pi \times (0.1\text{m})^2}{4} \times V$

$V = 2.5465\text{m/sec}$

$h_L = f \times \frac{L}{D} \times \frac{V^2}{2g}$

h_L: 마찰손실수두(m), f: 마찰손실계수, L: 관의 길이(m)

D: 관의 직경(m), V: 유속(m/sec), g: 중력가속도(9.8m/sec²)

$10\text{m} = 0.015 \times \frac{L}{0.1\text{m}} \times \frac{(2.5465\text{m/sec})^2}{2 \times 9.8\text{m/sec}^2}$

$\therefore L = 201.5011 ≒ 201.50\text{m}$

09 ★☆☆

활성슬러지법과 비교한 부착생물막법의 단점을 4가지 쓰시오.

정답

① 유출수의 SS와 BOD가 높아질 수 있다.
② 처리수의 투시도의 저하와 수질악화를 일으킬 수 있다.
③ 처리과정에서 질산화 반응이 진행되기 쉽다.
④ 악취가 발생할 수 있다.

관련이론 | **부착생물막법**

- 호기성 생물학적 처리방법에는 부유성장공법과 부착성장공법으로 분류되며, 부착성장공법은 (부착)생물막법이라고도 한다.
- 반응조 내의 여재 등과 같은 접촉제의 표면에 미생물로 구성된 생물막을 만들어 오수를 접촉시켜 오수중의 유기물을 분해·처리하는 방법이다.
- 생물막법은 대기, 하수 및 생물막의 상호 접촉양식에 따라 살수여상법, 회전원판법, 접촉산화법 및 침적여과형의 호기성 여상법으로 분류된다.

10

★☆☆

식물성 플랑크톤의 호흡률과 광합성률을 알아내기 위해 다음과 같은 실험을 하였다. 식물성 플랑크톤이 함유된 시료의 초기 DO는 8mg/L이다. 암반응을 3시간 진행한 후 DO는 7.4mg/L가 되었으며, 이후 명반응을 3시간 진행한 후 DO는 9.5mg/L가 되었다. 이 때의 호흡률(mg/L·day)과 광합성률(mg/L·day)을 구하시오. (단, 식물성 플랑크톤이 포함되어 있지 않은 시료의 최종 BOD는 10mg/L이며 K_1은 0.15/day 이다.)

(1) 호흡률(mg/L·day)

(2) 광합성률(mg/L·day)

정답

(1) 1.42mg/L·day

(2) 16.8mg/L·day

해설

(1) **호흡률**(mg/L·day) **구하기**

암반응 시 식물성 플랑크톤에 의한 DO 소비량

=암반응 초기 DO−암반응 후 DO−3시간 소모 BOD

3시간 소모 BOD $=BOD_u \times (1-10^{-K_1 \times t})$

BOD_u: 최종 BOD(mg/L)

K_1: 탈산소계수(day^{-1}), t: 반응시간(day)

$$BOD_{3hr}=10mg/L \times \left(1-10^{-\frac{0.15}{day} \times \frac{day}{24hr} \times 3hr}\right)$$
$$=0.4225mg/L \cdot 3hr$$

∴ 암반응 시 식물성 플랑크톤에 의한 DO 소비량

$=8-7.4-0.4225=0.1775mg/L \cdot 3hr$

$$=\frac{0.1775mg}{L \cdot 3hr} \times \frac{24hr}{day}=1.42mg/L \cdot day$$

(2) **광합성률**(mg/L·day) **구하기**

명반응 시 식물성 플랑크톤에 의한 광합성률

=명반응 후 DO−암반응 후 DO=9.5−7.4=2.1mg/L·3hr

$$=\frac{2.1mg}{L \cdot 3hr} \times \frac{24hr}{day}=16.8mg/L \cdot day$$

11

★☆☆

COD 분석 시 황산은과 염소이온이 반응하여 AgCl이 침전하였다. 시료 40mL를 황산은 50mg을 이용하여 반응시켰을 때 시료에 포함된 염소이온의 농도(mg/L)를 구하시오. (단, Cl, Ag의 원자량은 각각 35.5, 108이다.)

정답

284.46mg/L

해설

$2Cl^- + Ag_2SO_4 \rightarrow 2AgCl + SO_4^{2-}$

2×35.5g : 312g

Xmg : 50mg

$$\therefore X=\frac{2 \times 35.5 \times 50}{312}=11.3782mg$$

시료의 양이 0.04L이므로 11.3782mg/0.04L=284.455≒284.46mg/L이다.

12

★★☆

공장에서 배출되는 pH 2인 산성폐수 1,000m³와 pH 7인 인접공장 폐수 10,000m³를 혼합 처리하고자 한다. 두 폐수를 혼합한 후의 pH를 구하시오.

정답

3.04

해설

혼합공식을 이용한다.

$$N_m=\frac{N_1V_1+N_2V_2}{V_1+V_2}$$ (1: 산성폐수, 2: 인접공장 폐수)

$$=\frac{10^{-2} \times 1,000+10^{-7} \times 10,000}{1,000+10,000}=9.0918 \times 10^{-4}N$$

$\therefore pH=-\log(9.0918 \times 10^{-4})=3.0414≒3.04$

13 ★★☆

Sidestream의 대표적인 공정인 Phostrip 공법의 원리를 설명하고 장점, 단점을 각각 2가지씩 서술하시오.

(1) 원리
(2) 장점(2가지)
(3) 단점(2가지)

정답

(1) 반송슬러지의 일부만이 포기조로 유입되고 인을 과잉섭취한다. 또한, 탈인조에서 인을 방출시키고 생성된 상징액을 석회를 이용하여 화학적인 방법으로 침전시켜 제거한다. 이 공정은 화학적 방법과 생물학적 방법이 조합된 공정이다.
(2) ① 기존의 활성슬러지 공법에 적용하기 쉽다.
② 유입수질의 부하변동에 강하다.
③ Mainstream 화학공정에 비하여 약품 사용량이 훨씬 적다.
(3) ① 인을 제거하기 위해 석회 등의 약품이 필요하다.
② Stripping을 위한 별도의 반응조가 필요하다.
③ 최종 침전지에서의 인 방출 방지를 위해 MLSS 내 DO를 높게 유지해야 한다.

관련이론 | Phostrip 공법

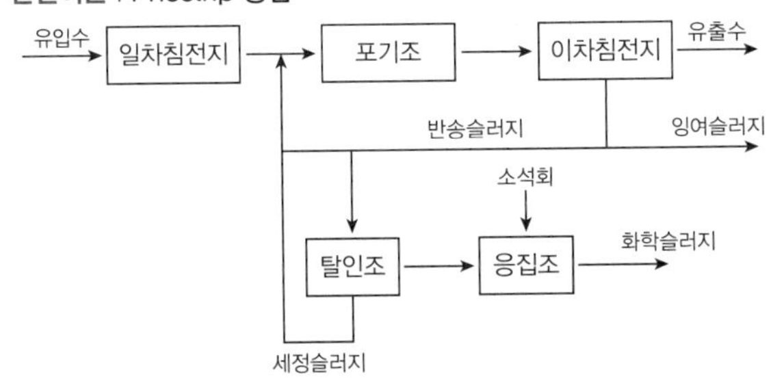

- 포기조: 반송된 슬러지의 인 과잉흡수, 유기물 제거
- 탈인조: 인 방출
- 응집조: 응집제(석회)를 이용하여 상등수의 인 응집침전
- 세정슬러지(탈인조 슬러지): 인의 함량이 높은 슬러지를 포기조로 반송시켜 포기조에서 인 과잉흡수

14 ★☆☆

박테리아를 무게 기준 분석한 결과 C: 53wt%, H: 6wt%, O: 29wt%, N: 12wt%일 때 박테리아의 분자식을 가장 간단한 정수비로 구하시오.

정답

$C_5H_7O_2N$

해설

전체 무게를 100g으로 가정하면, C: 53g, H:6g, O:29g, N: 12g이다.
각 성분원소의 mol 수를 구하면

$$C(mol)=53g\times\frac{mol}{12g}=4.4167mol$$

$$H(mol)=6g\times\frac{mol}{1g}=6mol$$

$$O(mol)=29g\times\frac{mol}{16g}=1.8125mol$$

$$N(mol)=12g\times\frac{mol}{14g}=0.8571mol$$

$$\therefore C_{4.4167}H_6O_{1.8125}N_{0.8571}=C_{\frac{4.4167}{0.8571}}H_{\frac{6}{0.8571}}O_{\frac{1.8125}{0.8571}}N_{\frac{0.8571}{0.8571}}$$
$$=C_{5.1532}H_{7.0003}O_{2.1147}N_1$$

※ 가장 간단한 정수비로 만들기 위해 가장 작은 mol의 수를 가진 N의 mol수로 전체를 나누어야 한다.

C:H:O:N≒5:7:2:1로 결합되어 있으므로 $C_5H_7O_2N$이다.

관련이론 | 박테리아(Bacteria)

- 분자식: $C_5H_7O_2N$
- 수분 80%, 고형물 20%로 구성되어 있다. (고형물 중 유기물 90%, 무기물 10%)
- 탄소동화작용을 하지 않는 단세포 원핵생물로 엽록소를 가지고 있지 않다.
- 산성도와 온도에 민감하고, 주로 세포분열로 번식한다.
- 형태에 따라 막대형, 구형, 나선형 및 사상형으로 구분한다.

15

★★☆

공장 폐수의 BOD를 측정하기 위해 시료를 식종희석수로 5배 희석하였다. 부란 전의 DO는 8.6mg/L이고 5일 후 DO는 3.3mg/L였다. 실험에 사용된 식종희석수는 희석수 1L에 대한 식종액으로 생하수를 1mL의 비율로 희석하였다. 별도로 생하수를 30배 희석하여 BOD를 측정한 결과 부란 전의 DO는 8.9mg/L이고 5일 후 DO는 5.9mg/L였다. 이 시료의 BOD(mg/L)를 구하시오.

정답

26.14mg/L

해설

- 식종희석수의 BOD(mg/L) 계산

  $BOD=(DO_1-DO_2)\times P$

  DO_1: 희석(조제)한 시료의 DO(mg/L)

  DO_2: 5일간 배양한 다음 희석(조제)한 시료의 DO(mg/L)

  P: 희석시료 중 시료의 희석배수(희석시료량/시료량)

  $BOD=(8.9-5.9)\times 30=90mg/L$

  1L당 1mL의 비율로 생하수를 넣었으므로 1,000/1=1,000배이며,

  묽은 식종희석수의 BOD는 $\frac{90}{1,000}=0.09mg/L$가 된다.

- 시료의 BOD(mg/L) 계산

  공장폐수를 식종희석수를 이용하여 5배 희석하였으므로 공장폐수의 양이 1일 때 식종희석수의 양은 4이며 전체는 5이다.

  식종희석수로 희석한 시료의 BOD는 $8.6-3.3=5.3mg/L$이므로

  $5.3\times 5=0.09\times 4+X\times 1$

  $X=26.14mg/L$

16

★☆☆

정수처리를 위해 약품주입에 의한 여과와 침전지를 설계하려고 한다. 이 때 고려해야 할 사항을 각각 3가지씩 쓰시오.

(1) 여과공정 설계 시 고려사항(3가지)

(2) 침전공정 설계 시 고려사항(3가지)

정답

(1) ① 여재의 종류
② 공극률
③ 비표면적
④ 균등계수
⑤ 여과속도 및 여과면적, 여과지 수
⑥ 여과압의 종류
⑦ 여과의 방향

(2) ① 침전 대상물질의 비중
② 침전되는 입자의 침강속도
③ 침전지에서의 체류시간
④ 침전지의 형태 및 침전면적

17

★☆☆

호수의 평균수심은 4m, 체적은 50,000m^3, 유입량 및 유출량은 7,000m^3/day이다. 다음의 오염원에서 오염물질이 호수로 유입될 때 정상상태에서의 배출되는 유출수 중 오염물질의 농도(mg/L)를 구하시오. (단, 오염물질의 분해계수가 0.25day^{-1}이며 1차반응이다.)

[오염원]
- 공장으로부터의 오염부하량: 40kg/day
- 대기로부터 호수면으로 낙하되는 오염부하량: 0.2g/m^2·day
- 유입수의 오염물질 농도: 5mg/L

정답

3.97mg/L

해설

축적량=유입량−유출량−반응량

※ 여기서 축적량은 $\forall\frac{dC}{dt}$(시간에 따른 농도변화×호수의 체적)이며, 정상상태이므로 $\forall\frac{dC}{dt}=0$ 이다.

- **유입량(kg/day) 계산**

  공장으로부터의 오염부하량: 40kg/day

  대기로부터 호수면으로 낙하되는 오염부하량:

  $\frac{0.2\text{g}}{\text{m}^2\cdot\text{day}}\times\frac{50{,}000\text{m}^3}{4\text{m}}\times\frac{1\text{kg}}{1{,}000\text{g}}=2.5\text{kg/day}$

  유입수의 오염물질 부하량:

  $\frac{5\text{mg}}{\text{L}}\times\frac{7{,}000\text{m}^3}{\text{day}}\times\frac{1{,}000\text{L}}{1\text{m}^3}\times\frac{1\text{kg}}{10^6\text{mg}}=35\text{kg/day}$

  ∴ 총 유입량$=40+2.5+35=77.5$kg/day

- **유출량(kg/day) 계산**

  유출수 농도를 C_o라고 하면,

  $\frac{C_o\text{mg}}{\text{L}}\times\frac{7{,}000\text{m}^3}{\text{day}}\times\frac{1{,}000\text{L}}{1\text{m}^3}\times\frac{1\text{kg}}{10^6\text{mg}}=7\times C_o\text{kg/day}$

- **반응량(kg/day) 계산**

  반응량=오염물질 분해계수×호수의 부피×유출수 농도

  $=\frac{0.25}{\text{day}}\times50{,}000\text{m}^3\times\frac{1{,}000\text{L}}{\text{m}^3}\times\frac{C_o\text{mg}}{\text{L}}\times\frac{1\text{kg}}{10^6\text{mg}}$

  $=12.5\times C_o\text{kg/day}$

- **유출수 농도(mg/L) 계산**

  0=유입량−유출량−반응량

  $77.5\text{kg/day}-(7\times C_o)\text{kg/day}-(12.5\times C_o)\text{kg/day}=0$

  ∴ $C_o=3.9744\fallingdotseq3.97$mg/L

18

★★☆

폐수의 유량이 200m^3/day이고 부유고형물의 농도가 300mg/L이다. 공기부상실험에서 공기와 고형물의 비가 0.05mg Air/mg Solid일 때 최적의 부상을 나타낸다. 설계 온도 20℃이고 공기용해도는 18.7mL/L, 용존 공기의 분율 0.6, 부하율 8L/m^2 · min, 운전압력이 4기압일 때 부상조의 반송률(%)을 구하시오.

정답

44.07%

해설

A/S비 공식을 이용한다.

A/S비$=\frac{1.3S_a(f\cdot P-1)}{SS}\times R$

S_a: 공기의 용해도(mL/L), f: 용존 공기의 분율, P: 운전압력(atm)

SS: 부유고형물 농도(mg/L), R: 반송비

$0.05=\frac{1.3\times18.7\times(0.6\times4-1)}{300}\times R$

∴ $R=0.4407=44.07\%$

2024년 | 1회 기출문제

01

★★☆

비중 2.67인 입자의 침전속도를 측정하였더니 0.6cm/sec가 나왔다. 이때 입자의 직경(cm)을 구하시오. (단, 물의 점성 계수는 0.0101g/cm · sec)

정답

8.16×10^{-3}cm

해설

$$V_g = \frac{d_p^{\,2}(\rho_p - \rho)g}{18\mu}$$

V_g: 중력침강속도(cm/sec), d_p: 입자의 직경(cm)

ρ_p: 입자의 밀도(g/cm^3), ρ: 유체의 밀도(g/cm^3)

g: 중력가속도(980cm/sec^2), μ: 유체의 점성계수(g/cm·sec)

$$0.6\text{cm/sec} = \frac{d_p^{\,2} \times (2.67-1)\text{g/cm}^3 \times 980\text{cm/sec}^2}{18 \times 0.0101\text{g/cm}\cdot\text{sec}}$$

$$\therefore d_p = \sqrt{\frac{18 \times 0.0101\text{g/cm}\cdot\text{sec} \times 0.6\text{cm/sec}}{(2.67-1)\text{g/cm}^3 \times 980\text{cm/sec}^2}}$$

$$= 8.1640 \times 10^{-3} \fallingdotseq 8.16 \times 10^{-3}\text{cm}$$

02

★☆☆

정수처리에 사용되는 여과지의 여재의 종류를 2가지 쓰시오.

정답

① 모래

② 안트라사이트(무연탄)

③ 자갈

03

★☆☆

BOD는 1차 반응으로 분해된다. 소모 BOD 반응식을 유도하시오. (단, y: 소모 BOD, L: 잔류 BOD, L_0: 최종 BOD, K: 탈산소계수, 상용대수 기준)

정답

$y = L_0(1 - 10^{-K \times t})$

해설

$$\gamma = \frac{dL}{dt} = -kL^m \rightarrow \frac{dL}{dt} = -kL^1$$

일차반응이므로 $m=1$이다.

$$\frac{1}{L}dL = -kdt$$

양변을 적분하면

$$\int_{L_0}^{L} \frac{1}{L}dL = -\int_0^t kdt$$

$$\ln L - \ln L_0 = -k[t-0]$$

$$\ln\frac{L}{L_0} = -k \times t$$

ln은 log의 밑이 e인 것을 의미하므로

$$\ln\frac{L}{L_0} = \log_e\frac{L}{L_0} = -k \times t$$

여기서, $\log_e\frac{L}{L_0} = \frac{\log\frac{L}{L_0}}{\log e}$로 나타낼 수 있다. $\left(\log_a b = \frac{\log b}{\log a}\right)$

$$\frac{\log\frac{L}{L_0}}{\log e} = -k \times t$$

$$\log\frac{L}{L_0} = \log e \times -k \times t$$

$\log e \times -k$는 탈산소계수 $-K$이므로

$$\log\frac{L}{L_0} = -K \times t$$

양변에 밑을 10으로 두고 정리하면

$$10^{\log\frac{L}{L_0}} = 10^{-K \times t}$$

$$\frac{L}{L_0} = 10^{-K \times t}$$

소모 BOD = 최종 BOD − 잔류 BOD이므로

$$\therefore y = L_0 - L = L_0 - L_0 \times 10^{-K \times t} = L_0(1 - 10^{-K \times t})$$

04

★★★

수온 15℃, 유량 $0.7m^3/sec$, 직경 0.6m, 길이 50m인 관에서의 높이(m)를 Manning 공식을 이용하여 구하시오. (단, 만관 기준, n=0.013, 기타 조건은 고려하지 않음)

정답

0.65m

해설

- 유속(V) 계산

$Q=AV$

$$0.7m^3/sec=\frac{\pi\times(0.6m)^2}{4}\times V$$

$\therefore V=2.4757m/sec$

- 관에서의 높이(h) 계산

Manning 공식을 이용한다.

$$V=\frac{1}{n}R^{\frac{2}{3}}I^{\frac{1}{2}}$$

V: 유속(m/sec), n: 조도계수, R: 경심(m), I: 동수경사

$$2.4757m/sec=\frac{1}{0.013}\times\left(\frac{0.6m}{4}\right)^{\frac{2}{3}}\times(I)^{\frac{1}{2}}$$

※ 원형인 경우, 경심(R)은 $\frac{D}{4}$로 구할 수 있다.

$I=0.013$

$\therefore h=IL=0.013\times50m=0.65m$

05

★★☆

환경영향평가의 과정 중 빈칸에 알맞은 용어를 쓰시오.

> 제안행위목적 및 특성기술 → (①) → (②) → (③) → (④) → 대안평가 → (⑤)

정답

① 대안설정
② 현황조사
③ 예측 및 평가
④ 저감방안 설정
⑤ 사후평가관리

06

★★☆

Michaelis–Menten식을 이용하여 미생물에 의한 폐수처리를 설명하기 위해 실험을 수행하였다. 실험 결과 1g의 미생물이 최대 20mg/(L·g·day)의 유기물을 분해하는 것으로 나타났다. 실제 폐수의 농도가 15mg/L일 때 같은 양의 미생물이 10mg/(L·g·day)의 속도로 유기물을 분해하였다면 폐수 농도가 5mg/L로 유지되고 있을 때 2g의 미생물에 의한 분해속도(mg/L·day)를 구하시오.

정답

10mg/L·day

해설

$$r=r_{max}\times\frac{S}{K_m+S}$$

r: 분해속도, r_{max}: 최대분해속도, K_m: 반포화농도, S: 기질농도

- K_m(mg/L) 계산

$$10mg/L\cdot g\cdot day=20mg/L\cdot g\cdot day\times\frac{15mg/L}{K_m+15mg/L}$$

$\therefore K_m=15mg/L$

- 분해속도(r) 계산

$$\therefore r=20mg/L\cdot g\cdot day\times\frac{5mg/L}{15mg/L+5mg/L}\times2g$$

$=10mg/L\cdot day$

07 ★★☆

A도시의 인구는 20,000명이고 하루에 1인이 배출하는 유량은 450L이다. 표면부하율 40m³/m²·day이고 체류시간 2.5hr인 원형침전지를 설계하려고 할 때 깊이(m)와 직경(m)을 구하시오.

(1) 깊이(m)

(2) 직경(m)

정답

(1) 4.17m

(2) 16.93m

해설

• 유량(Q) 계산

$$20{,}000\text{인} \times \frac{450\text{L}}{\text{인}\cdot\text{day}} \times \frac{1\text{m}^3}{10^3\text{L}} = 9{,}000\text{m}^3/\text{day}$$

(1) 원형침전지의 깊이(H) 구하기

$$\text{표면부하율} = \frac{Q}{A} = \frac{H}{t}$$

$$\frac{40\text{m}^3}{\text{m}^2\cdot\text{day}} = \frac{H\text{m}}{2.5\text{hr} \times \frac{1\text{day}}{24\text{hr}}}$$

$\therefore H = 4.1667 \fallingdotseq 4.17\text{m}$

(2) 원형침전지의 직경(D) 구하기

$$Q = \frac{\forall}{t} = \frac{A \times H}{t}$$

$$9{,}000\text{m}^3/\text{day} = \frac{\frac{\pi}{4}D^2 \times 4.1667\text{m}}{2.5\text{hr} \times \frac{1\text{day}}{24\text{hr}}}$$

$\therefore D = 16.9256 \fallingdotseq 16.93\text{m}$

관련이론 | 표면부하율(Surface loading)

• 표면부하율 = 100% 제거되는 입자의 침강속도

• $\text{표면부하율} = \frac{\text{유량}}{\text{침전면적}} = \frac{AV}{WL} = \frac{WHV}{WL} = \frac{HV}{L} = \frac{H}{HRT}$

• $\text{침전효율} = \frac{\text{침전속도}}{\text{표면부하율}}$

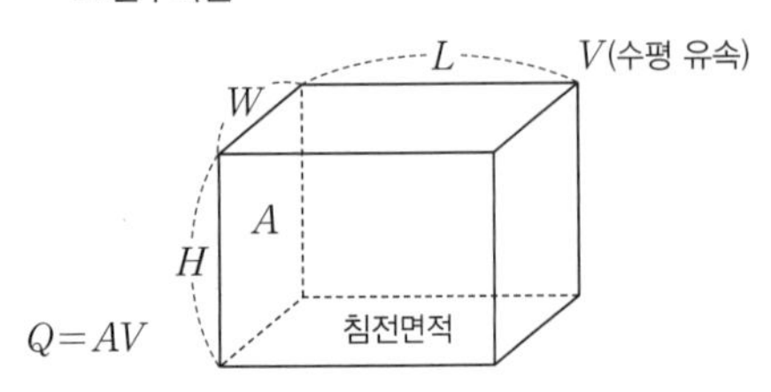

08 ★★☆

아래의 그래프는 1,000m 떨어진 다른 저수지를 측정한 결과이다. Jacob식에 의한 투수량계수와 저류계수를 구하시오. $\left(\text{단, 양수량: } 1{,}200\text{m}^3/\text{day, 투수량계수}(T)\text{: } \frac{2.3 \times Q}{4\pi \times \triangle S}\right.$, $\left.\text{저류계수}(S)\text{: } \frac{2.25T \times t_0}{r^2}\right)$

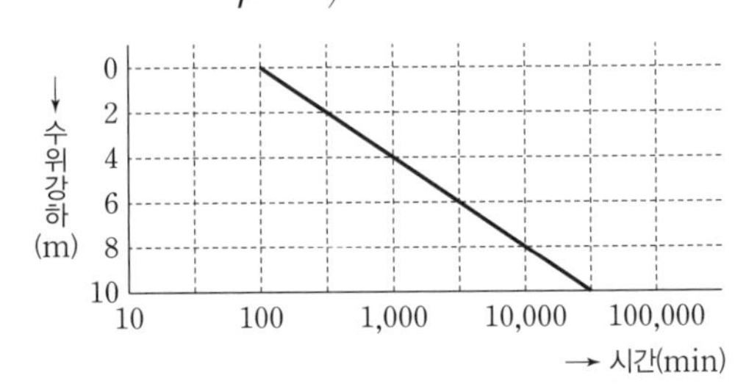

(1) 투수량계수

(2) 저류계수

정답

(1) 54.91m²/day 또는 0.04m²/min

(2) 8.57×10^{-6}

해설

(1) 투수량계수(T) 구하기

$$\text{투수량계수}(T) = \frac{2.3 \times Q}{4\pi \times \triangle S}$$

$\triangle S$: log에 대한 1주기(100min → 1,000min) 사이의 수위강하
(=100min에서 1,000min일 때 수위강하는 4m이다.)

$$\text{투수량계수}(T) = 2.3 \times \frac{1{,}200\text{m}^3}{\text{day}} \times \frac{1}{4\pi \times 4\text{m}}$$
$$= 54.9085 \fallingdotseq 54.91\text{m}^2/\text{day} = 0.04\text{m}^2/\text{min}$$

(2) 저류계수(S) 구하기

$$\text{저류계수}(S) = \frac{2.25T \times t_0}{r^2}$$
$$= 2.25 \times \frac{0.0381\text{m}^2}{\text{min}} \times 100\text{min} \times \frac{1}{(1{,}000\text{m})^2}$$
$$= 8.5725 \times 10^{-6} \fallingdotseq 8.57 \times 10^{-6}$$

09 ★★★

호수의 부영양화 억제 방법 중에서 호수 내에서 가능한 통제 대책을 3가지 쓰시오.

정답

① 수생식물을 이용하여 원인 물질을 저감한다.
② 영양염류가 농축된 저질토를 준설한다.
③ 차광막을 설치하여 빛을 차단함으로써 조류 증식을 방지한다.
④ 영양염류가 높은 심층수를 방류한다.
⑤ 심층폭기 및 강제순환으로 저질토로부터의 인의 방출을 막는다.

만점 KEYWORD

① 수생식물, 원인 물질, 저감
② 영양염류, 농축, 저질토
③ 차광막, 조류 증식, 방지
④ 영양염류, 높은, 심층수, 방류
⑤ 심층폭기, 강제순환, 인의 방출, 막음

관련이론 | **부영양화 원인 및 관리 대책**

(1) **부영양화 원인**

영양염류 증가 → 조류 증식 → 호기성 박테리아 증식 → 용존산소 과다 소모 → 어패류 폐사 → 물환경 불균형

(2) **부영영화 관리 대책**

① 부영양화의 수면관리 대책
- 수생식물의 이용과 준설
- 약품에 의한 영양염류의 침전 및 황산동 살포
- N, P의 유입량 억제

② 부영양화의 유입저감 대책
- 배출허용기준의 강화
- 하 · 폐수의 고도처리
- 수변구역의 설정 및 유입배수의 우회

10 ★★☆

유량이 $4m^3$/sec, DO는 7mg/L인 하천이 있다. 자연에서 자정능력을 가질 수 있는 최소 DO가 5mg/L일 때, 정화효과에 필요한 이론적인 산소의 양(kg/day)을 구하시오. (단, 하천의 자정작용은 산소의 재포기에 의해서만 결정된다.)

정답

691.2kg/day

해설

자정능력을 가질 수 있는 최소 DO는 7mg/L−5mg/L=2mg/L 이다.

$$\frac{4m^3}{sec}\times\frac{2mg}{L}\times\frac{1,000L}{1m^3}\times\frac{1kg}{10^6mg}\times\frac{86,400sec}{day}=691.2kg/day$$

11 ★★☆

활성탄의 재생방법을 3가지 쓰시오.

정답

① 수세법
② 가열재생법
③ 약품재생법
④ 용매추출법
⑤ 미생물 분해법
⑥ 습식산화법

12

★★☆

하수처리시설의 운영조건이 아래와 같을 때 다음 물음에 답하시오.

- Q: 2,000m³/day
- 유입 BOD: 250mg/L
- BOD 제거효율: 90%
- 체류시간: 6hr
- MLSS: 3,000mg/L
- Y: 0.8
- 내생호흡계수: 0.05/day

(1) SRT(day)
(2) F/M비(day^{-1})
(3) 잉여슬러지의 양(kg/day)

정답

(1) 5.26day
(2) 0.33day^{-1}
(3) 285kg/day

해설

(1) SRT(day) 구하기

① 포기조의 부피(∀) 계산

$$\forall = Q \cdot t = \frac{2{,}000m^3}{day} \times 6hr \times \frac{1day}{24hr} = 500m^3$$

② SRT(day) 계산

$$\frac{1}{SRT} = \frac{Y(BOD_i \cdot \eta)Q}{\forall \cdot X} - K_d$$

SRT: 고형물 체류시간(day), Y: 세포생산계수
BOD_i: 유입 BOD 농도(mg/L), η: 효율, Q: 유량(m^3/day)
∀: 부피(m^3), X: MLSS의 농도(mg/L)
K_d: 내생호흡계수(day^{-1})

$$\frac{1}{SRT} = \frac{0.8 \times \frac{(250 \times 0.9)mg}{L} \times \frac{2{,}000m^3}{day}}{500m^3 \times 3{,}000mg/L} - 0.05/day$$

$$= 0.19day^{-1}$$

$\therefore$ SRT = 5.2632 ≒ 5.26day

(2) F/M비 구하기

$$F/M비(day^{-1}) = \frac{유입\ BOD\ 총량}{포기조\ 내의\ MLSS량}$$

$$= \frac{BOD_i \cdot Q}{X \cdot \forall} = \frac{BOD_i}{X \cdot HRT}$$

BOD_i: 유입 BOD 농도(mg/L), Q: 유량(m^3/day), ∀: 부피(m^3)
X: MLSS의 농도(mg/L), HRT: 체류시간(day)

$$F/M비 = \frac{250mg/L}{3{,}000mg/L \times 6hr \times \frac{1day}{24hr}} = 0.3333 ≒ 0.33day^{-1}$$

(3) 잉여슬러지의 양(kg/day) 구하기

$$X_rQ_w = Y(BOD_i - BOD_o)Q - K_d \cdot \forall \cdot X$$

X_rQ_w: 잉여슬러지의 양(kg/day), Y: 세포생산계수
BOD_i: 유입 BOD 농도(mg/L), BOD_o: 유출 BOD 농도(mg/L)
Q: 유량(m^3/day), K_d: 내생호흡계수(day^{-1})
∀: 부피(m^3), X: MLSS의 농도(mg/L)

$$X_rQ_w = 0.8 \times \frac{(250 \times 0.9)mg}{L} \times \frac{2{,}000m^3}{day} \times \frac{1kg}{10^6mg} \times \frac{10^3L}{1m^3}$$

$$- \frac{0.05}{day} \times 500m^3 \times \frac{3{,}000mg}{L} \times \frac{1kg}{10^6mg} \times \frac{10^3L}{1m^3}$$

$$= 285kg/day$$

13

★☆☆

물의 연수화를 위해 수처리에서 적용할 수 있는 연수제의 종류와 성상(고체, 액체, 기체)을 3가지 쓰시오.

정답

① 소석회($Ca(OH)_2$): 고체
② 소다회(Na_2CO_3): 고체
③ 수산화나트륨(NaOH): 고체

14

★☆☆

시료는 목적시료의 성질을 대표할 수 있는 위치에서 시료채취용기 또는 채수기를 사용하여 채취하여야 한다. 시료채취 시 유의사항을 4가지 쓰시오.

정답

① 시료채취용기는 시료를 채우기 전에 시료로 3회 이상 씻은 다음 사용한다.
② 시료채취량은 시험항목 및 시험횟수에 따라 차이가 있으나 보통 3L~5L 정도이어야 한다.
③ 휘발성유기화합물 분석용 시료를 채취할 때에는 뚜껑의 격막을 만지지 않도록 주의하여야 한다.
④ 지하수 시료는 취수정 내에 고여 있는 물의 양에 4배~5배 정도 퍼낸 후 pH 및 전기전도도를 연속적으로 측정하여 이 값이 평형을 이룰 때 채취한다.
⑤ 지하수 시료채취 시 심부층의 경우 저속양수펌프 등을 이용한다.
⑥ 생태독성 시료용기로 폴리에틸렌(PE) 재질을 사용하는 경우 멸균 채수병 사용을 권장하며, 재사용할 수 없다.

만점 KEYWORD

① 시료 채우기 전, 시료로, 3회 이상
② 시료채취량, 3L~5L 정도
③ 휘발성유기화합물 분석용 시료, 뚜껑의 격막, 만지지 않도록
④ 지하수 시료, 고여 있는 물의 양, 4배~5배, 평형을 이룰 때
⑤ 지하수, 심부층의 경우, 저속양수펌프
⑥ 생태독성 시료용기, 폴리에틸렌(PE) 재질, 멸균 채수병

15

★★☆

다음의 조건과 같이 염소접촉조를 설계할 때 접촉조의 길이(m)를 구하시오.

- 유량: $1.2m^3/sec$
- 유효수심: 2m
- 폭: 2m
- 살균 효율: 95%
- 반응식: $\frac{dN}{dt}=-K\cdot N\cdot t$
- 반응속도상수 K: $0.1/min^2$ (밑수: e)
- 흐름: PFR 가정함

정답

139.33m

해설

$\frac{dN}{dt}=-K\cdot N\cdot t$에서 양변을 적분한다.

$$\int_{N_0}^{N_t}\frac{1}{N}dN=-K\int_0^t t\,dt$$

$$\Big[\ln N\Big]_{N_0}^{N_t}=-K\Big[\frac{1}{2}t^2\Big]_0^t$$

$$\therefore \ln\frac{N_t}{N_0}=-K\frac{t^2}{2}$$

N_t: 나중 농도, N_0: 처음 농도, K: 반응속도상수(min^{-2})
t: 반응시간(min)

- **95% 제거되는 데 걸리는 시간(t) 계산**

$$\ln\frac{N_t}{N_0}=-K\frac{t^2}{2}$$

$$\ln\frac{5}{100}=-\frac{0.1}{min^2}\times\frac{t^2}{2}$$

$$\therefore t=7.7405min$$

- **접촉조 길이(L) 계산**

$$\forall=W\cdot H\cdot L=Q\cdot t$$

$$2m\times 2m\times L=\frac{1.2m^3}{sec}\times 7.7405min\times\frac{60sec}{1min}$$

$$\therefore L=139.329\fallingdotseq 139.33m$$

16

★★☆

어떤 폐수를 활성슬러지법으로 처리할 때 슬러지의 생성량은 $\Delta S=0.5L_r-0.085S+I$으로 구할 수 있다. 이 식을 이용하여 다음 조건에서의 슬러지 발생량(kg/day)를 구하시오. (단, ΔS: 생성 슬러지량(kg/day), L_r: BOD 제거량(kg/day), S: 포기조 내의 MLSS량(kg), I: 폐수에 유입되는 SS량(kg/day))

- 유입 폐수량: 1,000m^3/day
- 유입 BOD 농도: 350mg/L
- 유입 SS 농도: 200mg/L
- MLSS 농도: 6,000mg/L
- 포기조의 부피: 200m^3
- 처리수의 BOD 농도: 50mg/L
- 처리수의 SS 농도: 0mg/L

정답

248kg/day

해설

- BOD 제거량(L_r) 계산

$$L_r=\frac{(350-50)\text{mg}}{\text{L}}\times\frac{1{,}000\text{m}^3}{\text{day}}\times\frac{10^3\text{L}}{1\text{m}^3}\times\frac{\text{kg}}{10^6\text{mg}}=300\text{kg/day}$$

- 포기조 내의 MLSS량(S) 계산

$$S=\frac{6{,}000\text{mg}}{\text{L}}\times200\text{m}^3\times\frac{10^3\text{L}}{1\text{m}^3}\times\frac{\text{kg}}{10^6\text{mg}}=1{,}200\text{kg}$$

- 폐수에 유입되는 SS량(I) 계산

$$I=\frac{(200-0)\text{mg}}{\text{L}}\times\frac{1{,}000\text{m}^3}{\text{day}}\times\frac{10^3\text{L}}{1\text{m}^3}\times\frac{\text{kg}}{10^6\text{mg}}=200\text{kg/day}$$

- 슬러지 발생량(kg/day) 계산

$$\Delta S=0.5L_r-0.085S+I$$
$$=(0.5\times300)-(0.085\times1{,}200)+200=248\text{kg/day}$$

17

★☆☆

모래여과지의 손실수두에 영향을 주는 인자를 4가지 쓰시오.

정답

① 여과속도
② 유효입경(또는 유효경)
③ 균등계수
④ 여과층의 두께
⑤ 여액의 점성도

관련이론 | 유효경과 균등계수

(1) **유효경**
- 통과백분율 10%에 해당하는 입자의 직경을 말하며 D_{10}과 같다.
- 유효경$=D_{10}$

(2) **균등계수**
- 통과백분율 60%에 해당하는 입자의 직경과 유효경의 비를 말한다.
- 균등계수$=\frac{D_{60}}{\text{유효경}}=\frac{D_{60}}{D_{10}}$

18

★☆☆

액상슬러지 중의 가연성물질을 고온, 고압의 조건에서 보조연료없이 공기 중의 산소를 산화제로 이용하여 산화시키는 습식산화법의 장점 5가지를 쓰시오.

정답

① 처리시간이 짧다.
② 위생적인 처리가 가능하다.
③ 슬러지의 탈수성이 좋다.
④ 악취에 대한 문제가 적다.
⑤ 처리시설에 필요한 부지의 면적이 작다.
⑥ 유기물 제거효율이 좋다.

2023년 | 3회 기출문제

01

★☆☆

아래의 조건을 이용하여 하수처리시설의 방류수 BOD 농도(mg/L)를 구하시오.

- 급수인구: 50,000명
- 평균 급수량: 400L/인·day
- COD 배출량: 50g/인·day
- COD 처리효율: 90%
- 하수량/급수량=80%
- 급수 보급률: 50%
- 하수 보급률: 50%
- BOD/COD=0.7

정답

21.88mg/L

해설

- **배출되는 BOD의 양(mg/day) 계산**

  COD의 양을 BOD의 양으로 환산하고 하수 보급률로 보정하여 구한다.

  $$50{,}000\text{인} \times \frac{50\text{g}}{\text{인}\cdot\text{day}} \times \frac{(100-90)}{100} \times 0.7 \times \frac{50}{100} \times \frac{1{,}000\text{mg}}{1\text{g}}$$
  $$=87{,}500{,}000\text{mg/day}$$

- **하수처리시설에서 배출되는 유량(L/day) 계산**

  급수량을 급수 보급률, 하수량/급수량, 하수 보급률로 보정하여 구한다.

  $$50{,}000\text{인} \times \frac{400\text{L}}{\text{인}\cdot\text{day}} \times 0.5 \times 0.8 \times 0.5 = 4{,}000{,}000\text{L/day}$$

- **하수처리시설의 방류수 BOD 농도(mg/L) 계산**

  $$\therefore \text{농도} = \frac{\text{BOD의 양}}{\text{유량}} = \frac{87{,}500{,}000\text{mg/day}}{4{,}000{,}000\text{L/day}}$$
  $$=21.875 \fallingdotseq 21.88\text{mg/L}$$

02

★★☆

시료 1L에 0.7kg의 $C_8H_{12}O_3N_2$이 포함되어 있다. 1kg의 $C_8H_{12}O_3N_2$이 $C_5H_7O_2N$ 0.5kg을 합성한다면 $C_8H_{12}O_3N_2$의 최종 생성물과 미생물로 완전 산화될 때 필요한 산소량(kg/L)을 구하시오. (단, 최종 생성물은 H_2O, CO_2, NH_3)

정답

0.48kg/L

해설

(1) 세포합성에 필요한 산소량(kg/L) 계산

$$C_8H_{12}O_3N_2 + 3O_2 \rightarrow C_5H_7O_2N + NH_3 + H_2O + 3CO_2$$

① 세포합성에 소요되는 $C_8H_{12}O_3N_2$ 계산

$\underline{C_8H_{12}O_3N_2}$: $\underline{C_5H_7O_2N}$

184g : 113g

Xkg/L : 0.5kg/kg × 0.7kg/L

$$\therefore X = \frac{184 \times 0.5 \times 0.7}{113} = 0.5699\text{kg/L}$$

② 필요한 산소량(kg/L) 계산

$\underline{C_8H_{12}O_3N_2}$: $\underline{3O_2}$

184g : 3 × 32g

0.5699kg/L : Ykg/L

$$\therefore Y = \frac{3 \times 32 \times 0.5699}{184} = 0.2973\text{kg/L}$$

(2) 최종 생성물 생성에 필요한 산소량(kg/L) 계산

$$\underline{C_8H_{12}O_3N_2} + \underline{8O_2} \rightarrow 2NH_3 + 3H_2O + 8CO_2$$

184g : 8 × 32g

(0.7 − 0.5699)kg/L : Zkg/L

$$\therefore Z = \frac{8 \times 32 \times (0.7 - 0.5699)}{184} = 0.1810\text{kg/L}$$

(3) 완전 산화될 때 필요한 산소량(kg/L) 계산

$$\therefore Y + Z = 0.2973 + 0.1810 = 0.4783 \fallingdotseq 0.48\text{kg/L}$$

03 ★★★

저수량 $300,000m^3$, 면적 10^5m^2인 저수지에 오염물질이 유출되어 오염물질의 농도가 20mg/L가 되었다. 오염물질의 농도가 1mg/L가 되는데 걸리는 시간(yr)을 구하시오.

- 호수는 CFSTR 모델로 가정
- 오염이 있기 전에 오염물질은 존재하지 않았음
- 연 강수량 1,200mm/yr
- 강우에 의한 유입과 유출만이 있음

정답

7.49yr

해설

- **연간 유입되는 강우량(m^3/yr) 계산**

$$\frac{1.2m}{yr} \times 10^5\ m^2 = 120,000m^3/yr$$

- **단순희석에 의한 시간(t) 계산**

$$\ln\frac{C_t}{C_0} = -\frac{Q}{\forall}\cdot t$$

Q: 유량(m^3/day), C_0: 초기 농도(mg/L), C_t: 나중 농도(mg/L)

$\forall$: 반응조 체적(m^3), t: 시간(day)

$$\ln\frac{1mg/L}{20mg/L} = -\frac{120,000m^3/yr}{300,000m^3}\times t$$

$\therefore t = 7.4893 ≒ 7.49yr$

04 ★★☆

도수관로의 흐름에 있어서 그 기능을 저하시키는 요인을 4가지 서술하시오.

정답

① 관로의 노후화로 인해 부식이 생겼을 경우
② 도수노선이 동수경사선보다 높을 경우
③ 조류가 번식하여 스케일이 형성된 경우
④ 접합부에 틈이나 관에 균열이 발생할 경우
⑤ 유속의 급격한 변화로 수격현상이 발생할 경우

만점 KEYWORD

① 노후화, 부식
② 도수노선, 동수경사선보다, 높음
③ 조류, 스케일, 형성
④ 접합부, 틈, 관, 균열
⑤ 유속, 급격한 변화, 수격현상

05 ★★☆

하수관에서 발생하는 황화수소에 의한 관정부식을 방지하는 대책을 3가지 쓰시오.

정답

① 공기, 산소, 과산화수소, 초산염 등의 약품을 주입하여 황화수소의 발생을 방지한다.
② 환기를 통해 관 내 황화수소를 희석한다.
③ 산화제의 첨가에 의한 황화물의 산화, 금속염의 첨가에 의한 황화수소의 고정화로 기상 중으로의 확산을 방지한다.
④ 황산염 환원세균의 활동을 억제시킨다.
⑤ 유황산화 세균의 활동을 억제시킨다.
⑥ 방식 재료를 사용하여 관을 방호한다.

만점 KEYWORD

① 공기, 산소, 과산화수소, 초산염, 약품, 황화수소, 방지
② 환기, 관 내 황화수소, 희석
③ 산화제 첨가, 황화물 산화, 금속염 첨가, 황화수소 고정화, 확산, 방지
④ 황산염 환원세균, 억제
⑤ 유황산화 세균, 억제
⑥ 방식 재료, 관, 방호

관련이론 | **관정부식(Crown 현상)**

혐기성 상태에서 황산염이 황산염 환원세균에 의해 환원되어 황화수소를 생성

↓

황화수소가 콘크리트 벽면의 결로에 재용해되고 유황산화 세균에 의해 황산으로 산화

↓

콘크리트 표면에서 황산이 농축되어 pH가 1~2로 저하 → 콘크리트의 주성분인 수산화칼슘이 황산과 반응 → 황산칼슘 생성, 관정부식 초래

06 ★☆☆

BOD_5가 2,000mg/L이며 N과 P가 존재하지 않는 폐수 300m^3/day를 활성슬러지법으로 처리하고자 한다. 질소와 인을 보충하기 위한 황산암모늄($(NH_4)_2SO_4$)과 인산(H_3PO_4)의 첨가량(kg/day)을 구하시오. (단, BOD_5 : N : P=100 : 5 : 1, N=14, H=1, S=32, O=16, P=31)

(1) 황산암모늄($(NH_4)_2SO_4$)의 첨가량(kg/day)
(2) 인산(H_3PO_4)의 첨가량(kg/day)

정답

(1) 141.43kg/day
(2) 18.97kg/day

해설

$$BOD_5=\frac{2,000\text{mg}}{\text{L}}\times\frac{300\text{m}^3}{\text{day}}\times\frac{10^3\text{L}}{1\text{m}^3}\times\frac{1\text{kg}}{10^6\text{mg}}=600\text{kg/day}$$

(1) **황산암모늄($(NH_4)_2SO_4$)의 첨가량(kg/day) 구하기**

BOD_5 : N=100 : 5

필요한 질소의 양$=\frac{600\text{kg}}{\text{day}}\times\frac{5}{100}=30\text{kg/day}$

$\underline{(NH_4)_2SO_4}$: $\underline{2N}$
132g : 2×14g
Xkg/day : 30kg/day

$\therefore X=\frac{132\times30}{2\times14}=141.4286 \fallingdotseq 141.43\text{kg/day}$

(2) **인산(H_3PO_4)의 첨가량(kg/day) 구하기**

BOD_5 : P=100 : 1

필요한 인의 양$=\frac{600\text{kg}}{\text{day}}\times\frac{1}{100}=6\text{kg/day}$

$\underline{H_3PO_4}$: $\underline{P}$
98g : 31g
Ykg/day : 6kg/day

$\therefore Y=\frac{98\times6}{31}=18.9677 \fallingdotseq 18.97\text{kg/day}$

07

★☆☆

수질오염공정시험기준에 따른 시료의 전처리 방법 중 산분해법의 종류를 3가지 쓰고 각 방법의 설명을 간단히 서술하시오.

정답

① 질산법: 유기함량이 비교적 높지 않은 시료의 전처리에 사용한다.
② 질산－염산법: 유기물 함량이 비교적 높지 않고 금속의 수산화물, 산화물, 인산염 및 황화물을 함유하고 있는 시료에 적용한다.
③ 질산－황산법: 유기물 등을 많이 함유하고 있는 대부분의 시료에 적용된다.
④ 질산－과염소산법: 유기물을 다량 함유하고 있으면서 산분해가 어려운 시료에 적용된다.
⑤ 질산－과염소산－불화수소산: 다량의 점토질 또는 규산염을 함유한 시료에 적용된다.

만점 KEYWORD

① 질산법, 유기함량, 높지 않은 시료
② 질산－염산법, 유기물 함량, 높지 않고, 금속의 수산화물, 산화물, 인산염 및 황화물을 함유하고 있는 시료
③ 질산－황산법, 유기물, 많이 함유, 대부분의 시료
④ 질산－과염소산법, 유기물, 다량 함유, 산분해가 어려운 시료
⑤ 질산－과염소산－불화수소산, 다량의 점토질, 규산염을 함유한 시료

08

★☆☆

유량이 30,000m^3/day이고, BOD가 0mg/L인 하천에 인구 2만 명인 도시의 가정하수와 공장폐수가 유입되고 있다. 가정하수 발생량은 200L/인·day이고, BOD 부하량은 0.05kg/인·day이다. 공장폐수의 BOD는 200mg/L이고 유량은 500m^3/day라고 할 때 하수처리장에서 처리된 하수가 유입되어 BOD를 3.0ppm으로 유지하려 한다. 하수처리시설의 BOD 제거율(%)을 구하시오. (단, 하수가 하천으로 유입될 때는 완전혼합으로 가정하며 가정하수와 공장폐수는 하수처리시설로 100% 유입된다.)

정답

90.59%

해설

- 가정하수 BOD 발생량(kg/day) 계산

$$20{,}000\text{인}\times\frac{0.05\text{kg}}{\text{인}\cdot\text{day}}=1{,}000\text{kg/day}$$

- 가정하수 유량(m^3/day) 계산

$$20{,}000\text{인}\times\frac{200\text{L}}{\text{인}\cdot\text{day}}\times\frac{1\text{m}^3}{1{,}000\text{L}}=4{,}000\text{m}^3\text{/day}$$

- 공장폐수 BOD 발생량(kg/day) 계산

$$\frac{200\text{mg}}{\text{L}}\times\frac{500\text{m}^3}{\text{day}}\times\frac{1\text{kg}}{10^6\text{mg}}\times\frac{10^3\text{L}}{\text{m}^3}=100\text{kg/day}$$

- 하천에서 허용 가능한 BOD 총량(kg/day) 계산

하천 유량＋하수처리시설 유출수 유량(가정하수＋공장폐수)

$=30{,}000+4{,}000+500=34{,}500\text{m}^3\text{/day}$

BOD 기준 농도는 3ppm(3mg/L)이므로

BOD 총량＝

$$\frac{34{,}500\text{m}^3}{\text{day}}\times\frac{3\text{mg}}{\text{L}}\times\frac{1\text{kg}}{10^6\text{mg}}\times\frac{10^3\text{L}}{\text{m}^3}=103.5\text{kg/day}$$

여기서 하천 유량의 BOD는 0mg/L이므로 하수처리시설 유출수의 BOD 총량이 103.5kg/day 이하여야 한다.

- 하수처리시설의 BOD 제거율(%) 계산

$$\eta=\left(1-\frac{\text{유출 BOD 총량}}{\text{유입 BOD 총량}}\right)\times 100$$

$$=\left(1-\frac{103.5}{1{,}000+100}\right)\times 100=90.5909\fallingdotseq 90.59\%$$

09

★★☆

유입되는 폐수를 완전혼합반응조에서 활성슬러지 공법으로 처리하려고 한다. 다음의 조건이 주어졌을 때, 반응시간(hr)을 구하시오.

- 유입 COD: 820mg/L
- 유출 COD: 180mg/L
- MLSS=3,000mg/L
- MLVSS=0.7×MLSS
- K=0.532L/g·hr(MLVSS 기준)
- NBDCOD=155mg/L
- 정상상태이며 1차 반응
- SS가 거의 없음

정답

22.91hr

해설

$Q(C_0-C_t)=K\cdot\forall\cdot X\cdot C_t^m$

Q: 유량(m³/hr), C_0: 초기 농도(mg/L), C_t: 나중 농도(mg/L)

K: 반응속도상수(L/mg · hr), $\forall$: 반응조 체적(m³)

X: MLVSS 농도(mg/L), m: 반응차수

$$\frac{\forall}{Q}=\frac{(C_0-C_t)}{K\cdot X\cdot C_t^m}=t$$

$$=\frac{(820-155)\text{mg/L}-(180-155)\text{mg/L}}{\frac{0.532\text{L}}{\text{g}\cdot\text{hr}}\times\frac{(0.7\times3{,}000)\text{mg}}{\text{L}}\times\frac{(180-155)\text{mg}}{\text{L}}\times\frac{1\text{g}}{10^3\text{mg}}}$$

$=22.9144 \fallingdotseq 22.91\text{hr}$

10

★★☆

역삼투장치로 하루에 250m³의 3차 처리된 유출수를 탈염시키고자 한다. 이때 요구되는 막 면적(m²)을 구하시오. (단, 유입수와 유출수 사이 압력차=2,000kPa, 25℃에서 물질전달계수=0.2L/m²·day·kPa, 유입수와 유출수의 삼투압차=250kPa, 최저 운전온도=10℃, $A_{10℃}=1.58A_{25℃}$)

정답

1,128.57m²

해설

$$\text{막 면적(m}^2)=\frac{\text{처리수의 양(L/day)}}{\text{단위면적당 처리수의 양(L/m}^2\cdot\text{day)}}$$

- 단위면적당 처리수의 양(Q_F) 계산

$$Q_F=\frac{Q}{A}=K(\Delta P-\Delta\pi)$$

Q_F: 단위면적당 처리수량(L/m²·day), Q: 처리수량(L/day)

A: 막 면적(m²), K: 물질전달 전이계수(L/m²·day·kPa)

ΔP: 압력차(kPa), $\Delta\pi$: 삼투압차(kPa)

$$Q_F=\frac{0.2\text{L}}{\text{m}^2\cdot\text{day}\cdot\text{kPa}}\times(2{,}000-250)\text{kPa}$$

$=350\text{L/m}^2\cdot\text{day}$

- 처리수의 양(Q) 계산

$$Q=\frac{250\text{m}^3}{\text{day}}\times\frac{10^3\text{L}}{1\text{m}^3}=250{,}000\text{L/day}$$

- 막 면적(A) 계산

$A_{10℃}=1.58A_{25℃}$

$$\therefore A_{10℃}=1.58\times\frac{250{,}000\text{L/day}}{350\text{L/m}^2\cdot\text{day}}$$

$=1{,}128.5714 \fallingdotseq 1{,}128.57\text{m}^2$

11

★★☆

어느 폐수를 분석한 결과 아래와 같이 나타났을 때 다음 물음에 답하시오.

- COD: 430mg/L
- SCOD: 180mg/L
- BOD_5: 235mg/L
- $SBOD_5$: 105mg/L
- TSS: 190mg/L
- VSS: 160mg/L
- $K\left(\dfrac{BOD_u}{BOD_5}\right)=1.5$

(1) NBDCOD(mg/L)
(2) NBDSS(mg/L)

정답

(1) 77.5mg/L
(2) 65.2mg/L

해설

(1) **NBDCOD(mg/L) 구하기**

COD=BDCOD+NBDCOD

BDCOD: 생물학적 분해 가능한 COD=BOD_u

BDCOD=BOD_u=$BOD_5\times K$=235×1.5=352.5mg/L

NBDCOD: 생물학적으로 분해 불가능한 COD

NBDCOD=COD−BDCOD=430−352.5=77.5mg/L

(2) **NBDSS(mg/L) 구하기**

NBDSS =NBDVSS+FSS

① NBDVSS 계산

$$NBDVSS=VSS\times\frac{NBDICOD}{ICOD}$$

$$=VSS\times\frac{NBDICOD}{COD-SCOD}$$

- NBDICOD 계산

NBDCOD=NBDICOD+NBDSCOD

- NBDSCOD 계산

SCOD=BDSCOD(=$SBOD_u$)+NBDSCOD

NBDSCOD=SCOD−BDSCOD(=$BDSBOD_u$)

=180−(105×1.5)=22.5mg/L

- NBDICOD 계산

NBDICOD=NBDCOD−NBDSCOD

=77.5−22.5=55mg/L

$$\therefore NBDVSS=160\times\frac{55}{430-180}=35.2mg/L$$

② FSS 계산

FSS=TSS−VSS=190−160=30mg/L

③ NBDSS 계산

NBDSS=NBDVSS+FSS=35.2+30=65.2mg/L

관련이론 | COD의 구분

COD

	BDCOD(최종 BOD) 생물학적 분해 가능	NBDCOD 생물학적 분해 불가능
ICOD: 비용해성	BDICOD 생물학적 분해 가능 비용해성	NBDICOD 생물학적 분해 불가능 비용해성
SCOD: 용해성	BDSCOD 생물학적 분해 가능 용해성	NBDSCOD 생물학적 분해 불가능 용해성

- COD=BDCOD+NBDCOD
- BDCOD: 생물학적 분해 가능 COD=BOD_u
- NBDCOD: 생물학적으로 분해 불가능 COD

12

★★☆

고도처리공정인 막분리공정에서 사용되는 막모듈의 형식을 3가지 쓰시오.

정답

판형, 관형, 나선형, 중공사형

13 ★★★

폭 3m, 수심 1m인 장방형 개수로에서 유량 $27.8m^3/sec$의 하수가 흐르고 있다면 동수경사(I)를 구하시오. (단, Manning 공식 적용, n=0.016)

정답

0.04

해설

Manning 공식을 이용한다.

$$V=\frac{1}{n}R^{\frac{2}{3}}I^{\frac{1}{2}}$$

V: 유속(m/sec), n: 조도계수, R: 경심(m), I: 동수경사

- **경심(R) 계산**

$$R=\frac{\text{단면적}}{\text{윤변}}=\frac{1\times3}{2\times1+3}=0.6$$

- **유속(V) 계산**

$$Q=AV$$

$$27.8m^3/sec=(1m\times3m)\times V$$

$$\therefore V=9.2667m/sec$$

- **동수경사(I) 계산**

$$9.2667m/sec=\frac{1}{0.016}\times(0.6)^{\frac{2}{3}}\times(I)^{\frac{1}{2}}$$

$$\therefore I=0.0434\fallingdotseq0.04$$

14 ★★☆

비중 2.6, 직경 0.015mm의 입자가 수중에서 자연 침전할 때의 속도가 0.56m/hr이었다. 입자의 침전 속도가 스토크스 법칙에 따른다고 할 때 동일한 조건에서 비중 1.2, 직경 0.03mm인 입자의 침강속도(m/hr)를 구하시오.

정답

0.28m/hr

해설

$$V_g=\frac{d_p^2(\rho_p-\rho)g}{18\mu}$$

V_g: 중력침강속도(cm/sec), d_p: 입자의 직경(cm)

ρ_p: 입자의 밀도(g/cm^3), ρ: 유체의 밀도(g/cm^3)

g: 중력가속도($980cm/sec^2$), μ: 유체의 점성계수(g/cm·sec)

- **비중 2.6, 직경 0.015mm의 입자, 침강속도 0.56m/hr일 때**

$$0.56=\frac{0.015^2(2.6-1)g}{18\mu}\ \cdots\cdots\cdots\ (1)\text{식}$$

- **동일한 조건에서, 비중 1.2, 직경 0.03mm의 입자 침강속도 계산**

$$V_g=\frac{0.03^2(1.2-1)g}{18\mu}\ \cdots\cdots\cdots\cdots\ (2)\text{식}$$

(1)식을 (2)식으로 나누면

$$\frac{(1)}{(2)}=\frac{0.56=\frac{0.015^2(2.6-1)g}{18\mu}}{V_g=\frac{0.03^2(1.2-1)g}{18\mu}}$$

$$\frac{0.56}{V_g}=\frac{0.015^2(2.6-1)}{0.03^2(1.2-1)}$$

$$\therefore V_g=0.28m/hr$$

15

★★☆

미생물이 분해 불가능한 유기물을 제거하기 위하여 흡착제인 활성탄을 사용하였다. COD가 50mg/L인 원수에 활성탄 20mg/L를 주입시켰더니 COD가 15mg/L, 활성탄 50mg/L를 주입시켰더니 COD가 5mg/L로 되었다. COD를 8mg/L로 만들기 위해 주입해야 할 활성탄의 양(mg/L)을 구하시오. (단, Freundlich 등온흡착식: $\frac{X}{M}=KC^{\frac{1}{n}}$ 이용)

정답

35.11mg/L

해설

$$\frac{X}{M}=KC^{\frac{1}{n}}$$

X: 흡착된 용질의 농도(mg/L), M: 주입된 흡착제의 농도(mg/L)

C: 흡착 후 남은 농도(mg/L), K, n: 상수

- 상수 n 계산

활성탄 20mg/L: $\frac{(50-15)}{20}=1.75=K\times 15^{\frac{1}{n}}$ …… (1)식

활성탄 50mg/L: $\frac{(50-5)}{50}=0.9=K\times 5^{\frac{1}{n}}$ …… (2)식

$$\frac{(1)}{(2)}=\frac{1.75=K\times 15^{\frac{1}{n}}}{0.9=K\times 5^{\frac{1}{n}}}$$

$1.9444=3^{\frac{1}{n}} \rightarrow n=1.6522$

- 상수 K 계산

n값을 (2)식에 대입하여 K를 구한다.

$\frac{(50-5)}{50}=0.9=K\times 5^{\frac{1}{1.6522}}$

$K=0.3398$

- 활성탄 양(mg/L) 계산

$\frac{(50-8)}{M}=0.3398\times 8^{\frac{1}{1.6522}}$

$\therefore M=35.1097 \fallingdotseq 35.11$mg/L

16

★☆☆

COD 분석법에서 사용되는 산화제는 $KMnO_4$와 $K_2Cr_2O_7$이 있다. 각 산화제의 환원반응식을 쓰시오.

(1) $KMnO_4$

(2) $K_2Cr_2O_7$

정답

(1) $MnO_4^- + 8H^+ + 5e^- \rightarrow Mn^{2+} + 4H_2O$

(2) $Cr_2O_7^{2-} + 14H^+ + 6e^- \rightarrow 2Cr^{3+} + 7H_2O$

관련이론 | COD 분석법의 산화제 반응식

(1) $KMnO_4$

$KMnO_4 \rightarrow K^+ + MnO_4^-$

$MnO_4^- + 8H^+ + 5e^- \rightarrow Mn^{2+} + 4H_2O$

(2) $K_2Cr_2O_7$

$K_2Cr_2O_7 \rightarrow 2K^+ + Cr_2O_7^{2-}$

$Cr_2O_7^{2-} + 14H^+ + 6e^- \rightarrow 2Cr^{3+} + 7H_2O$

17

★★☆

수질모델링 중 QUAL-II 모델 13종의 대상 수질인자 중 6가지를 쓰시오.

정답

조류(클로로필-a), 질산성 질소, 아질산성 질소, 암모니아성 질소, 유기질소, 유기인, 3개의 보존성 물질, 임의의 비보존성 물질, 대장균, BOD, DO, 온도, 용존총인

관련이론 | QUAL-II 모델 13종의 대상 수질인자

① 조류(클로로필-a)
② 질산성 질소
③ 아질산성 질소
④ 암모니아성 질소
⑤ 유기질소
⑥ BOD
⑦ DO
⑧ 용존총인
⑨ 대장균
⑩ 온도
⑪ 유기인
⑫ 3개의 보존성 물질
⑬ 임의의 비보존성 물질

18

★★☆

폐수의 유량이 400m^3/day이고 부유고형물(SS)의 농도가 3,000mg/L이다. 공기부상실험에서 공기와 고형물의 비가 0.008mg Air/mg Solid일 때 최적의 부상을 나타낸다. 설계온도 20℃이고 공기용해도는 18.7mL/L, 용존 공기의 분율 0.5, 부하율 8L/m^2 · min, 압력이 275kPa일 때, 다음 물음에 답하시오.

(1) 반송유량(m^3/day)

(2) 반송유량을 고려한 부상조의 필요 최소 표면적(m^2)

정답

(1) 460.78m^3/day

(2) 74.72m^2

해설

(1) **반송유량(Q_r) 계산**

A/S비 공식을 이용한다.

$$A/S = \frac{1.3S_a(f \cdot P - 1)}{SS} \times \frac{Q_r}{Q}$$

S_a: 공기의 용해도(mL/L), f: 용존 공기의 분율

P: 운전압력(atm), SS: 부유고형물 농도(mg/L)

Q_r: 반송유량(m^3/day), Q: 유량(m^3/day)

$$0.008 = \frac{1.3 \times 18.7 \times \left(0.5 \times \frac{275 + 101.325}{101.325} - 1\right)}{3{,}000} \times \frac{Q_r}{400}$$

$\therefore Q_r = 460.7821 \fallingdotseq 460.78\text{m}^3/\text{day}$

여기서, 문제에서 주어진 압력의 단위는 kPa이고 이는 게이지압이므로 전압인 atm 단위로 변환해야 한다.

$$P(\text{atm}) = \frac{P_g(\text{kPa}) + 101.325}{101.325}$$

(2) **반송유량을 고려한 부상조의 필요 최소 표면적(A) 계산**

$$\text{수면적부하} = \frac{Q + Q_r}{A}$$

$$\frac{8\text{L}}{\text{m}^2 \cdot \text{min}} \times \frac{\text{m}^3}{1{,}000\text{L}} \times \frac{1{,}440\text{min}}{\text{day}} = \frac{(400\text{m}^3/\text{day} + 460.7821\text{m}^3/\text{day})}{A\text{m}^2}$$

$\therefore A = 74.7207 \fallingdotseq 74.72\text{m}^2$

2023년 | 2회 기출문제

01

★☆☆

급속여과지와 완속여과지를 특징에 따라 구분하여 비교한 다음 표의 빈칸을 채우시오.

구분	급속여과	완속여과
여과속도	120~150m/day	①
모래층의 두께	②	70~90cm
유효경	0.45~1.0mm	③
균등계수	④	2.0 이하

정답

① 4~5m/day
② 60~70cm
③ 0.3~0.45mm
④ 1.7 이하

관련이론 | **급속여과와 완속여과의 구조 및 방식**

(1) **급속여과**

① 여과면적은 계획정수량을 여과속도로 나누어 구함
② 지수는 예비지를 포함하여 2지 이상으로 하고, 10지를 넘을 경우 1할 정도 예비지로 설치함
③ 1지의 여과면적은 $150m^2$ 이하

(2) **완속여과**

① 여과면적은 계획정수량을 여과속도로 나누어 구함
② 주위 벽 상단은 지반보다 15cm 이상 높여 여과지 내로 오염수나 토사 등의 유입을 방지함

02

★☆☆

어느 하수 1L의 수질을 분석한 결과 pH 10.0, CO_3^{2-} 32.0mg/L, HCO_3^- 56.0mg/L였다. 이때 총알칼리도(mg $CaCO_3$/L)를 구하시오.

정답

104.23mg $CaCO_3$/L

해설

- **OH^- 농도(mg/L) 계산**

  pH=10이면 pOH=14−10=4이므로 $[OH^-]=10^{-4}$N 이다.

  $$OH^-(mg/L)=\frac{10^{-4}mol}{L}\times\frac{17g}{mol}\times\frac{10^3mg}{g}=1.7mg/L$$

- **총알칼리도(mg $CaCO_3$/L) 계산**

  $$Alk=\sum\left(C_A(mg/L)\times\frac{50}{E_q}\right)$$

  C_A: 알칼리도 유발물질(mg/L)

  E_q: : 알칼리도 유발물질의 eq

  $$Alk=\frac{1.7mg}{L}\times\frac{50}{(17/1)}+\frac{32mg}{L}\times\frac{50}{(60/2)}+\frac{56mg}{L}\times\frac{50}{(61/1)}$$

  $$=104.2350 \fallingdotseq 104.23mg/L$$

03

★★☆

어느 공장에서 BOD_u 200mg/L인 폐수 600m^3/day가 BOD_u 10mg/L, 유량 2m^3/sec인 하천으로 유입되고 있다. 이때, 혼합지점으로부터 10km 유하했을 때 그 지점에서의 BOD 농도(mg/L)를 구하시오. (단, 온도 20℃, 하천의 유속 0.05m/sec, 탈산소계수(K_1) 0.1/day, 상용대수 기준이다.)

정답

6.25mg/L

해설

$$C_m=\frac{Q_1C_1+Q_2C_2}{Q_1+Q_2}\ \text{(1: 공장, 2: 하천)}$$

$$\text{하천의 유량}(Q_2)=\frac{2m^3}{sec}\times\frac{86,400sec}{day}=172,800m^3/day$$

- BOD_u(mg/L) 계산

$$BOD_u=\frac{(200\times600+10\times172,800)}{(600+172,800)}=10.6574mg/L$$

- 유하시간(t) 계산

$$t=\frac{L}{V}=\frac{10km\times\frac{1,000m}{km}}{\frac{0.05m}{sec}\times\frac{86,400sec}{day}}=2.3148day$$

- 10km 유하 후 잔존 BOD 농도(mg/L) 계산

$$\text{잔존 BOD}=BOD_u\times10^{-K_1\times t}$$
$$=10.6574\times10^{-0.1\times2.3148}$$
$$=6.2542≒6.25mg/L$$

04

★★☆

용존산소부족량을 구하는 기본식인 Streeter-phelps 공식이 다음과 같을 때, 주어진 공식에서 의미하는 기호의 의미를 쓰시오.

$$D_t=\frac{K_1\cdot L_o}{K_2-K_1}(10^{-K_1\cdot t}-10^{-K_2\cdot t})+D_o\cdot10^{-K_2\cdot t}$$

(1) K_1
(2) K_2
(3) L_o
(4) D_o

정답

(1) K_1: 탈산소계수(day^{-1})
(2) K_2: 재폭기계수(day^{-1})
(3) L_o: 최종 BOD(mg/L)
(4) D_o: 초기용존산소부족량(mg/L)

05

★☆☆

중온 혐기성소화법과 비교한 고온 혐기성소화법의 장점을 2가지 쓰시오.

정답

① 소화시간이 짧다.
② 메탄(CH_4)의 생산율이 높다.
③ 슬러지 탈수성이 향상된다.
④ 박테리아 사멸률이 크다.

관련이론 | 혐기성소화

- 혐기성균의 활동에 의해 슬러지가 분해되어 안정화되는 과정을 말한다.
- 혐기성 소화에 의한 슬러지의 분해과정은 크게 가수분해단계, 산 생성단계, 그리고 메탄 생성단계의 세 단계로 나눌 수 있다.
- 중온 혐기성소화는 약 35℃ 부근에서, 고온 혐기성소화는 약 55℃ 부근에서 이루어진다.

06 ★★☆

콘크리트 하수관의 관정부식이 발생하는 원인(단, 반응식 포함)과 방지대책 3가지를 쓰시오.

(1) 발생원인(반응식 포함)

(2) 방지대책(3가지)

정답

(1) **발생원인(반응식 포함)**

황산염이 혐기성 상태에서 황산염 환원세균에 의해 환원되어 황화수소가 생성되고 황화수소는 콘크리트 벽면의 결로에 재용해되고 유황산화 세균에 의해 산화되어 황산이 된다.

$H_2S + 2O_2 \rightarrow H_2SO_4$

(2) **방지대책(3가지)**

① 공기, 산소, 과산화수소, 초산염 등의 약품을 주입하여 황화수소의 발생을 방지한다.
② 환기를 통해 관 내 황화수소를 희석한다.
③ 산화제의 첨가에 의한 황화물의 산화, 금속염의 첨가에 의한 황화수소의 고정화로 기상 중으로의 확산을 방지한다.
④ 황산염 환원세균의 활동을 억제시킨다.
⑤ 유황산화 세균의 활동을 억제시킨다.
⑥ 방식 재료를 사용하여 관을 보호한다.

만점 KEYWORD

(1) 황산염, 혐기성 상태, 황산염 환원세균, 환원, 황화수소, 콘크리트 벽면, 재용해, 유황산화 세균, 산화, 황산

$H_2S + 2O_2 \rightarrow H_2SO_4$

(2) ① 공기, 산소, 과산화수소, 초산염, 약품, 황화수소, 방지
② 환기, 관 내 황화수소, 희석
③ 산화제 첨가, 황화물 산화, 금속염 첨가, 황화수소 고정화, 확산, 방지
④ 황산염 환원세균, 억제
⑤ 유황산화 세균, 억제
⑥ 방식 재료, 관, 방호

07 ★★★

1L의 폐수에 2.4g의 CH_3COOH와 0.73g의 CH_3COONa를 용해시켰을 때 용액의 pH를 구하시오. (단, CH_3COOH의 K_a는 1.8×10^{-5})

정답

4.09

해설

완충방정식을 이용한다.

$$pH = pK_a + \log\frac{[염]}{[약산]}$$

• pK_a 계산

$$pK_a = \log\frac{1}{K_a} = \log\frac{1}{1.8\times10^{-5}} = 4.7447$$

• CH_3COONa(염)의 몰농도(mol/L) 계산

$$CH_3COONa = \frac{0.73g}{L}\times\frac{1mol}{82g} = 8.9024\times10^{-3}mol/L$$

• CH_3COOH(약산)의 몰농도(mol/L) 계산

$$CH_3COOH = \frac{2.4g}{L}\times\frac{1mol}{60g} = 0.04mol/L$$

• pH 계산

$$\therefore pH = 4.7447 + \log\frac{8.9024\times10^{-3}}{0.04} = 4.0921 \fallingdotseq 4.09$$

08

★★☆

상수처리를 위한 직사각형 침전조에 유입되는 유량은 30,300m³/day, 표면부하율은 24.4m³/m²·day이며, 체류시간은 6시간이다. 침전조의 길이와 폭의 비는 2 : 1이라면 조의 크기(폭, 길이, 높이)를 구하시오.

정답

폭(W): 24.92m, 길이(L): 49.84m, 높이(H): 6.10m

해설

$$\text{표면부하율}=\frac{\text{유량}}{\text{침전면적}}=\frac{H}{\text{HRT}}$$

- 폭(W)과 길이(L) 계산

$$\text{표면부하율}=\frac{\text{유량}}{\text{침전면적}}$$

$$24.4\text{m}^3/\text{m}^2\cdot\text{day}=\frac{30{,}300\text{m}^3/\text{day}}{A}$$

$A=1{,}241.8033\text{m}^2$

$W : L=1 : 2$ 이므로 $L=2W$

$A=W\times L=2W^2=1{,}241.8033\text{m}^2$

$\therefore\ W=24.9179\fallingdotseq 24.92\text{m}$

$\therefore\ L=2W=2\times 24.9179=49.8358\fallingdotseq 49.84\text{m}$

- 높이(H) 계산

$$24.4\text{m}^3/\text{m}^2\cdot\text{day}=\frac{H}{6\text{hr}\times\frac{1\text{day}}{24\text{hr}}}$$

$\therefore H=6.10\text{m}$

09

★★☆

SS의 침강속도 분포가 다음과 같을 때 수면적부하가 28.8m³/m²·day이라면 SS의 제거효율(%)을 구하시오.

침강속도(cm/min)	3	2	1	0.7	0.5
SS 백분율	20	25	30	15	10

정답

67.75%

해설

- 수면적부하의 단위 변환

수면적부하(V_o)=설계 침전속도(V_g)

$$\frac{28.8\text{m}^3}{\text{m}^2\cdot\text{day}}\times\frac{100\text{cm}}{1\text{m}}\times\frac{1\text{day}}{1{,}440\text{min}}=2\text{cm/min}$$

- SS의 제거효율(%) 계산

제거효율은 $\frac{\text{입자의 침강속도}}{\text{표면부하율}}$이고 2cm/min 이상의 침강속도를 갖는 입자는 100% 제거되므로

$$\eta_T=(20+25)+\frac{(1\times 30)+(0.7\times 15)+(0.5\times 10)}{2}$$

$=67.75\%$

10

★☆☆

수처리를 위해 염소이온의 양을 480kg/day로 주입하기 위한 NaOCl의 주입량(L/min)을 구하시오. (단, NaOCl의 순도는 염소이온으로 10wt%이고 비중은 1이다.)

정답

3.33L/min

해설

NaOCl의 순도는 염소이온으로 10wt%이므로 총량 중 10%가 염소이온이다.

$$\frac{480\text{kg}}{\text{day}}\times\frac{100}{10}\times\frac{1\text{day}}{1{,}440\text{min}}\times\frac{\text{L}}{1\text{kg}}=3.3333\fallingdotseq 3.33\text{L/min}$$

11

★☆☆

다음 그림과 같이 유입 폐수량이 18,000m^3/day이며 직경 40m, 측벽의 유효 높이 3m, 원추형 바닥의 깊이 1.2m인 원형 침전지에 톱니형 위어가 설치되어 있다. 다음 물음에 답하시오. (단, 위어의 유효길이는 원주의 50%만 유효하다.)

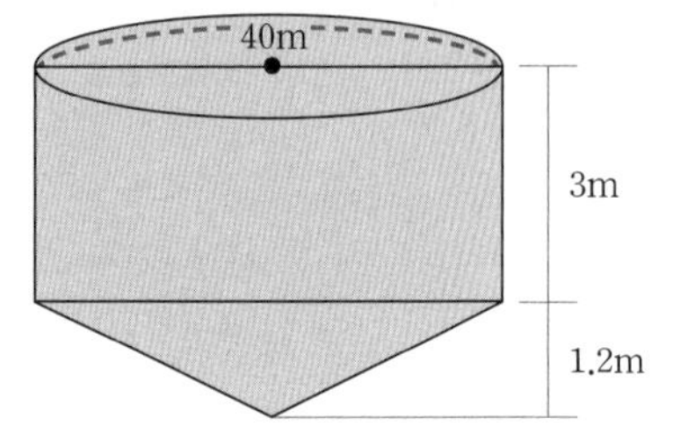

(1) 수리학적 체류시간(hr)
(2) 표면부하율($m^3/m^2 \cdot day$)
(3) 월류부하율($m^3/m \cdot day$)

정답

(1) 5.70hr
(2) 14.32$m^3/m^2 \cdot day$
(3) 286.48$m^3/m \cdot day$

해설

(1) **수리학적 체류시간(t) 구하기**

$$체류시간(t) = \frac{부피(\forall)}{유량(Q)}$$

※ 부피(∀)는 상부인 원기둥과 하부인 삼각뿔을 나눠서 구하여야 한다.

$$\forall = \frac{\pi(40m)^2}{4} \times 3m + \frac{1}{3} \times \frac{\pi(40m)^2}{4} \times 1.2m = 4{,}272.5660m^3$$

$$체류시간(t) = \frac{4{,}272.5660m^3}{\frac{18{,}000m^3}{day} \times \frac{1day}{24hr}} = 5.6968 \fallingdotseq 5.70hr$$

(2) **표면부하율($m^3/m^2 \cdot day$) 구하기**

$$표면부하율 = \frac{유량}{침전면적} = \frac{\frac{18{,}000m^3}{day}}{\frac{\pi(40m)^2}{4}}$$

$$= 14.3239 \fallingdotseq 14.32m^3/m^2 \cdot day$$

(3) **월류부하율($m^3/m \cdot day$) 구하기**

$$월류부하율 = \frac{유량}{위어의\ 길이} = \frac{\frac{18{,}000m^3}{day}}{\pi \times 40m \times 0.5}$$

$$= 286.4789 \fallingdotseq 286.48m^3/m \cdot day$$

12

★☆☆

다음은 원자흡수분광광도법의 용어에 대한 설명이다. 각 설명에 대한 알맞은 용어를 쓰시오.

(1) 물질의 원자증기층을 빛이 통과할 때 각각 특유한 파장의 빛을 흡수하고 이 빛을 분산하여 얻어지는 스펙트럼
(2) 목적하는 스펙트럼선에 가까운 파장을 갖는 다른 스펙트럼선
(3) 원자가 외부로부터 빛을 흡수했다가 다시 먼저 상태로 돌아갈 때 방사하는 스펙트럼선
(4) 파장에 대한 스펙트럼선의 강도를 나타내는 곡선

정답

(1) 원자흡광스펙트럼
(2) 근접선
(3) 공명선
(4) 선프로파일

13

★☆☆

수질모델링의 절차상 주요 내용 중 빈칸에 알맞은 내용을 쓰시오.

> 모델설계 및 자료 수집 → (①) → 보정 → (②) → (③) → 수질예측 및 평가

정답

① 모델 프로그램 선택 및 운영
② 검증
③ 감응도 분석

14

★★☆

유역면적이 100ha인 지역에서의 우수유출량을 산정하기 위하여 합리식을 사용하였다. 하수관의 관로 길이가 800m일 때 다음 물음에 답하시오. (단, 강우강도, $I(\text{mm/hr})=\frac{5,400}{t+35}$, 유입시간 10분, 유출계수 0.6, 관내의 평균 유속 1.0m/sec)

(1) 계획우수량(m^3/sec)

(2) 우수관의 관경(m)

정답

(1) 15.43m^3/sec

(2) 4.43m

해설

(1) **계획우수량(Q) 구하기**

$$Q=\frac{1}{360}CIA$$

Q: 최대계획우수유출량(m^3/sec), C: 유출계수

I: 유달시간(t) 내의 평균강우강도(mm/hr), A: 유역면적(ha)

t: 유달시간(min), t(min)=유입시간+유하시간$\left(=\frac{\text{길이}(L)}{\text{유속}(V)}\right)$

※ 합리식에 의한 우수유출량 공식은 특히 각 문자의 단위를 주의해야 한다.

① 유달시간(t) 계산

$$t(\text{min})=\text{유입시간(min)}+\text{유하시간}\left(=\frac{\text{길이}(L)}{\text{유속}(V)}\right)$$

$$=10\text{min}+800\text{m}\times\frac{\text{sec}}{1.0\text{m}}\times\frac{1\text{min}}{60\text{sec}}=23.3333\text{min}$$

② 강우강도(I) 계산

$$I(\text{mm/hr})=\frac{5,400}{23.3333+35}=92.5715\text{mm/hr}$$

③ 유량(Q) 계산

$$Q=\frac{1}{360}CIA$$

$$=\frac{1}{360}\times0.6\times92.5715\times100=15.4286\fallingdotseq15.43\text{m}^3/\text{sec}$$

(2) **우수관의 관경(D) 구하기**

$$Q=AV=\left(\frac{\pi}{4}D^2\right)\times V$$

$$15.4286\text{m}^3/\text{sec}=\frac{\pi}{4}D^2\times1.0\text{m/sec}$$

$$\therefore D=4.4322\fallingdotseq4.43\text{m}$$

15

★☆☆

포화 용존산소 농도가 12mg/L인 어떤 생물반응조에서 물의 실제 용존산소 농도를 8mg/L에서 2mg/L로 낮출 경우 액상으로의 산소전달률(2mg/L일 때의 산소전달률 / 8mg/L일 때의 산소전달률)은 몇 배인지 구하시오. (단, α, β는 무시한다.)

정답

2.5배

해설

$$\gamma=K_{LA}(C_S-C)$$

γ: 산소전달속도(mg/L·min), K_{LA}: 총괄 산소전달계수(hr^{-1})

C_S: 포화 용존산소 농도(20℃)(mg/L), C: 용존산소 농도(mg/L)

- **8mg/L일 때의 산소전달률 계산**

  $\gamma=K_{LA}(12-8)=4K_{LA}$

- **2mg/L일 때의 산소전달률 계산**

  $\gamma=K_{LA}(12-2)=10K_{LA}$

  $\therefore \frac{\text{2mg/L일 때의 산소전달률}}{\text{8mg/L일 때의 산소전달률}}=\frac{10K_{LA}}{4K_{LA}}=2.5$

16

★☆☆

다음 부상분리법 3가지를 쓰고 각각에 대해 간단히 서술하시오.

정답

(1) 공기부상법: 부상조 바닥에 공기주입장치를 설치하여 기체상태의 공기를 주입하고 공기가 입자에 부착하여 부상시켜 제거하는 방법이다.

(2) 용존공기부상법: 압력탱크에 공기와 폐수를 가압시켜 대기압으로 전환 시 발생되는 미세기포가 입자를 부상시키는 방법으로 일반적으로 많이 사용된다.

(3) 진공부상법: 폐수를 진공 상태에서 대기압 상태로 전환 시 용존공기가 미세기포를 형성하여 제거하는 방법이다.

만점 KEYWORD

(1) 공기부상법, 공기주입장치, 기체상태의 공기, 입자, 부착, 부상

(2) 용존공기부상법, 공기, 폐수, 가압, 대기압 전환, 미세기포, 입자, 부상

(3) 진공부상법, 진공 상태, 대기압 상태, 용존공기, 미세기포

17

★★☆

어느 폐수를 분석한 결과 아래와 같이 나타났을 때 다음 물음에 답하시오.

- COD: 556mg/L
- SCOD: 421mg/L
- BOD_5: 312mg/L
- $SBOD_5$: 250.5mg/L
- TSS : 154mg/L
- VSS : 126.6mg/L
- $K\left(=\frac{BOD_u}{BOD_5}\right)=1.6$

(1) NBDCOD(mg/L)

(2) NBDICOD(mg/L)

(3) NBDSS(mg/L)

정답

(1) 56.8mg/L

(2) 36.6mg/L

(3) 61.72mg/L

해설

(1) NBDCOD(mg/L) 구하기

COD=BDCOD+NBDCOD

BDCOD: 생물학적 분해 가능한 $COD=BOD_u$

$BDCOD=BOD_u=BOD_5\times K=312\times1.6=499.2mg/L$

NBDCOD: 생물학적으로 분해 불가능한 COD

NBDCOD=COD−BDCOD=556−499.2=56.8mg/L

(2) NBDICOD(mg/L) 구하기

NBDCOD=NBDICOD+NBDSCOD

① NBDSCOD 계산

$SCOD=BDSCOD(=SBOD_u=SBOD_5\times K)+NBDSCOD$

$NBDSCOD=SCOD-BDSCOD=421-250.5\times1.6$

=20.2mg/L

② NBDICOD 계산

NBDICOD=NBDCOD−NBDSCOD=56.8−20.2

=36.6mg/L

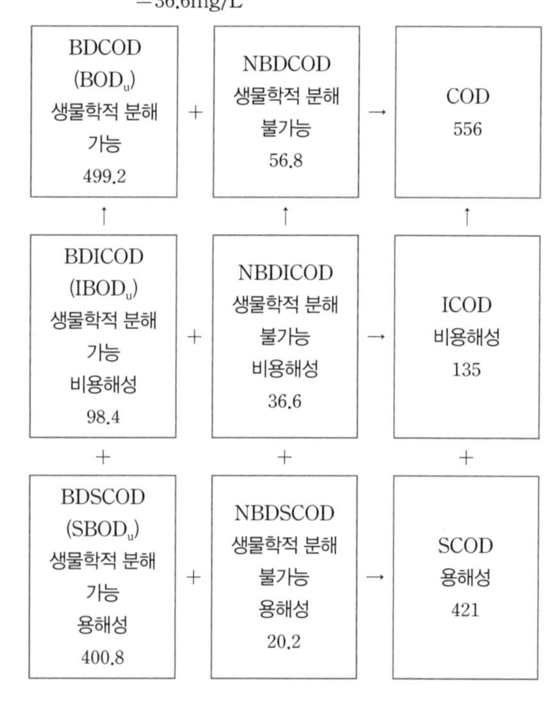

(3) NBDSS(mg/L) 구하기

NBDSS=NBDVSS+FSS

① NBDVSS 계산

$$NBDVSS = VSS \times \frac{NBDICOD}{ICOD} = VSS \times \frac{NBDICOD}{COD-SCOD}$$

$$= 126.6 \times \frac{36.6}{556-421} = 34.3227\text{mg/L}$$

② FSS 계산

$$FSS = TSS - VSS = 154 - 126.6 = 27.4\text{mg/L}$$

③ NBDSS 계산

$$NBDSS = NBDVSS + FSS = 34.3227 + 27.4$$

$$= 61.7227 \fallingdotseq 61.72\text{mg/L}$$

관련이론 | COD의 구분

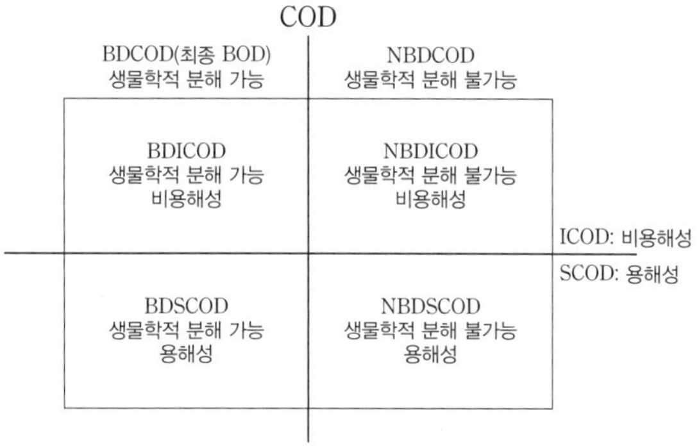

COD	BDCOD(최종 BOD) 생물학적 분해 가능	NBDCOD 생물학적 분해 불가능
ICOD: 비용해성	BDICOD 생물학적 분해 가능 비용해성	NBDICOD 생물학적 분해 불가능 비용해성
SCOD: 용해성	BDSCOD 생물학적 분해 가능 용해성	NBDSCOD 생물학적 분해 불가능 용해성

- COD=BDCOD+NBDCOD
- BDCOD: 생물학적 분해 가능 COD=BOD_u
- NBDCOD: 생물학적으로 분해 불가능 COD

18

★☆☆

유입유량과 유출유량이 각각 1,000m^3/day이고 부피가 100,000m^{3}인 호수의 상류에서 염소이온이 1,000kg/day로 유입되기 시작하였다. 염소이온이 유입되기 전 호수의 염소이온 농도가 30mg/L라고 할 때 염소이온이 유입된 후 호수 내 염소이온 농도가 300mg/L가 되기까지의 소요되는 시간(day)을 구하시오. (단, 호수는 완전혼합반응조(CFSTR)를 가정하며 염소이온은 다른 물질과 반응하지 않는다.)

정답

32.62day

해설

물질수지 기본식 $\forall\left(\frac{dC}{dt}\right) = QC_i - QC_o - K\forall\ C_o^m$에서 반응은 일어나지 않으므로 $K=0$이다.

$$\forall\left(\frac{dC}{dt}\right) = QC_i - QC_o$$

이항하여 정리하면,

$$\frac{\forall}{Q}\left(\frac{dC}{dt}\right) = C_i - C_o$$

양변을 적분하면 아래와 같다.

$$\frac{\forall}{Q}\int_{C_1}^{C_2}\frac{1}{C_i - C_o}dC = \int_0^t dt \text{ (1: 유입전 염소이온, 2: 유입후 염소이온)}$$

$$-\frac{\forall}{Q}\left[\ln(C_i - C_o)\right]_{C_1}^{C_2} = [t]_0^t$$

$$-\frac{\forall}{Q}\left[\ln(C_i - C_2) - \ln(C_i - C_1)\right] = t$$

$$\ln\left(\frac{C_i - C_2}{C_i - C_1}\right) = -\frac{Q}{\forall}t$$

$$C_i = \frac{\text{부하량}}{\text{유량}} = \frac{\frac{1{,}000\text{kg}}{\text{day}} \times \frac{10^6\text{mg}}{\text{kg}}}{\frac{1{,}000\text{m}^3}{\text{day}} \times \frac{10^3\text{L}}{\text{m}^3}} = 1{,}000\text{mg/L}$$

$$\ln\left(\frac{1{,}000-300}{1{,}000-30}\right) = -\frac{1{,}000}{100{,}000} \times t$$

$$\therefore t = 32.6216 \fallingdotseq 32.62\text{day}$$

2023년 | 1회 기출문제

01 ★★☆

어느 하천의 초기 DO 부족량이 2.6mg/L이고, BOD_u가 21mg/L이었다. 이때 용존산소곡선(DO Sag Curve)에서 임계점에 달하는 시간(hr)과 임계점의 산소부족량(mg/L)을 구하시오. (단, 온도 20℃, 용존산소 포화량 9.2mg/L, $K_1=0.4$/day, f=2.25, $f=\frac{K_2}{K_1}$, 상용대수 기준)

(1) 임계시간(hr)
(2) 임계점의 산소부족량(mg/L)

정답

(1) 13.40hr
(2) 5.58mg/L

해설

(1) **임계시간(t_c) 구하기**

$$t_c=\frac{1}{K_2-K_1}\log\left[\frac{K_2}{K_1}\left\{1-\frac{D_0(K_2-K_1)}{L_0K_1}\right\}\right]$$

$$=\frac{1}{K_1(f-1)}\log\left[f\left\{1-(f-1)\frac{D_0}{L_0}\right\}\right]$$

t_c: 임계시간(day), K_1: 탈산소계수(day^{-1})
K_2: 재폭기계수(day^{-1}), L_0: 최종 BOD(mg/L)
D_0: 초기용존산소부족량(mg/L), f: 자정계수$\left(=\frac{K_2}{K_1}\right)$

$$t_c=\frac{1}{0.4(2.25-1)}\log\left[2.25\left\{1-(2.25-1)\frac{2.6}{21}\right\}\right]$$

$$=0.5583\text{day}≒13.40\text{hr}$$

(2) **임계점의 산소부족량(D_c) 구하기**

$$D_c=\frac{L_0}{f}\times10^{-K_1\cdot t_c}$$

$$=\frac{21}{2.25}\times10^{-0.4\times0.5583}$$

$$=5.5811≒5.58\text{mg/L}$$

02 ★★★

호수의 부영양화 억제 방법 중에서 호수 내에서 가능한 통제 대책을 3가지 쓰시오.

정답

① 수생식물을 이용하여 원인 물질을 저감한다.
② 영양염류가 농축된 저질토를 준설한다.
③ 차광막을 설치하여 빛을 차단함으로써 조류 증식을 방지한다.
④ 영양염류가 높은 심층수를 방류한다.
⑤ 심층폭기 및 강제순환으로 저질토로부터의 인의 방출을 막는다.

만점 KEYWORD

① 수생식물, 원인 물질, 저감
② 영양염류, 농축, 저질토
③ 차광막, 조류 증식, 방지
④ 영양염류, 높은, 심층수
⑤ 심층폭기, 강제순환, 인의 방출, 막음

관련이론 | 부영양화 원인 및 관리 대책

(1) **부영양화 원인**
영양염류 증가 → 조류 증식 → 호기성 박테리아 증식 → 용존산소 과다 소모 → 어패류 폐사 → 물환경 불균형

(2) **부영양화 관리 대책**
① 부영양화의 수면관리 대책
- 수생식물의 이용과 준설
- 약품에 의한 영양염류의 침전 및 황산동 살포
- N, P의 유입량 억제

② 부영양화의 유입저감 대책
- 배출허용기준의 강화
- 하 · 폐수의 고도처리
- 수변구역의 설정 및 유입배수의 우회

03

★★☆

2차 반응에 따라 감소하는 오염물질의 초기 농도가 2.6×10^{-4}M 일 때 다음 물음에 답하시오. (단, 10℃에서의 속도상수는 106.8L/mol·hr)

(1) 2시간 후의 농도(mol/L)

(2) 10℃에서 30℃로 온도 상승 후 2시간 뒤 물질의 농도(mol/L) (단, 온도보정계수: 1.062)

정답

(1) 2.46×10^{-4}mol/L

(2) 2.19×10^{-4}mol/L

해설

(1) **2시간 후의 농도(mol/L) 구하기**

$$\frac{1}{C_t}-\frac{1}{C_0}=K\cdot t$$

C_t: 나중 농도(mol/L), C_0: 처음 농도(mol/L)

K: 반응속도상수(L/mol·hr), t: 반응시간(hr)

$$\frac{1}{C_t}-\frac{1}{2.6\times10^{-4}}=106.8\times2$$

$$\therefore C_t=2.4632\times10^{-4}≒2.46\times10^{-4}\text{mol/L}$$

(2) **30℃로 온도 상승 후 2시간 뒤 물질의 농도(mol/L) 구하기**

① 20℃에서의 K 계산

$$K_T=K_{20℃}\times\theta^{(T-20)}$$

$$106.8=K_{20℃}\times1.062^{(10-20)}$$

$$K_{20℃}=194.9021\text{L/mol}\cdot\text{hr}$$

② 30℃에서의 K 계산

$$K_T=K_{20℃}\times\theta^{(T-20)}$$

$$K_{30℃}=194.9021\times1.062^{(30-20)}=355.6818\text{L/mol}\cdot\text{hr}$$

③ 2시간 뒤 물질의 농도(C_t) 계산

$$\frac{1}{C_t}-\frac{1}{C_0}=K\cdot t$$

$$\frac{1}{C_t}-\frac{1}{2.6\times10^{-4}}=355.6818\times2$$

$$\therefore C_t=2.1942\times10^{-4}≒2.19\times10^{-4}\text{mol/L}$$

04

★☆☆

시료의 수질분석을 실시하여 다음 표와 같은 결과의 값을 얻었을 때 시료의 알칼리도(g/L as $CaCO_3$)를 구하시오. (단, pH=4)

성분	농도(eq/L)	성분	농도(eq/L)
K^+	0.05	CO_3^{2-}	0.02
Na^+	1	Cl^-	0.02
Ca^{2+}	0.05	SO_4^{2-}	0.02
Mg^{2+}	0.05	HCO_3^-	3

정답

151g/L as $CaCO_3$

해설

알칼리도를 유발하는 물질은 CO_3^{2-}와 HCO_3^- 이며, pH는 4이므로 알칼리도에 영향을 주지 않는다.

$$\text{알칼리도(g/L)}=\Sigma\left(\text{알칼리도 유발물질(eq/L)}\times\frac{50\text{g}}{\text{알칼리도 유발물질의 eq}}\right)$$

$$=\frac{0.02\text{eq}}{\text{L}}\times\frac{50\text{g}}{1\text{eq}}+\frac{3\text{eq}}{\text{L}}\times\frac{50\text{g}}{1\text{eq}}=151\text{g/L as }CaCO_3$$

05

★☆☆

감응도 분석에서 수질항목이 입력자료에 대해 민감도가 크다는 의미를 서술하시오.

정답

수질항목의 변화율이 입력자료의 변화율보다 클 때 해당 수질항목은 입력자료에 대해 민감하다고 판단할 수 있다.

관련이론 | 감응도 분석

수질과 관련된 부하량, 유량, 반응계수 등의 입력자료의 변화정도가 수질항목농도 결과에 미치는 영향을 분석하는 것을 말한다.

06

★☆☆

유량이 $5,000m^3/day$인 폐수에 Cu^{2+} 30mg/L, Zn^{2+} 15mg/L, Ni^{2+} 20mg/L가 함유되어 있다. 이를 양이온 교환수지 $10^5g\ CaCO_3/m^3$으로 제거하고자 할 때, 양이온 교환수지의 양($m^3/cycle$)을 구하시오. (단, 양이온 교환수지의 1cycle=10일, 원자량 Cu=63.55, Zn=65.38, Ni=58.70)

정답

$52.11m^3/cycle$

해설

- **Cu^{2+}당량(eq/m^3) 계산**

$$\frac{30g}{m^3}\times\frac{1eq}{(63.55/2)g}=0.9441eq/m^3$$

- **Zn^{2+}당량(eq/m^3) 계산**

$$\frac{15g}{m^3}\times\frac{1eq}{(65.38/2)g}=0.4589eq/m^3$$

- **Ni^{2+}당량(eq/m^3) 계산**

$$\frac{20g}{m^3}\times\frac{1eq}{(58.70/2)g}=0.6814eq/m^3$$

함유된 물질의 당량을 합하여 폐수의 g 당량을 구한다.

$$\therefore \frac{(0.9441+0.4589+0.6814)eq}{m^3}\times\frac{5,000m^3}{day}\times\frac{10day}{cycle}$$

$$=104,220eq/cycle$$

- **양이온의 교환수지의 양($m^3/cycle$) 계산**

$$\text{양이온 교환수지의 양}=\frac{\text{폐수의 g 당량}}{\text{양이온 교환수지 용량}}$$

$$\therefore \frac{104,220eq/cycle}{10^5g\ CaCO_3/m^3\times 1eq/(100/2)g}=52.11m^3/cycle$$

07

★★☆

암모니아성 질소 50mg/L와 아질산성 질소 15mg/L가 포함된 폐수를 완전 질산화시키기 위한 산소요구량($mg\ O_2/L$)을 구하시오.

정답

245.71mg/L

해설

암모니아성 질소와 아질산성 질소의 질산화 반응식을 이용한다.

- **암모니아성 질소의 산소요구량(mg/L) 계산**

$$\underline{NH_3-N}+\underline{2O_2}\rightarrow HNO_3+H_2O$$

$$14g : 2\times32g=50mg/L : Xmg/L$$

$$\therefore X=\frac{2\times32\times50}{14}=228.5714mg/L$$

- **아질산성 질소의 산소요구량(mg/L) 계산**

$$\underline{NO_2^--N}+\underline{0.5O_2}\rightarrow NO_3^-$$

$$14g : 0.5\times32g=15mg/L : Ymg/L$$

$$\therefore Y=\frac{0.5\times32\times15}{14}=17.1429mg/L$$

$$\therefore X+Y=228.5714+17.1429=245.7143\fallingdotseq245.71mg/L$$

08

★★☆

상수처리에서 적용되는 전염소처리와 중간염소처리의 염소 주입지점을 쓰시오.

(1) 전염소처리 염소제 주입지점
(2) 중간염소처리 염소제 주입지점

정답

(1) 착수정과 혼화지 사이
(2) 침전지와 여과지 사이

관련이론 | 전염소처리 및 중간염소처리 주입위치

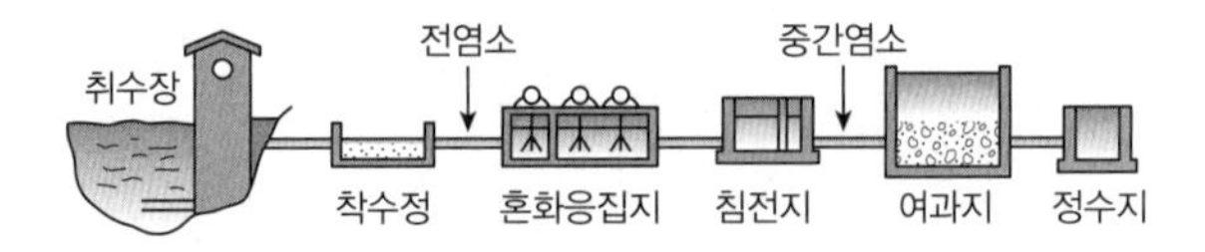

09 ★★☆

다음의 조건으로 부상조를 설계할 때 물음에 답하시오.

- 유량: $20,000m^3/day$
- 제거대상 유적의 직경: $200\mu m$
- 입자의 밀도: $0.9g/cm^3$
- 유효수심: 3m
- 폭: 4m
- 유체의 점도: $0.01g/cm \cdot sec$
- 유체의 밀도: $1.0g/cm^3$
- 유체 흐름: 완전층류라고 가정함

(1) 입자가 부상에 의해 수면으로 떠오르는 데 소요되는 시간(min)

(2) 부상조의 길이(m)

정답

(1) 22.96min

(2) 26.57m

해설

(1) 입자가 부상에 의해 수면으로 떠오르는 데 소요되는 시간(t) 구하기

$$V_F = \frac{d_p^2(\rho_w - \rho_p)g}{18\mu}$$

V_F: 부상속도(cm/sec), d_p: 입자의 직경(cm)

ρ_w: 물의 밀도(g/cm^3), ρ_p: 입자의 밀도(g/cm^3)

μ: 유체의 점성계수($g/cm \cdot sec$), g: 중력가속도($980cm/sec^2$)

$$V_F = \frac{(200 \times 10^{-4})^2 \times (1-0.9) \times 980}{18 \times 0.01} = 0.2178cm/sec$$

∴ 시간=거리/속도

$$t = \frac{3m}{\frac{0.2178cm}{sec} \times \frac{1m}{100cm} \times \frac{60sec}{1min}}$$

$$= 22.9568 \fallingdotseq 22.96min$$

(2) 부상조의 길이(L) 구하기

$$\forall = Q \cdot t$$

$$3m \times 4m \times L = \frac{20,000m^3}{day} \times 22.9568min \times \frac{1day}{1,440min}$$

$$\therefore L = 26.5704 \fallingdotseq 26.57m$$

10 ★☆☆

흡광광도분석장치의 구성 순서를 쓰시오.

정답

광원부 – 파장선택부 – 시료부 – 측광부

관련이론 | 흡광광도분석장치 및 관련 공식

(1) 장치

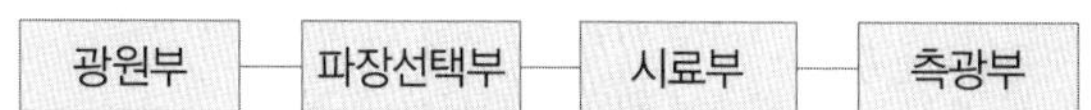

일반적으로 사용하는 흡광광도분석장치는 그림과 같이 광원부, 파장선택부, 시료부 및 측광부로 구성되고 광원부에서 측광부까지의 광학계에는 측정목적에 따라 여러 가지 형식이 있다.

(2) Lambert–Beer의 법칙

$$I_t = I_o \cdot 10^{-\varepsilon CL}$$

- I_t: 투사광의 강도, I_o: 입사광의 강도, ε: 흡광계수
- C: 농도, L: 빛의 투과거리

11

★☆☆

유량 $0.57m^3/min$으로 유입되는 폐수를 부상조와 응집침전조를 연결하여 SS를 제거하는 공정을 설계하였다. 아래의 조건을 이용하여 물음에 답하시오. (단, 비침강성 SS는 부상조에서만 제거, 침강성 SS는 응집침전조에서만 제거되며, 부상조와 침전조를 연속 통과함)

용존부상조	• 유입 비침강성 SS: 120mg/L • 유출 비침강성 SS: 10mg/L
응집침전조	• 유입 침강성 SS: 240mg/L • 유출 침강성 SS: 20mg/L

[운전 조건]
- 부상조 게이지 압력: 414kPa
- 해당온도의 S_a(공기용해율): 18.6mL/L
- A/S비: 0.03
- f: 0.85
- 수면적부하: $0.11m^3/m^2 \cdot min$
- 응집제 투입량: 50mg/g−ss
- 슬러지밀도: 1
- 침전슬러지 함수율: 97%

(1) 부상조의 반송유량(L/min)
(2) 반송 유량을 고려한 부상조 최소 표면적(m^2)
(3) 응집침전조의 슬러지 발생량(L/min)

정답

(1) 25.54L/min
(2) $5.41m^2$
(3) 4.39L/min

해설

(1) 부상조의 반송유량(Q_r) 구하기

① 압력(P) 계산

압력=게이지압+대기압

$=414+101.325=515.325kPa$

압력의 단위를 변환하여야 한다.

$$515.325kPa \times \frac{1atm}{101.325kPa}=5.0859atm$$

② 반송유량(Q_r) 계산

A/S비 공식을 이용한다.

$$A/S비=\frac{1.3S_a(f \cdot P-1)}{SS} \times \frac{Q_r}{Q}$$

S_a: 공기의 용해도(mL/L), f: 용존 공기의 분율, P: 압력(atm)
SS: 부유고형물 농도(mg/L), Q_r: 반송유량(m^3/day)
Q: 유량(m^3/day)

$$0.03=\frac{1.3 \times 18.6 \times (0.85 \times 5.0859-1)}{120} \times \frac{Q_r}{0.57}$$

$\therefore Q_r=0.02554m^3/min$

$$=\frac{0.02554m^3}{min} \times \frac{10^3L}{1m^3}=25.54L/min$$

(2) 반송 유량을 고려한 부상조 최소 표면적(A) 구하기

$$수면적\ 부하=\frac{(유입유량+반송유량)}{면적}$$

$$\frac{0.11m^3}{m^2 \cdot min}=\frac{(0.57m^3/min+0.02554m^3/min)}{Am^2}$$

$\therefore A=5.414 \fallingdotseq 5.41m^2$

(3) 응집침전조의 슬러지 발생량(L/min) 구하기

슬러지 중 고형물의 양은 제거되는 SS양과 주입되는 응집제의 양을 합한 값이다.

$$\left(\frac{(240-20)mg}{L} \times \frac{570L}{min} \times \frac{g}{1{,}000mg}\right) \times \left(1+\frac{0.05g}{g}\right) \times \frac{L}{1{,}000g} \times \frac{100}{3}=4.389 \fallingdotseq 4.39L/min$$

12

★★☆

10^4ha의 면적에 2시간 동안 10cm의 비가 내리고 있다. 합리식에 의한 우수유출량을 구하시오. (단, C=0.9)

정답

$1,250m^3/sec$

해설

$$Q=\frac{1}{360}CIA$$

Q: 최대계획우수유출량(m^3/sec), C: 유출계수

I: 유달시간(t) 내의 평균강우강도(mm/hr), A: 유하면적(ha)

t: 유달시간(min), t(min)=유입시간+유하시간$\left(=\frac{길이(L)}{유속(V)}\right)$

※ 합리식에 의한 우수유출량 공식은 특히 각 문자의 단위를 주의해야 한다.

- 강우강도(I) 계산

$$I=\frac{10cm}{2hr}\times\frac{10mm}{1cm}=50mm/hr$$

- 강우유출량(Q) 계산

$$\therefore Q=\frac{1}{360}CIA$$

$$=\frac{1}{360}\times0.9\times50mm/hr\times10^4ha=1,250m^3/sec$$

13

★☆☆

다음 펌프장 시설의 계획하수량에 대해 빈칸에 들어갈 알맞은 용어를 쓰시오.

하수 배제방식	펌프장의 종류	계획하수량
분류식	중계펌프장, 소규모펌프장, 유입·방류펌프장	①
	빗물펌프장	②
합류식	중계펌프장, 소규모펌프장, 유입·방류펌프장	③
	빗물펌프장	④

정답

① 계획시간최대오수량

② 계획우수량

③ 우천시 계획오수량

④ 계획하수량 − 우천시 계획오수량

14

★☆☆

A 도시의 폐수처리기본계획을 위하여 조사한 자료는 다음과 같다. 생활하수와 공장폐수를 혼합하여 공동처리할 경우 다음 물음에 답하시오.

- 계획인구: 40,000인
- 유입하수 BOD 농도: 300mg/L
- 유입하수량: 150L/sec
- 공장폐수 BOD 부하량: 200kg/day
- 공장폐수량: 10L/sec

(1) 공장폐수의 BOD 농도(mg/L)

(2) 생활하수의 BOD 부하량(g/인·day)

정답

(1) 231.48mg/L

(2) 92.2g/인·day

해설

(1) 공장폐수의 BOD 농도(mg/L) 구하기

$$\frac{\frac{200kg}{day}\times\frac{10^6mg}{kg}\times\frac{day}{86,400sec}}{10L/sec}=231.4815\fallingdotseq231.48mg/L$$

(2) 생활하수의 BOD 부하량(g/인·일) 구하기

① 전체 BOD 부하량 계산

$$\frac{\frac{300mg}{L}\times\frac{150L}{sec}\times\frac{g}{1,000mg}\times\frac{86,400sec}{day}}{40,000인}=97.2g/인\cdot day$$

② 공장폐수의 BOD 부하량 계산

$$\frac{\frac{200kg}{day}\times\frac{10^3g}{1kg}}{40,000인}=5g/인\cdot day$$

③ 생활하수의 BOD 부하량 계산

97.2g/인·day − 5g/인·day = 92.2g/인·day

15 ★★★

다음 질소와 인을 동시에 제거하는 A^2/O공법에서 각 반응조의 명칭과 해당하는 역할을 서술하시오.

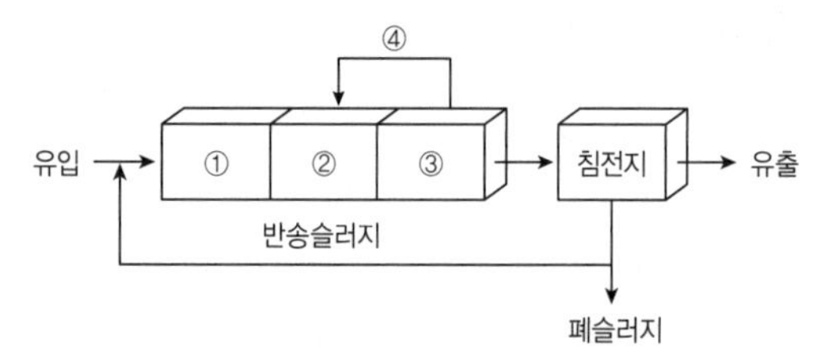

정답

① 혐기조: 인의 방출이 일어난다.
② 무산소조: 탈질반응이 일어난다.
③ 호기조: 인의 과잉 섭취와 질산화 반응, 유기물의 산화반응이 일어난다.
④ 내부반송: 질산화 반응이 일어난 호기조의 질산이온을 무산소조로 반송시켜 탈질을 도모한다.

만점 KEYWORD

① 혐기조, 인의 방출
② 무산소조, 탈질반응
③ 호기조, 인의 과잉 섭취, 질산화 반응, 유기물의 산화반응
④ 내부반송, 질산화 반응, 호기조의 질산이온, 무산소조, 반송, 탈질, 도모

16 ★★★

저수량 400,000m^3, 면적 10^5m^2인 저수지에 오염물질이 유출되어 오염물질의 농도가 30mg/L가 되었다. 오염물질의 농도가 3mg/L가 되는데 걸리는 시간(yr)을 구하시오.

- 호수는 CFSTR 모델로 가정
- 오염이 있기 전에 오염물질은 존재하지 않았음
- 연 강우량 1,200mm/yr
- 강우에 의한 유입과 유출만 있음

정답

7.68yr

해설

- **연간 유입되는 강우량(m^3/yr) 계산**

$\frac{1.2m}{yr} \times 10^5 m^2 = 120{,}000m^3/yr$

- **단순희석에 의한 시간(t) 계산**

$\ln\frac{C_t}{C_o} = -\frac{Q}{\forall} \times t$

Q: 유량(m^3/day), C_o: 초기 농도(mg/L), C_t: 나중 농도(mg/L)
$\forall$: 반응조 체적(m^3), t: 시간(day)

$\ln\frac{3mg/L}{30mg/L} = -\frac{120{,}000m^3/yr}{400{,}000m^3} \times t$

$\therefore t = 7.6753 \fallingdotseq 7.68yr$

17

★★☆

침전지로 유입되는 폐수의 특성이 아래의 조건과 같을 때 다음 물음에 답하시오. (단, 침강되는 입자는 완전 구형으로 스토크스 법칙을 따르며 층류를 가정함)

- 침전면적: $100m^2$
- 유량: $1,000m^3/day$
- 입자의 밀도: $2,000kg/m^3$
- 폐수의 밀도: $1,000kg/m^3$
- 폐수의 점도: $0.11kg/m \cdot sec$

(1) 100% 제거하기 위한 침강속도(m/day)
(2) 100% 제거되는 입자의 최소입경(mm)

정답

(1) 10m/day
(2) 0.15mm

해설

(1) **100% 제거하기 위한 침강속도(m/day) 구하기**

100% 제거하기 위한 침강속도 = 표면부하율

$$\text{표면부하율}(m^3/m^2 \cdot day) = \frac{\text{유량}(m^3/day)}{\text{침전면적}(m^2)} = \frac{1,000m^3/day}{100m^2} = 10m/day$$

(2) **100% 제거되는 입자의 최소입경(d_p) 구하기**

100% 제거되는 입자의 최소입경 = 100% 제거하기 위한 침강속도(표면부하율)일 때의 입경(d_p)

$$V_g = \frac{d_p^2(\rho_p - \rho)g}{18\mu}$$

d_p: 입자의 직경(m), ρ_p: 입자의 밀도(kg/m^3), ρ: 유체의 밀도(kg/m^3), g: 중력가속도($9.8m/sec^2$), μ: 유체의 점성계수($kg/m \cdot sec$)

$$\frac{10m}{day} \times \frac{day}{86,400sec} = \frac{d_p^2 \times (2,000 - 1,000)kg/m^3 \times 9.8m/sec^2}{18 \times 0.11kg/m \cdot sec}$$

$$\therefore d_p = \sqrt{\frac{18 \times 0.11kg/m \cdot sec \times \frac{10m}{day} \times \frac{day}{86,400sec}}{(2,000 - 1,000)kg/m^3 \times 9.8m/sec^2}}$$

$$= 1.5292 \times 10^{-4}m = 0.1529mm ≒ 0.15mm$$

18

★☆☆

다음은 펌프의 특성을 나타낸 표이다. 빈칸에 알맞은 펌프의 종류를 쓰시오.

형식	전양정(m)	펌프구경(mm)
①	3~12	400 이상
②	5 이하	400 이상
③	4 이상	80 이상
④	5~20	300 이상

정답

① 사류펌프
② 축류펌프
③ 원심펌프
④ 원심사류펌프

관련이론 | 펌프의 종류 및 특성

구분	종류	특성
터보형 펌프	원심 펌프	4m 이상 전양정, 80mm 이상 구경 또는 높은 효율의 경우 구경 400mm 이상에서 사용
	사류 펌프	• 전양정(3~12m) 펌프이며, 비교적 적은 공간 차지 • 수명이 길고, 수위 변화가 있는 곳에 최적인 펌프로 효율성도 좋음 • 구경 300~1,000mm(일반적으로 400mm 이상)에서 사용
	축류 펌프	• 임펠러 내의 물에 압력 및 속도에너지를 주고 가이드베인으로 속도에너지의 일부를 압력으로 변환 • 전양정(5m 이하) 펌프이며, 양정변화가 적은 곳에 설치 • 간단한 구조, 저렴한 기초공사
비터보형 펌프	스크류 펌프	• 슬러지양수용 펌프이며, 간단한 구조 • 회전수가 낮아 마모가 적음

2022년 | 3회 기출문제

01

★★☆

반송이 있는 활성슬러지공법의 포기조에서 반송비(반송슬러지 양과 포기조 유입수량의 비)가 0.25, SVI 100일 때 MLSS의 농도(mg/L)를 구하시오.

정답

2,000mg/L

해설

$$R=\frac{X-SS}{X_r-X}$$

유입수의 SS는 주어지지 않았으므로 무시한다.

$$R=\frac{X}{X_r-X} \qquad \left(X_r=\frac{10^6}{\mathrm{SVI}}\right)$$

R: 반송비, X: MLSS 농도(mg/L), X_r: 반송슬러지 농도(mg/L)

SVI: 슬러지 용적지수(mL/g)

$$R=\frac{X}{\frac{10^6}{\mathrm{SVI}}-X}=\frac{X}{\frac{10^6}{100}-X}=0.25$$

$\therefore X=2{,}000\mathrm{mg/L}$

02

★★☆

흡착공정에 이용되고 있는 GAC(입상활성탄)와 PAC(분말활성탄)의 특성을 각각 2가지씩 서술하시오.

(1) GAC

(2) PAC

정답

(1) ① 흡착속도가 느리다.
② 재생이 가능하다.
③ 취급이 용이하다.

(2) ① 흡착속도가 빠르다.
② 고액분리가 어렵다.
③ 비산의 가능성이 높아 취급 시 주의를 필요로 한다.

관련이론 | GAC(입상활성탄)와 PAC(분말활성탄)

구분	GAC(입상활성탄)	PAC(분말활성탄)
장점	• 취급 용이·재생 가능 • 경제적 • 적용 유량범위가 넓음 • PAC에 비해 흡착량이 큼	• GAC에 비해 높은 효율 • 흡착속도가 빠름
단점	• PAC에 비해 느린 흡착속도 • PAC에 비해 낮은 효율	• 장기투입 시 비경제적 분말 발생 • 취급이 어려움 • 고액분리가 용이하지 않음

03 ★★☆

폐수 중에 BOD_2가 600mg/L, NH_4^+-N이 10mg/L 있다. 이 폐수를 활성슬러지법으로 처리하고자 할 때, 첨가해야 할 인(P)과 질소(N)의 양(mg/L)을 구하시오. (단, K_1=0.2/day, BOD_5 : N : P=100 : 5 : 1, 상용대수 기준)

(1) 인(P)의 양(mg/L)

(2) 질소(N)의 양(mg/L)

정답

(1) 8.97mg/L

(2) 34.86mg/L

해설

$BOD_t = BOD_u(1-10^{-K_1 \cdot t})$

BOD_t: t일 동안 소모된 BOD(mg/L), BOD_u: 최종 BOD(mg/L)

K_1: 탈산소계수(day^{-1}), t: 반응시간(day)

$600mg/L = BOD_u \times (1-10^{-0.2\times2})$

$\therefore BOD_u = 996.8552mg/L$

$BOD_5 = BOD_u \times (1-10^{-K_1\times5})$

$= 996.8552 \times (1-10^{-0.2\times5}) = 897.1697mg/L$

(1) 첨가해야 할 인(P)의 양(mg/L) 구하기

BOD_5 : P=100 : 1=897.1697mg/L : Xmg/L

$\therefore X = \frac{897.1697\times1}{100} = 8.9717 ≒ 8.97mg/L$

(2) 첨가해야 할 질소(N)의 양(mg/L) 구하기

BOD_5 : N=100 : 5=897.1697mg/L : Ymg/L

$\therefore Y = \frac{897.1697\times5}{100} = 44.8585 ≒ 44.86mg/L$

※ 첨가해야 할 질소의 양은 기존 폐수에 존재하는 질소의 양(10mg/L)을 제외한 양이어야 한다.

$\therefore 44.86mg/L - 10mg/L = 34.86mg/L$

04 ★★★

탈질에 요구되는 무산소반응조(Anoxic basin)의 운영조건이 다음과 같을 때 탈질반응조의 체류시간(hr)을 구하시오.

- 유입수 질산염 농도: 22mg/L
- 유출수 질산염 농도: 3mg/L
- MLVSS 농도: 2,000mg/L
- 온도: 10℃
- 20℃에서의 탈질율(R_{DN}): 0.10/day
- K: 1.09
- DO: 0.1mg/L
- $R'_{DN} = R_{DN(20℃)} \times K^{(T-20)} \times (1-DO)$

정답

6hr

해설

무산소반응조의 체류시간 공식을 이용한다.

$체류시간(hr) = \frac{S_0 - S}{R_{DN} \cdot X}$

S_0: 유입수 질산염 농도(mg/L), X: MLVSS 농도(mg/L)

S: 유출수 질산염 농도(mg/L), R_{DN}: 탈질율(day^{-1})

- **10℃에서의 탈질율(R'_{DN}) 계산**

$R'_{DN(10℃)} = R_{DN(20℃)} \times K^{(10-20)} \times (1-DO)$

$= 0.10 \times 1.09^{(10-20)} \times (1-0.1)$

$= 0.038day^{-1}$

- **체류시간(hr) 계산**

$\therefore 체류시간 = \frac{S_0 - S}{R_{DN} \cdot X} = \frac{(22-3)}{0.038 \times 2,000} = 0.25day = 6hr$

05 ★☆☆

원자흡광광도법의 분석 오차원인을 5가지 쓰시오.

정답

① 분석하고자 하는 원소의 흡수파장과 비슷한 다른 원소의 파장이 서로 겹쳐 비정상적으로 높게 측정되는 경우이다.
② 시료 중에 유기물의 농도가 높을 경우 이들에 의한 복사선 흡수가 일어나 양(+)의 오차를 유발하는 경우이다.
③ 용존 고체물질 농도가 높으면 빛 산란 등 비원자적 간섭이 발생할 수 있다.
④ 표준용액과 시료 또는 시료와 시료 간의 물리적 성질(점도, 밀도, 표면장력 등)의 차이 또는 표준물질과 시료의 매질(matrix) 차이에 의해 발생한다.
⑤ 불꽃온도가 너무 높을 경우 중성원자에서 전자를 빼앗아 이온이 생성될 수 있으며 이 경우 음(−)의 오차가 발생하게 된다.
⑥ 불꽃의 온도가 분자를 들뜬 상태로 만들기에 충분히 높지 않아서 해당 파장을 흡수하지 못하여 발생한다.

만점 KEYWORD

① 분석, 원소, 흡수파장, 비슷, 원소, 파장, 겹쳐, 높게, 측정
② 유기물의 농도, 높을, 경우, 복사선 흡수, 양(+)의 오차
③ 용존, 고체물질, 농도, 높으면, 비원자적 간섭
④ 물리적 성질, 차이, 표준물질과 시료의 매질, 차이
⑤ 불꽃온도, 높을, 경우, 이온, 생성, 음(−)의 오차
⑥ 불꽃, 온도, 분자, 들뜬 상태, 높지 않아서, 해당 파장, 흡수 못함

06 ★★☆

아래의 조건으로 2단 살수여상을 운영할 때 1단 살수여상의 직경(m)을 구하시오. (단, 두 여과기 모두 BOD_5 제거효율과 재순환율은 동일함)

- 유량: $3,785m^3/day$
- 유입 BOD_5: 195mg/L
- 최종 BOD_5: 20mg/L
- 여과상 깊이: 2m
- 반송률: 1.8
- 1단 여과상의 BOD_5 제거효율
  $$E_1=\frac{100}{1+0.432\sqrt{\frac{W_0}{\forall\cdot F}}}$$
- W_0: 여과상에 가해지는 BOD 부하
- $\forall$: 여과상 부피
- 반송계수 $F=\frac{1+R}{(1+R/10)^2}$

정답

14.01m

해설

$$W_0=\frac{3,785m^3}{day}\times\frac{195mg}{L}\times\frac{10^3L}{1m^3}\times\frac{1kg}{10^6mg}=738.075kg/day$$

$$F=\frac{1+R}{(1+R/10)^2}=\frac{1+1.8}{(1+1.8/10)^2}=2.0109$$

$$195mg/L\times(1-E_1)\times(1-E_2)=20mg/L$$

여기서, $E_1=E_2$ 이므로 $(1-E_1)^2=\frac{20}{195}$

$$E_1=E_2=0.6797=67.97\%$$

$$E_1=\frac{100}{1+0.432\sqrt{\frac{W_0}{\forall\cdot F}}}$$

$$67.97=\frac{100}{1+0.432\sqrt{\frac{738.075}{\forall\times2.0109}}}$$

$\therefore\ \forall=308.4595m^3$

$\forall=308.4595m^3=A\times H=A\times2m$

$$A=\frac{\pi D^2}{4}=154.2298m^2$$

$\therefore\ D=14.0133\fallingdotseq14.01m$

07 ★★☆

호기성 소화법과 비교하여 혐기성 소화법의 장단점을 3가지씩 쓰시오.

(1) 장점(3가지)

(2) 단점(3가지)

정답

(1) ① 유효한 자원인 메탄이 생성된다.
② 슬러지 발생량이 적다.
③ 동력비 및 유지관리비가 적게 든다.
④ 고농도 폐수처리에 적당하다.

(2) ① 높은 온도(35℃ 혹은 55℃)를 요구한다.
② 운전조건이 변화할 때 그에 적응하는 시간이 오래 걸린다.
③ 암모니아(NH_3), 황화수소(H_2S)에 의해 악취가 발생한다.
④ 초기 건설비가 많이 든다.

관련이론 | **호기성 소화법와 혐기성 소화법의 장단점**

(1) **호기성 소화법**

① 장점
- 유출수의 수질이 더 좋다.
- 운전이 용이하다.
- 최초 시공비가 절감된다.
- 악취문제가 감소한다.

② 단점
- 소화슬러지의 탈수성이 불량하다.
- 저온 시 효율이 저하된다.
- 폭기(산소 공급)에 드는 동력비가 과다하다.
- 가치 있는 부산물이 생성되지 않는다.

(2) **혐기성 소화법**

① 장점
- 슬러지 발생량이 적고 메탄(CH_4)이 생성된다.
- 유지관리비가 적게 든다.
- 부패성 유기물 분해에 효과적이다.
- 고농도 폐수처리에 적당하다.

② 단점
- 암모니아(NH_3), 황화수소(H_2S)에 의해 악취가 발생한다.
- 초기 건설비가 많이 들고, 부지면적이 넓어야 한다.
- 처리 후 상등액의 수질이 불량하다.
- 높은 온도(35℃ 혹은 55℃)를 요구한다.
- 운전조건이 변화할 때 그에 적응하는 시간이 오래 걸린다.

08 ★★★

직경 450mm, 경사 1%, n=0.015일 때, Manning 공식을 이용하여 다음을 구하시오. (단, 만관 기준, 기타 조건은 고려하지 않음)

(1) 유속(m/sec)

(2) 유량(m^3/sec)

정답

(1) 1.55m/sec

(2) 0.25m^3/sec

해설

(1) **유속(V) 구하기**

Manning 공식을 이용한다.

$$V=\frac{1}{n}R^{\frac{2}{3}}I^{\frac{1}{2}}$$

V: 유속(m/sec), n: 조도계수, R: 경심(m), I: 동수경사

$$V=\frac{1}{0.015}\times\left(\frac{0.45\text{m}}{4}\right)^{\frac{2}{3}}\times\left(\frac{1}{100}\right)^{\frac{1}{2}}=1.5536 \fallingdotseq 1.55\text{m/sec}$$

(2) **유량(Q) 구하기**

관의 단면적과 Manning의 유속의 관계로 유량을 계산한다.

$$Q=A\cdot V$$

$$=\left(\frac{\pi\times(0.45\text{m})^2}{4}\right)\times\frac{1.5536\text{m}}{\text{sec}}=0.2471 \fallingdotseq 0.25\text{m}^3\text{/sec}$$

09 ★★☆

다음 빈칸에 알맞은 말을 선택하여 쓰시오.

> 1.5m, 6%, 8%, 크면, 작으면, 10cm, 30cm, 1.2m

(1) 정류공의 직경은 (　　　) 전후가 바람직하다.
(2) 정류공의 단면적은 수류 전체 횡단면적의 약 (　　　)가 바람직하다.
(3) 정류벽은 유입단에서 (　　　) 이상 떨어진 위치에 설치하는 것이 바람직하다.
(4) 정류벽의 개구면적은 너무 (　　　) 정류효과가 떨어지고, 너무 (　　　) 유속이 과대해진다.

정답

(1) 10cm
(2) 6%
(3) 1.5m
(4) 크면, 작으면

10 ★★☆

$Ca(OH)_2$ 용액 100mL를 0.01N H_2SO_4 40.4mL로 적정하여 중화점에 이르렀을 때 이 용액의 경도(mg/L as $CaCO_3$)를 구하시오.

정답

202mg/L as $CaCO_3$

해설

중화 반응식을 이용한다.

$NV = N'V'$

$X\ N \times 100mL = 0.01N \times 40.4mL$

$X = 4.04 \times 10^{-3}N$

이를 경도 값으로 환산한다.

$$\therefore \text{경도} = \frac{4.04 \times 10^{-3}eq}{L} \times \frac{(100/2)g}{1eq} \times \frac{10^3mg}{1g}$$

$$= 202mg/L \text{ as } CaCO_3$$

11 ★★☆

도시의 하수관로계획을 세우고자 한다. 다음의 조건과 같을 때 유출수 및 오수가 합류 후 하수관으로 유입되는 예측 BOD의 농도(mg/L)를 구하시오.

> • 계획1인1일 BOD 부하량: 70g(분뇨 18g, 오수 52g)
> • 1인1일 오수량: 350L
> • 수세 변기 희석수: 50L
> • 정화조 BOD 제거율: 50%

정답

152.50mg/L

해설

혼합공식을 이용한다.

$$C_m = \frac{C_1Q_1 + C_2Q_2}{Q_1 + Q_2} \quad (1: \text{오수}, 2: \text{유출수})$$

• 오수의 BOD 농도(C_1) 계산

$$\frac{52g}{\text{인}\cdot day} \times \frac{\text{인}\cdot day}{350L} \times \frac{10^3mg}{1g} = 148.5714mg/L$$

• 정화조의 유출수 BOD 농도(C_2) 계산

$$\frac{18g}{\text{인}\cdot day} \times \frac{\text{인}\cdot day}{50L} \times \frac{10^3mg}{1g} \times \frac{50}{100} = 180mg/L$$

$$\therefore C_m = \frac{148.5714 \times 350 + 180 \times 50}{350 + 50} = 152.50mg/L$$

12 ★★☆

수질모델링 중 QUAL-II 모델 13종의 대상 수질인자 중 누락된 항목 5가지를 쓰시오.

> 조류(클로로필-a), 질산성 질소, 아질산성 질소, 암모니아성 질소, 유기질소, 유기인, 3개의 보존성 물질, 임의의 비보존성 물질

정답

대장균, BOD, DO, 온도, 용존총인

관련이론 I QUAL-II 모델 13종의 대상 수질인자

① 조류(클로로필-a)	⑧ 용존총인
② 질산성 질소	⑨ 대장균
③ 아질산성 질소	⑩ 온도
④ 암모니아성 질소	⑪ 유기인
⑤ 유기질소	⑫ 3개의 보존성 물질
⑥ BOD	⑬ 임의의 비보존성 물질
⑦ DO	

13 ★★★

관의 유속이 0.6m/sec이고 경사가 40‰, 조도계수가 0.013일 때 수로의 직경(cm)을 구하시오. (단, 만관 기준, Manning 공식 이용)

정답

3.08cm

해설

Manning 공식을 이용한다.

$$V=\frac{1}{n}R^{\frac{2}{3}}I^{\frac{1}{2}}$$

V: 유속(m/sec), n: 조도계수, R: 경심(m), I: 동수경사

$$0.6\text{m/sec}=\frac{1}{0.013}\times\left(\frac{D}{4}\right)^{\frac{2}{3}}\times\left(\frac{40}{1,000}\right)^{\frac{1}{2}}$$

※ 원형인 경우, 경심(R)은 $\frac{D}{4}$로 구할 수 있다.

$\therefore D=0.0308\text{m}=3.08\text{cm}$

14 ★★☆

$KMnO_4$의 Factor를 구하기 위해 0.025N-$Na_2C_2O_4$ 용액 10mL를 이용하여 적정하였더니 0.025N-$KMnO_4$ 9.8mL가 소모되었다. 공시험 적정 소비량은 0.15mL일 때 다음 물음에 답하시오.

(1) 0.025N-$KMnO_4$ 표준적정액의 Factor(역가)를 구하시오. (단, 소수점 셋째 자리까지)

(2) 폐수 50mL에 실험한 결과 7.7mL가 소모되었다면 이 폐수의 정확한 COD(mg/L)값을 구하시오. (단, 공시험 적정 소비량은 0.2mL)

정답

(1) 1.036

(2) 31.08mg/L

해설

(1) 0.025N-$KMnO_4$ **표준적정액의 Factor(역가, f) 구하기**

$N_1V_1f_1=N_2V_2f_2$

(1: $Na_2C_2O_4$ 용액, 2: $KMnO_4$ 용액)

$$\frac{0.025\text{eq}}{\text{L}}\times10\text{mL}\times1=\frac{0.025\text{eq}}{\text{L}}\times(9.8-0.15)\text{mL}\times f_2$$

$\therefore f_2=1.0363≒1.036$

(2) **폐수의 정확한 COD(mg/L)값 구하기**

$$\text{COD}=(b-a)\times f\times\frac{1,000}{V}\times0.2$$

a: 바탕시험 적정에 소비된 $KMnO_4$ 용액의 양(mL)

b: 시료의 적정에 소비된 $KMnO_4$ 용액의 양(mL)

f: $KMnO_4$ 용액의 역가(Factor)

V: 시료의 양(mL)

$$\therefore \text{COD}=(7.7-0.2)\times1.036\times\frac{1,000}{50}\times0.2=31.08\text{mg/L}$$

15 ★★★

호소의 부영양화 방지대책은 호소 외 대책과 호소 내 대책으로 구분되며 호소 내 대책은 물리적, 화학적, 생물학적 대책으로 나눌 수 있다. 이들 중 물리적 대책 4가지를 쓰시오.

정답

① 퇴적물을 준설한다.
② 호소 내 폭기 장치를 설치한다.
③ 호소 내 수초를 제거한다.
④ 차광막을 설치하여 조류의 증식을 막는다.

관련이론 | 부영양화 원인 및 관리 대책

(1) **부영양화 원인**

영양염류 증가 → 조류 증식 → 호기성 박테리아 증식 → 용존산소 과다 소모 → 어패류 폐사 → 물환경 불균형

(2) **부영영화 관리 대책**

① 부영양화의 수면관리 대책
- 수생식물의 이용과 준설
- 약품에 의한 영양염류의 침전 및 황산동 살포
- N, P의 유입량 억제

② 부영양화의 유입저감 대책
- 배출허용기준의 강화
- 하 · 폐수의 고도처리
- 수변구역의 설정 및 유입배수의 우회

16 ★★☆

SS가 100mg/L, 유량이 10,000m^3/day인 흐름에 황산제이철($Fe_2(SO_4)_3$)을 응집제로 사용하여 50mg/L가 되도록 투입한다. 침전지에서 전체 고형물의 90%가 제거된다면 생산되는 고형물의 양(kg/day)을 구하시오. (단, Fe=55.8, S=32, O=16, Ca=40, H=1)

$$Fe_2(SO_4)_3 + 3Ca(OH)_2 \rightarrow 2Fe(OH)_3 + 3CaSO_4$$

정답

1,140.54kg/day

해설

- **응집제 투입에 의해 생성되는 고형물의 양(kg/day) 계산**

$Fe_2(SO_4)_3 : 2Fe(OH)_3$

$399.6g : 2 \times 106.8g$

$\frac{50mg}{L} \times \frac{10,000m^3}{day} \times \frac{1kg}{10^6mg} \times \frac{10^3L}{1m^3} : Xkg/day$

$\therefore X = \frac{2 \times 106.8 \times 500}{399.6} = 267.2673kg/day$

이 중 90%가 제거되므로

$267.2673kg/day \times 0.9 = 240.5406kg/day$

- **SS 제거에 따른 고형물 발생량(kg/day) 계산**

$\frac{100mg}{L} \times \frac{10,000m^3}{day} \times \frac{1kg}{10^6mg} \times \frac{10^3L}{1m^3} \times \frac{90}{100} = 900kg/day$

- **생산되는 고형물의 양(kg/day) 계산**

$\therefore 240.5406kg/day + 900kg/day = 1,140.5406$

$\fallingdotseq 1,140.54kg/day$

17

★☆☆

아래의 그림과 같이 하수관에서 Q_r의 유량과 C_r의 농도로 오염물질이 호수 내로 유입되고 있다. 또한, 인근 공장에서 폐수 유량 Q_w가 C_w의 농도로 동일한 호수에 유입되어 호수에서 완전혼합된 후 유출되고 있다. 유출되는 유량을 Q, 유출농도 C, 호수의 부피를 V라고 할 때 완전혼합과 질량보존의 법칙을 적용한 호수 내 시간에 따른 오염물질의 변화량$\left(V\dfrac{dC}{dt}\right)$을 물질수지식으로 나타내시오. (단, 반응상수는 K, 호수 내 오염물질은 1차 반응을 따름)

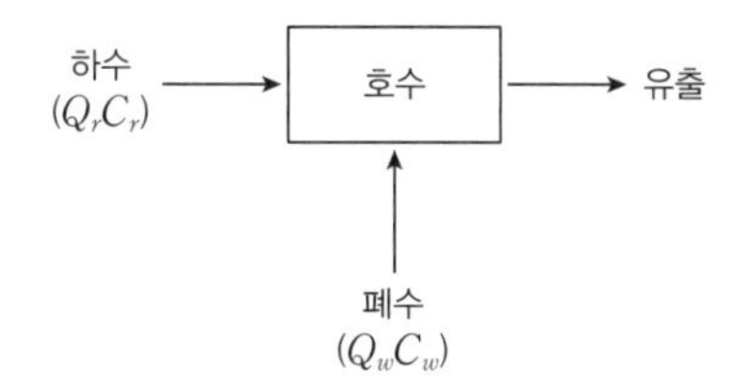

정답

$$V\frac{dC}{dt}=(Q_rC_r+Q_wC_w)-QC-KVC$$

해설

호수 내 변화량 = 유입량 − 유출량 − 반응량

$$V\frac{dC}{dt}=(Q_rC_r+Q_wC_w)-QC-KVC$$

18

★☆☆

유량이 하루에 4,700m^3이며 체류시간이 1분, 속도경사 950/sec인 급속혼합조의 소요동력(마력)을 구하시오. (단, 점성계수는 $10.02\times10^{-4}N\cdot sec/m^2$)

정답

3.96HP

해설

$P=G^2\cdot\mu\cdot\forall$

- 반응조의 부피(∀) 계산

  부피(∀) = 유량(Q) × 체류시간(t)

  $$=\frac{4{,}700m^3}{day}\times 1min\times\frac{1day}{1{,}440min}=3.2639m^3$$

- 동력(P) 계산

  $P=G^2\cdot\mu\cdot\forall$

  P: 동력(W), G: 속도경사(sec^{-1}), μ: 점성계수(kg/m·sec)

  ∀: 부피(m^3)

  $$P=\left(\frac{950}{sec}\right)^2\times\frac{10.02\times10^{-4}N\cdot sec}{m^2}\times3.2639m^3$$

  $=2{,}951.5611Watt$

- 동력(HP) 단위 변환

  1HP = 746Watt

  $$2{,}951.5611Watt\times\frac{1HP}{746Watt}=3.9565\fallingdotseq3.96HP$$

2022년 | 2회 기출문제

01

★☆☆

부영양화를 나타내는 TSI를 결정하는 대표 수질인자를 쓰고 빈영양호와 부영양호에서의 수질인자에 따른 변화(2개)를 서술하시오.

(1) TSI 대표 수질인자

(2) 수질인자에 따른 변화(2개) (단, 아래 형식에 맞게 작성)

〈형식〉
TSI가 (클수록/작을수록) 수질인자 (　　　)가
(커져/작아져) (빈영양호/부영양호)이다.

정답

(1) 투명도, 클로로필-a, 총인

(2) ① TSI가 클수록 수질인자 투명도가 작아져 부영양호이다.
② TSI가 클수록 수질인자 클로로필-a가 커져 부영양호이다.
③ TSI가 클수록 수질인자 총인이 커져 부영양호이다.
또는
① TSI가 작을수록 수질인자 투명도가 커져 빈영양호이다.
② TSI가 작을수록 수질인자 클로로필-a가 작아져 빈영양호이다.
③ TSI가 작을수록 수질인자 총인이 작아져 빈영양호이다.

02

★★☆

주로 사용되고 있는 응집제 중 Alum과 비교한 PAC(Poly Aluminum Chloride)의 장점 5가지를 서술하시오.

정답

① 황산알루미늄염에 비해 알칼리도 소비량이 적다.
② floc의 형성속도가 빠르다.
③ 저온 열화 되지 않는다.
④ 적정 pH 폭이 넓다.
⑤ 응집보조제를 필요로 하지 않는다.

관련이론 | **응집제의 종류**

(1) **황산알루미늄**
① 반응 적정 pH의 범위는 4.5~8 정도이다.
② 다른 응집제에 비하여 가격이 저렴하다.
③ 탁도, 세균, 조류 등의 거의 모든 현탁성 물질 또는 부유물의 제거에 유효하며 독성이 없으므로 대량으로 주입할 수 있다.

(2) **철염**
① 철염의 반응원리는 알루미늄염과 비슷하지만 철 이온은 처리수에 색도를 유발할 수 있다.
② 황산제2철 및 석회: 알칼리도 보조제로서 석회를 사용하고 침전이 빠른 플록을 형성하며 반응 적정 pH의 범위는 4~12이다.

03

★★☆

다음의 하수처리 계통에서 잘못 배열된 시설을 쓰고 포기조의 용적(m^3)을 구하시오.

유입 → 침사지 | 스크린 | 1차침전지 | 포기조 | 2차침전지 | 응집침전 | 부상분리 → 유출

- 유량: $10,000m^3/day$
- F/M비: 0.4kg BOD/kg MLSS·day
- 유입 BOD: 600mg/L
- MLSS: 2,500mg/L
- 유입 SS: 700mg/L

(1) 잘못 배열된 시설

(2) 포기조의 용적(m^3)

정답

(1) 스크린-침사지 순으로 수정되어야 하며 응집침전과 부상분리 중 한 가지 시설만 있어야 한다.

(2) $6,000m^3$

해설

(1) 해설이 따로 없습니다. 정답에 잘못 배열된 시설을 쓰시면 됩니다.

(2) 포기조의 용적(∀) 구하기

$$\text{F/M비}(day^{-1}) = \frac{\text{유입 BOD 총량}}{\text{포기조 내의 MLSS량}} = \frac{BOD_i \cdot Q}{X \cdot \forall} = \frac{BOD_i}{X \cdot HRT}$$

BOD_i: 유입 BOD 농도(mg/L), Q: 유량(m^3/day)

X: MLSS의 농도(mg/L), ∀: 포기조의 용적(m^3)

HRT: 체류시간(day)

$$0.4day^{-1} = \frac{\frac{10,000m^3}{day} \times \frac{600mg}{L}}{\forall m^3 \times 2,500mg/L}$$

$\therefore \forall = 6,000m^3$

04

★☆☆

공장폐수를 재순환형 살수여상으로 처리하고자 한다. 아래의 조건에서 살수여상의 BOD 용적부하($kg/m^3 \cdot day$)를 구하시오.

- 유량: $400m^3/day$
- 유입 BOD: 1,000mg/L
- 최종 유출 BOD: 48mg/L
- 재순환율: 2.5
- 수리학적 부하율: $20m^3/m^2 \cdot day$
- 깊이: 2.5m

정답

$2.56kg/m^3 \cdot day$

해설

$$\text{BOD 용적부하} = \frac{\text{유입 BOD} \cdot Q}{A \cdot H}$$

Q: 유량(m^3/day), A: 면적(m^2), H: 깊이(m)

- **살수여상으로의 유입 BOD 농도(mg/L) 계산**

$$C_m = \frac{C_1Q_1 + C_2Q_2}{Q_1 + Q_2} \quad (1: \text{유입}, 2: \text{재순환})$$

$$= \frac{1,000mg/L \times 400m^3/day + 48mg/L \times 400m^3/day \times 2.5}{(400 + 400 \times 2.5)m^3/day}$$

$= 320mg/L$

※ 유입 BOD+재순환에 의한 BOD를 이용하여 계산한다.

- **살수여상의 유량(Q) 계산**

$400 + (400 \times 2.5) = 1,400m^3/day$

- **살수여상의 면적(A) 계산**

수리학적 부하율=유량/면적

$$\frac{20m^3}{m^2 \cdot day} = \frac{1,400m^3/day}{Am^2}$$

$\therefore A = 70m^2$

- **BOD 용적부하($kg/m^3 \cdot day$) 계산**

∴ BOD 용적부하

$$= \frac{\text{유입 BOD} \cdot Q}{A \cdot H}$$

$$= \frac{320mg}{L} \times \frac{1,400m^3}{day} \times \frac{1}{70m^2} \times \frac{1}{2.5m} \times \frac{10^3L}{1m^3} \times \frac{1kg}{10^6mg}$$

$= 2.56kg/m^3 \cdot day$

05

★★☆

해수의 담수화 방식에서 상변화 방식과 상불변 방식을 각각 2가지씩 쓰시오.

(1) 상변화 방식

(2) 상불변 방식

정답

(1) 다단플래쉬법, 다중효용법, 증기압축법

(2) 역삼투법, 전기투석법, 용매추출법

관련이론 | 해수의 담수화 방식

06

★★☆

배수면적이 120ha인 지역은 배수면적의 1/2은 상업지구(유출계수 0.6), 배수면적의 1/3은 주택지구(유출계수 0.5), 배수면적의 1/6은 녹지(유출계수 0.1)로 구성된다. 하수관의 길이는 1,500m이고 유입시간은 5분, 유속은 1.2m/sec일 때 강우유출량(m^3/sec)을 구하시오. (단, 합리식에 의함, 강우강도(mm/hr)=$\frac{5,000}{t+40}$)

정답

$12.24m^3/sec$

해설

$$Q=\frac{1}{360}CIA$$

Q: 최대계획우수유출량(m^3/sec), C: 유출계수

I: 유달시간(t) 내의 평균강우강도(mm/hr), A: 유역면적(ha)

t: 유달시간(min), t(min)=유입시간+유하시간$\left(=\frac{\text{길이}(L)}{\text{유속}(V)}\right)$

※ 합리식에 의한 우수유출량 공식은 특히 각 문자의 단위를 주의해야 한다.

- 유출계수(C) 계산

$$C=\frac{C_1A_1+C_2A_2+C_3A_3}{A_1+A_2+A_3} \quad (1\text{: 상업지구, }2\text{: 주택지구, }3\text{: 녹지})$$

$$=\frac{0.6\times60+0.5\times40+0.1\times20}{60+40+20}=0.4833$$

- 유달시간(t) 계산

$$t(\text{min})=\text{유입시간}+\text{유하시간}\left(=\frac{\text{길이}(L)}{\text{유속}(V)}\right)$$

$$=5\text{min}+1,500\text{m}\times\frac{\text{sec}}{1.2\text{m}}\times\frac{1\text{min}}{60\text{sec}}=25.8333\text{min}$$

- 강우강도(I) 계산

$$I=\frac{5,000}{t+40}=\frac{5,000}{25.8333+40}=75.9494\text{mm/hr}$$

- 강우유출량(Q) 계산

$$\therefore Q=\frac{1}{360}CIA$$

$$=\frac{1}{360}\times0.4833\times75.9494\times120=12.2354\fallingdotseq12.24\text{m}^3\text{/sec}$$

07 ★★★

정수시설에서 수직고도 30m 위에 있는 배수지로 관의 직경 20cm, 총연장 0.2km의 배수관을 통해 유량 $0.1m^3/sec$의 물을 양수하려 한다. 다음 물음에 답하시오.

(1) 펌프의 총양정(m) ($f=0.03$)
(2) 펌프의 효율을 70%라고 할 때 펌프의 소요동력(kW) (단, 물의 밀도는 $1g/cm^3$)

정답

(1) 46.03m
(2) 64.46kW

해설

(1) 펌프의 총양정(H) 구하기

① 유속(V) 계산

$$V=\frac{Q}{A}=\frac{\frac{0.1m^3}{sec}}{\frac{\pi\times(0.2m)^2}{4}}=3.1831m/sec$$

② 총양정(H) 계산

$$\text{총양정 } H=\text{실양정}+\text{손실수두}+\text{속도수두}$$
$$=h+f\times\frac{L}{D}\times\frac{V^2}{2g}+\frac{V^2}{2g}$$
$$=30+0.03\times\frac{200}{0.2}\times\frac{(3.1831)^2}{2\times9.8}+\frac{(3.1831)^2}{2\times9.8}$$
$$=46.0253\fallingdotseq46.03m$$

(2) 펌프의 소요동력(kW) 구하기

$$\text{동력(kW)}=\frac{\gamma\times\triangle H\times Q}{102\times\eta}$$

γ: 물의 비중($1,000kg/m^3$), $\triangle H$: 전양정(m), Q: 유량(m^3/sec)
η: 효율

$$\text{동력(kW)}=\frac{1,000kg/m^3\times46.0253m\times0.1m^3/sec}{102\times0.7}$$
$$=64.4612\fallingdotseq64.46kW$$

08 ★☆☆

시간적, 공간적으로 하천을 흐르는 유체의 단면을 흐름에 따라 분류할 때 다음 용어의 정의를 서술하시오.

(1) 등류(Uniform Flow)
(2) 부등류(Non-Uniform Flow)
(3) 정상류(Steady Flow)
(4) 비정상류(Un-Steady Flow)

정답

(1) 등류(Uniform Flow): 공간의 변화에 대해 밀도, 온도, 압력, 속도 등이 변하지 않는 유체의 흐름상태이다.
(2) 부등류(Non-Uniform Flow): 공간의 변화에 대해 밀도, 온도, 압력, 속도 등이 변하는 유체의 흐름상태이다.
(3) 정상류(Steady Flow): 시간의 변화에 대해 밀도, 온도, 압력, 속도 등이 변하지 않는 유체의 흐름상태이다.
(4) 비정상류(Un-Steady Flow): 시간의 변화에 대해 밀도, 온도, 압력, 속도 등이 변하는 유체의 흐름상태이다.

만점 KEYWORD

(1) 공간, 변화, 밀도, 온도, 압력, 속도, 변하지 않는, 흐름
(2) 공간, 변화, 밀도, 온도, 압력, 속도, 변하는, 흐름
(3) 시간, 변화, 밀도, 온도, 압력, 속도, 변하지 않는, 흐름
(4) 시간, 변화, 밀도, 온도, 압력, 속도, 변하는, 흐름

09 ★★☆

하천수의 취수에서 취수지점을 선정할 때 고려해야 할 사항을 5가지 서술하시오. (단, "수질이 좋아야 한다"는 정답에서 제외)

정답

① 계획취수량을 안정적으로 취수할 수 있어야 한다.
② 장래에도 양호한 수질을 확보할 수 있어야 한다.
③ 구조상의 안정을 확보할 수 있어야 한다.
④ 하천관리시설 또는 다른 공작물에 근접하지 않아야 한다.
⑤ 하천개수계획을 실시함에 따라 취수에 지장이 생기지 않아야 한다.
⑥ 기후변화에 대비 갈수 시와 비상시 인근의 취수시설의 연계 이용 가능성을 파악한다.

만점 KEYWORD

① 계획취수량, 안정적, 취수
② 장래, 양호한 수질, 확보
③ 구조상, 안정, 확보
④ 하천관리시설, 다른 공작물, 근접하지 않아야 함
⑤ 하천개수계획, 실시, 취수, 지장, 생기지 않아야 함
⑥ 기후변화, 대비, 갈수 시, 비상시, 취수시설, 연계 이용 가능성, 파악

관련이론 | 하천개수계획

하천의 개수로 인하여 제방의 위치나 유로 등이 변경되는 경우가 많으므로 하천기본계획 등에 의한 하천공사계획을 조사하여 하천관리자와 협의한 다음 취수지점을 선정해야 한다.

10 ★★☆

호수의 면적이 1,000ha, 빗속의 폴리클로리네이티드비페닐(PCB)의 농도가 100ng/L, 연간 평균 강수량이 70cm일 때 강수에 의해서 유입되는 PCB의 양(ton/yr)을 구하시오.

정답

7×10^{-4}ton/yr

해설

• **유입되는 PCB의 양(ton/yr) 계산**

$$\text{PCB의 양}=\frac{100\text{ng}}{\text{L}}\times\frac{1\text{ton}}{10^{15}\text{ng}}\times1{,}000\text{ha}\times\frac{10^4\text{m}^2}{1\text{ha}}\times\frac{70\text{cm}}{\text{yr}}\times\frac{1\text{m}}{10^2\text{cm}}\times\frac{10^3\text{L}}{1\text{m}^3}$$

$$=7\times10^{-4}\text{ton/yr}$$

11 ★★☆

1개월 간의 대장균 계수자료가 오름차순으로 아래와 같이 되었다면 기하평균과 중간값을 구하시오.

• 대장균의 계수자료
1, 13, 60, 85, 168, 234, 330, 331

(1) 기하평균
(2) 중간값

정답

(1) 64.09
(2) 126.5

해설

(1) **기하평균 구하기**

$$(1\times13\times60\times85\times168\times234\times330\times331)^{\frac{1}{8}}=64.0911≒64.09$$

(2) **중간값 구하기**

$$\frac{85+168}{2}=126.5$$

※ 개수가 짝수 개일 때는 자료를 오름차순으로 나열한 후 중앙의 두 개의 값의 평균값으로 계산한다.

12 ★☆☆

수계로 유입된 오염물질에 의해 시간에 따른 산소소모량을 그래프로 나타내었다. 유입될 것으로 예상되는 물질의 특성을 쓰시오.

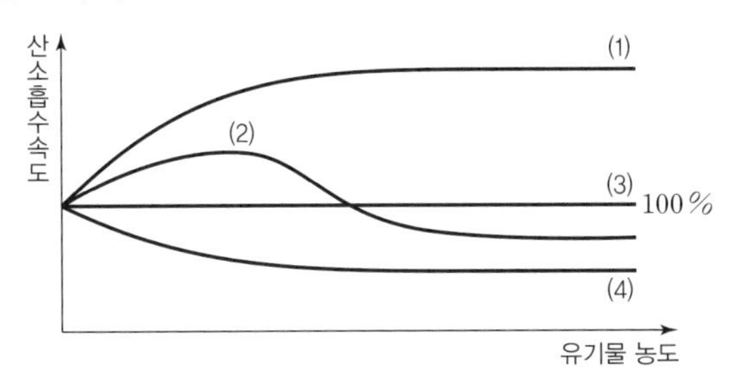

정답

(1) 호기성 미생물에 의해 분해되는 생분해성 유기물이다.
(2) 저농도에서는 호기성 미생물에 의해 분해되지만 고농도에서는 호기성 미생물에 독성을 일으키는 물질이다.
(3) 호기성 미생물에 의해 분해되지 않는 물질이다.
(4) 호기성 미생물에 독성을 유발하는 물질이다.

만점 KEYWORD

(1) 호기성 미생물, 분해, 생분해성 유기물
(2) 저농도, 호기성 미생물, 분해, 고농도, 독성, 물질
(3) 호기성 미생물, 분해되지 않는 물질
(4) 호기성 미생물, 독성, 물질

13 ★★★

MBR의 하수처리원리와 특징 4가지를 서술하시오.

(1) 하수처리원리
(2) 특징(4가지)

정답

(1) 생물반응조와 분리막을 결합하여 이차침전지 등을 대체하는 시설로서 슬러지 벌킹이 일어나지 않고 고농도의 MLSS를 유지하며 유기물, BOD, SS 등의 제거에 효과적이다.
(2) ① 완벽한 고액분리가 가능하다.
② 높은 MLSS 유지가 가능하므로 지속적으로 안정된 처리수질을 획득할 수 있다.
③ 긴 SRT로 인하여 슬러지 발생량이 적다.
④ 분리막의 교체비용 및 유지관리비용 등이 과다하다.
⑤ 분리막의 파울링에 대처가 곤란하다.
⑥ 분리막을 보호하기 위한 전처리로 1mm 이하의 스크린 설비가 필요하다.

만점 KEYWORD

(1) 생물반응조, 분리막, 결합, 슬러지 벌킹 일어나지 않음, 고농도의 MLSS 유지, 유기물, BOD, SS, 제거
(2) ① 고액분리, 가능
② 높은, MLSS 유지, 안정된, 처리수질
③ 긴, SRT, 슬러지 발생량, 적음
④ 교체비용, 유지관리비용, 과다
⑤ 분리막, 파울링, 대처, 곤란
⑥ 1mm 이하, 스크린 설비, 필요

14 ★☆☆

깊이가 180m인 호수의 수면 아래 3.7m에 취수구가 위치하고 있으며 수면 위 6m 지점으로 물을 취수하려고 한다. 펌프의 유량이 $0.387m^3/sec$이고 펌프의 효율이 70%일 때 필요한 펌프의 소요동력(HP)을 구하시오. (단, 취수손실 3m, 배출손실 2m)

정답

80.02HP

해설

$$\text{동력(HP)}=\frac{\gamma\times\triangle H\times Q}{76\times\eta}$$

γ: 물의 밀도($1,000kg/m^3$), $\triangle H$: 전양정(m), Q: 유량(m^3/sec)

η: 효율

※ 동력의 단위가 HP일 때는 분모에 단위환산계수 76을 곱한다.

$$\therefore \text{동력(HP)}=\frac{1,000kg/m^3\times(6+3+2)m\times0.387m^3/sec}{76\times0.7}$$

$$=80.0188\fallingdotseq80.02HP$$

15 ★★☆

슬러지의 혐기성 분해 결과 함수율 98%, 고형물의 비중은 1.4일 때 슬러지의 비중을 구하시오. (단, 소수점 셋째 자리까지)

정답

1.006

해설

$$SL=TS+W$$

$$\frac{SL}{\rho_{SL}}=\frac{TS}{\rho_{TS}}+\frac{W}{\rho_W}$$

$$\frac{100}{\rho_{SL}}=\frac{2}{1.4}+\frac{98}{1}$$

$$\therefore \rho_{SL}=1.0057\fallingdotseq1.006$$

16 ★★★

CFSTR에서 물질을 분해하여 효율 95%로 처리하고자 한다. 이 물질은 1차 반응으로 분해되며, 속도상수는 0.05/hr이다. 유량은 300L/hr이고 유입농도는 150mg/L로 일정하다면 CFSTR의 필요 부피(m^3)를 구하시오. (단, 반응은 정상상태로 가정)

정답

$114m^3$

해설

$$Q(C_0-C_t)=K\cdot\forall\cdot{C_t}^m$$

Q: 유량(m^3/hr), C_0: 초기 농도(mg/L), C_t: 나중 농도(mg/L)

K: 반응속도상수(hr^{-1}), $\forall$: 반응조 체적(m^3), m: 반응차수

$$\therefore \forall=\frac{Q(C_0-C_t)}{K\cdot{C_t}^m}$$

$$=\frac{300L/hr\times(150-7.5)mg/L}{0.05/hr\times(7.5mg/L)^1\times10^3L/m^3}$$

$$=114m^3$$

관련이론 | **완전혼합반응조(CFSTR)**

- 유입과 유출이 동시에 있으며 반응조 내에서는 완전혼합되어 반응한 후 유출된다.
- 유입된 액체의 일부분은 즉시 유출된다.
- 충격부하에 강하다.
- 부하변동에 강하다.
- 동일 용량 PFR에 비해 제거효율이 좋지 않다.

17

★★★

인구 6,000명인 마을에 산화구를 설계하고자 한다. 유량은 380L/cap · day, 유입 BOD_5 225mg/L이며 BOD 제거율은 90%, 슬러지 생성율(Y)은 0.65g MLVSS/g BOD_5이고 내생호흡계수는 $0.06day^{-1}$, 총고형물 중 생물학적 분해 가능한 분율은 0.8, MLVSS는 MLSS의 50%라고 할 때 다음 물음에 답하시오.

(1) 체류시간이 1day, 반송비 1일 때 반응조의 부피(m^3)

(2) 운전 MLSS 농도(mg/L)

정답

(1) $4,560m^3$

(2) 2,742.19mg/L

해설

(1) 반응조의 부피(∀) 구하기

$\forall=(Q+Q_r)\times t$

∀ : 반응조의 부피(m^3), Q : 유량(m^3/day)

Q_r : 반송유량(m^3/day), t : 시간(day)

$$\frac{380L}{인\cdot day}\times\frac{1m^3}{10^3L}\times 6,000인\times 2\times 1day=4,560m^3$$

※ 반송비가 1이면 유량의 100%가 재순환이므로 원수유량×2를 해야 한다.

(2) 운전 MLSS 농도(mg/L) 구하기

$X_rQ_w=Y(BOD_i-BOD_o)Q-K_d\cdot\forall\cdot X$

X_rQ_w : 잉여슬러지의 양(kg/day), Y : 세포생산계수

BOD_i : 유입 BOD 농도(mg/L), BOD_o : 유출 BOD 농도(mg/L)

Q : 유량(m^3/day), K_d : 내생호흡계수(day^{-1})

∀ : 부피(m^3), X : MLSS의 농도(mg/L)

이때, 산화구에서 발생하는 잉여슬러지는 0이므로

$Y(BOD_i-BOD_o)Q=K_d\cdot\forall\cdot X$

여기서, $BOD_i-BOD_o=BOD_i\times\eta$이므로

$$0.65\times\left(\frac{225mg}{L}\times 0.9\right)\times\left(\frac{380L}{cap\cdot day}\times 6,000인\times\frac{1m^3}{10^3L}\right)$$

$$=\frac{0.06}{day}\times 4,560m^3\times\frac{x\ mg}{L}\times 0.8\times 0.5$$

$\therefore x=2,742.1875≒2,742.19mg/L$

18

★☆☆

최종 BOD는 350mg/L이고 BOD_5는 235mg/L일 때 다음 물음에 답하시오. (단, 20℃에서의 탈산소계수 0.1/day)

(1) 5일의 산화율(%)

(2) 50% 산화되기까지 걸리는 시간(day)

(3) 25℃에서의 탈산소계수(day^{-1}) (단, 온도보정계수: 1.047)

정답

(1) 67.14%

(2) 3.01day

(3) $0.13day^{-1}$

해설

(1) 5일의 산화율(%) 구하기

$$\frac{BOD_5}{최종\ BOD}\times 100=\frac{235}{350}\times 100=67.1429≒67.14\%$$

(2) 50% 산화되기까지 걸리는 시간(t) 구하기

$소모\ BOD=BOD_u\times(1-10^{-K_1\cdot t})$

BOD_u : 최종 BOD(mg/L), K_1 : 탈산소계수(day^{-1})

t : 시간(day)

$0.5\times 350=350\times(1-10^{-0.1\times t})$

$\therefore t=3.0103≒3.01day$

(3) 25℃에서의 탈산소계수($K_{25℃}$) 구하기

$K_T=K_{20℃}\times 1.047^{(T-20)}$

$K_{25℃}=0.1/day\times 1.047^{(25-20)}=0.1258≒0.13day^{-1}$

2022년 | 1회 기출문제

01

★★☆

도시에서 발생되는 생활오수의 발생량이 아래 표와 같을 때 평균유량 조건하에서 저류지의 체류시간이 6시간이라면 오전 8시에서 오후 8시까지의 저류지의 평균 체류시간(hr)을 구하시오.

일중시간(오전)	0시	2시	4시	6시	8시	10시	12시
평균유량의 백분율(%)	88	77	69	66	88	102	125
일중시간(오후)	2시	4시	6시	8시	10시	12시	
평균유량의 백분율(%)	138	147	150	148	99	103	

정답

4.68hr

해설

$\forall = Q \cdot t \rightarrow t = \frac{\forall}{Q}$

※ 평균유량을 100m³/hr로 가정하면 체류시간이 6시간일 때 저류조의 크기는 600m³이다. 이를 오전 8시에서 오후 8시까지의 각 시간당 유량에 대입하여 체류시간을 계산한다.

$$\therefore t = \frac{600\text{m}^3}{\frac{(88+102+125+138+147+150+148)\text{m}^3/\text{hr}}{7}}$$

$= 4.6771 \fallingdotseq 4.68\text{hr}$

02

★★☆

패들 교반장치의 이론 소요동력식 $P = \frac{C_D \cdot A \cdot \rho \cdot V_p^3}{2}$ 을 이용하여 부피가 1,000m³인 혼합교반조의 속도경사를 30/sec로 유지하기 위한 소요동력(W)과 패들의 면적(m²)을 구하시오. (단, $\mu = 1.14 \times 10^{-3}$N·sec/m², $C_D = 1.8$, $V_p = 0.5$m/sec, $\rho = 1{,}000$kg/m³)

(1) 소요동력(W)

(2) 패들의 면적(m²)

정답

(1) 1,026W

(2) 9.12m²

해설

(1) 소요동력(P) 구하기

$P = G^2 \cdot \mu \cdot \forall$

P: 동력(W), G: 속도경사(sec⁻¹), μ: 점성계수(kg/m·sec)

$\forall$: 부피(m³)

$$\therefore P = \left(\frac{30}{\text{sec}}\right)^2 \times \frac{1.14 \times 10^{-3}\text{N}\cdot\text{sec}}{\text{m}^2} \times 1{,}000\text{m}^3 = 1{,}026\text{W}$$

(2) 패들의 면적(A) 구하기

$$P = \frac{C_D \cdot A \cdot \rho \cdot V_p^3}{2}$$

$$1{,}026\text{W} = \frac{1.8 \times A\text{m}^2 \times 1{,}000\text{kg/m}^3 \times (0.5\text{m/sec})^3}{2}$$

$\therefore A = 9.12\text{m}^2$

03 ★★☆

R.O(Reverse Osmosis)와 Electrodialysis의 기본원리를 각각 서술하시오.

(1) R.O(Reverse Osmosis)

(2) Electrodialysis

정답

(1) R.O(Reverse Osmosis): 용매만을 통과시키는 반투막을 이용하여 삼투압 이상의 압력을 가하여 용질을 분리해 내는 방법이다.

(2) Electrodialysis(전기투석법): 이온교환수지에 전하를 가하여 양이온과 음이온의 투과막으로 물을 분리해 내는 방법이다.

만점 KEYWORD

(1) 반투막, 삼투압 이상의 압력, 분리

(2) 이온교환수지, 전하, 이온, 투과막, 분리

04 ★★☆

폐수의 방류가 하천에 주는 영향을 최소화하기 위한 방법을 3가지 서술하시오.

정답

① 폐수의 방류수 수질기준을 강화한다.

② 오염물질을 처리할 수 있는 고도처리 공정을 추가 및 강화한다.

③ 방류수 주변에 오염물질 농도를 저감할 수 있는 식물 및 생물 등의 조경계획을 수립한다.

④ 생태 독성 저감 기술계획을 수립한다.

만점 KEYWORD

① 방류수, 수질기준, 강화

② 고도처리, 공정, 추가, 강화

③ 방류수, 주변, 오염물질, 저감, 식물, 생물, 조경계획, 수립

④ 생태, 독성, 저감, 기술계획, 수립

05 ★★☆

평균유량이 7,570m^3/day인 1차 침전지를 설계하려고 한다. 최대표면부하율은 89.6m^3/m^2 · day, 평균표면부하율은 36.7m^3/m^2 · day, 최대위어월류부하 389m^3/m · day, 최대유량/평균유량=2.75이다. 원주 위어의 최대위어월류부하가 적절한지 판단하고 이유를 서술하시오. (단, 원형침전지 기준)

정답

최대위어월류부하 권장치인 389m^3/m·day보다 낮으므로 적절하다.

해설

$$표면부하율=\frac{유량}{침전면적}$$

- **평균유량 – 평균표면부하율에서의 침전면적 계산**

$$\frac{36.7\text{m}^3}{\text{m}^2\cdot\text{day}}=\frac{7{,}570\text{m}^3/\text{day}}{A\text{m}^2}$$

$\therefore A=206.2670\text{m}^2$

- **최대유량 – 최대표면부하율에서의 침전면적 계산**

$$\frac{89.6\text{m}^3}{\text{m}^2\cdot\text{day}}=\frac{2.75\times7{,}570\text{m}^3/\text{day}}{A\text{m}^2}$$

$\therefore A=232.3382\text{m}^2$

※ 평균침전면적과 최대침전면적 중 더 큰 면적은 최대침전면적이므로 232.3382m^{2}를 기준으로 직경을 구한다.

$$A=\frac{\pi}{4}D^2$$

$$232.3382\text{m}^2=\frac{\pi}{4}D^2$$

$\therefore D=17.1995\text{m}$

$$최대위어월류부하=\frac{유량}{\text{Weir의 길이}}$$

$$=\frac{2.75\times7{,}570\text{m}^3/\text{day}}{17.1995\text{m}\times\pi}=385.2679\text{m}^3/\text{m}\cdot\text{day}$$

∴ 최대위어월류부하 권장치인 389m^3/m·day보다 낮으므로 적절하다.

06 ★★☆

다음 빈칸에 들어갈 말을 쓰시오.

미생물이 새로운 미생물을 형성하기 위하여 유기탄소를 이용하는 생물을 (①)이라고 하고, 세포합성에 필요한 에너지원으로 빛을 이용하는 생물을 (②)이라 부른다. 아질산염이나 질산염을 전자수용체로 사용하는 조건을 (③)이라 한다.

정답

① 종속영양계미생물
② 광합성미생물
③ 무산소조건

관련이론 | 미생물의 특성에 따른 분류

- 산소유무: Aerobic(호기성), Anaerobic(혐기성)
- 온도: Thermophilic(고온성), Psychrophilic(저온성)
- 에너지원: Photosynthetic(광합성), Chemosynthetic(화학합성)
- 탄소 공급원: Autotrophic(독립영양계), Heterotrophic(종속영양계)

	광합성 (에너지원: 빛)	화학합성 (에너지원: 산화환원반응)
독립영양 (탄소원: 무기탄소)	광합성 독립영양미생물 (에너지원으로 빛을 이용, 탄소원으로 무기탄소를 이용)	화학합성 독립영양미생물 (에너지원으로 산화환원반응 이용, 탄소원으로 무기탄소를 이용)
종속영양 (탄소원: 유기탄소)	광합성 종속영양미생물 (에너지원으로 빛을 이용, 탄소원으로 유기탄소를 이용)	화학합성 종속영양미생물 (에너지원으로 산화환원반응 이용, 탄소원으로 유기탄소를 이용)

07 ★★☆

다음의 조건이 주어졌을 때, 유입되는 완전혼합반응조에서 체류시간(hr)을 구하시오.

- 유입 COD: 960mg/L
- 유출 COD: 120mg/L
- MLSS: 3,000mg/L
- MLVSS$=0.7\times$MLSS
- $K=0.548$L/g·hr(MLVSS 기준)
- 생물학적으로 분해되지 않는 COD: 95mg/L
- 슬러지의 반송은 고려하지 않음
- 정상상태이며 1차 반응

정답

29.20hr

해설

$Q(C_0-C_t)=K\cdot\forall\cdot X\cdot C_t^m$

Q: 유량(m^3/hr), C_0: 초기 농도(mg/L), C_t: 나중 농도(mg/L)
K: 반응속도상수(L/mg·hr), $\forall$: 반응조 체적(m^3)
X: MLVSS의 농도(mg/L), m: 반응차수

$$\frac{\forall}{Q}=\frac{(C_0-C_t)}{K\cdot X\cdot C_t^m}=t$$

$$=\frac{(960-95)\text{mg/L}-(120-95)\text{mg/L}}{\frac{0.548\text{L}}{\text{g}\cdot\text{hr}}\times\frac{(0.7\times3{,}000)\text{mg}}{\text{L}}\times\frac{(120-95)\text{mg}}{\text{L}}\times\frac{1\text{g}}{10^3\text{mg}}}$$

$=29.1971≒29.20$hr

08

★★☆

농도가 100mg/L이고 유량이 1L/min인 추적물질을 하천에 주입하였다. 하천의 하류에서 추적물질의 농도가 5.5mg/L로 측정되었다면 이때 하천의 유량(m^3/sec)을 구하시오. (단, 추적물질은 하천에 자연적으로 존재하지 않음)

정답

$2.86\times10^{-4}m^3/sec$

해설

혼합공식을 이용한다.

$C_m=\frac{C_1Q_1+C_2Q_2}{Q_1+Q_2}$ (1: 추적물질, 2: 하천)

$5.5=\frac{100\times1+0\times Q_2}{1+Q_2}$

$\therefore Q_2=\frac{100}{5.5}-1=17.1818L/min$

$\frac{17.1818L}{min}\times\frac{1m^3}{10^3L}\times\frac{1min}{60sec}=2.8636\times10^{-4}\fallingdotseq2.86\times10^{-4}m^3/sec$

09

★★☆

정수처리에서 맛과 냄새를 제거하기 위한 방법 3가지를 쓰시오.

정답

폭기법, 염소처리법, 오존처리법, 활성탄처리법

10

★★★

메탄최대수율은 제거 1kg COD당 0.35m^3이다. 이를 증명하고, 유량이 675m^3/day이고 COD 3,000mg/L인 폐수의 COD 제거효율이 80%일 때의 CH_4의 발생량(m^3/day)을 구하시오.

(1) 증명과정

(2) CH_4의 발생량(m^3/day)

정답

(1) 증명과정

① $\underline{C_6H_{12}O_6}+\underline{6O_2}\rightarrow6H_2O+6CO_2$

180g : 6×32g=Xkg : 1kg

$\therefore X=\frac{180\times1}{6\times32}=0.9375kg/kg$

② $\underline{C_6H_{12}O_6}\rightarrow\underline{3CH_4}+3CO_2$

180g : 3×22.4L=0.9375kg : Ym^3

$\therefore Y=\frac{3\times22.4\times0.9375}{180}=0.35m^3/kg$

(2) 567m^3/day

해설

(1) 해설이 따로 없습니다. 정답에 증명과정을 쓰시면 됩니다.

(2) CH_4의 발생량(m^3/day) 구하기

$\frac{675m^3}{day}\times\frac{3,000mg}{L}\times\frac{1kg}{10^6mg}\times\frac{10^3L}{1m^3}\times0.8\times\frac{0.35m^3}{kg}$

$=567m^3/day$

11

★★☆

직경 0.5m로 판 자유수면 정호에서 양수 전의 지하수위는 불투수층 위로 20m였다. 100m^3/hr로 양수할 때 양수정으로부터 10m와 20m 떨어진 관측정의 수위는 2m와 1m 각각 저하하였다. 이때 대수층의 (1)투수계수(m/hr)와 양수정에서의 (2)수위저하(m)를 구하시오.

$\left(\text{단, } Q=\dfrac{\pi K(H^2-h_0^{\,2})}{2.3\log(R/r_0)}=\dfrac{\pi K(h_2^{\,2}-h_1^{\,2})}{\ln(r_2/r_1)}\right)$

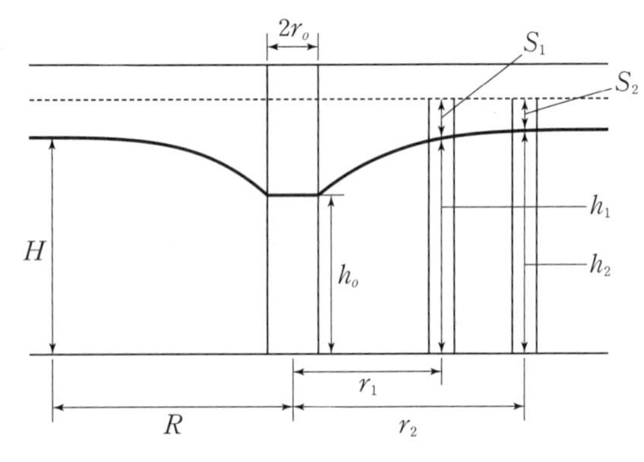

(1) 투수계수(m/hr)

(2) 수위저하(m)

정답

(1) 0.60m/hr

(2) 8.72m

해설

(1) 투수계수(K) 구하기

$$Q=\frac{\pi K(h_2^{\,2}-h_1^{\,2})}{\ln(r_2/r_1)}$$

Q: 양수량(m^3/hr), K: 투수계수(m/hr), h: 수심(m)

r: 반지름(m)

$$100\text{m}^3/\text{hr}=\frac{\pi K(19^2-18^2)\text{m}^2}{\ln(20/10)}$$

$\therefore K=0.5963 \fallingdotseq 0.60\text{m/hr}$

(2) 수위저하(h_0) 구하기

$$Q=\frac{\pi K(H^2-h_0^{\,2})}{2.3\log(R/r_0)}$$

$$100\text{m}^3/\text{hr}=\frac{\pi\times0.5963\text{m/hr}\times(19^2-h_0^{\,2})}{2.3\log(20/0.25)}$$

$\therefore h_0=11.2848$

$\therefore$ 수위저하$=20-11.2848=8.7152\fallingdotseq 8.72$m

12

★★☆

활성슬러지 공법으로 운영되는 포기조의 SVI를 측정한 결과 100이었다. MLSS의 농도가 3,000mg/L라면 SV_{30}(cm^3)를 구하시오.

정답

300cm^3

해설

$$\text{SVI}=\frac{SV_{30}(\text{mL/L})}{\text{MLSS(mg/L)}}\times10^3$$

SVI: 슬러지 용적지수(mL/g)

SV_{30}: 30분 침강 후 슬러지 부피(mL/L)

$$100=\frac{SV_{30}}{3{,}000}\times10^3$$

$\therefore SV_{30}=300\text{mL/L}=300\text{cm}^3$

13

★★☆

다음은 반응조의 혼합상태에서 이상적인 흐름을 유지하기 위한 조건 지표이다. 아래의 빈칸에 들어갈 말을 쓰시오.

혼합 정도의 표시	완전혼합흐름상태 CMFR	플러그흐름상태 PFR
분산	(　　)	(　　)
분산수	(　　)	(　　)

정답

혼합 정도의 표시	완전혼합흐름상태 CMFR	플러그흐름상태 PFR
분산	1일 때	0일 때
분산수	무한대일 때	0일 때

14 ★★☆

아래의 공정도는 생물학적 고도처리 공법 중 하나이다. 이 공정도의 공법명과 각 공정의 역할(유기물 제거 제외)을 서술하시오.

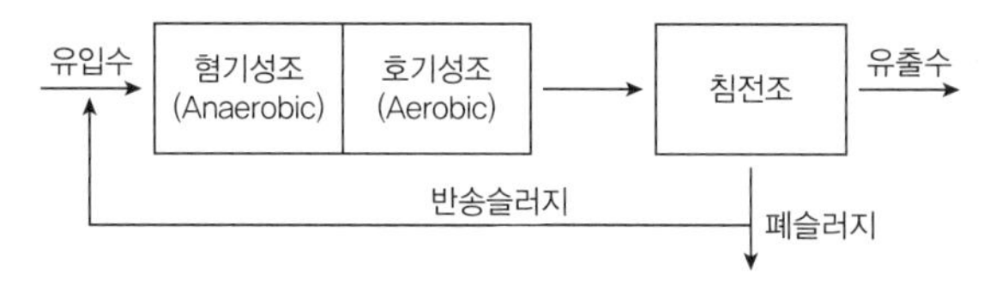

(1) 공법명
(2) 혐기조 역할
(3) 호기조 역할

정답

(1) A/O 공법
(2) 인의 방출이 일어난다.
(3) 인의 과잉흡수가 일어난다.

관련이론 | 혐기호기조합법(A/O 공법)

(1) 혐기호기조합법(A/O 공법) 개요

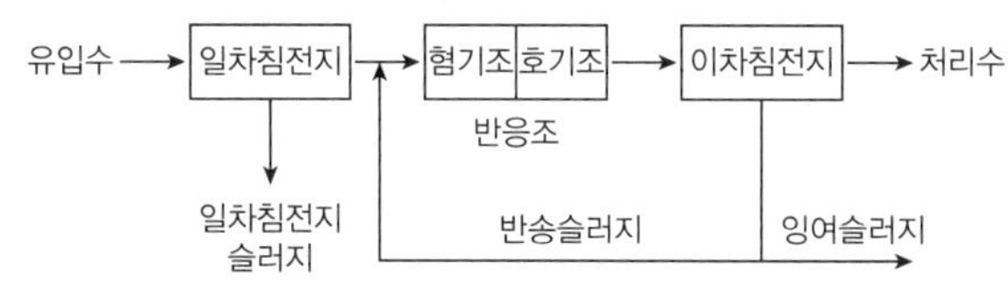

① 표준활성슬러지법의 반응조 전반 20～40% 정도를 혐기반응조로 하는 것이 표준이다.
② 폐슬러지의 인의 함량(3～5%)이 높아 비료의 가치가 있다.

(2) 각 반응조의 역할

① 혐기조: 인의 방출
② 호기조: 유기물 제거 및 인의 과잉흡수

15 ★★☆

다음과 같은 조건으로 여과지를 운영할 때 물음에 답하시오.

- 처리유량: 80,000m^3/day
- 여과속도: 120m/day
- 표면세척속도: 30cm/min
- 역세척속도: 50cm/min
- 표면세척시간: 3min
- 역세척시간: 6min
- 여과지 개수: 10지

(1) 여과지 1지당 여과면적(m^2)
(2) 각 여과지에 필요한 총 세척수량(m^3)

정답

(1) 66.67m^2
(2) 260.00m^3

해설

(1) 여과지 1지당 여과면적(m^2) 구하기

$$\text{여과지 1지 면적} = \frac{\text{유량}}{\text{여과속도} \times \text{여과지개수}}$$

$$= \frac{\frac{80{,}000\text{m}^3}{\text{day}}}{\frac{120\text{m}}{\text{day}} \times 10\text{지}} = 66.6667 \fallingdotseq 66.67\text{m}^2/\text{지}$$

(2) 각 여과지에 필요한 총 세척수량(m^3) 구하기

① 표면세척수량 계산

$$\frac{30\text{cm}}{\text{min}} \times \frac{1\text{m}}{100\text{cm}} \times \frac{66.6667\text{m}^2}{\text{지}} \times 3\text{min} = 60.00\text{m}^3/\text{지}$$

② 역세척수량 계산

$$\frac{50\text{cm}}{\text{min}} \times \frac{1\text{m}}{100\text{cm}} \times \frac{66.6667\text{m}^2}{\text{지}} \times 6\text{min} = 200.00\text{m}^3/\text{지}$$

③ 각 여과지에 필요한 총 세척수량 계산

$\therefore$ 60.00m^3/지 + 200.00m^3/지 = 260.00m^3/지

16

★★☆

혐기성 소화에서 일어나는 운전상의 문제점 중에 소화가스 발생량 저하에 관한 원인 4가지와 이에 대한 대책을 쓰시오.

(1) 원인(4가지)

(2) 대책(4가지)

정답

(1) ① 저농도 슬러지 유입
② 소화슬러지 과잉배출
③ 조내 온도저하
④ 소화가스 누출
⑤ 과다한 산 생성

(2) ① 저농도의 경우는 슬러지 농도를 높이도록 노력한다.
② 과잉배출의 경우는 배출량을 조절한다.
③ 저온일 때는 온도를 일정온도까지 높인다. 가온시간이 정상인데 온도가 떨어지는 경우는 보일러를 점검한다.
④ 가스누출은 위험하므로 수리한다.
⑤ 과다한 산은 과부하, 공장폐수의 영향일 수도 있으므로 부하조정 또는 배출 원인의 감시가 필요하다.

관련이론 | 소화가스 발생량 저하의 원인 및 대책

구분	내용
원인	• 저농도 슬러지 유입 • 조내 온도저하 • 소화슬러지 과잉배출 • 소화가스 누출 • 과다한 산 생성
대책	• 저농도의 경우는 슬러지 농도를 높이도록 노력한다. • 과잉배출의 경우는 배출량을 조절한다. • 저온일 때는 온도를 일정온도까지 높인다. 가온시간이 정상인데 온도가 떨어지는 경우는 보일러를 점검한다. • 조용량 감소는 스컴 및 토사 퇴적이 원인이므로 준설한다. 또한 슬러지 농도를 높이도록 한다. • 가스누출은 위험하므로 수리한다. • 과다한 산은 과부하, 공장폐수의 영향일 수도 있으므로 부하조정 또는 배출 원인의 감시가 필요하다.

17

★★☆

수심이 3.7m이고 폭이 12m인 침사지에 유속이 0.05m/sec인 폐수가 유입될 때 다음 식에 의한 프루드 수(Fr, Froude Number)를 구하시오. (단, $Fr=\frac{V^2}{g \cdot R}$)

정답

1.11×10^{-4}

해설

$Fr=\frac{V^2}{g \cdot R}$

Fr: 프루드 수, V: 유속(m/sec), g: 중력가속도(9.8m/sec^2)

R: 경심(m)

$R(\text{경심})=\frac{\text{단면적}}{\text{윤변}}=\frac{3.7 \times 12}{2 \times 3.7+12}=2.2887\text{m}$

$\therefore Fr=\frac{0.05^2}{9.8 \times 2.2887}=1.1146 \times 10^{-4} \fallingdotseq 1.11 \times 10^{-4}$

18

★★☆

300mL BOD병에 50mL 시료를 넣고 나머지 부분은 희석수로 채운 후 BOD 실험을 했다. 이때 초기 DO 농도는 8mg/L, 5일 후 DO 농도가 6mg/L라고 한다면 시료의 BOD(mg/L)를 구하시오.

정답

12mg/L

해설

$BOD=(DO_1-DO_2) \times P$

DO_1: 초기 DO 농도(mg/L), DO_2: 5일 후 DO 농도(mg/L)

P: 희석배수

$\therefore BOD=(8-6)\text{mg/L} \times \frac{300\text{mL}}{50\text{mL}}=12\text{mg/L}$

2021년 | 3회 기출문제

01

★★★

호수의 부영양화 억제 방법 중에서 호수 내에서 가능한 통제 대책을 3가지 쓰시오.

정답

① 수생식물을 이용하여 원인 물질을 저감한다.
② 영양염류가 농축된 저질토를 준설한다.
③ 차광막을 설치하여 빛을 차단함으로써 조류 증식을 방지한다.
④ 영양염류가 높은 심층수를 방류한다.
⑤ 심층폭기 및 강제순환으로 저질토로부터의 인의 방출을 막는다.

만점 KEYWORD

① 수생식물, 원인 물질, 저감
② 영양염류, 농축, 저질토
③ 차광막, 조류 증식, 방지
④ 영양염류, 높은, 심층수
⑤ 심층폭기, 강제순환, 인의 방출, 막음

관련이론 | **부영양화 원인 및 관리 대책**

(1) **부영양화 원인**

영양염류 증가 → 조류 증식 → 호기성 박테리아 증식 → 용존산소 과다 소모 → 어패류 폐사 → 물환경 불균형

(2) **부영영화 관리 대책**

① 부영양화의 수면관리 대책
- 수생식물의 이용과 준설
- 약품에 의한 영양염류의 침전 및 황산동 살포
- N, P의 유입량 억제

② 부영양화의 유입저감 대책
- 배출허용기준의 강화
- 하·폐수의 고도처리
- 수변구역의 설정 및 유입배수의 우회

02

★☆☆

토양의 입도분포를 조사한 결과가 아래와 같을 때 유효경(mm)과 균등계수를 구하시오. (단, D_{10}: 통과중량백분율 10%, D_{30}: 통과중량백분율 30%, D_{60}: 통과중량백분율 60%에 해당하는 입자의 직경)

	D_{10}	D_{30}	D_{60}
직경(mm)	0.053	0.1	0.42

(1) 유효경(mm)
(2) 균등계수

정답

(1) 0.053mm
(2) 7.92

해설

(1) **유효경(mm) 구하기**

※ 유효경은 통과중량백분율 10%에 해당하는 입자의 직경을 말하며 D_{10}과 같다.

∴ 유효경$=D_{10}=0.053$mm

(2) **균등계수 구하기**

※ 균등계수는 통과중량백분율 60%에 해당하는 입자의 직경과 유효경의 비를 말한다.

$$\therefore \text{균등계수}=\frac{D_{60}}{\text{유효경}}=\frac{D_{60}}{D_{10}}=\frac{0.42}{0.053}=7.9245 \fallingdotseq 7.92$$

03

★★☆

유역면적이 2km^{2}인 지역에서의 우수유출량을 산정하기 위해 합리식을 사용하였다. 관로 길이가 1,000m인 하수관의 우수유출량(m^3/sec)을 구하시오.

(단, 강우강도 I(mm/hr)$=\frac{3,600}{t+30}$, 유입시간 5분, 유출계수 0.7, 관 내의 평균 유속 40m/min)

정답

23.33m^3/sec

해설

$Q=\frac{1}{360}CIA$

Q: 최대계획우수유출량(m^3/sec), C: 유출계수

I: 유달시간(t) 내의 평균강우강도(mm/hr), A: 유역면적(ha)

t: 유달시간(min), t(min)=유입시간+유하시간$\left(=\frac{길이(L)}{유속(V)}\right)$

※ 합리식에 의한 우수유출량 공식은 특히 각 문자의 단위를 주의해야 한다.

- **유달시간(t) 계산**

$$t(\text{min})=유입시간+유하시간\left(=\frac{길이(L)}{유속(V)}\right)$$

$$=5\text{min}+1,000\text{m}\times\frac{\text{min}}{40\text{m}}=30\text{min}$$

- **강우강도(I) 계산**

$$I=\frac{3,600}{t+30}=\frac{3,600}{30+30}=60\text{mm/hr}$$

- **유역면적(A) 계산**

$$A=2\text{km}^2\times\frac{100\text{ha}}{1\text{km}^2}=200\text{ha}$$

- **유량(Q) 계산**

$$\therefore Q=\frac{1}{360}CIA$$

$$=\frac{1}{360}\times0.7\times60\times200=23.3333\fallingdotseq23.33\text{m}^3/\text{sec}$$

04

★★☆

고형물질의 분석결과 TS=325mg/L, FS=200mg/L, VSS=55mg/L, TSS=100mg/L라고 한다면 이때의 VS, VDS, TDS, FDS, FSS의 농도(mg/L)를 구하시오.

(1) VS
(2) VDS
(3) TDS
(4) FDS
(5) FSS

정답

(1) 125mg/L
(2) 70mg/L
(3) 225mg/L
(4) 155mg/L
(5) 45mg/L

해설

총고형물

TVS 휘발성 고형물	TFS 강열잔류 고형물	
VSS 휘발성 부유고형물	FSS 강열잔류성 부유고형물	TSS: 총부유고형물
VDS 휘발성 용존고형물	FDS 강열잔류성 용존고형물	TDS: 총용존고형물

(1) VS=TS−FS=325mg/L−200mg/L=125mg/L
(2) VDS=VS−VSS=125mg/L−55mg/L=70mg/L
(3) TDS=TS−TSS=325mg/L−100mg/L=225mg/L
(4) FDS=TDS−VDS=225mg/L−70mg/L=155mg/L
(5) FSS=FS−FDS=200mg/L−155mg/L=45mg/L

05 ★★☆

호수나 저수지를 수원으로 선정할 경우 고려해야 할 사항 4가지를 서술하시오.

정답

① 수량이 풍부해야 한다.
② 수질이 좋아야 한다.
③ 가능한 한 높은 곳에 위치해야 한다.
④ 수돗물 소비지에서 가까운 곳에 위치해야 한다.

만점 KEYWORD

① 수량, 풍부
② 수질, 좋음
③ 가능한, 높은 곳
④ 수돗물 소비지, 가까운 곳

06 ★★★

펌프의 수격작용의 원인 및 방지대책을 각각 2가지씩 서술하시오.

(1) 원인(2가지)
(2) 방지대책(2가지)

정답

(1) ① 만관 내에 흐르고 있는 물의 속도가 급격히 변화할 경우
② 펌프가 정전 등으로 인해 정지 및 가동을 할 경우
③ 펌프를 급하게 가동할 경우
④ 토출측 밸브를 급격히 개폐할 경우

(2) ① 펌프에 플라이휠(Fly-wheel)을 붙여 펌프의 관성을 증가시킨다.
② 토출관측에 조압수조를 설치한다.
③ 관 내 유속을 낮추거나 관로상황을 변경한다.
④ 토출측 관로에 한 방향 조압수조를 설치한다.
⑤ 펌프 토출구 부근에 공기탱크를 두거나 부압 발생지점에 흡기 밸브를 설치하여 압력 강하 시 공기를 넣어준다.

07 ★★☆

주어진 조건이 다음과 같을 때, 물음에 답하시오.

- 처리유량: $50,000\text{m}^3/\text{day}$
- 여과속도: $5\text{m}^3/\text{m}^2\cdot\text{hr}$
- 여과지의 수: 5지
- 역세척 시간(1회 기준): 20min
- 역세척 횟수(하루 기준): 6회
- 여과지 길이 : 폭=2 : 1

(1) 1일 여과시간(hr)
(2) 1지당 소요되는 이론적 여과면적(m^2)
(3) 여과지의 폭(m)과 길이(m)

정답

(1) 22hr
(2) 90.91m^2
(3) 폭: 6.74m, 길이: 13.48m

해설

(1) 1일 여과시간(hr) 구하기

실제 여과시간=1일−역세척 시간

$$\text{역세척 시간}=\frac{20\text{min}}{\text{회}}\times\frac{1\text{hr}}{60\text{min}}\times 6\text{회}=2\text{hr}$$

∴ 1일−역세척시간=24hr−2hr=22hr

(2) 1지당 소요되는 이론적 여과면적(A) 구하기

$$\text{면적}(A)=\frac{\text{유량}(Q)}{\text{속도}(V)}$$

$$=\frac{50,000\text{m}^3}{\text{day}}\times\frac{\text{m}^2\cdot\text{hr}}{5\text{m}^3}\times\frac{1\text{day}}{22\text{hr}}\times\frac{1}{5}=90.9091\text{m}^2$$

(3) 여과지의 폭(W)과 길이(L) 구하기

길이(L) : 폭(W)=2 : 1 이므로 $L=2W$

$A=L\times W=2W\times W=2W^2=90.9091\text{m}^2$

∴ $W=6.7420≒6.74\text{m}$

$L=2W=2\times 6.74\text{m}=13.48\text{m}$

08 ★☆☆

공정표 작성방법 중 막대식과 네트워크식 공정표의 장점, 단점, 용도를 각각 2가지씩 서술하시오.

(1) 막대식 공정표
① 장점
② 단점
③ 용도

(2) 네트워크식 공정표
① 장점
② 단점
③ 용도

정답

(1) ① 장점
- 공정표가 단순하여 작성이 쉽다.
- 각 공정별 일정이 보기 쉬워 공사에 대한 판단이 용이하다.
- 각 공정별 공사와 전체 공사의 일정 등을 나타내는 데 용이하다.

② 단점
- 각 공정별 관계를 파악하기 어렵다.
- 주된 공정을 파악하기 어려워 전체 공정의 일정관리가 어렵다.
- 공정이 복잡할 경우 세밀한 계획을 세우기 어렵다.

③ 용도
- 단순한 작업에 사용한다.
- 공사 규모가 작은 공정에 사용한다.

(2) ① 장점
- 공정 간의 상호관계가 명확히 표시되어 다른 공정에 미치는 영향을 파악할 수 있다.
- 공정의 특성을 파악하기 쉽고 중점적인 관리가 가능하다.
- 공정 중간에 문제가 발생한 경우 수정할 부분을 객관적으로 파악할 수 있다.

② 단점
- 공정표를 작성하는 데 많은 시간이 필요하다.
- 공정표를 작성하는 데 경험과 기술을 가진 인력이 필요하다.
- 공정 세분화 및 수정이 어렵다.

③ 용도
- 복잡한 작업에 사용한다.
- 공사 규모가 큰 공정에 사용한다.

관련이론 | 막대식 공정표와 네트워크식 공정표

(1) 막대식 공정표

① 간트차트라고도 하며, 전체를 쉽게 파악할 수 있는 공정표로 작성하기 간편하고 초보자도 이용하기 쉽다.
② 종류로는 사건 경과에 따른 공정을 횡선으로 표시한 횡선식 공정표, 공사의 기성고를 표시하는 데 편리한 사선식 공정표가 있다.
③ 단기간 계획 시 주로 쓰이지만 공정 간의 연관 관계를 파악하기에는 어렵다는 단점이 있다.

(2) 네트워크식 공정표

① 공정의 관계를 망상형으로 표현하며 공정상 계획 및 관리와 관련된 정보를 기입하여 진도관리하는 공정표이다.
② 종류로는 일정 및 비용 관리를 위한 기법인 PERT(Program Evaluation&Review Technique), 공비 절감을 목적으로 한 CPM(Critical Path Method), 반복적이고 많은 작업이 동시에 일어날 때 쓰이는 PDM(Precedence Diagraming Method)기법 등이 있다.
③ 복잡하고 규모가 큰 공정에 주로 쓰이지만 공정표를 작성하는 데 많은 시간이 필요하다는 단점이 있다.

09

★★☆

환경영향평가의 과정 중 빈칸에 알맞은 용어를 쓰시오.

> 스크리닝 → 제안행위목적 및 특성기술 → (①) → 스코핑 → (②) → (③) → 저감방안 설정 → (④) → 평가서 작성 → 제안행위 승인 → (⑤)

정답

① 대안설정
② 현황조사
③ 예측 및 평가
④ 대안평가
⑤ 사후검토

10

★☆☆

정수장에서 주로 사용하는 입상활성탄(GAC)의 제조 공정을 서술하시오.

정답

석탄 → 분쇄/성형 → 탄화(500~700℃) → 파쇄 → 수증기 활성화(800~1,000℃) → 정제/입도선별 → 출하

관련이론 | 활성탄 제조 공정

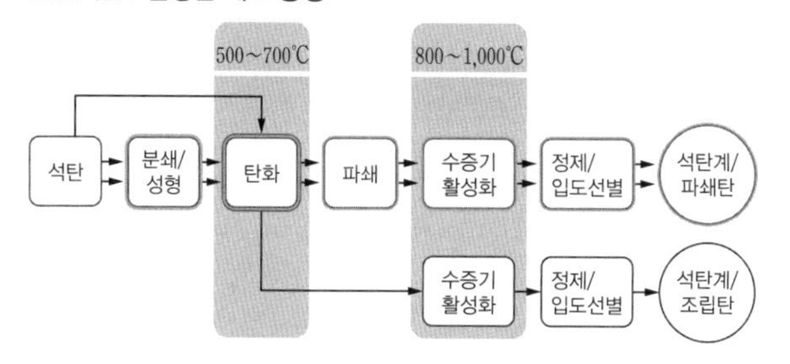

11

★★☆

포도당($C_6H_{12}O_6$) 용액 1,000mg/L가 있을 때, 아래의 물음에 답하시오. (단, 표준상태 기준)

(1) 혐기성 분해 시 생성되는 이론적 CH_4의 발생량(mg/L)
(2) 용액 1L를 혐기성 분해 시 발생되는 이론적 CH_4의 양(mL)

정답

(1) 266.67mg/L
(2) 373.33mL

해설

(1) **혐기성 분해 시 생성되는 이론적 CH_4의 발생량(mg/L) 구하기**

$C_6H_{12}O_6 \rightarrow 3CO_2 + 3CH_4$

$180g : 3 \times 16g = 1{,}000mg/L : Xmg/L$

$\therefore X = \frac{3 \times 16 \times 1{,}000}{180} = 266.6667 \fallingdotseq 266.67mg/L$

(2) **용액 1L를 혐기성 분해 시 발생되는 이론적 CH_4의 양(mL) 구하기**

$C_6H_{12}O_6 \rightarrow 3CO_2 + 3CH_4$

$180g : 3 \times 22.4L = 1{,}000mg/L \times 1L : YmL$

$\therefore Y = \frac{3 \times 22.4 \times 1{,}000 \times 1}{180} = 373.3333 \fallingdotseq 373.33mL$

관련이론 | 메탄(CH_4)의 발생

(1) **글루코스($C_6H_{12}O_6$) 1kg 당 메탄가스 발생량 (0℃, 1atm)**

$C_6H_{12}O_6 \rightarrow 3CH_4 + 3CO_2$

$180g : 3 \times 22.4L = 1kg : Xm^3$

$\therefore X = \frac{3 \times 22.4 \times 1}{180} = 0.3733 \fallingdotseq 0.37m^3$

(2) **최종 BOD_u 1kg 당 메탄가스 발생량 (0℃, 1atm)**

① BOD_u를 이용한 글루코스 양(kg) 계산

$C_6H_{12}O_6 + 6O_2 \rightarrow 6H_2O + 6CO_2$

$180g : 6 \times 32g = Xkg : 1kg$

$\therefore X = \frac{180 \times 1}{6 \times 32} = 0.9375kg$

② 글루코스의 혐기성 분해식을 이용한 메탄의 양(m^3) 계산

$C_6H_{12}O_6 \rightarrow 3CH_4 + 3CO_2$

$180g : 3 \times 22.4L = 0.9375kg : Ym^3$

$\therefore Y = \frac{3 \times 22.4 \times 0.9375}{180} = 0.35m^3$

12 ★★★

암모니아 탈기법에 의해 폐수 중의 암모니아성 질소를 제거하려고 한다. 암모니아성 질소 중의 NH_3를 98%로 하기 위한 pH를 구하시오. (단, 암모니아성 질소 중의 평형 $NH_3 + H_2O \leftrightarrow NH_4^+ + OH^-$, 평형상수 $K=1.8\times10^{-5}$)

정답

10.95

해설

- NH_4^+/NH_3 비율 계산

  $NH_3(\%)=\frac{NH_3}{NH_3+NH_4^+}\times100$

  $98=\frac{NH_3}{NH_3+NH_4^+}\times100$

  분모, 분자에 NH_3로 나누고 정리하면

  $\frac{98}{100}=\frac{1}{1+NH_4^+/NH_3}$

  $\therefore NH_4^+/NH_3=0.0204$

- 수산화이온의 몰농도(mol/L) 계산

  $NH_3+H_2O \rightleftarrows NH_4^+ + OH^-$

  $K=\frac{[NH_4^+][OH^-]}{[NH_3]}$

  $1.8\times10^{-5}=0.0204\times[OH^-]$

  $[OH^-]=8.8235\times10^{-4}mol/L$

- pH 계산

  $\therefore pH=14-\log\left(\frac{1}{8.8235\times10^{-4}}\right)=10.9456\fallingdotseq10.95$

13 ★★☆

평균유량이 10,000m^3/day인 1차 침전지를 설계하려고 한다. 최대표면부하율은 80$m^3/m^2\cdot day$, 평균표면부하율은 30$m^3/m^2\cdot day$, 최대유량/평균유량=2.8이다. 이때 원형침전지의 직경(표준 규격직경 기준)을 구하시오. (단, 표준 규격직경은 10m, 15m, 20m, 25m, 30m, 35m, 40m 등)

정답

25m

해설

$표면부하율=\frac{유량}{침전면적}$

- 평균유량－평균표면부하율에서의 침전면적 계산

  $\frac{30m^3}{m^2\cdot day}=\frac{10,000m^3/day}{Am^2}$

  $\therefore A=333.3333m^2$

- 최대유량－최대표면부하율에서의 침전면적 계산

  $\frac{80m^3}{m^2\cdot day}=\frac{2.8\times10,000m^3/day}{Am^2}$

  $\therefore A=350m^2$

  ※ 평균침전면적과 최대침전면적 중 더 큰 면적은 최대침전면적이므로 $350m^2$를 기준으로 직경을 구한다.

  $A=\frac{\pi}{4}D^2$

  $350m^2=\frac{\pi}{4}D^2$

  $D=21.1100m$

  $\therefore$ 직경(D)은 21.1100m이므로 표준 규격직경 기준 25m를 선택해야 한다.

14

★☆☆

공정의 냉각을 위해 사용한 열폐수를 해양으로 배출했을 때 열오염(Thermal Pollution)이 발생한다. 이때 나타날 수 있는 수생 생태계의 변화를 4가지 서술하시오.

정답

① 수온 상승으로 용존산소량이 감소한다.
② 플랑크톤이 증가한다.
③ 어류의 환경이 고온성으로 변화한다.
④ 독성 물질에 대한 저항성이 감소한다.
⑤ 특정종이 증가하거나 사멸한다.

만점 KEYWORD

① 용존산소량, 감소
② 플랑크톤, 증가
③ 환경, 고온성
④ 독성 물질, 저항성, 감소
⑤ 특정종, 증가, 사멸

15

★★★

다음의 주요 막공법의 구동력을 쓰시오.

(1) 역삼투
(2) 전기투석
(3) 투석

정답

(1) 정수압차
(2) 전위차(기전력)
(3) 농도차

관련이론 | 막여과공법의 종류와 구동력

종류	구동력
정밀여과	정수압차
한외여과	정수압차
역삼투	정수압차
전기투석	전위차(기전력)
투석	농도차

※ 투석: 선택적 투과막을 통해 용액 중에 다른 이온 혹은 분자의 크기가 다른 용질을 분리시키는 것이다.

16

★★☆

하수관에서 발생하는 황화수소에 의한 관정부식을 방지하는 대책을 3가지 쓰시오.

정답

① 공기, 산소, 과산화수소, 초산염 등의 약품을 주입하여 황화수소의 발생을 방지한다.
② 환기를 통해 관 내 황화수소를 희석한다.
③ 산화제의 첨가에 의한 황화물의 산화, 금속염의 첨가에 의한 황화수소의 고정화로 기상 중으로의 확산을 방지한다.
④ 황산염 환원세균의 활동을 억제시킨다.
⑤ 유황산화 세균의 활동을 억제시킨다.
⑥ 방식 재료를 사용하여 관을 방호한다.

만점 KEYWORD

① 공기, 산소, 과산화수소, 초산염, 약품, 황화수소, 방지
② 환기, 관 내 황화수소, 희석
③ 산화제 첨가, 황화물 산화, 금속염 첨가, 황화수소 고정화, 확산, 방지
④ 황산염 환원세균, 억제
⑤ 유황산화 세균, 억제
⑥ 방식 재료, 관, 방호

관련이론 | 관정부식(Crown 현상)

혐기성 상태에서 황산염이 황산염 환원세균에 의해 환원되어 황화수소를 생성

↓

황화수소가 콘크리트 벽면의 결로에 재용해되고 유황산화 세균에 의해 황산으로 산화

↓

콘크리트 표면에서 황산이 농축되어 pH가 1~2로 저하
→ 콘크리트의 주성분인 수산화칼슘이 황산과 반응
→ 황산칼슘 생성, 관정부식 초래

17

★☆☆

활성탄의 재생방법 중 아래 방법의 원리를 서술하시오.

(1) 건식가열법
(2) 약품재생법
(3) 전기화학적 재생법
(4) 생물학적 재생법

정답

(1) 건식가열법은 사용을 마친 활성탄을 약 100℃의 재생로에서 건조시켜 흡착된 물질을 탈락시키며 재생하는 방법이다.
(2) 약품재생법은 추출이 가능한 용매를 이용하여 흡착된 물질을 추출하고 재생하는 방법이다.
(3) 전기화학적 재생법은 전해질 수용액에 재생할 활성탄을 넣은 후 전기분해로 산소를 발생시켜 흡착된 물질을 산화반응하는 방법이다.
(4) 생물학적 재생법은 호기성 미생물을 주입하여 미생물로 활성탄에 흡착된 유기물을 분해하는 방법이다.

만점 KEYWORD

(1) 활성탄, 재생로, 건조, 흡착된 물질, 탈락, 재생
(2) 용매, 흡착된 물질, 추출, 재생
(3) 전해질 수용액, 활성탄, 전기분해, 산소, 흡착된 물질, 산화
(4) 호기성 미생물, 주입, 흡착된 유기물, 분해

18

★☆☆

A공장에서 배출되는 pH 3인 산성폐수를 인접 B공장 폐수와 혼합 처리하고자 한다. 인접 B공장 폐수 pH는 10이다. 두 공장의 유량의 비가 A : B=2 : 5라면 폐수를 혼합한 후의 pH를 구하시오.

정답

3.67

해설

pH 3인 폐수의 H^+ eq와 pH 10인 폐수의 OH^- eq의 차이가 pH에 영향을 주게 된다.
이에 대한 관계식을 이용하면,
$N'V' - NV = N_0(V' + V)$
A : B의 유량의 비가 2 : 5이므로 각각 2L, 5L로 가정한다.

- **pH 3인 폐수의 H^+ eq 계산**
  $[H^+] = 10^{-3}\text{mol/L} = 10^{-3}\text{eq/L}$
  $\therefore H^+ \text{ eq} = \frac{10^{-3}\text{eq}}{\text{L}} \times 2\text{L} = 2 \times 10^{-3}\text{eq}$
- **pH 10인 폐수의 OH^- eq 계산**
  $[OH^-] = 10^{-4}\text{mol/L} = 10^{-4}\text{eq/L}$
  $\therefore OH^- \text{ eq} = \frac{10^{-4}\text{eq}}{\text{L}} \times 5\text{L} = 5 \times 10^{-4}\text{eq}$
- **혼합폐수의 노르말농도 계산**
  $N'V' - NV = N_0(V' + V)$
  $(2 \times 10^{-3} - 5 \times 10^{-4})\text{eq} = N_0(2\text{L} + 5\text{L})$
  $\therefore N_0 = 2.1429 \times 10^{-4}\text{eq/L}$
- **pH 계산**
  $\text{pH} = -\log(2.1429 \times 10^{-4}) = 3.6690 \fallingdotseq 3.67$

2021년 | 2회 기출문제

01

★★☆

폐수의 유량이 200m³/day이고 부유고형물의 농도가 300mg/L이다. 공기부상실험에서 공기와 고형물의 비가 0.05mg Air/mg Solid일 때 최적의 부상을 나타낸다. 설계온도 20℃이고 공기용해도는 18.7mL/L, 용존 공기의 분율 0.6, 부하율 8L/m² · min, 운전압력이 4기압일 때 부상조의 반송률(%)을 구하시오.

정답

44.07%

해설

A/S비 공식을 이용한다.

$$A/S비 = \frac{1.3S_a(f \cdot P - 1)}{SS} \times R$$

S_a: 공기의 용해도(mL/L), f: 용존 공기의 분율, P: 운전압력(atm)

SS: 부유고형물 농도(mg/L), R: 반송비

$$0.05 = \frac{1.3 \times 18.7 \times (0.6 \times 4 - 1)}{300} \times R$$

$\therefore R = 0.4407 = 44.07\%$

02

★★☆

활성탄의 재생방법을 5가지 쓰시오.

정답

① 수세법

② 가열재생법

③ 약품재생법

④ 용매추출법

⑤ 미생물 분해법

⑥ 습식산화법

03

★★☆

슬러지의 고형물 농도가 4%에서 7%로 농축되었을 때 슬러지의 부피 감소율(%)을 구하시오. (단, 1일 슬러지 발생량: 100m³, 비중: 1.0)

정답

42.86%

해설

$\rho_1 V_1(1 - W_1) = \rho_2 V_2(1 - W_2)$

ρ_1: 농축 전 비중, ρ_2: 농축 후 비중

V_1: 농축 전 슬러지 부피(m³), V_2: 농축 후 슬러지 부피(m³)

W_1: 농축 전 슬러지 함수율, W_2: 농축 후 슬러지 함수율

$100m^3 \times 0.04 = V_2 \times 0.07$

$\therefore V_2 = 57.1429m^3$

$$\therefore 부피\ 감소율(\%) = \left(\frac{V_1 - V_2}{V_1}\right) \times 100 = \left(\frac{100 - 57.1429}{100}\right) \times 100 = 42.8571 \fallingdotseq 42.86\%$$

04 ★☆☆

슬러지 팽화현상(Sludge Bulking)의 발생원인과 대책을 각각 3가지씩 쓰시오.

(1) 발생원인(3가지)

(2) 대책(3가지)

정답

(1) ① DO가 부족한 경우
② 질소와 인이 부족한 경우
③ 낮은 F/M비인 경우
④ MLSS의 농도가 일정하지 않은 경우

(2) ① 포기조 내의 적정 DO 농도를 유지한다.
② 영양물질을 적절히 첨가한다.
③ fungi를 감소시키며 F/M비를 적절하게 유지한다.
④ 반송률을 조절하여 MLSS의 농도를 일정하게 한다.

만점 KEYWORD

(1) ① DO, 부족
② 질소, 인, 부족
③ 낮은, F/M비
④ MLSS의 농도, 일정하지 않음

(2) ① 포기조, 적정 DO 농도, 유지
② 영양물질, 첨가
③ fungi, 감소, F/M비, 유지
④ 반송률, 조절, MLSS의 농도, 일정

05 ★★☆

농축조 설치를 위한 회분침강농축실험의 결과가 아래 그래프와 같을 때 슬러지의 초기 농도가 10g/L라면 6시간 정치 후의 슬러지의 평균 농도(g/L)를 구하시오. (단, 슬러지농도: 계면 아래의 슬러지의 농도를 말함)

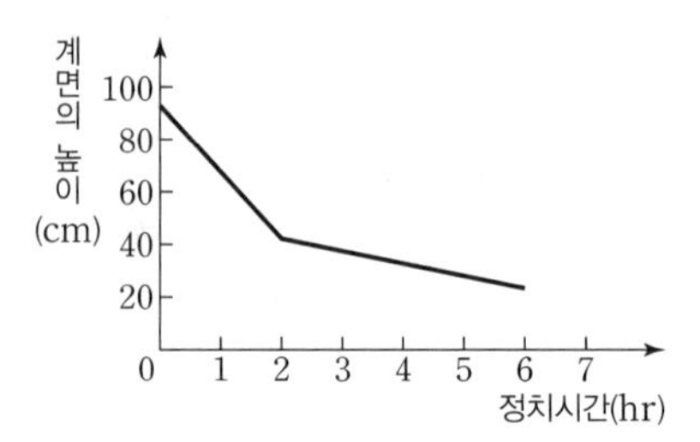

정답

45g/L

해설

그래프에서 초기(0hr)일 때 계면의 높이는 90cm이고 6시간일 때는 20cm이므로,

$$\frac{10g}{L} \times \frac{90cm}{20cm} = 45g/L$$

06 ★★☆

수질모델링 중 감응도 분석에 대하여 서술하시오.

정답

수질과 관련된 반응계수, 입력계수, 유량, 부하량 등의 입력자료의 변화정도가 수질항목농도 결과에 미치는 영향을 분석하는 것을 감응도 분석이라고 한다. 예를 들어 어떤 수질항목의 변화정도가 입력자료의 변화정도보다 크다면 그 수질항목은 입력자료에 대해 민감하다고 할 수 있다.

만점 KEYWORD

입력자료, 변화정도, 수질항목농도, 결과, 영향, 분석, 수질항목의 변화정도, 입력자료의 변화정도, 크다면, 민감

07

★☆☆

유도결합플라즈마 발광광도법(ICP)은 에어로졸 상태의 시료가 고온에 도입되어 거의 완전한 원자화가 일어나므로 고감도로 목적물질을 측정할 수 있다. 이 장치의 원리를 서술하시오.

정답

물속에 존재하는 중금속을 정량하기 위하여 시료를 고주파유도코일에 의하여 형성된 아르곤 플라스마에 주입하고 6,000K~8,000K에서 들뜬 상태의 원자가 바닥상태로 전이할 때 방출하는 발광선 및 발광강도를 측정하여 원소의 정성 및 정량분석에 이용하는 방법이다.

만점 KEYWORD

고주파유도코일, 아르곤 플라스마, 6,000K~8,000K, 들뜬 상태, 바닥상태, 방출, 발광선, 발광강도, 측정

관련이론 | **유도결합플라즈마 원자발광분광법: 분석 원소**

구리, 납, 니켈, 망간, 비소, 아연, 안티몬, 철, 카드뮴, 크롬, 6가 크롬, 바륨, 주석 등은 유도결합플라즈마 원자발광분광법으로 분석이 가능하다.

08

★★☆

정수시설에서 불화물을 제거하는 데 넣은 약품을 2가지 쓰고 그 성상(고체, 액체, 기체)을 쓰시오.

정답

① $Ca(OH)_2$: 고체

② 골탄: 고체

③ 황산알루미늄: 고체 또는 액체

※ 황산알루미늄은 고체로도 쓰이고, 액체로도 쓰인다.

09

★★★

수격현상과 공동현상의 원인 한 가지와 방지대책 두 가지를 쓰시오.

(1) 수격현상

(2) 공동현상

정답

(1) ① 원인

- 만관 내에 흐르고 있는 물의 속도가 급격히 변화할 경우
- 펌프가 정전 등으로 인해 정지 및 가동을 할 경우
- 펌프를 급하게 가동할 경우
- 토출측 밸브를 급격히 개폐할 경우

② 방지대책

- 펌프에 플라이휠(Fly-wheel)을 붙여 펌프의 관성을 증가시킨다.
- 토출관측에 조압수조를 설치한다.
- 관 내 유속을 낮추거나 관로상황을 변경한다.
- 토출측 관로에 한 방향 조압수조를 설치한다.
- 펌프 토출구 부근에 공기탱크를 두거나 부압 발생지점에 흡기밸브를 설치하여 압력 강하 시 공기를 넣어준다.

(2) ① 원인

- 펌프의 과속으로 유량이 급증할 경우
- 펌프의 흡수면 사이의 수직거리가 길 경우
- 관 내의 수온이 증가할 경우
- 펌프의 흡입양정이 높을 경우

② 방지대책

- 펌프의 회전수를 감소시켜 필요유효흡입수두를 작게 한다.
- 흡입측의 손실을 가능한 한 작게 하여 가용유효흡입수두를 크게 한다.
- 펌프의 설치위치를 가능한 한 낮추어 가용유효흡입수두를 크게 한다.
- 흡입측 밸브를 완전히 개방하고 펌프를 운전한다.
- 임펠러를 수중에 잠기게 한다.

10 ★★☆

다음의 조건과 같이 염소접촉조를 설계할 때 접촉조의 길이(m)를 구하시오.

- 유량: $2.0\text{m}^3/\text{sec}$
- 유효수심: 2m
- 폭: 2m
- 살균 효율: 95%
- 반응식: $\frac{dN}{dt} = -K \cdot N \cdot t$
- 반응속도상수 K: $0.1/\text{min}^2$ (밑수: e)
- 흐름: PFR 가정함

정답

232.22m

해설

$\frac{dN}{dt} = -K \cdot N \cdot t$에서 양변을 적분한다.

$$\int_{N_0}^{N_t} \frac{1}{N} dN = -K \int_0^t t\,dt$$

$$\left[\ln N\right]_{N_0}^{N_t} = -K\left[\frac{1}{2}t^2\right]_0^t$$

$$\therefore \ln\frac{N_t}{N_0} = -K\frac{t^2}{2}$$

N_t: 나중 농도, N_0: 처음 농도, K: 반응속도상수(min^{-2})

t: 반응시간(min)

- **95% 제거되는 데 걸리는 시간(t) 계산**

$$\ln\frac{N_t}{N_0} = -K\frac{t^2}{2}$$

$$\ln\frac{5}{100} = -\frac{0.1}{\text{min}^2} \times \frac{t^2}{2}$$

$$\therefore t = 7.7405\text{min}$$

- **접촉조 길이(L) 계산**

$$\forall = W \cdot H \cdot L = Q \cdot t$$

$$2\text{m} \times 2\text{m} \times L = \frac{2.0\text{m}^3}{\text{sec}} \times 7.7405\text{min} \times \frac{60\text{sec}}{1\text{min}}$$

$$\therefore L = 232.215 \fallingdotseq 232.22\text{m}$$

11 ★★★

MBR의 하수처리원리와 특징 4가지를 서술하시오.

(1) 하수처리원리

(2) 특징(4가지)

정답

(1) 생물반응조와 분리막을 결합하여 이차침전지 등을 대체하는 시설로서 슬러지 벌킹이 일어나지 않고 고농도의 MLSS를 유지하며 유기물, BOD, SS 등의 제거에 효과적이다.

(2) ① 완벽한 고액분리가 가능하다.
② 높은 MLSS 유지가 가능하므로 지속적으로 안정된 처리수질을 획득할 수 있다.
③ 긴 SRT로 인하여 슬러지 발생량이 적다.
④ 분리막의 교체비용 및 유지관리비용 등이 과다하다.
⑤ 분리막의 파울링에 대처가 곤란하다.
⑥ 분리막을 보호하기 위한 전처리로 1mm 이하의 스크린 설비가 필요하다.

만점 KEYWORD

(1) 생물반응조, 분리막, 결합, 슬러지 벌킹 일어나지 않음, 고농도의 MLSS 유지, 유기물, BOD, SS, 제거

(2) ① 고액분리, 가능
② 높은, MLSS 유지, 안정된, 처리수질
③ 긴, SRT, 슬러지 발생량, 적음
④ 교체비용, 유지관리비용, 과다
⑤ 분리막, 파울링, 대처, 곤란
⑥ 1mm 이하, 스크린 설비, 필요

12

★★☆

봄과 가을에 발생하는 전도현상에 대해 서술하시오.

(1) 봄

(2) 가을

정답

(1) 봄이 되면 얼음이 녹으면서 수표면 부근의 수온이 증가하고 수직혼합이 활발해져 수질이 악화된다.

(2) 대기권의 기온 하강으로 호소수 표면의 수온이 감소되어 표수층의 밀도가 증가하고 수직혼합이 활발해져 수질이 악화된다.

만점 KEYWORD

(1) 얼음 녹음, 수온 증가, 수직혼합 활발, 수질 악화

(2) 기온 하강, 수온 감소, 밀도 증가, 수직혼합 활발, 수질 악화

13

★☆☆

액상슬러지 중의 가연성물질을 고온, 고압의 조건에서 보조연료없이 공기 중의 산소를 산화제로 이용하여 산화시키는 습식산화법의 장점 5가지를 쓰시오.

정답

① 처리시간이 짧다.

② 위생적인 처리가 가능하다.

③ 슬러지의 탈수성이 좋다.

④ 악취에 대한 문제가 적다.

⑤ 처리시설에 필요한 부지의 면적이 작다.

⑥ 유기물 제거효율이 좋다.

14

★☆☆

산성과망간산칼륨법에 의한 COD 측정에 있어서 사용되는 계산식과 각 구성항목을 서술하시오.

(1) 계산식

(2) 구성항목

정답

(1) $COD(mg/L)=(b-a)\times f\times \frac{1,000}{V}\times 0.2$

(2) a: 바탕시험 적정에 소비된 과망간산칼륨용액(0.005M)의 양(mL)

b: 시료의 적정에 소비된 과망간산칼륨용액(0.005M)의 양(mL)

f: 과망간산칼륨용액(0.005M) 농도계수(factor)

V: 시료의 양(mL)

15

★★☆

0.1M NaOH 100mL를 2M H_2SO_4로 중화시키기 위해 필요한 H_2SO_4의 양(mL)을 구하시오.

정답

2.5mL

해설

• NaOH의 노르말농도 계산

$$\frac{0.1mol}{L}\times\frac{40g}{1mol}\times\frac{1eq}{(40/1)g}=0.1eq/L$$

• H_2SO_4의 노르말농도 계산

$$\frac{2mol}{L}\times\frac{98g}{1mol}\times\frac{1eq}{(98/2)g}=4eq/L$$

중화 반응식을 이용한다.

$NV=N'V'$

$0.1N\times 100mL=4N\times XmL$

$\therefore X=2.5mL$

16

★★☆

적조현상이 발생되는 환경조건 2가지와 영양조건(원소명) 3가지를 쓰시오.

(1) 환경조건(2가지)

(2) 영양조건(원소명)(3가지)

정답

(1) ① 수괴의 연직안정도가 클 때 발생
② 햇빛이 충분하여 플랑크톤이 번성할 때 발생
③ 물속에 영양염류가 공급될 때 발생
④ 홍수기 해수 내 염소량이 낮아질 때 발생

(2) ① 질소
② 인
③ 탄소
④ 규소

관련이론 | 적조현상

(1) 적조현상

부영양화에 따른 플랑크톤의 증식으로 해수가 적색으로 변하는 현상

(2) 적조 발생 요인

① 수괴의 연직안정도가 크고 정체된 해류일 때
② 플랑크톤의 번식에 충분한 광량과 영양염류가 공급될 때
③ 홍수기 해수 내 염소량이 낮아질 때
④ 해저에 빈산소 수괴가 형성되어 포자의 발아 촉진이 일어나고 퇴적층에서 부영양화의 원인물질이 용출될 때

(3) 적조현상에 의해 어패류가 폐사하는 원인

① 적조생물이 어패류의 아가미에 부착되기 때문
② 치사성이 높은 유독물질을 분비하는 조류로 인해
③ 적조류의 사후분해에 의한 부패독이 발생하기 때문
④ 수중 용존산소 감소로 인해

17

★★☆

살균 및 소독을 위하여 물에 차아염소산염(OCl^-)을 주입하였을 때 물의 pH 변화를 반응식을 이용하여 서술하시오.

정답

$OCl^- + H_2O \rightarrow HOCl + OH^-$

OCl^-가 물과 반응하여 OH^-가 생성되어 pH는 증가한다.

만점 KEYWORD

OH^- 생성, pH 증가

18

★☆☆

오수처리시설 건설을 위해 터파기(가로 20m, 세로 50m, 깊이 4m) 후 잔토를 트럭 10대를 이용하여 운반처리하려고 한다. 트럭 1대의 적재용량은 $6m^3$, 1회 운행시간은 20분이라고 할 때 10대의 트럭으로 운반 시 소요되는 시간(day)을 구하시오. (단, 하루 작업시간은 8시간이며 작업효율은 90%, 토량환산계수는 0.8)

정답

3.86day

해설

소요되는 시간

= 터파기 한 토량/1일 10대의 트럭이 운반한 토량

- **터파기 한 토량(m^3) 계산**

$20m \times 50m \times 4m = 4{,}000m^3$

- **1일 10대의 트럭이 운반한 토량(m^3/day) 계산**

$$\frac{6m^3/\text{대} \times 0.8 \times 0.9}{\frac{20min}{\text{회}} \times \frac{1hr}{60min} \times \frac{day}{8hr} \times \frac{\text{회}}{10\text{대}}} = 1{,}036.8m^3/day$$

- **소요되는 시간(day) 계산**

$$\therefore \frac{4{,}000m^3}{1{,}036.8m^3/day} = 3.8580 \fallingdotseq 3.86day$$

2021년 | 1회 기출문제

01

★★★

암모니아 탈기법에 의해 폐수 중의 암모니아성 질소를 제거하려고 한다. 암모니아성 질소 중의 NH_3를 95%로 하기 위한 pH를 구하시오. (단, 암모니아성 질소 중의 평형 $NH_3+H_2O \leftrightarrow NH_4^++OH^-$, 평형상수 $K=1.8\times10^{-5}$)

정답

10.53

해설

- NH_4^+/NH_3 비율 계산

  $NH_3(\%)=\frac{NH_3}{NH_3+NH_4^+}\times100$

  $95=\frac{NH_3}{NH_3+NH_4^+}\times100$

  분모, 분자에 NH_3로 나누고 정리하면

  $\frac{95}{100}=\frac{1}{1+NH_4^+/NH_3}$

  $\therefore NH_4^+/NH_3=0.0526$

- 수산화이온의 몰농도(mol/L) 계산

  $NH_3+H_2O \rightleftarrows NH_4^++OH^-$

  $K=\frac{[NH_4^+][OH^-]}{[NH_3]}$

  $1.8\times10^{-5}=0.0526\times[OH^-]$

  $[OH^-]=3.4221\times10^{-4}mol/L$

- pH 계산

  $\therefore pH=14-\log\left(\frac{1}{3.4221\times10^{-4}}\right)=10.5343 \fallingdotseq 10.53$

02

★☆☆

수질시료를 보관할 때 반드시 유리병만을 사용해야 하는 시료를 4가지 쓰시오.

정답

냄새, 노말헥산 추출물질, 페놀류, 유기인, 폴리클로리네이티드 비 페닐(PCB)

관련이론 | 유리용기만을 사용해야 하는 시료

항목	시료용기
냄새	유리
노말헥산 추출물질	유리
잔류염소	유리(갈색)
페놀류	유리
다이에틸헥실프탈레이트	유리(갈색)
1,4-다이옥세인	유리(갈색)
염화비닐, 아크릴로니트릴, 브로모폼	유리(갈색)
석유계총탄화수소	유리(갈색)
유기인	유리
폴리클로리네이티드 비 페닐(PCB)	유리
휘발성 유기화합물	유리
물벼룩 급성독성	유리

03

★★☆

정수처리에서 맛과 냄새를 제거하는 약품 2가지와 상태(고체, 액체, 기체)를 쓰시오.

정답

활성탄(고체), 오존(기체), 염소(기체)

04

★★☆

유속이 0.05m/sec이고 수심 3.7m, 폭 12m일 때 레이놀즈 수를 구하시오. (단, 동점성 계수=$1.3\times10^{-6}m^2/sec$)

정답

352,100

해설

- 등가직경(D_o) 계산

$$\text{등가직경}(D_o)=4R=4\times\frac{HW}{2H+W}$$

$$=4\times\frac{3.7\times12}{2\times3.7+12}=9.1546m$$

- 레이놀즈 수(Re) 계산

$$Re=\frac{D_o\times V}{\nu}$$

Re: 레이놀즈 수, V: 유속(m/sec), D_o: 등가직경(m)

ν: 동점성계수(m^2/sec)

$$\therefore Re=\frac{9.1546\times0.05}{1.3\times10^{-6}}=352,100$$

05

★★☆

COD 측정 시 과망간산칼륨($KMnO_4$) 용액으로 적정할 때, 60~80℃로 유지하며 적정하는 이유를 (1)온도가 높을 경우와 (2)낮을 경우로 나누어 서술하시오.

(1) 온도가 높을 경우

(2) 온도가 낮을 경우

정답

(1) 과망간산칼륨($KMnO_4$)의 분해로 인해 COD값이 높게 나올 수 있다.

(2) 과망간산칼륨($KMnO_4$)의 반응속도가 느리기 때문에 정확한 적정점을 찾기 어렵다.

만점 KEYWORD

(1) 분해, COD값 높게

(2) 반응속도 느림, 적정점, 찾기 어려움

06

★☆☆

수온이 20℃인 하수에서 비중 1.01, 직경 0.2mm인 모든 구형 독립입자를 제거할 수 있는 침전지가 이론적으로 설계되었다. 비중 1.03, 직경 0.1mm인 구형 독립입자가 있을 때 이 침전지의 이론적 제거효율(%)을 구하시오. (단, 20℃ 하수의 동점성 계수는 $1.003\times10^{-6}m^2/sec$)

정답

75.12%

해설

$$V_g=\frac{d_p^2(\rho_p-\rho)g}{18\mu}$$

V_g: 중력침강속도(cm/sec), d_p: 입자의 직경(cm)

ρ_p: 입자의 밀도(g/cm^3), ρ: 유체의 밀도(g/cm^3)

g: 중력가속도($980cm/sec^2$), μ: 유체의 점성계수($g/cm\cdot sec$)

- 점성계수(μ) 계산

$$\frac{1.003\times10^{-6}m^2}{sec}\times\frac{(100cm)^2}{1m^2}\times\frac{1g}{cm^3}=0.01003g/cm\cdot sec$$

- 비중 1.01, 직경 0.2mm 입자의 침강속도($V_{g\,0.2}$) 계산

$$V_{g\,0.2}=\frac{(0.2\times10^{-1})^2\times(1.01-1)\times980}{18\times0.01003}=0.0217cm/sec$$

- 비중 1.03, 직경 0.1mm의 입자의 침강속도($V_{g\,0.1}$) 계산

$$V_{g\,0.1}=\frac{(0.1\times10^{-1})^2\times(1.03-1)\times980}{18\times0.01003}=0.0163cm/sec$$

- 침전지의 이론적 제거효율(η) 계산

$$\eta=\frac{V_{g\,0.1}}{\text{표면부하율}}=\frac{V_{g\,0.1}}{V_{g\,0.2}}=\frac{0.0163}{0.0217}=0.7512\fallingdotseq75.12\%$$

※ 완전 제거되는 입자의 침강속도(V_g)는 침전지의 표면부하율이라고 할 수 있다.

07 ★★☆

산기식 포기장치를 설치할 때 고려해야 할 사항을 5가지 서술하시오.

정답

① 산기장치로는 산기판, 산기관, 산기노즐을 사용한다.
② 산기장치는 청소 및 유지관리가 간편한 구조로 한다.
③ 산기장치는 공기가 균등하게 분배되어야 한다.
④ 산기장치는 내구성이 큰 재질이어야 한다.
⑤ 산기장치는 내산성 및 내알칼리성의 재질이어야 한다.

만점 KEYWORD

① 산기판, 산기관, 산기노즐
② 청소, 유지관리, 간편한 구조
③ 공기, 균등, 분배
④ 내구성, 큰, 재질
⑤ 내산성, 내알칼리성, 재질

08 ★★☆

생물학적 질소제거공정에서 질산화로 생성된 NO_3−N 1g이 탈질되어 질소로 환원될 때 필요한 이론적인 메탄올(CH_3OH)의 양(g)을 구하시오.

정답

1.90g

해설

- 질산성질소(NO_3-N)와 메탄올(CH_3OH)과의 반응비 계산

$6NO_3-N : 5CH_3OH$

$6\times14g : 5\times32g = 1g : Xg$

$\therefore X=\dfrac{5\times32\times1}{6\times14}=1.9048 \fallingdotseq 1.90g$

09 ★★☆

아래의 그래프는 1,000m 떨어진 다른 저수지를 측정한 결과이다. Jacob식에 의한 투수량계수(m^2/min)와 저류계수를 구하시오. $\left(\text{단, 양수량: } 1{,}200m^3/\text{day, 투수량계수}(T): \dfrac{2.3\times Q}{4\pi\times\triangle S}, \text{저류계수}(S): \dfrac{2.25T\times t_0}{r^2}\right)$

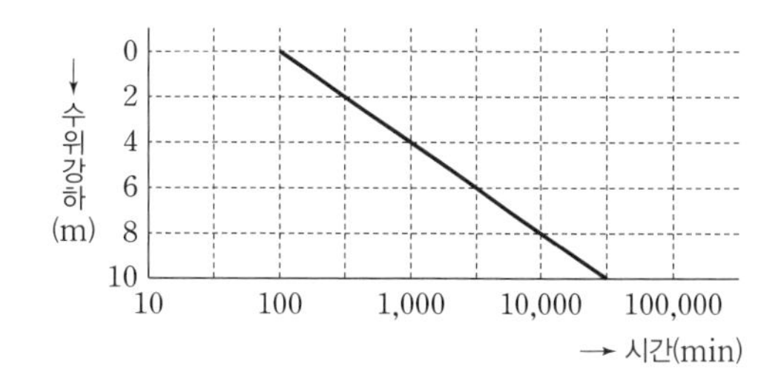

(1) 투수량계수(m^2/min)
(2) 저류계수

정답

(1) $0.04m^2/min$
(2) 8.57×10^{-6}

해설

(1) **투수량계수(T) 구하기**

투수량계수$(T)=\dfrac{2.3\times Q}{4\pi\times\triangle S}$

$\triangle S$: log에 대한 1주기(100min → 1,000min) 사이의 수위강하
(=100min에서 1,000min일 때 수위강하는 4m이다.)

투수량계수$(T)=2.3\times\dfrac{1{,}200m^3}{day}\times\dfrac{1}{4\pi\times4m}\times\dfrac{1day}{1{,}440min}$

$=0.0381\fallingdotseq0.04m^2/min$

(2) **저류계수(S) 구하기**

저류계수$(S)=\dfrac{2.25T\times t_0}{r^2}$

$=2.25\times\dfrac{0.0381m^2}{min}\times100min\times\dfrac{1}{(1{,}000m)^2}$

$=8.5725\times10^{-6}\fallingdotseq8.57\times10^{-6}$

10

★★☆

박테리아($C_5H_7O_2N$)의 C-BOD(탄소성분의 분해 시 소모되는 산소량)와 N-BOD(질산화에 필요한 산소량)의 질량비를 구하시오.

정답

5 : 2

해설

- **C−BOD 산정**

  박테리아($C_5H_7O_2N$)는 CO_2, H_2O, NH_3로 산화된다.

  $C_5H_7O_2N + 5O_2 \rightarrow 5CO_2 + 2H_2O + NH_3$

  1mol : 5×32g
- **N−BOD 산정**

  $NH_3 + 2O_2 \rightarrow HNO_3 + H_2O$

  1mol : 2×32g

  ∴ C−BOD : N−BOD=5 : 2

11

★☆☆

오염된 하천에서 바닥이 검게 변하는 현상(Black muck 현상)이 발생하는 이유를 서술하시오.

정답

혐기성 상태에서 생성된 철이온, 황이온이 결합하여 황화철이 형성되고 이 황화철이 검정색을 띄게되어 오염된 하천의 바닥이 검게 변하게 된다.

만점 KEYWORD

혐기성, 철이온, 황이온, 결합, 황화철, 검은색

12

★★★

다음 공법에서의 역할을 서술하시오.

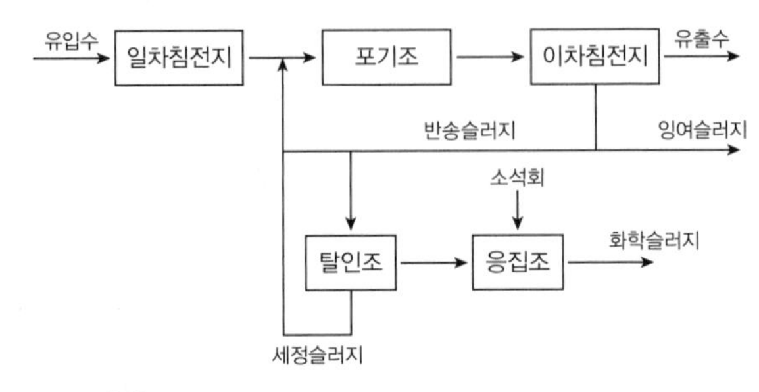

(1) 공법명

(2) 포기조(유기물 제거 제외)

(3) 탈인조

(4) 응집조(화학처리)

(5) 세정슬러지(탈인조 슬러지)

정답

(1) Phostrip 공법

(2) 반송된 슬러지의 인을 과잉흡수한다.

(3) 슬러지의 인을 방출시킨다.

(4) 응집제(석회)를 이용하여 상등수의 인을 응집침전시킨다.

(5) 인의 함량이 높은 슬러지를 포기조로 반송시켜 포기조에서 인을 과잉흡수시킨다.

만점 KEYWORD

(1) Phostrip 공법

(2) 인, 과잉흡수

(3) 인, 방출

(4) 응집제(석회), 인, 응집침전

(5) 포기조, 반송, 인, 과잉흡수

13 ★★☆

유량 120m³/day, 함수율 95%인 슬러지를 염화 제1철 및 소석회를 첨가하여 처리하려고 한다. 고형물의 건조중량당 각각 5%, 20% 첨가하여 15kg/m² · hr의 여과속도로 탈수하여 수분 75%의 탈수 cake를 얻으려고 할 때 아래의 물음에 답하시오. (단, 슬러지의 비중 1.0)

(1) 여과기 여과면적(m^2)

(2) 탈수 cake 발생량(m^3/day)

정답

(1) 20.83m^2

(2) 30.0m^3/day

해설

(1) 여과기 여과면적(A) 구하기

$$\text{여과속도}(kg/m^2\cdot hr)=\frac{\text{슬러지 고형물량}(kg/hr)}{\text{여과면적}(m^2)}$$

$$15kg/m^2\cdot hr=\frac{\frac{120m^3}{day}\times\frac{5}{100}\times\frac{1,000kg}{m^3}\times1.25\times\frac{1day}{24hr}}{Am^2}$$

$\therefore A=20.8333\fallingdotseq 20.83m^2$

(2) 탈수 cake 발생량(m^3/day) 구하기

$$\frac{15kg}{m^2\cdot hr}\times\frac{24hr}{1day}\times20.8333m^2\times\frac{100}{25}\times\frac{m^3}{1,000kg}=30.0m^3/day$$

14 ★★★

최종 BOD가 10mg/L, DO가 5mg/L인 하천이 있다. 이때, 상류지점으로부터 36시간 유하 후 하류지점에서의 DO 농도(mg/L)를 구하시오. (단, 온도변화는 없으며, DO 포화농도는 9mg/L, 탈산소계수 0.1/day, 재폭기계수 0.2/day, 상용대수 기준)

정답

4.93mg/L

해설

36시간 유하 후 DO 농도=포화농도−36시간 유하 후 산소부족량

DO 부족량 공식을 이용한다.

$$D_t=\frac{K_1L_0}{K_2-K_1}(10^{-K_1\cdot t}-10^{-K_2\cdot t})+D_0\times10^{-K_2\cdot t}$$

먼저, 시간(t)을 구하면

$$t=36hr\times\frac{1day}{24hr}=1.5day$$

$$\therefore D_t=\frac{0.1\times10}{0.2-0.1}(10^{-0.1\times1.5}-10^{-0.2\times1.5})+(9-5)\times10^{-0.2\times1.5}$$

$$=4.0723mg/L$$

따라서, 36시간 유하 후 용존산소 농도를 구하면

36시간 유하 후 DO 농도$=C_s-D_t$

$$=9-4.0723=4.9277\fallingdotseq4.93mg/L$$

관련이론 | 용존산소부족량과 임계시간

(1) 용존산소부족량(D_t)

$$D_t=\frac{K_1L_0}{K_2-K_1}(10^{-K_1\cdot t}-10^{-K_2\cdot t})+D_0\times10^{-K_2\cdot t}$$

(2) 임계시간(t_c)

$$t_c=\frac{1}{K_2-K_1}\log\left[\frac{K_2}{K_1}\left\{1-\frac{D_0(K_2-K_1)}{L_0\times K_1}\right\}\right]$$

또는

$$t_c=\frac{1}{K_1(f-1)}\log\left[f\left\{1-(f-1)\frac{D_0}{L_0}\right\}\right]$$

D_t: t일 후 용존산소(DO) 부족농도(mg/L), t_c: 임계시간(day)

K_1: 탈산소계수(day^{-1}), K_2: 재폭기계수(day^{-1})

L_0: 최종 BOD(mg/L), D_0: 초기용존산소부족량(mg/L)

t: 시간(day), f: 자정계수$\left(=\frac{K_2}{K_1}\right)$

15 ★★★

수온 15℃, 유량 $0.7m^3/sec$, 직경 0.6m, 길이 50m인 관에서의 높이(m)를 Manning 공식을 이용하여 구하시오. (단, 만관 기준, n=0.013, 기타 조건은 고려하지 않음)

정답

0.65m

해설

- **유속(V) 계산**

$Q=AV$

$0.7m^3/sec=\frac{\pi\times(0.6m)^2}{4}\times V$

$\therefore V=2.4757m/sec$

- **관에서의 높이(h) 계산**

Manning 공식을 이용한다.

$V=\frac{1}{n}R^{\frac{2}{3}}I^{\frac{1}{2}}$

V: 유속(m/sec), n: 조도계수, R: 경심(m), I: 동수경사

$2.4757m/sec=\frac{1}{0.013}\times\left(\frac{0.6m}{4}\right)^{\frac{2}{3}}\times(I)^{\frac{1}{2}}$

※ 원형인 경우, 경심(R)은 $\frac{D}{4}$로 구할 수 있다.

$I=0.013$

$\therefore h=IL=0.013\times 50m=0.65m$

16 ★☆☆

폐수처리공정을 선정하고자 할 때 고려해야 할 사항 5가지를 쓰시오.

정답

① 유입유량과 유입수의 수질
② 처리시설의 입지조건
③ 유지관리의 용이성
④ 처리수의 목표수질
⑤ 경제성
⑥ 해당지역의 기후 및 주위환경

17 ★☆☆

정수처리에서 무기물질을 제거하고자 할 때 적절한 공법과 공법 선택 시 고려해야 할 사항을 각각 3가지씩 쓰시오.

(1) 적절한 공법(3가지)
(2) 공법 선택 시 고려해야 할 사항(3가지)

정답

(1) ① 염소소독
② 응집침전
③ 여과처리(급속여과, 완속여과)
④ 역삼투

(2) ① 원수의 수질 특성
② 처리수의 수질 목표
③ 정수시설의 규모
④ 유지관리 방안

18 ★★☆

수질예측모형은 동적모델(Dynamic Model)과 정적모델(Steady State Model)로 구분할 수 있다. 이 두 모델을 비교하여 각각 서술하시오.

정답

① 동적모델: 모델의 변수가 시간에 따라 변화하는 모델로, 주로 부영양화의 관리와 예측, 하천의 수위 변화 등에 이용된다.
② 정적모델: 모델의 변수가 시간에 관계없이 항상 일정한 모델로, 주로 정상상태 모의를 위해 이용된다.

만점 KEYWORD

① 시간에 따라 변화, 예측, 수위 변화
② 시간에 관계없이, 일정, 정상상태

2020년 | 4, 5회 기출문제

01

★★☆

수분함량 97%의 슬러지 50m³를 수분함량 80%로 농축하면 농축 후 슬러지 용적(m³)을 구하시오. (단, 슬러지 비중 1.0)

정답

$7.5m^3$

해설

$\rho_1 V_1(1-W_1)=\rho_2 V_2(1-W_2)$

ρ_1: 농축 전 비중, ρ_2: 농축 후 비중

V_1: 농축 전 슬러지 부피(m^3), V_2: 농축 후 슬러지 부피(m^3)

W_1: 농축 전 슬러지 함수율, W_2: 농축 후 슬러지 함수율

$50m^3\times(1-0.97)=V_2(1-0.80)$

$\therefore V_2=7.5m^3$

02

★★★

다음 질소와 인을 동시에 제거하는 5단계 Bardenpho 공정의 공정도와 반응조 명칭, 역할을 서술하시오.

(1) 공정도(반응조 명칭, 내부반송, 슬러지 반송 표시)

(2) 반응조 명칭과 역할

정답

(1)

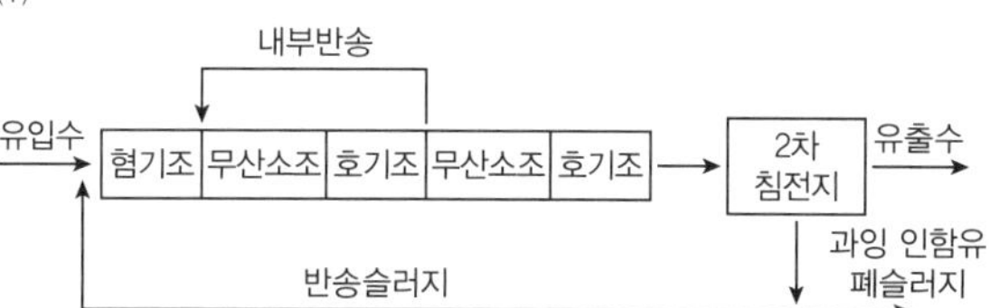

(2) ① 1단계 혐기조: 인의 방출이 일어난다.

② 1단계 무산소조: 탈질에 의한 질소를 제거한다.

③ 1단계 호기조: 질산화가 일어나고 인의 과잉흡수가 일어난다.

④ 2단계 무산소조: 잔류 질산성질소가 제거된다.

⑤ 2단계 호기조: 슬러지의 침강성을 좋게 유지하고 인의 재방출을 막는다.

03

★★★

저수량 30,000m³, 면적 1.2ha인 저수지에 오염물질이 유출되어 오염물질의 농도가 50mg/L가 되었다. 오염물질의 농도가 1mg/L가 되는데 걸리는 시간(yr)을 구하시오.

- 호수는 CFSTR 모델로 가정
- 오염이 있기 전에 오염물질은 존재하지 않았음
- 연 강수량 1,200mm/yr
- 강우에 의한 유입과 유출만이 있음

정답

8.15yr

해설

- **연간 유입되는 강우량(m^3/yr) 계산**

$$\frac{1.2m}{yr}\times1.2ha\times\frac{10{,}000m^2}{1ha}=14{,}400m^3/yr$$

- **단순희석에 의한 시간(t) 계산**

$$\ln\frac{C_t}{C_0}=-\frac{Q}{\forall}\cdot t$$

Q: 유량(m^3/day), C_0: 초기 농도(mg/L), C_t: 나중 농도(mg/L)

$\forall$: 반응조 체적(m^3), t: 시간(day)

$$\ln\frac{1mg/L}{50mg/L}=-\frac{14{,}400m^3/yr}{30{,}000m^3}\times t$$

$\therefore t=8.1500\fallingdotseq 8.15yr$

04 ★★☆

BOD를 측정하기 위해서 BOD 배양기의 온도를 20℃로 측정하다가 정확히 2일 후 25℃로 조정하였다. 이때 측정된 BOD_5(mg/L)를 구하시오. (단, θ=1.047, $K_{20℃}$=0.13/day, BOD_u=330mg/L)

정답

271.42mg/L

해설

- 2일간 소모 BOD(mg/L) 계산

  $BOD_t = BOD_u(1-10^{-K_1 \cdot t})$

  BOD_t: t일 동안 소모된 BOD(mg/L), BOD_u: 최종 BOD(mg/L)

  K_1: 탈산소계수(day^{-1}), t: 반응시간(day)

  $\therefore BOD_2 = 330 \times (1-10^{-0.13\times2}) = 148.6515mg/L$
- 2일 후 잔존 BOD(mg/L) 계산

  $330 - 148.6515 = 181.3485mg/L$
- 탈산소계수의 온도 보정

  $K_{25℃} = K_{20℃} \times 1.047^{(T-20)}$

  $= 0.13/day \times 1.047^{(25-20)} = 0.1636/day$
- 3~5일차(3일간) 소모 BOD(mg/L) 계산

  2일 후 잔존 BOD $\times (1-10^{-K_{25℃}\times3})$

  $= 181.3485 \times (1-10^{-0.1636\times3}) = 122.7733mg/L$
- 측정된 BOD_5(mg/L) 계산

  $\therefore BOD_5$ = 2일간 소모 BOD(20℃) + 3~5일차 소모 BOD(25℃)

  $= 148.6515 + 122.7733 = 271.4248 ≒ 271.42mg/L$

05 ★★☆

96% 진한 황산의 비중은 1.84이다. 이 용액을 이용하여 0.1N−500mL의 황산용액을 제조하기 위해 취해야 할 96% 진한 황산의 부피(mL)를 구하시오. (단, 반응 시 부피 변화는 없다고 가정)

정답

1.39mL

해설

$N_1V_1 = N_2V_2$ (1: 황산용액, 2: 96% 진한 황산)

$$\frac{0.1eq}{L} \times 0.5L = \frac{1.84g}{mL} \times \frac{96}{100} \times \frac{1eq}{(98/2)g} \times XmL$$

$\therefore X = 1.3870 ≒ 1.39mL$

06 ★★★

관의 지름이 100mm이고 관을 통해 흐르는 유량이 0.02m³/sec인 관의 손실수두가 10m가 되게 하고자 한다. 이때의 관의 길이(m)를 구하시오. (단, 마찰손실수두만을 고려하며 마찰손실수두는 0.015)

정답

201.50m

해설

유속(V)을 구하면

$Q = AV$

$$\frac{0.02m^3}{sec} = \frac{\pi \times (0.1m)^2}{4} \times V$$

$V = 2.5465m/sec$

$$h_L = f \times \frac{L}{D} \times \frac{V^2}{2g}$$

h_L: 마찰손실수두(m), f: 마찰손실계수, L: 관의 길이(m)

D: 관의 직경(m), V: 유속(m/sec), g: 중력가속도(9.8m/sec²)

$$10m = 0.015 \times \frac{L}{0.1m} \times \frac{(2.5465m/sec)^2}{2 \times 9.8m/sec^2}$$

$\therefore L = 201.5011 ≒ 201.50m$

07 ★★☆

염소소독에 영향을 미치는 중요인자 5가지를 쓰시오.

정답

pH, 염소 주입량, 수온, 접촉시간, 알칼리도, 주입지점

08 ★★☆

유입하수량이 0.25m³/sec, 유입 BOD_5 250mg/L, 유출 BOD_5 20mg/L인 활성슬러지법에 의한 처리시설의 포기조를 운영할 때 아래의 물음에 답하시오. (단, BOD_5/BOD_u=0.7, 폐슬러지량 1,700kg/day, 공기의 밀도 1.2kg/m³, 산소와 공기의 무게비는 0.23, 산소전달효율 0.08, 여유율 2)

$$O_2(kg/day)=\frac{Q(S_0-S)(10^3g/kg)^{-1}}{f}-1.42(P_x)$$

(1) 산소요구량(kg/day)

(2) 설계 시 공기의 필요량(m³/day)

정답

(1) 4,683.14kg/day

(2) 424,197.46m³/day

해설

(1) 산소요구량(kg/day) 구하기

$$O_2(kg/day)=\frac{Q(S_0-S)(10^3g/kg)^{-1}}{f}-1.42(P_x)$$

Q: 유량(m³/sec), S_0: 유입 농도(mg/L), S: 유출 농도(mg/L)

f: 최종 BOD에 대한 BOD_5의 비율, P_x: 폐슬러지량(kg/day)

$$\therefore O_2=\frac{0.25m^3}{sec}\times\frac{(250-20)mg}{L}\times\frac{1kg}{10^3g}\times\frac{10^3L}{1m^3}\times\frac{1g}{10^3mg}\times\frac{86,400sec}{1day}\times\frac{1}{0.7}-1.42\times\frac{1,700kg}{day}$$

$$=4,683.1429 \fallingdotseq 4,683.14kg/day$$

(2) 설계 시 공기의 필요량(m³/day) 구하기

$$Air=O_2\times\frac{1}{O_m}$$

$$=\frac{4,683.14kg\ O_2}{day}\times\frac{100\ Air}{23\ O_2}\times\frac{m^3}{1.2kg}\times\frac{100}{8}\times 2$$

$$=424,197.4638 \fallingdotseq 424,197.46m^3/day$$

09 ★★★

다음의 주요 막공법의 구동력을 쓰시오.

(1) 역삼투

(2) 전기투석

(3) 투석

정답

(1) 정수압차

(2) 전위차(기전력)

(3) 농도차

관련이론 | 막여과공법의 종류와 구동력

종류	구동력
정밀여과	정수압차
한외여과	정수압차
역삼투	정수압차
전기투석	전위차(기전력)
투석	농도차

※ 투석: 선택적 투과막을 통해 용액 중에 다른 이온 혹은 분자의 크기가 다른 용질을 분리시키는 것이다.

10 ★☆☆

펜톤(Fenton)산화법에 대해 아래의 물음에 답하시오.

(1) 목적

(2) 시약(2가지)

(3) 최적 pH

정답

(1) 생물학적으로 처리가 어려운 난분해성 유기물을 산화시켜 생물학적 처리가 가능한 유기물로 전환시키기 위함이다.

(2) 철염($FeSO_4$), 과산화수소(H_2O_2)

(3) pH 3~4.5

11 ★★★

최종 BOD 1kg을 혐기성 조건에서 안정화시킬 때 30℃에서 발생될 수 있는 이론적 메탄가스의 양(m^3)을 구하시오. (단, 유기물은 $C_6H_{12}O_6$로 가정함)

정답

$0.39m^3$

해설

- **호기성 소화반응식을 통한 $C_6H_{12}O_6$의 양 계산**

$C_6H_{12}O_6 + 6O_2 \rightarrow 6H_2O + 6CO_2$

180g : 6×32g = Xkg : 1kg

$\therefore X = \frac{180 \times 1}{6 \times 32} = 0.9375kg$

- **혐기성 소화반응식을 통한 CH_4의 양 계산**

$C_6H_{12}O_6 \rightarrow 3CH_4 + 3CO_2$

180g : 3×22.4L = 0.9375kg : Ym^3

$\therefore Y = \frac{3 \times 22.4 \times 0.9375}{180} = 0.35m^3$

- **온도 보정(30℃)**

$0.35m^3 \times \frac{(273+30)}{273} = 0.3885 \fallingdotseq 0.39m^3$

관련이론 | 메탄(CH_4)의 발생

(1) **글루코스($C_6H_{12}O_6$) 1kg 당 메탄가스 발생량 (0℃, 1atm)**

$C_6H_{12}O_6 \rightarrow 3CH_4 + 3CO_2$

180g : 3×22.4L

1kg : Xm^3

$\therefore X = \frac{3 \times 22.4 \times 1}{180} = 0.3733 \fallingdotseq 0.37m^3$

(2) **최종 BOD_u 1kg 당 메탄가스 발생량 (0℃, 1atm)**

① BOD_u를 이용한 글루코스 양(kg) 계산

$C_6H_{12}O_6 + 6O_2 \rightarrow 6H_2O + 6CO_2$

180g : 6×32g = Xkg : 1kg

$\therefore X = \frac{180 \times 1}{6 \times 32} = 0.9375kg$

② 글루코스의 혐기성 분해식을 이용한 메탄의 양(m^3) 계산

$C_6H_{12}O_6 \rightarrow 3CH_4 + 3CO_2$

180g : 3×22.4L = 0.9375kg : Ym^3

$\therefore Y = \frac{3 \times 22.4 \times 0.9375}{180} = 0.35m^3$

12 ★★☆

하수도의 배제방식의 비교에서 다음 보기를 이용하여 빈칸에 알맞은 말을 쓰시오.

검토사항	분류식	합류식
건설비(보기: 고가/저렴)		
관로오접 감시(보기: 필요함/필요없음)		
처리장으로의 토사유입(보기: 많음/적음)		
관로의 폐쇄(보기: 큼/적음)		
슬러지 내 중금속 함량(보기: 큼/적음)		

정답

검토사항	분류식	합류식
건설비(보기: 고가/저렴)	고가	저렴
관로오접 감시(보기: 필요함/필요없음)	필요함	필요없음
처리장으로의 토사유입(보기: 많음/적음)	적음	많음
관로의 폐쇄(보기: 큼/적음)	큼	적음
슬러지 내 중금속 함량(보기: 큼/적음)	적음	큼

13 ★★★

CO_2의 당량(가수분해 적용)을 반응식을 이용하여 구하시오.

정답

22g

해설

$CO_2 + H_2O \rightleftarrows 2H^+ + CO_3^{2-}$

H^+가 2개이기 때문에 산화수는 2이므로

2eq = 44g

$\therefore CO_2$ 당량 $= \frac{44g}{2} = 22g$

14 ★☆☆

혐기성 소화처리 시 스컴 형성의 발생원인과 이를 방지할 수 있는 대책을 각각 3가지씩 쓰시오.

(1) 발생원인(3가지)

(2) 대책(3가지)

정답

(1) ① 유기물의 과부하로 소화의 불균형
② 온도 급저하
③ 교반 부족
④ 메탄균 활성을 저해하는 독물 또는 중금속 투입

(2) ① 과부하나 영양불균형의 경우는 유입슬러지 일부를 직접 탈수하는 등 부하량을 조절한다.
② 온도저하의 경우에는 온도유지에 노력한다.
③ 교반이 부족한 경우에는 교반강도, 횟수를 조정한다.
④ 독성물질 및 중금속이 원인인 경우에는 배출원을 규제하고, 조내 슬러지의 대체방법을 강구한다.

만점 KEYWORD

(1) ① 유기물, 과부하, 소화, 불균형
② 온도, 급저하
③ 교반, 부족
④ 메탄균, 저해, 독물, 중금속, 투입

(2) ① 유입슬러지, 탈수, 부하량, 조절
② 온도유지
③ 교반강도, 횟수, 조정
④ 배출원, 규제, 조내 슬러지, 대체방법, 강구

15 ★☆☆

유량이 5,000m^3/day인 폐수에 Cu^{2+} 30mg/L, Zn^{2+} 15mg/L, Ni^{2+} 20mg/L이 함유되어 있다. 이를 양이온 교환수지 10^5g $CaCO_3/m^3$으로 제거하고자 할 때, 양이온 교환수지의 양(m^3/cycle)을 구하시오. (단, 양이온 교환수지의 1cycle =10일, 원자량 Cu=64, Zn=65, Ni=59)

정답

51.93m^3/cycle

해설

- **Cu^{2+} 당량(eq/m^3) 계산**

$$\frac{30g}{m^3}\times\frac{1eq}{(64/2)g}=0.9375eq/m^3$$

- **Zn^{2+} 당량(eq/m^3) 계산**

$$\frac{15g}{m^3}\times\frac{1eq}{(65/2)g}=0.4615eq/m^3$$

- **Ni^{2+} 당량(eq/m^3) 계산**

$$\frac{20g}{m^3}\times\frac{1eq}{(59/2)g}=0.678eq/m^3$$

함유된 물질의 당량을 합하여 폐수의 g 당량을 구한다.

$$\therefore \frac{(0.9375+0.4615+0.678)eq}{m^3}\times\frac{5,000m^3}{day}\times\frac{10day}{cycle}$$

$$=103,850eq/cycle$$

- **양이온의 교환수지의 양(m^3/cycle) 계산**

$$\text{양이온 교환수지의 양}=\frac{\text{폐수의 g 당량}}{\text{양이온 교환수지 용량}}$$

$$\therefore \frac{103,850eq/cycle}{10^5g\ CaCO_3/m^3\times 1eq/(100/2)g}=51.925≒51.93m^3/cycle$$

16

★★★

1L의 폐수에 3.4g의 CH_3COOH와 0.63g의 CH_3COONa를 용해시켰을 때 용액의 pH를 구하시오. (단, CH_3COOH의 K_a는 1.8×10^{-5})

정답

3.88

해설

완충방정식을 이용한다.

$$pH=pK_a+\log\frac{[염]}{[약산]}$$

- pK_a 계산

$$pK_a=\log\frac{1}{K_a}=\log\frac{1}{1.8\times10^{-5}}=4.7447$$

- CH_3COONa(염)의 몰농도(mol/L) 계산

$$CH_3COONa=\frac{0.63g}{L}\times\frac{1mol}{82g}=7.6829\times10^{-3}mol/L$$

- CH_3COOH(약산)의 몰농도(mol/L) 계산

$$CH_3COOH=\frac{3.4g}{L}\times\frac{1mol}{60g}=0.0567mol/L$$

- pH 계산

$$\therefore pH=4.7447+\log\frac{7.6829\times10^{-3}}{0.0567}=3.8766\fallingdotseq3.88$$

17

★★☆

유입 하수의 질소를 제거하기 위한 질산화-탈질 조합공정에서 탈질조는 혐기성 반응이 이루어지며 메탄올을 탄소원으로 공급할 경우 두 단계의 반응이 일어난다. 각 단계별 일어나는 반응식과 전체 반응식을 쓰시오.

(1) 1단계 반응식

(2) 2단계 반응식

(3) 전체 반응식

정답

(1) $6NO_3^-+2CH_3OH\rightarrow6NO_2^-+2CO_2+4H_2O$

(2) $6NO_2^-+3CH_3OH\rightarrow3N_2+3CO_2+3H_2O+6OH^-$

(3) $6NO_3^-+5CH_3OH\rightarrow3N_2+5CO_2+7H_2O+6OH^-$

18

★☆☆

아래의 조건을 이용하여 하수처리시설의 방류수 BOD 농도(mg/L)를 구하시오.

- 급수인구: 50,000명
- 평균 급수량: 400L/인·day
- COD 배출량: 50g/인·day
- COD 처리효율: 90%
- 하수량/급수량=80%
- 급수 보급률: 50%
- 하수 보급률: 50%
- BOD/COD=0.7

정답

21.88mg/L

해설

- 배출되는 BOD의 양(mg/day) 계산

COD의 양을 BOD의 양으로 환산하고 하수 보급률로 보정하여 구한다.

$$50{,}000인\times\frac{50g}{인\cdot day}\times\frac{(100-90)}{100}\times0.7\times\frac{50}{100}\times\frac{1{,}000mg}{1g}$$
$$=87{,}500{,}000mg/day$$

- 하수처리시설에서 배출되는 유량(L/day) 계산

급수량을 급수 보급률, 하수량/급수량, 하수 보급률로 보정하여 구한다.

$$50{,}000인\times\frac{400L}{인\cdot day}\times0.5\times0.8\times0.5=4{,}000{,}000L/day$$

- 하수처리시설의 방류수 BOD 농도(mg/L) 계산

$$\therefore 농도=\frac{BOD의\ 양}{유량}=\frac{87{,}500{,}000mg/day}{4{,}000{,}000L/day}$$
$$=21.875\fallingdotseq21.88mg/L$$

2020년 | 3회 기출문제

01
★★☆

관수로에서의 유량측정방법을 3가지 쓰시오.

정답

벤튜리미터, 유량측정용 노즐, 오리피스, 피토우관, 자기식 유량측정기

02
★★☆

혐기성 소화에서는 고정식 지붕과 부유식 지붕을 가장 많이 사용한다. 고정식 지붕에 비하여 부유식 지붕의 장점을 4가지 서술하시오.

정답

① 부피가 변하므로 운영상의 융통성이 크다.
② 소화가스와 산소가 혼합되어 폭발가스가 될 위험을 최소화시킨다.
③ 스컴이 수중에 잠기게 되므로 스컴을 혼합시킬 필요가 없다.
④ 통상 0.6～1.8m의 높이를 이동할 수 있으므로 지붕 아래에 가스저장을 위한 공간이 부여된다.

만점 KEYWORD

① 부피, 변함, 운영상, 융통성, 큼
② 소화가스, 산소, 혼합, 폭발가스, 위험, 최소화
③ 스컴, 수중, 잠김, 스컴, 혼합, 필요가 없음
④ 0.6～1.8m의 높이, 이동, 지붕 아래, 가스저장, 공간

03
★★★

다음 질소와 인을 동시에 제거하는 5단계 Bardenpho 공정의 공정도와 반응조 명칭, 역할을 서술하시오.

(1) 공정도 (반응조 명칭, 내부반송, 슬러지 반송 표시)
(2) 반응조 명칭과 역할

정답

(1)

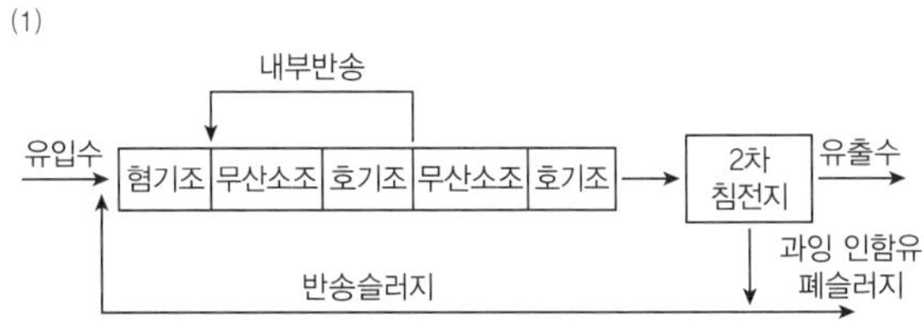

(2) ① 1단계 혐기조: 인의 방출이 일어난다.
② 1단계 무산소조: 탈질에 의한 질소를 제거한다.
③ 1단계 호기조: 질산화가 일어나고 인의 과잉흡수가 일어난다.
④ 2단계 무산소조: 잔류 질산성질소가 제거된다.
⑤ 2단계 호기조: 슬러지의 침강성을 좋게 유지하고 인의 재방출을 막는다.

04
★★☆

호수에서 총인의 농도가 20μg/L에서 100μg/L로 한 달만에 상승했다. 호수의 바닥면적이 $1km^2$이고 수심이 5m일 때 총인의 용출률($mg/m^2 \cdot day$)을 구하시오. (단, 한 달은 30일이며 바닥의 흙에서만 총인이 용출됨)

정답

$13.33mg/m^2 \cdot day$

해설

$$용출률=\frac{\frac{(100-20)\mu g}{L}\times\frac{1mg}{10^3\mu g}\times\frac{10^3L}{1m^3}\times 5m\times 1km^2\times\frac{10^6m^2}{1km^2}}{1km^2\times\frac{10^6m^2}{1km^2}\times 30day}$$

$=13.3333 ≒ 13.33mg/m^2 \cdot day$

05 ★★☆

지하수가 통과하는 대수층의 투수계수가 다음과 같을 때 수평방향(K_x)과 수직방향(K_y)의 평균투수계수(cm/day)를 구하시오.

K_1	10cm/day	↕ 20cm
K_2	50cm/day	↕ 5cm
K_3	1cm/day	↕ 10cm
K_4	5cm/day	↕ 10cm

(1) 수평방향의 평균투수계수(K_x)
(2) 수직방향의 평균투수계수(K_y)

정답

(1) 11.33cm/day
(2) 3.19cm/day

해설

(1) 수평방향의 투수계수(K_x) 구하기

$$K_x=\frac{K_1H_1+K_2H_2+K_3H_3+K_4H_4}{\sum H_T}$$
$$=\frac{10\times20+50\times5+1\times10+5\times10}{(20+5+10+10)}$$
$$=11.3333\fallingdotseq11.33\text{cm/day}$$

(2) 수직방향의 투수계수(K_y) 구하기

$$K_y=\frac{\sum H_T}{\frac{H_1}{K_1}+\frac{H_2}{K_2}+\frac{H_3}{K_3}+\frac{H_4}{K_4}}$$
$$=\frac{(20+5+10+10)}{\frac{20}{10}+\frac{5}{50}+\frac{10}{1}+\frac{10}{5}}$$
$$=3.1915\fallingdotseq3.19\text{cm/day}$$

06 ★★☆

500m^3/day의 폐수를 배출하는 도금공장이 있다. 이 폐수에 CN^-이 200mg/L 함유되어 알칼리염소법으로 다음 반응식을 이용하여 처리하고자 할 때 필요한 Cl_2의 양(ton/day)을 구하시오.

$$2CN^- + 5Cl_2 + 4H_2O \rightarrow 2CO_2 + N_2 + 8HCl + 2Cl^-$$

정답

0.68ton/day

해설

$\underline{2CN^-} : \underline{5Cl_2}$

$2\times26\text{g} : 5\times71\text{g}$

$\frac{200\text{mg}}{\text{L}}\times\frac{500\text{m}^3}{\text{day}}\times\frac{10^3\text{L}}{1\text{m}^3}\times\frac{1\text{ton}}{10^9\text{mg}} : X\text{ton/day}$

$\therefore X=\frac{5\times71\times0.1}{2\times26}=0.6827\fallingdotseq0.68\text{ton/day}$

07 ★★☆

질산화는 질산화를 일으키는 Autotrophic bacteria에 의해 NH_4^+가 2단계를 거쳐 NO_3^-로 변한다. 각 단계의 반응식(관련 미생물 포함)과 전체 반응식을 서술하시오.

정답

① 1단계(아질산화)
- 반응식: $NH_4^+ + 1.5O_2 \rightarrow NO_2^- + H_2O + 2H^+$
  ($NH_3 + 1.5O_2 \rightarrow NO_2^- + H_2O + H^+$)
- 관련 미생물: Nitrosomonas

② 2단계(질산화)
- 반응식: $NO_2^- + 0.5O_2 \rightarrow NO_3^-$
- 관련 미생물: Nitrobacter

③ 전체
- 반응식: $NH_4^+ + 2O_2 \rightarrow NO_3^- + H_2O + 2H^+$
  ($NH_3 + 2O_2 \rightarrow HNO_3 + H_2O$)

08

★★☆

탈질반응이 일어날 때 탈질균은 용존유기물질을 이용한다. 유기물질로 이용될 수 있는 형태 및 방법을 3가지만 서술하시오.

정답

① 박테리아 등의 내생탄소원
② 메탄올, 아세트산, 펩톤 등의 외부탄소원
③ 유입 하수 내의 유기물질

만점 KEYWORD

① 박테리아, 내생탄소원
② 메탄올, 아세트산, 펩톤, 외부탄소원
③ 유입 하수, 유기물질

09

★★★

다음 질소와 인을 동시에 제거하는 5단계 Bardenpho 공정의 공정도를 그리고 호기조 반응조의 주된 역할 2가지에 대해 간단히 서술하시오.

(1) 공정도 (반응조 명칭, 내부반송, 슬러지 반송 표시)
(2) '호기조'의 주된 역할 2가지 (단, 유기물 제거는 정답 제외)

정답

(1)

(2) ① 질산화
② 인의 과잉흡수

관련이론 | 각 반응조의 명칭과 역할

- 1단계 혐기조: 인의 방출이 일어난다.
- 1단계 무산소조: 탈질에 의한 질소를 제거한다.
- 1단계 호기조: 질산화가 일어나고 인의 과잉흡수가 일어난다.
- 2단계 무산소조: 잔류 질산성질소가 제거된다.
- 2단계 호기조: 슬러지의 침강성을 좋게 유지하고 인의 재방출을 막는다.

10

★★☆

수심 0.5m, 수로폭 1.2m, 수면경사 $\frac{1}{800}$인 수로의 유량(m^3/min)을 구하시오. (단, 조도계수 0.3, Bazin의 유속공식 이용, V(m/sec) $= \frac{87}{1+\frac{r}{\sqrt{R}}}\sqrt{RI}$, 소수점 첫째 자리까지 계산)

정답

36.7m^3/min

해설

- 경심(R) 계산

$$R = \frac{HW}{2H+W} = \frac{0.5\times1.2}{2\times0.5+1.2} = 0.2727\text{m}$$

W: 폭(m), H: 수심(m)

- 속도(V) 계산

$$V = \frac{87}{1+\frac{r}{\sqrt{R}}}\sqrt{RI}$$

$$= \frac{87}{1+\frac{0.3}{\sqrt{0.2727}}}\sqrt{0.2727\times(1/800)} = 1.0202\text{m/sec}$$

- 유량(Q) 계산

$Q = AV$

$$= (1.2\times0.5)\text{m}^2 \times \frac{1.0202\text{m}}{\text{sec}} \times \frac{60\text{sec}}{1\text{min}}$$

$$= 36.7272 \fallingdotseq 36.7\text{m}^3/\text{min}$$

11

★☆☆

유량 200m^3/day, pH 2인 H_2SO_4를 NaOH로 중화시키려고 한다. 이때 필요한 NaOH의 양(kg/day)을 구하시오. (단, NaOH의 순도 90%)

정답

88.89kg/day

해설

- pH 2인 H_2SO_4 노르말농도 계산

$10^{-pH} = 10^{-2}$N

- 필요한 NaOH의 양(kg/day) 계산

$$\frac{10^{-2}\text{eq}}{\text{L}} \times \frac{200\text{m}^3}{\text{day}} \times \frac{10^3\text{L}}{1\text{m}^3} \times \frac{40\text{g}}{1\text{eq}} \times \frac{1\text{kg}}{10^3\text{g}} \times \frac{100}{90}$$

$$= 88.8889 \fallingdotseq 88.89\text{kg/day}$$

12 ★★☆

30cm×30cm×30cm의 상자에 물이 차 있고 증발된 물의 양이 아래와 같을 때 증발산량(cm/day)을 구하시오.

1일차 박스 무게: 20kg
3일차 박스 무게: 19.2kg

정답

0.44cm/day

해설

증발량(cm^3/day)

$$=\frac{(20-19.2)kg}{2day}\times\frac{m^3}{1,000kg}\times\frac{10^6cm^3}{1m^3}=400cm^3/day$$

※ 2일간 증발된 물의 양이므로 2day가 분모로 들어가야 한다.

$$\therefore \text{증발산량}(cm/day)=\frac{\text{증발량}(cm^3/day)}{\text{상자 단면적}(cm^2)}$$

$$=\frac{400cm^3/day}{30cm\times 30cm}=0.4444≒0.44cm/day$$

13 ★★★

1차 반응을 가정하며 오염물질의 제거율이 99%인 회분식 반응조를 설계하고자 할 때, 이 회분식 반응조의 체류시간(hr)을 구하시오. (단, K=0.35/hr, 자연대수 기준)

정답

13.16hr

해설

$$\ln\frac{C_t}{C_0}=-K\cdot t$$

C_t: 나중 농도, C_0: 처음 농도

K: 반응속도상수(hr^{-1}), t: 반응시간(hr)

$$\ln\frac{1}{100}=-0.35\times t$$

$\therefore t=13.1576≒13.16hr$

14 ★★☆

하수관에서 발생하는 황화수소에 의한 관정부식을 방지하는 대책을 3가지 쓰시오.

정답

① 공기, 산소, 과산화수소, 초산염 등의 약품을 주입하여 황화수소의 발생을 방지한다.
② 환기를 통해 관 내 황화수소를 희석한다.
③ 산화제의 첨가에 의한 황화물의 산화, 금속염의 첨가에 의한 황화수소의 고정화로 기상 중으로의 확산을 방지한다.
④ 황산염 환원세균의 활동을 억제시킨다.
⑤ 유황산화 세균의 활동을 억제시킨다.
⑥ 방식 재료를 사용하여 관을 방호한다.

만점 KEYWORD

① 공기, 산소, 과산화수소, 초산염, 약품, 황화수소, 방지
② 환기, 관 내 황화수소, 희석
③ 산화제 첨가, 황화물 산화, 금속염 첨가, 황화수소 고정화, 확산, 방지
④ 황산염 환원세균, 억제
⑤ 유황산화 세균, 억제
⑥ 방식 재료, 관, 방호

관련이론 | 관정부식(Crown 현상)

혐기성 상태에서 황산염이 황산염 환원세균에 의해 환원되어 황화수소를 생성
↓
황화수소가 콘크리트 벽면의 결로에 재용해되고 유황산화 세균에 의해 황산으로 산화
↓
콘크리트 표면에서 황산이 농축되어 pH가 1~2로 저하 → 콘크리트의 주성분인 수산화칼슘이 황산과 반응 → 황산칼슘 생성, 관정부식 초래

15

★☆☆

A도시의 인구는 20,000명이고 하루에 1인이 배출하는 유량은 450L이다. 표면부하율 $40m^3/m^2 \cdot day$이고 체류시간 2.5hr인 원형침전지를 설계하려고 할 때 깊이(m)와 직경(m)을 구하시오.

(1) 깊이(m)

(2) 직경(m)

정답

(1) 4.17m

(2) 16.93m

해설

- **유량(Q) 계산**

$$20{,}000\text{인} \times \frac{450L}{\text{인} \cdot day} \times \frac{1m^3}{10^3L} = 9{,}000m^3/day$$

(1) **원형침전지의 깊이(H) 구하기**

$$\text{표면부하율} = \frac{Q}{A} = \frac{H}{t}$$

Q: 유량(m^3/day), A: 면적(m^2), t: 체류시간(day)

$$\frac{40m^3}{m^2 \cdot day} = \frac{Hm}{2.5hr \times \frac{1day}{24hr}}$$

$\therefore H = 4.1667 \fallingdotseq 4.17m$

(2) **원형침전지의 직경(D) 구하기**

$$Q = \frac{\forall}{t} = \frac{A \times H}{t}$$

$$9{,}000m^3/day = \frac{\frac{\pi}{4}D^2 \times 4.1667m}{2.5hr \times \frac{1day}{24hr}}$$

$\therefore D = 16.9256 \fallingdotseq 16.93m$

관련이론 | 표면부하율(Surface loading)

- 표면부하율 = 100% 제거되는 입자의 침강속도
- $\text{표면부하율} = \frac{\text{유량}}{\text{침전면적}} = \frac{AV}{WL} = \frac{WHV}{WL} = \frac{HV}{L} = \frac{H}{HRT}$
- $\text{침전효율} = \frac{\text{침전속도}}{\text{표면부하율}}$

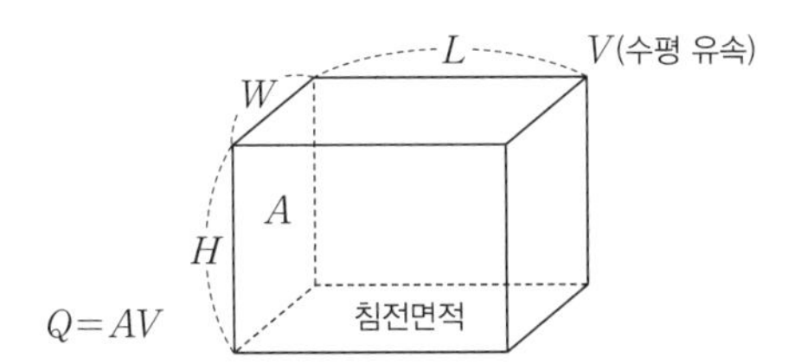

16

★★☆

생물막공법 중 접촉산화법의 단점 5가지를 쓰시오.

정답

① 미생물량과 영향인자를 정상상태로 유지하기 위한 조작이 어렵다.

② 매체를 균일하게 포기 교반하는 조건설정이 어렵다.

③ 매체에 생성되는 생물량은 부하조건에 의하여 결정된다.

④ 고부하 시 매체의 폐쇄위험이 크기 때문에 부하조건에 한계가 있다.

⑤ 초기 건설비가 높다.

만점 KEYWORD

① 정상상태, 유지, 조작, 어려움

② 균일, 조건설정, 어려움

③ 생물량, 부하조건, 결정

④ 고부하, 폐쇄위험, 부하조건, 한계

⑤ 초기, 건설비, 높음

관련이론 | 접촉산화법

(1) **원리**

① 일차침전지 유출수 중의 유기물은 호기상태의 반응조 내 접촉재 표면에 부착된 생물에 흡착되어 미생물의 산화 및 동화작용에 의해 분해 제거된다.

② 부착생물의 증식에 필요한 산소는 포기장치로부터 조 내에 공급된다.

③ 접촉재 표면의 과잉부착생물은 탈리되어 이차침전지에서 침전 분리되지만, 활성슬러지법에서처럼 반송슬러지로서 이용되는 것이 아니라 잉여슬러지로서 인출된다.

(2) **특징**

① 장점

- 유지관리가 용이하다.
- 조내 슬러지 보유량이 크고 생물상이 다양하다.
- 비표면적이 큰 접촉재를 사용하여 부착 생물량을 다량으로 보유할 수 있기 때문에 유입기질의 변동에 유연히 대응할 수 있다.
- 분해속도가 낮은 기질제거에 효과적이다.
- 부하, 수량변동에 대하여 완충능력이 있다.
- 부착 생물량을 임의로 조정할 수 있기 때문에 조작 조건의 변경에 대응이 가능하다.
- 난분해성물질 및 유해물질에 대한 내성이 높다.
- 수온의 변동에 강하다.
- 슬러지 반송이 필요없고 슬러지 발생량이 적다.
- 소규모시설에 적합하다.

② 단점

- 미생물량과 영향인자를 정상상태로 유지하기 위한 조작이 어렵다.
- 반응조내 매체를 균일하게 포기 교반하는 조건설정이 어렵고 사수부가 발생할 우려가 있다.
- 매체에 생성되는 생물량은 부하조건에 의하여 결정된다.
- 고부하 시 매체의 폐쇄위험이 크기 때문에 부하조건에 한계가 있다.
- 초기 건설비가 높다.

17

★★☆

등비급수법에 따라 A도시의 인구는 10년간 3.25배 증가했다. 이때 연평균 인구 증가율(%)을 구하시오.

정답

12.51%

해설

등비급수법에 따른 인구추정식을 이용한다.

$P_n = P_0(1+r)^n$

$3.25P_0 = P_0(1+r)^{10}$

$\therefore r = 3.25^{\frac{1}{10}} - 1 = 0.1251 = 12.51\%$

관련이론 | 인구추정식

등차급수법		
$P_n = P_0 + rn$	• P_n: 추정인구(명) • r: 인구증가율(%)	• n: 경과연수(년) • P_0: 현재인구(명)
등비급수법		
$P_n = P_0(1+r)^n$	• P_n: 추정인구(명) • r: 인구증가율(%)	• n: 경과연수(년) • P_0: 현재인구(명)
지수함수법		
$P_n = P_0 e^{rn}$	• P_n: 추정인구(명) • r: 인구증가율(%)	• n: 경과연수(년) • P_0: 현재인구(명)
로지스틱법		
$P_n = \frac{K}{1+e^{a-bn}}$	• P_n: 추정인구(명) • n: 경과연수(년)	• a, b: 상수 • K: 극한값(명)

18

★☆☆

침전지에서 BOD 제거율이 40%이고 BOD 중 용해성 BOD는 20%이다. 비용해성 BOD의 제거에 비례하여 부유물질(SS)이 제거된다고 할 때 부유물질(SS)의 제거율(%)을 구하시오.

정답

50%

해설

BOD=용해성 BOD+비용해성 BOD

BOD를 100으로 가정하면

제거되는 BOD$=100 \times 0.4 = 40$

용해성 BOD$=100 \times 0.2 = 20$

비용해성 BOD$=80$

※ 침전지에서는 비용해성 BOD만 제거되므로 비용해성 BOD 80 중에서 40이 제거되었다고 할 수 있다.

∴ SS 제거율=비용해성 BOD 제거율

$= \frac{80-40}{80} \times 100 = 50\%$

2020년 | 2회 기출문제

01

★★☆

폐수 내 질소와 인의 동시 제거를 위한 SBR 공법의 운전과정은 다음과 같다. 각 반응의 단계와 각 단계의 역할을 서술하시오.

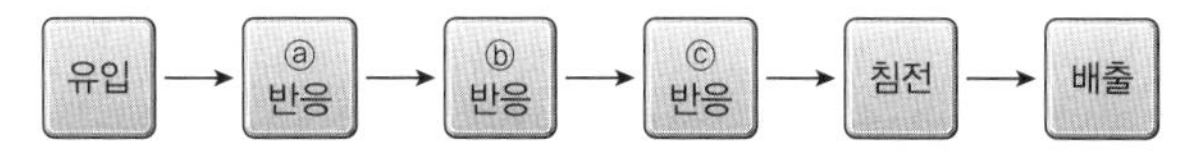

(1) ⓐ의 반응 단계와 역할

(2) ⓑ의 반응 단계와 역할

(3) ⓒ의 반응 단계와 역할

정답

(1) 혐기성: 유기물 제거 및 인의 방출이 일어난다.

(2) 호기성: 유기물 제거 및 인의 과잉흡수가 일어난다.

(3) 무산소: 탈질반응이 일어난다.

관련이론 |

연속회분식활성슬러지법(SBR; Sequencing Batch Reactor)

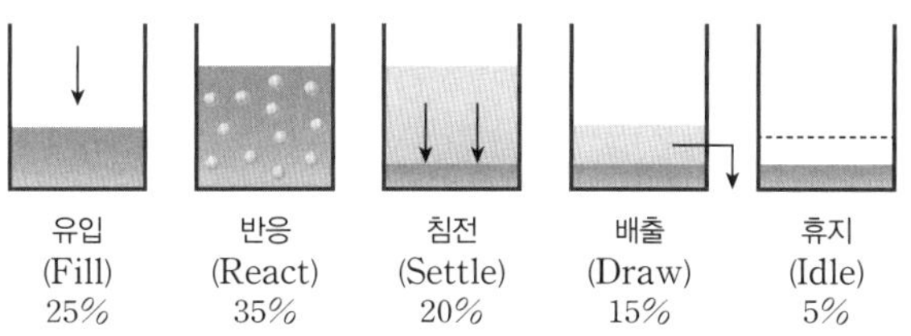

- 기존 활성슬러지 처리에서의 공간개념을 시간개념으로 전환한 것이라고 할 수 있다.
- 단일 반응조 내에서 질산화 및 탈질반응을 도모할 수 있다.
- 고부하형의 경우 다른 처리방식과 비교하여 적은 부지면적에 시설을 건설할 수 있다.
- 운전방식에 따라 사상균 벌킹을 방지할 수 있다.
- 충격부하 또는 첨두유량에 대한 대응성이 좋다.
- 처리용량이 큰 처리장에는 적용하기 어렵다.
- 질소(N)와 인(P)의 동시 제거 시 운전의 유연성이 크다.

02

★★☆

용존산소부족량을 구하는 기본식인 Streeter-phelps 공식이 다음과 같을 때, 주어진 공식에서 의미하는 기호의 의미를 쓰시오.

$$D_t = \frac{K_1 \cdot L_0}{K_2 - K_1}(10^{-K_1 \cdot t} - 10^{-K_2 \cdot t}) + D_0 \cdot 10^{-K_2 \cdot t}$$

(1) D_t

(2) K_1

(3) K_2

(4) L_0

(5) D_0

(6) t

정답

(1) D_t: t일 후 용존산소(DO) 부족농도(mg/L)

(2) K_1: 탈산소계수(day^{-1})

(3) K_2: 재폭기계수(day^{-1})

(4) L_0: 최종 BOD(mg/L)

(5) D_0: 초기용존산소부족량(mg/L)

(6) t: 시간(day)

03

★☆☆

슬러지의 일반적인 탈수 방법 4가지를 쓰시오.

정답

① 벨트프레스법

② 가압탈수법

③ 원심분리탈수법

④ 진공탈수법

04 ★★☆

상수처리에서 적용되는 전염소처리와 중간염소처리의 염소 주입지점을 쓰시오.

(1) 전염소처리 염소제 주입지점
(2) 중간염소처리 염소제 주입지점

정답

(1) 착수정과 혼화지 사이
(2) 침전지와 여과지 사이

관련이론 | 전염소처리 및 중간염소처리 주입위치

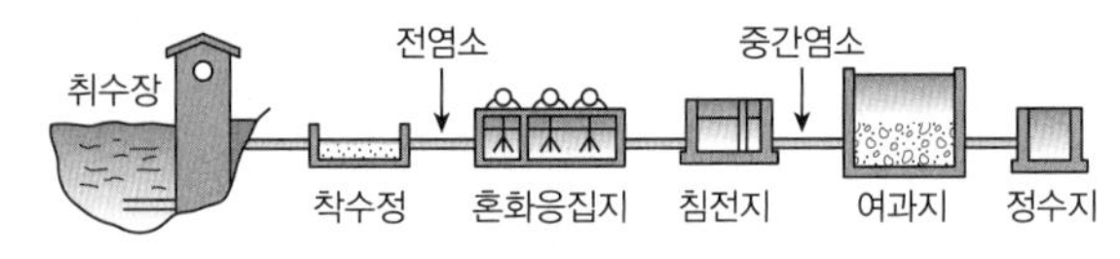

05 ★★☆

유량 800m^3/day를 처리하기 위해 수심이 폭의 1.25배인 정방형 반응조를 설계하려고 한다. 체류시간이 40sec이라면 반응조의 폭(m)과 수심(m)을 구하시오.

정답

폭: 0.67m, 수심: 0.83m

해설

- 반응조의 부피(∀) 계산

$\forall = Q \cdot t$

$= \frac{800\text{m}^3}{\text{day}} \times 40\text{sec} \times \frac{1\text{day}}{86{,}400\text{sec}} = 0.3704\text{m}^3$

- 폭(W)과 수심(H) 계산

부피=수심(H)×폭(W)×길이(L)

여기서 반응조는 정방형이므로 폭(W)=길이(L)이다.

또한, 문제 조건에서 수심은 폭의 1.25배이므로

부피$=1.25W \times W \times W = 0.3704\text{m}^3$

$\therefore W = 0.6667 \fallingdotseq 0.67\text{m}$

$H = 1.25W = 1.25 \times 0.6667 = 0.8334 \fallingdotseq 0.83\text{m}$

06 ★★★

물리화학적 질소제거 방법인 Air stripping과 파과점염소주입법의 처리원리를 반응식과 함께 서술하시오.

정답

(1) Air stripping(공기탈기법)
① 반응식: $NH_3 + H_2O \rightleftarrows NH_4^+ + OH^-$
② 처리원리: 공기를 주입하여 수중의 pH를 10 이상 높여 암모늄 이온을 암모니아 기체로 탈기시키는 방법이다.

(2) 파과점염소주입법
① 반응식: $2NH_3 + 3Cl_2 \rightleftarrows N_2 + 6HCl$
② 처리원리: 물속에 염소를 파과점 이상으로 주입하여 클로라민 형태로 결합되어 있던 질소를 질소 기체로 처리하는 방법이다.

만점 KEYWORD

(1) 공기, pH 10 이상, 암모늄이온, 암모니아 기체, 탈기
(2) 염소, 파과점 이상, 주입, 질소 기체, 처리

07 ★☆☆

하천의 평균유량은 3,000m^3/sec, 최소유량은 20m^3/sec, 최대유량은 4,000m^3/sec일 때 하상계수를 구하시오.

정답

200

해설

하상계수$= \frac{\text{최대유량}}{\text{최소유량}} = \frac{4{,}000\text{m}^3/\text{sec}}{20\text{m}^3/\text{sec}} = 200$

08

★★☆

비중 2.67인 입자의 침전속도를 측정하였더니 0.6cm/sec가 나왔다. 이때 입자의 직경(cm)을 구하시오. (단, 물의 점성 계수는 0.0101g/cm · sec)

정답

8.16×10^{-3}cm

해설

$$V_g=\frac{d_p^2(\rho_p-\rho)g}{18\mu}$$

V_g: 중력침강속도(cm/sec), d_p: 입자의 직경(cm)

ρ_p: 입자의 밀도(g/cm^3), ρ: 유체의 밀도(g/cm^3)

g: 중력가속도(980cm/sec^2), μ: 유체의 점성계수(g/cm·sec)

$$0.6\text{cm/sec}=\frac{d_p^2\times(2.67-1)\text{g/cm}^3\times980\text{cm/sec}^2}{18\times0.0101\text{g/cm}\cdot\text{sec}}$$

$$\therefore d_p=\sqrt{\frac{18\times0.0101\text{g/cm}\cdot\text{sec}\times0.6\text{cm/sec}}{(2.67-1)\text{g/cm}^3\times980\text{cm/sec}^2}}$$

$$=8.1640\times10^{-3}\fallingdotseq8.16\times10^{-3}\text{cm}$$

09

★★☆

Jar-test의 목적 3가지를 쓰시오.

정답

① 적합한 응집제의 종류를 선택한다.
② 적정 응집제의 주입 농도를 산정한다.
③ 최적의 pH 조건을 파악한다.
④ 최적의 교반조건을 선정한다.

만점 KEYWORD

① 응집제, 종류
② 적정 응집제, 주입 농도
③ pH 조건
④ 교반조건

10

★★☆

도수관로의 흐름에 있어서 그 기능을 저하시키는 요인을 4가지 서술하시오.

정답

① 관로의 노후화로 인해 부식이 생겼을 경우
② 도수노선이 동수경사선보다 높을 경우
③ 조류가 번식하여 스케일이 형성된 경우
④ 접합부에 틈이나 관에 균열이 발생할 경우
⑤ 유속의 급격한 변화로 수격현상이 발생할 경우

만점 KEYWORD

① 노후화, 부식
② 도수노선, 동수경사선보다, 높음
③ 조류, 스케일, 형성
④ 접합부, 틈, 관, 균열
⑤ 유속, 급격한 변화, 수격현상

11

★★☆

다음 공정의 인 제거 원리를 서술하시오.

(1) A/O 공정
(2) Phostrip 공정

정답

(1) 탈인 공정의 대표적인 공정으로 혐기조, 호기조, 침전조로 구성되며 혐기조에서 인이 방출되고 호기조에서 인이 과잉섭취되며 침전조에서 침전되어 제거된다.
(2) 반송슬러지의 일부만이 포기조로 유입되고 인을 과잉섭취한다. 또한, 탈인조에서는 인을 방출시켜 생성된 상징액을 석회를 이용하여 화학적인 방법으로 침전시켜 제거한다. 이 공정은 화학적 방법과 생물학적 방법이 조합된 공정이다.

만점 KEYWORD

(1) 탈인, 혐기조, 인 방출, 호기조, 인 과잉섭취, 침전조, 제거
(2) 반송슬러지 일부, 포기조, 인 과잉섭취, 탈인조, 인 방출, 석회, 화학적인 방법, 제거

12 ★☆☆

정수처리에서의 급속여과법에 대한 특성(건설비, 유지관리비, 세균제거)을 완속여과법과 비교하여 서술하시오.

(1) 건설비
(2) 유지관리비
(3) 세균제거

정답

(1) 여과지의 면적이 작아 건설비가 적게 필요하다.
(2) 소요동력이 커 유지관리비가 많이 든다.
(3) 세균제거는 되지 않아 급속여과 후 소독의 과정이 필요하다.

만점 KEYWORD

(1) 여과지, 면적, 작아, 적게
(2) 소요동력, 커, 많이
(3) 세균제거, 되지 않아, 소독, 필요

13 ★★☆

공장에서 배출되는 pH 3인 산성폐수 1,000m³와 pH 5인 인접공장 폐수 2,000m³를 혼합 처리하고자 한다. 두 폐수를 혼합한 후의 pH를 구하시오.

정답

3.47

해설

혼합공식을 이용한다.

$$N_m=\frac{N_1V_1+N_2V_2}{V_1+V_2}\quad(1:\text{ 산성폐수, }2:\text{ 인접공장 폐수})$$

$$=\frac{10^{-3}\times 1{,}000+10^{-5}\times 2{,}000}{1{,}000+2{,}000}=3.4\times 10^{-4}\text{N}$$

$$\therefore\ \text{pH}=-\log(3.4\times 10^{-4})=\log\frac{1}{(3.4\times 10^{-4})}=3.4685\fallingdotseq 3.47$$

14 ★★☆

여름철 호수의 성층현상에 대해 서술하시오. (각 층의 명칭 및 온도변화 그래프 포함)

정답

성층현상은 연직 방향의 밀도차에 의해 층상으로 구분되어지는 것을 말한다. 특히, 여름에는 밀도가 작은 물이 큰 물 위로 이동하며 온도차가 커져 수직운동은 점차 상부층에만 국한된다. 또한, 여름이 되면 연직에 따른 온도 경사와 용존산소(DO) 경사가 같은 모양을 나타낸다.

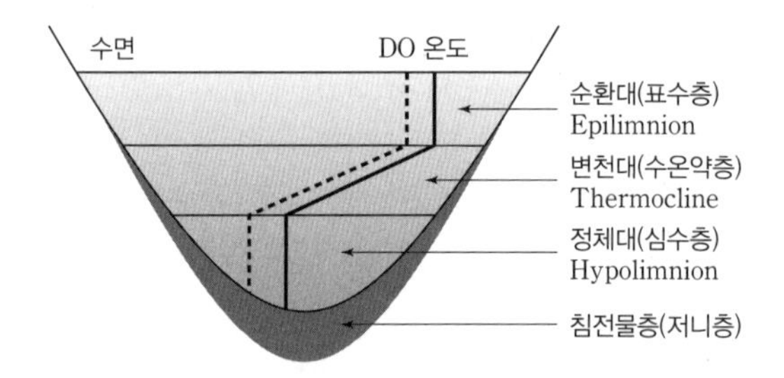

만점 KEYWORD

연직 방향, 밀도차, 층상, 여름, 온도차, 수직운동, 상부층 국한, 온도 경사, 용존산소 경사, 같은 모양

관련이론 | 성층현상과 전도현상의 순환

(1) **봄(전도현상):** 기온 상승 → 호소수 표면의 수온 증가 → 4℃일 때 밀도 최대 → 표수층의 밀도 증가로 수직혼합
(2) **여름(성층현상):** 기온 상승 → 호소수 표면의 수온 증가 → 수온 상승으로 표수층의 밀도가 낮아짐 → 수직혼합이 억제됨 → 성층 형성
(3) **가을(전도현상):** 기온 하강 → 호소수 표면의 수온 감소 → 4℃일 때 밀도 최대 → 표수층의 밀도 증가로 수직혼합
(4) **겨울(성층현상):** 기온 하강 → 호소수 표면의 수온 감소 → 수온 감소로 표수층의 밀도가 낮아짐 → 수직혼합이 억제됨 → 성층 형성

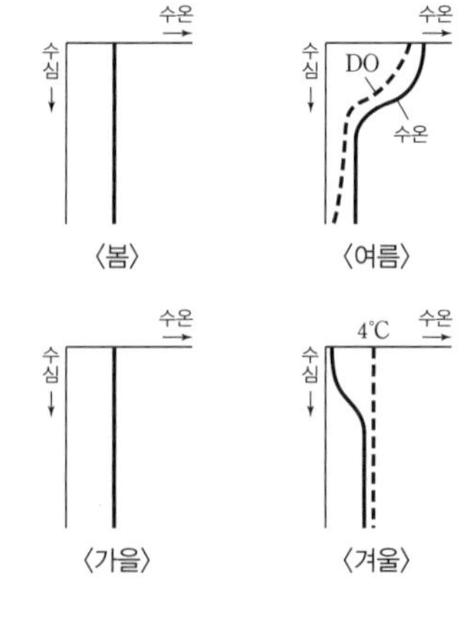

15

★★☆

활성슬러지법의 포기조 내에서 다음의 현상이 일어날 때 DO가 감소하는 원인을 서술하시오.

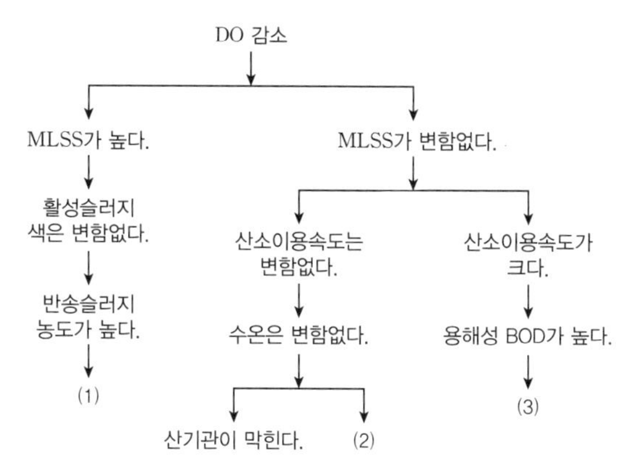

정답

(1) 포기조 내의 미생물량이 증가하여 DO가 감소한다.
(2) 잉여슬러지량의 감소로 SRT가 증가하여 DO가 감소한다.
(3) F/M비의 증가로 DO가 감소한다.

만점 KEYWORD

(1) 미생물량, 증가, DO, 감소
(2) 잉여슬러지량, 감소, SRT, 증가, DO, 감소
(3) F/M비, 증가, DO, 감소

16

★☆☆

산업폐수 중 트리클로로에틸렌(TCE)과 테트라클로로에틸렌(PCE)을 기체크로마토그래피로 분석하고자 한다. 추출방법에 따른 분석방법(3가지)과 TCE와 PCE에 공통으로 사용할 수 있는 기체크로마토그래피 검출기를 쓰시오.

(1) 분석방법(3가지)
(2) 검출기

정답

(1) ① 헤드스페이스 기체크로마토그래피
② 용매추출/기체크로마토그래피
③ 퍼지－트랩 기체크로마토그래피
(2) 전자포획형 검출기(ECD)

17

★★★

저수량 400,000m^3, 면적 10^{5}m^{2}인 저수지에 오염물질이 유출되어 오염물질의 농도가 30mg/L가 되었다. 오염물질의 농도가 3mg/L가 되는데 걸리는 시간(yr)을 구하시오.

- 호수는 CFSTR 모델로 가정
- 오염이 있기 전에 오염물질은 존재하지 않았음
- 연 강수량 1,200mm/yr
- 강우에 의한 유입과 유출만이 있음

정답

7.68yr

해설

- **연간 유입되는 강우량(m^3/yr) 계산**

$$\frac{1.2\text{m}}{\text{yr}} \times 10^5\text{m}^2 = 120{,}000\text{m}^3/\text{yr}$$

- **단순희석에 의한 시간(t) 계산**

$$\ln\frac{C_t}{C_0} = -\frac{Q}{\forall}\cdot t$$

Q: 유량(m^3/day), C_0: 초기 농도(mg/L), C_t: 나중 농도(mg/L)
$\forall$: 반응조 체적(m^3), t: 시간(day)

$$\ln\frac{3\text{mg/L}}{30\text{mg/L}} = -\frac{120{,}000\text{m}^3/\text{yr}}{400{,}000\text{m}^3}\times t$$

$\therefore\ t = 7.6753 \fallingdotseq 7.68\text{yr}$

18

★★☆

기존 처리시설의 SS는 기준치를 준수하여 방류되고 있었으나 규제의 강화로 법적기준치를 초과하였을 때 추가적으로 검토할 수 있는 처리공법 3가지를 쓰시오.

정답

막분리활성슬러지법(MBR), 응집침전, 막여과, 부상분리

2020년 | 1회 기출문제

01 ★★☆

SS의 침강속도 분포가 다음과 같을 때 수면적부하가 $28.8m^3/m^2 \cdot day$이라면 SS의 제거효율(%)을 구하시오.

침강속도(cm/min)	3	2	1	0.7	0.5
SS 백분율	20	25	30	15	10

정답

67.75%

해설

• 수면적부하의 단위 변환

수면적부하(V_o)=설계 침전속도(V_g)

$$\frac{28.8m^3}{m^2 \cdot day} \times \frac{100cm}{1m} \times \frac{1day}{1,440min} = 2cm/min$$

• SS의 제거효율(%) 계산

제거효율은 $\frac{\text{입자의 침강속도}}{\text{표면부하율}}$이고 2cm/min 이상의 침강속도를 갖는 입자는 100% 제거되므로

$$\eta_T = (20+25) + \frac{(1 \times 30) + (0.7 \times 15) + (0.5 \times 10)}{2}$$

$$= 67.75\%$$

02 ★★☆

이온크로마토그래피에서 제거장치인 써프레서의 역할을 2가지 서술하시오.

정답

① 분리컬럼으로부터 용리된 각 성분이 검출기에 들어가기 전에 용리액 자체의 전도도를 감소시킨다.

② 목적성분의 전도도를 증가시켜 높은 감도로 음이온을 분석한다.

만점 KEYWORD

① 용리액, 자체, 전도도, 감소

② 목적성분, 전도도, 증가, 높은 감도, 음이온, 분석

03 ★★★

1차 반응을 가정하며 오염물질의 제거율이 90%인 회분식 반응조를 설계하고자 할 때, 이 회분식 반응조의 체류시간(hr)을 구하시오. (단, K=0.35/hr, 자연대수 기준)

정답

6.58hr

해설

$$\ln\frac{C_t}{C_0} = -K \cdot t$$

C_t: 나중 농도, C_0: 처음 농도, K: 반응속도상수(hr^{-1})

t: 반응시간(hr)

$$\ln\frac{10}{100} = -0.35 \times t$$

$\therefore t = 6.5788 \fallingdotseq 6.58hr$

04 ★★☆

무기응집제에 대해 각각 응집에 필요한 칼슘염 형태의 알칼리도를 반응시켜 Floc을 형성하는 반응식을 쓰시오.

(1) $FeSO_4 \cdot 7H_2O$, $Ca(OH)_2$와 반응 (DO를 필요로 함)

(2) $Fe_2(SO_4)_3$, $Ca(HCO_3)_2$와 반응

정답

(1) $2FeSO_4 \cdot 7H_2O + 2Ca(OH)_2 + \frac{1}{2}O_2 \rightarrow 2Fe(OH)_3 + 2CaSO_4 + 13H_2O$

(2) $Fe_2(SO_4)_3 + 3Ca(HCO_3)_2 \rightarrow 2Fe(OH)_3 + 3CaSO_4 + 6CO_2$

05

★☆☆

정수처리시설에서 랑게리아지수가 음의 값인 경우 부식성을 갖게 되는데 이를 개선하기 위한 약품과 상태(고체, 액체, 기체)를 2가지 쓰시오.

정답

① 이산화탄소(CO_2): 기체
② 수산화나트륨(NaOH): 고체
③ 소석회($Ca(OH)_2$): 고체
④ 소다회(Na_2CO_3): 고체

06

★★★

1L의 폐수에 2.4g의 CH_3COOH와 0.73g의 CH_3COONa를 용해시켰을 때 용액의 pH를 구하시오. (단, CH_3COOH의 K_a는 1.8×10^{-5})

정답

4.09

해설

완충방정식을 이용한다.

$$pH = pK_a + \log\frac{[\text{염}]}{[\text{약산}]}$$

- pK_a 계산

$$pK_a = \log\frac{1}{K_a} = \log\frac{1}{1.8\times10^{-5}} = 4.7447$$

- CH_3COONa(염)의 몰농도(mol/L) 계산

$$CH_3COONa = \frac{0.73g}{L}\times\frac{1mol}{82g} = 8.9024\times10^{-3}mol/L$$

- CH_3COOH(약산)의 몰농도(mol/L) 계산

$$CH_3COOH = \frac{2.4g}{L}\times\frac{1mol}{60g} = 0.04mol/L$$

- pH 계산

$$\therefore pH = 4.7447 + \log\frac{8.9024\times10^{-3}}{0.04} = 4.0921 \fallingdotseq 4.09$$

07

★★☆

수질모델링 중 QUAL-II 모델 13종의 대상 수질인자 중 누락된 항목 5가지를 쓰시오.

> 조류(클로로필-a), 질산성 질소, 아질산성 질소, 암모니아성 질소, 유기질소, 유기인, 3개의 보존성 물질, 임의의 비보존성 물질

정답

대장균, BOD, DO, 온도, 용존총인

관련이론 | QUAL-II 모델 13종의 대상 수질인자

① 조류(클로로필-a)
② 질산성 질소
③ 아질산성 질소
④ 암모니아성 질소
⑤ 유기질소
⑥ BOD
⑦ DO
⑧ 용존총인
⑨ 대장균
⑩ 온도
⑪ 유기인
⑫ 3개의 보존성 물질
⑬ 임의의 비보존성 물질

08

★☆☆

환경영향평가기법 중 대안평가기법의 종류를 3가지 쓰시오.

정답

① 목표달성매트릭스
② 다목적계획기법
③ 비용편익분석
④ 확대비용편익분석

09 ★★☆

다음의 조건으로 부상조를 설계할 때 물음에 답하시오.

- 유량: $20,000m^3/day$
- 제거대상 유적의 직경: $200\mu m$
- 입자의 밀도: $0.9g/cm^3$
- 유효수심: 3m
- 폭: 4m
- 유체의 점도: $0.01g/cm \cdot sec$
- 유체의 밀도: $1.0g/cm^3$
- 유체 흐름: 완전층류라고 가정함

(1) 입자가 부상에 의해 수면으로 떠오르는 데 소요되는 시간(min)

(2) 부상조의 길이(m)

정답

(1) 22.96min

(2) 26.57m

해설

(1) 입자가 부상에 의해 수면으로 떠오르는 데 소요되는 시간(t) 구하기

$$V_F = \frac{d_p^2(\rho_w - \rho_p)g}{18\mu}$$

V_F: 부상속도(cm/sec), d_p: 입자의 직경(cm)

ρ_w: 물의 밀도(g/cm^3), ρ_p: 입자의 밀도(g/cm^3)

μ: 유체의 점성계수($g/cm \cdot sec$), g: 중력가속도($980cm/sec^2$)

$$V_F = \frac{(200 \times 10^{-4})^2 \times (1-0.9) \times 980}{18 \times 0.01} = 0.2178cm/sec$$

∴ 시간=거리/속도

$$t = \frac{3m}{\frac{0.2178cm}{sec} \times \frac{1m}{100cm} \times \frac{60sec}{1min}}$$

$= 22.9568 \fallingdotseq 22.96min$

(2) 부상조의 길이(L) 구하기

$\forall = Q \cdot t$

$$3m \times 4m \times L = \frac{20,000m^3}{day} \times 22.9568min \times \frac{1day}{1,440min}$$

$\therefore L = 26.5704 \fallingdotseq 26.57m$

10 ★★☆

흡착공정에 이용되고 있는 GAC(입상활성탄)와 PAC(분말활성탄)의 특성을 각각 2가지씩 서술하시오.

(1) GAC

(2) PAC

정답

(1) ① 흡착속도가 느리다.
② 재생이 가능하다.
③ 취급이 용이하다.

(2) ① 흡착속도가 빠르다.
② 고액분리가 어렵다.
③ 비산의 가능성이 높아 취급 시 주의를 필요로 한다.

관련이론 | GAC(입상활성탄)와 PAC(분말활성탄)

구분	GAC(입상활성탄)	PAC(분말활성탄)
장점	• 취급 용이·재생 가능 • 경제적 • 적용 유량범위가 넓음 • PAC에 비해 흡착량이 큼	• GAC에 비해 높은 효율 • 흡착속도가 빠름
단점	• PAC에 비해 느린 흡착속도 • PAC에 비해 낮은 효율	• 장기투입 시 비경제적 분말 발생 • 취급이 어려움 • 고액분리가 용이하지 않음

11

★★☆

공장의 폐수를 탈수시키고자 한다. 다음과 같은 조건일 때 물음에 답하시오.

- 1일 슬러지 발생량: $12m^3$/day
- 1일 슬러지 중 고형물의 양: 500kg/day
- 슬러지 중 고형물의 밀도: 2.5kg/L
- 탈수 케이크 중 고형물의 농도: 30%
- 탈수 여액 중 고형물의 농도: 0.5%

(1) 탈수 케이크 밀도(kg/L)
(2) 탈수 여액 밀도(kg/L)
(3) 1일 여액 발생량(m^3/day)
(4) 1일 탈수 케이크 발생량(kg/day)

정답

(1) 1.22kg/L
(2) 1.00kg/L
(3) $10.78m^3$/day
(4) 1,486.45kg/day

해설

(1) 탈수 케이크 밀도(ρ_{SL}) 구하기

$$\frac{SL}{\rho_{SL}}=\frac{TS}{\rho_{TS}}+\frac{W}{\rho_W} \qquad (SL=TS+W)$$

$$\frac{100}{\rho_{SL}}=\frac{30}{2.5}+\frac{70}{1}$$

$$\therefore \rho_{SL}=1.2195 ≒ 1.22\text{kg/L}$$

(2) 탈수 여액 밀도(ρ_{SL}) 구하기

$$\frac{SL}{\rho_{SL}}=\frac{TS}{\rho_{TS}}+\frac{W}{\rho_W}$$

$$\frac{100}{\rho_{SL}}=\frac{0.5}{2.5}+\frac{99.5}{1}$$

$$\therefore \rho_{SL}=1.0030 ≒ 1.00\text{kg/L}$$

(3) 1일 여액 발생량(m^3/day) 구하기

슬러지 발생량 중 고형물의 양
=탈수 케이크의 고형물 양+탈수여액의 고형물 양

$$\frac{500\text{kg}}{\text{day}}$$

$$=\frac{(12-X)m^3}{\text{day}}\times\frac{1{,}219.5\text{kg}}{m^3}\times\frac{30}{100}+\frac{Xm^3}{\text{day}}\times\frac{1003.0\text{kg}}{m^3}\times\frac{0.5}{100}$$

$$\therefore X=10.7811 ≒ 10.78m^3/\text{day}$$

(4) 1일 탈수 케이크 발생량(kg/day) 구하기

$$\frac{(12-10.7811)m^3}{\text{day}}\times\frac{1{,}219.5\text{kg}}{m^3}=1{,}486.4486 ≒ 1{,}486.45\text{kg/day}$$

12

★☆☆

오존 소독의 장점을 5가지 서술하시오.

정답

① 많은 유기화합물을 빠르게 산화, 분해한다.
② 유기화합물의 생분해성을 높인다.
③ 탈취, 탈색효과가 크다.
④ 병원균에 대하여 살균작용이 강하다.
⑤ Virus의 불활성화 효과가 크다.
⑥ 철 및 망간의 제거능력이 크다.

만점 KEYWORD

① 유기화합물, 빠르게, 산화, 분해
② 유기화합물, 생분해성, 높임
③ 탈취, 탈색효과, 큼
④ 병원균, 살균작용, 강함
⑤ Virus, 불활성화, 효과, 큼
⑥ 철, 망간, 제거능력, 큼

관련이론 | 오존 소독의 장단점

구분	내용
장점	• 많은 유기화합물을 빠르게 산화, 분해한다. • 유기화합물의 생분해성을 높인다. • 탈취, 탈색효과가 크다. • 병원균에 대하여 살균작용이 강하다. • Virus의 불활성화 효과가 크다. • 철 및 망간의 제거능력이 크다. • 염소요구량을 감소시켜 유기염소화합물의 생성량을 감소시킨다. • 슬러지가 생기지 않는다. • 유지관리가 용이하다.
단점	• 효과에 지속성이 떨어져 염소처리와의 병용이 필요하다. • 잔류효과가 낮다. • 오존 발생장치가 필요하다. • 전력비용이 과다하다.

13 ★★☆

배수관을 통해 유량이 $20m^3/min$, 총 양정이 15m 높이로 양수하고자 한다. 펌프의 효율이 80%, 여유율이 15%일 때, 펌프의 동력(kW)을 구하시오. (단, 물의 밀도 $1,000kg/m^3$)

정답

70.47kW

해설

$$동력(kW)=\frac{\gamma \times \triangle H \times Q}{102 \times \eta} \times \alpha$$

γ: 물의 밀도($1,000kg/m^3$), $\triangle H$: 전양정(m)

Q: 유량(m^3/sec), η: 효율, α: 여유율

$$\therefore 동력(kW)=\frac{\frac{1,000kg}{m^3} \times 15m \times \frac{20m^3}{min} \times \frac{1min}{60sec}}{102 \times 0.8} \times 1.15$$

$$=70.4657 \fallingdotseq 70.47kW$$

14 ★★☆

어떤 오염물질 A의 기준은 0.005mg/L이다. 현재 수중의 오염물질의 농도는 33μg/L이며 분말활성탄을 이용하여 처리하고자 한다. 이때 주입해야 할 분말활성탄의 양(mg/L)을 구하시오. (단, Freundlich 등온흡착식: $\frac{X}{M}=KC^{\frac{1}{n}}$ 이용, $K=28$, $n=1.6$)

정답

0.03mg/L

해설

$$오염물질\ 농도=\frac{33\mu g}{L} \times \frac{1mg}{1,000\mu g}=0.033mg/L$$

$$\frac{X}{M}=KC^{\frac{1}{n}}$$

X: 흡착된 용질의 농도(mg/L)

M: 주입된 흡착제의 농도(mg/L)

C: 흡착 후 남은 농도(mg/L)

K, n: 상수

$$\frac{(0.033-0.005)mg/L}{M}=28 \times 0.005^{\frac{1}{1.6}}$$

$$\therefore M=0.0274 \fallingdotseq 0.03mg/L$$

15 ★☆☆

다음은 6가크롬을 처리하는 공정을 나타낸 것이다. ①과 ②의 반응조의 명칭과 반응 pH, 사용되는 약품(2가지)을 쓰시오.

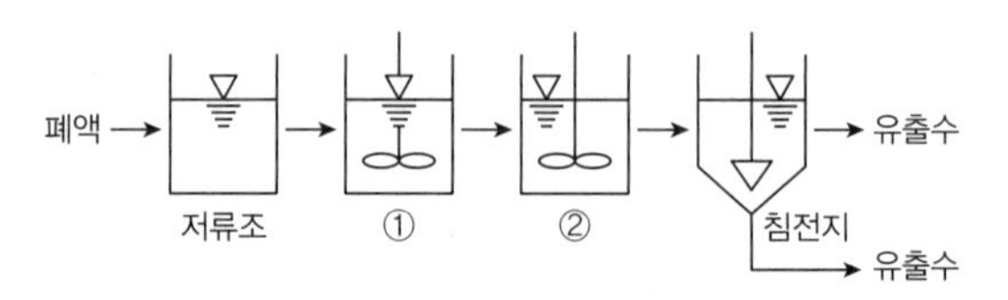

① 명칭:
　반응 pH:
　사용되는 약품(2가지):

② 명칭:
　반응 pH:
　사용되는 약품(2가지):

정답

① 명칭: 환원조
　반응 pH: pH 2~3
　사용되는 약품(2가지): Na_2SO_3, $FeSO_4$

② 명칭: 중화조
　반응 pH: pH 8~9
　사용되는 약품(2가지): $NaOH$, $Ca(OH)_2$

16

★★☆

다음 빈칸에 알맞은 말을 선택하여 쓰시오.

1.5m, 6%, 8%, 크면, 작으면, 10cm, 30cm, 1.2m

(1) 정류공의 직경은 (   ) 전후가 바람직하다.
(2) 정류공의 단면적은 수류 전체 횡단면적의 약 (   )가 바람직하다.
(3) 정류벽은 유입단에서 (   ) 이상 떨어진 위치에 설치하는 것이 바람직하다.
(4) 정류벽의 개구면적은 너무 (   ) 정류효과가 떨어지고, 너무 (   ) 유속이 과대해진다.

정답

(1) 10cm
(2) 6%
(3) 1.5m
(4) 크면, 작으면

17

★☆☆

BOD 측정 시 시료 속에 포함된 중금속이 BOD 분석에 미칠 영향에 대해 서술하시오.

정답

중금속이 호기성 미생물에 독성으로 작용되어 미생물의 산소 소비량을 감소시켜 BOD값이 낮게 측정된다.

만점 KEYWORD

호기성 미생물, 독성, 산소 소비량, 감소, BOD값, 낮게

18

★☆☆

BOD는 1차 반응으로 분해된다. 소모 BOD 반응식을 유도하시오. (단, y: 소모 BOD, L: 잔류 BOD, L_0: 최종 BOD, K: 탈산소계수, 자연대수 기준)

정답

$y=L_0(1-e^{-K\times t})$

해설

$\gamma=\frac{dL}{dt}=-KL^m \rightarrow \frac{dL}{dt}=-KL^1$

일차반응이므로 $m=1$이다.

$\frac{1}{L}dL=-Kdt$

양변을 적분하면

$\int_{L_0}^{L}\frac{1}{L}dL=-\int_0^t Kdt$

$\ln L-\ln L_0=-K[t-0]$

$\ln\frac{L}{L_0}=-K\times t$

양변에 밑을 e로 두고 정리하면

$e^{\ln\frac{L}{L_0}}=e^{-K\times t}$

$\frac{L}{L_0}=e^{-K\times t}$

$L=L_0\times e^{-K\times t}$

소모 BOD=최종 BOD−잔류 BOD 이므로

$\therefore y=L_0-L=L_0-L_0\times e^{-K\times t}=L_0(1-e^{-K\times t})$

PART 03 최신 15개년 기출문제

2019년 | 3회 기출문제

01

★☆☆

폐수유량이 3,000m^3/day, 부유고형물의 농도가 200mg/L이다. 공기부상실험에서 공기와 고형물의 비가 0.06mg Air/mg Solid일 때 최적의 부상을 나타낸다. 실험온도는 18℃이고 공기용해도는 18.7mL/L, 용존 공기의 분율이 0.5일 때 압력(atm)을 구하시오. (단, 재순환은 없음)

정답

2.99atm

해설

A/S비 공식을 이용한다.

$$\text{A/S비} = \frac{1.3S_a(f \cdot P - 1)}{\text{SS}} \times R$$

S_a: 공기의 용해도(mL/L), f: 용존 공기의 분율, P: 압력(atm)
SS: 부유고형물 농도(mg/L), R: 반송비

$$0.06 = \frac{1.3 \times 18.7 \times (0.5 \times P - 1)}{200}$$

※재순환은 없으므로 R은 무시한다.

$$\therefore P = \frac{1 + \frac{0.06 \times 200}{1.3 \times 18.7}}{0.5} = 2.9872 \fallingdotseq 2.99\text{atm}$$

02

★★★

호소의 부영양화 방지대책은 호소 외 대책과 호소 내 대책으로 구분되며 호소 내 대책은 물리적, 화학적, 생물학적 대책으로 나눌 수 있다. 이들 중 물리적 대책 4가지를 쓰시오.

정답

① 퇴적물을 준설한다.
② 호소 내 폭기 장치를 설치한다.
③ 호소 내 수초를 제거한다.
④ 차광막을 설치하여 조류의 증식을 막는다.

관련이론 | **부영양화 원인 및 관리 대책**

(1) **부영양화 원인**

영양염류 증가 → 조류 증식 → 호기성 박테리아 증식 → 용존산소 과다 소모 → 어패류 폐사 → 물환경 불균형

(2) **부영영화 관리 대책**

① 부영양화의 수면관리 대책
- 수생식물의 이용과 준설
- 약품에 의한 영양염류의 침전 및 황산동 살포
- N, P의 유입량 억제

② 부영양화의 유입저감 대책
- 배출허용기준의 강화
- 하 · 폐수의 고도처리
- 수변구역의 설정 및 유입배수의 우회

03

★★☆

배수면적이 120ha인 지역은 배수면적의 1/2은 상업지구(유출계수 0.6), 배수면적의 1/3은 주택지구(유출계수 0.5), 배수면적의 1/6은 녹지(유출계수 0.1)로 구성된다. 하수관의 길이는 1,500m이고 유입시간은 5분, 유속은 1.2m/sec일 때 강우유출량(m^3/sec)을 구하시오. (단, 합리식에 의함, 강우강도(mm/hr)$=\frac{5,000}{t+40}$)

정답

$12.24m^3/sec$

해설

$$Q=\frac{1}{360}CIA$$

Q: 최대계획우수유출량(m^3/sec), C: 유출계수

I: 유달시간(t) 내의 평균강우강도(mm/hr)

A: 유역면적(ha, $100ha=1km^2$)

t: 유달시간(min) $t(\text{min})=$유입시간$+$유하시간$\left(=\frac{\text{길이}(L)}{\text{유속}(V)}\right)$

※ 합리식에 의한 우수유출량 공식은 특히 각 문자의 단위를 주의해야 한다.

- 유출계수(C) 계산

$$C=\frac{C_1A_1+C_2A_2+C_3A_3}{A_1+A_2+A_3} \quad (1: \text{상업지구},\ 2: \text{주택지구},\ 3: \text{녹지})$$

$$=\frac{0.6\times60+0.5\times40+0.1\times20}{60+40+20}=0.4833$$

- 유달시간(t) 계산

$$t(\text{min})=\text{유입시간}+\text{유하시간}\left(=\frac{\text{길이}(L)}{\text{유속}(V)}\right)$$

$$=5\text{min}+1,500\text{m}\times\frac{\text{sec}}{1.2\text{m}}\times\frac{1\text{min}}{60\text{sec}}=25.8333\text{min}$$

- 강우강도(I) 계산

$$I=\frac{5,000}{t+40}=\frac{5,000}{25.8333+40}=75.9494\text{mm/hr}$$

- 강우유출량(Q) 계산

$$\therefore Q=\frac{1}{360}CIA$$

$$=\frac{1}{360}\times0.4833\times75.9494\times120=12.2354\fallingdotseq12.24m^3/sec$$

04

★☆☆

수중에 질소가 질산화를 거치는 과정에서 질산화 미생물이 필요하다. 이 질산화 미생물의 증식과 활동에 영향을 미치는 인자 2가지를 쓰시오.

정답

독성물질, 온도, DO 농도, pH

관련이론 | 질산화와 탈질화

(1) 질산화

① 1단계(아질산화)

- 반응식: $NH_4^+ + 1.5O_2 \rightarrow NO_2^- + H_2O + 2H^+$
  ($NH_3 + 1.5O_2 \rightarrow NO_2^- + H_2O + H^+$)
- 관련 미생물: Nitrosomonas

② 2단계(질산화)

- 반응식: $NO_2^- + 0.5O_2 \rightarrow NO_3^-$
- 관련 미생물: Nitrobacter

③ 전체

- 반응식: $NH_4^+ + 2O_2 \rightarrow NO_3^- + H_2O + 2H^+$
  ($NH_3 + 2O_2 \rightarrow HNO_3 + H_2O$)

(2) 탈질화

① 1단계

- 반응식: $2NO_3^- + 2H_2 \rightarrow 2NO_2^- + 2H_2O$

② 2단계

- 반응식: $2NO_2^- + 3H_2 \rightarrow N_2 + 2OH^- + 2H_2O$

③ 전체

- 반응식: $2NO_3^- + 5H_2 \rightarrow N_2 + 2OH^- + 4H_2O$
- 관련 미생물: Pseudomonas, Bacillus, Acromobacter, Micrococcus

05 ★★☆

폐수의 방류가 하천에 주는 영향을 최소화하기 위한 방법을 3가지 서술하시오.

정답

① 폐수의 방류수 수질기준을 강화한다.
② 오염물질을 처리할 수 있는 고도처리 공정을 추가 및 강화한다.
③ 방류수 주변에 오염물질 농도를 저감할 수 있는 식물 및 생물 등의 조경계획을 수립한다.
④ 생태 독성 저감 기술계획을 수립한다.

만점 KEYWORD

① 방류수, 수질기준, 강화
② 고도처리, 공정, 추가, 강화
③ 방류수, 주변, 오염물질, 저감, 식물, 생물, 조경계획, 수립
④ 생태, 독성, 저감, 기술계획, 수립

06 ★★☆

$Ca(OH)_2$ 용액 100mL를 0.01N H_2SO_4 40.4mL로 적정하여 중화점에 이르렀을 때 이 용액의 경도(mg/L as $CaCO_3$)를 구하시오.

정답

202mg/L as $CaCO_3$

해설

중화 반응식을 이용한다.

$NV = N'V'$

$X\,N \times 100mL = 0.01N \times 40.4mL$

$X = 4.04 \times 10^{-3}N$

이를 경도 값으로 환산한다.

$$\therefore \text{경도} = \frac{4.04 \times 10^{-3}eq}{L} \times \frac{(100/2)g}{1eq} \times \frac{10^3mg}{1g} = 202mg/L \text{ as } CaCO_3$$

07 ★☆☆

반송이 없고 유량이 1,000m^3/day, 500mg/L의 생분해성 SCOD가 함유된 하수가 유입되고 있다. 방류수의 생분해성 SCOD가 10mg/L, VSS가 200mg/L일 때 측정수율(g VSS/제거된 g SCOD)을 구하시오.

정답

0.41g VSS/제거된 g SCOD

해설

반송이 없으므로 유량에 대한 변화는 없다.

$$\therefore g\ VSS/\text{제거된}\ g\ SCOD = \frac{200mg/L}{(500-10)mg/L} = 0.4082 \fallingdotseq 0.41$$

08 ★★☆

다음은 반응조의 혼합상태에서 이상적인 흐름을 유지하기 위한 조건 지표이다. 아래의 빈칸에 들어갈 말을 쓰시오.

혼합 정도의 표시	완전혼합흐름상태 CMFR	플러그흐름상태 PFR
분산	(　　)	(　　)
분산수	(　　)	(　　)
Morrill 지수	(　　)	(　　)

정답

혼합 정도의 표시	완전혼합흐름상태 CMFR	플러그흐름상태 PFR
분산	1일 때	0일 때
분산수	무한대일 때	0일 때
Morrill 지수	클수록	1에 가까울수록

09 ★★☆

다음의 조건이 주어졌을 때, 유입되는 완전혼합반응조에서 체류시간(hr)을 구하시오.

- 유입 COD: 960mg/L
- 유출 COD: 120mg/L
- MLSS: 3,000mg/L
- MLVSS=0.7×MLSS
- K=0.548L/g·hr(MLVSS 기준)
- 생물학적으로 분해되지 않는 COD: 95mg/L
- 슬러지의 반송은 고려하지 않음
- 정상상태이며 1차 반응

정답

29.20hr

해설

$Q(C_0-C_t)=K\cdot\forall\cdot X\cdot C_t^m$

Q: 유량(m^3/hr), C_0: 초기 농도(mg/L), C_t: 나중 농도(mg/L)

K: 반응속도상수(L/mg·hr), $\forall$: 반응조 체적(m^3)

X: MLVSS 농도(mg/L), m: 반응차수

$$\frac{\forall}{Q}=\frac{(C_0-C_t)}{K\cdot X\cdot C_t^m}=t$$

$$=\frac{(960-95)\text{mg/L}-(120-95)\text{mg/L}}{\frac{0.548\text{L}}{\text{g}\cdot\text{hr}}\times\frac{(0.7\times3{,}000)\text{mg}}{\text{L}}\times\frac{(120-95)\text{mg}}{\text{L}}\times\frac{1\text{g}}{10^3\text{mg}}}$$

$=29.1971 ≒ 29.20$hr

10 ★★☆

혐기성 소화에서 일어나는 운전상의 문제점 중에 소화가스 발생량 저하에 관한 원인 4가지와 이에 대한 대책을 쓰시오.

(1) 원인(4가지)

(2) 대책(4가지)

정답

(1) ① 저농도 슬러지 유입
② 소화슬러지 과잉배출
③ 조내 온도저하
④ 소화가스 누출
⑤ 과다한 산 생성

(2) ① 저농도의 경우는 슬러지 농도를 높이도록 노력한다.
② 과잉배출의 경우는 배출량을 조절한다.
③ 저온일 때는 온도를 일정온도까지 높인다. 가온시간이 정상인데 온도가 떨어지는 경우는 보일러를 점검한다.
④ 가스누출은 위험하므로 수리한다.
⑤ 과다한 산은 과부하, 공장폐수의 영향일 수도 있으므로 부하조정 또는 배출 원인의 감시가 필요하다.

관련이론 | 소화가스 발생량 저하의 원인 및 대책

구분	내용
원인	• 저농도 슬러지 유입 • 조내 온도저하 • 소화슬러지 과잉배출 • 소화가스 누출 • 과다한 산 생성
대책	• 저농도의 경우는 슬러지 농도를 높이도록 노력한다. • 과잉배출의 경우는 배출량을 조절한다. • 저온일 때는 온도를 일정온도까지 높인다. 가온시간이 정상인데 온도가 떨어지는 경우는 보일러를 점검한다. • 조용량 감소는 스컴 및 토사 퇴적이 원인이므로 준설한다. 또한 슬러지 농도를 높이도록 한다. • 가스누출은 위험하므로 수리한다. • 과다한 산은 과부하, 공장폐수의 영향일 수도 있으므로 부하조정 또는 배출 원인의 감시가 필요하다.

PART 03 최신 15개년 기출문제

11

★★☆

도시의 하수관로계획을 세우고자 한다. 다음의 조건과 같을 때 유출수 및 오수가 합류 후 하수관으로 유입되는 예측 BOD의 농도(mg/L)를 구하시오.

- 계획1인1일 BOD 부하량: 70g(분뇨 18g, 오수 52g)
- 1인1일 오수량: 350L
- 수세 변기 희석수: 50L
- 정화조 BOD 제거율: 50%

정답

152.50mg/L

해설

혼합공식을 이용한다.

$$C_m=\frac{C_1Q_1+C_2Q_2}{Q_1+Q_2}\quad (1:\text{ 오수},\ 2:\text{ 유출수})$$

- **오수의 BOD 농도(C_1) 계산**

$$\frac{52\text{g}}{\text{인}\cdot\text{day}}\times\frac{\text{인}\cdot\text{day}}{350\text{L}}\times\frac{10^3\text{mg}}{1\text{g}}=148.5714\text{mg/L}$$

- **정화조의 유출수 BOD 농도(C_2) 계산**

$$\frac{18\text{g}}{\text{인}\cdot\text{day}}\times\frac{\text{인}\cdot\text{day}}{50\text{L}}\times\frac{10^3\text{mg}}{1\text{g}}\times\frac{50}{100}=180\text{mg/L}$$

$$\therefore C_m=\frac{148.5714\times350+180\times50}{350+50}=152.50\text{mg/L}$$

2019년 | 2회 기출문제

01

★★★

MBR의 하수처리원리와 특징 4가지를 서술하시오.

(1) 하수처리원리

(2) 특징(4가지)

정답

(1) 생물반응조와 분리막을 결합하여 이차침전지 등을 대체하는 시설로서 슬러지 벌킹이 일어나지 않고 고농도의 MLSS를 유지하며 유기물, BOD, SS 등의 제거에 효과적이다.

(2) ① 완벽한 고액분리가 가능하다.

② 높은 MLSS 유지가 가능하므로 지속적으로 안정된 처리수질을 획득할 수 있다.

③ 긴 SRT로 인하여 슬러지 발생량이 적다.

④ 분리막의 교체비용 및 유지관리비용 등이 과다하다.

⑤ 분리막의 파울링에 대처가 곤란하다.

⑥ 분리막을 보호하기 위한 전처리로 1mm 이하의 스크린 설비가 필요하다.

만점 KEYWORD

(1) 생물반응조, 분리막, 결합, 슬러지 벌킹 일어나지 않음, 고농도의 MLSS 유지, 유기물, BOD, SS, 제거

(2) ① 고액분리, 가능

② 높은, MLSS 유지, 안정된, 처리수질

③ 긴, SRT, 슬러지 발생량, 적음

④ 교체비용, 유지관리비용, 과다

⑤ 분리막, 파울링, 대처, 곤란

⑥ 1mm 이하, 스크린 설비, 필요

02

★☆☆

정상상태로 운전되는 포기조의 용존산소 농도가 2.8mg/L, 20℃ 포화 용존산소 농도 8.7mg/L, 포기조 내 측정된 산소전달속도는 0.835mg/L · min일 때 총괄 산소전달계수(K_{LA}, hr^{-1})를 구하시오. (단, 소수점 첫째 자리까지)

정답

$8.5hr^{-1}$

해설

$$K_{LA}=\frac{\gamma}{C_s-C}$$

K_{LA}: 총괄 산소전달계수(hr^{-1}), γ: 산소전달속도(mg/L·min)

C_s: 포화 용존산소 농도(20℃)(mg/L), C: 용존산소 농도(mg/L)

$$\therefore K_{LA}=\frac{0.835mg/L\cdot min\times 60min/hr}{(8.7-2.8)mg/L}=8.4915≒8.5hr^{-1}$$

03

★★☆

정수처리에서 맛과 냄새를 제거하기 위한 방법 3가지를 쓰시오.

정답

폭기법, 염소처리법, 오존처리법, 활성탄처리법

04

★★☆

수심이 3m인 침전조에서 비중이 3.5, 직경 0.03mm인 입자를 제거하는 데 필요한 이론적 체류시간(min)을 구하시오. (단, Stokes' 법칙 적용, 물의 밀도 1.0g/cm³, 점성계수 $\mu=9.9\times10^{-3}$g/cm · sec)

정답

40.42min

해설

- **입자의 침전속도(V_g) 계산**

$$V_g=\frac{d_p^2(\rho_p-\rho)g}{18\mu}$$

V_g: 중력침강속도(cm/sec), d_p: 입자의 직경(cm)

ρ_p: 입자의 밀도(g/cm³), ρ: 유체의 밀도(g/cm³)

g: 중력가속도(980cm/sec²), μ: 유체의 점성계수(g/cm·sec)

$$\therefore V_g=\frac{(3\times10^{-3})^2\times(3.5-1)\times980}{18\times9.9\times10^{-3}}=0.1237\text{cm/sec}$$

- **체류시간(t) 계산**

$$t=\frac{H}{V_g}$$

$$=\frac{3\text{m}}{0.1237\text{cm/sec}}\times\frac{100\text{cm}}{1\text{m}}\times\frac{1\text{min}}{60\text{sec}}$$

$$=40.4204\fallingdotseq40.42\text{min}$$

05

★☆☆

오존 소독에서 오존 접촉방식을 2가지 쓰시오.

정답

가압식(전체가압방식, 측면가압방식), 산기식(디퓨저식, 미세기포 장치 이용)

06

★☆☆

수처리시설의 실시설계에서 설계도면에 포함되는 수리종단도를 작성해야 하는 이유를 3가지 서술하시오.

정답

① 자연유하와 동수경사의 안정성을 검토한다.

② 각 처리 단계와 관로 등의 적절한 매설깊이를 검토한다.

③ 펌프 등의 동력시설에 요구되는 동력을 산정한다.

만점 KEYWORD

① 자연유하, 동수경사, 안정성

② 처리 단계, 관로, 매설깊이

③ 동력시설, 요구, 동력, 산정

07

★☆☆

펌프의 특성곡선과 필요유효흡입수두에 대해 서술하시오.

(1) 펌프의 특성곡선

(2) 필요유효흡입수두

정답

(1) 펌프의 효율, 축동력, 양정과의 관계를 나타내는 그래프로 펌프의 특성을 나타내는 곡선이다.

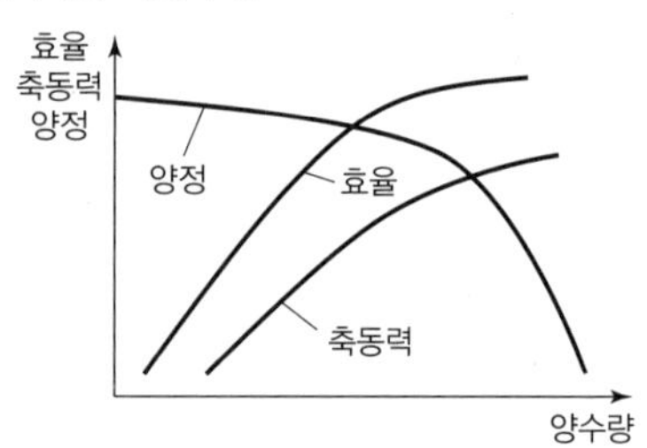

(2) 펌프는 전양정, 토출량 및 회전속도가 다를 때마다 운전에 필요한 유효흡입수두의 한계가 있으며, 이것을 필요유효흡입수두라고 한다. 이것은 펌프가 캐비테이션을 일으키지 않고 물을 임펠러에 흡입하는 데 필요한 펌프의 흡입기준면에 대한 최소한도의 수두로서 펌프에 따라 고유한 값을 갖는다.

만점 KEYWORD

(1) 효율, 축동력, 양정, 관계

(2) 유효흡입수두, 한계, 흡입기준면, 최소한도의 수두

08

★★☆

유량이 10,000m³/day인 처리시설이 있다. 포기조의 부피는 2,500m³이고 MLSS의 농도는 3,000mg/L, 잉여슬러지량은 50m³/day, 잉여슬러지의 농도는 15,000mg/L, 처리된 유출수의 SS 농도는 20mg/L라면 SRT(day)를 구하시오.

정답

7.90day

해설

$$SRT=\frac{\forall \cdot X}{X_r Q_w + X_e(Q-Q_w)}$$

SRT : 고형물 체류시간(day), $\forall$: 부피(m^3), X : MLSS 농도(mg/L)

X_r : 잉여슬러지 SS 농도(mg/L), Q_w : 잉여슬러지 발생량(m^3/day)

X_e : 유출 SS 농도(mg/L), Q : 유량(m^3/day)

SRT

$$=\frac{2,500m^3 \times 3,000mg/L}{15,000mg/L \times 50m^3/day + 20mg/L \times (10,000-50)m^3/day}$$

$=7.9031 \fallingdotseq 7.90day$

09

★★☆

300mL BOD병에 50mL 시료를 넣고 나머지 부분은 희석수로 채운 후 BOD 실험을 했다. 이때 초기 DO 농도는 8mg/L, 5일 후 DO 농도가 6mg/L라고 한다면 시료의 BOD(mg/L)를 구하시오.

정답

12mg/L

해설

$BOD=(DO_1-DO_2)\times P$

DO_1 : 초기 DO 농도(mg/L), DO_2 : 5일 후 DO 농도(mg/L)

P : 희석배수

$$\therefore BOD=(8-6)mg/L \times \frac{300mL}{50mL}=12mg/L$$

10

★★☆

주로 사용되고 있는 응집제 중 Alum과 비교한 PAC(Poly Aluminum Chloride)의 장점 5가지를 서술하시오.

정답

① 황산알루미늄염에 비해 알칼리도 소비량이 적다.
② floc의 형성속도가 빠르다.
③ 저온 열화 되지 않는다.
④ 적정 pH 폭이 넓다.
⑤ 응집보조제를 필요로 하지 않는다.

관련이론 | **응집제의 종류**

(1) **황산알루미늄**
① 반응 적정 pH의 범위는 4.5~8 정도이다.
② 다른 응집제에 비하여 가격이 저렴하다.
③ 탁도, 세균, 조류 등의 거의 모든 현탁성 물질 또는 부유물의 제거에 유효하며 독성이 없으므로 대량으로 주입할 수 있다.

(2) **철염**
① 철염의 반응원리는 알루미늄염과 비슷하지만 철 이온은 처리수에 색도를 유발할 수 있다.
② 황산제2철 및 석회 : 알칼리도 보조제로서 석회를 사용하고 침전이 빠른 플록을 형성하며 반응 적정 pH의 범위는 4~12이다.

11

★★☆

호수의 면적이 1,000ha, 빗속의 폴리클로리네이티드비페닐(PCB)의 농도가 100ng/L, 연간 평균 강수량이 70cm일 때 강수에 의해서 유입되는 PCB의 양(ton/yr)을 구하시오.

정답

7×10^{-4}ton/yr

해설

• 유입되는 PCB의 양(ton/yr) 계산

$$\text{PCB의 양}=\frac{100ng}{L}\times\frac{1ton}{10^{15}ng}\times 1,000ha \times\frac{10^4m^2}{1ha}\times\frac{70cm}{yr}\times\frac{1m}{10^2cm}\times\frac{10^3L}{1m^3}$$

$=7\times10^{-4}$ton/yr

2019년 | 1회 기출문제

01

★★☆

침전을 4가지 형태로 구분하고 특징을 서술하시오.

정답

(1) Ⅰ형 침전: 독립침전, 자유침전이라고 하며 스토크스 법칙에 따라 이웃 입자의 영향을 받지 않고 자유롭게 일정한 속도로 침전하는 형태이다.

(2) Ⅱ형 침전: 응집침전, 응결침전, 플록침전이라고 하며 응집제에 의해 입자가 플록을 형성하여 침전하는 형태로 서로의 위치를 바꾸며 침전한다.

(3) Ⅲ형 침전: 간섭침전, 계면침전, 지역침전, 방해침전이라고 하며 침강하는 입자들에 의해 방해를 받아 침전속도가 점점 감소하며 침전하는 형태로 계면을 유지하며 침강한다. 입자들은 서로의 위치를 바꾸려 하지 않는다.

(4) Ⅳ형 침전: 압축침전, 압밀침전이라고 하며 고농도의 폐수가 농축될 때 일어나는 침전의 형태로 침전된 입자가 쌓이면서 그 무게에 의해 수분이 빠져나가며 농축되는 형태의 침전이다.

만점 KEYWORD

(1) Ⅰ형 침전, 스토크스 법칙, 입자 영향 받지 않음, 일정한 속도

(2) Ⅱ형 침전, 응집제, 플록 형성, 위치 바꿈

(3) Ⅲ형 침전, 방해, 침전속도 감소, 계면 유지, 위치 바뀌지 않음

(4) Ⅳ형 침전, 농축, 입자 쌓임, 수분 빠짐

02

★★☆

응집조의 설계에서 속도경사(G) 값을 $100sec^{-1}$, 부피를 $10m^3$으로 할 때 필요한 공기량(m^3/min)을 구하시오. (단, 깊이: 2.5m, $\mu=0.00131N\cdot sec/m^2$, $1atm=10.33mH_2O=101,325N/m^2$)

정답

$0.36m^3/min$

해설

- 동력(P) 계산

$P=G^2\cdot\mu\cdot\forall$

P: 동력(W), G: 속도경사(sec^{-1}), μ: 점성계수(kg/m·sec)

$\forall$: 부피(m^3)

$$P=\left(\frac{100}{sec}\right)^2\times\frac{0.00131N\cdot sec}{m^2}\times 10m^3=131N\cdot m/sec(=Watt)$$

- 공기량(Q_a) 계산

$$P=P_aQ_a\times\ln\left[\frac{(10.3+h)}{10.3}\right]$$

P: 동력(W), P_a: 공기의 압력(atm), Q_a: 공기량(m^3/sec)

h: 깊이(m)

$$131N\cdot m/sec=101,325N/m^2\times Q_a\times\ln\left[\frac{(10.3+2.5)}{10.3}\right]$$

$$\therefore Q_a=\frac{5.9497\times10^{-3}m^3}{sec}\times\frac{60sec}{1min}=0.3570 \fallingdotseq 0.36m^3/min$$

03

★★☆

$KMnO_4$의 Factor를 구하기 위해 0.025N-$Na_2C_2O_4$ 용액 10mL를 이용하여 적정하였더니 0.025N-$KMnO_4$ 9.8mL가 소모되었다. 공시험 적정 소비량은 0.15mL일 때 다음 물음에 답하시오.

(1) 0.025N-$KMnO_4$ 표준적정액의 Factor(역가)를 구하시오. (단, 소수점 셋째 자리까지)

(2) 폐수 50mL에 실험한 결과 7.7mL가 소모되었다면 이 폐수의 정확한 COD(mg/L)값을 구하시오. (단, 공시험 적정 소비량은 0.2mL)

정답

(1) 1.036

(2) 31.08mg/L

해설

(1) **0.025N-$KMnO_4$ 표준적정액의 Factor(역가, f) 구하기**

$N_1V_1f_1=N_2V_2f_2$

(1: $Na_2C_2O_4$ 용액, 2: $KMnO_4$ 용액)

$$\frac{0.025\text{eq}}{\text{L}}\times 10\text{mL}\times 1=\frac{0.025\text{eq}}{\text{L}}\times(9.8-0.15)\text{mL}\times f_2$$

$\therefore f_2=1.0363≒1.036$

(2) **폐수의 정확한 COD(mg/L)값 구하기**

$$\text{COD}=(b-a)\times f\times\frac{1,000}{V}\times 0.2$$

a: 바탕시험 적정에 소비된 $KMnO_4$ 용액의 양(mL)

b: 시료의 적정에 소비된 $KMnO_4$ 용액의 양(mL)

f: $KMnO_4$ 용액의 역가(Factor)

V: 시료의 양(mL)

$$\therefore \text{COD}=(7.7-0.2)\times 1.036\times\frac{1,000}{50}\times 0.2=31.08\text{mg/L}$$

04

★★★

다음의 주요 막공법의 구동력을 쓰시오.

(1) 역삼투

(2) 전기투석

(3) 투석

정답

(1) 정수압차

(2) 전위차(기전력)

(3) 농도차

관련이론 | 막여과공법의 종류와 구동력

종류	구동력
정밀여과	정수압차
한외여과	정수압차
역삼투	정수압차
전기투석	전위차(기전력)
투석	농도차

※ 투석: 선택적 투과막을 통해 용액 중에 다른 이온 혹은 분자의 크기가 다른 용질을 분리시키는 것이다.

05

★★☆

해수의 담수화 방식에서 상변화 방식과 상불변 방식을 각각 2가지씩 쓰시오.

(1) 상변화 방식

(2) 상불변 방식

정답

(1) 다단플래쉬법, 다중효용법, 증기압축법

(2) 역삼투법, 전기투석법, 용매추출법

관련이론 | 해수의 담수화 방식

06 ★★☆

평균유량이 7,570m³/day인 1차 침전지를 설계하려고 한다. 최대표면부하율은 89.6m³/m²·day, 평균표면부하율은 36.7m³/m²·day, 최대위어월류부하 389m³/m·day, 최대유량/평균유량=2.75이다. 원주 위어의 최대위어월류부하가 적절한지 판단하고 이유를 서술하시오. (단, 원형침전지 기준)

정답

최대위어월류부하 권장치인 389m³/m·day보다 낮으므로 적절하다.

해설

$$\text{표면부하율}=\frac{\text{유량}}{\text{침전면적}}$$

- **평균유량－평균표면부하율에서의 침전면적 계산**

$$\frac{36.7\text{m}^3}{\text{m}^2\cdot\text{day}}=\frac{7{,}570\text{m}^3/\text{day}}{A\text{m}^2}$$

$\therefore A=206.2670\text{m}^2$

- **최대유량－최대표면부하율에서의 침전면적 계산**

$$\frac{89.6\text{m}^3}{\text{m}^2\cdot\text{day}}=\frac{2.75\times7{,}570\text{m}^3/\text{day}}{A\text{m}^2}$$

$\therefore A=232.3382\text{m}^2$

※ 평균침전면적과 최대침전면적 중 더 큰 면적은 최대침전면적이므로 232.3382m²를 기준으로 직경을 구한다.

$$A=\frac{\pi}{4}D^2$$

$$232.3382\text{m}^2=\frac{\pi}{4}D^2$$

$\therefore D=17.1995\text{m}$

$$\text{최대위어월류부하}=\frac{\text{유량}}{\text{Weir의 길이}}=\frac{2.75\times7{,}570\text{m}^3/\text{day}}{17.1995\text{m}\times\pi}=385.2679\text{m}^3/\text{m}\cdot\text{day}$$

∴ 최대위어월류부하 권장치인 389m³/m·day보다 낮으므로 적절하다.

관련이론 | 표면부하율(Surface loading)

- 표면부하율＝100% 제거되는 입자의 침강속도
- $\text{표면부하율}=\frac{\text{유량}}{\text{침전면적}}=\frac{AV}{WL}=\frac{WHV}{WL}=\frac{HV}{L}=\frac{H}{HRT}$
- $\text{침전효율}=\frac{\text{침전속도}}{\text{표면부하율}}$

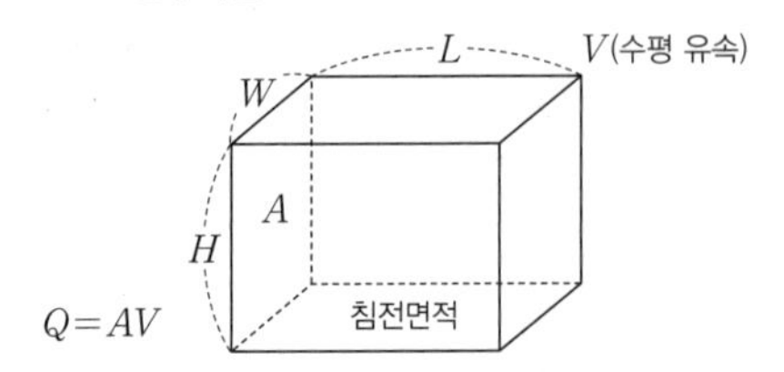

07 ★★★

호수의 부영양화 억제 방법 중에서 호수 내에서 가능한 통제 대책을 3가지 쓰시오.

정답

① 수생식물을 이용하여 원인 물질을 저감한다.
② 영양염류가 농축된 저질토를 준설한다.
③ 차광막을 설치하여 빛을 차단함으로써 조류 증식을 방지한다.
④ 영양염류가 높은 심층수를 방류한다.
⑤ 심층폭기 및 강제순환으로 저질토로부터의 인의 방출을 막는다.

만점 KEYWORD

① 수생식물, 원인 물질, 저감
② 영양염류, 농축, 저질토
③ 차광막, 조류 증식, 방지
④ 영양염류, 높은, 심층수
⑤ 심층폭기, 강제순환, 인의 방출, 막음

관련이론 | 부영양화 원인 및 관리 대책

(1) 부영양화 원인

영양염류 증가 → 조류 증식 → 호기성 박테리아 증식 → 용존산소 과다 소모 → 어패류 폐사 → 물환경 불균형

(2) 부영영화 관리 대책

① 부영양화의 수면관리 대책
- 수생식물의 이용과 준설
- 약품에 의한 영양염류의 침전 및 황산동 살포
- N, P의 유입량 억제

② 부영양화의 유입저감 대책
- 배출허용기준의 강화
- 하·폐수의 고도처리
- 수변구역의 설정 및 유입배수의 우회

08 ★★☆

호기성 소화법과 비교하여 혐기성 소화법의 장단점을 3가지씩 쓰시오.

(1) 장점(3가지)
(2) 단점(3가지)

정답

(1) ① 유효한 자원인 메탄이 생성된다.
② 슬러지 발생량이 적다.
③ 동력비 및 유지관리비가 적게 든다.
④ 고농도 폐수처리에 적당하다.

(2) ① 높은 온도(35℃ 혹은 55℃)를 요구한다.
② 운전조건이 변화할 때 그에 적응하는 시간이 오래 걸린다.
③ 암모니아(NH_3), 황화수소(H_2S)에 의해 악취가 발생한다.
④ 초기 건설비가 많이 든다.

관련이론 | 호기성 소화법와 혐기성 소화법의 장단점

(1) **호기성 소화법**

① 장점
- 유출수의 수질이 더 좋다.
- 운전이 용이하다.
- 최초 시공비가 절감된다.
- 악취문제가 감소한다.

② 단점
- 소화슬러지의 탈수성이 불량하다.
- 저온 시 효율이 저하된다.
- 폭기(산소 공급)에 드는 동력비가 과다하다.
- 가치 있는 부산물이 생성되지 않는다.

(2) **혐기성 소화법**

① 장점
- 슬러지 발생량이 적고 메탄(CH_4)이 생성된다.
- 유지관리비가 적게 든다.
- 부패성 유기물 분해에 효과적이다.
- 고농도 폐수처리에 적당하다.

② 단점
- 암모니아(NH_3), 황화수소(H_2S)에 의해 악취가 발생한다.
- 초기 건설비가 많이 들고, 부지면적이 넓어야 한다.
- 처리 후 상등액의 수질이 불량하다.
- 높은 온도(35℃ 혹은 55℃)를 요구한다.
- 운전조건이 변화할 때 그에 적응하는 시간이 오래 걸린다.

09 ★☆☆

다음의 표와 같이 생물학적 처리 후에 유입수와 처리수의 비율이 달라지거나 같은 이유를 서술하시오.

구분	COD/TOC		BOD_5/TOC	
	유입수	처리수	유입수	처리수
가정하수	2.1	1.2	1.9	0.3
공장폐수	2.5	1.6	–	–
화학폐수	2.4	2.4	–	–

(1) 가정하수
(2) 공장폐수
(3) 화학폐수

해설

(1) 가정하수 내에 COD/TOC가 BOD_5/TOC보다 높은 이유는 COD의 분석에 사용된 산화력이 강한 화학적 산화제에 의해 난분해성 유기물이 분해될 때 소모되는 산소의 양까지 측정되었기 때문이다.

(2) 공장폐수 내에는 생물학적으로 제거 가능한 유기물이 존재하기 때문에 비율이 감소한 것으로 보인다.

(3) 화학폐수 내에는 생물학적으로 제거 가능한 유기물이 존재하지 않기 때문에 변화가 없는 것으로 보인다.

만점 KEYWORD

(1) 화학적 산화제, 난분해성 유기물, 분해, 소모, 산소의 양, 측정
(2) 생물학적, 제거 가능, 유기물, 존재함
(3) 생물학적, 제거 가능, 유기물, 존재하지 않음

10 ★★☆

포도당($C_6H_{12}O_6$) 용액 1,000mg/L가 있을 때, 아래의 물음에 답하시오. (단, 표준상태 기준)

(1) 혐기성 분해 시 생성되는 이론적 CH_4의 발생량(mg/L)
(2) 용액 1L를 혐기성 분해 시 발생되는 이론적 CH_4의 양(mL)

정답

(1) 266.67mg/L
(2) 373.33mL

해설

(1) 혐기성 분해 시 생성되는 이론적 CH_4의 발생량(mg/L) 구하기

$\underline{C_6H_{12}O_6} \rightarrow 3CO_2 + \underline{3CH_4}$

180g : 3×16g = 1,000mg/L : Xmg/L

$\therefore X = \frac{3 \times 16 \times 1{,}000}{180} = 266.6667 ≒ 266.67\text{mg/L}$

(2) 용액 1L를 혐기성 분해 시 발생되는 이론적 CH_4의 양(mL) 구하기

$\underline{C_6H_{12}O_6} \rightarrow 3CO_2 + \underline{3CH_4}$

180g : 3×22.4L = 1,000mg/L×1L : YmL

$\therefore Y = \frac{3 \times 22.4 \times 1{,}000 \times 1}{180} = 373.3333 ≒ 373.33\text{mL}$

관련이론 | 메탄(CH_4)의 발생

(1) 글루코스($C_6H_{12}O_6$) 1kg 당 메탄가스 발생량 (0℃, 1atm)

$\underline{C_6H_{12}O_6} \rightarrow \underline{3CH_4} + 3CO_2$

180g : 3×22.4L = 1kg : Xm^3

$\therefore X = \frac{3 \times 22.4 \times 1}{180} = 0.3733 ≒ 0.37m^3$

(2) 최종 BOD_u 1kg 당 메탄가스 발생량 (0℃, 1atm)

① BOD_u를 이용한 글루코스 양(kg) 계산

$\underline{C_6H_{12}O_6} + \underline{6O_2} \rightarrow 6H_2O + 6CO_2$

180g : 6×32g = Xkg : 1kg

$\therefore X = \frac{180 \times 1}{6 \times 32} = 0.9375\text{kg}$

② 글루코스의 혐기성 분해식을 이용한 메탄의 양(m^3) 계산

$\underline{C_6H_{12}O_6} \rightarrow \underline{3CH_4} + 3CO_2$

180g : 3×22.4L = 0.9375kg : Ym^3

$\therefore Y = \frac{3 \times 22.4 \times 0.9375}{180} = 0.35m^3$

11 ★★☆

다음과 같은 조건으로 여과지를 운영할 때 물음에 답하시오.

- 처리유량: $80{,}000m^3/day$
- 여과속도: 120m/day
- 표면세척속도: 30cm/min
- 역세척속도: 50cm/min
- 표면세척시간: 3min
- 역세척시간: 6min
- 여과지 개수: 10지

(1) 여과지 1지당 여과면적(m^2)
(2) 각 여과지에 필요한 총 세척수량(m^3)

정답

(1) $66.67m^2$
(2) $260.00m^3$

해설

(1) 여과지 1지당 여과면적(m^2) 구하기

$$\text{여과지 1지 면적} = \frac{\text{유량}}{\text{여과속도} \times \text{여과지개수}} = \frac{\frac{80{,}000m^3}{day}}{\frac{120m}{day} \times 10\text{지}} = 66.6667 ≒ 66.67m^2/\text{지}$$

(2) 각 여과지에 필요한 총 세척수량(m^3) 구하기

① 표면세척수량 계산

$$\frac{30cm}{min} \times \frac{1m}{100cm} \times \frac{66.6667m^2}{\text{지}} \times 3min = 60.00m^3/\text{지}$$

② 역세척수량 계산

$$\frac{50cm}{min} \times \frac{1m}{100cm} \times \frac{66.6667m^2}{\text{지}} \times 6min = 200.00m^3/\text{지}$$

③ 각 여과지에 필요한 총 세척수량 계산

$\therefore 60.00m^3/\text{지} + 200.00m^3/\text{지} = 260.00m^3/\text{지}$

2018년 | 3회 기출문제

01 ★★☆

아래의 그래프는 1,000m 떨어진 다른 저수지를 측정한 결과이다. Jacob식에 의한 투수량계수(m^2/min)와 저류계수를 구하시오. (단, 양수량: 1,200m^3/day, 투수량계수(T): $\frac{2.3 \times Q}{4\pi \times \triangle S}$, 저류계수($S$): $\frac{2.25T \times t_0}{r^2}$)

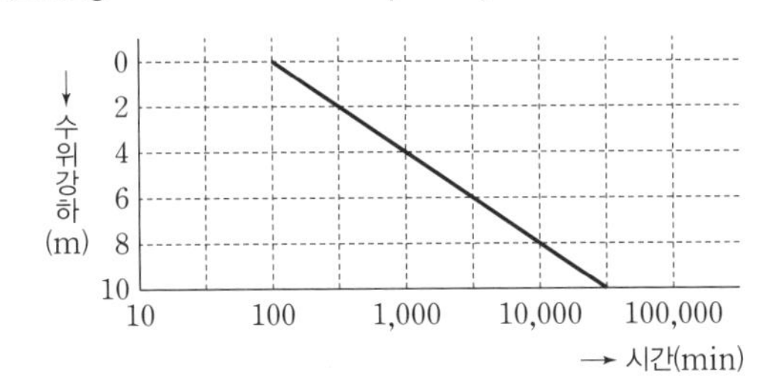

(1) 투수량계수(m^2/min)

(2) 저류계수

정답

(1) 0.04m^2/min

(2) 8.57×10^{-6}

해설

(1) 투수량계수(T) 구하기

투수량계수(T)$=\frac{2.3 \times Q}{4\pi \times \triangle S}$

$\triangle S$: log에 대한 1주기(100min → 1,000min) 사이의 수위강하
(=100min에서 1,000min일 때 수위강하는 4m이다.)

투수량계수(T)$=2.3 \times \frac{1,200m^3}{day} \times \frac{1}{4\pi \times 4m} \times \frac{1day}{1,440min}$
$=0.0381 \fallingdotseq 0.04m^2/min$

(2) 저류계수(S) 구하기

저류계수(S)$=\frac{2.25T \times t_0}{r^2}$

$=2.25 \times \frac{0.0381m^2}{min} \times 100min \times \frac{1}{(1,000m)^2}$

$=8.5725 \times 10^{-6} \fallingdotseq 8.57 \times 10^{-6}$

02 ★★☆

환경영향평가의 과정 중 빈칸에 알맞은 용어를 쓰시오.

> 스크리닝 → 제안행위목적 및 특성기술 → (①) → 스코핑 → (②) → (③) → 저감방안 설정 → (④) → 평가서 작성 → 제안행위 승인 → (⑤)

정답

① 대안설정
② 현황조사
③ 예측 및 평가
④ 대안평가
⑤ 사후검토

03 ★★☆

하수도의 배제방식의 비교에서 다음 보기를 이용하여 빈칸에 알맞은 말을 쓰시오.

검토사항	분류식	합류식
건설비(보기: 고가/저렴)		
관로오접 감시(보기: 필요함/필요없음)		
처리장으로의 토사유입(보기: 많음/적음)		
관로의 폐쇄(보기: 큼/적음)		
슬러지 내 중금속 함량(보기: 큼/적음)		

정답

검토사항	분류식	합류식
건설비(보기: 고가/저렴)	고가	저렴
관로오접 감시(보기: 필요함/필요없음)	필요함	필요없음
처리장으로의 토사유입(보기: 많음/적음)	적음	많음
관로의 폐쇄(보기: 큼/적음)	큼	적음
슬러지 내 중금속 함량(보기: 큼/적음)	적음	큼

04

★★☆

비중 2.7, 직경 0.06mm의 입자가 모두 제거될 수 있는 침전지를 설계하였다. 이 침전지에 비중 1.7, 입경 0.05mm인 입자가 유입되었을 때의 이론적 제거효율(%)을 구하시오. (단, 스토크스 법칙 적용, 물의 온도 20℃, 물의 비중 1.0, $\mu=9.5277\times10^{-4}$g/cm·sec)

정답

28.59%

해설

$$V_g=\frac{d_p^2(\rho_p-\rho)g}{18\mu}$$

V_g: 중력침강속도(cm/sec), d_p: 입자의 직경(cm)

ρ_p: 입자의 밀도(g/cm^3), ρ: 유체의 밀도(g/cm^3)

g: 중력가속도(980cm/sec^2), μ: 유체의 점성계수(g/cm·sec)

- **비중 2.7, 직경 0.06mm의 입자의 침강속도 계산**

$$V_{g\,0.06}=\frac{(0.06\times10^{-1})^2\times(2.7-1)\times980}{18\times9.5277\times10^{-4}}=3.4972\text{cm/sec}$$

- **비중 1.7, 직경 0.05mm의 입자의 침강속도 계산**

$$V_{g\,0.05}=\frac{(0.05\times10^{-1})^2\times(1.7-1)\times980}{18\times9.5277\times10^{-4}}=1.0000\text{cm/sec}$$

- **침전지의 이론적 제거효율(η) 계산**

$$\eta=\frac{V_{g\,0.05}}{\text{표면부하율}}=\frac{V_{g\,0.05}}{V_{g\,0.06}}=\frac{1.0000}{3.4972}\times100=28.5943≒28.59\%$$

∴ 완전 제거되는 입자의 침강속도(V_g)는 침전지의 표면부하율이라고 할 수 있다.

05

★★★

CO_2의 당량(가수분해 적용)을 반응식을 이용하여 구하시오.

정답

22g

해설

$CO_2+H_2O \rightleftarrows 2H^++CO_3^{2-}$

H^+가 2개이기 때문에 산화수는 2이므로

2eq=44g

∴ CO_2 당량$=\frac{44\text{g}}{2}=22$g

06

★★★

다음의 주요 막공법의 구동력을 쓰시오.

(1) 역삼투

(2) 전기투석

(3) 투석

정답

(1) 정수압차

(2) 전위차(기전력)

(3) 농도차

관련이론 | **막여과공법의 종류와 구동력**

종류	구동력
정밀여과	정수압차
한외여과	정수압차
역삼투	정수압차
전기투석	전위차(기전력)
투석	농도차

※ 투석: 선택적 투과막을 통해 용액 중에 다른 이온 혹은 분자의 크기가 다른 용질을 분리시키는 것이다.

07 ★★☆

다음의 하수처리 계통에서 잘못 배열된 시설을 쓰고 포기조의 용적(m^3)을 구하시오.

유입 → | 침사지 | 스크린 | 1차침전지 | 포기조 | 2차침전지 | 응집침전 | 부상분리 | → 유출

- 유량: $10,000m^3/day$
- F/M비: 0.4kg BOD/kg MLSS·day
- 유입 BOD: 600mg/L
- MLSS: 2,500mg/L
- 유입 SS: 700mg/L

(1) 잘못 배열된 시설
(2) 포기조의 용적(m^3)

정답

(1) 스크린－침사지 순으로 수정되어야 하며 응집침전과 부상분리 중 한 가지 시설만 있어야 한다.
(2) $6,000m^3$

해설

(1) **해설이 따로 없습니다. 정답에 잘못 배열된 시설을 쓰시면 됩니다.**

(2) **포기조의 용적(∀) 구하기**

$$F/M비(day^{-1}) = \frac{유입\ BOD\ 총량}{포기조\ 내의\ MLSS량} = \frac{BOD_i \cdot Q}{X \cdot \forall} = \frac{BOD_i}{X \cdot HRT}$$

BOD_i: 유입 BOD 농도(mg/L), ∀: 포기조의 용적(m^3)
X: MLSS 농도(mg/L), Q: 유량(m^3/day), HRT: 체류시간(day)

$$0.4day^{-1} = \frac{\frac{10,000m^3}{day} \times \frac{600mg}{L}}{\forall m^3 \times 2,500mg/L}$$

$\therefore \forall = 6,000m^3$

08 ★★☆

다음 빈칸에 들어갈 말을 쓰시오.

미생물이 새로운 미생물을 형성하기 위하여 유기탄소를 이용하는 생물을 (①)이라고 하고, 세포합성에 필요한 에너지원으로 빛을 이용하는 생물을 (②)이라 부른다. 아질산염이나 질산염을 전자수용체로 사용하는 조건을 (③)이라 한다.

정답

① 종속영양계미생물
② 광합성미생물
③ 무산소조건

관련이론 | 미생물의 특성에 따른 분류

- 산소유무: Aerobic(호기성), Anaerobic(혐기성)
- 온도: Thermophilic(고온성), Psychrophilic(저온성)
- 에너지원: Photosynthetic(광합성), Chemosynthetic(화학합성)
- 탄소 공급원: Autotrophic(독립영양계), Heterotrophic(종속영양계)

	광합성 (에너지원: 빛)	화학합성 (에너지원: 산화환원반응)
독립영양 (탄소원: 무기탄소)	광합성 독립영양미생물 (에너지원으로 빛을 이용, 탄소원으로 무기탄소를 이용)	화학합성 독립영양미생물 (에너지원으로 산화환원반응 이용, 탄소원으로 무기탄소를 이용)
종속영양 (탄소원: 유기탄소)	광합성 종속영양미생물 (에너지원으로 빛을 이용, 탄소원으로 유기탄소를 이용)	화학합성 종속영양미생물 (에너지원으로 산화환원반응 이용, 탄소원으로 유기탄소를 이용)

09 ★★☆

역삼투장치로 하루에 $760m^3$의 3차 처리된 유출수를 탈염시키고자 한다. 이때 요구되는 막 면적(m^2)을 구하시오. (단, 유입수와 유출수 사이 압력차=2,400kPa, 25℃에서 물질전달계수=$0.2068L/m^2 \cdot day \cdot kPa$, 유입수와 유출수의 삼투압차=310kPa, 최저 운전온도=10℃, $A_{10℃}=1.58A_{25℃}$)

정답

$2,778.27m^2$

해설

$$막\ 면적(m^2)=\frac{처리수의\ 양(L/day)}{단위면적당\ 처리수의\ 양(L/m^2 \cdot day)}$$

- **단위면적당 처리수의 양(Q_F) 계산**

$$Q_F=\frac{Q}{A}=K(\triangle P-\triangle \pi)$$

Q_F: 단위면적당 처리수량($L/m^2 \cdot day$), Q: 처리수량(L/day)

A: 막 면적(m^2), K: 물질전달 전이계수($L/m^2 \cdot day \cdot kPa$)

$\triangle P$: 압력차(kPa), $\triangle \pi$: 삼투압차(kPa)

$$Q_F=\frac{0.2068L}{m^2 \cdot day \cdot kPa}\times(2,400-310)kPa$$
$$=432.212L/m^2 \cdot day$$

- **처리수의 양(Q) 계산**

$$Q=\frac{760m^3}{day}\times\frac{10^3L}{1m^3}=760,000L/day$$

- **막 면적(A) 계산**

$$A_{10℃}=1.58A_{25℃}$$
$$\therefore A_{10℃}=1.58\times\frac{760,000L/day}{432.212L/m^2 \cdot day}$$
$$=2,778.2662 \fallingdotseq 2,778.27m^2$$

10 ★★★

저수량 $30,000m^3$, 면적 1.2ha인 저수지에 오염물질이 유출되어 오염물질의 농도가 50mg/L가 되었다. 오염물질의 농도가 1mg/L가 되는데 걸리는 시간(yr)을 구하시오.

- 호수는 CFSTR 모델로 가정
- 오염이 있기 전에 오염물질은 존재하지 않았음
- 연 강수량 1,200mm/yr
- 강우에 의한 유입과 유출만이 있음

정답

8.15yr

해설

- **연간 유입되는 강우량(m^3/yr) 계산**

$$\frac{1.2m}{yr}\times 1.2ha\times\frac{10,000m^2}{1ha}=14,400m^3/yr$$

- **단순희석에 의한 시간(t) 계산**

$$\ln\frac{C_t}{C_0}=-\frac{Q}{\forall}\cdot t$$

Q: 유량(m^3/day), C_0: 초기 농도(mg/L), C_t: 나중 농도(mg/L)

$\forall$: 반응조 체적(m^3), t: 시간(day)

$$\ln\frac{1mg/L}{50mg/L}=-\frac{14,400m^3/yr}{30,000m^3}\times t$$
$$\therefore t=8.1500 \fallingdotseq 8.15yr$$

11 ★★☆

정수처리에서 맛과 냄새를 제거하는 약품 2가지와 상태(고체, 액체, 기체)를 쓰시오.

정답

활성탄(고체), 오존(기체), 염소(기체)

2018년 | 2회 기출문제

01

★★☆

활성슬러지법의 포기조 내에서 다음의 현상이 일어날 때 DO가 감소하는 원인을 서술하시오.

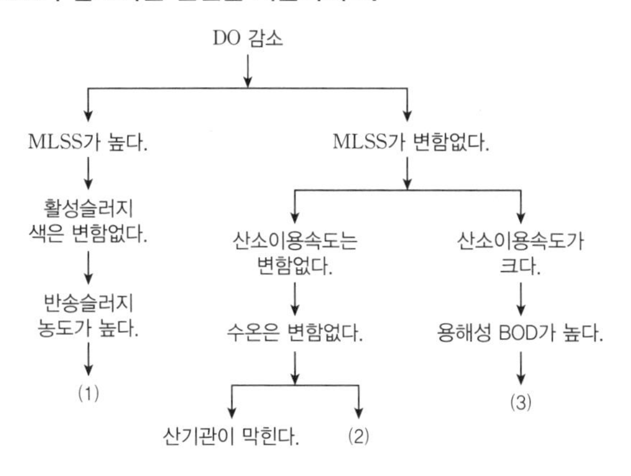

정답

(1) 포기조 내의 미생물량이 증가하여 DO가 감소한다.
(2) 잉여슬러지량의 감소로 SRT가 증가하여 DO가 감소한다.
(3) F/M비의 증가로 DO가 감소한다.

만점 KEYWORD

(1) 미생물량, 증가, DO, 감소
(2) 잉여슬러지량, 감소, SRT, 증가, DO, 감소
(3) F/M비, 증가, DO, 감소

02

★★☆

평균유량이 10,000m^3/day인 1차 침전지를 설계하려고 한다. 최대표면부하율은 80m^3/m^2 · day, 평균표면부하율은 30m^3/m^2 · day, 최대유량/평균유량=2.8이다. 이때 원형침전지의 직경(표준 규격직경 기준)을 구하시오. (단, 표준 규격직경은 10m, 15m, 20m, 25m, 30m, 35m, 40m 등)

정답

25m

해설

$$표면부하율=\frac{유량}{침전면적}$$

- **평균유량 – 평균표면부하율에서의 침전면적 계산**

$$\frac{30\text{m}^3}{\text{m}^2\cdot\text{day}}=\frac{10{,}000\text{m}^3/\text{day}}{A\text{m}^2}$$

$\therefore A=333.3333\text{m}^2$

- **최대유량 – 최대표면부하율에서의 침전면적 계산**

$$\frac{80\text{m}^3}{\text{m}^2\cdot\text{day}}=\frac{2.8\times10{,}000\text{m}^3/\text{day}}{A\text{m}^2}$$

$\therefore A=350\text{m}^2$

※ 평균침전면적과 최대침전면적 중 더 큰 면적은 최대침전면적이므로 350m^{2}를 기준으로 직경을 구한다.

$$A=\frac{\pi}{4}D^2$$

$$350\text{m}^2=\frac{\pi}{4}D^2$$

$D=21.1100\text{m}$

∴ 직경(D)은 21.1100m이므로 표준 규격직경 기준 25m를 선택해야 한다.

03 ★★☆

수심 0.5m, 수로폭 1.2m, 수면경사 $\frac{1}{800}$인 수로의 유량(m^3/min)을 구하시오. (단, 조도계수 0.3, Bazin의 유속공식 이용, $V(m/sec)=\frac{87}{1+\frac{r}{\sqrt{R}}}\sqrt{RI}$, 소수점 첫째 자리까지 계산)

정답

$36.7m^3/min$

해설

- 경심(R) 계산

$$R=\frac{HW}{2H+W}=\frac{0.5\times1.2}{2\times0.5+1.2}=0.2727m$$

W: 폭(m), H: 수심(m)

- 속도(V) 계산

$$V=\frac{87}{1+\frac{r}{\sqrt{R}}}\sqrt{RI}$$

$$=\frac{87}{1+\frac{0.3}{\sqrt{0.2727}}}\sqrt{0.2727\times(1/800)}=1.0202m/sec$$

- 유량(Q) 계산

$$Q=AV$$

$$=(1.2\times0.5)m^2\times\frac{1.0202m}{sec}\times\frac{60sec}{1min}$$

$$=36.7272\fallingdotseq36.7m^3/min$$

04 ★★☆

고도처리공정인 막분리공정에서 사용되는 막모듈의 형식을 3가지 쓰시오.

정답

판형, 관형, 나선형, 중공사형

05 ★★☆

주어진 조건이 다음과 같을 때, 물음에 답하시오.

- 처리유량: $50,000m^3/day$
- 여과속도: $5m^3/m^2\cdot hr$
- 여과지의 수: 5지
- 역세척 시간(1회 기준): 20min
- 역세척 횟수(하루 기준): 6회
- 여과지 길이 : 폭=2 : 1

(1) 1일 여과시간(hr)
(2) 1지당 소요되는 이론적 여과면적(m^2)
(3) 여과지의 폭(m)과 길이(m)

정답

(1) 22hr
(2) $90.91m^2$
(3) 폭: 6.74m, 길이: 13.48m

해설

(1) 1일 여과시간(hr) 구하기

실제 여과시간=1일−역세척 시간

$$\text{역세척 시간}=\frac{20min}{회}\times\frac{1hr}{60min}\times6회=2hr$$

$\therefore$ 1일 −역세척시간=24hr−2hr=22hr

(2) 1지당 소요되는 이론적 여과면적(A) 구하기

$$면적(A)=\frac{유량(Q)}{속도(V)}$$

$$=\frac{50,000m^3}{day}\times\frac{m^2\cdot hr}{5m^3}\times\frac{1day}{22hr}\times\frac{1}{5}=90.9091m^2$$

(3) 여과지의 폭(W)과 길이(L) 구하기

길이(L) : 폭(W)=2 : 1 이므로 $L=2W$

$A=L\times W=2W\times W=2W^2=90.9091m^2$

$\therefore W=6.7420\fallingdotseq6.74m$

$L=2W=2\times6.74m=13.48m$

06 ★★★

저수량 400,000m³, 면적 10⁵m²인 저수지에 오염물질이 유출되어 오염물질의 농도가 30mg/L가 되었다. 오염물질의 농도가 3mg/L가 되는데 걸리는 시간(yr)을 구하시오.

- 호수는 CFSTR 모델로 가정
- 오염이 있기 전에 오염물질은 존재하지 않았음
- 연 강수량 1,200mm/yr
- 강우에 의한 유입과 유출만이 있음

정답

7.68yr

해설

- **연간 유입되는 강우량(m^3/yr) 계산**

$$\frac{1.2\text{m}}{\text{yr}} \times 10^5\text{m}^2 = 120{,}000\text{m}^3/\text{yr}$$

- **단순희석에 의한 시간(t) 계산**

$$\ln\frac{C_t}{C_0} = -\frac{Q}{\forall}\cdot t$$

Q: 유량(m^3/day), C_0: 초기 농도(mg/L), C_t: 나중 농도(mg/L)

$\forall$: 반응조 체적(m^3), t: 시간(day)

$$\ln\frac{3\text{mg/L}}{30\text{mg/L}} = -\frac{120{,}000\text{m}^3/\text{yr}}{400{,}000\text{m}^3}\times t$$

$\therefore t = 7.6753 \fallingdotseq 7.68\text{yr}$

07 ★★☆

지하수가 통과하는 대수층의 투수계수가 다음과 같을 때 수평방향(K_x)과 수직방향(K_y)의 평균투수계수(cm/day)를 구하시오.

K_1	10cm/day	↕ 20cm
K_2	50cm/day	↕ 5cm
K_3	1cm/day	↕ 10cm
K_4	5cm/day	↕ 10cm

(1) 수평방향의 평균투수계수(K_x)

(2) 수직방향의 평균투수계수(K_y)

정답

(1) 11.33cm/day

(2) 3.19cm/day

해설

(1) 수평방향의 투수계수(K_x) 구하기

$$K_x = \frac{K_1H_1 + K_2H_2 + K_3H_3 + K_4H_4}{\sum H_T}$$

$$= \frac{10\times20 + 50\times5 + 1\times10 + 5\times10}{(20+5+10+10)}$$

$$= 11.3333 \fallingdotseq 11.33\text{cm/day}$$

(2) 수직방향의 투수계수(K_y) 구하기

$$K_y = \frac{\sum H_T}{\frac{H_1}{K_1}+\frac{H_2}{K_2}+\frac{H_3}{K_3}+\frac{H_4}{K_4}}$$

$$= \frac{(20+5+10+10)}{\frac{20}{10}+\frac{5}{50}+\frac{10}{1}+\frac{10}{5}}$$

$$= 3.1915 \fallingdotseq 3.19\text{cm/day}$$

08 ★★★

다음 질소와 인을 동시에 제거하는 5단계 Bardenpho 공정의 공정도를 그리고 호기조 반응조의 주된 역할 2가지에 대해 간단히 서술하시오.

(1) 공정도 (반응조 명칭, 내부반송, 슬러지 반송 표시)
(2) '호기조'의 주된 역할 2가지 (단, 유기물 제거는 정답 제외)

정답

(1)

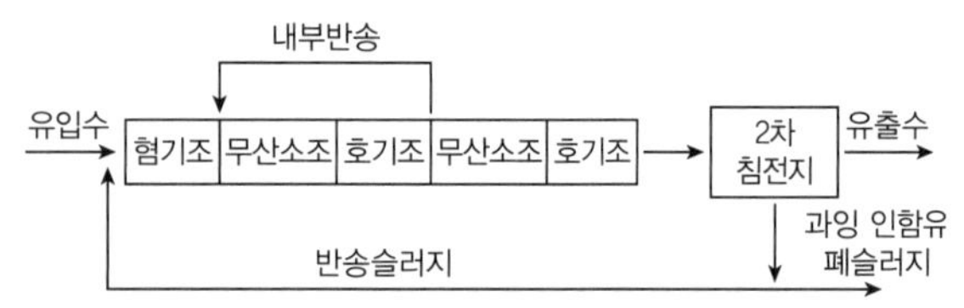

(2) ① 질산화
② 인의 과잉흡수

관련이론 I 각 반응조의 명칭과 역할

- 1단계 혐기조: 인의 방출이 일어난다.
- 1단계 무산소조: 탈질에 의한 질소를 제거한다.
- 1단계 호기조: 질산화가 일어나고 인의 과잉흡수가 일어난다.
- 2단계 무산소조: 잔류 질산성질소가 제거된다.
- 2단계 호기조: 슬러지의 침강성을 좋게 유지하고 인의 재방출을 막는다.

09 ★★☆

염소소독에 영향을 미치는 중요인자 5가지를 쓰시오.

정답

pH, 염소 주입량, 수온, 접촉시간, 알칼리도, 주입지점

10 ★★☆

농축조 설치를 위한 회분침강농축실험의 결과가 아래 그래프와 같을 때 슬러지의 초기 농도가 10g/L라면 6시간 정치 후의 슬러지의 평균 농도(g/L)를 구하시오. (단, 슬러지농도: 계면 아래의 슬러지의 농도를 말함)

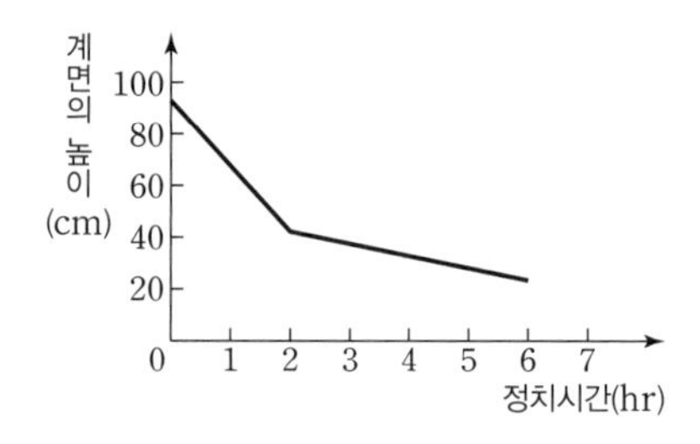

정답

45g/L

해설

그래프에서 초기(0hr)일 때 계면의 높이는 90cm이고 6시간일 때는 20cm이므로,

$$\frac{10g}{L} \times \frac{90cm}{20cm} = 45g/L$$

11 ★☆☆

입상여재를 이용한 여과를 설계할 때 고려해야 할 주요인자 5가지를 쓰시오.

정답

여층의 두께, 여과속도, 여재의 입경, 여층의 역세척 주기, 여과지속시간, 공극률

2018년 | 1회 기출문제

01

★★☆

등비급수법에 따라 A도시의 인구는 10년간 3.25배 증가했다. 이때 연평균 인구 증가율(%)을 구하시오.

정답

12.51%

해설

등비급수법에 따른 인구추정식을 이용한다.

$P_n = P_0(1+r)^n$

$3.25P_0 = P_0(1+r)^{10}$

$\therefore r = 3.25^{\frac{1}{10}} - 1 = 0.1251 = 12.51\%$

관련이론 | 인구추정식

등차급수법		
$P_n = P_0 + rn$	• P_n: 추정인구(명) • r: 인구증가율(%)	• n: 경과연수(년) • P_0: 현재인구(명)
등비급수법		
$P_n = P_0(1+r)^n$	• P_n: 추정인구(명) • r: 인구증가율(%)	• n: 경과연수(년) • P_0: 현재인구(명)
지수함수법		
$P_n = P_0 e^{rn}$	• P_n: 추정인구(명) • r: 인구증가율(%)	• n: 경과연수(년) • P_0: 현재인구(명)
로지스틱법		
$P_n = \frac{K}{1+e^{a-bn}}$	• P_n: 추정인구(명) • n: 경과연수(년)	• a, b: 상수 • K: 극한값(명)

02

★★☆

유량 800m³/day를 처리하기 위해 수심이 폭의 1.25배인 정방형 반응조를 설계하려고 한다. 체류시간이 40sec이라면 반응조의 폭(m)과 수심(m)을 구하시오.

정답

폭: 0.67m, 수심: 0.83m

해설

• 반응조의 부피(∀) 계산

$\forall = Q \cdot t$

$= \frac{800\text{m}^3}{\text{day}} \times 40\text{sec} \times \frac{1\text{day}}{86{,}400\text{sec}} = 0.3704\text{m}^3$

• 폭(W)과 수심(H) 계산

부피 = 수심(H) × 폭(W) × 길이(L)

여기서 반응조는 정방형이므로 폭(W) = 길이(L)이다.

또한, 문제 조건에서 수심은 폭의 1.25배이므로

부피 $= 1.25W \times W \times W = 0.3704\text{m}^3$

$\therefore W = 0.6667 ≒ 0.67\text{m}$

$H = 1.25W = 1.25 \times 0.6667 = 0.8334 ≒ 0.83\text{m}$

03 ★★☆

회분식연속반응조(SBR)의 장점을 연속흐름반응조(CFSTR)와 비교하여 5가지 서술하시오.

정답

① 충격부하에 강하다.
② 고부하형의 경우 다른 처리방식과 비교하여 적은 부지면적에 시설을 건설할 수 있다.
③ 운전방식에 따라 사상균 벌킹을 방지할 수 있다.
④ 질소(N)와 인(P)의 동시 제거 시 운전의 유연성이 크다.
⑤ 2차 침전지와 슬러지 반송설비가 불필요하다.

만점 KEYWORD

① 충격부하, 강함
② 고부하형, 적은, 부지면적
③ 운전방식, 사상균 벌킹, 방지
④ 질소, 인, 동시 제거, 운전, 유연성, 큼
⑤ 2차 침전지, 슬러지 반송설비, 불필요

관련이론

연속회분식활성슬러지법(SBR; Sequencing Batch Reactor)

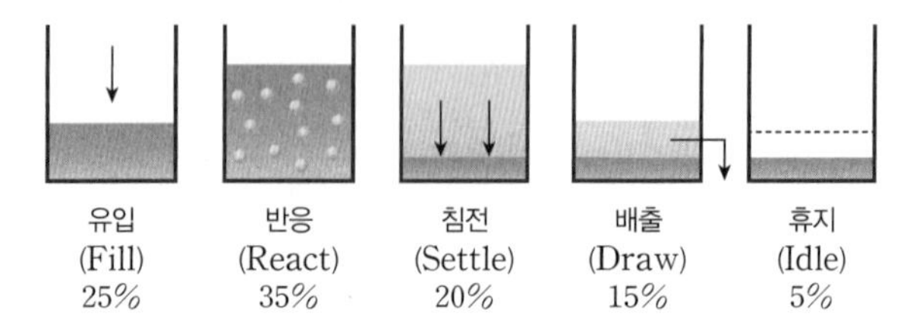

- 기존 활성슬러지 처리에서의 공간개념을 시간개념으로 전환한 것이라고 할 수 있다.
- 단일 반응조 내에서 1주기(cycle) 중에 혐기 → 호기 → 무산소의 조건을 설정하여 질산화 및 탈질반응을 도모할 수 있다.
- 고부하형의 경우 다른 처리방식과 비교하여 적은 부지면적에 시설을 건설할 수 있다.
- 운전방식에 따라 사상균 벌킹을 방지할 수 있다.
- 충격부하 또는 첨두유량에 대한 대응성이 좋다.
- 처리용량이 큰 처리장에는 적용하기 어렵다.
- 질소(N)와 인(P)의 동시 제거 시 운전의 유연성이 크다.

04 ★★★

관의 지름이 100mm이고 관을 통해 흐르는 유량이 0.02m³/sec인 관의 손실수두가 10m가 되게 하고자 한다. 이때의 관의 길이(m)를 구하시오. (단, 마찰손실수두만을 고려하며 마찰손실수두는 0.015)

정답

201.50m

해설

유속(V)을 구하면

$Q=AV$

$$\frac{0.02\text{m}^3}{\text{sec}}=\frac{\pi\times(0.1\text{m})^2}{4}\times V$$

$V=2.5465\text{m/sec}$

$$h_L=f\times\frac{L}{D}\times\frac{V^2}{2g}$$

h_L: 마찰손실수두(m), f: 마찰손실계수, L: 관의 길이(m)
D: 관의 직경(m), V: 유속(m/sec), g: 중력가속도(9.8m/sec²)

$$10\text{m}=0.015\times\frac{L}{0.1\text{m}}\times\frac{(2.5465\text{m/sec})^2}{2\times9.8\text{m/sec}^2}$$

$\therefore L=201.5011≒201.50\text{m}$

05 ★★☆

하천수의 취수에서 취수지점을 선정할 때 고려해야 할 사항을 5가지 서술하시오.

정답

① 계획취수량을 안정적으로 취수할 수 있어야 한다.
② 장래에도 양호한 수질을 확보할 수 있어야 한다.
③ 구조상의 안정을 확보할 수 있어야 한다.
④ 하천관리시설 또는 다른 공작물에 근접하지 않아야 한다.
⑤ 하천개수계획을 실시함에 따라 취수에 지장이 생기지 않아야 한다.
⑥ 기후변화에 대비 갈수 시와 비상시 인근의 취수시설의 연계 이용 가능성을 파악한다.

만점 KEYWORD

① 계획취수량, 안정적, 취수
② 장래, 양호한 수질, 확보
③ 구조상, 안정, 확보
④ 하천관리시설, 다른 공작물, 근접하지 않아야 함
⑤ 하천개수계획, 실시, 취수, 지장, 생기지 않아야 함
⑥ 기후변화, 대비, 갈수 시, 비상시, 취수시설, 연계 이용 가능성, 파악

관련이론 | **하천개수계획**

하천의 개수로 인하여 제방의 위치나 유로 등이 변경되는 경우가 많으므로 하천기본계획 등에 의한 하천공사계획을 조사하여 하천관리자와 협의한 다음 취수지점을 선정해야 한다.

06 ★★☆

고형물질의 분석결과 TS=325mg/L, FS=200mg/L, VSS=55mg/L, TSS=100mg/L라고 한다면 이때의 VS, VDS, TDS, FDS, FSS의 농도(mg/L)를 구하시오.

(1) VS
(2) VDS
(3) TDS
(4) FDS
(5) FSS

정답

(1) 125mg/L
(2) 70mg/L
(3) 225mg/L
(4) 155mg/L
(5) 45mg/L

해설

총고형물

	TVS 휘발성 고형물	TFS 강열잔류 고형물	
	VSS 휘발성 부유고형물	FSS 강열잔류성 부유고형물	TSS: 총부유고형물
	VDS 휘발성 용존고형물	FDS 강열잔류성 용존고형물	TDS: 총용존고형물

(1) VS=TS−FS=325mg/L−200mg/L=125mg/L
(2) VDS=VS−VSS=125mg/L−55mg/L=70mg/L
(3) TDS=TS−TSS=325mg/L−100mg/L=225mg/L
(4) FDS=TDS−VDS=225mg/L−70mg/L=155mg/L
(5) FSS=FS−FDS=200mg/L−155mg/L=45mg/L

07 ★★☆

소석회($Ca(OH)_2$)를 이용하여 인을 제거하려고 한다. 아래의 조건이 주어졌을 때 다음 물음에 답하시오. (단, P와 Ca의 원자량은 각각 31, 40)

- 유량: $2,000m^3/day$
- 폐수 중의 $PO_4^{3-}-P$ 농도: 10mg/L
- 화학침전 후 유출수의 $PO_4^{3-}-P$ 농도: 0.2mg/L

(1) 제거되는 P의 양(kg/day)
(2) 소요되는 $Ca(OH)_2$의 양(kg/day)
(3) 침전슬러지($Ca_5(PO_4)_3(OH)$)의 함수율이 95%, 비중이 1.2일 때 발생하는 침전슬러지의 양(m^3/day)

정답

(1) 19.6kg/day
(2) 77.98kg/day
(3) $1.76m^3/day$

해설

(1) 제거되는 P의 양(kg/day) 구하기

총량=유량×농도

$$=\frac{2,000m^3}{day}\times\frac{(10-0.2)mg}{L}\times\frac{1kg}{10^6mg}\times\frac{10^3L}{1m^3}$$

$=19.6kg/day$

(2) 소요되는 $Ca(OH)_2$의 양(kg/day) 구하기

$5Ca(OH)_2 : 3PO_4^{3-}-P$

$5\times74g : 3\times31g = Xkg/day : 19.6kg/day$

$$\therefore X=\frac{5\times74\times19.6}{3\times31}=77.9785 ≒ 77.98kg/day$$

(3) 발생하는 침전슬러지의 양(m^3/day) 구하기

$3P : Ca_5(PO_4)_3OH$

$3\times31g : 502g = 19.6kg/day : Ykg/day$

$$\therefore Y=\frac{502\times19.6}{3\times31}=105.7978kg/day$$

$$\therefore SL=\frac{105.7978kg}{day}\times\frac{100}{5}\times\frac{m^3}{1,200kg}=1.7633 ≒ 1.76m^3/day$$

08 ★★☆

혐기성 소화에서는 고정식 지붕과 부유식 지붕을 가장 많이 사용한다. 고정식 지붕에 비하여 부유식 지붕의 장점을 4가지 서술하시오.

정답

① 부피가 변하므로 운영상의 융통성이 크다.
② 소화가스와 산소가 혼합되어 폭발가스가 될 위험을 최소화시킨다.
③ 스컴이 수중에 잠기게 되므로 스컴을 혼합시킬 필요가 없다.
④ 통상 0.6~1.8m의 높이를 이동할 수 있으므로 지붕 아래에 가스저장을 위한 공간이 부여된다.

만점 KEYWORD

① 부피, 변함, 운영상, 융통성, 큼
② 소화가스, 산소, 혼합, 폭발가스, 위험, 최소화
③ 스컴, 수중, 잠김, 스컴, 혼합, 필요가 없음
④ 0.6~1.8m의 높이, 이동, 지붕 아래, 가스저장, 공간

09 ★★☆

산기식 포기장치를 설치할 때 고려해야 할 사항을 5가지 서술하시오.

정답

① 산기장치로는 산기판, 산기관, 산기노즐을 사용한다.
② 산기장치는 청소 및 유지관리가 간편한 구조로 한다.
③ 산기장치는 공기가 균등하게 분배되어야 한다.
④ 산기장치는 내구성이 큰 재질이어야 한다.
⑤ 산기장치는 내산성 및 내알칼리성의 재질이어야 한다.

만점 KEYWORD

① 산기판, 산기관, 산기노즐
② 청소, 유지관리, 간편한 구조
③ 공기, 균등, 분배
④ 내구성, 큰, 재질
⑤ 내산성, 내알칼리성, 재질

10 ★★★

다음 공정도는 질소와 인을 동시에 제거하는 수정 bardenpho 공정이다. 이 공정의 각 반응조 명칭과 역할을 서술하시오. (단, 내부반송 및 유기물 제거는 답에서 제외)

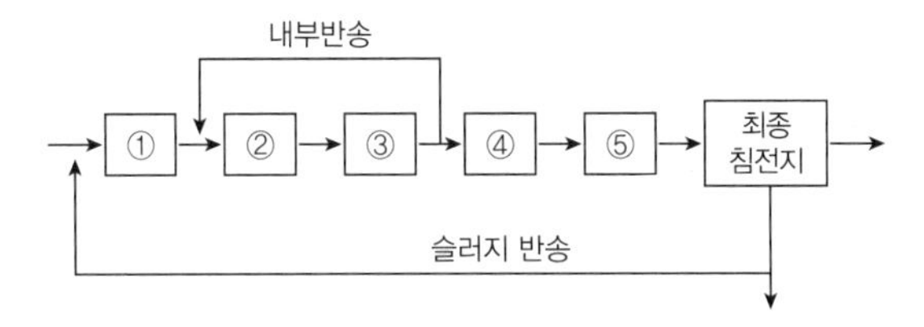

정답

① 1단계 혐기조: 인의 방출이 일어난다.
② 1단계 무산소조: 탈질에 의한 질소를 제거한다.
③ 1단계 호기조: 질산화가 일어나고 인의 과잉흡수가 일어난다.
④ 2단계 무산소조: 잔류 질산성질소가 제거된다.
⑤ 2단계 호기조: 슬러지의 침강성을 좋게 유지하고 인의 재방출을 막는다.

만점 KEYWORD

① 혐기조, 인 방출
② 무산소조, 탈질, 질소, 제거
③ 호기조, 질산화, 인 과잉흡수
④ 무산소조, 잔류 질산성질소, 제거
⑤ 호기조, 슬러지, 침강성, 유지, 인 재방출, 막음

11 ★★★

CFSTR에서 물질을 분해하여 효율 95%로 처리하고자 한다. 이 물질은 1차 반응으로 분해되며, 속도상수는 0.05/hr이다. 유량은 300L/hr이고 유입농도는 150mg/L로 일정하다면 CFSTR의 필요 부피(m^3)를 구하시오. (단, 반응은 정상상태로 가정)

정답

$114m^3$

해설

$Q(C_0-C_t)=K\cdot\forall\cdot C_t^m$

Q: 유량(m^3/hr), C_0: 초기 농도(mg/L), C_t: 나중 농도(mg/L)

K: 반응속도상수(hr^{-1}), $\forall$: 반응조 체적(m^3), m: 반응차수

$$\therefore \forall=\frac{Q(C_0-C_t)}{K\cdot C_t^m}$$

$$=\frac{300L/hr\times(150-7.5)mg/L}{0.05/hr\times(7.5mg/L)^1\times10^3L/m^3}$$

$$=114m^3$$

관련이론 | 완전혼합반응조(CFSTR)

- 유입과 유출이 동시에 있으며 반응조 내에서는 완전혼합되어 반응한 후 유출된다.
- 유입된 액체의 일부분은 즉시 유출된다.
- 충격부하에 강하다.
- 부하변동에 강하다.
- 동일 용량 PFR에 비해 제거효율이 좋지 않다.

2017년 | 3회 기출문제

01

★★☆

호수나 저수지를 수원으로 선정할 경우 고려해야 할 사항 4가지를 서술하시오.

정답

① 수량이 풍부해야 한다.
② 수질이 좋아야 한다.
③ 가능한 한 높은 곳에 위치해야 한다.
④ 수돗물 소비지에서 가까운 곳에 위치해야 한다.

만점 KEYWORD

① 수량, 풍부
② 수질, 좋음
③ 가능한, 높은 곳
④ 수돗물 소비지, 가까운 곳

02

★★☆

SS가 100mg/L, 유량이 10,000m^3/day인 흐름에 황산제이철($Fe_2(SO_4)_3$)을 응집제로 사용하여 50mg/L가 되도록 투입한다. 침전지에서 전체 고형물의 90%가 제거된다면 생산되는 고형물의 양(kg/day)을 구하시오. (단, Fe=55.8, S=32, O=16, Ca=40, H=1)

$$Fe_2(SO_4)_3 + 3Ca(OH)_2 \rightarrow 2Fe(OH)_3 + 3CaSO_4$$

정답

1,140.54kg/day

해설

- 응집제 투입에 의해 생성되는 고형물의 양(kg/day) 계산

$$\underline{Fe_2(SO_4)_3} : \underline{2Fe(OH)_3}$$
$$399.6g : 2 \times 106.8g$$
$$\frac{50mg}{L} \times \frac{10,000m^3}{day} \times \frac{1kg}{10^6mg} \times \frac{10^3L}{1m^3} : Xkg/day$$
$$\therefore X = \frac{2 \times 106.8 \times 500}{399.6} = 267.2673kg/day$$

이 중 90%가 제거되므로

$267.2673kg/day \times 0.9 = 240.5406kg/day$

- SS 제거에 따른 고형물 발생량(kg/day) 계산

$$\frac{100mg}{L} \times \frac{10,000m^3}{day} \times \frac{1kg}{10^6mg} \times \frac{10^3L}{1m^3} \times \frac{90}{100} = 900kg/day$$

- 생산되는 고형물의 양(kg/day) 계산

$$\therefore 240.5406kg/day + 900kg/day = 1,140.5406 \fallingdotseq 1,140.54kg/day$$

03 ★★★

최종 BOD가 10mg/L, DO가 5mg/L인 하천이 있다. 이때, 상류지점으로부터 36시간 유하 후 하류지점에서의 DO 농도(mg/L)를 구하시오. (단, 온도변화는 없으며, DO 포화농도는 9mg/L, 탈산소계수 0.1/day, 재폭기계수 0.2/day, 상용대수 기준)

정답

4.93mg/L

해설

36시간 유하 후 DO 농도=포화농도−36시간 유하 후 산소부족량

DO 부족량 공식을 이용한다.

$$D_t=\frac{K_1L_0}{K_2-K_1}(10^{-K_1\cdot t}-10^{-K_2\cdot t})+D_0\times 10^{-K_2\cdot t}$$

먼저, 시간(t)을 구하면

$$t=36\text{hr}\times\frac{1\text{day}}{24\text{hr}}=1.5\text{day}$$

$$\therefore D_t=\frac{0.1\times 10}{0.2-0.1}(10^{-0.1\times 1.5}-10^{-0.2\times 1.5})+(9-5)\times 10^{-0.2\times 1.5}$$

$$=4.0723\text{mg/L}$$

따라서, 36시간 유하 후 용존산소 농도를 구하면

36시간 유하 후 DO 농도$=C_s-D_t$

$$=9-4.0723=4.9277\fallingdotseq 4.93\text{mg/L}$$

관련이론 | 용존산소부족량과 임계시간

(1) 용존산소부족량(D_t)

$$D_t=\frac{K_1L_0}{K_2-K_1}(10^{-K_1\cdot t}-10^{-K_2\cdot t})+D_0\times 10^{-K_2\cdot t}$$

(2) 임계시간(t_c)

$$t_c=\frac{1}{K_2-K_1}\log\left[\frac{K_2}{K_1}\left\{1-\frac{D_0(K_2-K_1)}{L_0\times K_1}\right\}\right]$$

또는

$$t_c=\frac{1}{K_1(f-1)}\log\left[f\left\{1-(f-1)\frac{D_0}{L_0}\right\}\right]$$

D_t: t일 후 용존산소(DO) 부족농도(mg/L), t_c: 임계시간(day)

K_1: 탈산소계수(day^{-1}), K_2: 재폭기계수(day^{-1})

L_0: 최종 BOD(mg/L), D_0: 초기용존산소부족량(mg/L)

t: 시간(day), f: 자정계수$\left(=\frac{K_2}{K_1}\right)$

04 ★★☆

활성탄의 재생방법을 5가지 쓰시오.

정답

① 수세법
② 가열재생법
③ 약품재생법
④ 용매추출법
⑤ 미생물 분해법
⑥ 습식산화법

05 ★★☆

소독부산물인 THM(트리할로메탄)의 생성속도에 다음 인자가 미치는 영향을 서술하시오.

(1) 수온
(2) pH
(3) 불소

정답

(1) 수온이 높을수록 THM의 생성속도는 증가한다.
(2) pH가 높을수록 THM의 생성속도는 증가한다.
(3) 불소의 농도가 높을수록 THM의 생성속도는 증가한다.

관련이론 | THM(트리할로메탄)

- 소독부산물로 정수처리공정에서 주입되는 염소와 원수 중에 존재하는 브롬, 유기물 등의 전구물질과 반응하여 생성된다.
- 수돗물에 생성된 트리할로메탄류는 대부분 클로로포름($CHCl_3$)으로 존재한다.
- 전구물질의 농도·양 ↑, 수온 ↑, pH ↑ → THM ↑

06 ★★☆

하수처리시설의 운영조건이 아래와 같을 때 다음 물음에 답하시오.

- Q: 2,000m^3/day
- 유입 BOD: 250mg/L
- BOD 제거효율: 90%
- 체류시간: 6hr
- MLSS: 3,000mg/L
- Y: 0.8
- 내생호흡계수: 0.05/day

(1) SRT(day)
(2) F/M비(day^{-1})
(3) 잉여슬러지의 양(kg/day)

정답

(1) 5.26day
(2) 0.33day^{-1}
(3) 285kg/day

해설

(1) SRT(day) 구하기

① 포기조의 부피(∀) 계산

$$\forall = Q \cdot t = \frac{2{,}000m^3}{day} \times 6hr \times \frac{1day}{24hr} = 500m^3$$

② SRT(day) 계산

$$\frac{1}{SRT} = \frac{Y(BOD_i \cdot \eta)Q}{\forall \cdot X} - K_d$$

SRT: 고형물 체류시간(day), Y: 세포생산계수
BOD_i: 유입 BOD 농도(mg/L), η: 효율, Q: 유량(m^3/day)
∀: 부피(m^3), X: MLSS의 농도(mg/L)
K_d: 내생호흡계수(day^{-1})

$$\frac{1}{SRT} = \frac{0.8 \times \frac{(250 \times 0.9)mg}{L} \times \frac{2{,}000m^3}{day}}{500m^3 \times 3{,}000mg/L} - 0.05/day$$

$$= 0.19day^{-1}$$

∴ SRT=5.2632≒5.26day

(2) F/M비(day^{-1}) 구하기

$$F/M비(day^{-1}) = \frac{유입\ BOD\ 총량}{포기조\ 내의\ MLSS량}$$

$$= \frac{BOD_i \cdot Q}{X \cdot \forall} = \frac{BOD_i}{X \cdot HRT}$$

BOD_i: 유입 BOD 농도(mg/L), Q: 유량(m^3/day), ∀: 부피(m^3)
X: MLSS의 농도(mg/L), HRT: 체류시간(day)

$$F/M비 = \frac{250mg/L}{3{,}000mg/L \times 6hr \times \frac{1day}{24hr}} = 0.3333 ≒ 0.33day^{-1}$$

(3) 잉여슬러지의 양(kg/day) 구하기

$$X_rQ_w = Y(BOD_i - BOD_o)Q - K_d \cdot \forall \cdot X$$

X_rQ_w: 잉여슬러지의 양(kg/day), Y: 세포생산계수
BOD_i: 유입 BOD 농도(mg/L), BOD_o: 유출 BOD 농도(mg/L)
Q: 유량(m^3/day), K_d: 내생호흡계수(day^{-1})
∀: 부피(m^3), X: MLSS의 농도(mg/L)

$$X_rQ_w = 0.8 \times \frac{(250 \times 0.9)mg}{L} \times \frac{2{,}000m^3}{day} \times \frac{1kg}{10^6mg} \times \frac{10^3L}{1m^3} - \frac{0.05}{day} \times 500m^3 \times \frac{3{,}000mg}{L} \times \frac{1kg}{10^6mg} \times \frac{10^3L}{1m^3}$$

$$= 285kg/day$$

07 ★★★

$Ca(HCO_3)_2$와 CO_2의 g 당량을 반응식과 함께 쓰시오.

(1) $Ca(HCO_3)_2$ g 당량 (반응식 포함)
(2) CO_2 g 당량 (반응식 포함)

정답

(1) $Ca(HCO_3)_2 \rightleftarrows Ca^{2+} + 2HCO_3^-$

∴ $Ca(HCO_3)_2$ g 당량$= \frac{162g}{2} = 81g$

(2) $CO_2 + H_2O \rightleftarrows 2H^+ + CO_3^{2-}$

∴ CO_2 g 당량$= \frac{44g}{2} = 22g$

08 ★★☆

슬러지의 혐기성 분해 결과 함수율 98%, 고형물의 비중은 1.4일 때 슬러지의 비중을 구하시오. (단, 소수점 셋째 자리까지)

정답

1.006

해설

$SL = TS + W$

$\frac{SL}{\rho_{SL}} = \frac{TS}{\rho_{TS}} + \frac{W}{\rho_W}$

$\frac{100}{\rho_{SL}} = \frac{2}{1.4} + \frac{98}{1}$

$\therefore \rho_{SL} = 1.0057 \fallingdotseq 1.006$

09 ★☆☆

비점오염저감시설의 오염물질 제거효율을 평가하는 방법을 3가지 쓰시오.

정답

① 평균농도법 ② 부하량 합산법 ③ 제거효율법

10 ★★☆

96% 진한 황산의 비중은 1.84이다. 이 용액을 이용하여 0.1N-500mL의 황산용액을 제조하기 위해 취해야 할 96% 진한 황산의 부피(mL)를 구하시오. (단, 반응 시 부피 변화는 없다고 가정)

정답

1.39mL

해설

$N_1V_1 = N_2V_2$ (1: 황산용액, 2: 96% 진한 황산)

$\frac{0.1\text{eq}}{\text{L}} \times 0.5\text{L} = \frac{1.84\text{g}}{\text{mL}} \times \frac{96}{100} \times \frac{1\text{eq}}{(98/2)\text{g}} \times X\text{mL}$

$\therefore X = 1.3870 \fallingdotseq 1.39\text{mL}$

11 ★★☆

봄과 가을에 발생하는 전도현상에 대해 서술하시오.

(1) 봄

(2) 가을

정답

(1) 봄이 되면 얼음이 녹으면서 수표면 부근의 수온이 증가하고 수직혼합이 활발해져 수질이 악화된다.

(2) 대기권의 기온 하강으로 호소수 표면의 수온이 감소되어 표수층의 밀도가 증가하고 수직혼합이 활발해져 수질이 악화된다.

만점 KEYWORD

(1) 얼음 녹음, 수온 증가, 수직혼합 활발, 수질 악화

(2) 기온 하강, 수온 감소, 밀도 증가, 수직혼합 활발, 수질 악화

관련이론 | **성층현상과 전도현상의 순환**

(1) **봄(전도현상)**: 기온 상승 → 호소수 표면의 수온 증가 → 4℃일 때 밀도 최대 → 표수층의 밀도 증가로 수직혼합

(2) **여름(성층현상)**: 기온 상승 → 호소수 표면의 수온 증가 → 수온 상승으로 표수층의 밀도가 낮아짐 → 수직혼합이 억제됨 → 성층 형성

(3) **가을(전도현상)**: 기온 하강 → 호소수 표면의 수온 감소 → 4℃일 때 밀도 최대 → 표수층의 밀도 증가로 수직혼합

(4) **겨울(성층현상)**: 기온 하강 → 호소수 표면의 수온 감소 → 수온 감소로 표수층의 밀도가 낮아짐 → 수직혼합이 억제됨 → 성층 형성

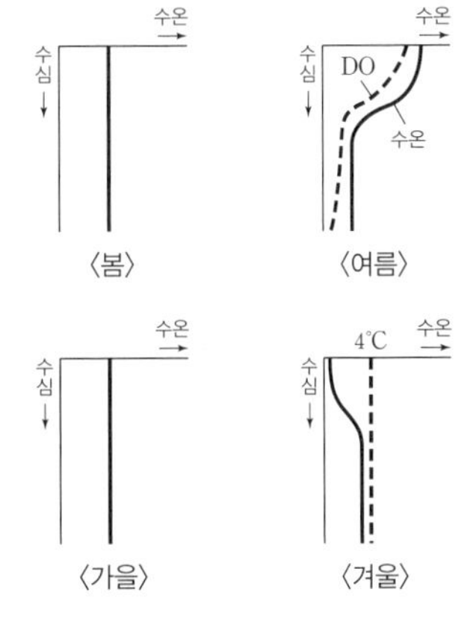

2017년 | 2회 기출문제

01

★☆☆

합류식 관로의 장단점을 각각 2가지씩 쓰시오.

(1) 장점(2가지)

(2) 단점(2가지)

정답

(1) ① 우천 시 수세효과가 있어 관로 내의 청소빈도가 적다.
② 관로오접이 없다.
③ 우수를 신속히 배수하기 위해 지형조건에 적합한 관로망이 된다.

(2) ① 대구경관로가 되면 좁은 도로에서의 매설에 어려움이 있다.
② 우천 시 일정량 이상이 되면 월류한다.
③ 우천 시 토사가 유입하여 바닥 등에 퇴적한다.

관련이론 | **하수도의 배제방식(분류식, 합류식)**

구분	분류식	합류식
관로오접	철저한 감시 필요	감시 불필요
관로 내 퇴적	관로 내 퇴적이 적으며, 수세효과는 없음	청천 시에 수위가 낮고 유속이 적어 오염물이 침전하기 쉬우나 우천 시에는 수세효과가 있기 때문에 관로 내의 청소 빈도가 적음
처리장으로의 토사유입	토사의 유입이 있지만 합류식보다 적음	우천 시에 처리장으로 다량의 토사가 유입하여 장기간에 걸쳐 수로 바닥 등에 퇴적됨
청천 시 및 우천 시의 월류	청천 시, 우천 시 월류 없음	청천 시에는 월류가 없으며, 우천 시에는 일정량 이상이 되면 월류함
건설비	고가	저렴
슬러지 내 중금속 함량	적음	큼

02

★★☆

폐수 중에 BOD_2가 600mg/L, NH_4^+-N이 10mg/L 있다. 이 폐수를 활성슬러지법으로 처리하고자 할 때, 첨가해야 할 인(P)과 질소(N)의 양(mg/L)을 구하시오. (단, K_1=0.2/day, BOD_5 : N : P=100 : 5 : 1, 상용대수 기준)

(1) 인(P)의 양(mg/L)

(2) 질소(N)의 양(mg/L)

정답

(1) 8.97mg/L

(2) 34.86mg/L

해설

$BOD_t = BOD_u(1-10^{-K_1 \cdot t})$

BOD_t: t일 동안 소모된 BOD(mg/L), BOD_u: 최종 BOD(mg/L)

K_1: 탈산소계수(day^{-1}), t: 반응시간(day)

$600mg/L = BOD_u \times (1-10^{-0.2\times 2})$

$\therefore BOD_u = 996.8552mg/L$

$BOD_5 = BOD_u \times (1-10^{-K_1 \times 5})$

$= 996.8552 \times (1-10^{-0.2\times 5}) = 897.1697mg/L$

(1) **첨가해야 할 인(P)의 양(mg/L) 구하기**

$BOD_5 : P = 100 : 1 = 897.1697mg/L : Xmg/L$

$\therefore X = \frac{897.1697 \times 1}{100} = 8.9717 \fallingdotseq 8.97mg/L$

(2) **첨가해야 할 질소(N)의 양(mg/L) 구하기**

$BOD_5 : N = 100 : 5 = 897.1697mg/L : Ymg/L$

$\therefore Y = \frac{897.1697 \times 5}{100} = 44.8585 \fallingdotseq 44.86mg/L$

※ 첨가해야 할 질소의 양은 기존 폐수에 존재하는 질소의 양(10mg/L)을 제외한 양이어야 한다.

$\therefore 44.86mg/L - 10mg/L = 34.86mg/L$

03 ★★☆

다음의 조건과 같이 염소접촉조를 설계할 때 접촉조의 길이(m)를 구하시오.

- 유량: $2.0\text{m}^3/\text{sec}$
- 유효수심: 2m
- 폭: 2m
- 살균 효율: 95%
- 반응식: $\frac{dN}{dt} = -K \cdot N \cdot t$
- 반응속도상수 K: $0.1/\text{min}^2$ (밑수: e)
- 흐름: PFR 가정함

정답

232.22m

해설

$\frac{dN}{dt} = -K \cdot N \cdot t$에서 양변을 적분한다.

$$\int_{N_0}^{N_t} \frac{1}{N} dN = -K \int_0^t t\, dt$$

$$\Big[\ln N\Big]_{N_0}^{N_t} = -K\Big[\frac{1}{2}t^2\Big]_0^t$$

$$\therefore \ln\frac{N_t}{N_0} = -K\frac{t^2}{2}$$

N_t: 나중 농도, N_0: 처음 농도, K: 반응속도상수(min^{-2})

t: 반응시간(min)

- 95% **제거되는 데 걸리는 시간(t) 계산**

$$\ln\frac{N_t}{N_0} = -K\frac{t^2}{2}$$

$$\ln\frac{5}{100} = -\frac{0.1}{\text{min}^2} \times \frac{t^2}{2}$$

$$\therefore t = 7.7405\text{min}$$

- **접촉조 길이(L) 계산**

$$\forall = W \cdot H \cdot L = Q \cdot t$$

$$2\text{m} \times 2\text{m} \times L = \frac{2.0\text{m}^3}{\text{sec}} \times 7.7405\text{min} \times \frac{60\text{sec}}{1\text{min}}$$

$$\therefore L = 232.215 \fallingdotseq 232.22\text{m}$$

04 ★★☆

여름철 호수의 성층현상에 대해 서술하시오. (각 층의 명칭 및 온도변화 그래프 포함)

정답

성층현상은 연직 방향의 밀도차에 의해 층상으로 구분되어지는 것을 말한다. 특히, 여름에는 밀도가 작은 물이 큰 물 위로 이동하며 온도차가 커져 수직운동은 점차 상부층에만 국한된다. 또한, 여름이 되면 연직에 따른 온도 경사와 용존산소(DO) 경사가 같은 모양을 나타낸다.

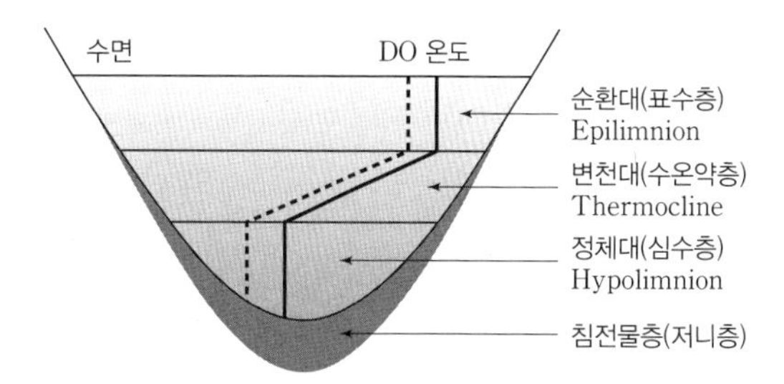

만점 KEYWORD

연직 방향, 밀도차, 층상, 여름, 온도차, 수직운동, 상부층 국한, 온도 경사, 용존산소 경사, 같은 모양

관련이론 | **성층현상과 전도현상의 순환**

(1) **봄(전도현상)**: 기온 상승 → 호소수 표면의 수온 증가 → 4℃일 때 밀도 최대 → 표수층의 밀도 증가로 수직혼합

(2) **여름(성층현상)**: 기온 상승 → 호소수 표면의 수온 증가 → 수온 상승으로 표수층의 밀도가 낮아짐 → 수직혼합이 억제됨 → 성층 형성

(3) **가을(전도현상)**: 기온 하강 → 호소수 표면의 수온 감소 → 4℃일 때 밀도 최대 → 표수층의 밀도 증가로 수직혼합

(4) **겨울(성층현상)**: 기온 하강 → 호소수 표면의 수온 감소 → 수온 감소로 표수층의 밀도가 낮아짐 → 수직혼합이 억제됨 → 성층 형성

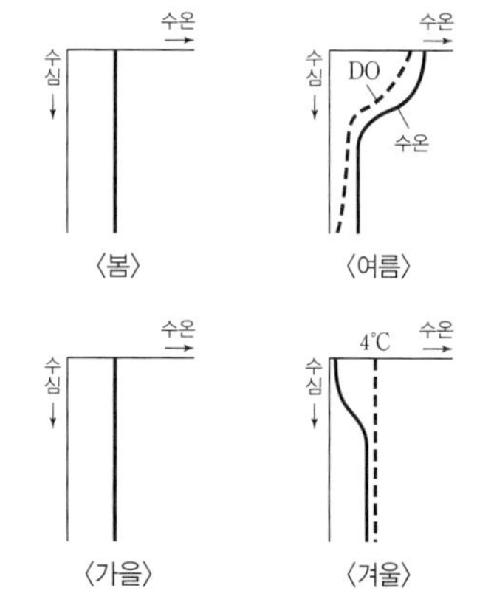

05 ★★☆

다음의 조건으로 부상조를 설계할 때 물음에 답하시오.

- 유량: $20,000m^3/day$
- 제거대상 유적의 직경: $200\mu m$
- 입자의 밀도: $0.9g/cm^3$
- 유효수심: 3m
- 폭: 4m
- 유체의 점도: 0.01g/cm·sec
- 유체의 밀도: $1.0g/cm^3$
- 유체 흐름: 완전층류라고 가정함

(1) 입자가 부상에 의해 수면으로 떠오르는 데 소요되는 시간(min)

(2) 부상조의 길이(m)

정답

(1) 22.96min

(2) 26.57m

해설

(1) 입자가 부상에 의해 수면으로 떠오르는 데 소요되는 시간(t) 구하기

$$V_F=\frac{d_p^2(\rho_w-\rho_p)g}{18\mu}$$

V_F: 부상속도(cm/sec), d_p: 입자의 직경(cm)

ρ_w: 물의 밀도(g/cm^3), ρ_p: 입자의 밀도(g/cm^3)

g: 중력가속도($980cm/sec^2$), μ: 유체의 점성계수(g/cm·sec)

$$V_F=\frac{(200\times10^{-4})^2\times(1-0.9)\times980}{18\times0.01}=0.2178cm/sec$$

∴ 시간=거리/속도

$$t=\frac{3m}{\frac{0.2178cm}{sec}\times\frac{1m}{100cm}\times\frac{60sec}{1min}}$$

$=22.9568≒22.96min$

(2) 부상조의 길이(L) 구하기

$$\forall=Q\cdot t$$

$$3m\times4m\times L=\frac{20,000m^3}{day}\times22.9568min\times\frac{1day}{1,440min}$$

∴ $L=26.5704≒26.57m$

06 ★★☆

다음 용어의 정의를 간략히 서술하시오.

(1) 0차 반응

(2) 1차 반응

(3) 슬러지여과 비저항계수(단위 서술)

(4) 슬러지용량 지표(단위 서술)

(5) Zeta Potential

정답

(1) 반응속도가 반응물의 농도에 영향을 받지 않는 반응이다.

(2) 반응물의 농도에 비례하여 반응속도가 결정되는 반응이다.

(3) 슬러지의 탈수성을 나타내는 지표(m/kg)로 값이 클수록 탈수성이 좋지 않다.

(4) 활성슬러지의 침강성을 보여주는 지표(mL/g)로 반응조 내 혼합액을 30분간 정체한 후 1g의 활성슬러지 부유물질이 포함하는 용적을 mL로 표시한다.

(5) 콜로이드 물질의 반발력을 나타내는 지표이다.

만점 KEYWORD

(1) 농도, 영향 받지 않음

(2) 농도, 비례, 반응속도, 결정

(3) 슬러지, 탈수성, m/kg

(4) 슬러지, 침강성, mL/g, 혼합액, 30분간, 1g 슬러지, 포함, 용적

(5) 콜로이드 물질, 반발력

07

★★★

수격현상과 공동현상의 원인 한 가지와 방지대책 두 가지를 쓰시오.

(1) 수격현상

(2) 공동현상

정답

(1) ① 원인

- 만관 내에 흐르고 있는 물의 속도가 급격히 변화할 경우
- 펌프가 정전 등으로 인해 정지 및 가동을 할 경우
- 펌프를 급하게 가동할 경우
- 토출측 밸브를 급격히 개폐할 경우

② 방지대책

- 펌프에 플라이휠(Fly-wheel)을 붙여 펌프의 관성을 증가시킨다.
- 토출관측에 조압수조를 설치한다.
- 관 내 유속을 낮추거나 관로상황을 변경한다.
- 토출측 관로에 한 방향 조압수조를 설치한다.
- 펌프 토출구 부근에 공기탱크를 두거나 부압 발생지점에 흡기밸브를 설치하여 압력강하 시 공기를 넣어준다.

(2) ① 원인

- 펌프의 과속으로 유량이 급증할 경우
- 펌프의 흡수면 사이의 수직거리가 길 경우
- 관 내의 수온이 증가할 경우
- 펌프의 흡입양정이 높을 경우

② 방지대책

- 펌프의 회전수를 감소시켜 필요유효흡입수두를 작게 한다.
- 흡입측의 손실을 가능한 한 작게 하여 가용유효흡입수두를 크게 한다.
- 펌프의 설치위치를 가능한 한 낮추어 가용유효흡입수두를 크게 한다.
- 흡입측 밸브를 완전히 개방하고 펌프를 운전한다.
- 임펠러를 수중에 잠기게 한다.

08

★★☆

무기응집제에 대해 각각 응집에 필요한 칼슘염 형태의 알칼리도를 반응시켜 Floc을 형성하는 반응식을 쓰시오.

(1) $FeSO_4 \cdot 7H_2O$, $Ca(OH)_2$와 반응 (DO를 필요로 함)

(2) $Fe_2(SO_4)_3$, $Ca(HCO_3)_2$와 반응

정답

(1) $2FeSO_4 \cdot 7H_2O + 2Ca(OH)_2 + \frac{1}{2}O_2 \rightarrow 2Fe(OH)_3 + 2CaSO_4 + 13H_2O$

(2) $Fe_2(SO_4)_3 + 3Ca(HCO_3)_2 \rightarrow 2Fe(OH)_3 + 3CaSO_4 + 6CO_2$

09

★★☆

인이 8mg/L 들어있는 하수의 인 침전(인을 침전시키는 실험에서 인 1몰당 알루미늄 2몰 필요)을 위해 필요한 액체 명반의 양(m^3/day)을 구하시오. (단, 유량 3,785m^3/day, 액체 명반 속 알루미늄은 4.37%, 단위중량 1,331kg/m^3이며, 알루미늄, 인 원자량은 각각 27, 31)

정답

$0.91m^3/day$

해설

- 제거해야 하는 인(P)의 양(kg/day) 계산

$$\frac{8mg}{L} \times \frac{3{,}785m^3}{day} \times \frac{1kg}{10^6mg} \times \frac{10^3L}{1m^3} = 30.28kg/day$$

- 필요한 알루미늄(Al)의 양(kg/day) 계산

$Al : P = 2mol : 1mol = 2 \times 27g : 31g$

$$\frac{30.28kg}{day} \times \frac{54g}{31g} = 52.7458kg/day$$

- 주입해야 할 명반의 양(m^3/day) 계산

$$\frac{52.7458kg}{day} \times \frac{100}{4.37} \times \frac{m^3}{1{,}331kg} = 0.9068 \fallingdotseq 0.91m^3/day$$

10

★☆☆

유입 BOD가 200mg/L, 유량 300m³/day인 오수를 2단 접촉산화법으로 처리하려고 한다. 1실과 2실로 나뉘어 운영하고 있으며, 유출수의 BOD를 30mg/L 이하로 한다. 총 용적에 대한 BOD 용적부하는 0.3kg/m³·day, 1실의 용적에 대한 BOD 용적부하는 0.5kg/m³·day일 때 총 유효용적(m³), 1실 용적(m³), 2실 용적(m³)을 구하시오.

(1) 총 유효용적(m³)

(2) 1실 용적(m³)

(3) 2실 용적(m³)

정답

(1) 200m³

(2) 120m³

(3) 80m³

해설

(1) 총 유효용적(m³) 구하기

$$\text{BOD 용적부하}=\frac{\text{유입 BOD량}}{\text{용적}}=\frac{\text{BOD}\cdot Q}{\forall}$$

$$\frac{0.3\text{kg}}{\text{m}^3\cdot\text{day}}=\frac{\frac{300\text{m}^3}{\text{day}}\times\frac{200\text{mg}}{\text{L}}\times\frac{1\text{kg}}{10^6\text{mg}}\times\frac{10^3\text{L}}{1\text{m}^3}}{\text{Xm}^3}$$

$\therefore$ X=200m³

(2) 1실 용적(m³) 구하기

$$\frac{0.5\text{kg}}{\text{m}^3\cdot\text{day}}=\frac{\frac{300\text{m}^3}{\text{day}}\times\frac{200\text{mg}}{\text{L}}\times\frac{1\text{kg}}{10^6\text{mg}}\times\frac{10^3\text{L}}{1\text{m}^3}}{\text{Ym}^3}$$

$\therefore$ Y=120m³

(3) 2실 용적(m³) 구하기

총 유효용적−1실 용적=200m³−120m³=80m³

2017년 | 1회 기출문제

01

★★★

다음 공법에서의 역할을 서술하시오.

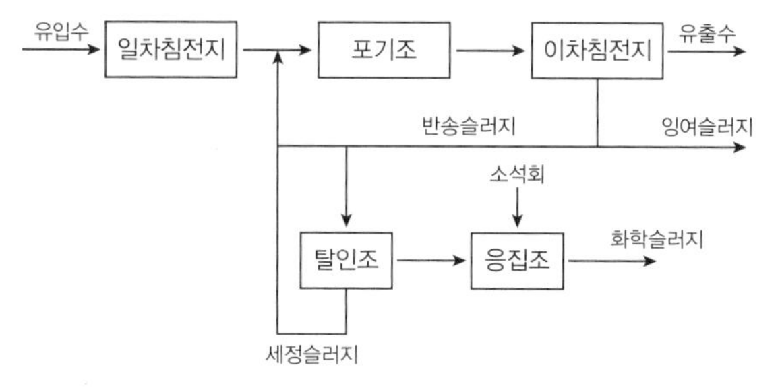

(1) 공법명

(2) 포기조(유기물 제거 제외)

(3) 탈인조

(4) 응집조(화학처리)

(5) 세정슬러지(탈인조 슬러지)

정답

(1) Phostrip 공법

(2) 반송된 슬러지의 인을 과잉흡수한다.

(3) 슬러지의 인을 방출시킨다.

(4) 응집제(석회)를 이용하여 상등수의 인을 응집침전시킨다.

(5) 인의 함량이 높은 슬러지를 포기조로 반송시켜 포기조에서 인을 과잉흡수시킨다.

만점 KEYWORD

(1) Phostrip 공법

(2) 인, 과잉흡수

(3) 인, 방출

(4) 응집제(석회), 인, 응집침전

(5) 포기조, 반송, 인, 과잉흡수

02

★★☆

공장에서 배출되는 pH 3인 산성폐수 1,000m³와 pH 5인 인접공장 폐수 2,000m³를 혼합 처리하고자 한다. 두 폐수를 혼합한 후의 pH를 구하시오.

정답

3.47

해설

혼합공식을 이용한다.

$$N_m=\frac{N_1V_1+N_2V_2}{V_1+V_2}\quad(1:\text{ 산성폐수, }2:\text{ 인접공장 폐수})$$

$$=\frac{10^{-3}\times1{,}000+10^{-5}\times2{,}000}{1{,}000+2{,}000}=3.4\times10^{-4}\text{N}$$

$$\therefore\ \text{pH}=-\log(3.4\times10^{-4})=\log\frac{1}{(3.4\times10^{-4})}=3.4685\fallingdotseq3.47$$

03

★★☆

도수관로의 흐름에 있어서 그 기능을 저하시키는 요인을 4가지 서술하시오.

정답

① 관로의 노후화로 인해 부식이 생겼을 경우

② 도수노선이 동수경사선보다 높을 경우

③ 조류가 번식하여 스케일이 형성된 경우

④ 접합부에 틈이나 관에 균열이 발생할 경우

⑤ 유속의 급격한 변화로 수격현상이 발생할 경우

만점 KEYWORD

① 노후화, 부식

② 도수노선, 동수경사선보다, 높음

③ 조류, 스케일, 형성

④ 접합부, 틈, 관, 균열

⑤ 유속, 급격한 변화, 수격현상

04

★★☆

500m^3/day의 폐수를 배출하는 도금공장이 있다. 이 폐수에 CN^-이 200mg/L 함유되어 알칼리염소법으로 다음 반응식을 이용하여 처리하고자 할 때 필요한 Cl_2의 양(ton/day)을 구하시오.

$$2CN^- + 5Cl_2 + 4H_2O \rightarrow 2CO_2 + N_2 + 8HCl + 2Cl^-$$

정답

0.68ton/day

해설

$\underline{2CN^-} : \underline{5Cl_2}$

$2 \times 26g : 5 \times 71g$

$\frac{200mg}{L} \times \frac{500m^3}{day} \times \frac{10^3L}{1m^3} \times \frac{1ton}{10^9mg} : X ton/day$

$\therefore X = \frac{5 \times 71 \times 0.1}{2 \times 26} = 0.6827 \fallingdotseq 0.68ton/day$

05

★★☆

어떤 오염물질 A의 기준은 0.005mg/L이다. 현재 수중의 오염물질의 농도는 33μg/L이며 분말활성탄을 이용하여 처리하고자 한다. 이때 주입해야 할 분말활성탄의 양(mg/L)을 구하시오. (단, Freundlich 등온흡착식: $\frac{X}{M} = KC^{\frac{1}{n}}$ 이용, $K=28$, $n=1.6$)

정답

0.03mg/L

해설

오염물질 농도$= \frac{33\mu g}{L} \times \frac{1mg}{1,000\mu g} = 0.033mg/L$

$\frac{X}{M} = KC^{\frac{1}{n}}$

X: 흡착된 용질의 농도(mg/L)

M: 주입된 흡착제의 농도(mg/L)

C: 흡착 후 남은 농도(mg/L)

K, n: 상수

$\frac{(0.033-0.005)mg/L}{M} = 28 \times 0.005^{\frac{1}{1.6}}$

$\therefore M = 0.0274 \fallingdotseq 0.03mg/L$

06

★★★

물리화학적 질소제거 방법인 Air stripping과 파과점염소주입법의 처리원리를 반응식과 함께 서술하시오.

정답

(1) Air stripping(공기탈기법)

① 반응식: $NH_3 + H_2O \rightleftarrows NH_4^+ + OH^-$

② 처리원리: 공기를 주입하여 수중의 pH를 10 이상 높여 암모늄이온을 암모니아 기체로 탈기시키는 방법이다.

(2) 파과점염소주입법

① 반응식: $2NH_3 + 3Cl_2 \rightleftarrows N_2 + 6HCl$

② 처리원리: 물속에 염소를 파과점 이상으로 주입하여 클로라민 형태로 결합되어 있던 질소를 질소 기체로 처리하는 방법이다.

만점 KEYWORD

(1) 공기, pH 10 이상, 암모늄이온, 암모니아 기체, 탈기

(2) 염소, 파과점 이상, 주입, 질소 기체, 처리

07

★★☆

폐수의 유량이 200m^3/day이고 부유고형물의 농도가 300mg/L이다. 공기부상실험에서 공기와 고형물의 비가 0.05mg Air/mg Solid일 때 최적의 부상을 나타낸다. 설계온도 20℃이고 공기용해도는 18.7mL/L, 용존 공기의 분율 0.6, 부하율 8L/m^2 · min, 운전압력이 4기압일 때 부상조의 반송률(%)을 구하시오.

정답

44.07%

해설

A/S비 공식을 이용한다.

A/S비$= \frac{1.3S_a(f \cdot P-1)}{SS} \times R$

S_a: 공기의 용해도(mL/L), f: 용존 공기의 분율, P: 운전압력(atm)

SS: 부유고형물 농도(mg/L), R: 반송비

$0.05 = \frac{1.3 \times 18.7 \times (0.6 \times 4 - 1)}{300} \times R$

$\therefore R = 0.4407 = 44.07\%$

08 ★★☆

적조현상이 발생되는 환경조건 2가지와 영양조건(원소명) 3가지를 쓰시오.

(1) 환경조건(2가지)

(2) 영양조건(원소명)(3가지)

정답

(1) ① 수괴의 연직안정도가 클 때 발생
② 햇빛이 충분하여 플랑크톤이 번성할 때 발생
③ 물속에 영양염류가 공급될 때 발생
④ 홍수기 해수 내 염소량이 낮아질 때 발생

(2) ① 질소
② 인
③ 탄소
④ 규소

관련이론 | 적조현상

(1) **적조현상**
부영양화에 따른 플랑크톤의 증식으로 해수가 적색으로 변하는 현상

(2) **적조 발생 요인**
① 수괴의 연직안정도가 크고 정체된 해류일 때
② 플랑크톤의 번식에 충분한 광량과 영양염류가 공급될 때
③ 홍수기 해수 내 염소량이 낮아질 때
④ 해저에 빈산소 수괴가 형성되어 포자의 발아 촉진이 일어나고 퇴적층에서 부영양화의 원인물질이 용출될 때

(3) **적조현상에 의해 어패류가 폐사하는 원인**
① 적조생물이 어패류의 아가미에 부착되기 때문
② 치사성이 높은 유독물질을 분비하는 조류로 인해
③ 적조류의 사후분해에 의한 부패독이 발생하기 때문
④ 수중 용존산소 감소로 인해

09 ★★★

펌프의 수격작용의 원인 및 방지대책을 각각 2가지씩 서술하시오.

(1) 원인(2가지)

(2) 방지대책(2가지)

정답

(1) ① 만관 내에 흐르고 있는 물의 속도가 급격히 변화할 경우
② 펌프가 정전 등으로 인해 정지 및 가동을 할 경우
③ 펌프를 급하게 가동할 경우
④ 토출측 밸브를 급격히 개폐할 경우

(2) ① 펌프에 플라이휠(Fly-wheel)을 붙여 펌프의 관성을 증가시킨다.
② 토출관측에 조압수조를 설치한다.
③ 관 내 유속을 낮추거나 관로상황을 변경한다.
④ 토출측 관로에 한 방향 조압수조를 설치한다.
⑤ 펌프 토출구 부근에 공기탱크를 두거나 부압 발생지점에 흡기 밸브를 설치하여 압력 강하 시 공기를 넣어준다.

10 ★★☆

기존 처리시설의 SS는 기준치를 준수하여 방류되고 있었으나 규제의 강화로 법적기준치를 초과하였을 때 추가적으로 검토할 수 있는 처리공법 3가지를 쓰시오.

정답

막분리활성슬러지법(MBR), 응집침전, 막여과, 부상분리

2016년 | 3회 기출문제

01 ★★☆

패들 교반장치의 이론 소요동력식 $P=\frac{C_D \cdot A \cdot \rho \cdot V_p^3}{2}$을 이용하여 부피가 1,000m^{3}인 혼합교반조의 속도경사를 30/sec로 유지하기 위한 소요동력(W)과 패들의 면적(m^2)을 구하시오. (단, μ=1.14×10^{-3}N·sec/m^2, C_D=1.8, V_p=0.5m/sec, ρ=1,000kg/m^3)

(1) 소요동력(W)
(2) 패들의 면적(m^2)

정답

(1) 1,026W
(2) 9.12m^2

해설

(1) 소요동력(P) 구하기

$P=G^2 \cdot \mu \cdot \forall$

P: 동력(W), G: 속도경사(sec^{-1}), μ: 점성계수(kg/m·sec)
$\forall$: 부피(m^3)

$\therefore P=\left(\frac{30}{\text{sec}}\right)^2 \times \frac{1.14\times10^{-3}\text{N}\cdot\text{sec}}{\text{m}^2} \times 1{,}000\text{m}^3 = 1{,}026\text{W}$

(2) 패들의 면적(A) 구하기

$P=\frac{C_D \cdot A \cdot \rho \cdot V_p^3}{2}$

$1{,}026\text{W} = \frac{1.8\times A\text{m}^2 \times 1{,}000\text{kg/m}^3 \times (0.5\text{m/sec})^3}{2}$

$\therefore A=9.12\text{m}^2$

02 ★★☆

관수로에서의 유량측정방법을 3가지 쓰시오.

정답

벤튜리미터, 유량측정용 노즐, 오리피스, 피토우관, 자기식 유량측정기

03 ★★☆

농도가 100mg/L이고 유량이 1L/min인 추적물질을 하천에 주입하였다. 하천의 하류에서 추적물질의 농도가 5.5mg/L로 측정되었다면 이때 하천의 유량(m^3/sec)을 구하시오. (단, 추적물질은 하천에 자연적으로 존재하지 않음)

정답

2.86×10^{-4}m^3/sec

해설

혼합공식을 이용한다.

$C_m=\frac{C_1Q_1+C_2Q_2}{Q_1+Q_2}$ (1: 추적물질, 2: 하천)

$5.5=\frac{100\times1+0\times Q_2}{1+Q_2}$

$\therefore Q_2=\frac{100}{5.5}-1=17.1818\text{L/min}$

$\frac{17.1818\text{L}}{\text{min}} \times \frac{1\text{m}^3}{10^3\text{L}} \times \frac{1\text{min}}{60\text{sec}} = 2.8636\times10^{-4} \fallingdotseq 2.86\times10^{-4}\text{m}^3/\text{sec}$

04 ★★☆

반송비(반송슬러지 양과 포기조 유입수량의 비)가 0.25, SVI 100일 때 MLSS의 농도(mg/L)를 구하시오.

정답

2,000mg/L

해설

$R=\frac{X-SS}{X_r-X}$

유입수의 SS는 주어지지 않았으므로 무시한다.

$R=\frac{X}{X_r-X}$ $\left(X_r=\frac{10^6}{\text{SVI}}\right)$

R: 반송비, X: MLSS 농도(mg/L), X_r: 반송슬러지 농도(mg/L)
SVI: 슬러지 용적지수(mL/g)

$R=\frac{X}{\frac{10^6}{\text{SVI}}-X}=\frac{X}{\frac{10^6}{100}-X}=0.25$

$\therefore X=2{,}000\text{mg/L}$

05

★★☆

수질모델링 중 감응도 분석에 대하여 서술하시오.

정답

수질과 관련된 반응계수, 입력계수, 유량, 부하량 등의 입력자료의 변화정도가 수질항목농도 결과에 미치는 영향을 분석하는 것을 감응도 분석이라고 한다. 예를 들어 어떤 수질항목의 변화정도가 입력자료의 변화정도보다 크다면 그 수질항목은 입력자료에 대해 민감하다고 할 수 있다.

만점 KEYWORD

입력자료, 변화정도, 수질항목농도, 결과, 영향, 분석, 수질항목의 변화정도, 입력자료의 변화정도, 크다면, 민감

06

★★★

암모니아 탈기법에 의해 폐수 중의 암모니아성 질소를 제거하려고 한다. 암모니아성 질소 중의 NH_3를 99%로 하기 위한 pH를 구하시오. (단, 암모니아성 질소 중의 평형 $NH_3 + H_2O \leftrightarrow NH_4^+ + OH^-$, 평형상수 $K = 1.8 \times 10^{-5}$)

정답

11.25

해설

- NH_4^+/NH_3 비율 계산

$$NH_3(\%) = \frac{NH_3}{NH_3 + NH_4^+} \times 100$$

$$99 = \frac{NH_3}{NH_3 + NH_4^+} \times 100$$

분모, 분자에 NH_3로 나누고 정리하면

$$\frac{99}{100} = \frac{1}{1 + NH_4^+/NH_3}$$

$$\therefore NH_4^+/NH_3 = 0.0101$$

- 수산화이온의 몰농도(mol/L) 계산

$$NH_3 + H_2O \rightleftharpoons NH_4^+ + OH^-$$

$$K = \frac{[NH_4^+][OH^-]}{[NH_3]}$$

$$1.8 \times 10^{-5} = 0.0101 \times [OH^-]$$

$$[OH^-] = 1.7822 \times 10^{-3} \text{mol/L}$$

- pH 계산

$$\therefore pH = 14 - \log\left(\frac{1}{1.7822 \times 10^{-3}}\right) = 11.2510 \fallingdotseq 11.25$$

07

★★☆

직경 0.5m로 판 자유수면 정호에서 양수 전의 지하수위는 불투수층 위로 20m였다. $100m^3/hr$로 양수할 때 양수정으로부터 10m와 20m 떨어진 관측정의 수위는 2m와 1m 각각 저하하였다. 이때 대수층의 (1)투수계수(m/hr)와 양수정에서의 (2)수위저하(m)를 구하시오.

$$\left(\text{단, } Q = \frac{\pi K(H^2 - h_0^2)}{2.3\log(R/r_0)} = \frac{\pi K(h_2^2 - h_1^2)}{\ln(r_2/r_1)}\right)$$

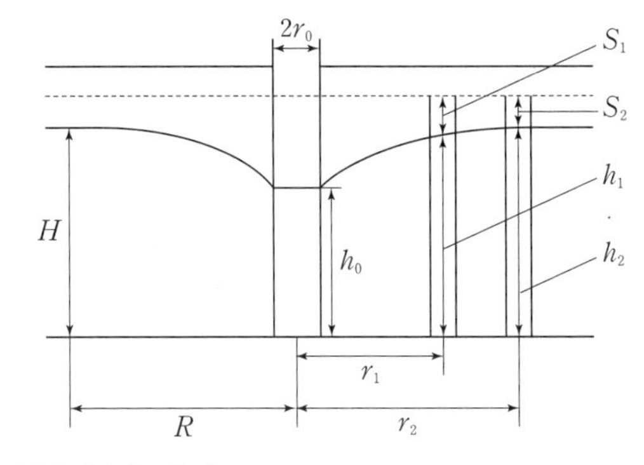

(1) 투수계수(m/hr)

(2) 수위저하(m)

정답

(1) 0.60m/hr

(2) 8.72m

해설

(1) 투수계수(K) 구하기

$$Q = \frac{\pi K(h_2^2 - h_1^2)}{\ln(r_2/r_1)}$$

Q: 양수량(m^3/hr), K: 투수계수(m/hr), h: 수심(m)

r: 반지름(m)

$$100m^3/hr = \frac{\pi K(19^2 - 18^2)m^2}{\ln(20/10)}$$

$$\therefore K = 0.5963 \fallingdotseq 0.60m/hr$$

(2) 수위저하(h_0) 구하기

$$Q = \frac{\pi K(H^2 - h_0^2)}{2.3\log(R/r_0)}$$

$$100m^3/hr = \frac{\pi \times 0.5963m/hr \times (19^2 - h_0^2)}{2.3\log(20/0.25)}$$

$$\therefore h_0 = 11.2848$$

$\therefore$ 수위저하 $= 20 - 11.2848 = 8.7152 \fallingdotseq 8.72m$

08

★★☆

이온크로마토그래피에서 제거장치인 써프레서의 역할을 2가지 서술하시오.

정답

① 분리컬럼으로부터 용리된 각 성분이 검출기에 들어가기 전에 용리액 자체의 전도도를 감소시킨다.

② 목적성분의 전도도를 증가시켜 높은 감도로 음이온을 분석한다.

만점 KEYWORD

① 용리액, 자체, 전도도, 감소

② 목적성분, 전도도, 증가, 높은 감도, 음이온, 분석

09

★★☆

R.O(Reverse Osmosis)와 Electrodialysis의 기본원리를 각각 서술하시오.

(1) R.O(Reverse Osmosis)

(2) Electrodialysis

정답

(1) R.O(Reverse Osmosis): 용매만을 통과시키는 반투막을 이용하여 삼투압 이상의 압력을 가하여 용질을 분리해 내는 방법이다.

(2) Electrodialysis(전기투석법): 이온교환수지에 전하를 가하여 양이온과 음이온의 투과막으로 물을 분리해 내는 방법이다.

만점 KEYWORD

(1) 반투막, 삼투압 이상의 압력, 분리

(2) 이온교환수지, 전하, 이온, 투과막, 분리

10

★★☆

공장의 폐수를 탈수시키고자 한다. 다음과 같은 조건일 때 물음에 답하시오.

- 1일 슬러지 발생량: $12m^3/day$
- 1일 슬러지 중 고형물의 양: 500kg/day
- 슬러지 중 고형물의 밀도: 2.5kg/L
- 탈수 케이크 중 고형물의 농도: 30%
- 탈수 여액 중 고형물의 농도: 0.5%

(1) 탈수 케이크 밀도(kg/L)

(2) 탈수 여액 밀도(kg/L)

(3) 1일 여액 발생량(m^3/day)

(4) 1일 탈수 케이크 발생량(kg/day)

정답

(1) 1.22kg/L

(2) 1.00kg/L

(3) $10.78m^3/day$

(4) 1,486.45kg/day

해설

(1) 탈수 케이크 밀도(ρ_{SL}) 구하기

$$\frac{SL}{\rho_{SL}}=\frac{TS}{\rho_{TS}}+\frac{W}{\rho_W} \qquad (SL=TS+W)$$

$$\frac{100}{\rho_{SL}}=\frac{30}{2.5}+\frac{70}{1}$$

$$\therefore \rho_{SL}=1.2195 \fallingdotseq 1.22\text{kg/L}$$

(2) 탈수 여액 밀도(ρ_{SL}) 구하기

$$\frac{SL}{\rho_{SL}}=\frac{TS}{\rho_{TS}}+\frac{W}{\rho_W}$$

$$\frac{100}{\rho_{SL}}=\frac{0.5}{2.5}+\frac{99.5}{1}$$

$$\therefore \rho_{SL}=1.0030 \fallingdotseq 1.00\text{kg/L}$$

(3) 1일 여액 발생량(m^3/day) 구하기

슬러지 발생량 중 고형물의 양

=탈수 케이크의 고형물 양+탈수여액의 고형물 양

$$\frac{500\text{kg}}{\text{day}}=\frac{(12-\text{X})\text{m}^3}{\text{day}}\times\frac{1{,}219.5\text{kg}}{\text{m}^3}\times\frac{30}{100}+\frac{\text{Xm}^3}{\text{day}}\times\frac{1003.0\text{kg}}{\text{m}^3}\times\frac{0.5}{100}$$

$$\therefore \text{X}=10.7811 \fallingdotseq 10.78\text{m}^3/\text{day}$$

(4) 1일 탈수 케이크 발생량(kg/day) 구하기

$$\frac{(12-10.7811)\text{m}^3}{\text{day}}\times\frac{1{,}219.5\text{kg}}{\text{m}^3}=1{,}486.4486 \fallingdotseq 1{,}486.45\text{kg/day}$$

11 ★★★

다음 질소와 인을 동시에 제거하는 5단계 Bardenpho 공정의 공정도와 반응조 명칭, 역할을 서술하시오.

(1) 공정도 (반응조 명칭, 내부반송, 슬러지 반송 표시)

(2) 반응조 명칭과 역할

정답

(1)

(2) ① 1단계 혐기조: 인의 방출이 일어난다.

② 1단계 무산소조: 탈질에 의한 질소를 제거한다.

③ 1단계 호기조: 질산화가 일어나고 인의 과잉흡수가 일어난다.

④ 2단계 무산소조: 잔류 질산성질소가 제거된다.

⑤ 2단계 호기조: 슬러지의 침강성을 좋게 유지하고 인의 재방출을 막는다.

12 ★☆☆

유량 5,680m^3/day의 폐수를 2단 살수여상으로 처리하고자 한다. 아래의 조건과 같을 때 물음에 답하시오.

- 1차 침전조의 유출수 BOD: 190mg/L
- 살수여상의 설계 BOD 부하: 1.5kg/m^3·day
- 두 여상조의 재순환비: 0.8
- 두 침전조의 재순환비: 유입수의 20%
- 중간 침전조의 수리학적 부하율: 41m^3/m^2·day
- 2차 침전조의 수리학적 부하율: 31m^3/m^2·day
- 높이: 4m
- 1단 살수여상 직경과 2단 살수여상 직경은 같음

(1) 2단 살수여상 직경(m)

(2) 2단 살수여상의 수리학적 부하율(m^3/m^2·day)

(3) 중간 침전조 직경(m)

(4) 2차 침전조 직경(m)

정답

(1) 15.13m

(2) 56.84m^3/m^2·day

(3) 14.55m

(4) 16.73m

해설

(1) 2단 살수여상 직경(D) 구하기

$$\text{BOD 부하}=\frac{Q\cdot \text{BOD}}{\forall}=\frac{Q\cdot \text{BOD}}{A\cdot H}$$

$$\frac{1.5\text{kg}}{\text{m}^3\cdot\text{day}}=\frac{\frac{5{,}680\text{m}^3}{\text{day}}\times\frac{190\text{mg}}{\text{L}}\times\frac{1\text{kg}}{10^6\text{mg}}\times\frac{10^3\text{L}}{1\text{m}^3}}{\frac{\pi}{4}D^2\times 4\text{m}}$$

$\therefore D=15.1332 ≒ 15.13\text{m}$

(2) 2단 살수여상의 수리학적 부하율(m^3/m^2·day) 구하기

$$\text{수리학적 부하율}=\frac{\text{유입유량}}{\text{침전면적}}$$

(유입유량=유입수+재순환 유량)

$$\therefore \text{수리학적 부하율}=\frac{\frac{5{,}680\text{m}^3}{\text{day}}+\frac{5{,}680\text{m}^3}{\text{day}}\times 0.8}{\frac{\pi}{4}(15.1332\text{m})^2}$$

$=56.8420 ≒ 56.84\text{m}^3/\text{m}^2\cdot\text{day}$

(3) 중간 침전조 직경(D) 구하기

$$\text{수리학적 부하율}=\frac{\text{유입유량}}{\text{침전면적}}$$

(유입유량=유입수+재순환 유량)

$$41\text{m}^3/\text{m}^2\cdot\text{day}=\frac{\frac{5{,}680\text{m}^3}{\text{day}}+\frac{5{,}680\text{m}^3}{\text{day}}\times 0.2}{\frac{\pi}{4}D^2}$$

$\therefore D=14.5488 ≒ 14.55\text{m}$

(4) 2차 침전조 직경(D) 구하기

$$\text{수리학적 부하율}=\frac{\text{유입유량}}{\text{침전면적}}$$

(유입유량=유입수+재순환 유량)

$$31\text{m}^3/\text{m}^2\cdot\text{day}=\frac{\frac{5{,}680\text{m}^3}{\text{day}}+\frac{5{,}680\text{m}^3}{\text{day}}\times 0.2}{\frac{\pi}{4}D^2}$$

$\therefore D=16.7317 ≒ 16.73\text{m}$

2016년 | 2회 기출문제

01 ★★☆

하수도의 배제방식의 비교에서 다음 보기를 이용하여 빈칸에 알맞은 말을 쓰시오.

검토사항	분류식	합류식
건설비(보기: 고가/저렴)		
관로오접 감시(보기: 필요함/필요없음)		
처리장으로의 토사유입(보기: 많음/적음)		
관로의 폐쇄(보기: 큼/적음)		
슬러지 내 중금속 함량(보기: 큼/적음)		

정답

검토사항	분류식	합류식
건설비(보기: 고가/저렴)	고가	저렴
관로오접 감시(보기: 필요함/필요없음)	필요함	필요없음
처리장으로의 토사유입(보기: 많음/적음)	적음	많음
관로의 폐쇄(보기: 큼/적음)	큼	적음
슬러지 내 중금속 함량(보기: 큼/적음)	적음	큼

02 ★★★

호소의 부영양화 방지대책은 호소 외 대책과 호소 내 대책으로 구분되며 호소 내 대책은 물리적, 화학적, 생물학적 대책으로 나눌 수 있다. 이들 중 물리적 대책 4가지를 쓰시오.

정답

① 퇴적물을 준설한다.
② 호소 내 폭기 장치를 설치한다.
③ 호소 내 수초를 제거한다.
④ 차광막을 설치하여 조류의 증식을 막는다.

관련이론 | **부영양화 원인 및 관리 대책**

(1) 부영양화 원인

영양염류 증가 → 조류 증식 → 호기성 박테리아 증식 → 용존산소 과다 소모 → 어패류 폐사 → 물환경 불균형

(2) 부영영화 관리 대책

① 부영양화의 수면관리 대책
- 수생식물의 이용과 준설
- 약품에 의한 영양염류의 침전 및 황산동 살포
- N, P의 유입량 억제

② 부영양화의 유입저감 대책
- 배출허용기준의 강화
- 하 · 폐수의 고도처리
- 수변구역의 설정 및 유입배수의 우회

03 ★★☆

혐기성 소화에서 생슬러지 중 유기물이 75%, 무기물이 25%인 슬러지가 소화한 후 유기물이 60%, 무기물이 40%가 되었다. 이때의 (1)소화효율(%)을 구하시오. 또한, 투입한 슬러지의 TOC 농도가 10,000mg/L일 때 슬러지 $1m^3$당 발생되는 (2)소화가스량(m^3)을 구하시오. (단, 슬러지의 유기성분은 포도당인 탄수화물로 구성되어 있으며, 표준상태 기준)

(1) 소화효율(%)

(2) 소화가스량(m^3)

정답

(1) 50%

(2) $9.33m^3$

해설

(1) 소화효율(η) 구하기

$$\eta=\left[1-\left(\frac{VS_2/FS_2}{VS_1/FS_1}\right)\right]\times 100$$

η: 소화효율(%)

FS_1: 투입슬러지의 무기성분(%), FS_2: 소화슬러지의 무기성분(%)

VS_1: 투입슬러지의 유기성분(%), VS_2: 소화슬러지의 유기성분(%)

$$\eta=\left[1-\left(\frac{60/40}{75/25}\right)\right]\times 100=50\%$$

(2) 소화가스량(m^3) 구하기

① 슬러지의 소화되는 TOC량(kg) 계산

$$\frac{10,000mg}{L}\times\frac{10^3L}{1m^3}\times\frac{1kg}{10^6mg}\times 1m^3\times\frac{50}{100}=5kg$$

② 혐기성 소화 반응식을 통한 CH_4, CO_2 양(m^3) 계산

$C_6H_{12}O_6 \rightarrow 3CH_4+3CO_2$

$6\times 12kg : 3\times 22.4Sm^3 : 3\times 22.4Sm^3$

$5kg : Xm^3 : Ym^3$

$$X=\frac{3\times 22.4\times 5}{6\times 12}=4.6667m^3$$

$$Y=\frac{3\times 22.4\times 5}{6\times 12}=4.6667m^3$$

$\therefore X+Y=4.6667+4.6667=9.3334\fallingdotseq 9.33m^3$

04 ★★☆

흡착공정에 이용되고 있는 GAC(입상활성탄)와 PAC(분말활성탄)의 특성을 각각 2가지씩 서술하시오.

(1) GAC

(2) PAC

정답

(1) ① 흡착속도가 느리다.

② 재생이 가능하다.

③ 취급이 용이하다.

(2) ① 흡착속도가 빠르다.

② 고액분리가 어렵다.

③ 비산의 가능성이 높아 취급 시 주의를 필요로 한다.

관련이론 | GAC(입상활성탄)와 PAC(분말활성탄)

구분	GAC(입상활성탄)	PAC(분말활성탄)
장점	• 취급 용이·재생 가능 • 경제적 • 적용 유량범위가 넓음 • PAC에 비해 흡착량이 큼	• GAC에 비해 높은 효율 • 흡착속도가 빠름
단점	• PAC에 비해 느린 흡착속도 • PAC에 비해 낮은 효율	• 장기투입 시 비경제적 분말 발생 • 취급이 어려움 • 고액분리가 용이하지 않음

05

★★☆

유입하수량이 $0.25m^3/sec$, 유입 BOD_5 250mg/L, 유출 BOD_5 20mg/L인 활성슬러지법에 의한 처리시설의 포기조를 운영할 때 아래의 물음에 답하시오. (단, BOD_5/BOD_u=0.7, 폐슬러지량 1,700kg/day, 공기의 밀도 $1.2kg/m^3$, 산소와 공기의 무게비는 0.23, 산소전달효율 0.08, 여유율 2)

$$O_2(kg/day)=\frac{Q(S_0-S)(10^3g/kg)^{-1}}{f}-1.42(P_x)$$

(1) 산소요구량(kg/day)
(2) 설계 시 공기의 필요량(m^3/day)

정답

(1) 4,683.14kg/day
(2) $424,197.46m^3/day$

해설

(1) 산소요구량(kg/day) 구하기

$$O_2(kg/day)=\frac{Q(S_0-S)(10^3g/kg)^{-1}}{f}-1.42(P_x)$$

Q: 유량(m^3/sec), S_0: 유입 농도(mg/L), S: 유출 농도(mg/L)
f: 최종 BOD에 대한 BOD_5의 비율, P_x: 폐슬러지량(kg/day)

$$\therefore O_2=\frac{0.25m^3}{sec}\times\frac{(250-20)mg}{L}\times\frac{1kg}{10^3g}\times\frac{10^3L}{1m^3}\times\frac{1g}{10^3mg}\times\frac{86,400sec}{1day}\times\frac{1}{0.7}-1.42\times\frac{1,700kg}{day}$$
$$=4,683.1429\fallingdotseq4,683.14kg/day$$

(2) 설계 시 공기의 필요량(m^3/day) 구하기

$$Air=O_2\times\frac{1}{O_m}$$
$$=\frac{4,683.14kg\ O_2}{day}\times\frac{100\ Air}{23\ O_2}\times\frac{m^3}{1.2kg}\times\frac{100}{8}\times2$$
$$=424,197.4638\fallingdotseq424,197.46m^3/day$$

06

★★☆

수질모델링 중 QUAL-Ⅱ 모델 13종의 대상 수질인자 중 누락된 항목 5가지를 쓰시오.

> 조류(클로로필-a), 질산성 질소, 아질산성 질소, 암모니아성 질소, 유기질소, 유기인, 3개의 보존성 물질, 임의의 비보존성 물질

정답

대장균, BOD, DO, 온도, 용존총인

관련이론 | QUAL-Ⅱ 모델 13종의 대상 수질인자

① 조류(클로로필-a)
② 질산성 질소
③ 아질산성 질소
④ 암모니아성 질소
⑤ 유기질소
⑥ BOD
⑦ DO
⑧ 용존총인
⑨ 대장균
⑩ 온도
⑪ 유기인
⑫ 3개의 보존성 물질
⑬ 임의의 비보존성 물질

07

★★☆

유속이 0.05m/sec이고 수심 3.7m, 폭 12m일 때 레이놀즈 수를 구하시오. (단, 동점성 계수=$1.3\times10^{-6}m^2/sec$)

정답

352,100

해설

• **등가직경(D_o) 계산**

$$등가직경(D_o)=4R=4\times\frac{HW}{2H+W}$$
$$=4\times\frac{3.7\times12}{2\times3.7+12}=9.1546m$$

• **레이놀즈 수(Re) 계산**

$$Re=\frac{D_o\times V}{\nu}$$

Re: 레이놀즈 수, V: 유속(m/sec), D_o: 등가직경(m)
ν: 동점성계수(m^2/sec)

$$\therefore Re=\frac{9.1546\times0.05}{1.3\times10^{-6}}=352,100$$

08 ★★★

암모니아 탈기법에 의해 폐수 중의 암모니아성 질소를 제거하려고 한다. 암모니아성 질소 중의 NH_3를 95%로 하기 위한 pH를 구하시오. (단, 암모니아성 질소 중의 평형 $NH_3+H_2O \leftrightarrow NH_4^+ + OH^-$, 평형상수 $K=1.8\times10^{-5}$)

정답

10.53

해설

- NH_4^+/NH_3 비율 계산

$$NH_3(\%)=\frac{NH_3}{NH_3+NH_4^+}\times100$$

$$95=\frac{NH_3}{NH_3+NH_4^+}\times100$$

분모, 분자에 NH_3로 나누고 정리하면

$$\frac{95}{100}=\frac{1}{1+NH_4^+/NH_3}$$

$$\therefore NH_4^+/NH_3=0.0526$$

- 수산화이온의 몰농도(mol/L) 계산

$$NH_3+H_2O \rightleftarrows NH_4^+ + OH^-$$

$$K=\frac{[NH_4^+][OH^-]}{[NH_3]}$$

$$1.8\times10^{-5}=0.0526\times[OH^-]$$

$$[OH^-]=3.4221\times10^{-4}mol/L$$

- pH 계산

$$\therefore pH=14-\log\left(\frac{1}{3.4221\times10^{-4}}\right)=10.5343≒10.53$$

09 ★★★

다음의 주요 막공법의 구동력을 쓰시오.

(1) 역삼투

(2) 전기투석

(3) 투석

정답

(1) 정수압차

(2) 전위차(기전력)

(3) 농도차

관련이론 | 막여과공법의 종류와 구동력

종류	구동력
정밀여과	정수압차
한외여과	정수압차
역삼투	정수압차
전기투석	전위차(기전력)
투석	농도차

※ 투석: 선택적 투과막을 통해 용액 중에 다른 이온 혹은 분자의 크기가 다른 용질을 분리시키는 것이다.

10

★★★

탈질에 요구되는 무산소반응조(Anoxic basin)의 운영조건이 다음과 같을 때 탈질반응조의 체류시간(hr)을 구하시오.

- 유입수 질산염 농도: 22mg/L
- 유출수 질산염 농도: 3mg/L
- MLVSS 농도: 2,000mg/L
- 온도: 10℃
- 20℃에서의 탈질율(R_{DN}): 0.10/day
- K: 1.09
- DO: 0.1mg/L
- $R'_{DN}=R_{DN(20℃)}\times K^{(T-20)}\times(1-DO)$

정답

6hr

해설

무산소반응조의 체류시간 공식을 이용한다.

$$\text{체류시간(hr)}=\frac{S_0-S}{R_{DN}\cdot X}$$

S_0: 유입수 질산염 농도(mg/L), X: MLVSS 농도(mg/L)

S: 유출수 질산염 농도(mg/L), R_{DN}: 탈질율(day^{-1})

- **10℃에서의 탈질율(R'_{DN}) 계산**

$$R'_{DN(10℃)}=R_{DN(20℃)}\times K^{(10-20)}\times(1-DO)$$
$$=0.10\times1.09^{(10-20)}\times(1-0.1)$$
$$=0.038day^{-1}$$

- **체류시간(hr) 계산**

$$\therefore \text{체류시간}=\frac{S_0-S}{R_{DN}\cdot X}=\frac{(22-3)}{0.038\times2,000}=0.25day=6hr$$

11

★★☆

SS의 침강속도 분포가 다음과 같을 때 수면적부하가 28.8m^3/m^2·day이라면 SS의 제거효율(%)을 구하시오.

침강속도(cm/min)	3	2	1	0.7	0.5
SS 백분율	20	25	30	15	10

정답

67.75%

해설

- **수면적부하의 단위 변환**

수면적부하(V_o)=설계 침전속도(V_g)

$$\frac{28.8m^3}{m^2\cdot day}\times\frac{100cm}{1m}\times\frac{1day}{1,440min}=2cm/min$$

- **SS의 제거효율(%) 계산**

제거효율은 $\frac{\text{입자의 침강속도}}{\text{표면부하율}}$이고 2cm/min 이상의 침강속도를 갖는 입자는 100% 제거되므로

$$\eta_T=(20+25)+\frac{(1\times30)+(0.7\times15)+(0.5\times10)}{2}$$
$$=67.75\%$$

12

★★★

염소를 이용한 살균소독공정에서 온도가 20℃이고 pH가 6.8, 평형상수(K)가 2.2×10^{-8}이라면 이때 [HOCl]과 [OCl$^-$]의 비율([HOCl]/[OCl$^-$])을 구하시오.

정답

7.20

해설

- **H^+ 농도(mol/L) 계산**

$[H^+]=10^{-pH}=10^{-6.8}mol/L$

- **[HOCl]과 [OCl$^-$]의 비율 계산**

$HOCl \rightleftarrows OCl^- + H^+$

$$K=\frac{[OCl^-][H^+]}{[HOCl]}=2.2\times10^{-8}$$

$$\therefore \frac{[HOCl]}{[OCl^-]}=\frac{[H^+]}{2.2\times10^{-8}}=\frac{10^{-6.8}}{2.2\times10^{-8}}=7.2041≒7.20$$

2016년 | 1회 기출문제

01

★★☆

폐수처리장에서 발생되는 고형물의 농도가 30,000mg/L이다. 침강농축실험을 한 결과가 다음 표와 같을 때 농축슬러지의 고형물농도가 75,000mg/L가 되기 위하여 소요되는 농축시간(hr)을 구하시오. (단, 상등수 중에 고형물은 존재하지 않으며 슬러지의 비중은 1이라고 가정함)

정치시간(농축시간)(hr)	계면높이(cm)
0	100
2	60
4	40
6	30
8	25
10	24
12	22
14	20

정답

4hr

해설

최초 계면의 높이가 100cm이고 농축슬러지의 농도는 계면의 높이와 반비례하므로

$$30{,}000\text{mg/L} \times \frac{100}{X} = 75{,}000\text{mg/L}$$

$\therefore X = 40\text{cm}$

표에서 계면의 높이가 40cm가 되는 농축시간은 4hr이다.

02

★★★

메탄최대수율은 제거 1kg COD당 $0.35m^3$이다. 이를 증명하고, 유량이 $675m^3$/day이고 COD 3,000mg/L인 폐수의 COD 제거효율이 80%일 때의 CH_4의 발생량(m^3/day)을 구하시오.

(1) 증명과정

(2) CH_4의 발생량(m^3/day)

정답

(1) 증명과정

① $C_6H_{12}O_6 + 6O_2 \rightarrow 6H_2O + 6CO_2$

180g : 6×32g = Xkg : 1kg

$$\therefore X = \frac{180 \times 1}{6 \times 32} = 0.9375\text{kg/kg}$$

② $C_6H_{12}O_6 \rightarrow 3CH_4 + 3CO_2$

180g : 3×22.4L = 0.9375kg : Ym^3

$$\therefore Y = \frac{3 \times 22.4 \times 0.9375}{180} = 0.35m^3/\text{kg}$$

(2) $567m^3$/day

해설

(1) 해설이 따로 없습니다. 정답에 증명과정을 쓰시면 됩니다.

(2) CH_4의 발생량(m^3/day) 구하기

$$\frac{675m^3}{\text{day}} \times \frac{3{,}000\text{mg}}{\text{L}} \times \frac{1\text{kg}}{10^6\text{mg}} \times \frac{10^3\text{L}}{1m^3} \times 0.8 \times \frac{0.35m^3}{\text{kg}}$$

$= 567m^3$/day

03 ★★★

정수시설에서 수직고도 30m 위에 있는 배수지로 관의 직경 20cm, 총연장 0.2km의 배수관을 통해 유량 $0.1m^3/sec$의 물을 양수하려 한다. 다음 물음에 답하시오.

(1) 펌프의 총양정(m) ($f=0.03$)

(2) 펌프의 효율을 70%라고 할 때 펌프의 소요동력(kW) (단, 물의 밀도는 $1g/cm^3$)

정답

(1) 46.03m

(2) 64.46kW

해설

(1) 펌프의 총양정(H) 구하기

① 유속(V) 계산

$$V=\frac{Q}{A}=\frac{\frac{0.1m^3}{sec}}{\frac{\pi\times(0.2m)^2}{4}}=3.1831m/sec$$

② 총양정(H) 계산

총양정 H=실양정+손실수두+속도수두

$$=h+f\times\frac{L}{D}\times\frac{V^2}{2g}+\frac{V^2}{2g}$$

$$=30+0.03\times\frac{200}{0.2}\times\frac{(3.1831)^2}{2\times9.8}+\frac{(3.1831)^2}{2\times9.8}$$

$$=46.0253 \fallingdotseq 46.03m$$

(2) 펌프의 소요동력(kW) 구하기

$$동력(kW)=\frac{\gamma\times\triangle H\times Q}{102\times\eta}$$

γ: 물의 비중($1,000kg/m^3$), $\triangle H$: 전양정(m), Q: 유량(m^3/sec)

η: 효율

$$동력(kW)=\frac{1,000kg/m^3\times46.0253m\times0.1m^3/sec}{102\times0.7}$$

$$=64.4612 \fallingdotseq 64.46kW$$

04 ★★☆

박테리아($C_5H_7O_2N$)가 CO_2, H_2O, NH_3로 분해될 때 다음을 구하시오. (단, K_1=0.1/day, 반응은 1차 반응, 화합물은 100% 산화, 상용대수 기준, 이론적 COD는 최종 BOD와 같다고 가정함)

(1) BOD_5/COD

(2) BOD_5/TOC

(3) TOC/COD

정답

(1) 0.68

(2) 1.82

(3) 0.38

해설

$C_5H_7O_2N+5O_2 \rightarrow 5CO_2+2H_2O+NH_3$

1mol의 $C_5H_7O_2N$가 반응한다고 가정한다.

- **이론적** COD(=BOD_u)=5×32g=160g
- $BOD_5=BOD_u\times(1-10^{-K_1\times5})$

  BOD_5: 5일동안 소모된 BOD(g), BOD_u: 최종 BOD(g)

  K_1: 탈산소계수(day^{-1})

  $BOD_5=160\times(1-10^{-0.1\times5})=109.4036g$
- TOC=12×5=60g

∴ (1) BOD_5/COD=109.4036/160=0.6838≒0.68

(2) BOD_5/TOC=109.4036/60=1.8234≒1.82

(3) TOC/COD=60/160=0.375≒0.38

05

★★★

1차 반응을 가정하며 오염물질의 제거율이 90%인 회분식 반응조를 설계하고자 할 때, 이 회분식 반응조의 체류시간(hr)을 구하시오. (단, K=0.35/hr, 자연대수 기준)

정답

6.58hr

해설

$\ln\frac{C_t}{C_0}=-K\cdot t$

C_t: 나중 농도, C_0: 처음 농도, K: 반응속도상수(hr^{-1})

t: 반응시간(hr)

$\ln\frac{10}{100}=-0.35\times t$

$\therefore t=6.5788 \fallingdotseq 6.58hr$

06

★★☆

응집조의 설계에서 속도경사(G) 값을 $100sec^{-1}$, 부피를 $10m^3$으로 할 때 필요한 공기량(m^3/min)을 구하시오. (단, 깊이: 2.5m, μ=0.00131N·sec/m^2, 1atm=10.33mH_2O=101,325N/m^2)

정답

$0.36m^3$/min

해설

- 동력(P) 계산

$P=G^2\cdot\mu\cdot\forall$

P: 동력(W), G: 속도경사(sec^{-1}), μ: 점성계수(kg/m·sec)

$\forall$: 부피(m^3)

$$P=\left(\frac{100}{sec}\right)^2\times\frac{0.00131N\cdot sec}{m^2}\times10m^3=131N\cdot m/sec(=Watt)$$

- 공기량(Q_a) 계산

$$P=P_aQ_a\times\ln\left[\frac{(10.3+h)}{10.3}\right]$$

P: 동력(W), P_a: 공기의 압력(atm), Q_a: 공기량(m^3/sec)

h: 깊이(m)

$$131N\cdot m/sec=101,325N/m^2\times Q_a\times\ln\left[\frac{(10.3+2.5)}{10.3}\right]$$

$$\therefore Q_a=\frac{5.9497\times10^{-3}m^3}{sec}\times\frac{60sec}{1min}=0.3570\fallingdotseq0.36m^3/min$$

07

★★☆

폐수 내 질소와 인의 동시 제거를 위한 SBR 공법의 운전과정은 다음과 같다. 각 반응의 단계와 각 단계의 역할을 서술하시오.

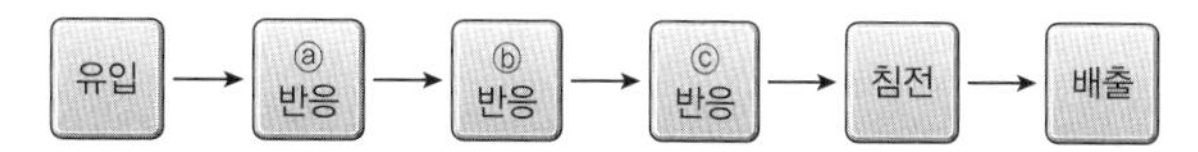

(1) ⓐ의 반응 단계와 역할

(2) ⓑ의 반응 단계와 역할

(3) ⓒ의 반응 단계와 역할

정답

(1) 혐기성: 유기물 제거 및 인의 방출이 일어난다.

(2) 호기성: 유기물 제거 및 인의 과잉흡수가 일어난다.

(3) 무산소: 탈질반응이 일어난다.

관련이론 I

연속회분식활성슬러지법(SBR; Sequencing Batch Reactor)

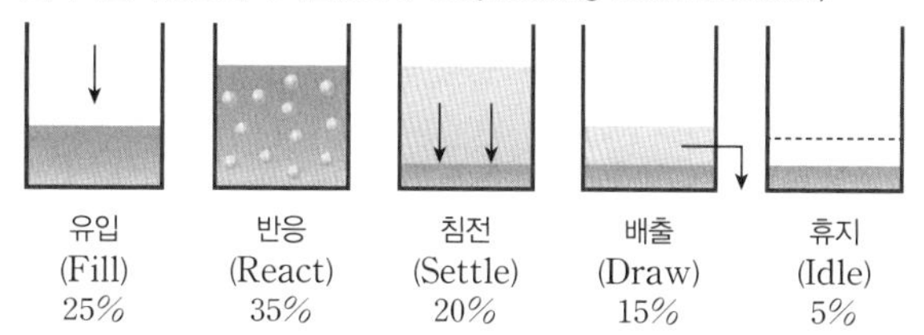

- 기존 활성슬러지 처리에서의 공간개념을 시간개념으로 전환한 것이라고 할 수 있다.
- 단일 반응조 내에서 질산화 및 탈질반응을 도모할 수 있다.
- 고부하형의 경우 다른 처리방식과 비교하여 적은 부지면적에 시설을 건설할 수 있다.
- 운전방식에 따라 사상균 벌킹을 방지할 수 있다.
- 충격부하 또는 첨두유량에 대한 대응성이 좋다.
- 처리용량이 큰 처리장에는 적용하기 어렵다.
- 질소(N)와 인(P)의 동시 제거 시 운전의 유연성이 크다.

08
★★☆

수질예측모형은 동적모델(Dynamic Model)과 정적모델(Steady State Model)로 구분할 수 있다. 이 두 모델을 비교하여 각각 서술하시오.

정답

① 동적모델: 모델의 변수가 시간에 따라 변화하는 모델로, 주로 부영양화의 관리와 예측, 하천의 수위 변화 등에 이용된다.
② 정적모델: 모델의 변수가 시간에 관계없이 항상 일정한 모델로, 주로 정상상태 모의를 위해 이용된다.

만점 KEYWORD
① 시간에 따라 변화, 예측, 수위 변화
② 시간에 관계없이, 일정, 정상상태

09
★★☆

활성슬러지 공법으로 운영되는 포기조의 SVI를 측정한 결과 100이었다. MLSS의 농도가 3,000mg/L라면 $SV_{30}(cm^3)$를 구하시오.

정답

$300cm^3$

해설

$$SVI = \frac{SV_{30}(mL/L)}{MLSS(mg/L)} \times 10^3$$

SVI: 슬러지 용적지수(mL/g)
SV_{30}: 30분 침강 후 슬러지 부피(mL/L)

$$100 = \frac{SV_{30}}{3,000} \times 10^3$$

$\therefore SV_{30} = 300mL/L = 300cm^3$

10
★★☆

하수관에서 발생하는 황화수소에 의한 관정부식을 방지하는 대책을 3가지 쓰시오.

정답

① 공기, 산소, 과산화수소, 초산염 등의 약품을 주입하여 황화수소의 발생을 방지한다.
② 환기를 통해 관 내 황화수소를 희석한다.
③ 산화제의 첨가에 의한 황화물의 산화, 금속염의 첨가에 의한 황화수소의 고정화로 기상 중으로의 확산을 방지한다.
④ 황산염 환원세균의 활동을 억제시킨다.
⑤ 유황산화 세균의 활동을 억제시킨다.
⑥ 방식 재료를 사용하여 관을 방호한다.

만점 KEYWORD
① 공기, 산소, 과산화수소, 초산염, 약품, 황화수소, 방지
② 환기, 관 내 황화수소, 희석
③ 산화제 첨가, 황화물 산화, 금속염 첨가, 황화수소 고정화, 확산, 방지
④ 황산염 환원세균, 억제
⑤ 유황산화 세균, 억제
⑥ 방식 재료, 관, 방호

관련이론 | **관정부식(Crown 현상)**

혐기성 상태에서 황산염이 황산염 환원세균에 의해 환원되어 황화수소를 생성

↓

황화수소가 콘크리트 벽면의 결로에 재용해되고 유황산화 세균에 의해 황산으로 산화

↓

콘크리트 표면에서 황산이 농축되어 pH가 1~2로 저하 → 콘크리트의 주성분인 수산화칼슘이 황산과 반응 → 황산칼슘 생성, 관정부식 초래

11 ★★★

CFSTR에서 물질을 분해하여 효율 95%로 처리하고자 한다. 이 물질은 0.5차 반응으로 분해되며, 속도상수는 $0.05(mg/L)^{1/2}/hr$이다. 또한, 유량은 300L/hr이고 유입농도는 150mg/L로 일정하다면 CFSTR의 필요 부피(m^3)를 구하시오. (단, 반응은 정상상태로 가정)

정답

$312.20m^3$

해설

$Q(C_0-C_t)=K\cdot\forall\cdot C_t^m$

Q: 유량(m^3/hr), C_0: 초기 농도(mg/L), C_t: 나중 농도(mg/L)

K: 반응속도상수(hr^{-1}), $\forall$: 반응조 체적(m^3), m: 반응차수

$$\therefore \forall=\frac{Q(C_0-C_t)}{K\cdot C_t^m}$$

$$=\frac{300L/hr\times(150-7.5)mg/L}{0.05(mg/L)^{1/2}/hr\times(7.5mg/L)^{0.5}\times10^3L/m^3}$$

$$=\frac{300\times142.5}{0.05\times7.5^{0.5}\times10^3}$$

$$=312.2019\fallingdotseq312.20m^3$$

관련이론 | 완전혼합반응조(CFSTR)

- 유입과 유출이 동시에 있으며 반응조 내에서는 완전혼합되어 반응한 후 유출된다.
- 유입된 액체의 일부분은 즉시 유출된다.
- 충격부하에 강하다.
- 부하변동에 강하다.
- 동일 용량 PFR에 비해 제거효율이 좋지 않다.

12 ★★☆

도시에서 발생되는 생활오수의 발생량이 아래 표와 같을 때 평균유량 조건하에서 저류지의 체류시간이 6시간이라면 오전 8시에서 오후 8시까지의 저류지의 평균 체류시간(hr)을 구하시오.

일중시간 (오전)	0시	2시	4시	6시	8시	10시	12시
평균유량의 백분율(%)	88	77	69	66	88	102	125
일중시간 (오후)	2시	4시	6시	8시	10시	12시	
평균유량의 백분율(%)	138	147	150	148	99	103	

정답

4.68hr

해설

$$\forall=Q\cdot t\rightarrow t=\frac{\forall}{Q}$$

※ 평균유량을 $100m^3/hr$로 가정하면 체류시간이 6시간일 때 저류조의 크기는 $600m^3$이다. 이를 오전 8시에서 오후 8시까지의 각 시간당 유량에 대입하여 체류시간을 계산한다.

$$\therefore t=\frac{600m^3}{\frac{(88+102+125+138+147+150+148)m^3/hr}{7}}$$

$$=4.6771\fallingdotseq4.68hr$$

2015년 | 3회 기출문제

01 ★★★

1차 반응을 가정하며 오염물질의 제거율이 99%인 회분식 반응조를 설계하고자 할 때, 이 회분식 반응조의 체류시간(hr)을 구하시오. (단, K=0.35/hr, 자연대수 기준)

정답

13.16hr

해설

$\ln\frac{C_t}{C_0}=-K\cdot t$

C_t: 나중 농도, C_0: 처음 농도, K: 반응속도상수(hr^{-1})

t: 반응시간(hr)

$\ln\frac{1}{100}=-0.35\times t$

$\therefore\ t=13.1576≒13.16hr$

02 ★★☆

Jar-test의 목적 3가지를 쓰시오.

정답

① 적합한 응집제의 종류를 선택한다.
② 적정 응집제의 주입 농도를 산정한다.
③ 최적의 pH 조건을 파악한다.
④ 최적의 교반조건을 선정한다.

만점 KEYWORD

① 응집제, 종류
② 적정 응집제, 주입 농도
③ pH 조건
④ 교반조건

03 ★★★

다음의 주요 막공법의 구동력을 쓰시오.

(1) 역삼투
(2) 전기투석
(3) 투석

정답

(1) 정수압차
(2) 전위차(기전력)
(3) 농도차

관련이론 | 막여과공법의 종류와 구동력

종류	구동력
정밀여과	정수압차
한외여과	정수압차
역삼투	정수압차
전기투석	전위차(기전력)
투석	농도차

※ 투석: 선택적 투과막을 통해 용액 중에 다른 이온 혹은 분자의 크기가 다른 용질을 분리시키는 것이다.

04 ★★☆

평균유량이 7,570m³/day인 1차 침전지를 설계하려고 한다. 최대표면부하율은 89.6m³/m²·day, 평균표면부하율은 36.7m³/m²·day, 최대위어월류부하 389m³/m·day, 최대유량/평균유량=2.75이다. 원주 위어의 최대위어월류부하가 적절한지 판단하고 이유를 서술하시오. (단, 원형침전지 기준)

정답

최대위어월류부하 권장치인 389m³/m·day보다 낮으므로 적절하다.

해설

$$표면부하율=\frac{유량}{침전면적}$$

- **평균유량－평균표면부하율에서의 침전면적 계산**

$$\frac{36.7m^3}{m^2\cdot day}=\frac{7{,}570m^3/day}{Am^2}$$

$\therefore A=206.2670m^2$

- **최대유량－최대표면부하율에서의 침전면적 계산**

$$\frac{89.6m^3}{m^2\cdot day}=\frac{2.75\times 7{,}570m^3/day}{Am^2}$$

$\therefore A=232.3382m^2$

※ 평균침전면적과 최대침전면적 중 더 큰 면적은 최대침전면적이므로 232.3382m²를 기준으로 직경을 구한다.

$$A=\frac{\pi}{4}D^2$$

$$232.3382m^2=\frac{\pi}{4}D^2$$

$\therefore D=17.1995m$

$$최대위어월류부하=\frac{유량}{Weir의\ 길이}$$

$$=\frac{2.75\times 7{,}570m^3/day}{17.1995m\times\pi}=385.2679m^3/m\cdot day$$

∴ 최대위어월류부하 권장치인 389m³/m·day보다 낮으므로 적절하다.

관련이론 | 표면부하율(Surface loading)

- 표면부하율＝100% 제거되는 입자의 침강속도
- $표면부하율=\frac{유량}{침전면적}=\frac{AV}{WL}=\frac{WHV}{WL}=\frac{HV}{L}=\frac{H}{HRT}$
- $침전효율=\frac{침전속도}{표면부하율}$

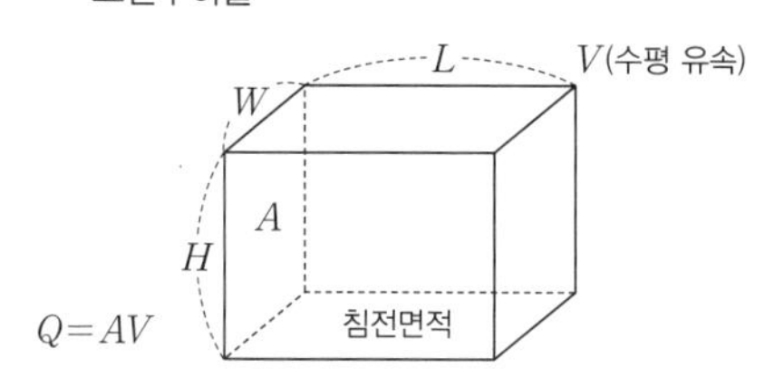

05 ★★☆

침전에 의한 SS를 제거하려고 한다. 아래의 조건과 같을 때 SS를 완전히 제거하는 데 필요한 침전지의 체류시간(min)을 Stokes' 식을 이용하여 구하시오.

- SS 입자 직경: 0.03mm
- SS 입자 비중: 3.5
- 수심: 3m
- 물의 밀도: 0.998g/cm³
- 물의 점도: 9.9×10^{-3}g/cm·sec

정답

40.38min

해설

- **입자의 침전속도(V_g) 계산**

$$V_g=\frac{d_p^2(\rho_p-\rho)g}{18\mu}$$

V_g: 중력침강속도(cm/sec), d_p: 입자의 직경(cm)

ρ_p: 입자의 밀도(g/cm³), ρ: 유체의 밀도(g/cm³)

g: 중력가속도(980cm/sec²), μ: 유체의 점성계수(g/cm·sec)

$$V_g=\frac{(0.03\times 10^{-1})^2\times(3.5-0.998)\times 980}{18\times 9.9\times 10^{-3}}$$

$$=0.1238cm/sec=0.0743m/min$$

- **체류시간(t) 계산**

$$V_g=\frac{Q}{A}=\frac{H}{t}$$

$$\therefore t=\frac{H}{V_g}=\frac{3m}{0.0743m/min}=40.3769 ≒ 40.38min$$

06 ★★★

CFSTR에서 물질을 분해하여 효율 95%로 처리하고자 한다. 이 물질은 0.5차 반응으로 분해되며, 속도상수는 $0.05(mg/L)^{1/2}/hr$이다. 또한, 유량은 300L/hr이고 유입농도는 150mg/L로 일정하다면 CFSTR의 필요 부피(m^3)를 구하시오. (단, 반응은 정상상태로 가정)

정답

$312.20m^3$

해설

$Q(C_0-C_t)=K\cdot\forall\cdot C_t^m$

Q: 유량(m^3/hr), C_0: 초기 농도(mg/L), C_t: 나중 농도(mg/L)

K: 반응속도상수(hr^{-1}), $\forall$: 반응조 체적(m^3), m: 반응차수

$$\therefore \forall=\frac{Q(C_0-C_t)}{K\cdot C_t^m}$$

$$=\frac{300L/hr\times(150-7.5)mg/L}{0.05(mg/L)^{1/2}/hr\times(7.5mg/L)^{0.5}\times10^3L/m^3}$$

$$=\frac{300\times142.5}{0.05\times7.5^{0.5}\times10^3}$$

$$=312.2019\fallingdotseq312.20m^3$$

관련이론 | **완전혼합반응조(CFSTR)**

- 유입과 유출이 동시에 있으며 반응조 내에서는 완전혼합되어 반응한 후 유출된다.
- 유입된 액체의 일부분은 즉시 유출된다.
- 충격부하에 강하다.
- 부하변동에 강하다.
- 동일 용량 PFR에 비해 제거효율이 좋지 않다.

07 ★★☆

2차 반응에 따라 감소하는 오염물질의 초기 농도가 $2.6\times10^{-4}M$일 때 다음 물음에 답하시오. (단, 10℃에서의 속도상수는 106.8L/mol·hr)

(1) 2시간 후의 농도(mol/L)

(2) 10℃에서 30℃로 온도 상승 후 2시간 뒤 물질의 농도(mol/L) (단, 온도보정계수: 1.062)

정답

(1) $2.46\times10^{-4}mol/L$

(2) $2.19\times10^{-4}mol/L$

해설

(1) 2시간 후의 농도(mol/L) 구하기

$$\frac{1}{C_t}-\frac{1}{C_0}=K\cdot t$$

C_t: 나중 농도(mol/L), C_0: 처음 농도(mol/L)

K: 반응속도상수(L/mol·hr), t: 반응시간(hr)

$$\frac{1}{C_t}-\frac{1}{2.6\times10^{-4}}=106.8\times2$$

$$\therefore C_t=2.4632\times10^{-4}\fallingdotseq2.46\times10^{-4}mol/L$$

(2) 30℃로 온도 상승 후 2시간 뒤 물질의 농도(mol/L) 구하기

① 20℃에서의 K 계산

$$K_T=K_{20℃}\times\theta^{(T-20)}$$

$$106.8=K_{20℃}\times1.062^{(10-20)}$$

$$K_{20℃}=194.9021L/mol\cdot hr$$

② 30℃에서의 K 계산

$$K_T=K_{20℃}\times\theta^{(T-20)}$$

$$K_{30℃}=194.9021\times1.062^{(30-20)}=355.6818L/mol\cdot hr$$

③ 2시간 뒤 물질의 농도(C_t) 계산

$$\frac{1}{C_t}-\frac{1}{C_0}=K\cdot t$$

$$\frac{1}{C_t}-\frac{1}{2.6\times10^{-4}}=355.6818\times2$$

$$\therefore C_t=2.1942\times10^{-4}\fallingdotseq2.19\times10^{-4}mol/L$$

08 ★☆☆

암모니아성 질소 농도가 22mg/L, 폐수량은 1,000m³인 폐수 속의 암모니아를 호기성 조건하에서 질산염으로 산화시키려고 한다. 다음 물음에 답하시오.

$$0.13NH_4^+ + 0.225O_2 + 0.005HCO_3^-$$
$$\rightarrow 0.005C_5H_7O_2N + 0.125NO_3^- + 0.25H^+ + 0.12H_2O$$

(1) 산소소모량(kg)
(2) 생성된 세포의 건조 중량(kg)
(3) 처리수의 질산성 질소의 농도(mg/L)

정답

(1) 87.03kg
(2) 6.83kg
(3) 21.15mg/L

해설

(1) 산소소모량(kg) 구하기

$0.13NH_4^+ - N : 0.225O_2$

$0.13 \times 14g : 0.225 \times 32g = 22mg/L : Xmg/L$

$\therefore X = \dfrac{0.225 \times 32 \times 22}{0.13 \times 14} = 87.033 \fallingdotseq 87.03kg$

(2) 생성된 세포의 건조 중량(kg) 구하기

$0.13NH_4^+ - N : 0.005C_5H_7O_2N$

$0.13 \times 14g : 0.005 \times 113g = 22mg/L : Ymg/L$

$\therefore Y = \dfrac{0.005 \times 113 \times 22}{0.13 \times 14} = 6.8297mg/L$

∴ 생성된 세포중량(kg)

$= \dfrac{6.8297mg}{L} \times 1{,}000m^3 \times \dfrac{10^3L}{1m^3} \times \dfrac{1kg}{10^6mg}$

$= 6.8297 \fallingdotseq 6.83kg$

(3) 처리수의 질산성 질소의 농도(mg/L) 구하기

$0.13NH_4^+ - N : 0.125NO_3^- - N$

$0.13 \times 14g : 0.125 \times 14g = 22mg/L : Zmg/L$

$\therefore Z = \dfrac{0.125 \times 14 \times 22}{0.13 \times 14} = 21.1538 \fallingdotseq 21.15mg/L$

09 ★★☆

글루코스($C_6H_{12}O_6$) 150mg/L와 벤젠(C_6H_6) 15mg/L 용액이 있을 때 다음 물음에 답하시오.

(1) 총 이론적 산소요구량(mg/L)
(2) 총 유기탄소량(mg/L)

정답

(1) 206.15mg/L
(2) 73.85mg/L

해설

(1) 총 이론적 산소요구량(mg/L) 구하기

① 글루코스($C_6H_{12}O_6$)의 이론적 산소요구량(mg/L) 계산

$C_6H_{12}O_6 + 6O_2 \rightarrow 6CO_2 + 6H_2O$

$180g : 6 \times 32g = 150mg/L : Xmg/L$

$\therefore X = \dfrac{6 \times 32 \times 150}{180} = 160mg/L$

② 벤젠(C_6H_6)의 이론적 산소요구량(mg/L) 계산

$C_6H_6 + 7.5O_2 \rightarrow 6CO_2 + 3H_2O$

$78g : 7.5 \times 32g = 15mg/L : Ymg/L$

$\therefore Y = \dfrac{7.5 \times 32 \times 15}{78} = 46.1538mg/L$

③ 총 이론적 산소요구량(ThOD) 계산

$\therefore X + Y = 160 + 46.1538 = 206.1538 \fallingdotseq 206.15mg/L$

(2) 총 유기탄소량(mg/L) 구하기

① 글루코스($C_6H_{12}O_6$)의 유기탄소량(mg/L) 계산

$C_6H_{12}O_6 + 6O_2 \rightarrow 6CO_2 + 6H_2O$

$180g : 6 \times 12g$

$150mg/L : Xmg/L$

$\therefore X = \dfrac{6 \times 12 \times 150}{180} = 60mg/L$

② 벤젠(C_6H_6)의 유기탄소량(mg/L) 계산

$C_6H_6 + 7.5O_2 \rightarrow 6CO_2 + 3H_2O$

$78g : 6 \times 12g$

$15mg/L : Ymg/L$

$\therefore Y = \dfrac{6 \times 12 \times 15}{78} = 13.8462mg/L$

③ 총 유기탄소량(ThOD) 계산

$\therefore X + Y = 60 + 13.8462 = 73.8462 \fallingdotseq 73.85mg/L$

10 ★★☆

아래의 공정도는 생물학적 고도처리 공법 중 하나이다. 이 공정도의 공법명과 각 공정의 역할(유기물 제거 제외)을 서술하시오.

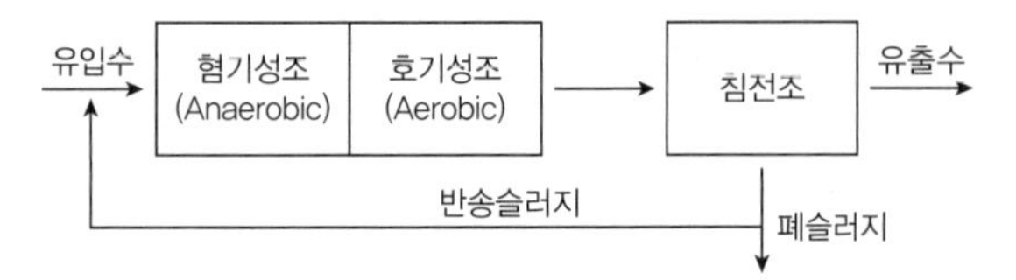

(1) 공법명
(2) 혐기조 역할
(3) 호기조 역할

정답

(1) A/O 공법
(2) 인의 방출이 일어난다.
(3) 인의 과잉흡수가 일어난다.

관련이론 | 혐기호기조합법(A/O 공법)

(1) 혐기호기조합법(A/O 공법) 개요

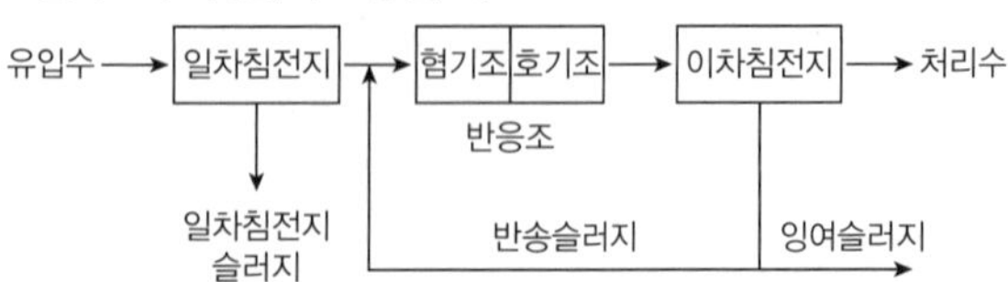

① 표준활성슬러지법의 반응조 전반 20~40% 정도를 혐기반응조로 하는 것이 표준이다.
② 폐슬러지의 인의 함량(3~5%)이 높아 비료의 가치가 있다.

(2) 각 반응조의 역할

① 혐기조: 인의 방출
② 호기조: 유기물 제거 및 인의 과잉흡수

11 ★★☆

슬러지의 고형물 농도가 4%에서 7%로 농축되었을 때 슬러지의 부피 감소율(%)을 구하시오. (단, 1일 슬러지 발생량: 100m³, 비중: 1.0)

정답

42.86%

해설

$\rho_1 V_1(1-W_1)=\rho_2 V_2(1-W_2)$
ρ_1: 농축 전 비중, ρ_2: 농축 후 비중
V_1: 농축 전 슬러지 부피(m³), V_2: 농축 후 슬러지 부피(m³)
W_1: 농축 전 슬러지 함수율, W_2: 농축 후 슬러지 함수율
$100\text{m}^3 \times 0.04 = V_2 \times 0.07$
$\therefore V_2 = 57.1429\text{m}^3$
$\therefore$ 부피 감소율$=\left(\frac{V_1-V_2}{V_1}\right)\times 100=\left(\frac{100-57.1429}{100}\right)\times 100$
$=42.8571 \fallingdotseq 42.86\%$

2015년 | 2회 기출문제

01

★★☆

역삼투장치로 하루에 760m^{3}의 3차 처리된 유출수를 탈염시키고자 한다. 이때 요구되는 막 면적(m^2)을 구하시오. (단, 유입수와 유출수 사이 압력차=2,400kPa, 25℃에서 물질전달계수=0.2068L/m^2 · day · kPa, 유입수와 유출수의 삼투압차=310kPa, 최저 운전온도=10℃, $A_{10℃}=1.58A_{25℃}$)

정답

2,778.27m^2

해설

$$\text{막 면적(m}^2)=\frac{\text{처리수의 양(L/day)}}{\text{단위면적당 처리수의 양(L/m}^2\cdot\text{day)}}$$

- **단위면적당 처리수의 양(Q_F) 계산**

$$Q_F=\frac{Q}{A}=K(\triangle P-\triangle\pi)$$

Q_F: 단위면적당 처리수량(L/m^2·day), Q: 처리수량(L/day)

A: 막 면적(m^2), K: 물질전달 전이계수(L/m^2·day·kPa)

$\triangle P$: 압력차(kPa), $\triangle\pi$: 삼투압차(kPa)

$$Q_F=\frac{0.2068\text{L}}{\text{m}^2\cdot\text{day}\cdot\text{kPa}}\times(2{,}400-310)\text{kPa}$$
$$=432.212\text{L/m}^2\cdot\text{day}$$

- **처리수의 양(Q) 계산**

$$Q=\frac{760\text{m}^3}{\text{day}}\times\frac{10^3\text{L}}{1\text{m}^3}=760{,}000\text{L/day}$$

- **막 면적(A) 계산**

$$A_{10℃}=1.58A_{25℃}$$
$$\therefore A_{10℃}=1.58\times\frac{760{,}000\text{L/day}}{432.212\text{L/m}^2\cdot\text{day}}$$
$$=2{,}778.2662\fallingdotseq2{,}778.27\text{m}^2$$

02

★★★

다음 질소와 인을 동시에 제거하는 5단계 Bardenpho 공정의 공정도를 그리고 호기조 반응조의 주된 역할 2가지에 대해 간단히 서술하시오.

(1) 공정도 (반응조 명칭, 내부반송, 슬러지 반송 표시)

(2) '호기조'의 주된 역할 2가지 (단, 유기물 제거는 정답 제외)

정답

(1)

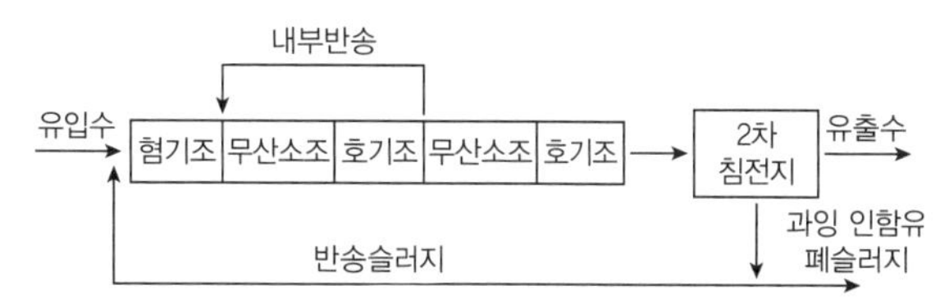

(2) ① 질산화

② 인의 과잉흡수

관련이론 | 각 반응조의 명칭과 역할

- 1단계 혐기조: 인의 방출이 일어난다.
- 1단계 무산소조: 탈질에 의한 질소를 제거한다.
- 1단계 호기조: 질산화가 일어나고 인의 과잉흡수가 일어난다.
- 2단계 무산소조: 잔류 질산성질소가 제거된다.
- 2단계 호기조: 슬러지의 침강성을 좋게 유지하고 인의 재방출을 막는다.

03 ★★★

CO_2의 당량(가수분해 적용)을 반응식을 이용하여 구하시오.

정답

22g

해설

$CO_2+H_2O \rightleftarrows 2H^+ + CO_3^{2-}$

H^+가 2개이기 때문에 산화수는 2이므로

2eq=44g

$\therefore$ CO_2 당량$=\frac{44g}{2}=22g$

04 ★★★

1L의 폐수에 3.4g의 CH_3COOH와 0.63g의 CH_3COONa를 용해시켰을 때 용액의 pH를 구하시오. (단, CH_3COOH의 K_a는 1.8×10^{-5})

정답

3.88

해설

완충방정식을 이용한다.

$$pH=pK_a+\log\frac{[염]}{[약산]}$$

- pK_a 계산

$$pK_a=\log\frac{1}{K_a}=\log\frac{1}{1.8\times10^{-5}}=4.7447$$

- CH_3COONa(염)의 몰농도(mol/L) 계산

$$CH_3COONa=\frac{0.63g}{L}\times\frac{1mol}{82g}=7.6829\times10^{-3}mol/L$$

- CH_3COOH(약산)의 몰농도(mol/L) 계산

$$CH_3COOH=\frac{3.4g}{L}\times\frac{1mol}{60g}=0.0567mol/L$$

- pH 계산

$$\therefore pH=4.7447+\log\frac{7.6829\times10^{-3}}{0.0567}=3.8766≒3.88$$

05 ★★☆

다음 빈칸에 들어갈 말을 쓰시오.

> 미생물이 새로운 미생물을 형성하기 위하여 유기탄소를 이용하는 생물을 (①)이라고 하고, 세포합성에 필요한 에너지원으로 빛을 이용하는 생물을 (②)이라 부른다. 아질산염이나 질산염을 전자수용체로 사용하는 조건을 (③)이라 한다.

정답

① 종속영양계미생물
② 광합성미생물
③ 무산소조건

관련이론 | 미생물의 특성에 따른 분류

- 산소유무: Aerobic(호기성), Anaerobic(혐기성)
- 온도: Thermophilic(고온성), Psychrophilic(저온성)
- 에너지원: Photosynthetic(광합성), Chemosynthetic(화학합성)
- 탄소 공급원: Autotrophic(독립영양계), Heterotrophic(종속영양계)

	광합성 (에너지원: 빛)	화학합성 (에너지원: 산화환원반응)
독립영양 (탄소원: 무기탄소)	광합성 독립영양미생물 (에너지원으로 빛을 이용, 탄소원으로 무기탄소를 이용)	화학합성 독립영양미생물 (에너지원으로 산화환원반응 이용, 탄소원으로 무기탄소를 이용)
종속영양 (탄소원: 유기탄소)	광합성 종속영양미생물 (에너지원으로 빛을 이용, 탄소원으로 유기탄소를 이용)	화학합성 종속영양미생물 (에너지원으로 산화환원반응 이용, 탄소원으로 유기탄소를 이용)

06

★★★

인구 6,000명인 마을에 산화구를 설계하고자 한다. 유량은 380L/cap·day, 유입 BOD_5 225mg/L이며 BOD 제거율은 90%, 슬러지 생성율(Y)은 0.65g MLVSS/g BOD_5이고 내생호흡계수는 $0.06day^{-1}$, 총고형물 중 생물학적 분해 가능한 분율은 0.8, MLVSS는 MLSS의 50%라고 할 때 다음 물음에 답하시오.

(1) 체류시간이 1day, 반송비 1일 때 반응조의 부피(m^3)

(2) 운전 MLSS 농도(mg/L)

정답

(1) $4,560m^3$

(2) 2,742.19mg/L

해설

(1) **반응조의 부피(∀) 구하기**

$\forall=(Q+Q_r)\times t$

∀: 반응조의 부피(m^3), Q: 유량(m^3/day)

Q_r: 반송유량(m^3/day), t: 시간(day)

$\frac{380L}{인\cdot day}\times\frac{1m^3}{10^3L}\times 6,000인\times 2\times 1day=4,560m^3$

※ 반송비가 1이면 유량의 100%가 재순환하므로 원수유량×2를 해야 한다.

(2) **운전 MLSS 농도(mg/L) 구하기**

$X_rQ_w=Y(BOD_i-BOD_o)Q-K_d\cdot\forall\cdot X$

X_rQ_w: 잉여슬러지의 양(kg/day), Y: 세포생산계수

BOD_i: 유입 BOD 농도(mg/L), BOD_o: 유출 BOD 농도(mg/L)

Q: 유량(m^3/day), K_d: 내생호흡계수(day^{-1})

∀: 부피(m^3), X: MLSS의 농도(mg/L)

이때, 산화구에서 발생하는 잉여슬러지는 0이므로

$Y(BOD_i-BOD_o)Q=K_d\cdot\forall\cdot X$

여기서, $BOD_i-BOD_o=BOD_i\times\eta$이므로

$0.65\times\left(\frac{225mg}{L}\times 0.9\right)\times\left(\frac{380L}{cap\cdot day}\times 6,000인\times\frac{1m^3}{10^3L}\right)$

$=\frac{0.06}{day}\times 4,560m^3\times\frac{x\,mg}{L}\times 0.8\times 0.5$

$\therefore x=2,742.1875≒2,742.19mg/L$

07

★☆☆

CH_3COOH가 포함된 폐수의 BOD_u가 30mg/L일 때 TOC(mg/L)를 구하시오.

정답

11.25mg/L

해설

$CH_3COOH+\underline{2O_2}\rightarrow\underline{2CO_2}+2H_2O$

$2\times 32g$: $2\times 12g$

30mg/L : Xmg/L

$\therefore X=\frac{2\times 12\times 30}{2\times 32}=11.25mg/L$

08

★★☆

수심이 3.7m이고 폭이 12m인 침사지에 유속이 0.05m/sec인 폐수가 유입될 때 다음 식에 의한 프루드 수(Fr, Froude Number)를 구하시오. (단, $Fr=\frac{V^2}{g\cdot R}$)

정답

1.11×10^{-4}

해설

$Fr=\frac{V^2}{g\cdot R}$

Fr: 프루드 수, V: 유속(m/sec), g: 중력가속도($9.8m/sec^2$)

R: 경심(m)

$R(경심)=\frac{단면적}{윤변}=\frac{3.7\times 12}{2\times 3.7+12}=2.2887m$

$\therefore Fr=\frac{0.05^2}{9.8\times 2.2887}=1.1146\times 10^{-4}≒1.11\times 10^{-4}$

09

★★☆

정수시설에서 불화물을 제거하는 데 넣은 약품을 2가지 쓰고 그 성상(고체, 액체, 기체)을 쓰시오.

정답

① $Ca(OH)_2$: 고체

② 골탄: 고체

③ 황산알루미늄: 고체 또는 액체

※ 황산알루미늄은 고체로도 쓰이고, 액체로도 쓰인다.

10

★★☆

반감기가 2hr인 대장균의 살균 반응에서 대장균 수가 1,000/mL에서 10/mL로 감소하는 데 걸리는 시간(hr)을 구하시오. (단, 반응은 1차 반응)

정답

13.29hr

해설

$$\ln\left(\frac{N_t}{N_0}\right)=-K\cdot t$$

N_t: 나중 개수, N_0: 처음 개수, K: 반응속도상수(hr^{-1})

t: 반응시간(hr)

- **반응속도상수(K) 계산**

$$\ln\left(\frac{500}{1,000}\right)=-K\times 2hr$$

$$\therefore K=0.3466hr^{-1}$$

- **10/mL로 감소하는 데 걸리는 시간(t) 계산**

$$\ln\left(\frac{10}{1,000}\right)=-0.3466hr^{-1}\times t$$

$$\therefore t=13.2867\fallingdotseq 13.29hr$$

11

★☆☆

기계식 봉스크린에 가해지는 최대 유속을 0.64m/sec로 설계하여 진입수로에 설치할 예정이다. 사용될 봉의 두께는 10mm이고, 간격이 30mm이라고 할 때 다음 물음에 답하시오. (단, 손실수두계수는 1.43이고, A_1=WD, A_2=0.75WD)

(1) 통과유속(m/sec)

(2) 손실수두(m)

정답

(1) 0.85m/sec

(2) 0.02m

해설

(1) 통과유속(V_2) 구하기

$$Q=A_1V_1=A_2V_2$$

$$W\times D\times 0.64m/sec=0.75\times W\times D\times V_2$$

$$\therefore V_2=0.8533\fallingdotseq 0.85m/sec$$

(2) 손실수두(h_L) 구하기

$$h_L=\frac{1}{0.7}\times\frac{(V_2^2-V_1^2)}{2g}$$

$$\therefore h_L=\frac{1}{0.7}\times\frac{(0.8533^2-0.64^2)}{2\times 9.8}=0.0232\fallingdotseq 0.02m$$

12 ★★☆

포도당($C_6H_{12}O_6$) 용액 1,000mg/L가 있을 때, 아래의 물음에 답하시오. (단, 표준상태 기준)

(1) 혐기성 분해 시 생성되는 이론적 CH_4의 발생량(mg/L)

(2) 용액 1L를 혐기성 분해 시 발생되는 이론적 CH_4의 양(mL)

정답

(1) 266.67mg/L

(2) 373.33mL

해설

(1) 혐기성 분해 시 생성되는 이론적 CH_4의 발생량(mg/L) 구하기

$C_6H_{12}O_6 \rightarrow 3CO_2 + 3CH_4$

180g : 3×16g = 1,000mg/L : Xmg/L

$\therefore X = \frac{3 \times 16 \times 1{,}000}{180} = 266.6667 \fallingdotseq 266.67\text{mg/L}$

(2) 용액 1L를 혐기성 분해 시 발생되는 이론적 CH_4의 양(mL) 구하기

$C_6H_{12}O_6 \rightarrow 3CO_2 + 3CH_4$

180g : 3×22.4L = 1,000mg/L×1L : YmL

$\therefore Y = \frac{3 \times 22.4 \times 1{,}000 \times 1}{180} = 373.3333 \fallingdotseq 373.33\text{mL}$

관련이론 | 메탄(CH_4)의 발생

(1) 글루코스($C_6H_{12}O_6$) 1kg 당 메탄가스 발생량 (0℃, 1atm)

$C_6H_{12}O_6 \rightarrow 3CH_4 + 3CO_2$

180g : 3×22.4L = 1kg : Xm^3

$\therefore X = \frac{3 \times 22.4 \times 1}{180} = 0.3733 \fallingdotseq 0.37m^3$

(2) 최종 BOD_u 1kg 당 메탄가스 발생량 (0℃, 1atm)

① BOD_u를 이용한 글루코스 양(kg) 계산

$C_6H_{12}O_6 + 6O_2 \rightarrow 6H_2O + 6CO_2$

180g : 6×32g = Xkg : 1kg

$\therefore X = \frac{180 \times 1}{6 \times 32} = 0.9375\text{kg}$

② 글루코스의 혐기성 분해식을 이용한 메탄의 양(m^3) 계산

$C_6H_{12}O_6 \rightarrow 3CH_4 + 3CO_2$

180g : 3×22.4L = 0.9375kg : Ym^3

$\therefore Y = \frac{3 \times 22.4 \times 0.9375}{180} = 0.35m^3$

13 ★★☆

등비급수법에 따라 A도시의 인구는 10년간 3.25배 증가했다. 이때 연평균 인구 증가율(%)을 구하시오.

정답

12.51%

해설

등비급수법에 따른 인구추정식을 이용한다.

$P_n = P_0(1+r)^n$

$3.25P_0 = P_0(1+r)^{10}$

$\therefore r = 3.25^{\frac{1}{10}} - 1 = 0.1251 = 12.51\%$

관련이론 | 인구추정식

등차급수법		
$P_n = P_0 + rn$	• P_n: 추정인구(명) • r: 인구증가율(%)	• n: 경과연수(년) • P_0: 현재인구(명)
등비급수법		
$P_n = P_0(1+r)^n$	• P_n: 추정인구(명) • r: 인구증가율(%)	• n: 경과연수(년) • P_0: 현재인구(명)
지수함수법		
$P_n = P_0e^{rn}$	• P_n: 추정인구(명) • r: 인구증가율(%)	• n: 경과연수(년) • P_0: 현재인구(명)
로지스틱법		
$P_n = \frac{K}{1+e^{a-bn}}$	• P_n: 추정인구(명) • n: 경과연수(년)	• a, b: 상수 • K: 극한값(명)

2015년 | 1회 기출문제

01
★★☆

용존산소부족량을 구하는 기본식인 Streeter-phelps 공식이 다음과 같을 때, 주어진 공식에서 의미하는 기호의 의미를 쓰시오.

$$D_t=\frac{K_1 \cdot L_0}{K_2-K_1}(10^{-K_1 \cdot t}-10^{-K_2 \cdot t})+D_0 \cdot 10^{-K_2 \cdot t}$$

(1) D_t
(2) K_1
(3) K_2
(4) L_0
(5) D_0
(6) t

정답

(1) D_t: t일 후 용존산소(DO) 부족농도(mg/L)
(2) K_1: 탈산소계수(day^{-1})
(3) K_2: 재폭기계수(day^{-1})
(4) L_0: 최종 BOD(mg/L)
(5) D_0: 초기용존산소부족량(mg/L)
(6) t: 시간(day)

02
★★☆

고도처리공정인 막분리공정에서 사용되는 막모듈의 형식을 3가지 쓰시오.

정답

판형, 관형, 나선형, 중공사형

03
★★★

탈질에 요구되는 무산소반응조(Anoxic basin)의 운영조건이 다음과 같을 때 탈질반응조의 체류시간(hr)을 구하시오.

- 유입수 질산염 농도: 22mg/L
- 유출수 질산염 농도: 3mg/L
- MLVSS 농도: 4,000mg/L
- 온도: 10℃
- 20℃에서의 탈질율(R_{DN}): 0.10/day
- K: 1.09
- DO: 0.1mg/L
- $R'_{DN}=R_{DN(20℃)}\times K^{(T-20)}\times(1-DO)$

정답

3hr

해설

무산소반응조의 체류시간 공식을 이용한다.

$$\text{체류시간(hr)}=\frac{S_0-S}{R_{DN}\cdot X}$$

S_0: 유입수 질산염 농도(mg/L), X: MLVSS 농도(mg/L)
S: 유출수 질산염 농도(mg/L), R_{DN}: 탈질율(day^{-1})

- **10℃에서의 탈질율(R'_{DN}) 계산**

$$R'_{DN(10℃)}=R_{DN(20℃)}\times K^{(10-20)}\times(1-DO)$$
$$=0.10\times1.09^{(10-20)}\times(1-0.1)$$
$$=0.038day^{-1}$$

- **체류시간(hr) 계산**

$$\therefore \text{체류시간}=\frac{S_0-S}{R_{DN}\cdot X}=\frac{(22-3)}{0.038\times4,000}=0.125day=3hr$$

04

★★☆

여과기를 사용하여 하루 $100m^3$를 $5L/m^2 \cdot min$로 여과하고, 매일 12시간마다 10분씩의 역세척을 위하여 여과지 1기의 운전을 정지하며 이때 여과율은 $6L/m^2 \cdot min$을 넘지 못한다. 역세척은 $10L/m^2 \cdot min$로 진행되며 여과 유출수는 $1L/m^2 \cdot min$로 표면세척설비를 운영할 때 다음 물음에 답하시오.

(1) 소요 여과지의 수(지)

(2) 역세척에 사용되는 여과 용량
(여과지당 역세척 용량/여과지당 처리폐수 용량)%

정답

(1) 6지

(2) 3.52%

해설

(1) **소요 여과지의 수(지) 구하기**

소요 여과지의 수=전체 소요면적 /1지의 면적

① 전체 여과면적(A) 계산

$$\frac{Q}{A}=5L/m^2\cdot min=\frac{\frac{100m^3}{day}\times\frac{10^3L}{1m^3}\times\frac{1day}{(1,440-20)min}}{Am^2}$$

$A=14.0845m^2$

② 역세척시 여과면적(=1기 중지시 여과면적) 계산

$$\frac{Q}{A}=6L/m^2\cdot min=\frac{\frac{100m^3}{day}\times\frac{10^3L}{1m^3}\times\frac{1day}{(1,440-20)min}}{Am^2}$$

$A=11.7371m^2$

※ 여기서, $(1,440-20)min$은 역세척 시간인 $10min\times\frac{24hr}{12hr}=20min$을 제외한 실제 여과시간이다.

③ 소요 여과지의 수(지) 계산

$$\frac{14.0845m^2}{(14.0845-11.7371)m^2/지}=6.000 \rightarrow 6지$$

(2) **역세척에 사용되는 여과 용량 구하기**

$$역세척에\ 사용되는\ 여과\ 용량=\frac{역세척\ 용량}{여과\ 용량}\times 100$$

① 역세척 용량(m^3/day) 계산

$$\frac{10L}{m^2\cdot min}\times 14.0845m^2\times\frac{20min}{1day}\times\frac{1m^3}{10^3L}=2.8169m^3/day$$

② 여과 용량(m^3/day) 계산

여과 용량=여과수량−표면세척수량

$$\frac{100m^3}{day}-\left(\frac{1L}{m^2\cdot min}\times 14.0845m^2\times\frac{1,420min}{1day}\times\frac{1m^3}{10^3L}\right)$$

$=80m^3/day$

③ (역세척 용량/여과 용량)% 계산

$$\frac{2.8169m^3/day}{80m^3/day}\times 100=3.5211 \fallingdotseq 3.52\%$$

05

★★★

CFSTR에서 물질을 분해하여 효율 95%로 처리하고자 한다. 이 물질은 1차 반응으로 분해되며, 속도상수는 0.1/hr이다. 유량은 300L/hr이고 유입농도는 150mg/L로 일정하다면 CFSTR의 필요 부피(m^3)를 구하시오. (단, 반응은 정상상태로 가정)

정답

$57m^3$

해설

$Q(C_0-C_t)=K\cdot\forall\cdot C_t^m$

Q: 유량(m^3/hr), C_0: 초기 농도(mg/L), C_t: 나중 농도(mg/L)

K: 반응속도상수(hr^{-1}), $\forall$: 반응조 체적(m^3), m: 반응차수

$$\therefore \forall=\frac{Q(C_0-C_t)}{K\cdot C_t^m}$$

$$=\frac{300L/hr\times(150-7.5)mg/L}{0.1/hr\times(7.5mg/L)^1\times 10^3L/m^3}$$

$=57m^3$

관련이론 | **완전혼합반응조(CFSTR)**

- 유입과 유출이 동시에 있으며 반응조 내에서는 완전혼합되어 반응한 후 유출된다.
- 유입된 액체의 일부분은 즉시 유출된다.
- 충격부하에 강하다.
- 부하변동에 강하다.
- 동일 용량 PFR에 비해 제거효율이 좋지 않다.

06

★☆☆

유량이 $6,000m^3/day$이고 경도가 300mg/L as $CaCO_3$인 폐수를 이온교환수지를 이용하여 100mg/L as $CaCO_3$경도로 제거하려고 한다. 허용파과점까지 도달시간이 15일이고 건조 이온교환수지 100g 당 250meq의 경도를 제거한다고 할 때 함수율 40%인 습윤 이온교환수지의 양(kg)을 구하시오.

정답

240,000kg

해설

- 제거해야할 경도의 양(eq) 계산

$$=\frac{6,000m^3}{day}\times\frac{(300-100)mg}{L}\times\frac{1g}{10^3mg}\times\frac{10^3L}{1m^3}\times 15day\times\frac{1eq}{(100/2)g}$$

$=360,000eq$

- 필요한 습윤 이온교환수지의 양(kg) 계산

$$360,000eq\times\frac{100kg}{250eq}\times\frac{100}{60}=240,000kg$$

07

★★☆

호수의 면적이 1,000ha, 빗속의 폴리클로리네이티드비페닐(PCB)의 농도가 100ng/L, 연간 평균 강수량이 70cm일 때 강수에 의해서 유입되는 PCB의 양(ton/yr)을 구하시오.

정답

$7\times10^{-4}ton/yr$

해설

- 유입되는 PCB의 양(ton/yr) 계산

$$\text{PCB의 양}=\frac{100ng}{L}\times\frac{1ton}{10^{15}ng}\times 1,000ha\times\frac{10^4m^2}{1ha}\times\frac{70cm}{yr}\times\frac{1m}{10^2cm}\times\frac{10^3L}{1m^3}$$

$=7\times10^{-4}ton/yr$

08

★★☆

BOD_u가 214mg/L이고 20℃에서 K값이 0.1/day이다. 30℃에서의 BOD_5 농도(mg/L)를 구하시오. (단, 온도보정계수: 1.05)

정답

181.20mg/L

해설

$K_T=K_{20℃}\times1.05^{(T-20)}$

$K_{30℃}=0.1/day\times1.05^{(30-20)}=0.1629/day$

$BOD_5=BOD_u\times(1-10^{-K_1\times5})$

BOD_5: 5일동안 소모된 BOD(mg/L), BOD_u: 최종 BOD(mg/L)

K_1: 탈산소계수(day^{-1})

$\therefore BOD_5=214mg/L\times(1-10^{-0.1629\times5})$

$=181.1970 ≒ 181.20mg/L$

09

★★★

$Ca(HCO_3)_2$와 CO_2의 g 당량을 반응식과 함께 쓰시오.

(1) $Ca(HCO_3)_2$ g 당량 (반응식 포함)

(2) CO_2 g 당량 (반응식 포함)

정답

(1) $Ca(HCO_3)_2 \rightleftharpoons Ca^{2+}+2HCO_3^-$

$\therefore$ $Ca(HCO_3)_2$ g 당량$=\frac{162g}{2}=81g$

(2) $CO_2+H_2O \rightleftharpoons 2H^++CO_3^{2-}$

$\therefore$ CO_2 g 당량$=\frac{44g}{2}=22g$

10 ★★☆

지하수가 통과하는 대수층의 투수계수가 다음과 같을 때 수평방향(K_x)과 수직방향(K_y)의 평균투수계수(cm/day)를 구하시오.

K_1	10cm/day	↕ 20cm
K_2	50cm/day	↕ 5cm
K_3	1cm/day	↕ 10cm
K_4	5cm/day	↕ 10cm

(1) 수평방향의 평균투수계수(K_x)
(2) 수직방향의 평균투수계수(K_y)

정답

(1) 11.33cm/day
(2) 3.19cm/day

해설

(1) 수평방향의 투수계수(K_x) 구하기

$$K_x=\frac{K_1H_1+K_2H_2+K_3H_3+K_4H_4}{\sum H_T}$$

$$=\frac{10\times20+50\times5+1\times10+5\times10}{(20+5+10+10)}$$

$$=11.3333\fallingdotseq11.33\text{cm/day}$$

(2) 수직방향의 투수계수(K_y) 구하기

$$K_y=\frac{\sum H_T}{\frac{H_1}{K_1}+\frac{H_2}{K_2}+\frac{H_3}{K_3}+\frac{H_4}{K_4}}$$

$$=\frac{(20+5+10+10)}{\frac{20}{10}+\frac{5}{50}+\frac{10}{1}+\frac{10}{5}}$$

$$=3.1915\fallingdotseq3.19\text{cm/day}$$

11 ★★★

관의 지름이 100mm이고 관을 통해 흐르는 유량이 0.02m^3/sec인 관의 손실수두가 10m가 되게 하고자 한다. 이때의 관의 길이(m)를 구하시오. (단, 마찰손실수두만을 고려하며 마찰손실수두는 0.015)

정답

201.50m

해설

유속(V)을 구하면

$$Q=AV$$

$$\frac{0.02\text{m}^3}{\text{sec}}=\frac{\pi\times(0.1\text{m})^2}{4}\times V$$

$$V=2.5465\text{m/sec}$$

$$h_L=f\times\frac{L}{D}\times\frac{V^2}{2g}$$

h_L: 마찰손실수두(m), f: 마찰손실계수, L: 관의 길이(m)
D: 관의 직경(m), V: 유속(m/sec), g: 중력가속도(9.8m/sec^2)

$$10\text{m}=0.015\times\frac{L}{0.1\text{m}}\times\frac{(2.5465\text{m/sec})^2}{2\times9.8\text{m/sec}^2}$$

$$\therefore L=201.5011\fallingdotseq201.50\text{m}$$

12

★★☆

비중 2.6, 직경 0.015mm의 입자가 수중에서 자연 침전할 때의 속도가 0.56m/hr이었다. 입자의 침전 속도가 스토크스 법칙에 따른다고 할 때 동일한 조건에서 비중 1.2, 직경 0.03mm인 입자의 침강속도(m/hr)를 구하시오.

정답

0.28m/hr

해설

$$V_g = \frac{d_p^2(\rho_p - \rho)g}{18\mu}$$

V_g: 중력침강속도(cm/sec), d_p: 입자의 직경(cm)

ρ_p: 입자의 밀도(g/cm³), ρ: 유체의 밀도(g/cm³)

g: 중력가속도(980cm/sec²), μ: 유체의 점성계수(g/cm·sec)

- **비중 2.6, 직경 0.015mm의 입자, 침강속도 0.56m/hr일 때**

$$0.56 = \frac{0.015^2(2.6-1)g}{18\mu} \cdots\cdots\cdots \text{(1)식}$$

- **동일한 조건에서, 비중 1.2, 직경 0.03mm의 입자 침강속도 계산**

$$V_g = \frac{0.03^2(1.2-1)g}{18\mu} \cdots\cdots\cdots\cdots \text{(2)식}$$

(1)식을 (2)식으로 나누면

$$\frac{(1)}{(2)} = \frac{0.56 = \dfrac{0.015^2(2.6-1)g}{18\mu}}{V_g = \dfrac{0.03^2(1.2-1)g}{18\mu}}$$

$$\frac{0.56}{V_g} = \frac{0.015^2(2.6-1)}{0.03^2(1.2-1)}$$

$\therefore V_g = 0.28\text{m/hr}$

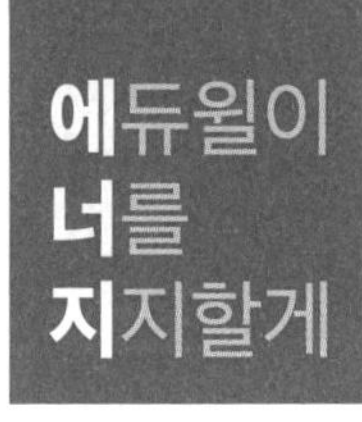

장애물을 만나면 이렇게 생각하라.
"내가 너무 일찍 포기하는 것이 아닌가?"
실패한 사람들이 '현명하게' 포기할 때,
성공한 사람들은 '미련하게' 나아간다.

– 마크 피셔(Mark Fisher)

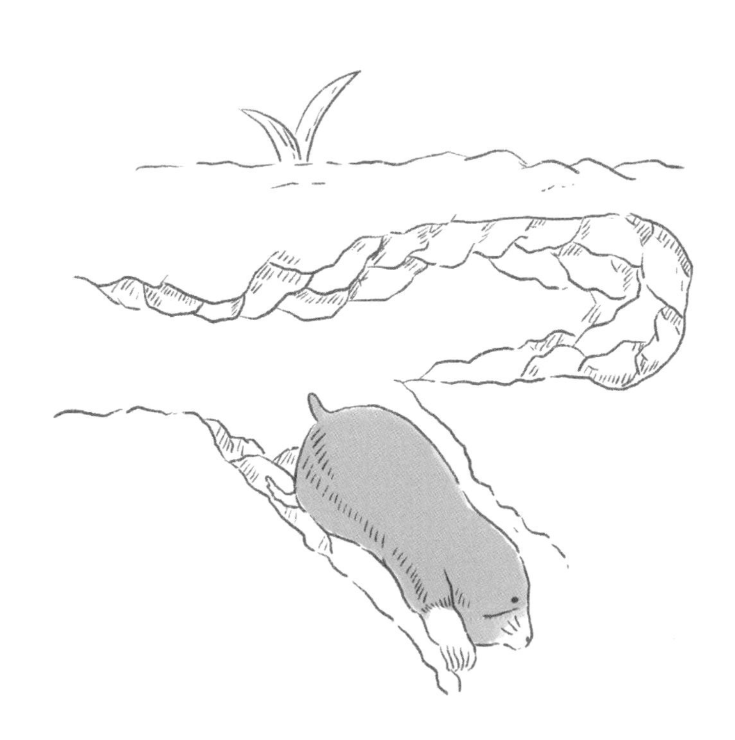

2014년 | 3회 기출문제

01 ★★★

다음 공법에서의 역할을 서술하시오.

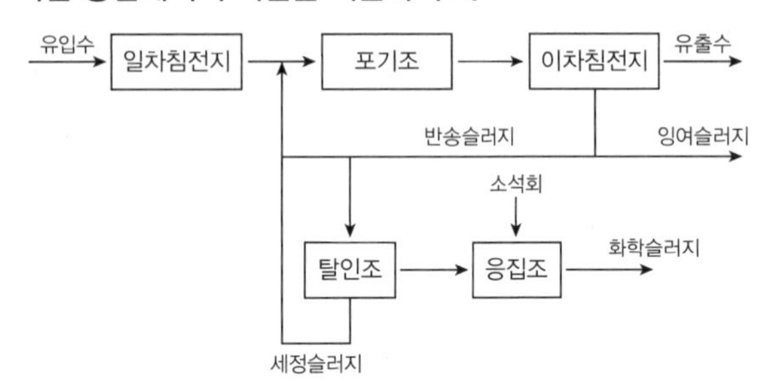

(1) 공법명
(2) 포기조(유기물 제거 제외)
(3) 탈인조
(4) 응집조(화학처리)
(5) 세정슬러지(탈인조 슬러지)

정답

(1) Phostrip 공법
(2) 반송된 슬러지의 인을 과잉흡수한다.
(3) 슬러지의 인을 방출시킨다.
(4) 응집제(석회)를 이용하여 상등수의 인을 응집침전시킨다.
(5) 인의 함량이 높은 슬러지를 포기조로 반송시켜 포기조에서 인을 과잉흡수시킨다.

만점 KEYWORD

(1) Phostrip 공법
(2) 인, 과잉흡수
(3) 인, 방출
(4) 응집제(석회), 인, 응집침전
(5) 포기조, 반송, 인, 과잉흡수

02 ★☆☆

BOD_5가 2,000mg/L이며 N과 P가 존재하지 않는 폐수 $300m^3$/day를 활성슬러지법으로 처리하고자 한다. 질소와 인을 보충하기 위한 황산암모늄($(NH_4)_2SO_4$)과 인산(H_3PO_4)의 첨가량(kg/day)을 구하시오. (단, BOD_5 : N : P=100 : 5 : 1, N=14, H=1, S=32, O=16, P=31)

(1) 황산암모늄($(NH_4)_2SO_4$)의 첨가량(kg/day)
(2) 인산(H_3PO_4)의 첨가량(kg/day)

정답

(1) 141.43kg/day
(2) 18.97kg/day

해설

$$BOD_5=\frac{2,000mg}{L}\times\frac{300m^3}{day}\times\frac{10^3L}{1m^3}\times\frac{1kg}{10^6mg}=600kg/day$$

(1) 황산암모늄($(NH_4)_2SO_4$)의 첨가량(kg/day) 구하기

BOD_5 : N = 100 : 5

필요한 질소의 양 $=\frac{600kg}{day}\times\frac{5}{100}=30kg/day$

$(NH_4)_2SO_4$	:	2N
132g	:	2×14g
X kg/day	:	30kg/day

$\therefore X=\frac{132\times30}{2\times14}=141.4286 \fallingdotseq 141.43kg/day$

(2) 인산(H_3PO_4)의 첨가량(kg/day) 구하기

BOD_5 : P = 100 : 1

필요한 인의 양 $=\frac{600kg}{day}\times\frac{1}{100}=6kg/day$

H_3PO_4	:	P
98g	:	31g
Y kg/day	:	6kg/day

$\therefore Y=\frac{98\times6}{31}=18.9677 \fallingdotseq 18.97kg/day$

03 ★★★

인구 6,000명인 마을에 산화구를 설계하고자 한다. 유량은 380L/cap·day, 유입 BOD_5 200mg/L이며 BOD 제거율은 90%, 슬러지 생성율(Y)은 0.5g MLVSS/g BOD_5이고 내생호흡계수는 $0.06day^{-1}$, 총고형물 중 생물학적 분해 가능한 분율은 0.8, MLVSS는 MLSS의 70%라고 할 때 다음 물음에 답하시오.

(1) 체류시간이 1day, 반송비 0.5일 때 반응조의 부피(m^3)
(2) 운전 MLSS 농도(mg/L)

정답

(1) $3,420m^3$
(2) 1,785.71mg/L

해설

(1) **반응조의 부피(∀) 구하기**

$\forall=(Q+Q_r)\times t$

∀: 반응조의 부피(m^3), Q: 유량(m^3/day)

Q_r: 반송유량(m^3/day), t: 시간(day)

$$\frac{380L}{\text{인}\cdot day}\times\frac{1m^3}{10^3L}\times 6,000\text{인}\times 1.5\times 1day=3,420m^3$$

※ 반송비가 0.5이면 유량의 50%가 재순환하므로 원수유량×1.5를 해야 한다.

(2) **운전 MLSS 농도(mg/L) 구하기**

$X_rQ_w=Y(BOD_i-BOD_o)Q-K_d\cdot\forall\cdot X$

X_rQ_w: 잉여슬러지의 양(kg/day), Y: 세포생산계수

BOD_i: 유입 BOD 농도(mg/L), BOD_o: 유출 BOD 농도(mg/L)

Q: 유량(m^3/day), K_d: 내생호흡계수(day^{-1})

∀: 부피(m^3), X: MLSS의 농도(mg/L)

이때, 산화구에서 발생하는 잉여슬러지는 0이므로

$Y(BOD_i-BOD_o)Q=K_d\cdot\forall\cdot X$

여기서, $BOD_i-BOD_o=BOD_i\times\eta$이므로

$$0.5\times\left(\frac{200mg}{L}\times 0.9\right)\times\left(\frac{380L}{cap\cdot day}\times 6,000\text{인}\times\frac{1m^3}{10^3L}\right)$$

$$=\frac{0.06}{day}\times 3,420m^3\times\frac{x\,mg}{L}\times 0.8\times 0.7$$

$\therefore x=1,785.7143\fallingdotseq 1,785.71mg/L$

04 ★★☆

Michaelis-Menten식을 이용하여 미생물에 의한 폐수처리를 설명하기 위해 실험을 수행하였다. 실험 결과 1g의 미생물이 최대 20g/day의 유기물을 분해하는 것으로 나타났다. 실제 폐수의 농도가 15mg/L일 때 같은 양의 미생물이 10g/day의 속도로 유기물을 분해하였다면 폐수 농도가 5mg/L로 유지되고 있을 때 2g의 미생물에 의한 분해속도(g/day)를 구하시오.

정답

10g/day

해설

Michaelis-Menten식을 이용한다.

$$r=r_{max}\times\frac{S}{K_m+S}$$

r: 분해속도(g/g·day), r_{max}: 최대분해속도(g/g·day)

K_m: 반포화농도(mg/L), S: 기질농도(mg/L)

• K_m(mg/L) 계산

$$10g/g\cdot day=20g/g\cdot day\times\frac{15mg/L}{K_m+15mg/L}$$

$\therefore K_m=15mg/L$

• 분해속도(r) 계산

$$\therefore r=20g/g\cdot day\times\frac{5mg/L}{15mg/L+5mg/L}\times 2g=10g/day$$

05 ★★☆

수분함량 97%의 슬러지 $50m^3$를 수분함량 80%로 농축하면 농축 후 슬러지 용적(m^3)을 구하시오. (단, 슬러지 비중 1.0)

정답

$7.5m^3$

해설

$\rho_1V_1(1-W_1)=\rho_2V_2(1-W_2)$

ρ_1: 농축 전 비중, ρ_2: 농축 후 비중

V_1: 농축 전 슬러지 부피(m^3), V_2: 농축 후 슬러지 부피(m^3)

W_1: 농축 전 슬러지 함수율, W_2: 농축 후 슬러지 함수율

$50m^3\times(1-0.97)=V_2\times(1-0.80)$

$\therefore V_2=7.5m^3$

06

★★☆

하수관에서 발생하는 황화수소에 의한 관정부식을 방지하는 대책을 3가지 쓰시오.

정답

① 공기, 산소, 과산화수소, 초산염 등의 약품을 주입하여 황화수소의 발생을 방지한다.
② 환기를 통해 관 내 황화수소를 희석한다.
③ 산화제의 첨가에 의한 황화물의 산화, 금속염의 첨가에 의한 황화수소의 고정화로 기상 중으로의 확산을 방지한다.
④ 황산염 환원세균의 활동을 억제시킨다.
⑤ 유황산화 세균의 활동을 억제시킨다.
⑥ 방식 재료를 사용하여 관을 방호한다.

만점 KEYWORD

① 공기, 산소, 과산화수소, 초산염, 약품, 황화수소, 방지
② 환기, 관 내 황화수소, 희석
③ 산화제 첨가, 황화물 산화, 금속염 첨가, 황화수소 고정화, 확산, 방지
④ 황산염 환원세균, 억제
⑤ 유황산화 세균, 억제
⑥ 방식 재료, 관, 방호

관련이론 | **관정부식(Crown 현상)**

혐기성 상태에서 황산염이 황산염 환원세균에 의해 환원되어 황화수소를 생성

↓

황화수소가 콘크리트 벽면의 결로에 재용해되고 유황산화 세균에 의해 황산으로 산화

↓

콘크리트 표면에서 황산이 농축되어 pH가 1~2로 저하 → 콘크리트의 주성분인 수산화칼슘이 황산과 반응 → 황산칼슘 생성, 관정부식 초래

07

★★★

저수량 400,000m^3, 면적 10^{5}m^{2}인 저수지에 오염물질이 유출되어 오염물질의 농도가 30mg/L가 되었다. 오염물질의 농도가 3mg/L가 되는데 걸리는 시간(yr)을 구하시오.

- 호수는 CFSTR 모델로 가정
- 오염이 있기 전에 오염물질은 존재하지 않았음
- 연 강수량 1,200mm/yr
- 강우에 의한 유입과 유출만이 있음

정답

7.68yr

해설

- **연간 유입되는 강우량(m^3/yr) 계산**

$$\frac{1.2\text{m}}{\text{yr}} \times 10^5\text{m}^2 = 120{,}000\text{m}^3/\text{yr}$$

- **단순희석에 의한 시간(t) 계산**

$$\ln\frac{C_t}{C_0} = -\frac{Q}{\forall}\cdot t$$

Q: 유량(m^3/day), C_0: 초기 농도(mg/L), C_t: 나중 농도(mg/L)
$\forall$: 반응조 체적(m^3), t: 시간(day)

$$\ln\frac{3\text{mg/L}}{30\text{mg/L}} = -\frac{120{,}000\text{m}^3/\text{yr}}{400{,}000\text{m}^3}\times t$$

$\therefore t = 7.6753 ≒ 7.68$yr

08 ★★★

메탄최대수율은 제거 1kg COD당 0.35m³이다. 이를 증명하고, 유량이 675m³/day이고 COD 3,000mg/L인 폐수의 COD 제거효율이 80%일 때의 CH_4의 발생량(m³/day)을 구하시오.

(1) 증명과정

(2) CH_4의 발생량(m³/day)

정답

(1) 증명과정

① $\underline{C_6H_{12}O_6} + \underline{6O_2} \rightarrow 6H_2O + 6CO_2$

$180g : 6 \times 32g = Xkg : 1kg$

$\therefore X = \frac{180 \times 1}{6 \times 32} = 0.9375kg/kg$

② $\underline{C_6H_{12}O_6} \rightarrow \underline{3CH_4} + 3CO_2$

$180g : 3 \times 22.4L = 0.9375kg : Ym^3$

$\therefore Y = \frac{3 \times 22.4 \times 0.9375}{180} = 0.35m^3/kg$

(2) 567m³/day

해설

(1) 해설이 따로 없습니다. 정답에 증명과정을 쓰시면 됩니다.

(2) CH_4의 발생량(m³/day) 구하기

$$\frac{675m^3}{day} \times \frac{3,000mg}{L} \times \frac{1kg}{10^6mg} \times \frac{10^3L}{1m^3} \times 0.8 \times \frac{0.35m^3}{kg}$$

$= 567m^3/day$

09 ★★☆

탈질반응이 일어날 때 탈질균은 용존유기물질을 이용한다. 유기물질로 이용될 수 있는 형태 및 방법을 3가지만 서술하시오.

정답

① 박테리아 등의 내생탄소원

② 메탄올, 아세트산, 펩톤 등의 외부탄소원

③ 유입 하수 내의 유기물질

만점 KEYWORD

① 박테리아, 내생탄소원

② 메탄올, 아세트산, 펩톤, 외부탄소원

③ 유입 하수, 유기물질

10 ★★☆

회분식연속반응조(SBR)의 장점을 연속흐름반응조(CFSTR)와 비교하여 5가지 서술하시오.

정답

① 충격부하에 강하다.

② 고부하형의 경우 다른 처리방식과 비교하여 적은 부지면적에 시설을 건설할 수 있다.

③ 운전방식에 따라 사상균 벌킹을 방지할 수 있다.

④ 질소(N)와 인(P)의 동시 제거 시 운전의 유연성이 크다.

⑤ 2차 침전지와 슬러지 반송설비가 불필요하다.

만점 KEYWORD

① 충격부하, 강함

② 고부하형, 적은, 부지면적

③ 운전방식, 사상균 벌킹, 방지

④ 질소, 인, 동시 제거, 운전, 유연성, 큼

⑤ 2차 침전지, 슬러지 반송설비, 불필요

관련이론

연속회분식활성슬러지법(SBR: Sequencing Batch Reactor)

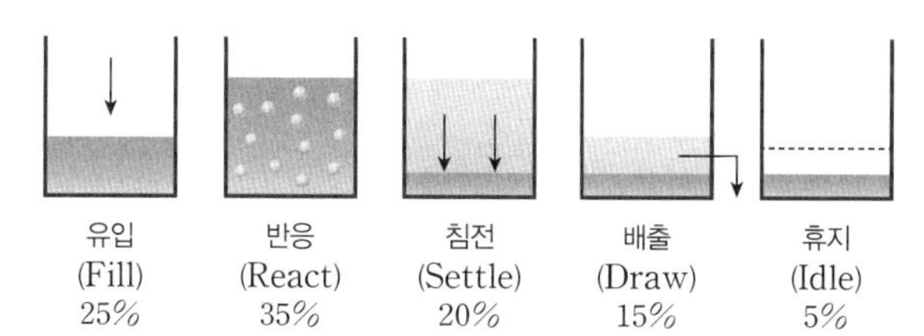

- 기존 활성슬러지 처리에서의 공간개념을 시간개념으로 전환한 것이라고 할 수 있다.
- 단일 반응조 내에서 1주기(cycle) 중에 호기 → 무산소 → 혐기의 조건을 설정하여 질산화 및 탈질반응을 도모할 수 있다.
- 고부하형의 경우 다른 처리방식과 비교하여 적은 부지면적에 시설을 건설할 수 있다.
- 운전방식에 따라 사상균 벌킹을 방지할 수 있다.
- 충격부하 또는 첨두유량에 대한 대응성이 좋다.
- 처리용량이 큰 처리장에는 적용하기 어렵다.
- 질소(N)와 인(P)의 동시 제거 시 운전의 유연성이 크다.

11 ★☆☆

폐수처리시설로 유입되는 폐수의 양이 50,000m^3/day일 때, 슬러지의 농축시설을 아래 조건과 같이 설계하려고 한다. 다음 물음에 답하시오.

- 1차 침전지 슬러지 발생량: 200m^3/day
- 2차 침전지 슬러지 발생량: 650m^3/day
- 1차 침전지 슬러지 함수율: 98%
- 2차 침전지 슬러지 함수율: 99.2%
- 농축시간: 12시간
- 고형물 부하: 80kg/m^2·day
- 농축슬러지 함수율: 96.5%
- 슬러지 비중: 1.0

(1) 농축조의 부피(m^3)
(2) 농축조의 필요면적(m^2)
(3) 농축슬러지의 발생량(m^3/day)

정답

(1) 425m^3
(2) 115m^2
(3) 262.86m^3/day

해설

(1) 농축조의 부피(∀) 구하기

$$Q=\frac{\forall}{t} \rightarrow \forall=Q\cdot t$$

$$\therefore \forall=\frac{(200+650)m^3}{day}\times 12hr\times\frac{1day}{24hr}=425m^3$$

(2) 농축조의 필요면적(A) 구하기

① 1차 침전지에서 발생되는 고형물의 양(kg/day) 계산

$$\frac{200m^3}{day}\times\frac{1,000kg}{m^3}\times\frac{2}{100}=4,000kg/day$$

② 2차 침전지에서 발생되는 고형물의 양(kg/day) 계산

$$\frac{650m^3}{day}\times\frac{1,000kg}{m^3}\times\frac{0.8}{100}=5,200kg/day$$

③ 농축조의 필요면적(A) 계산

$$\text{고형물 부하}=\frac{\text{고형물의 양}}{\text{면적}}$$

$$\frac{80kg}{m^2\cdot day}=\frac{(4,000+5,200)kg/day}{Am^2}$$

$$\therefore A=115m^2$$

(3) 농축슬러지의 발생량(m^3/day) 구하기

$$\frac{(4,000+5,200)kg}{day}\times\frac{100}{3.5}\times\frac{m^3}{1,000kg}$$
$$=262.8571\fallingdotseq 262.86m^3/day$$

12 ★★☆

소독부산물인 THM(트리할로메탄)의 생성속도에 다음 인자가 미치는 영향을 서술하시오.

(1) 수온
(2) pH
(3) 불소

정답

(1) 수온이 높을수록 THM의 생성속도는 증가한다.
(2) pH가 높을수록 THM의 생성속도는 증가한다.
(3) 불소의 농도가 높을수록 THM의 생성속도는 증가한다.

관련이론 | THM(트리할로메탄)

- 소독부산물로 정수처리공정에서 주입되는 염소와 원수 중에 존재하는 브롬, 유기물 등의 전구물질과 반응하여 생성된다.
- 수돗물에 생성된 트리할로메탄류는 대부분 클로로포름($CHCl_3$)으로 존재한다.
- 전구물질의 농도 · 양 ↑, 수온 ↑, pH ↑ → THM ↑

13 ★★★

암모니아 탈기법에 의해 폐수 중의 암모니아성 질소를 제거하려고 한다. pH가 11인 경우 암모니아성 질소 중의 NH_3(%)를 구하시오. (단, 평형상수 K=1.8×10^{-5})

정답

98.23%

해설

- **수산화이온의 몰농도(mol/L) 계산**

$$pOH=14-pH=14-11=3$$
$$[OH^-]=10^{-pOH}=10^{-3}mol/L$$

- **$[NH_4^+]/[NH_3]$ 계산**

$$NH_3+H_2O \rightleftharpoons NH_4^+ + OH^-$$
$$K=\frac{[NH_4^+][OH^-]}{[NH_3]}$$
$$1.8\times10^{-5}=\frac{[NH_4^+]\times10^{-3}}{[NH_3]}$$
$$\frac{[NH_4^+]}{[NH_3]}=0.018$$

- **NH_3(%) 계산**

$$NH_3(\%)=\frac{NH_3}{NH_3+NH_4^+}\times100$$
$$\therefore NH_3(\%)=\frac{1}{1+0.018}\times100=98.2318\fallingdotseq 98.23\%$$

2014년 | 2회 기출문제

01

★★☆

BOD를 측정하기 위해서 BOD 배양기의 온도를 20℃로 측정하다가 정확히 2일 후 25℃로 조정되었다. 이때 측정된 BOD_5(mg/L)를 구하시오. (단, θ=1.047, $K_{20℃}$=0.13/day, BOD_u=330mg/L)

정답

271.42mg/L

해설

- 2일간 소모 BOD(mg/L) 계산
  $BOD_t = BOD_u(1-10^{-K_1 \cdot t})$
  BOD_t: t일 동안 소모된 BOD(mg/L), BOD_u: 최종 BOD(mg/L)
  K_1: 탈산소계수(day^{-1}), t: 반응시간(day)
  $\therefore BOD_2 = 330 \times (1-10^{-0.13 \times 2}) = 148.6515$mg/L
- 2일 후 잔존 BOD(mg/L) 계산
  $330 - 148.6515 = 181.3485$mg/L
- 탈산소계수의 온도 보정
  $K_{25℃} = K_{20℃} \times 1.047^{(T-20)}$
  $= 0.13/day \times 1.047^{(25-20)} = 0.1636/day$
- 3~5일차(3일간) 소모 BOD(mg/L) 계산
  2일 후 잔존 BOD $\times (1-10^{-K_{25℃} \times 3})$
  $= 181.3485 \times (1-10^{-0.1636 \times 3}) = 122.7733$mg/L
- 측정된 BOD_5(mg/L) 계산
  $\therefore BOD_5$ = 2일간 소모 BOD(20℃) + 3~5일차 소모 BOD(25℃)
  $= 148.6515 + 122.7733 = 271.4248 \fallingdotseq 271.42$mg/L

02

★★☆

농축조 설치를 위한 회분침강농축실험의 결과가 아래 그래프와 같을 때 슬러지의 초기 농도가 10g/L라면 6시간 정치 후의 슬러지의 평균 농도(g/L)를 구하시오. (단, 슬러지농도: 계면 아래의 슬러지의 농도를 말함)

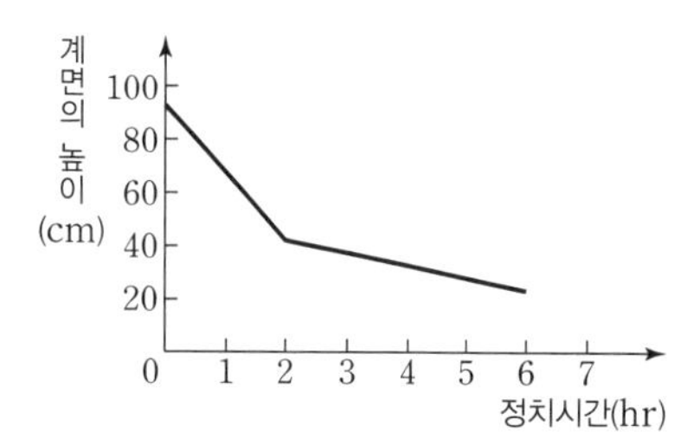

정답

45g/L

해설

그래프에서 초기(0hr)일 때 계면의 높이는 90cm이고 6시간일 때는 20cm이므로,

$\frac{10g}{L} \times \frac{90cm}{20cm} = 45g/L$

03 ★★☆

어느 하천의 초기 DO 부족량이 2.6mg/L이고, BOD_u가 21mg/L이었다. 이때 용존산소곡선(DO Sag Curve)에서 임계점에 달하는 시간(hr)과 임계점의 산소부족량(mg/L)을 구하시오. (단, 온도 20℃, 용존산소 포화량 9.2mg/L, $K_1=0.4/day$, $f=2.25$, $f=\frac{K_2}{K_1}$, 상용대수 기준)

(1) 임계시간(hr)

(2) 임계점의 산소부족량(mg/L)

정답

(1) 13.40hr

(2) 5.58mg/L

해설

(1) **임계시간(t_c) 구하기**

$$t_c=\frac{1}{K_2-K_1}\log\left[\frac{K_2}{K_1}\left\{1-\frac{D_0(K_2-K_1)}{L_0K_1}\right\}\right]$$

$$=\frac{1}{K_1(f-1)}\log\left[f\left\{1-(f-1)\frac{D_0}{L_0}\right\}\right]$$

t_c: 임계시간(day), K_1: 탈산소계수(day^{-1})

K_2: 재폭기계수(day^{-1}), L_0: 최종 BOD(mg/L)

D_0: 초기용존산소부족량(mg/L), f: 자정계수$\left(=\frac{K_2}{K_1}\right)$

$$t_c=\frac{1}{0.4(2.25-1)}\log\left[2.25\left\{1-(2.25-1)\frac{2.6}{21}\right\}\right]$$

$$=0.5583day \fallingdotseq 13.40hr$$

(2) **임계점의 산소부족량(D_c) 구하기**

$$D_c=\frac{L_0}{f}\times 10^{-K_1\cdot t_c}$$

$$=\frac{21}{2.25}\times 10^{-0.4\times 0.5583}$$

$$=5.5811 \fallingdotseq 5.58mg/L$$

04 ★★☆

Sidestream의 대표적인 공정과 원리를 설명하고 장점, 단점을 각각 1개씩 서술하시오.

(1) 공정

(2) 원리

(3) 장점(1가지)

(4) 단점(1가지)

정답

(1) Phostrip 공법

(2) 반송슬러지의 일부만이 포기조로 유입되고 인을 과잉섭취한다. 또한, 탈인조에서 인을 방출시키고 생성된 상징액을 석회를 이용하여 화학적인 방법으로 침전시켜 제거한다. 이 공정은 화학적 방법과 생물학적 방법이 조합된 공정이다.

(3) ① 기존의 활성슬러지 공법에 적용하기 쉽다.
② 유입수질의 부하변동에 강하다.
③ Mainstream 화학공정에 비하여 약품 사용량이 훨씬 적다.

(4) ① 인을 제거하기 위해 석회 등의 약품이 필요하다.
② Stripping을 위한 별도의 반응조가 필요하다.
③ 최종 침전지에서의 인 방출 방지를 위해 MLSS 내 DO를 높게 유지해야 한다.

05 ★★★

최종 BOD 1kg을 혐기성 조건에서 안정화시킬 때 30℃에서 발생될 수 있는 이론적 메탄가스의 양(m^3)을 구하시오. (단, 유기물은 $C_6H_{12}O_6$로 가정함)

정답

$0.39m^3$

해설

- **호기성 소화반응식을 통한 $C_6H_{12}O_6$의 양 계산**

$$C_6H_{12}O_6 + 6O_2 \rightarrow 6H_2O + 6CO_2$$
$$180g : 6 \times 32g = Xkg : 1kg$$
$$\therefore X = \frac{180 \times 1}{6 \times 32} = 0.9375kg$$

- **혐기성 소화반응식을 통한 CH_4의 양 계산**

$$C_6H_{12}O_6 \rightarrow 3CH_4 + 3CO_2$$
$$180g : 3 \times 22.4L = 0.9375kg : Ym^3$$
$$\therefore Y = \frac{3 \times 22.4 \times 0.9375}{180} = 0.35m^3$$

- **온도 보정(30℃)**

$$0.35m^3 \times \frac{(273+30)}{273} = 0.3885 \fallingdotseq 0.39m^3$$

관련이론 | 메탄(CH_4)의 발생

(1) **글루코스($C_6H_{12}O_6$) 1kg 당 메탄가스 발생량 (0℃, 1atm)**

$$C_6H_{12}O_6 \rightarrow 3CH_4 + 3CO_2$$
$$180g : 3 \times 22.4L$$
$$1kg : Xm^3$$
$$\therefore X = \frac{3 \times 22.4 \times 1}{180} = 0.3733 \fallingdotseq 0.37m^3$$

(2) **최종 BOD_u 1kg 당 메탄가스 발생량 (0℃, 1atm)**

① BOD_u를 이용한 글루코스 양(kg) 계산

$$C_6H_{12}O_6 + 6O_2 \rightarrow 6H_2O + 6CO_2$$
$$180g : 6 \times 32g = Xkg : 1kg$$
$$\therefore X = \frac{180 \times 1}{6 \times 32} = 0.9375kg$$

② 글루코스의 혐기성 분해식을 이용한 메탄의 양(m^3) 계산

$$C_6H_{12}O_6 \rightarrow 3CH_4 + 3CO_2$$
$$180g : 3 \times 22.4L = 0.9375kg : Ym^3$$
$$\therefore Y = \frac{3 \times 22.4 \times 0.9375}{180} = 0.35m^3$$

06 ★★☆

침전을 4가지 형태로 구분하고 특징을 서술하시오.

정답

(1) Ⅰ형 침전: 독립침전, 자유침전이라고 하며 스토크스 법칙에 따라 이웃 입자의 영향을 받지 않고 자유롭게 일정한 속도로 침전하는 형태이다.

(2) Ⅱ형 침전: 응집침전, 응결침전, 플록침전이라고 하며 응집제에 의해 입자가 플록을 형성하여 침전하는 형태로 서로의 위치를 바꾸며 침전한다.

(3) Ⅲ형 침전: 간섭침전, 계면침전, 지역침전, 방해침전이라고 하며 침강하는 입자들에 의해 방해를 받아 침전속도가 점점 감소하며 침전하는 형태로 계면을 유지하며 침강한다. 입자들은 서로의 위치를 바꾸려 하지 않는다.

(4) Ⅳ형 침전: 압축침전, 압밀침전이라고 하며 고농도의 폐수가 농축될 때 일어나는 침전의 형태로 침전된 입자가 쌓이면서 그 무게에 의해 수분이 빠져나가며 농축되는 형태의 침전이다.

만점 KEYWORD

(1) Ⅰ형 침전, 스토크스 법칙, 입자 영향 받지 않음, 일정한 속도

(2) Ⅱ형 침전, 응집제, 플록 형성, 위치 바꿈

(3) Ⅲ형 침전, 방해, 침전속도 감소, 계면 유지, 위치 바뀌지 않음

(4) Ⅳ형 침전, 농축, 입자 쌓임, 수분 빠짐

07

★★☆

SS가 100mg/L, 유량이 10,000m^3/day인 흐름에 황산제이철($Fe_2(SO_4)_3$)을 응집제로 사용하여 50mg/L가 되도록 투입한다. 침전지에서 전체 고형물의 90%가 제거된다면 생산되는 고형물의 양(kg/day)을 구하시오. (단, Fe=55.8, S=32, O=16, Ca=40, H=1)

$$Fe_2(SO_4)_3+3Ca(OH)_2 \rightarrow 2Fe(OH)_3+3CaSO_4$$

정답

1,140.54kg/day

해설

- **응집제 투입에 의해 생성되는 고형물의 양(kg/day) 계산**

$Fe_2(SO_4)_3$: $2Fe(OH)_3$

399.6g : 2×106.8g

$$\frac{50mg}{L} \times \frac{10{,}000m^3}{day} \times \frac{1kg}{10^6mg} \times \frac{10^3L}{1m^3} : Xkg/day$$

$$\therefore X = \frac{2 \times 106.8 \times 500}{399.6} = 267.2673kg/day$$

이 중 90%가 제거되므로

267.2673kg/day×0.9=240.5406kg/day

- **SS 제거에 따른 고형물 발생량(kg/day) 계산**

$$\frac{100mg}{L} \times \frac{10{,}000m^3}{day} \times \frac{1kg}{10^6mg} \times \frac{10^3L}{1m^3} \times \frac{90}{100} = 900kg/day$$

- **생산되는 고형물의 양(kg/day) 계산**

∴ 240.5406kg/day+900kg/day=1,140.5406

≒1,140.54kg/day

08

★★☆

활성슬러지법의 포기조 내에서 다음의 현상이 일어날 때 DO가 감소하는 원인을 서술하시오.

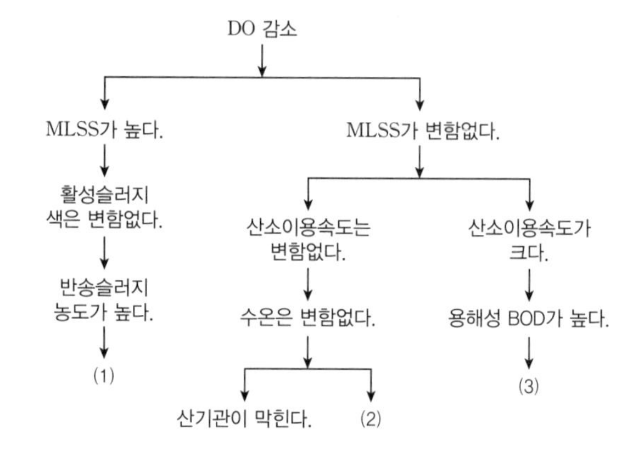

정답

(1) 포기조 내의 미생물량이 증가하여 DO가 감소한다.
(2) 잉여슬러지량의 감소로 SRT가 증가하여 DO가 감소한다.
(3) F/M비의 증가로 DO가 감소한다.

만점 KEYWORD

(1) 미생물량, 증가, DO, 감소
(2) 잉여슬러지량, 감소, SRT, 증가, DO, 감소
(3) F/M비, 증가, DO, 감소

09 ★★☆

0.1M NaOH 100mL를 2M H_2SO_4로 중화시키기 위해 필요한 H_2SO_4의 양(mL)을 구하시오.

정답

2.5mL

해설

• NaOH의 노르말농도 계산

$$\frac{0.1mol}{L}\times\frac{40g}{1mol}\times\frac{1eq}{(40/1)g}=0.1eq/L$$

• H_2SO_4의 노르말농도 계산

$$\frac{2mol}{L}\times\frac{98g}{1mol}\times\frac{1eq}{(98/2)g}=4eq/L$$

중화 반응식을 이용한다.

$NV=N'V'$

$0.1N\times100mL=4N\times XmL$

$\therefore X=2.5mL$

10 ★★☆

30cm×30cm×30cm의 상자에 물이 차 있고 증발된 물의 양이 아래와 같을 때 증발산량(cm/day)을 구하시오.

1일차 박스 무게: 20kg
3일차 박스 무게: 19.2kg

정답

0.44cm/day

해설

증발량(cm^3/day)

$$=\frac{(20-19.2)kg}{2day}\times\frac{1m^3}{1,000kg}\times\frac{10^6cm^3}{1m^3}=400cm^3/day$$

※ 2일간 증발된 물의 양이므로 2day가 분모로 들어가야 한다.

$$\therefore 증발산량(cm/day)=\frac{증발량(cm^3/day)}{상자\ 단면적(cm^2)}$$

$$=\frac{400cm^3/day}{30cm\times30cm}=0.4444\fallingdotseq0.44cm/day$$

11 ★☆☆

유입되는 분뇨 중 TS가 5%, VS가 65%이며 유입량은 100kL/day이다. 또한, 혐기성 상태에서 분해되어 VS가 TS의 45%가 되었다. 제거되는 VS 당 가스 생산량은 $1.2m^3$/kg, 분뇨 및 슬러지의 비중은 1.0일 때 다음 물음에 답하시오.

(1) VS 제거효율(%)

(2) TS 제거효율(%)

(3) 가스생산량/분뇨유입량

정답

(1) 55.94%

(2) 36.36%

(3) 21.82

해설

(1) VS 제거효율(η) 구하기

$$유입\ VS=\frac{100m^3}{day}\times\frac{5}{100}\times\frac{65}{100}=3.25m^3/day$$

$$유입\ FS=\frac{100m^3}{day}\times\frac{5}{100}\times\frac{35}{100}=1.75m^3/day$$

$$유출\ VS=\frac{100m^3}{day}\times\frac{5}{100}\times\frac{35}{100}\times\frac{45_{유출\ VS}}{55_{유입\ FS}}=1.4318m^3/day$$

※ FS는 혐기성 상태에서 분해되지 않으므로 변하지 않는다.

$$\therefore \eta=\left(1-\frac{유출\ VS}{유입\ VS}\right)\times100$$

$$=\left(1-\frac{1.4318}{3.25}\right)\times100=55.9446\fallingdotseq55.94\%$$

(2) TS 제거효율(η) 구하기

$$유입\ TS=\frac{100m^3}{day}\times\frac{5}{100}=5m^3/day$$

$$유출\ TS=유출\ FS+유출\ VS=1.75+1.4318=3.1818m^3/day$$

$$\therefore \eta=\left(1-\frac{유출\ TS}{유입\ TS}\right)\times100$$

$$=\left(1-\frac{3.1818}{5}\right)\times100=36.364\fallingdotseq36.36\%$$

(3) 가스생산량/분뇨유입량 구하기

분해된 VS는 가스로 발생하므로

$$가스발생량=\frac{(3.25-1.4318)m^3}{day}\times\frac{10^3kg}{1m^3}\times\frac{1.2m^3}{kg}$$

$$=2,181.84m^3/day$$

$$\therefore \frac{가스발생량}{분뇨유입량}=\frac{2,181.84m^3/day}{100m^3/day}=21.8184\fallingdotseq21.82$$

2014년 | 1회 기출문제

01

★★☆

패들 교반장치의 이론 소요동력식 $P=\frac{C_D \cdot A \cdot \rho \cdot V_p^3}{2}$을 이용하여 부피가 1,000m³인 혼합교반조의 속도경사를 30/sec로 유지하기 위한 소요동력(W)과 패들의 면적(m²)을 구하시오. (단, $\mu=1.14\times10^{-3}$N·sec/m², $C_D=1.8$, $V_p=0.5$m/sec, $\rho=1{,}000$kg/m³)

(1) 소요동력(W)

(2) 패들의 면적(m²)

정답

(1) 1,026W

(2) 9.12m²

해설

(1) **소요동력(P) 구하기**

$P=G^2 \cdot \mu \cdot \forall$

P: 동력(W), G: 속도경사(sec⁻¹), μ: 점성계수(kg/m·sec)

$\forall$: 부피(m³)

$$\therefore P=\left(\frac{30}{\text{sec}}\right)^2\times\frac{1.14\times10^{-3}\text{N}\cdot\text{sec}}{\text{m}^2}\times1{,}000\text{m}^3=1{,}026\text{W}$$

(2) **패들의 면적(A) 구하기**

$$P=\frac{C_D \cdot A \cdot \rho \cdot V_p^3}{2}$$

$$1{,}026\text{W}=\frac{1.8\times A\text{m}^2\times1{,}000\text{kg/m}^3\times(0.5\text{m/sec})^3}{2}$$

$$\therefore A=9.12\text{m}^2$$

02

★★★

CFSTR에서 물질을 분해하여 효율 95%로 처리하고자 한다. 이 물질은 1차 반응으로 분해되며, 속도상수는 0.05/hr이다. 유량은 300L/hr이고 유입농도는 150mg/L로 일정하다면 CFSTR의 필요 부피(m³)를 구하시오. (단, 반응은 정상상태로 가정)

정답

114m³

해설

$Q(C_0-C_t)=K\cdot\forall\cdot C_t^m$

Q: 유량(m³/hr), C_0: 초기 농도(mg/L), C_t: 나중 농도(mg/L)

K: 반응속도상수(hr⁻¹), $\forall$: 반응조 체적(m³), m: 반응차수

$$\therefore \forall=\frac{Q(C_0-C_t)}{K\cdot C_t^m}$$

$$=\frac{300\text{L/hr}\times(150-7.5)\text{mg/L}}{0.05\text{/hr}\times(7.5\text{mg/L})^1\times10^3\text{L/m}^3}$$

$$=114\text{m}^3$$

관련이론 | **완전혼합반응조(CFSTR)**

- 유입과 유출이 동시에 있으며 반응조 내에서는 완전혼합되어 반응한 후 유출된다.
- 유입된 액체의 일부분은 즉시 유출된다.
- 충격부하에 강하다.
- 부하변동에 강하다.
- 동일 용량 PFR에 비해 제거효율이 좋지 않다.

03

★★☆

20℃에서 성장속도계수가 1.6day^{-1}이고 성장속도계수 비율이 K_{20}/K_{10}=1.9일 때 30℃에서의 성장속도계수(day^{-1})를 구하시오.

정답

$3.04day^{-1}$

해설

- 온도보정계수(θ) 계산

  $K_T = K_{20℃} \times \theta^{(T-20)}$

  문제 조건에서 $K_{20}/K_{10} = 1.9$을 식에 대입한다.

  $K_{10} = 1.9 \times K_{10} \times \theta^{(10-20)}$

  $\therefore \theta = 1.0663$

- 30℃에서 성장속도계수(K_{30}) 계산

  $\therefore K_{30} = K_{20℃} \times 1.0663^{(30-20)}$

  $= 1.6 \times 1.0663^{(30-20)} = 3.0403 ≒ 3.04day^{-1}$

04

★★★

최종 BOD 1kg을 혐기성 조건에서 안정화시킬 때 표준상태에서 발생될 수 있는 이론적 메탄가스의 양(m^3)을 구하시오. (단, 유기물은 $C_6H_{12}O_6$로 가정함)

정답

$0.35m^3$

해설

- 호기성 소화반응식을 통한 $C_6H_{12}O_6$의 양 계산

  $\underline{C_6H_{12}O_6} + \underline{6O_2} \rightarrow 6H_2O + 6CO_2$

  180g : 6×32g = Xkg : 1kg

  $\therefore X = \frac{180 \times 1}{6 \times 32} = 0.9375kg/kg$

- 혐기성 소화반응식을 통한 CH_4의 양 계산

  $\underline{C_6H_{12}O_6} \rightarrow \underline{3CH_4} + 3CO_2$

  180g : 3×22.4L = 0.9375kg : Ym^3

  $\therefore Y = \frac{3 \times 22.4 \times 0.9375}{180} = 0.35m^3/kg$

05

★★☆

생물학적 질소제거공정에서 질산화로 생성된 NO_3–N 1g이 탈질되어 질소로 환원될 때 필요한 이론적인 메탄올(CH_3OH)의 양(g)을 구하시오.

정답

1.90g

해설

- 질산성 질소(NO_3-N)와 메탄올(CH_3OH)과의 반응비 계산

  $\underline{6NO_3^-} + \underline{5CH_3OH} \rightarrow 3N_2 + 5CO_2 + 6OH^- + 7H_2O$

  6×14g : 5×32g = 1g : Xg

  $\therefore X = \frac{5 \times 32 \times 1}{6 \times 14} = 1.9048 ≒ 1.90g$

06

★☆☆

아래의 조건에서 Glycine($CH_2(NH_2)COOH$)의 1단계, 2단계 산화반응식을 이용하여 ThOD(g/mol)를 구하시오.

> - 1단계 반응: C와 N은 CO_2와 NH_3로 전환된다.
> - 2단계 반응: NH_3는 NO_2^-를 거쳐서 NO_3^-로 산화된다.

정답

112g/mol

해설

1단계: $CH_2(NH_2)COOH + 1.5O_2 \rightarrow 2CO_2 + H_2O + NH_3$

2단계: $NH_3 + 2O_2 \rightarrow H^+ + NO_3^- + H_2O$

전체: $\underline{CH_2(NH_2)COOH} + \underline{3.5O_2} \rightarrow 2CO_2 + 2H_2O + HNO_3$

1mol : 3.5×32g

$\therefore$ ThOD = 112g/mol

07

★★☆

아래의 조건으로 2단 살수여상을 운영할 때 1단 살수여상의 직경(m)을 구하시오. (단, 두 여과기 모두 BOD_5 제거효율과 재순환율은 동일함)

- 유량: $3,785m^3/day$
- 유입 BOD_5: 195mg/L
- 최종 BOD_5: 20mg/L
- 여과상 깊이: 2m
- 반송률: 1.8
- 1단 여과상의 BOD_5 제거효율

$$E_1 = \frac{100}{1+0.432\sqrt{\dfrac{W_0}{\forall \cdot F}}}$$

- W_0: 여과상에 가해지는 BOD 부하
- $\forall$: 여과상 부피
- 반송계수 $F = \dfrac{1+R}{(1+R/10)^2}$

정답

14.01m

해설

$$W_0 = \frac{3,785m^3}{day} \times \frac{195mg}{L} \times \frac{10^3L}{1m^3} \times \frac{1kg}{10^6mg} = 738.075kg/day$$

$$F = \frac{1+R}{(1+R/10)^2} = \frac{1+1.8}{(1+1.8/10)^2} = 2.0109$$

$$195mg/L \times (1-E_1) \times (1-E_2) = 20mg/L$$

여기서, $E_1 = E_2$ 이므로 $(1-E_1)^2 = \dfrac{20mg/L}{195mg/L} = 0.1026$

$$E_1 = E_2 = 0.6797 = 67.97\%$$

$$E_1 = \frac{100}{1+0.432\sqrt{\dfrac{W_0}{\forall \cdot F}}}$$

$$67.97 = \frac{100}{1+0.432\sqrt{\dfrac{738.075}{\forall \times 2.0109}}}$$

$\therefore \ \forall = 308.4595m^3$

$\forall = 308.4595m^3 = A \times H = A \times 2m$

$A = \dfrac{\pi D^2}{4} = 154.2298m^2$

$\therefore \ D = 14.0133 \fallingdotseq 14.01m$

08

★★★

MBR의 하수처리원리와 특징 4가지를 서술하시오.

(1) 하수처리원리
(2) 특징(4가지)

정답

(1) 생물반응조와 분리막을 결합하여 이차침전지 등을 대체하는 시설로서 슬러지 벌킹이 일어나지 않고 고농도의 MLSS를 유지하며 유기물, BOD, SS 등의 제거에 효과적이다.

(2) ① 완벽한 고액분리가 가능하다.
② 높은 MLSS 유지가 가능하므로 지속적으로 안정된 처리수질을 획득할 수 있다.
③ 긴 SRT로 인하여 슬러지 발생량이 적다.
④ 분리막의 교체비용 및 유지관리비용 등이 과다하다.
⑤ 분리막의 파울링에 대처가 곤란하다.
⑥ 분리막을 보호하기 위한 전처리로 1mm 이하의 스크린 설비가 필요하다.

만점 KEYWORD

(1) 생물반응조, 분리막, 결합, 슬러지 벌킹 일어나지 않음, 고농도의 MLSS 유지, 유기물, BOD, SS, 제거

(2) ① 고액분리, 가능
② 높은, MLSS 유지, 안정된, 처리수질
③ 긴, SRT, 슬러지 발생량, 적음
④ 교체비용, 유지관리비용, 과다
⑤ 분리막, 파울링, 대처, 곤란
⑥ 1mm 이하, 스크린 설비, 필요

09 ★★☆

폐수 중에 BOD_2가 600mg/L, NH_4^+-N이 10mg/L 있다. 이 폐수를 활성슬러지법으로 처리하고자 할 때, 첨가해야 할 인(P)과 질소(N)의 양(mg/L)을 구하시오. (단, K_1=0.2/day, BOD_5 : N : P=100 : 5 : 1, 상용대수 기준)

(1) 인(P)의 양(mg/L)

(2) 질소(N)의 양(mg/L)

정답

(1) 8.97mg/L

(2) 34.86mg/L

해설

$BOD_t = BOD_u(1-10^{-K_1 \cdot t})$

BOD_t: t일 동안 소모된 BOD(mg/L), BOD_u: 최종 BOD(mg/L)

K_1: 탈산소계수(day^{-1}), t: 반응시간(day)

$600mg/L = BOD_u \times (1-10^{-0.2\times 2})$

$\therefore BOD_u = 996.8552mg/L$

$BOD_5 = BOD_u \times (1-10^{-K_1\times 5})$

$= 996.8552 \times (1-10^{-0.2\times 5}) = 897.1697mg/L$

(1) **첨가해야 할 인(P)의 양(mg/L) 구하기**

BOD_5 : P=100 : 1=897.1697mg/L : Xmg/L

$\therefore X = \frac{897.1697\times 1}{100} = 8.9717 ≒ 8.97mg/L$

(2) **첨가해야 할 질소(N)의 양(mg/L) 구하기**

BOD_5 : N=100 : 5=897.1697mg/L : Ymg/L

$\therefore Y = \frac{897.1697\times 5}{100} = 44.8585 ≒ 44.86mg/L$

※ 첨가해야 할 질소의 양은 기존 폐수에 존재하는 질소의 양(10mg/L)을 제외한 양이어야 한다.

$\therefore$ 44.86mg/L−10mg/L=34.86mg/L

10 ★★★

다음 질소와 인을 동시에 제거하는 5단계 Bardenpho 공정의 공정도와 반응조 명칭, 역할을 서술하시오.

(1) 공정도 (반응조 명칭, 내부반송, 슬러지 반송 표시)

(2) 반응조 명칭과 역할

정답

(1)

(2) ① 1단계 혐기조: 인의 방출이 일어난다.

② 1단계 무산소조: 탈질에 의한 질소를 제거한다.

③ 1단계 호기조: 질산화가 일어나고 인의 과잉흡수가 일어난다.

④ 2단계 무산소조: 잔류 질산성질소가 제거된다.

⑤ 2단계 호기조: 슬러지의 침강성을 좋게 유지하고 인의 재방출을 막는다.

11 ★★☆

봄과 가을에 발생하는 전도현상에 대해 서술하시오.

(1) 봄

(2) 가을

정답

(1) 봄이 되면 얼음이 녹으면서 수표면 부근의 수온이 증가하고 수직혼합이 활발해져 수질이 악화된다.

(2) 대기권의 기온 하강으로 호소수 표면의 수온이 감소되어 표수층의 밀도가 증가하고 수직혼합이 활발해져 수질이 악화된다.

만점 KEYWORD

(1) 얼음 녹음, 수온 증가, 수직혼합 활발, 수질 악화

(2) 기온 하강, 수온 감소, 밀도 증가, 수직혼합 활발, 수질 악화

2013년 | 3회 기출문제

01 ★★★

수온 15℃, 유량 $0.7m^3/sec$, 직경 0.6m, 길이 50m인 관에서의 높이(m)를 Manning 공식을 이용하여 구하시오. (단, 만관 기준, n=0.013, 기타 조건은 고려하지 않음)

정답

0.65m

해설

- **유속(V) 계산**

$Q=AV$

$0.7m^3/sec=\frac{\pi\times(0.6m)^2}{4}\times V$

$\therefore V=2.4757m/sec$

- **관에서의 높이(h) 계산**

Manning 공식을 이용한다.

$V=\frac{1}{n}R^{\frac{2}{3}}I^{\frac{1}{2}}$

V: 유속(m/sec), n: 조도계수, R: 경심(m), I: 동수경사

$2.4757m/sec=\frac{1}{0.013}\times\left(\frac{0.6m}{4}\right)^{\frac{2}{3}}\times(I)^{\frac{1}{2}}$

※ 원형인 경우, 경심(R)은 $\frac{D}{4}$로 구할 수 있다.

$I=0.013$

$\therefore h=IL=0.013\times 50m=0.65m$

02 ★★★

수격현상과 공동현상의 원인 한 가지와 방지대책 두 가지를 쓰시오.

(1) 수격현상

(2) 공동현상

정답

(1) ① 원인

- 만관 내에 흐르고 있는 물의 속도가 급격히 변화할 경우
- 펌프가 정전 등으로 인해 정지 및 가동을 할 경우
- 펌프를 급하게 가동할 경우
- 토출측 밸브를 급격히 개폐할 경우

② 방지대책

- 펌프에 플라이휠(Fly-wheel)을 붙여 펌프의 관성을 증가시킨다.
- 토출관측에 조압수조를 설치한다.
- 관 내 유속을 낮추거나 관로상황을 변경한다.
- 토출측 관로에 한 방향 조압수조를 설치한다.
- 펌프 토출구 부근에 공기탱크를 두거나 부압 발생지점에 흡기밸브를 설치하여 압력 강하 시 공기를 넣어준다.

(2) ① 원인

- 펌프의 과속으로 유량이 급증할 경우
- 펌프의 흡수면 사이의 수직거리가 길 경우
- 관 내의 수온이 증가할 경우
- 펌프의 흡입양정이 높을 경우

② 방지대책

- 펌프의 회전수를 감소시켜 필요유효흡입수두를 작게 한다.
- 흡입측의 손실을 가능한 한 작게 하여 가용유효흡입수두를 크게 한다.
- 펌프의 설치위치를 가능한 한 낮추어 가용유효흡입수두를 크게 한다.
- 흡입측 밸브를 완전히 개방하고 펌프를 운전한다.
- 임펠러를 수중에 잠기게 한다.

03 ★★☆

시료 1L에 0.7kg의 $C_8H_{12}O_3N_2$이 포함되어 있다. 1kg의 $C_8H_{12}O_3N_2$이 $C_5H_7O_2N$ 0.5kg을 합성한다면 $C_8H_{12}O_3N_2$의 최종 생성물과 미생물로 완전 산화될 때 필요한 산소량(kg/L)을 구하시오. (단, 최종 생성물은 H_2O, CO_2, NH_3)

정답

0.48kg/L

해설

(1) 세포합성에 필요한 산소량 계산

$C_8H_{12}O_3N_2+3O_2 \rightarrow C_5H_7O_2N+NH_3+H_2O+3CO_2$

① 세포합성에 소요되는 $C_8H_{12}O_3N_2$ 계산

$\underline{C_8H_{12}O_3N_2} : \underline{C_5H_7O_2N}$

184g : 113g

Xkg/L : 0.5kg/kg×0.7kg/L

$\therefore X=\frac{184\times0.5\times0.7}{113}=0.5699\text{kg/L}$

② 필요한 산소량(kg/L) 계산

$\underline{C_8H_{12}O_3N_2}$: $\underline{3O_2}$

184g : 3×32g

0.5699kg/L : Ykg/L

$\therefore Y=\frac{3\times32\times0.5699}{184}=0.2973\text{kg/L}$

(2) 최종 생성물 생성에 필요한 산소량(kg/L) 계산

$\underline{C_8H_{12}O_3N_2}+\underline{8O_2} \rightarrow 2NH_3+3H_2O+8CO_2$

184g : 8×32g

(0.7−0.5699)kg/L : Zkg/L

$\therefore Z=\frac{8\times32\times(0.7-0.5699)}{184}=0.1810\text{kg/L}$

(3) 완전 산화될 때 필요한 산소량(kg/L) 계산

$\therefore Y+Z=0.2973+0.1810=0.4783 \fallingdotseq 0.48\text{kg/L}$

04 ★★☆

혐기성 소화에서 생슬러지 중 유기물이 75%, 무기물이 25%인 슬러지가 소화한 후 유기물이 60%, 무기물이 40%가 되었다. 이때의 (1)소화효율(%)을 구하시오. 또한, 투입한 슬러지의 TOC 농도가 10,000mg/L일 때 슬러지 $1m^3$당 발생되는 (2)소화가스량(m^3)을 구하시오. (단, 슬러지의 유기성분은 포도당인 탄수화물로 구성되어 있으며, 표준상태 기준)

(1) 소화효율(%)

(2) 소화가스량(m^3)

정답

(1) 50%

(2) $9.33m^3$

해설

(1) 소화효율(η) 구하기

$$\eta=\left[1-\left(\frac{VS_2/FS_2}{VS_1/FS_1}\right)\right]\times100$$

η: 소화효율(%)

FS_1: 투입슬러지의 무기성분(%), FS_2: 소화슬러지의 무기성분(%)

VS_1: 투입슬러지의 유기성분(%), VS_2: 소화슬러지의 유기성분(%)

$$\eta=\left[1-\left(\frac{60/40}{75/25}\right)\right]\times100=50\%$$

(2) 소화가스량(m^3) 구하기

① 슬러지의 소화되는 TOC량(kg) 계산

$$\frac{10{,}000\text{mg}}{\text{L}}\times\frac{10^3\text{L}}{1\text{m}^3}\times\frac{1\text{kg}}{10^6\text{mg}}\times1\text{m}^3\times\frac{50}{100}=5\text{kg}$$

② 혐기성 소화 반응식을 통한 CH_4, CO_2 양(m^3) 계산

$\underline{C_6H_{12}O_6} \rightarrow \underline{3CH_4}+\underline{3CO_2}$

6×12kg : 3×22.4Sm^3 : 3×22.4Sm^3

5kg : Xm^3 : Ym^3

$X=\frac{3\times22.4\times5}{6\times12}=4.6667m^3$

$Y=\frac{3\times22.4\times5}{6\times12}=4.6667m^3$

$\therefore X+Y=4.6667+4.6667=9.3334 \fallingdotseq 9.33m^3$

05

★★☆

유량이 10,000m^3/day인 처리시설이 있다. 포기조의 부피는 2,500m^3이고 MLSS의 농도는 3,000mg/L, 잉여슬러지량은 50m^3/day, 잉여슬러지의 농도는 15,000mg/L, 처리된 유출수의 SS 농도는 20mg/L라면 SRT(day)를 구하시오.

정답

7.90day

해설

$$SRT=\frac{\forall \cdot X}{X_r Q_w + X_e (Q-Q_w)}$$

SRT: 고형물 체류시간(day), $\forall$: 부피(m^3), Q: 유량(m^3/day)

Q_w: 잉여슬러지 발생량(m^3/day), X: MLSS 농도(mg/L)

X_r: 잉여슬러지 SS 농도(mg/L), X_e: 유출 SS 농도(mg/L)

SRT

$$=\frac{2{,}500m^3 \times 3{,}000mg/L}{15{,}000mg/L \times 50m^3/day + 20mg/L \times (10{,}000-50)m^3/day}$$

$=7.9031 \fallingdotseq 7.90$day

06

★★☆

Cd^{2+}를 함유하는 산성 수용액 중의 Cd^{2+}를 $Cd(OH)_2$로 제거하고자 한다. pH가 11일 때 Cd^{2+}의 농도(mg/L)를 구하시오. (단, $Cd(OH)_2$의 $K_{sp}=4\times10^{-14}$, 원자량은 Cd=112.4, O=16, H=1, 기타 공존이온의 영향이나 착염에 의한 재용해도는 없는 것으로 가정)

정답

4.50×10^{-3}mg/L

해설

$Cd(OH)_2 \rightleftharpoons Cd^{2+} + 2OH^-$

$K_{sp}=[Cd^{2+}][OH^-]^2$

여기서, OH^-의 몰농도를 구하면

$[OH^-]=10^{-pOH}=10^{-(14-11)}=10^{-3}M$

$4\times10^{-14}=[Cd^{2+}]\times(10^{-3})^2$

$\therefore [Cd^{2+}]=4\times10^{-8}M$

$$\therefore \frac{4\times10^{-8}mol}{L}\times\frac{112.4g}{1mol}\times\frac{10^3mg}{1g}=4.496\times10^{-3}$$

$\fallingdotseq 4.50\times10^{-3}$mg/L

07

★☆☆

A^2/O 공법에서의 각 반응조 명칭을 쓰고 인 제거 원리를 서술하시오.

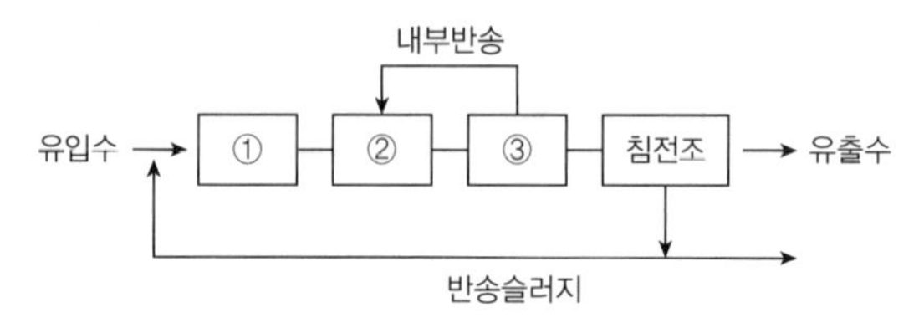

(1) 각 반응조 명칭(①, ②, ③)

(2) 인 제거 원리

정답

(1) ① 혐기조

② 무산소조

③ 호기조

(2) 혐기조에서 인의 방출이 일어나고 호기조에서 인을 과잉흡수하여 제거한다.

관련이론 | **혐기무산소호기조합법(A^2/O 공법)-질소, 인 동시 제거**

(1) **주요공정**

① 혐기조: 인 방출

② 무산소조: 탈질미생물에 의한 탈질화

③ 호기조: 유기물 제거, 인 과잉흡수

④ 내부반송: 호기조에서 질산화된 혼합액을 반송하여 질소가스 제거

(2) **A^2/O 공법 계통도**

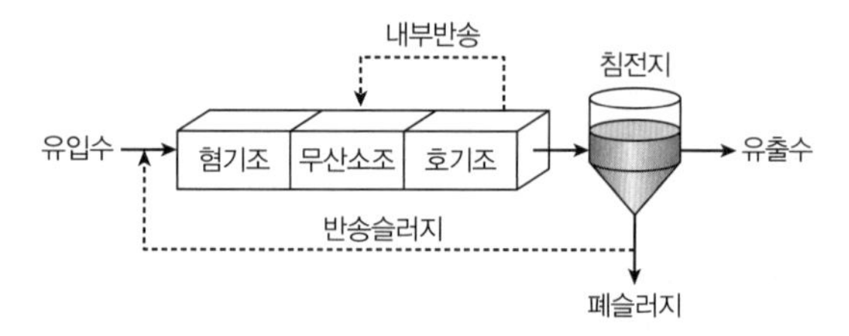

(3) **장점**

① 무산소조가 추가되어 질산염이 탈질 가능하다.

② 폐슬러지 내 인의 함량(3~5% 정도)이 비교적 높아 비료로서 가치가 높다.

③ 기존 하수처리장의 고도처리 공정으로 적용이 용이하다.

(4) **단점**

① 수온 저하 시 질소, 인 제거효율이 저하된다.

② 반송슬러지 내 질산염에 의해 인 방출이 억제되어 인 제거효율이 감소될 수 있다.

08

★★☆

아래의 조건으로 2단 살수여상을 운영할 때 최종 유출수의 BOD(mg/L)를 구하시오.

- 유량: $7{,}570m^3/day$
- 유입 BOD_5: 200mg/L
- 여과상 직경: 21m
- 여과상 깊이: 1.68m
- 1차 침전지 BOD 제거율: 33%
- 반송률: 1.2
- 1단 여과상의 BOD_5 제거효율

$$E_1=\frac{100}{1+0.432\sqrt{\frac{W_0}{\forall\cdot F}}}$$

- 2단 여과상의 BOD_5 제거효율

$$E_2=\frac{100}{1+\frac{0.432}{(1-E_1)}\sqrt{\frac{W_1}{\forall\cdot F}}}$$

- W_0, W_1: 1, 2단 여과상에 가해지는 BOD 부하
- $\forall$: 여과상 부피
- 반송계수 $F=\frac{1+R}{(1+R/10)^2}$

정답

17.74mg/L

해설

- **1단 여과상의 효율(E_1) 계산**

$$W_0=\frac{200mg}{L}\times(1-0.33)\times\frac{7{,}570m^3}{day}\times\frac{10^3L}{1m^3}\times\frac{1kg}{10^6mg}$$

$$=1{,}014.38kg/day$$

$$\forall=\frac{\pi\times(21m)^2}{4}\times1.68m=581.8858m^3$$

$$F=\frac{1+R}{(1+R/10)^2}=\frac{1+1.2}{(1+1.2/10)^2}=1.7538$$

$$\therefore E_1=\frac{100}{1+0.432\sqrt{\frac{W_0}{\forall\cdot F}}}$$

$$=\frac{100}{1+0.432\sqrt{\frac{1{,}014.38}{581.8858\times1.7538}}}=69.8958\%$$

- **2단 여과상의 효율(E_2) 계산**

$$W_1=\frac{1{,}014.38kg}{day}\times(1-0.698958)=305.3710kg/day$$

$$\therefore E_2=\frac{100}{1+\frac{0.432}{(1-E_1)}\sqrt{\frac{W_1}{\forall\cdot F}}}$$

$$=\frac{100}{1+\frac{0.432}{(1-0.698958)}\sqrt{\frac{305.3710}{581.8858\times1.7538}}}=56.0229\%$$

- **최종 유출수의 BOD(mg/L) 계산**

$$\therefore 200\times(1-0.33)(1-0.698958)(1-0.560229)$$

$$=17.7402≒17.74mg/L$$

09

★★☆

슬러지의 혐기성 분해 결과 함수율 98%, 고형물의 비중은 1.4였다. 다음 물음에 답하시오.

(1) 슬러지의 비중

(2) 혐기성 분해 시 슬러지 발생량이 호기성 분해보다 적은 이유

정답

(1) 1.01

(2) 혐기성 분해 시 유기물이 분해되어 세포화되는 양보다 가스가 되는 양이 많기 때문이다.

해설

(1) **슬러지의 비중 구하기**

$$SL=TS+W$$

$$\frac{SL}{\rho_{SL}}=\frac{TS}{\rho_{TS}}+\frac{W}{\rho_W}$$

$$\frac{100}{\rho_{SL}}=\frac{2}{1.4}+\frac{98}{1}$$

$$\therefore \rho_{SL}=1.0057≒1.01$$

(2) **혐기성 분해 시 슬러지 발생량이 호기성 분해보다 적은 이유**

혐기성 분해 시 제거되는 기질당 생산되는 세포량이 작기 때문에 슬러지 발생량이 적다.

10 ★☆☆

폐수의 유량은 10,000ton/day이고 40mg/L의 질산성 질소 (177mg/L as NO_3^-)를 함유하고 있다. 아래의 조건과 같을 때, 다음 물음에 답하시오.

- 평균 미생물 체류시간: 10day
- 유출수의 총질소 허용기준: 2mg/L
- MLSS: 1,500mg/L
- K_d: 0.04/day
- 질소제거 증식계수: 0.8
- 유입수 DO: 5mg/L
- 유출수 부유물질: 10mg/L
- 폐수 비중: 1
- 메탄올 요구량 $2.47NO_3-N+1.53NO_2-N+0.87DO$
- 유입수 내 유기물 영향은 무시

(1) 반응조의 부피(m^3)
(2) 미생물의 생성량(kg/day)
(3) 메탄올 소비량(kg/day)

정답

(1) $1,447.62m^3$
(2) 217.14kg/day
(3) 1,031.5kg/day

해설

(1) 반응조의 부피(∀) 구하기

$$\frac{1}{SRT}=\frac{Y(BOD_i-BOD_o)Q}{\forall \cdot X}-K_d$$

SRT: 고형물 체류시간(day), Y: 세포생산계수
BOD_i: 유입 BOD 농도(mg/L), BOD_o: 유출 BOD 농도(mg/L)
X: MLSS 농도(mg/L), ∀: 포기조의 부피(m^3)
K_d: 내생호흡계수(day^{-1}), Q: 유량(m^3/day)

$$\frac{1}{10day}=\frac{0.8\times\frac{(40-2)mg}{L}\times\frac{10,000m^3}{day}}{\forall m^3\times 1,500mg/L}-0.04/day$$

$\therefore \forall=1,447.6190≒1,447.62m^3$

(2) 미생물의 생성량(Q_wX_r) 구하기

$$Q_wX_r=Y(BOD_i-BOD_o)Q-K_d\cdot\forall\cdot X$$
$$=Y(BOD_i\cdot\eta)Q-K_d\cdot\forall\cdot X$$

Q_w: 잉여슬러지 발생량(m^3/day), X_r: 잉여슬러지 SS 농도(mg/L)
η: 효율

$$Q_wX_r=0.8\times\frac{(40-2)mg}{L}\times\frac{10,000m^3}{day}\times\frac{1kg}{10^6mg}\times\frac{10^3L}{1m^3}$$
$$-\frac{0.04}{day}\times1,447.6190m^3\times\frac{1,500mg}{L}\times\frac{1kg}{10^6mg}\times\frac{10^3L}{1m^3}$$
$$=217.1429≒217.14kg/day$$

(3) 메탄올 소비량(kg/day) 구하기

메탄올 요구량$=2.47NO_3-N+1.53NO_2-N+0.87DO$
$=2.47\times40+1.53\times0+0.87\times5=103.15mg/L$

$$\therefore \text{소비량}=\frac{103.15mg}{L}\times\frac{10,000m^3}{day}\times\frac{1kg}{10^6mg}\times\frac{10^3L}{1m^3}$$
$$=1,031.5kg/day$$

11 ★★☆

R.O(Reverse Osmosis)와 Electrodialysis의 기본원리를 각각 서술하시오.

(1) R.O(Reverse Osmosis)
(2) Electrodialysis

정답

(1) R.O(Reverse Osmosis): 용매만을 통과시키는 반투막을 이용하여 삼투압 이상의 압력을 가하여 용질을 분리해 내는 방법이다.
(2) Electrodialysis(전기투석법): 이온교환수지에 전하를 가하여 양이온과 음이온의 투과막으로 물을 분리해 내는 방법이다.

만점 KEYWORD

(1) 반투막, 삼투압 이상의 압력, 분리
(2) 이온교환수지, 전하, 이온, 투과막, 분리

2013년 | 2회 기출문제

01

★★☆

유량이 1,000m^3/day이고, 직경이 0.012cm인 기름방울을 부상을 이용하여 제거하려고 한다. 이때, 부상속도(m/hr)와 부상분리 최소 수면적(m^2)을 구하시오. (단, 물의 밀도 1g/cm^3, 기름의 밀도 0.8g/cm^3, 물의 점성계수 0.01g/cm·sec)

(1) 부상속도(m/hr)

(2) 최소 수면적(m^2)

정답

(1) 5.64m/hr

(2) 7.38m^2

해설

(1) 부상속도(V_F) 구하기

$$V_F = \frac{d_p^2(\rho_w - \rho_p)g}{18\mu}$$

V_F: 부상속도(cm/sec), d_p: 입자의 직경(cm)

ρ_w: 물의 밀도(g/cm^3), ρ_p: 입자의 밀도(g/cm^3)

μ: 유체의 점성계수(g/cm·sec), g: 중력가속도(cm/sec^2)

$$V_F = \frac{(0.012\text{cm})^2 \times (1-0.8)\text{g/cm}^3 \times 980\text{cm/sec}^2}{18 \times 0.01\text{g/cm}\cdot\text{sec}}$$

$$= 0.1568\text{cm/sec}$$

$$\therefore \frac{0.1568\text{cm}}{\text{sec}} \times \frac{1\text{m}}{100\text{cm}} \times \frac{3{,}600\text{sec}}{1\text{hr}} = 5.6448 \fallingdotseq 5.64\text{m/hr}$$

(2) 부상분리 최소 수면적(A) 구하기

$$A(\text{m}^2) = \frac{Q}{V_F}$$

$$= \frac{1{,}000\text{m}^3/\text{day}}{\frac{5.6448\text{m}}{1\text{hr}} \times \frac{24\text{hr}}{1\text{day}}} = 7.3814 \fallingdotseq 7.38\text{m}^2$$

02

★★☆

다음 공정의 인 제거 원리를 서술하시오.

(1) A/O 공정

(2) Phostrip 공정

정답

(1) 탈인 공정의 대표적인 공정으로 혐기조, 호기조, 침전조로 구성되며 혐기조에서 인이 방출되고 호기조에서 인이 과잉섭취되며 침전조에서 침전되어 제거된다.

(2) 반송슬러지의 일부만이 포기조로 유입되고 인을 과잉섭취한다. 또한, 탈인조에서는 인을 방출시켜 생성된 상징액을 석회를 이용하여 화학적인 방법으로 침전시켜 제거한다. 이 공정은 화학적 방법과 생물학적 방법이 조합된 공정이다.

만점 KEYWORD

(1) 탈인, 혐기조, 인 방출, 호기조, 인 과잉섭취, 침전조, 제거

(2) 반송슬러지 일부, 포기조, 인 과잉섭취, 탈인조, 인 방출, 석회, 화학적인 방법, 제거

03

★★☆

미생물이 분해 불가능한 유기물을 제거하기 위하여 흡착제인 활성탄을 사용하였다. COD가 56mg/L인 원수에 활성탄 20mg/L를 주입시켰더니 COD가 16mg/L, 활성탄 52mg/L를 주입시켰더니 COD가 4mg/L로 되었다. COD를 9mg/L로 만들기 위해 주입해야 할 활성탄의 양(mg/L)을 구하시오. (단, Freundlich 등온흡착식: $\frac{X}{M}=KC^{\frac{1}{n}}$ 이용)

정답

31.33mg/L

해설

$\frac{X}{M}=KC^{\frac{1}{n}}$

X: 흡착된 용질의 농도(mg/L), M: 주입된 흡착제의 농도(mg/L)

C: 흡착 후 남은 농도(mg/L), K, n: 상수

- **상수 n 계산**

  활성탄 20mg/L: $\frac{(56-16)}{20}=2=K\times16^{\frac{1}{n}}$ ········· (1)식

  활성탄 52mg/L: $\frac{(56-4)}{52}=1=K\times4^{\frac{1}{n}}$ ········· (2)식

  $\frac{(1)}{(2)}=\frac{2=K\times16^{\frac{1}{n}}}{1=K\times4^{\frac{1}{n}}}$

  $2=4^{\frac{1}{n}}\rightarrow n=2$

- **상수 K 계산**

  n값을 (2)식에 대입하여 K를 구한다.

  $\frac{(56-4)}{52}=1=K\times4^{\frac{1}{2}}$

  $K=0.5$

- **활성탄 양(mg/L) 계산**

  $\frac{(56-9)}{M}=0.5\times9^{\frac{1}{2}}$

  $\therefore M=31.3333≒31.33\text{mg/L}$

04

★★☆

폐수 내 질소와 인의 동시 제거를 위한 SBR 공법의 운전과정은 다음과 같다. 각 반응의 단계와 각 단계의 역할을 서술하시오.

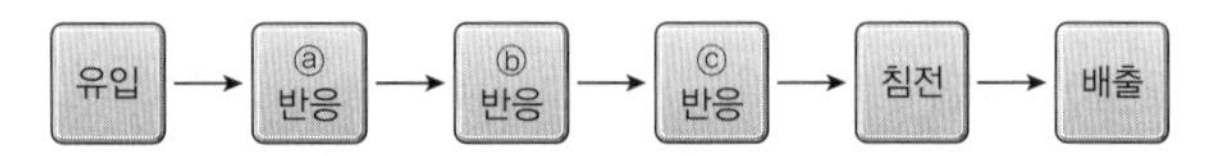

(1) ⓐ의 반응 단계와 역할

(2) ⓑ의 반응 단계와 역할

(3) ⓒ의 반응 단계와 역할

정답

(1) 혐기성: 유기물 제거 및 인의 방출이 일어난다.

(2) 호기성: 유기물 제거 및 인의 과잉흡수가 일어난다.

(3) 무산소: 탈질반응이 일어난다.

관련이론 |

연속회분식활성슬러지법(SBR; Sequencing Batch Reactor)

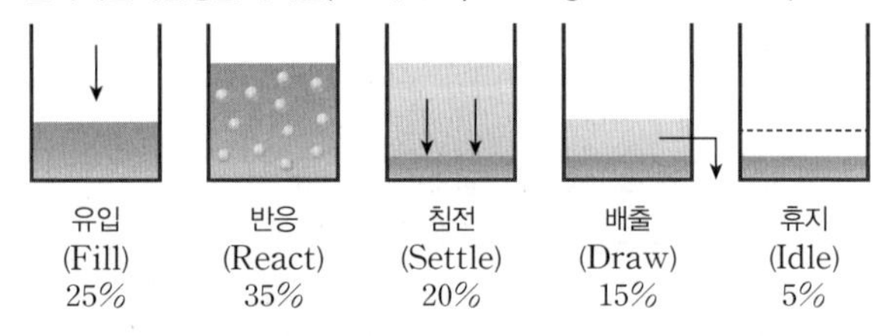

- 기존 활성슬러지 처리에서의 공간개념을 시간개념으로 전환한 것이라고 할 수 있다.
- 단일 반응조 내에서 질산화 및 탈질반응을 도모할 수 있다.
- 고부하형의 경우 다른 처리방식과 비교하여 적은 부지면적에 시설을 건설할 수 있다.
- 운전방식에 따라 사상균 벌킹을 방지할 수 있다.
- 충격부하 또는 첨두유량에 대한 대응성이 좋다.
- 처리용량이 큰 처리장에는 적용하기 어렵다.
- 질소(N)와 인(P)의 동시 제거 시 운전의 유연성이 크다.

05 ★☆☆

직렬 3단이 연결되어 있는 CFSTR 반응조로 유량 0.2m³/min, 오염물질의 농도 150mg/L가 유입되고 있다. 최종 유출수의 오염물질 농도는 7.5mg/L이고 반응속도상수는 $0.2hr^{-1}$일 때 세 반응조의 체류시간의 합(hr)과 부피의 합(m³)을 구하시오. (단, 반응은 1차 반응)

(1) 체류시간의 합(hr)

(2) 부피의 합(m^3)

정답

(1) 20.57hr

(2) $246.88m^3$

해설

(1) 체류시간의 합(hr) 구하기

$$\frac{C_t}{C_0}=\left[\frac{1}{(1+K\cdot t)}\right]^n$$

C_t: 나중 농도(mg/L), C_0: 초기 농도(mg/L)

K: 반응속도상수(hr^{-1}), t: 반응시간(hr), n: 반응조 수(개)

$$\frac{7.5}{150}=\left[\frac{1}{(1+0.25\times t)}\right]^3$$

$$\left(\frac{7.5}{150}\right)^{\frac{1}{3}}=\frac{1}{(1+0.25\times t)}$$

$$0.25\times t=\frac{1}{\left(\frac{7.5}{150}\right)^{\frac{1}{3}}}-1$$

$\therefore t=6.8577hr$

반응조는 3개 이므로

$\therefore$ 체류시간의 합$=6.8577\times 3=20.5731\fallingdotseq 20.57hr$

(2) 부피의 합(m^3) 구하기

$\forall=Q\times t$

$$\therefore \forall=\frac{0.2m^3}{min}\times 20.5731hr\times\frac{60min}{1hr}=246.8772\fallingdotseq 246.88m^3$$

관련이론 | 완전혼합반응조(CFSTR)의 반응식

(1) 일반식

$Q(C_0-C_t)=K\cdot\forall\cdot C_t^{\,m}$

Q: 유량(m^3/day), C_0: 초기 농도(mg/L), C_t: 나중 농도(mg/L),

K: 반응속도상수(day^{-1}), $\forall$: 반응조 체적(m^3), m: 반응차수

(2) 일반식 변형

① 체류시간: $\frac{\forall}{Q}=t=\frac{(C_0-C_t)}{KC_t^{\,m}}$

② 다단연결에서의 통과율 (1차 반응)

$$\frac{C_t}{C_0}=\left[\frac{1}{(1+K\cdot t)}\right]^{n(\text{단수})}$$

단순희석인 경우 (1차 반응)

$$\ln\frac{C_t}{C_0}=-K\times t\rightarrow\ln\frac{C_t}{C_0}=-\frac{Q}{\forall}\times t$$

06 ★★☆

유입 하수의 질소를 제거하기 위한 질산화 - 탈질 조합공정에서 탈질조는 혐기성 반응이 이루어지며 메탄올을 탄소원으로 공급할 경우 두 단계의 반응이 일어난다. 각 단계별 일어나는 반응식과 전체 반응식을 쓰시오.

(1) 1단계 반응식

(2) 2단계 반응식

(3) 전체 반응식

정답

(1) $6NO_3^-+2CH_3OH\rightarrow 6NO_2^-+2CO_2+4H_2O$

(2) $6NO_2^-+3CH_3OH\rightarrow 3N_2+3CO_2+3H_2O+6OH^-$

(3) $6NO_3^-+5CH_3OH\rightarrow 3N_2+5CO_2+7H_2O+6OH^-$

07 ★★★

염소를 이용한 살균소독공정에서 온도가 20℃이고 pH가 6.8, 평형상수(K)가 2.2×10^{-8}이라면 이때 [HOCl]과 [OCl⁻]의 비율([HOCl]/[OCl⁻])을 구하시오.

정답

7.20

해설

- H^+ 농도(mol/L) 계산

$[H^+]=10^{-pH}=10^{-6.8}mol/L$

- [HOCl]과 [OCl⁻]의 비율 계산

$HOCl\rightleftarrows OCl^-+H^+$

$$K=\frac{[OCl^-][H^+]}{[HOCl]}=2.2\times10^{-8}$$

$$\therefore\frac{[HOCl]}{[OCl^-]}=\frac{[H^+]}{2.2\times10^{-8}}=\frac{10^{-6.8}}{2.2\times10^{-8}}=7.2041\fallingdotseq 7.20$$

08 ★★☆

어떤 하천의 모델링 결과 아래와 같은 BOD 농도 그래프를 얻었다. Ⅱ구간과 Ⅲ구간에서의 농도곡선에 대해 서술하시오.

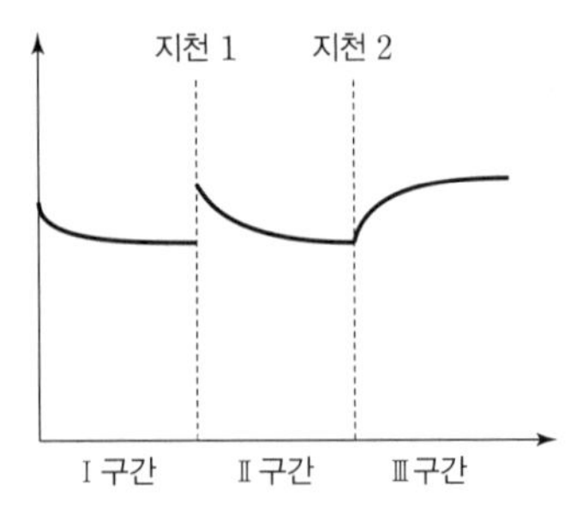

(1) Ⅱ구간

(2) Ⅲ구간

정답

(1) 지천 1의 유기물이 유입되어 하천의 BOD가 증가하였다가 하천 하류로 갈수록 유기물이 분해되어 BOD의 농도가 감소한다.

(2) 지천 2에서 난분해성 유기물이 유입되었고 점차 생분해성 유기물로 전환되어 하류로 갈수록 BOD의 농도가 증가한다.

만점 KEYWORD

(1) 유기물, 유입, BOD 증가, 하류, 유기물, 분해, BOD 감소

(2) 난분해성 유기물, 유입, 생분해성 유기물, 하류, BOD 증가

09 ★★★

정수시설에서 수직고도 30m 위에 있는 배수지로 관의 직경 20cm, 총연장 0.2km의 배수관을 통해 유량 $0.1m^3/sec$의 물을 양수하려 한다. 다음 물음에 답하시오.

(1) 펌프의 총양정(m) ($f=0.03$)

(2) 펌프의 효율을 70%라고 할 때 펌프의 소요동력(kW) (단, 물의 밀도는 $1g/cm^3$)

정답

(1) 46.03m

(2) 64.46kW

해설

(1) 펌프의 총양정(H) 구하기

① 유속(V) 계산

$$V=\frac{Q}{A}=\frac{\frac{0.1m^3}{sec}}{\frac{\pi\times(0.2m)^2}{4}}=3.1831m/sec$$

② 총양정(H) 계산

총양정 H = 실양정 + 손실수두 + 속도수두

$$=h+f\times\frac{L}{D}\times\frac{V^2}{2g}+\frac{V^2}{2g}$$

$$=30+0.03\times\frac{200}{0.2}\times\frac{(3.1831)^2}{2\times9.8}+\frac{(3.1831)^2}{2\times9.8}$$

$$=46.0253\fallingdotseq46.03m$$

(2) 펌프의 소요동력(kW) 구하기

$$\text{동력(kW)}=\frac{\gamma\times\triangle H\times Q}{102\times\eta}$$

γ: 물의 비중($1,000kg/m^3$), $\triangle H$: 전양정(m), Q: 유량(m^3/sec)

η: 효율

$$\text{동력(kW)}=\frac{1,000kg/m^3\times46.0253m\times0.1m^3/sec}{102\times0.7}$$

$$=64.4612\fallingdotseq64.46kW$$

10 ★★☆

역삼투장치로 하루에 $250m^3$의 3차 처리된 유출수를 탈염시키고자 한다. 이때 요구되는 막 면적(m^2)을 구하시오. (단, 유입수와 유출수 사이 압력차=2,000kPa, 25℃에서 물질전달계수=$0.2068L/m^2 \cdot day \cdot kPa$, 유입수와 유출수의 삼투압차=250kPa, 최저 운전온도=10℃, $A_{10℃}=1.58A_{25℃}$)

정답

$1,091.46m^2$

해설

$$막\ 면적(m^2)=\frac{처리수의\ 양(L/day)}{단위면적당\ 처리수의\ 양(L/m^2 \cdot day)}$$

• 단위면적당 처리수의 양(Q_F) 계산

$$Q_F=\frac{Q}{A}=K(\triangle P-\triangle\pi)$$

Q_F: 단위면적당 처리수량($L/m^2 \cdot day$), Q: 처리수량(L/day)

A: 막 면적(m^2), K: 물질전달 전이계수($L/m^2 \cdot day \cdot kPa$)

$\triangle P$: 압력차(kPa), $\triangle\pi$: 삼투압차(kPa)

$$Q_F=\frac{0.2068L}{m^2 \cdot day \cdot kPa}\times(2,000-250)kPa$$

$$=361.9L/m^2 \cdot day$$

• 처리수의 양(Q) 계산

$$Q=\frac{250m^3}{day}\times\frac{10^3L}{1m^3}=250,000L/day$$

• 막 면적(A) 계산

$$A_{10℃}=1.58A_{25℃}$$

$$\therefore A_{10℃}=1.58\times\frac{250,000L/day}{361.9L/m^2 \cdot day}$$

$$=1,091.4617 \fallingdotseq 1,091.46m^2$$

11 ★☆☆

활성슬러지법에서 포기조의 유효용적이 $1,000m^3$이고 MLSS 농도가 3,000mg/L이다. 고형물 체류시간(SRT)이 4일이라고 한다면 건조된 잉여슬러지의 생산량(kg/day)을 구하시오. (단, 유출 SS량은 고려하지 않음)

정답

750kg/day

해설

유출수의 SS 농도를 무시한 SRT 식을 이용한다.

$$SRT=\frac{\forall \cdot X}{X_r Q_w} \rightarrow X_r Q_w=\frac{\forall \cdot X}{SRT}$$

SRT: 고형물 체류시간(day), Q_w: 잉여슬러지 발생량(m^3/day)

X: MLSS 농도(mg/L), $\forall$: 포기조의 부피(m^3)

X_r: 잉여슬러지 SS농도(mg/L)

$$\therefore X_r Q_w=\frac{1,000m^3\times\frac{3,000mg}{L}\times\frac{1kg}{10^6mg}\times\frac{10^3L}{1m^3}}{4day}$$

$$=750kg/day$$

2013년 | 1회 기출문제

01 ★★☆

유량 $120m^3/day$, 함수율 95%인 슬러지를 염화 제1철 및 소석회를 첨가하여 처리하려고 한다. 고형물의 건조중량당 각각 5%, 20% 첨가하여 $15kg/m^2 \cdot hr$의 여과속도로 탈수하여 수분 75%의 탈수 cake를 얻으려고 할 때 아래의 물음에 답하시오. (단, 슬러지의 비중 1.0)

(1) 여과기 여과면적(m^2)

(2) 탈수 cake 발생량(m^3/day)

정답

(1) $20.83m^2$

(2) $30.0m^3/day$

해설

(1) 여과기 여과면적(A) 구하기

$$\text{여과속도}(kg/m^2 \cdot hr) = \frac{\text{슬러지 고형물량}(kg/hr)}{\text{여과면적}(m^2)}$$

$$15kg/m^2 \cdot hr = \frac{\frac{120m^3}{day} \times \frac{5}{100} \times \frac{1{,}000kg}{m^3} \times 1.25 \times \frac{1day}{24hr}}{Am^2}$$

$\therefore A = 20.8333 \fallingdotseq 20.83m^2$

(2) 탈수 cake 발생량(m^3/day) 구하기

$$\frac{15kg}{m^2 \cdot hr} \times \frac{24hr}{1day} \times 20.8333m^2 \times \frac{100}{25} \times \frac{m^3}{1{,}000kg} = 30.0m^3/day$$

02 ★★☆

1개월 간의 대장균 계수자료가 오름차순으로 아래와 같이 되었다면 기하평균과 중간값을 구하시오.

> • 대장균의 계수자료
> 1, 13, 60, 85, 168, 234, 330, 331

(1) 기하평균

(2) 중간값

정답

(1) 64.09

(2) 126.5

해설

(1) 기하평균 구하기

$$(1 \times 13 \times 60 \times 85 \times 168 \times 234 \times 330 \times 331)^{\frac{1}{8}} = 64.0911 \fallingdotseq 64.09$$

(2) 중간값 구하기

$$\frac{85+168}{2} = 126.5$$

※ 개수가 짝수 개일 때는 자료를 오름차순으로 나열한 후 중앙의 두 개의 값의 평균값으로 계산한다.

03 ★★☆

무기응집제에 대해 각각 응집에 필요한 칼슘염 형태의 알칼리도를 반응시켜 Floc을 형성하는 반응식을 쓰시오.

(1) $FeSO_4 \cdot 7H_2O$, $Ca(OH)_2$와 반응 (DO를 필요로 함)

(2) $Fe_2(SO_4)_3$, $Ca(HCO_3)_2$와 반응

정답

(1) $2FeSO_4 \cdot 7H_2O + 2Ca(OH)_2 + \frac{1}{2}O_2$
$\rightarrow 2Fe(OH)_3 + 2CaSO_4 + 13H_2O$

(2) $Fe_2(SO_4)_3 + 3Ca(HCO_3)_2$
$\rightarrow 2Fe(OH)_3 + 3CaSO_4 + 6CO_2$

04 ★★☆

소석회($Ca(OH)_2$)를 이용하여 인을 제거하려고 한다. 아래의 조건이 주어졌을 때 다음 물음에 답하시오. (단, P와 Ca의 원자량은 각각 31, 40)

- 유량: $2,000m^3/day$
- 폐수 중의 $PO_4^{3-}-P$ 농도: 10mg/L
- 화학침전 후 유출수의 $PO_4^{3-}-P$ 농도: 0.2mg/L

(1) 제거되는 P의 양(kg/day)
(2) 소요되는 $Ca(OH)_2$의 양(kg/day)
(3) 침전슬러지($Ca_5(PO_4)_3(OH)$)의 함수율이 95%, 비중이 1.2일 때 발생하는 침전슬러지의 양(m^3/day)

정답

(1) 19.6kg/day
(2) 77.98kg/day
(3) $1.76m^3/day$

해설

(1) 제거되는 P의 양(kg/day) 구하기

총량=유량×농도

$$=\frac{2,000m^3}{day}\times\frac{(10-0.2)mg}{L}\times\frac{1kg}{10^6mg}\times\frac{10^3L}{1m^3}$$

$$=19.6kg/day$$

(2) 소요되는 $Ca(OH)_2$의 양(kg/day) 구하기

$\underline{5Ca(OH)_2}:\underline{3PO_4^{3-}-P}$

$5\times74g:3\times31g=Xkg/day:19.6kg/day$

$$\therefore X=\frac{5\times74\times19.6}{3\times31}=77.9785≒77.98kg/day$$

(3) 발생하는 침전슬러지의 양(m^3/day) 구하기

$\underline{3P}:\underline{Ca_5(PO_4)_3OH}$

$3\times31g:502g=19.6kg/day:Ykg/day$

$$\therefore Y=\frac{502\times19.6}{3\times31}=105.7978kg/day$$

$$\therefore SL=\frac{105.7978kg}{day}\times\frac{100}{5}\times\frac{m^3}{1,200kg}=1.7633≒1.76m^3/day$$

05 ★★☆

상수처리에서 적용되는 전염소처리와 중간염소처리의 염소 주입지점을 쓰시오.

(1) 전염소처리 염소제 주입지점
(2) 중간염소처리 염소제 주입지점

정답

(1) 착수정과 혼화지 사이
(2) 침전지와 여과지 사이

관련이론 | 전염소처리 및 중간염소처리 주입위치

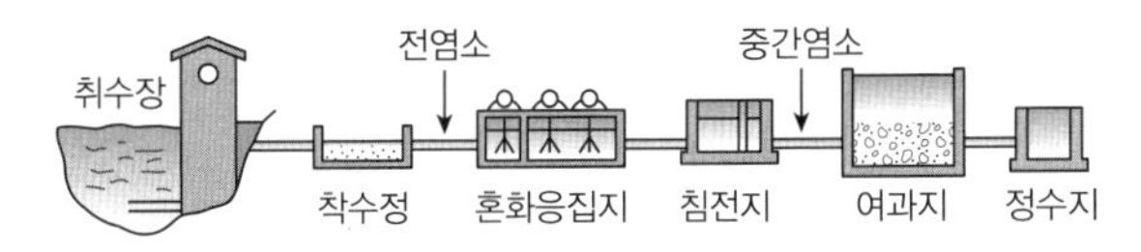

06 ★★★

다음의 주요 막공법의 구동력을 쓰시오.

(1) 역삼투
(2) 전기투석
(3) 투석

정답

(1) 정수압차
(2) 전위차(기전력)
(3) 농도차

관련이론 | 막여과공법의 종류와 구동력

종류	구동력
정밀여과	정수압차
한외여과	정수압차
역삼투	정수압차
전기투석	전위차(기전력)
투석	농도차

※ 투석: 선택적 투과막을 통해 용액 중에 다른 이온 혹은 부자의 크기가 다른 용질을 분리시키는 것이다.

07 ★★☆

유량 $24,000m^3$/day의 폐수를 처리하려고 한다. 파과점염소주입법에 의한 염소소모량 곡선이 다음과 같을 때, 결합잔류염소는 0.4mg/L, 유리잔류염소는 0.5mg/L를 만들기 위해 물에 가해줘야 하는 NaOCl의 첨가량(kg/day)을 구하시오. (단, Na와 Cl의 원자량은 각각 23, 35.5)

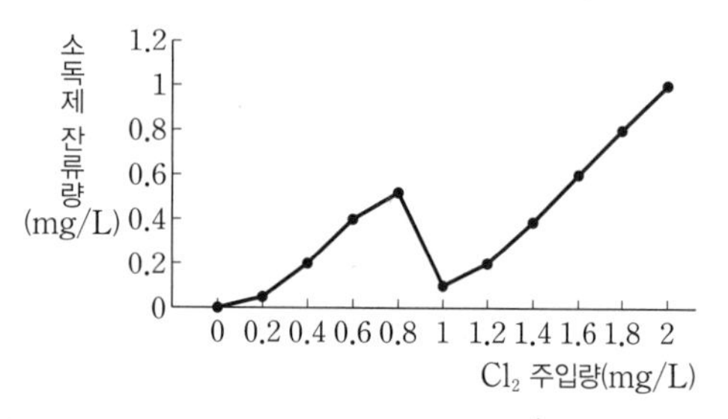

(1) 결합잔류염소 0.4mg/L일 때

(2) 유리잔류염소 0.5mg/L일 때

정답

(1) 15.11kg/day

(2) 40.29kg/day

해설

(1) **결합잔류염소** 0.4mg/L**일 때** NaOCl**의 첨가량**(kg/day) **구하기**

※ 그래프에서 하향된 점을 기준으로 첫번째 상승 구간은 결합잔류염소이고 두번째 상승 구간은 유리잔류염소를 의미한다.

① Cl_2 주입량(kg/day) 계산

$$Cl_2\ 주입량=\frac{24,000m^3}{day}\times\frac{0.6mg}{L}\times\frac{10^3L}{1m^3}\times\frac{1kg}{10^6mg}$$

$$=14.4kg/day$$

※ 소독제 잔류량이 0.4mg/L일 때 염소 주입량은 0.6mg/L이다.

② NaOCl 주입량(kg/day) 계산

$NaOCl : Cl_2=74.5g : 71g=Xkg/day : 14.4kg/day$

$$\therefore X=\frac{74.5\times14.4}{71}=15.1099\fallingdotseq15.11kg/day$$

(2) **유리잔류염소** 0.5mg/L**일 때** NaOCl**의 첨가량**(kg/day) **구하기**

① Cl_2 주입량(kg/day) 계산

$$Cl_2\ 주입량=\frac{24,000m^3}{day}\times\frac{1.6mg}{L}\times\frac{10^3L}{1m^3}\times\frac{1kg}{10^6mg}$$

$$=38.4kg/day$$

※ 소독제 잔류량은 파과점 구간에서 결합잔류염소가 0.1mg/L 존재하므로 유리잔류염소 0.5mg/L에 더하여 0.6mg/L로 계산한다.

② NaOCl 주입량(kg/day) 계산

$NaOCl : Cl_2=74.5g : 71g=Ykg/day : 38.4kg/day$

$$\therefore Y=\frac{74.5\times38.4}{71}=40.2930\fallingdotseq40.29kg/day$$

08 ★★★

상수관로에서 조도계수는 0.015, 동수경사는 1/100, 관경이 450mm일 때 이 관로의 유량(m^3/sec)을 구하시오. (단, 만관 기준, Manning 공식 적용)

정답

$0.25m^3/sec$

해설

Manning 공식을 이용한다.

$$V=\frac{1}{n}R^{\frac{2}{3}}I^{\frac{1}{2}}$$

V: 유속(m/sec), n: 조도계수, R: 경심(m), I: 동수경사

- **경심(R) 계산**

$$R=\frac{D}{4}=\frac{0.45m}{4}=0.1125m$$

※ 원형인 경우, 경심(R)은 $\frac{D}{4}$로 구할 수 있다.

- **유속(V) 계산**

$$V=\frac{1}{0.015}\times(0.1125)^{\frac{2}{3}}\times(1/100)^{\frac{1}{2}}=1.5536m/sec$$

- **유량(Q) 계산**

$$\therefore Q=AV=\frac{\pi(0.45m)^2}{4}\times\frac{1.5536m}{sec}=0.2471\fallingdotseq0.25m^3/sec$$

09 ★★☆

포도당($C_6H_{12}O_6$) 용액 1,000mg/L가 있을 때, 아래의 물음에 답하시오. (단, 표준상태 기준)

(1) 혐기성 분해 시 생성되는 이론적 CH_4의 발생량(mg/L)
(2) 용액 1L를 혐기성 분해 시 발생되는 이론적 CH_4의 양(mL)

정답

(1) 266.67mg/L
(2) 373.33mL

해설

(1) **혐기성 분해 시 생성되는 이론적 CH_4의 발생량(mg/L) 구하기**

$C_6H_{12}O_6 \rightarrow 3CO_2 + 3CH_4$

180g : 3×16g = 1,000mg/L : Xmg/L

$\therefore X = \frac{3\times16\times1,000}{180} = 266.6667 ≒ 266.67mg/L$

(2) **용액 1L를 혐기성 분해 시 발생되는 이론적 CH_4의 양(mL) 구하기**

$C_6H_{12}O_6 \rightarrow 3CO_2 + 3CH_4$

180g : 3×22.4L = 1,000mg/L×1L : YmL

$\therefore Y = \frac{3\times22.4\times1,000\times1}{180} = 373.3333 ≒ 373.33mL$

관련이론 | **메탄(CH_4)의 발생**

(1) **글루코스($C_6H_{12}O_6$) 1kg 당 메탄가스 발생량 (0℃, 1atm)**

$C_6H_{12}O_6 \rightarrow 3CH_4 + 3CO_2$

180g : 3×22.4L = 1kg : Xm^3

$\therefore X = \frac{3\times22.4\times1}{180} = 0.3733 ≒ 0.37m^3$

(2) **최종 BOD_u 1kg 당 메탄가스 발생량 (0℃, 1atm)**

① BOD_u를 이용한 글루코스 양(kg) 계산

$C_6H_{12}O_6 + 6O_2 \rightarrow 6H_2O + 6CO_2$

180g : 6×32g = Xkg : 1kg

$\therefore X = \frac{180\times1}{6\times32} = 0.9375kg$

② 글루코스의 혐기성 분해식을 이용한 메탄의 양(m^3) 계산

$C_6H_{12}O_6 \rightarrow 3CH_4 + 3CO_2$

180g : 3×22.4L = 0.9375kg : Ym^3

$\therefore Y = \frac{3\times22.4\times0.9375}{180} = 0.35m^3$

10 ★★★

물리화학적 질소제거 방법인 Air stripping과 파과점염소주입법의 처리원리를 반응식과 함께 서술하시오.

정답

(1) Air stripping(공기탈기법)
① 반응식: $NH_3 + H_2O \rightleftarrows NH_4^+ + OH^-$
② 처리원리: 공기를 주입하여 수중의 pH를 10 이상 높여 암모늄이온을 암모니아 기체로 탈기시키는 방법이다.

(2) 파과점염소주입법
① 반응식: $2NH_3 + 3Cl_2 \rightarrow N_2 + 6HCl$
② 처리원리: 물속에 염소를 파과점 이상으로 주입하여 클로라민 형태로 결합되어 있던 질소를 질소 기체로 처리하는 방법이다.

만점 KEYWORD

(1) 공기, pH 10 이상, 암모늄이온, 암모니아 기체, 탈기
(2) 염소, 파과점 이상, 주입, 질소 기체, 처리

11 ★★★

최종 BOD가 10mg/L, DO가 5mg/L인 하천이 있다. 이때, 상류지점으로부터 6일 유하 후 하류지점에서의 DO 농도(mg/L)를 구하시오. (단, 온도변화는 없으며, DO 포화농도는 9mg/L, 탈산소계수 0.1/day, 재폭기계수 0.2/day, 상용대수 기준)

정답

6.87mg/L

해설

6일 유하 후 DO 농도=포화농도−6일 유하 후 산소부족량

DO 부족량 공식을 이용한다.

$$D_t=\frac{K_1L_0}{K_2-K_1}(10^{-K_1\cdot t}-10^{-K_2\cdot t})+D_0\times10^{-K_2\cdot t}$$

$$=\frac{0.1\times10}{0.2-0.1}(10^{-0.1\times6}-10^{-0.2\times6})+(9-5)\times10^{-0.2\times6}$$

$$=2.1333\text{mg/L}$$

∴ 6일 유하 후 DO 농도$=C_s-D_t$

$$=9-2.1333=6.8667\fallingdotseq6.87\text{mg/L}$$

관련이론 | 용존산소부족량과 임계시간

(1) **용존산소부족량(D_t)**

$$D_t=\frac{K_1L_0}{K_2-K_1}(10^{-K_1\cdot t}-10^{-K_2\cdot t})+D_0\times10^{-K_2\cdot t}$$

(2) **임계시간(t_c)**

$$t_c=\frac{1}{K_2-K_1}\log\left[\frac{K_2}{K_1}\left\{1-\frac{D_0(K_2-K_1)}{L_0\times K_1}\right\}\right]$$

또는

$$t_c=\frac{1}{K_1(f-1)}\log\left[f\left\{1-(f-1)\frac{D_0}{L_0}\right\}\right]$$

D_t: t일 후 용존산소(DO) 부족농도(mg/L), t_c: 임계시간(day)

K_1: 탈산소계수(day^{-1}), K_2: 재폭기계수(day^{-1})

L_0: 최종 BOD(mg/L), D_0: 초기용존산소부족량(mg/L)

t: 시간(day), f: 자정계수$\left(=\frac{K_2}{K_1}\right)$

12 ★★★

인구 6,000명인 마을에 산화구를 설계하고자 한다. 유량은 380L/cap·day, 유입 BOD_5 225mg/L이며 BOD 제거율은 90%, 슬러지 생성율(Y)은 0.65g MLVSS/g BOD_5이고 내생호흡계수는 0.06day^{-1}, 총고형물 중 생물학적 분해 가능한 분율은 0.8, MLVSS는 MLSS의 50%라고 할 때 다음 물음에 답하시오.

(1) 체류시간이 1day, 반송비 1일 때 반응조의 부피(m^3)

(2) 운전 MLSS 농도(mg/L)

정답

(1) 4,560m^3

(2) 2,742.19mg/L

해설

(1) **반응조의 부피(∀) 구하기**

$$\forall=(Q+Q_r)\times t$$

∀: 반응조의 부피(m^3), Q: 유량(m^3/day)

Q_r: 반송유량(m^3/day), t: 시간(day)

$$\frac{380\text{L}}{\text{인}\cdot\text{day}}\times\frac{1\text{m}^3}{10^3\text{L}}\times6{,}000\text{인}\times2\times1\text{day}=4{,}560\text{m}^3$$

※ 반송비가 1이면 유량의 100%가 재순환하므로 원수유량×2를 해야 한다.

(2) **운전 MLSS 농도(mg/L) 구하기**

$$X_rQ_w=Y(\text{BOD}_i-\text{BOD}_o)Q-K_d\cdot\forall\cdot X$$

X_rQ_w: 잉여슬러지의 양(kg/day), Y: 세포생산계수

BOD_i: 유입 BOD 농도(mg/L), BOD_o: 유출 BOD 농도(mg/L)

Q: 유량(m^3/day), K_d: 내생호흡계수(day^{-1})

∀: 부피(m^3), X: MLSS의 농도(mg/L)

이때, 산화구에서 발생하는 잉여슬러지는 0이므로

$$Y(\text{BOD}_i-\text{BOD}_o)Q=K_d\cdot\forall\cdot X$$

여기서, $\text{BOD}_i-\text{BOD}_o=\text{BOD}_i\times\eta$이므로

$$0.65\times\left(\frac{225\text{mg}}{\text{L}}\times0.9\right)\times\left(\frac{380\text{L}}{\text{cap}\cdot\text{day}}\times6{,}000\text{인}\times\frac{1\text{m}^3}{10^3\text{L}}\right)$$

$$=\frac{0.06}{\text{day}}\times4{,}560\text{m}^3\times\frac{x\text{mg}}{\text{L}}\times0.8\times0.5$$

$$\therefore x=2{,}742.1875\fallingdotseq2{,}742.19\text{mg/L}$$

2012년 | 3회 기출문제

01 ★★☆

역삼투장치로 하루에 $1,520m^3$의 3차 처리된 유출수를 탈염시키고자 한다. 이때 요구되는 막 면적(m^2)을 구하시오. (단, 유입수와 유출수 사이 압력차=2,400kPa, 25℃에서 물질전달계수=$0.2068L/m^2 \cdot day \cdot kPa$, 유입수와 유출수의 삼투압차=310kPa, 최저 운전온도=10℃, $A_{10℃}=1.58A_{25℃}$)

정답

$5,556.53m^2$

해설

$$\text{막 면적}(m^2)=\frac{\text{처리수의 양}(L/day)}{\text{단위면적당 처리수의 양}(L/m^2 \cdot day)}$$

- 단위면적당 처리수의 양(Q_F) 계산

$$Q_F=\frac{Q}{A}=K(\triangle P-\triangle \pi)$$

Q_F: 단위면적당 처리수량($L/m^2 \cdot day$), Q: 처리수량(L/day)
A: 막 면적(m^2), K: 물질전달 전이계수($L/m^2 \cdot day \cdot kPa$)
$\triangle P$: 압력차(kPa), $\triangle \pi$: 삼투압차(kPa)

$$Q_F=\frac{0.2068L}{m^2 \cdot day \cdot kPa}\times(2,400-310)kPa$$
$$=432.212L/m^2 \cdot day$$

- 처리수의 양(Q) 계산

$$Q=\frac{1,520m^3}{day}\times\frac{10^3L}{1m^3}=1,520,000L/day$$

- 막 면적(A) 계산

$$A_{10℃}=1.58A_{25℃}$$
$$\therefore A_{10℃}=1.58\times\frac{1,520,000L/day}{432.212L/m^2 \cdot day}$$
$$=5,556.5324 \fallingdotseq 5,556.53m^2$$

02 ★★★

관의 유속이 0.6m/sec이고 경사가 40‰, 조도계수가 0.013일 때 수로의 직경(cm)을 구하시오. (단, 만관 기준, Manning 공식 이용)

정답

3.08cm

해설

Manning 공식을 이용한다.

$$V=\frac{1}{n}R^{\frac{2}{3}}I^{\frac{1}{2}}$$

V: 유속(m/sec), n: 조도계수, R: 경심(m), I: 동수경사

$$0.6m/sec=\frac{1}{0.013}\times\left(\frac{D}{4}\right)^{\frac{2}{3}}\times\left(\frac{40}{1,000}\right)^{\frac{1}{2}}$$

※ 원형인 경우, 경심(R)은 $\frac{D}{4}$로 구할 수 있다.

$\therefore D=0.0308m=3.08cm$

03 ★★☆

관수로에서의 유량측정방법을 3가지 쓰시오.

정답

벤튜리미터, 유량측정용 노즐, 오리피스, 피토우관, 자기식 유량측정기

04

★☆☆

아래 그림과 같이 하천이 흐를 때 아래의 조건을 이용하여 물음에 답하시오. (단, DO 반응은 Streeter-phelps식에 따름, 자연대수 기준)

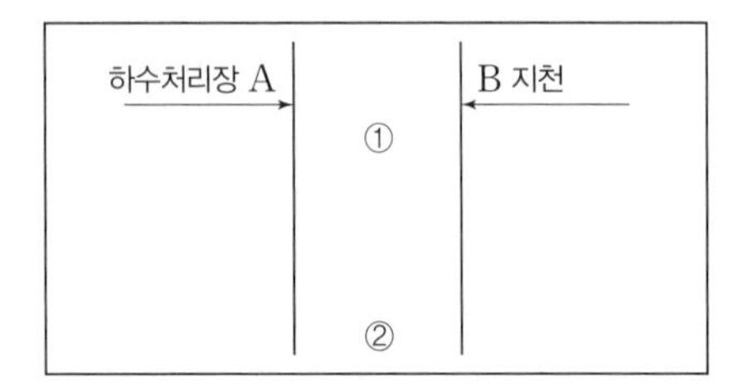

- A, 하수처리장
  Q: 4m³/sec, BOD_5: 150mg/L, DO: 2mg/L
- B, 지천
  Q: 2m³/sec, BOD_5: 10mg/L, DO: 7mg/L
- ①, 합류점 직전
  Q: 50m³/sec, BOD_5: 2mg/L, DO: 9mg/L
- ① 지점 이후 완전혼합
- ①, ② 구간 포화 DO: 9.5mg/L
- K_1: 0.15day^{-1}
- K_2: 0.2day^{-1}
- L: 20km
- V: 0.8m/sec

(1) ①지점과 ②지점 사이 BOD_5 수질기준 3mg/L를 만족하는 A, 하수처리장의 BOD_5 제거효율(%)

(2) (1)의 BOD_5 수질기준을 만족하면서 최소비용으로 하수처리장 운영시 ②지점의 DO(mg/L)

정답

(1) 92%

(2) 8.25mg/L

해설

(1) BOD_5 제거효율(%) 구하기

① 하수처리시설 유출수 농도(mg/L) 계산

혼합공식을 이용한다.

$$C_m=\frac{C_1Q_1+C_2Q_2+C_3Q_3}{Q_1+Q_2+Q_3}$$

(1: 합류점 직전(하천), 2: 지천, 3: 하수처리장)

$$3=\frac{2\times50+10\times2+X\times4}{50+2+4}$$

$\therefore$ X=12mg/L

② BOD_5 제거효율(η) 계산

$$\therefore \eta=\left(1-\frac{BOD_o}{BOD_i}\right)\times100=\left(1-\frac{1}{15^{2}0}\right)\times100=92\%$$

(2) ②지점의 DO(mg/L) 구하기

① 혼합지점의 BOD_u(mg/L) 계산

$$BOD_5=BOD_u\times(1-e^{-K_1\times5})$$

$$3mg/L=BOD_u\times(1-e^{-0.15\times5})$$

$$\therefore BOD_u=5.6858mg/L$$

② 혼합지점의 DO 농도(C_m) 계산

$$C_m=\frac{C_1Q_1+C_2Q_2+C_3Q_3}{Q_1+Q_2+Q_3}$$

(1: 합류점 직전(하천), 2: 지천, 3: 하수처리장)

$$C_m=\frac{9\times50+7\times2+2\times4}{50+2+4}=8.4286mg/L$$

③ 초기 산소부족 농도(D_o) 계산

$$D_o=9.5-8.4286=1.0714mg/L$$

④ 유하시간(t) 계산

$$t=\frac{L}{V}=\frac{20{,}000m}{\frac{0.8m}{sec}\times\frac{86{,}400sec}{1day}}=0.2894day$$

⑤ 용존산소부족량(D_t) 계산

$$D_t=\frac{K_1L_0}{K_2-K_1}(e^{-K_1\cdot t}-e^{-K_2\cdot t})+D_0\times e^{-K_2\cdot t}$$

D_t: t일 후 용존산소 부족농도(mg/L), L_0: 최종 BOD(mg/L)

K_1: 탈산소계수(day^{-1}), K_2: 재폭기계수(day^{-1})

D_0: 초기용존산소부족량(mg/L), t: 시간(day)

$$D_t=\frac{0.15\times5.6858}{0.2-0.15}(e^{-0.15\times0.2894}-e^{-0.2\times0.2894})+1.0714\times e^{-0.2\times0.2894}=1.2458mg/L$$

⑥ DO 농도(mg/L) 계산

$\therefore$ 9.5−1.2458=8.2542≒8.25mg/L

05

★★☆

아래의 조건으로 2단 살수여상을 운영할 때 최종 유출수의 BOD(mg/L)를 구하시오.

- 유량: 7,570m^3/day
- 유입 BOD_5: 200mg/L
- 여과상 직경: 21m
- 여과상 깊이: 1.68m
- 1차 침전지 BOD 제거율: 33%
- 반송률: 1.2
- 1단 여과상의 BOD_5 제거효율

$$E_1 = \frac{100}{1 + 0.432\sqrt{\frac{W_0}{\forall \cdot F}}}$$

- 2단 여과상의 BOD_5 제거효율

$$E_2 = \frac{100}{1 + \frac{0.432}{(1-E_1)}\sqrt{\frac{W_1}{\forall \cdot F}}}$$

- W_0, W_1: 1, 2단 여과상에 가해지는 BOD 부하
- $\forall$: 여과상 부피
- 반송계수 $F = \frac{1+R}{(1+R/10)^2}$

정답

17.74mg/L

해설

- 1단 여과상의 효율(E_1) 계산

$$W_0 = \frac{200\text{mg}}{\text{L}} \times (1-0.33) \times \frac{7{,}570\text{m}^3}{\text{day}} \times \frac{10^3\text{L}}{1\text{m}^3} \times \frac{1\text{kg}}{10^6\text{mg}}$$

$$= 1{,}014.38\text{kg/day}$$

$$\forall = \frac{\pi \times (21\text{m})^2}{4} \times 1.68\text{m} = 581.8858\text{m}^3$$

$$F = \frac{1+R}{(1+R/10)^2} = \frac{1+1.2}{(1+1.2/10)^2} = 1.7538$$

$$\therefore E_1 = \frac{100}{1 + 0.432\sqrt{\frac{W_0}{\forall \cdot F}}}$$

$$= \frac{100}{1 + 0.432\sqrt{\frac{1{,}014.38}{581.8858 \times 1.7538}}} = 69.8958\%$$

- 2단 여과상의 효율(E_2) 계산

$$W_1 = \frac{1{,}014.38\text{kg}}{\text{day}} \times (1-0.698958) = 305.3710\text{kg/day}$$

$$\therefore E_2 = \frac{100}{1 + \frac{0.432}{(1-E_1)}\sqrt{\frac{W_1}{\forall \cdot F}}}$$

$$= \frac{100}{1 + \frac{0.432}{(1-0.698958)}\sqrt{\frac{305.3710}{581.8858 \times 1.7538}}} = 56.0229\%$$

- 최종 유출수의 BOD(mg/L) 계산

$$\therefore 200 \times (1-0.33)(1-0.698958)(1-0.560229)$$

$$= 17.7402 \fallingdotseq 17.74\text{mg/L}$$

06

★★☆

BOD_u가 214mg/L이고 20℃에서 K값이 0.1/day이다. 30℃에서의 BOD_5 농도(mg/L)를 구하시오. (단, 온도보정계수: 1.05)

정답

181.20mg/L

해설

$$K_T = K_{20℃} \times 1.05^{(T-20)}$$

$$K_{30℃} = 0.1/\text{day} \times 1.05^{(30-20)} = 0.1629/\text{day}$$

$$BOD_5 = BOD_u \times (1 - 10^{-K_1 \times 5})$$

BOD_5: 5일동안 소모된 BOD(mg/L), BOD_u: 최종 BOD(mg/L)

K_1: 탈산소계수(day^{-1})

$$\therefore BOD_5 = 214\text{mg/L} \times (1 - 10^{-0.1629 \times 5})$$

$$= 181.1970 \fallingdotseq 181.20\text{mg/L}$$

07

★★☆

하수처리시설의 운영조건이 아래와 같을 때 잉여슬러지의 양(kg/day)을 구하시오.

- Q: 600m³/day
- 유입 BOD: 500mg/L
- BOD 제거효율: 90%
- MLSS: 5,000mg/L
- 부피: 200m³
- Y: 0.7
- 내생호흡계수: 0.05/day

정답

139kg/day

해설

$X_rQ_w = Y(BOD_i - BOD_o)Q - K_d \cdot \forall \cdot X$

$= Y(BOD_i \cdot \eta)Q - K_d \cdot \forall \cdot X$

X_rQ_w: 잉여슬러지의 양(kg/day), Y: 세포생산계수

BOD_i: 유입 BOD 농도(mg/L), BOD_o: 유출 BOD 농도(mg/L)

Q: 유량(m³/day), K_d: 내생호흡계수(day⁻¹)

$\forall$: 부피(m³), X: MLSS 농도(mg/L), η: 효율

$$X_rQ_w = 0.7 \times \frac{(500 \times 0.9)\text{mg}}{\text{L}} \times \frac{600\text{m}^3}{\text{day}} \times \frac{1\text{kg}}{10^6\text{mg}} \times \frac{10^3\text{L}}{1\text{m}^3} - \frac{0.05}{\text{day}} \times 200\text{m}^3 \times \frac{5{,}000\text{mg}}{\text{L}} \times \frac{1\text{kg}}{10^6\text{mg}} \times \frac{10^3\text{L}}{1\text{m}^3}$$

$= 139\text{kg/day}$

08

★★☆

Cd^{2+}를 함유하는 산성 수용액 중의 Cd^{2+}를 $Cd(OH)_2$로 제거하고자 한다. pH가 11일 때 Cd^{2+}의 농도(mg/L)를 구하시오. (단, $Cd(OH)_2$의 $K_{sp}=4\times10^{-14}$, 원자량은 Cd=112.4, O=16, H=1, 기타 공존이온의 영향이나 착염에 의한 재용해도는 없는 것으로 가정)

정답

4.50×10^{-3}mg/L

해설

$Cd(OH)_2 \rightleftharpoons Cd^{2+} + 2OH^-$

$K_{sp} = [Cd^{2+}][OH^-]^2$

여기서, OH^-의 몰농도를 구하면

$[OH^-] = 10^{-pOH} = 10^{-(14-11)} = 10^{-3}M$

$4 \times 10^{-14} = [Cd^{2+}] \times (10^{-3})^2$

$\therefore [Cd^{2+}] = 4 \times 10^{-8}M$

$$\therefore \frac{4 \times 10^{-8}\text{mol}}{\text{L}} \times \frac{112.4\text{g}}{1\text{mol}} \times \frac{10^3\text{mg}}{1\text{g}} = 4.496 \times 10^{-3}$$

$\fallingdotseq 4.50 \times 10^{-3}$mg/L

09

★☆☆

그림과 같은 수처리시설의 두 탱크 사이 관로(①~②)에서 발생할 수 있는 손실수두의 명칭 5가지를 쓰시오.

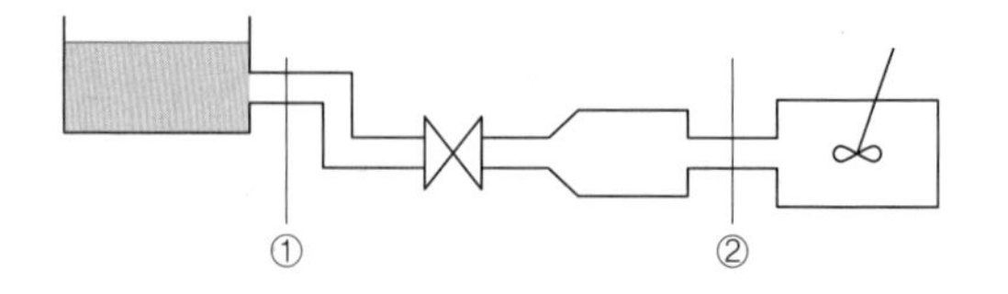

정답

마찰 손실수두, 밸브설치부 손실수두, 확대관 손실수두, 축소관 손실수두, 굴곡 손실수두

관련이론 | 펌프의 전양정

- 펌프의 전양정은 실양정과 펌프에 부수된 흡입관, 토출관 및 밸브의 손실수두를 고려하여 정한다.
- 펌프의 실양정은 펌프의 흡입수위 및 배출수위의 변동, 범위, 계획하수량, 펌프 특성, 사용목적 및 운전의 경제성 등을 고려하여 정한다.
- 전양정 = 실양정 + 관로마찰 손실수두 + 기타 손실수두

10 ★★☆

박테리아($C_5H_7O_2N$)가 CO_2, H_2O, NH_3로 분해될 때 다음을 구하시오. (단, K_1=0.1/day, 반응은 1차 반응, 화합물은 100% 산화, 상용대수 기준, 이론적 COD는 최종 BOD와 같다고 가정함)

(1) BOD_5/COD
(2) BOD_5/TOC
(3) TOC/COD

정답

(1) 0.68
(2) 1.82
(3) 0.38

해설

$C_5H_7O_2N + 5O_2 \rightarrow 5CO_2 + 2H_2O + NH_3$

1mol의 $C_5H_7O_2N$가 반응한다고 가정한다.

- **이론적** COD(=BOD_u)=5×32g=160g
- $BOD_5 = BOD_u \times (1-10^{-K_1 \times 5})$
  BOD_5: 5일동안 소모된 BOD(g), BOD_u: 최종 BOD(g)
  K_1: 탈산소계수(day^{-1})
  $BOD_5 = 160 \times (1-10^{-0.1 \times 5}) = 109.4036g$
- TOC=12×5=60g

∴ (1) $BOD_5/COD = 109.4036/160 = 0.6838 ≒ 0.68$
(2) $BOD_5/TOC = 109.4036/60 = 1.8234 ≒ 1.82$
(3) $TOC/COD = 60/160 = 0.375 ≒ 0.38$

11 ★★★

탈질에 요구되는 무산소반응조(Anoxic basin)의 운영조건이 다음과 같을 때 탈질반응조의 체류시간(hr)을 구하시오.

- 유입수 질산염 농도: 22mg/L
- 유출수 질산염 농도: 3mg/L
- MLVSS 농도: 4,000mg/L
- 온도: 10℃
- 20℃에서의 탈질율(R_{DN}): 0.10/day
- K: 1.09
- DO: 0.1mg/L
- $R'_{DN} = R_{DN(20℃)} \times K^{(T-20)} \times (1-DO)$

정답

3hr

해설

무산소반응조의 체류시간 공식을 이용한다.

$$체류시간(hr) = \frac{S_0 - S}{R_{DN} \cdot X}$$

S_0: 유입수 질산염 농도(mg/L), X: MLVSS 농도(mg/L)
S: 유출수 질산염 농도(mg/L), R_{DN}: 탈질율(day^{-1})

- **10℃에서의 탈질율(R'_{DN}) 계산**

$$R'_{DN(10℃)} = R_{DN(20℃)} \times K^{(10-20)} \times (1-DO) = 0.10 \times 1.09^{(10-20)} \times (1-0.1) = 0.038day^{-1}$$

- **체류시간(hr) 계산**

$$\therefore 체류시간 = \frac{S_0 - S}{R_{DN} \cdot X} = \frac{(22-3)}{0.038 \times 4{,}000} = 0.125day = 3hr$$

2012년 | 2회 기출문제

01

★★☆

회분식연속반응조(SBR)의 장점을 연속흐름반응조(CFSTR)와 비교하여 5가지 서술하시오.

정답

① 충격부하에 강하다.
② 고부하형의 경우 다른 처리방식과 비교하여 적은 부지면적에 시설을 건설할 수 있다.
③ 운전방식에 따라 사상균 벌킹을 방지할 수 있다.
④ 질소(N)와 인(P)의 동시 제거 시 운전의 유연성이 크다.
⑤ 2차 침전지와 슬러지 반송설비가 불필요하다.

만점 KEYWORD

① 충격부하, 강함
② 고부하형, 적은, 부지면적
③ 운전방식, 사상균 벌킹, 방지
④ 질소, 인, 동시 제거, 운전, 유연성, 큼
⑤ 2차 침전지, 슬러지 반송설비, 불필요

관련이론

연속회분식활성슬러지법(SBR: Sequencing Batch Reactor)

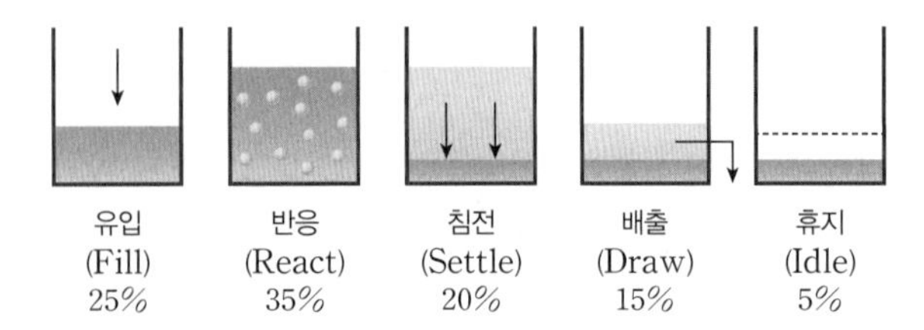

- 기존 활성슬러지 처리에서의 공간개념을 시간개념으로 전환한 것이라고 할 수 있다.
- 단일 반응조 내에서 1주기(cycle) 중에 혐기 → 호기 → 무산소의 조건을 설정하여 질산화 및 탈질반응을 도모할 수 있다.
- 고부하형의 경우 다른 처리방식과 비교하여 적은 부지면적에 시설을 건설할 수 있다.
- 운전방식에 따라 사상균 벌킹을 방지할 수 있다.
- 충격부하 또는 첨두유량에 대한 대응성이 좋다.
- 처리용량이 큰 처리장에는 적용하기 어렵다.
- 질소(N)와 인(P)의 동시 제거 시 운전의 유연성이 크다.

02

★★★

폭 3m, 수심 1m인 장방형 개수로에서 유량 27.8m³/sec의 하수가 흐르고 있다면 동수경사(I)를 구하시오. (단, Manning 공식 적용, n=0.016)

정답

0.04

해설

Manning 공식을 이용한다.

$$V=\frac{1}{n}R^{\frac{2}{3}}I^{\frac{1}{2}}$$

V: 유속(m/sec), n: 조도계수, R: 경심(m), I: 동수경사

- 경심(R) 계산

$$R=\frac{\text{단면적}}{\text{윤변}}=\frac{1\times3}{2\times1+3}=0.6$$

- 유속(V) 계산

$$Q=AV$$

$$27.8\text{m}^3/\text{sec}=(1\text{m}\times3\text{m})\times V$$

$$\therefore V=9.2667\text{m/sec}$$

- 동수경사(I) 계산

$$9.2667\text{m/sec}=\frac{1}{0.016}\times(0.6)^{\frac{2}{3}}\times(I)^{\frac{1}{2}}$$

$$\therefore I=0.0434≒0.04$$

03

★★☆

다음의 조건이 주어졌을 때, 유입되는 완전혼합반응조에서 체류시간(hr)을 구하시오.

- 유입 COD: 2,000mg/L
- 유출 COD: 150mg/L
- MLSS: 3,500mg/L
- MLVSS=0.7×MLSS
- K=0.469L/g·hr (MLVSS 기준)
- 생물학적으로 분해되지 않는 COD: 125mg/L
- 설계 SDI(반송슬러지 농도): 7,000mg/L
- 슬러지의 반송 고려
- 정상상태이며 1차 반응

정답

32.20hr

해설

- **반송비(R) 계산**

$$R=\frac{X}{X_r-X}=\frac{3,500}{7,000-3,500}=1$$

R: 반송비, X_r: 반송슬러지 농도(mg/L), X: MLSS 농도(mg/L)

- **반응조 유입 농도(C_m) 계산**

반송비가 1이므로 유입유량과 반송유량은 같다.

$$C_m=\frac{C_1Q_1+C_2Q_2}{Q_1+Q_2} \quad (1: \text{유입}, 2: \text{반송})$$

$$=\frac{2,000Q+150Q}{Q+Q}=1,075\text{mg/L}$$

- **체류시간(t) 계산**

$Q(C_0-C_t)=K\cdot\forall\cdot X\cdot C_t^m$

Q: 유량(m³/hr), C_0: 초기 농도(mg/L), C_t: 나중 농도(mg/L)

K: 반응속도상수(L/g·hr), $\forall$: 반응조 체적(m³)

X: MLVSS 농도(mg/L), m: 반응차수

$$\frac{\forall}{Q}=\frac{(C_0-C_t)}{K\cdot X\cdot C_t^m}=t$$

$$=\frac{(1,075-125)\text{mg/L}-(150-125)\text{mg/L}}{\frac{0.469\text{L}}{\text{g}\cdot\text{hr}}\times\frac{(0.7\times3,500)\text{mg}}{\text{L}}\times\frac{(150-125)\text{mg}}{\text{L}}\times\frac{1\text{g}}{10^3\text{mg}}}$$

$=32.2005≒32.20\text{hr}$

04

★☆☆

염소를 이용한 살균소독공정에서 온도가 25℃이고 pH가 7일 때 전체 유리잔류염소 중의 HOCl(%)를 구하시오. (단, 평형상수 K=3.7×10⁻⁸, HOCl ⇄ OCl⁻+H⁺)

정답

72.99%

해설

- **H^+ 농도(mol/L) 계산**

$[H^+]=10^{-pH}=10^{-7}$mol/L

- **전체 유리잔류염소 중의 HOCl(%) 계산**

$HOCl \rightleftharpoons OCl^- + H^+$

$$K=\frac{[OCl^-][H^+]}{[HOCl]}=3.7\times10^{-8}$$

$$\frac{[OCl^-]}{[HOCl]}=\frac{K}{[H^+]}=\frac{3.7\times10^{-8}}{10^{-7}}=0.37$$

$$\therefore [HOCl](\%)=\frac{[HOCl]}{[HOCl]+[OCl^-]}\times100$$

$$=\frac{1}{1+\frac{[OCl^-]}{[HOCl]}}\times100$$

$$=\frac{1}{1+0.37}\times100=72.9927≒72.99\%$$

05

★★★

$Ca(HCO_3)_2$와 CO_2의 g 당량을 반응식과 함께 쓰시오.

(1) $Ca(HCO_3)_2$ g 당량 (반응식 포함)

(2) CO_2 g 당량 (반응식 포함)

정답

(1) $Ca(HCO_3)_2 \rightleftharpoons Ca^{2+}+2HCO_3^-$

$\therefore$ $Ca(HCO_3)_2$ g 당량$=\frac{162g}{2}=81g$

(2) $CO_2+H_2O \rightleftharpoons 2H^+ + CO_3^{2-}$

$\therefore$ CO_2 g 당량$=\frac{44g}{2}=22g$

06 ★★☆

하천에서 폐수가 유입되고 있으며, 폐수 방류지점에서의 혼합은 이상적으로 이루어지고 있다. 아래의 조건과 같을 때, 물음에 답하시오.

- DO 포화농도: 9.5mg/L
- DO 농도: 5mg/L
- 탈산소계수: 0.1/day
- 재폭기계수: 0.24/day
- 최종 BOD 농도: 20mg/L
- 상용대수 기준

(1) 2일 후 DO 농도(mg/L)
(2) 혼합 후 최저 DO 농도가 나타내는 임계시간(day)
(3) 최저 DO 농도(mg/L)

정답

(1) 3.73mg/L
(2) 1.54day
(3) 3.66mg/L

해설

(1) 2일 후 DO 농도(D_t) 구하기

DO 부족량 공식을 이용한다.

$$D_t=\frac{K_1L_0}{K_2-K_1}(10^{-K_1\cdot t}-10^{-K_2\cdot t})+D_0\times 10^{-K_2\cdot t}$$

D_t: t일 후 용존산소(DO) 부족농도(mg/L)
K_1: 탈산소계수(day^{-1}), K_2: 재폭기계수(day^{-1})
L_0: 최종 BOD(mg/L), D_0: 초기용존산소부족량(mg/L)
t: 시간(day)

$$D_t=\frac{0.1\times 20}{0.24-0.1}(10^{-0.1\times 2}-10^{-0.24\times 2})+(9.5-5)\times 10^{-0.24\times 2}$$

$$=5.7733\text{mg/L}$$

∴ 2일 후 DO 농도 $=9.5-5.7733=3.7267≒3.73$mg/L

(2) 혼합 후 최저 DO 농도가 나타내는 임계시간(t_c) 구하기

$$t_c=\frac{1}{K_1(f-1)}\log\left[f\left\{1-(f-1)\frac{D_0}{L_0}\right\}\right]$$

t_c: 임계시간(day), f: 자정계수

$$f=\frac{K_2}{K_1}=\frac{0.24}{0.1}=2.4$$

$$\therefore t_c=\frac{1}{0.1\times(2.4-1)}\times\log\left[2.4\times\left\{1-(2.4-1)\times\frac{(9.5-5)}{20}\right\}\right]$$

$$=1.5422≒1.54\text{day}$$

(3) 최저 DO 농도(mg/L) 구하기

$$D_c=\frac{L_0}{f}10^{-K_1t_c}$$

$$=\frac{20}{2.4}\times 10^{-0.1\times 1.5422}=5.8425\text{mg/L}$$

∴ 최저 DO 농도 $=9.5-5.8425=3.6575≒3.66$mg/L

07 ★★★

메탄최대수율은 제거 1kg COD당 0.35m³이다. 이를 증명하고, 유량이 675m³/day이고 COD 3,000mg/L인 폐수의 COD 제거효율이 80%일 때의 CH_4의 발생량(m³/day)을 구하시오.

(1) 증명과정
(2) CH_4의 발생량(m³/day)

정답

(1) 증명과정

① $\underline{C_6H_{12}O_6}+\underline{6O_2}\rightarrow 6H_2O+6CO_2$
180g : 6×32g = Xkg : 1kg

$$\therefore X=\frac{180\times 1}{6\times 32}=0.9375\text{kg/kg}$$

② $\underline{C_6H_{12}O_6}\rightarrow \underline{3CH_4}+3CO_2$
180g : 3×22.4L = 0.9375kg : Ym³

$$\therefore Y=\frac{3\times 22.4\times 0.9375}{180}=0.35\text{m}^3\text{/kg}$$

(2) 567m³/day

해설

(1) 해설이 따로 없습니다. 정답에 증명과정을 쓰시면 됩니다.

(2) CH_4의 발생량(m³/day) 구하기

$$\frac{675\text{m}^3}{\text{day}}\times\frac{3{,}000\text{mg}}{\text{L}}\times\frac{1\text{kg}}{10^6\text{mg}}\times\frac{10^3\text{L}}{1\text{m}^3}\times 0.8\times\frac{0.35\text{m}^3}{\text{kg}}$$

$$=567\text{m}^3\text{/day}$$

08 ★★☆

미생물의 화학식은 $C_5H_7O_2N$로 나타낼 수 있다. 이 미생물의 BOD를 환산할 때 1.42라는 계수를 사용한다. 이를 유도하시오. (단, 내생호흡 기준)

정답

$\underline{C_5H_7O_2N} + \underline{5O_2} \rightarrow NH_3 + 2H_2O + 5CO_2$

$113g : 5 \times 32g = 1 : X$

$\therefore X = \frac{5 \times 32g \times 1}{113g} = 1.4159 ≒ 1.42$

09 ★★★

다음 질소와 인을 동시에 제거하는 5단계 Bardenpho 공정의 공정도를 그리고 호기조 반응조의 주된 역할 2가지에 대해 간단히 서술하시오.

(1) 공정도 (반응조 명칭, 내부반송, 슬러지 반송 표시)

(2) '호기조'의 주된 역할 2가지 (단, 유기물 제거는 정답 제외)

정답

(1)

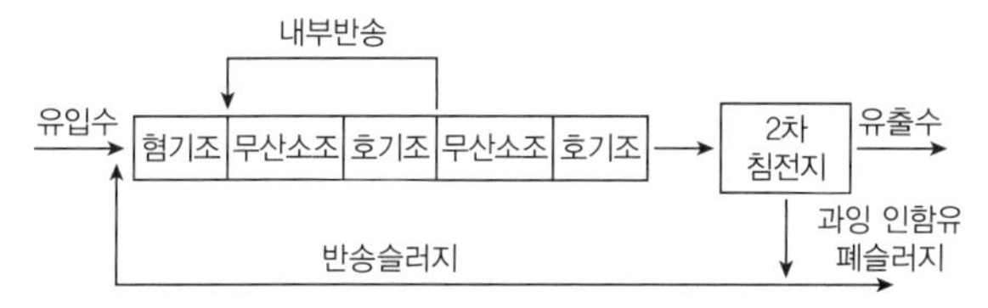

(2) ① 질산화

② 인의 과잉흡수

관련이론 | 각 반응조의 명칭과 역할

- 1단계 혐기조: 인의 방출이 일어난다.
- 1단계 무산소조: 탈질에 의한 질소를 제거한다.
- 1단계 호기조: 질산화가 일어나고 인의 과잉흡수가 일어난다.
- 2단계 무산소조: 잔류 질산성질소가 제거된다.
- 2단계 호기조: 슬러지의 침강성을 좋게 유지하고 인의 재방출을 막는다.

10 ★★☆

질산화는 질산화를 일으키는 Autotrophic bacteria에 의해 NH_4^+가 2단계를 거쳐 NO_3^-로 변한다. 각 단계의 반응식(관련 미생물 포함)과 전체 반응식을 서술하시오.

정답

① 1단계(아질산화)

- 반응식: $NH_4^+ + 1.5O_2 \rightarrow NO_2^- + H_2O + 2H^+$
  $(NH_3 + 1.5O_2 \rightarrow NO_2^- + H_2O + H^+)$
- 관련 미생물: Nitrosomonas

② 2단계(질산화)

- 반응식: $NO_2^- + 0.5O_2 \rightarrow NO_3^-$
- 관련 미생물: Nitrobacter

③ 전체

- 반응식: $NH_4^+ + 2O_2 \rightarrow NO_3^- + H_2O + 2H^+$
  $(NH_3 + 2O_2 \rightarrow HNO_3 + H_2O)$

11 ★☆☆

혐기성 소화조 유출수의 BOD 농도는 3,000mg/L이고 BOD 농도 10mg/L인 희석수를 사용하여 BOD 농도를 300mg/L로 감소시켜 포기조로 유입시키려고 한다. 혐기성 소화조에서 유출되는 유출수의 양이 200m³/hr일 때 사용되는 희석수의 양(m³/hr)을 구하시오.

정답

$1,862.07m^3/hr$

해설

혼합공식을 이용한다.

$C_m = \frac{C_1Q_1 + C_2Q_2}{Q_1 + Q_2}$ (1: 유출수, 2: 희석수)

$300mg/L = \frac{3,000mg/L \times 200m^3/hr + 10mg/L \times Q_2}{200m^3/hr + Q_2}$

$\therefore Q_2 = 1,862.0690 ≒ 1,862.07m^3/hr$

2012년 | 1회 기출문제

01

★★★

CFSTR에서 물질을 분해하여 효율 95%로 처리하고자 한다. 이 물질은 0.5차 반응으로 분해되며, 속도상수는 $0.05(mg/L)^{1/2}/hr$이다. 또한, 유량은 300L/hr이고 유입농도는 150mg/L로 일정하다면 CFSTR의 필요 부피(m^3)를 구하시오. (단, 반응은 정상상태로 가정)

정답

$312.20m^3$

해설

$Q(C_0 - C_t) = K \cdot \forall \cdot C_t^m$

Q: 유량(m^3/hr), C_0: 초기 농도(mg/L), C_t: 나중 농도(mg/L)

K: 반응속도상수(hr^{-1}), $\forall$: 반응조 체적(m^3), m: 반응차수

$$\therefore \forall = \frac{Q(C_0 - C_t)}{K \cdot C_t^m}$$

$$= \frac{300L/hr \times (150 - 7.5)mg/L}{0.05(mg/L)^{1/2}/hr \times (7.5mg/L)^{0.5} \times 10^3 L/m^3}$$

$$= \frac{300 \times 142.5}{0.05 \times 7.5^{0.5} \times 10^3}$$

$$= 312.2019 \fallingdotseq 312.20m^3$$

관련이론 | 완전혼합반응조(CFSTR)

- 유입과 유출이 동시에 있으며 반응조 내에서는 완전혼합되어 반응한 후 유출된다.
- 유입된 액체의 일부분은 즉시 유출된다.
- 충격부하에 강하다.
- 부하변동에 강하다.
- 동일 용량 PFR에 비해 제거효율이 좋지 않다.

02

★★☆

Chick's law에 의하면 염소 소독에 의한 미생물 사멸률은 1차 반응에 따른다고 한다. 미생물의 92%가 0.4mg/L 잔류염소로 3분 내에 사멸된다면 99.8%를 사멸시키기 위해서 요구되는 접촉시간(min)을 구하시오.

정답

7.38min

해설

1차 반응속도식을 이용한다.

$$\ln \frac{C_t}{C_0} = -K \cdot t$$

C_t: 나중 농도(mg/L), C_0: 처음 농도(mg/L)

K: 반응속도상수(min^{-1}), t: 반응시간(min)

- **반응속도상수(K) 계산**

$$\ln \frac{(100 - 92)}{100} = -K \times 3min$$

$$K = 0.8419min^{-1}$$

- **99.8% 감소하는 데 걸리는 시간(t) 계산**

$$\ln \frac{(100 - 99.8)}{100} = -0.8419min^{-1} \times t$$

$$\therefore t = 7.3816 \fallingdotseq 7.38min$$

03 ★★★

최종 BOD가 10mg/L, DO가 5mg/L인 하천이 있다. 이때, 상류지점으로부터 36시간 유하 후 하류지점에서의 DO 농도(mg/L)를 구하시오. (단, 온도변화는 없으며, DO 포화농도는 9mg/L, 탈산소계수 0.1/day, 재폭기계수 0.2/day, 상용대수 기준)

정답

4.93mg/L

해설

36시간 유하 후 DO 농도=포화농도－36시간 유하 후 산소부족량

DO 부족량 공식을 이용한다.

$$D_t=\frac{K_1L_0}{K_2-K_1}(10^{-K_1\cdot t}-10^{-K_2\cdot t})+D_0\times10^{-K_2\cdot t}$$

먼저, 시간(t)을 구하면

$$t=36\text{hr}\times\frac{1\text{day}}{24\text{hr}}=1.5\text{day}$$

$$\therefore D_t=\frac{0.1\times10}{0.2-0.1}(10^{-0.1\times1.5}-10^{-0.2\times1.5})+(9-5)\times10^{-0.2\times1.5}$$

$$=4.0723\text{mg/L}$$

따라서, 36시간 유하 후 용존산소 농도를 구하면

36시간 유하 후 DO 농도$=C_s-D_t$

$$=9-4.0723=4.9277≒4.93\text{mg/L}$$

관련이론 | 용존산소부족량과 임계시간

(1) 용존산소부족량(D_t)

$$D_t=\frac{K_1L_0}{K_2-K_1}(10^{-K_1\cdot t}-10^{-K_2\cdot t})+D_0\times10^{-K_2\cdot t}$$

(2) 임계시간(t_c)

$$t_c=\frac{1}{K_2-K_1}\log\left[\frac{K_2}{K_1}\left\{1-\frac{D_0(K_2-K_1)}{L_0\times K_1}\right\}\right]$$

또는

$$t_c=\frac{1}{K_1(f-1)}\log\left[f\left\{1-(f-1)\frac{D_0}{L_0}\right\}\right]$$

D_t: t일 후 용존산소(DO) 부족농도(mg/L), t_c: 임계시간(day)

K_1: 탈산소계수(day^{-1}), K_2: 재폭기계수(day^{-1})

L_0: 최종 BOD(mg/L), D_0: 초기용존산소부족량(mg/L)

t: 시간(day), f: 자정계수$\left(=\frac{K_2}{K_1}\right)$

04 ★★☆

폐수처리장에서 발생되는 고형물의 농도가 30,000mg/L이다. 침강농축실험을 한 결과가 다음 표와 같을 때 농축슬러지의 고형물농도가 75,000mg/L가 되기 위하여 소요되는 농축시간(hr)을 구하시오. (단, 상등수 중에 고형물은 존재하지 않으며 슬러지의 비중은 1이라고 가정함)

정치시간(농축시간)(hr)	계면높이(cm)
0	100
2	60
4	40
6	30
8	25
10	24
12	22
14	20

정답

4hr

해설

최초 계면의 높이가 100cm이고 농축슬러지의 농도는 계면의 높이와 반비례하므로

$$30{,}000\text{mg/L}\times\frac{100}{X}=75{,}000\text{mg/L}$$

$\therefore X=40\text{cm}$

표에서 계면의 높이가 40cm가 되는 농축시간은 4hr이다.

05

★★☆

소독부산물인 THM(트리할로메탄)의 생성속도에 다음 인자가 미치는 영향을 서술하시오.

(1) 수온

(2) pH

(3) 불소

정답

(1) 수온이 높을수록 THM의 생성속도는 증가한다.

(2) pH가 높을수록 THM의 생성속도는 증가한다.

(3) 불소의 농도가 높을수록 THM의 생성속도는 증가한다.

관련이론 | THM(트리할로메탄)

- 소독부산물로 정수처리공정에서 주입되는 염소와 원수 중에 존재하는 브롬, 유기물 등의 전구물질과 반응하여 생성된다.
- 수돗물에 생성된 트리할로메탄류는 대부분 클로로포름($CHCl_3$)으로 존재한다.
- 전구물질의 농도·양 ↑, 수온 ↑, pH ↑ → THM ↑

06

★★☆

폐수의 유량이 200m³/day이고 부유고형물의 농도가 300mg/L이다. 공기부상실험에서 공기와 고형물의 비가 0.05mg Air/mg Solid일 때 최적의 부상을 나타낸다. 설계온도 20℃이고 공기용해도는 18.7mL/L, 용존 공기의 분율 0.6, 부하율 8L/m²·min, 운전압력이 4기압일 때 부상조의 반송률(%)을 구하시오.

정답

44.07%

해설

A/S비 공식을 이용한다.

$$A/S비=\frac{1.3S_a(f\cdot P-1)}{SS}\times R$$

S_a: 공기의 용해도(mL/L), f: 용존 공기의 분율, P: 운전압력(atm)

SS: 부유고형물 농도(mg/L), R: 반송비

$$0.05=\frac{1.3\times 18.7\times(0.6\times 4-1)}{300}\times R$$

$\therefore R=0.4407=44.07\%$

07

★★★

폭 2.5m, 수심 1.2m, 조도계수 0.014, 동수경사 0.09인 장방형 콘크리트 개수로에서의 유량(m³/sec)을 구하시오. (단, Manning 공식 이용)

정답

46.35m³/sec

해설

Manning 공식을 이용한다.

$$V=\frac{1}{n}R^{\frac{2}{3}}I^{\frac{1}{2}}$$

V: 유속(m/sec), n: 조도계수, R: 경심(m), I: 동수경사

- 경심(R) 계산

$$R=\frac{단면적}{윤변}=\frac{1.2\times 2.5}{2\times 1.2+2.5}=0.6122$$

- 유속(V) 계산

$$V=\frac{1}{0.014}\times(0.6122)^{\frac{2}{3}}\times(0.09)^{\frac{1}{2}}=15.4498\text{m/sec}$$

- 유량(Q) 계산

$$\therefore Q=AV=(2.5\text{m}\times 1.2\text{m})\times\frac{15.4498\text{m}}{\text{sec}}$$
$$=46.3494≒46.35\text{m}^3/\text{sec}$$

08 ★★★

탈질에 요구되는 무산소반응조(Anoxic basin)의 운영조건이 다음과 같을 때 탈질반응조의 체류시간(hr)을 구하시오.

- 유입수 질산염 농도: 22mg/L
- 유출수 질산염 농도: 3mg/L
- MLVSS 농도: 4,000mg/L
- 온도: 10℃
- 20℃에서의 탈질율(R_{DN}): 0.10/day
- K: 1.09
- DO: 0.1mg/L
- $R'_{DN} = R_{DN(20℃)} \times K^{(T-20)} \times (1-DO)$

정답

3hr

해설

무산소반응조의 체류시간 공식을 이용한다.

체류시간(hr)$=\dfrac{S_0 - S}{R_{DN} \cdot X}$

S_0: 유입수 질산염 농도(mg/L), X: MLVSS 농도(mg/L)

S: 유출수 질산염 농도(mg/L), R_{DN}: 탈질율(day^{-1})

- **10℃에서의 탈질율(R'_{DN}) 계산**

$$R'_{DN(10℃)} = R_{DN(20℃)} \times K^{(10-20)} \times (1-DO)$$
$$= 0.10 \times 1.09^{(10-20)} \times (1-0.1)$$
$$= 0.038 day^{-1}$$

- **체류시간(hr) 계산**

$$\therefore \text{체류시간} = \frac{S_0 - S}{R_{DN} \cdot X} = \frac{(22-3)}{0.038 \times 4{,}000} = 0.125 day = 3hr$$

09 ★★☆

수온이 20℃인 하수에서 비중 2.5, 직경 6.0×10^{-3}cm인 입자의 침전속도가 스토크스 법칙에 따른다고 할 때, 침전속도(cm/sec)를 구하시오. (단, 20℃ 하수의 동점성 계수는 $0.00985cm^2/sec$, 하수 비중은 1.02)

정답

0.29cm/sec

해설

- **점성계수(μ) 계산**

$$\mu = \nu \cdot \rho = \frac{0.00985cm^2}{sec} \times \frac{1.02g}{cm^3} = 0.010047g/cm \cdot sec$$

- **입자의 침전속도(V_g) 계산**

$$V_g = \frac{d_p^2(\rho_p - \rho)g}{18\mu}$$

V_g: 중력침강속도(cm/sec), d_p: 입자의 직경(cm)

ρ_p: 입자의 밀도(g/cm^3), ρ: 유체의 밀도(g/cm^3)

g: 중력가속도($980cm/sec^2$), μ: 유체의 점성계수(g/cm·sec)

$$V_g = \frac{(6.0 \times 10^{-3}cm)^2 \times (2.5-1.02)g/cm^3 \times 980cm/sec^2}{18 \times 0.010047g/cm \cdot sec}$$
$$= 0.2887 \fallingdotseq 0.29cm/sec$$

10

★★☆

Sidestream의 대표적인 공정과 원리를 설명하고 장점, 단점을 각각 1개씩 서술하시오.

(1) 공정
(2) 원리
(3) 장점(1가지)
(4) 단점(1가지)

정답

(1) Phostrip 공법
(2) 반송슬러지의 일부만이 포기조로 유입되고 인을 과잉섭취한다. 또한, 탈인조에서 인을 방출시키고 생성된 상징액을 석회를 이용하여 화학적인 방법으로 침전시켜 제거한다. 이 공정은 화학적 방법과 생물학적 방법이 조합된 공정이다.
(3) ① 기존의 활성슬러지 공법에 적용하기 쉽다.
② 유입수질의 부하변동에 강하다.
③ Mainstream 화학공정에 비하여 약품 사용량이 훨씬 적다.
(4) ① 인을 제거하기 위해 석회 등의 약품이 필요하다.
② Stripping을 위한 별도의 반응조가 필요하다.
③ 최종 침전지에서의 인 방출 방지를 위해 MLSS 내 DO를 높게 유지해야 한다.

11

★★☆

다음의 조건이 주어졌을 때, 유입되는 완전혼합반응조에서 체류시간(hr)을 구하시오.

- 유입 COD: 820mg/L
- 유출 COD: 180mg/L
- MLSS: 3,000mg/L
- MLVSS=0.7×MLSS
- K=0.532L/g·hr (20℃ 기준)
- 생물학적으로 분해되지 않는 COD: 155mg/L
- 슬러지의 반송은 고려하지 않음
- 정상상태이며 1차 반응

정답

22.91hr

해설

$Q(C_0-C_t)=K\cdot\forall\cdot X\cdot C_t^m$

Q: 유량(m^3/hr), C_0: 초기 농도(mg/L), C_t: 나중 농도(mg/L)

K: 반응속도상수(L/mg·hr), $\forall$: 반응조 체적(m^3)

X: MLVSS 농도(mg/L), m: 반응차수

$$\frac{\forall}{Q}=\frac{(C_0-C_t)}{K\cdot X\cdot C_t^m}=t$$

$$=\frac{(820-155)\text{mg/L}-(180-155)\text{mg/L}}{\frac{0.532\text{L}}{\text{g}\cdot\text{hr}}\times\frac{(0.7\times3{,}000)\text{mg}}{\text{L}}\times\frac{(180-155)\text{mg}}{\text{L}}\times\frac{1\text{g}}{10^3\text{mg}}}$$

$=22.9144\text{hr}≒22.91\text{hr}$

2011년 | 3회 기출문제

01

★★☆

NO_3^- 30mg/L가 함유되어 있는 폐수 1,000m³/day를 탈질시키고자 한다. NO_3^-의 탈질 총괄반응식이 다음과 같을 때, 이때 필요한 메탄올(CH_3OH)의 양(kg/day)을 구하시오.

$$\frac{1}{6}CH_3OH+\frac{1}{5}NO_3^-+\frac{1}{5}H^+ \rightarrow \frac{1}{10}N_2+\frac{1}{6}CO_2+\frac{13}{30}H_2O$$

정답

12.90kg/day

해설

- 유입된 NO_3^- 양(kg/day) 계산

$$\frac{30mg}{L}\times\frac{1{,}000m^3}{day}\times\frac{10^3L}{1m^3}\times\frac{1kg}{10^6mg}=30kg/day$$

- 필요한 메탄올(CH_3OH)의 양(kg/day) 계산

$6NO_3^-$: $5CH_3OH$

$6\times62g : 5\times32g = 30kg/day : Xkg/day$

$$\therefore X=\frac{5\times32\times30}{6\times62}=12.9032 \fallingdotseq 12.90kg/day$$

02

★★★

암모니아 탈기법에 의해 폐수 중의 암모니아성 질소를 제거하려고 한다. 암모니아성 질소 중의 NH_3를 99%로 하기 위한 pH를 구하시오. (단, 암모니아성 질소 중의 평형 NH_3+$H_2O \leftrightarrow NH_4^+$+$OH^-$, 평형상수 $K=1.8\times10^{-5}$)

정답

11.25

해설

- NH_4^+/NH_3 비율 계산

$$NH_3(\%)=\frac{NH_3}{NH_3+NH_4^+}\times100$$

$$99=\frac{NH_3}{NH_3+NH_4^+}\times100$$

분모, 분자에 NH_3로 나누고 정리하면

$$\frac{99}{100}=\frac{1}{1+NH_4+/NH_3}$$

$\therefore NH_4^+/NH_3=0.0101$

- 수산화이온의 몰농도(mol/L) 계산

$$NH_3+H_2O \rightleftharpoons NH_4^+ + OH^-$$

$$K=\frac{[NH_4^+][OH^-]}{[NH_3]}$$

$1.8\times10^{-5}=0.0101\times[OH^-]$

$[OH^-]=1.7822\times10^{-3}mol/L$

- pH 계산

$$\therefore pH=14-\log\left(\frac{1}{1.7822\times10^{-3}}\right)=11.2510 \fallingdotseq 11.25$$

03

★★☆

반감기가 2hr인 대장균의 살균 반응에서 대장균 수가 1,000/mL에서 10/mL로 감소하는 데 걸리는 시간(hr)을 구하시오. (단, 반응은 1차 반응)

정답

13.29hr

해설

$\ln\left(\frac{N_t}{N_0}\right)=-K\cdot t$

N_t: 나중 개수, N_0: 처음 개수, K: 반응속도상수(hr^{-1})

t: 반응시간(hr)

- **반응속도상수(K) 계산**

  $\ln\left(\frac{500}{1,000}\right)=-K\times 2hr$

  $\therefore K=0.3466hr^{-1}$

- **10/mL로 감소하는 데 걸리는 시간(t) 계산**

  $\ln\left(\frac{10}{1,000}\right)=-0.3466hr^{-1}\times t$

  $\therefore t=13.2867\fallingdotseq 13.29hr$

04

★☆☆

다음 자료를 통해 온도보정계수(θ)를 구하시오. (단, 상용대수 적용, 소수점 다섯째 자리에서 반올림하여 소수점 넷째 자리까지 계산)

- $T_1=4℃$, $K_1=0.12/day$
- $T_2=16℃$, $K_2=0.2/day$

정답

1.0435

해설

$K_T=K_{20℃}\times\theta^{(T-20)}$

$0.12/day=K_{20℃}\times\theta^{(4-20)}$ ……… (1)식

$0.2/day=K_{20℃}\times\theta^{(16-20)}$ ……… (2)식

$\frac{(1)}{(2)}=\frac{0.12=K_{20℃}\times\theta^{-16}}{0.2=K_{20℃}\times\theta^{-4}}$

$0.6=\theta^{-12}$

$\therefore \theta=1.04349\fallingdotseq 1.0435$

05

★★☆

글루코스($C_6H_{12}O_6$) 150mg/L와 벤젠(C_6H_6) 15mg/L 용액이 있을 때 다음 물음에 답하시오.

(1) 총 이론적 산소요구량(mg/L)

(2) 총 유기탄소량(mg/L)

정답

(1) 206.15mg/L

(2) 73.85mg/L

해설

(1) 총 이론적 산소요구량(mg/L) 구하기

① 글루코스($C_6H_{12}O_6$)의 이론적 산소요구량(mg/L) 계산

$C_6H_{12}O_6+6O_2 \rightarrow 6CO_2+6H_2O$

180g : 6×32g=150mg/L : Xmg/L

$\therefore X=\frac{6\times32\times150}{180}=160mg/L$

② 벤젠(C_6H_6)의 이론적 산소요구량(mg/L) 계산

$C_6H_6+7.5O_2 \rightarrow 6CO_2+3H_2O$

78g : 7.5×32g=15mg/L : Ymg/L

$\therefore Y=\frac{7.5\times32\times15}{78}=46.1538mg/L$

③ 총 이론적 산소요구량(ThOD) 계산

$\therefore X+Y=160+46.1538=206.1538\fallingdotseq 206.15mg/L$

(2) 총 유기탄소량(mg/L) 구하기

① 글루코스($C_6H_{12}O_6$)의 유기탄소량(mg/L) 계산

$C_6H_{12}O_6+6O_2 \rightarrow 6CO_2+6H_2O$

180g : 6×12g

150mg/L : Xmg/L

$\therefore X=\frac{6\times12\times150}{180}=60mg/L$

② 벤젠(C_6H_6)의 유기탄소량(mg/L) 계산

$C_6H_6+7.5O_2 \rightarrow 6CO_2+3H_2O$

78g : 6×12g

15mg/L : Ymg/L

$\therefore Y=\frac{6\times12\times15}{78}=13.8462mg/L$

③ 총 유기탄소량(ThOD) 계산

$\therefore X+Y=60+13.8462=73.8462\fallingdotseq 73.85mg/L$

06

★★☆

Michaelis-Menten식을 이용하여 미생물에 의한 폐수처리를 설명하기 위해 실험을 수행하였다. 실험 결과 1g의 미생물이 최대 20g/day의 유기물을 분해하는 것으로 나타났다. 실제 폐수의 농도가 15mg/L일 때 같은 양의 미생물이 10g/day의 속도로 유기물을 분해하였다면 폐수 농도가 5mg/L로 유지되고 있을 때 2g의 미생물에 의한 분해속도(g/day)를 구하시오.

정답

10g/day

해설

Michaelis-Menten식을 이용한다.

$$r = r_{max} \times \frac{S}{K_m + S}$$

r: 분해속도(g/g·day), r_{max}: 최대분해속도(g/g·day)

K_m: 반포화농도(mg/L), S: 기질농도(mg/L)

- K_m(mg/L) 계산

$$10g/g \cdot day = 20g/g \cdot day \times \frac{15mg/L}{K_m + 15mg/L}$$

$\therefore K_m = 15mg/L$

- 분해속도(r) 계산

$$\therefore r = 20g/g \cdot day \times \frac{5mg/L}{15mg/L + 5mg/L} \times 2g = 10g/day$$

07

★★★

관의 지름이 100mm이고 관을 통해 흐르는 유량이 $0.02m^3$/sec인 관의 손실수두가 10m가 되게 하고자 한다. 이때의 관의 길이(m)를 구하시오. (단, 마찰손실수두만을 고려하며 마찰손실수두는 0.015)

정답

201.50m

해설

유속(V)을 구하면

$Q = AV$

$$\frac{0.02m^3}{sec} = \frac{\pi \times (0.1m)^2}{4} \times V$$

$V = 2.5465m/sec$

$$h_L = f \times \frac{L}{D} \times \frac{V^2}{2g}$$

h_L: 마찰손실수두(m), f: 마찰손실계수, L: 관의 길이(m)

D: 관의 직경(m), V: 유속(m/sec), g: 중력가속도($9.8m/sec^2$)

$$10m = 0.015 \times \frac{L}{0.1m} \times \frac{(2.5465m/sec)^2}{2 \times 9.8m/sec^2}$$

$\therefore L = 201.5011 ≒ 201.50m$

08

★★☆

미생물이 분해 불가능한 유기물을 제거하기 위하여 흡착제인 활성탄을 사용하였다. COD가 50mg/L인 원수에 활성탄 20mg/L를 주입시켰더니 COD가 15mg/L, 활성탄 50mg/L를 주입시켰더니 COD가 5mg/L로 되었다. COD를 8mg/L로 만들기 위해 주입해야 할 활성탄의 양(mg/L)을 구하시오. (단, Freundlich 등온흡착식: $\frac{X}{M}=KC^{\frac{1}{n}}$ 이용)

정답

35.11mg/L

해설

$$\frac{X}{M}=KC^{\frac{1}{n}}$$

X: 흡착된 용질의 농도(mg/L), M: 주입된 흡착제의 농도(mg/L)

C: 흡착 후 남은 농도(mg/L), K, n: 상수

- **상수 n 계산**

  활성탄 20mg/L: $\frac{(50-15)}{20}=1.75=K\times 15^{\frac{1}{n}}$ …… (1)식

  활성탄 50mg/L: $\frac{(50-5)}{50}=0.9=K\times 5^{\frac{1}{n}}$ …… (2)식

  $$\frac{(1)}{(2)}=\frac{1.75=K\times 15^{\frac{1}{n}}}{0.9=K\times 5^{\frac{1}{n}}}$$

  $1.9444=3^{\frac{1}{n}} \rightarrow n=1.6522$

- **상수 K 계산**

  n값을 (2)식에 대입하여 K를 구한다.

  $$\frac{(50-5)}{50}=0.9=K\times 5^{\frac{1}{1.6522}}$$

  $K=0.3398$

- **활성탄 양(mg/L) 계산**

  $$\frac{(50-8)}{M}=0.3398\times 8^{\frac{1}{1.6522}}$$

  $\therefore M=35.1097 \fallingdotseq 35.11\text{mg/L}$

09

★★★

CFSTR에서 물질을 분해하여 효율 95%로 처리하고자 한다. 이 물질은 1차 반응으로 분해되며, 속도상수는 0.1/hr이다. 유량은 300L/hr이고 유입농도는 150mg/L로 일정하다면 CFSTR의 필요 부피(m^3)를 구하시오. (단, 반응은 정상상태로 가정)

정답

$57m^3$

해설

$Q(C_0-C_t)=K\cdot\forall\cdot C_t^{\,m}$

Q: 유량(m^3/hr), C_0: 초기 농도(mg/L), C_t: 나중 농도(mg/L)

K: 반응속도상수(hr^{-1}), $\forall$: 반응조 체적(m^3), m: 반응차수

$$\therefore \forall=\frac{Q(C_0-C_t)}{K\cdot C_t^{\,m}}$$

$$=\frac{300\text{L/hr}\times(150-7.5)\text{mg/L}}{0.1/\text{hr}\times(7.5\text{mg/L})^1\times 10^3\text{L/m}^3}$$

$$=57m^3$$

관련이론 | 완전혼합반응조(CFSTR)

- 유입과 유출이 동시에 있으며 반응조 내에서는 완전혼합되어 반응한 후 유출된다.
- 유입된 액체의 일부분은 즉시 유출된다.
- 충격부하에 강하다.
- 부하변동에 강하다.
- 동일 용량 PFR에 비해 제거효율이 좋지 않다.

10 ★★★

최종 BOD 1kg을 혐기성 조건에서 안정화시킬 때 30℃에서 발생될 수 있는 이론적 메탄가스의 양(m^3)을 구하시오. (단, 유기물은 $C_6H_{12}O_6$로 가정함)

정답

$0.39m^3$

해설

- **호기성 소화반응식을 통한 $C_6H_{12}O_6$의 양 계산**

$C_6H_{12}O_6 + 6O_2 \rightarrow 6H_2O + 6CO_2$

$180g : 6\times 32g = Xkg : 1kg$

$\therefore X = \frac{180\times 1}{6\times 32} = 0.9375kg$

- **혐기성 소화반응식을 통한 CH_4의 양 계산**

$C_6H_{12}O_6 \rightarrow 3CH_4 + 3CO_2$

$180g : 3\times 22.4L = 0.9375kg : Ym^3$

$\therefore Y = \frac{3\times 22.4\times 0.9375}{180} = 0.35m^3$

- **온도 보정(30℃)**

$0.35m^3 \times \frac{(273+30)}{273} = 0.3885 \fallingdotseq 0.39m^3$

관련이론 | 메탄(CH_4)의 발생

(1) **글루코스($C_6H_{12}O_6$) 1kg 당 메탄가스 발생량 (0℃, 1atm)**

$C_6H_{12}O_6 \rightarrow 3CH_4 + 3CO_2$

$180g : 3\times 22.4L$

$1kg : Xm^3$

$\therefore X = \frac{3\times 22.4\times 1}{180} = 0.3733 \fallingdotseq 0.37m^3$

(2) **최종 BOD_u 1kg 당 메탄가스 발생량 (0℃, 1atm)**

① BOD_u를 이용한 글루코스 양(kg) 계산

$C_6H_{12}O_6 + 6O_2 \rightarrow 6H_2O + 6CO_2$

$180g : 6\times 32g = Xkg : 1kg$

$\therefore X = \frac{180\times 1}{6\times 32} = 0.9375kg$

② 글루코스의 혐기성 분해식을 이용한 메탄의 양(m^3) 계산

$C_6H_{12}O_6 \rightarrow 3CH_4 + 3CO_2$

$180g : 3\times 22.4L = 0.9375kg : Ym^3$

$\therefore Y = \frac{3\times 22.4\times 0.9375}{180} = 0.35m^3$

11 ★★☆

어느 하천의 초기 DO 부족량이 2.6mg/L이고, BOD_u가 21mg/L이었다. 이때 용존산소곡선(DO Sag Curve)에서 임계점에 달하는 시간(hr)과 임계점의 산소부족량(mg/L)을 구하시오. (단, 온도 20℃, 용존산소 포화량 9.2mg/L, K_1=0.4/day, f=2.25, $f=\frac{K_2}{K_1}$, 상용대수 기준)

(1) 임계시간(hr)

(2) 임계점의 산소부족량(mg/L)

정답

(1) 13.40hr

(2) 5.58mg/L

해설

(1) **임계시간(t_c) 구하기**

$$t_c = \frac{1}{K_2 - K_1}\log\left[\frac{K_2}{K_1}\left\{1 - \frac{D_0(K_2-K_1)}{L_0K_1}\right\}\right]$$

$$= \frac{1}{K_1(f-1)}\log\left[f\left\{1-(f-1)\frac{D_0}{L_0}\right\}\right]$$

t_c: 임계시간(day), K_1: 탈산소계수(day^{-1})

K_2: 재폭기계수(day^{-1}), L_0: 최종 BOD(mg/L)

D_0: 초기용존산소부족량(mg/L), f: 자정계수$\left(=\frac{K_2}{K_1}\right)$

$$t_c = \frac{1}{0.4(2.25-1)}\log\left[2.25\left\{1-(2.25-1)\frac{2.6}{21}\right\}\right]$$

$= 0.5583day \fallingdotseq 13.40hr$

(2) **임계점의 산소부족량(D_c) 구하기**

$$D_c = \frac{L_0}{f}\times 10^{-K_1\cdot t_c}$$

$$= \frac{21}{2.25}\times 10^{-0.4\times 0.5583}$$

$= 5.5811 \fallingdotseq 5.58mg/L$

2011년 | 2회 기출문제

01

★☆☆

호수의 전도현상과 성층현상은 밀도차에 의해 발생되며 계절에 따라 온도의 구배가 변하는 특성을 갖는다. 계절에 따라 수온과 수심과의 그래프를 작성하고 전도현상과 성층현상이 일어나는 계절을 쓰시오. (단, 가로축: 온도 (10℃ 간격), 세로축: 수심 (5m 간격))

(1) 전도현상

(2) 성층현상

(3) 그래프 작성

정답

(1) 봄, 가을

(2) 여름, 겨울

(3)

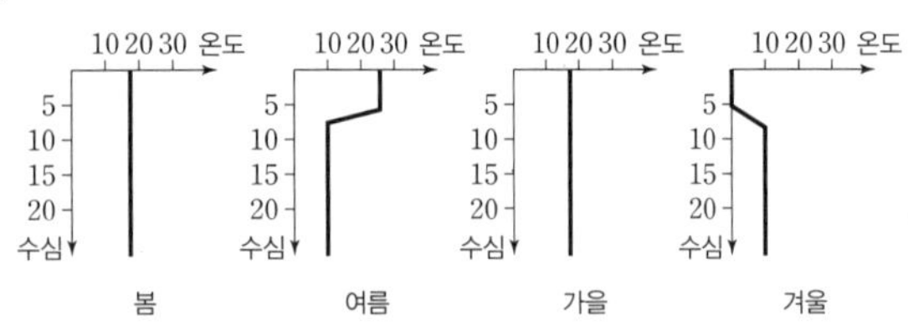

관련이론 | 성층현상과 전도현상의 순환

(1) **봄(전도현상)**: 기온 상승 → 호소수 표면의 수온 증가 → 4℃일 때 밀도 최대 → 표수층의 밀도 증가로 수직혼합

(2) **여름(성층현상)**: 기온 상승 → 호소수 표면의 수온 증가 → 수온 상승으로 표수층의 밀도가 낮아짐 → 수직혼합이 억제됨 → 성층 형성

(3) **가을(전도현상)**: 기온 하강 → 호소수 표면의 수온 감소 → 4℃일 때 밀도 최대 → 표수층의 밀도 증가로 수직혼합

(4) **겨울(성층 현상)**: 기온 하강 → 호소수 표면의 수온 감소 → 수온 감소로 표수층의 밀도가 낮아짐 → 수직혼합이 억제됨 → 성층 형성

02

★★★

저수량 300,000m^3, 면적 10^{5}m^{2}인 저수지에 오염물질이 유출되어 오염물질의 농도가 20mg/L가 되었다. 오염물질의 농도가 1mg/L가 되는데 걸리는 시간(yr)을 구하시오.

- 호수는 CFSTR 모델로 가정
- 오염이 있기 전에 오염물질은 존재하지 않았음
- 연 강수량 1,200mm/yr
- 강우에 의한 유입과 유출만이 있음

정답

7.49yr

해설

- **연간 유입되는 강우량(m^3/yr) 계산**

$$\frac{1.2\text{m}}{\text{yr}} \times 10^5\ \text{m}^2 = 120{,}000\text{m}^3/\text{yr}$$

- **단순희석에 의한 시간(t) 계산**

$$\ln\frac{C_t}{C_0} = -\frac{Q}{\forall}\cdot t$$

Q: 유량(m^3/day), C_0: 초기 농도(mg/L), C_t: 나중 농도(mg/L)

$\forall$: 반응조 체적(m^3), t: 시간(day)

$$\ln\frac{1\text{mg/L}}{20\text{mg/L}} = -\frac{120{,}000\text{m}^3/\text{yr}}{300{,}000\text{m}^3}\times t$$

$\therefore t = 7.4893 ≒ 7.49\text{yr}$

03

★★☆

하수처리시설의 운영조건이 다음과 같을 때 SRT(day)를 구하시오.

- Q: 2,400m³/day
- 유입 BOD: 300mg/L
- 유입 SS: 200mg/L
- BOD 및 SS 제거율: 90%
- 체류시간: 8hr
- 잉여슬러지 농도: 8,000mg/L
- 잉여슬러지 유량: 유입유량의 2%
- F/M비: 0.3day^{-1}

정답

5.57day

해설

- **포기조의 부피(∀) 계산**

$$\forall(\text{m}^3)=Q\cdot t=\frac{2{,}400\text{m}^3}{\text{day}}\times 8\text{hr}\times\frac{1\text{day}}{24\text{hr}}=800\text{m}^3$$

- **포기조 MLSS 농도(mg/L) 계산**

$$\text{F/M비}(\text{day}^{-1})=\frac{\text{유입 BOD 총량}}{\text{포기조 내의 MLSS량}}=\frac{BOD_i\cdot Q}{X\cdot\forall}=\frac{BOD_i}{X\cdot HRT}$$

BOD_i: 유입 BOD 농도(mg/L), ∀: 부피(m³)
X: MLSS 농도(mg/L), Q: 유량(m³/day), HRT: 체류시간(day)

$$0.3\text{day}^{-1}=\frac{300\text{mg/L}}{x\text{mg/L}\times 8\text{hr}\times\frac{1\text{day}}{24\text{hr}}}$$

$\therefore x=3{,}000\text{mg/L}$

- **SRT 계산**

$$SRT=\frac{\forall\cdot X}{X_rQ_w+X_e(Q-Q_w)}$$

SRT: 고형물 체류시간(day), ∀: 부피(m³)
X: MLSS 농도(mg/L), X_r: 잉여슬러지 SS 농도(mg/L)
Q_w: 잉여슬러지 발생량(m³/day), X_e: 유출 SS 농도(mg/L)
$Q_w=2{,}400\text{m}^3/\text{day}\times 0.02=48\text{m}^3/\text{day}$
$X_e=200\text{mg/L}\times 0.1=20\text{mg/L}$

$$\therefore SRT=\frac{\forall\cdot X}{X_rQ_w+X_e(Q-Q_w)}=\frac{800\text{m}^3\times 3{,}000\text{mg/L}}{8{,}000\text{mg/L}\times 48\text{m}^3/\text{day}+20\text{mg/L}\times(2{,}400-48)\text{m}^3/\text{day}}$$

$=5.5679\fallingdotseq 5.57\text{day}$

04

★★★

암모니아 탈기법에 의해 폐수 중의 암모니아성 질소를 제거하려고 한다. pH가 11인 경우 암모니아성 질소 중의 NH_3(%)를 구하시오. (단, 평형상수 $K=1.8\times10^{-5}$)

정답

98.23%

해설

- **수산화이온의 몰농도(mol/L) 계산**

$pOH=14-pH=14-11=3$
$[OH^-]=10^{-pOH}=10^{-3}\text{mol/L}$

- **$[NH_4^+]/[NH_3]$ 계산**

$NH_3+H_2O \rightleftarrows NH_4^++OH^-$

$$K=\frac{[NH_4^+][OH^-]}{[NH_3]}$$

$$1.8\times10^{-5}=\frac{[NH_4^+][10^{-3}]}{[NH_3]}$$

$$\frac{[NH_4^+]}{[NH_3]}=0.018$$

- **NH_3(%) 계산**

$$NH_3(\%)=\frac{NH_3}{NH_3+NH_4^+}\times100$$

$$\therefore NH_3(\%)=\frac{1}{1+0.018}\times100=98.2318\fallingdotseq 98.23\%$$

05

★★☆

살균 및 소독을 위하여 물에 차아염소산염(OCl^-)을 주입하였을 때 물의 pH 변화를 반응식을 이용하여 서술하시오.

정답

$OCl^-+H_2O\rightarrow HOCl+OH^-$
OCl^-가 물과 반응하여 OH^-가 생성되어 pH는 증가한다.

만점 KEYWORD

OH^- 생성, pH 증가

06

★★☆

하수처리시설의 운영조건이 아래와 같을 때 다음을 구하시오.

- 폐수 온도: 20℃
- 포기조 유입유량: $0.32m^3/sec$
- MLVSS: 2,400mg/L
- 원폐수 BOD_5: 240mg/L
- 원폐수 TSS: 280mg/L
- 유출수 BOD_5: 5.7mg/L
- BOD_5/BOD_u: 0.67
- 포기조 유입수 BOD_5: 161.5mg/L
- VSS/TSS: 0.8
- K_d: $0.06day^{-1}$
- Y: 0.5mg VSS/mg BOD_5
- SRT: 10day

(1) 포기조 부피(m^3)
(2) 포기조 체류시간(HRT, hr)
(3) 포기조 폭(m) 및 길이(m)의 규격(폭:길이=1:2, 깊이 4.4m)

정답

(1) $5,608.8m^3$
(2) 4.87hr
(3) 폭: 25.25m, 길이: 50.49m

해설

(1) **포기조 부피(∀) 구하기**

$$\frac{1}{SRT}=\frac{Y(BOD_i-BOD_o)Q}{\forall \cdot X}-K_d$$

SRT: 고형물 체류시간(day), Y: 세포생산계수
BOD_i: 유입 BOD 농도(mg/L), BOD_o: 유출 BOD 농도(mg/L)
Q: 유량(m^3/day), ∀: 반응조 체적(m^3), X: MLVSS 농도(mg/L)
K_d: 내생호흡계수(day^{-1})

$$\frac{1}{10day}=\frac{0.5\times\frac{(161.5-5.7)mg}{L}\times\frac{0.32m^3}{sec}\times\frac{86,400sec}{1day}}{\forall\times\frac{2,400mg}{L}}-\frac{0.06}{day}$$

$\therefore\ \forall=5,608.8m^3$

(2) **포기조 체류시간(HRT, hr) 구하기**

체류시간(HRT)=부피(∀)/유량(Q)

$$\therefore\ HRT=\frac{5,608.8m^3}{\frac{0.32m^3}{sec}\times\frac{3,600sec}{1hr}}=4.8688≒4.87hr$$

(3) **포기조 폭 및 길이의 규격(폭:길이=1:2, 깊이 4.4m) 구하기**

폭(W): 길이(L)=1:2 이므로 $L=2W$이 된다.
부피(∀)=$A\cdot H=L\cdot W\cdot H$
$5,608.8m^3=W\times 2W\times 4.4$
$\therefore\ W=25.2461≒25.25m$
$L=2W=2\times 25.2461=50.4922≒50.49m$

07

★★☆

20℃에서 성장속도계수가 $1.6day^{-1}$이고 성장속도계수 비율이 K_{20}/K_{10}=1.9일 때 30℃에서의 성장속도계수(day^{-1})를 구하시오.

정답

$3.04day^{-1}$

해설

- **온도보정계수(θ) 계산**
  $K_T=K_{20℃}\times\theta^{(T-20)}$
  문제 조건에서 $K_{20}/K_{10}=1.9$을 식에 대입한다.
  $K_{10}=1.9\times K_{10}\times\theta^{(10-20)}$
  $\therefore\ \theta=1.0663$
- **30℃에서 성장속도계수(K_{30}) 계산**
  $\therefore\ K_{30}=K_{20℃}\times 1.0663^{(30-20)}$
  $=1.6\times 1.0663^{(30-20)}=3.0403≒3.04day^{-1}$

08 ★★☆

여과기를 사용하여 하루 $100m^3$를 $5L/m^2 \cdot min$로 여과하고, 매일 12시간마다 10분씩의 역세척을 위하여 여과지 1기의 운전을 정지하며 이때 여과율은 $6L/m^2 \cdot min$을 넘지 못한다. 역세척은 $10L/m^2 \cdot min$로 진행되며 여과 유출수는 $1L/m^2 \cdot min$로 표면세척설비를 운영할 때 다음 물음에 답하시오.

(1) 소요 여과지의 수(지)

(2) 역세척에 사용되는 여과 용량
(여과지당 역세척 용량/여과지당 처리폐수 용량)%

정답

(1) 6지

(2) 3.52%

해설

(1) **소요 여과지의 수(지) 구하기**

소요 여과지의 수 = 전체 소요면적 /1지의 면적

① 전체 여과면적(A) 계산

$$\frac{Q}{A}=5L/m^2\cdot min=\frac{\frac{100m^3}{day}\times\frac{10^3L}{1m^3}\times\frac{1day}{(1,440-20)min}}{Am^2}$$

$A=14.0845m^2$

② 역세척시 여과면적(=1기 중지시 여과면적) 계산

$$\frac{Q}{A}=6L/m^2\cdot min=\frac{\frac{100m^3}{day}\times\frac{10^3L}{1m^3}\times\frac{1day}{(1,440-20)min}}{Am^2}$$

$A=11.7371m^2$

※ 여기서, $(1,440-20)min$은 역세척 시간인 $10min\times\frac{24hr}{12hr}=20min$을 제외한 실제 여과시간이다.

③ 소요 여과지의 수(지) 계산

$$\frac{14.0845m^2}{(14.0845-11.7371)m^2/지}=6.000 \rightarrow 6지$$

(2) **역세척에 사용되는 여과 용량 구하기**

$$역세척에\ 사용되는\ 여과\ 용량=\frac{역세척\ 용량}{여과\ 용량}\times 100$$

① 역세척 용량(m^3/day) 계산

$$\frac{10L}{m^2\cdot min}\times 14.0845m^2\times\frac{20min}{1day}\times\frac{1m^3}{10^3L}=2.8169m^3/day$$

② 여과 용량(m^3/day) 계산

여과 용량 = 여과수량 − 표면세척수량

$$\frac{100m^3}{day}-\left(\frac{1L}{m^2\cdot min}\times 14.0845m^2\times\frac{1,420min}{1day}\times\frac{1m^3}{10^3L}\right)$$

$=80m^3/day$

③ (역세척 용량/여과 용량)% 계산

$$\frac{2.8169m^3/day}{80m^3/day}\times 100=3.5211\fallingdotseq 3.52\%$$

09 ★★★

CFSTR에서 물질을 분해하여 효율 95%로 처리하고자 한다. 이 물질은 1차 반응으로 분해되며, 속도상수는 0.05/hr이다. 유량은 300L/hr이고 유입농도는 150mg/L로 일정하다면 CFSTR의 필요 부피(m^3)를 구하시오. (단, 반응은 정상상태로 가정)

정답

$114m^3$

해설

$Q(C_0-C_t)=K\cdot\forall\cdot C_t^m$

Q: 유량(m^3/hr), C_0: 초기 농도(mg/L), C_t: 나중 농도(mg/L)

K: 반응속도상수(hr^{-1}), $\forall$: 반응조 체적(m^3), m: 반응차수

$$\therefore \forall=\frac{Q(C_0-C_t)}{K\cdot C_t^m}$$

$$=\frac{300L/hr\times(150-7.5)mg/L}{0.05/hr\times(7.5mg/L)^1\times 10^3L/m^3}$$

$=114m^3$

관련이론 | **완전혼합반응조(CFSTR)**

- 유입과 유출이 동시에 있으며 반응조 내에서는 완전혼합되어 반응한 후 유출된다.
- 유입된 액체의 일부분은 즉시 유출된다.
- 충격부하에 강하다.
- 부하변동에 강하다.
- 동일 용량 PFR에 비해 제거효율이 좋지 않다.

10 ★☆☆

BOD_5 400mg/L, COD 900mg/L, 탈산소계수(K_1)의 값이 0.1/day일 때, 생물학적으로 분해 불가능한 COD(mg/L)를 구하시오. (단, BDCOD=BOD_u, 상용대수 기준)

정답

315.01mg/L

해설

COD=BDCOD+NBDCOD

BDCOD: 생물학적 분해 가능한 COD=BOD_u

NBDCOD: 생물학적으로 분해 불가능한 COD

- **BDCOD(mg/L) 계산**

  $BOD_5 = BOD_u \times (1-10^{-K_1 \times 5})$

  BOD_5: 5일동안 소모된 BOD(mg/L)

  BOD_u: 최종 BOD(mg/L), K_1: 탈산소계수(day^{-1})

  $400 = BOD_u \times (1-10^{-0.1\times5})$

  $\therefore BOD_u = 584.9901mg/L$

- **NBDCOD(mg/L) 계산**

  NBDCOD=COD−BDCOD

  $=900-584.9901$

  $=315.0099 ≒ 315.01mg/L$

관련이론 | COD의 구분

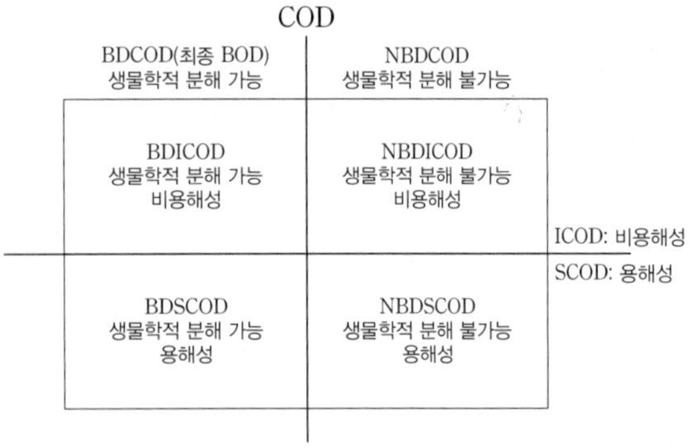

COD

	BDCOD(최종 BOD) 생물학적 분해 가능	NBDCOD 생물학적 분해 불가능
ICOD: 비용해성	BDICOD 생물학적 분해 가능 비용해성	NBDICOD 생물학적 분해 불가능 비용해성
SCOD: 용해성	BDSCOD 생물학적 분해 가능 용해성	NBDSCOD 생물학적 분해 불가능 용해성

- COD=BDCOD+NBDCOD
- BDCOD: 생물학적 분해 가능 COD=BOD_u
- NBDCOD: 생물학적으로 분해 불가능 COD

11 ★☆☆

유입되는 하수 속의 COD와 암모니아성 질소(NH_3−N)의 성분이 탈질조 및 포기조를 통과할 때 각 반응조에서의 화학적 조성변화와 역할을 서술하시오.

(1) 탈질반응조
 ① 화학적 조성변화
 ② 역할

(2) 포기조
 ① 화학적 조성변화
 ② 역할

정답

(1) ① 화학적 조성변화: $NO_3^{-N} \rightarrow NO_2^{-N} \rightarrow N_2$
 ② 역할: 유기물 제거 및 탈질화 미생물에 의한 탈질화 반응이 일어나 질산성 질소가 질소 기체로 탈기된다.

(2) ① 화학적 조성변화: $NH_3^{-N} \rightarrow NO_2^{-N} \rightarrow NO_3^{-N}$
 ② 역할: 유기물 제거 및 질산화 미생물에 의해 질산화 반응이 일어나 암모니아성 질소가 질산성 질소로 산화된다.

관련이론 | 아질신화와 질산화

(1) **1단계(아질산화)**
- 반응식: $NH_4^+ + 1.5O_2 \rightarrow NO_2^- + H_2O + 2H^+$
  ($NH_3 + 1.5O_2 \rightarrow NO_2^- + H_2O + H^+$)
- 관련 미생물: Nitrosomonas

(2) **2단계(질산화)**
- 반응식: $NO_2^- + 0.5O_2 \rightarrow NO_3^-$
- 관련 미생물: Nitrobacter

(3) **전체**
- 반응식: $NH_4^+ + 2O_2 \rightarrow NO_3^- + H_2O + 2H^+$
  ($NH_3 + 2O_2 \rightarrow HNO_3 + H_2O$)

2011년 | 1회 기출문제

01

★☆☆

혼화의 정도는 속도경사로 표시한다. 이때 속도경사의 식과 각 문자의 의미를 서술하시오.

정답

$$G=\sqrt{\frac{P}{\mu\cdot\forall}}$$

- G: 속도경사
- P: 동력
- μ: 점성계수
- $\forall$: 부피

02

★★☆

R.O(Reverse Osmosis)와 Electrodialysis의 기본원리를 각각 서술하시오.

(1) R.O(Reverse Osmosis)

(2) Electrodialysis

정답

(1) R.O(Reverse Osmosis): 용매만을 통과시키는 반투막을 이용하여 삼투압 이상의 압력을 가하여 용질을 분리해 내는 방법이다.

(2) Electrodialysis(전기투석법): 이온교환수지에 전하를 가하여 양이온과 음이온의 투과막으로 물을 분리해 내는 방법이다.

만점 KEYWORD

(1) 반투막, 삼투압 이상의 압력, 분리

(2) 이온교환수지, 전하, 이온, 투과막, 분리

03

★★★

정수시설에서 수직고도 30m 위에 있는 배수지로 관의 직경 20cm, 총연장 0.2km의 배수관을 통해 유량 $0.1m^3/sec$의 물을 양수하려 한다. 다음 물음에 답하시오.

(1) 펌프의 총양정(m) ($f=0.03$)

(2) 펌프의 효율을 70%라고 할 때 펌프의 소요동력(kW) (단, 물의 밀도는 $1g/cm^3$)

정답

(1) 46.03m

(2) 64.46kW

해설

(1) 펌프의 총양정(H) 구하기

① 유속(V) 계산

$$V=\frac{Q}{A}=\frac{\frac{0.1m^3}{sec}}{\frac{\pi\times(0.2m)^2}{4}}=3.1831m/sec$$

② 총양정(H) 계산

$$\begin{aligned}\text{총양정 } H&=\text{실양정}+\text{손실수두}+\text{속도수두}\\&=h+f\times\frac{L}{D}\times\frac{V^2}{2g}+\frac{V^2}{2g}\\&=30+0.03\times\frac{200}{0.2}\times\frac{(3.1831)^2}{2\times9.8}+\frac{(3.1831)^2}{2\times9.8}\\&=46.0253\fallingdotseq46.03m\end{aligned}$$

(2) 펌프의 소요동력(kW) 구하기

$$\text{동력(kW)}=\frac{\gamma\times\triangle H\times Q}{102\times\eta}$$

γ: 물의 비중($1,000kg/m^3$), $\triangle H$: 전양정(m)

Q: 유량(m^3/sec), η: 효율

$$\text{동력(kW)}=\frac{1,000kg/m^3\times46.0253m\times0.1m^3/sec}{102\times0.7}=64.4612\fallingdotseq64.46kW$$

04 ★★☆

암모니아성 질소 50mg/L와 아질산성 질소 15mg/L가 포함된 폐수를 완전 질산화시키기 위한 산소요구량(mg O_2/L)을 구하시오.

정답

245.71mg/L

해설

암모니아성 질소와 아질산성 질소의 질산화 반응식을 이용한다.

- **암모니아성 질소의 산소요구량(mg/L) 계산**

$\underline{NH_3-N}+\underline{2O_2} \rightarrow HNO_3+H_2O$

$14g : 2\times 32g = 50mg/L : Xmg/L$

$\therefore X=\frac{2\times 32\times 50}{14}=228.5714mg/L$

- **아질산성 질소의 산소요구량(mg/L) 계산**

$\underline{NO_2^{-}-N}+\underline{0.5O_2} \rightarrow NO_3^{-}$

$14g : 0.5\times 32g = 15mg/L : Ymg/L$

$\therefore Y=\frac{0.5\times 32\times 15}{14}=17.1429mg/L$

$\therefore X+Y=228.5714+17.1429=245.7143 \fallingdotseq 245.71mg/L$

05 ★★☆

흡착공정에 이용되고 있는 GAC(입상활성탄)와 PAC(분말활성탄)의 특성을 각각 2가지씩 서술하시오.

(1) GAC

(2) PAC

정답

(1) ① 흡착속도가 느리다.
② 재생이 가능하다.
③ 취급이 용이하다.

(2) ① 흡착속도가 빠르다.
② 고액분리가 어렵다.
③ 비산의 가능성이 높아 취급 시 주의를 필요로 한다.

관련이론 | GAC(입상활성탄)와 PAC(분말활성탄)

	GAC(입상활성탄)	PAC(분말활성탄)
장점	• 취급 용이·재생 가능 • 경제적 • 적용 유량범위가 넓음 • PAC에 비해 흡착량이 큼	• GAC에 비해 높은 효율 • 흡착속도가 빠름
단점	• PAC에 비해 느린 흡착속도 • PAC에 비해 낮은 효율	• 장기투입시 비경제적 분말 발생 • 취급이 어려움 • 고액분리가 용이하지 않음

06

★★☆

Michaelis-Menten식을 이용하여 미생물에 의한 폐수처리를 설명하기 위해 실험을 수행하였다. 실험 결과 1g의 미생물이 최대 20g/day의 유기물을 분해하는 것으로 나타났다. 실제 폐수의 농도가 15mg/L일 때 같은 양의 미생물이 10g/day의 속도로 유기물을 분해하였다면 폐수 농도가 5mg/L로 유지되고 있을 때 2g의 미생물에 의한 분해속도(g/day)를 구하시오.

정답

10g/day

해설

Michaelis-Menten식을 이용한다.

$$r=r_{max}\times\frac{S}{K_m+S}$$

r: 분해속도(g/g·day), r_{max}: 최대분해속도(g/g·day)

K_m: 반포화농도(mg/L), S: 기질농도(mg/L)

- K_m(mg/L) 계산

$$10\text{g/g}\cdot\text{day}=20\text{g/g}\cdot\text{day}\times\frac{15\text{mg/L}}{K_m+15\text{mg/L}}$$

$\therefore K_m=15\text{mg/L}$

- 분해속도(r) 계산

$$\therefore r=20\text{g/g}\cdot\text{day}\times\frac{5\text{mg/L}}{15\text{mg/L}+5\text{mg/L}}\times2\text{g}=10\text{g/day}$$

07

★☆☆

수로의 밑면에서 절단 하부점까지의 높이가 0.8m, 수로의 폭이 1m, 웨어의 수두가 0.25m인 직각 삼각웨어의 유량(m^3/hr)을 구하시오. $\left(\text{단, 유량계수 } K=81.2+\frac{0.24}{h}+\left(8.4+\frac{12}{\sqrt{D}}\right)\times\left(\frac{h}{B}-0.09\right)^2\right)$

정답

155.1m^3/hr

해설

직각 3각웨어 유량 계산식을 이용한다.

$$Q(\text{m}^3/\text{min})=K\cdot h^{\frac{5}{2}}$$

- 유량계수(K) 계산

$$K=81.2+\frac{0.24}{h}+\left(8.4+\frac{12}{\sqrt{D}}\right)\times\left(\frac{h}{B}-0.09\right)^2$$

$$=81.2+\frac{0.24}{0.25}+\left(8.4+\frac{12}{\sqrt{0.8}}\right)\times\left(\frac{0.25}{1}-0.09\right)^2=82.7185$$

- 유량(Q) 계산

$$Q(\text{m}^3/\text{min})=K\times h^{\frac{5}{2}}$$

$$\therefore Q=82.7185\times0.25^{\frac{5}{2}}=2.5850\text{m}^3/\text{min}=155.1\text{m}^3/\text{hr}$$

관련이론 | 직각 3각웨어와 4각웨어 공식

(1) 직각 3각웨어: $Q=K\cdot h^{\frac{5}{2}}$

Q: 유량(m^3/min)

K: 유량계수$=81.2+\frac{0.24}{h}+\left(8.4+\frac{12}{\sqrt{D}}\right)\times\left(\frac{h}{B}-0.09\right)^2$

B: 수로의 폭(m)

D: 수로의 밑면으로부터 절단 하부점까지의 높이(m)

h: 웨어의 수두(m)

(2) 4각웨어: $Q=K\cdot b\cdot h^{3/2}$

Q: 유량(m^3/min)

K: 유량계수

$$=107.1+\frac{0.177}{h}+14.2\frac{h}{D}-25.7\times\sqrt{\frac{(B-b)h}{D\cdot B}}+2.04\sqrt{\frac{B}{D}}$$

D: 수로의 밑면으로부터 절단 하부 모서리까지의 높이(m)

B: 수로의 폭(m)

b: 절단의 폭(m)

h: 웨어의 수두(m)

08 ★★☆

정수처리에서 맛과 냄새를 제거하기 위한 방법 3가지를 쓰시오.

정답

폭기법, 염소처리법, 오존처리법, 활성탄처리법

09 ★★★

저수량 30,000m^3, 면적 1.2ha인 저수지에 오염물질이 유출되어 오염물질의 농도가 50mg/L가 되었다. 오염물질의 농도가 1mg/L가 되는데 걸리는 시간(yr)을 구하시오.

- 호수는 CFSTR 모델로 가정
- 오염이 있기 전에 오염물질은 존재하지 않았음
- 연 강수량 1,200mm/yr
- 강우에 의한 유입과 유출만이 있음

정답

8.15yr

해설

- **연간 유입되는 강우량(m^3/yr) 계산**

$$\frac{1.2\text{m}}{\text{yr}}\times 1.2\text{ha}\times\frac{10{,}000\text{m}^2}{\text{ha}}=14{,}400\text{m}^3/\text{yr}$$

- **단순희석에 의한 시간(t) 계산**

$$\ln\frac{C_t}{C_0}=-\frac{Q}{\forall}\cdot t$$

Q: 유량(m^3/day), C_0: 초기 농도(mg/L), C_t: 나중 농도(mg/L)

$\forall$: 반응조 체적(m^3), t: 시간(day)

$$\ln\frac{1\text{mg/L}}{50\text{mg/L}}=-\frac{14{,}400\text{m}^3/\text{yr}}{30{,}000\text{m}^3}\times t$$

$\therefore t=8.1500\fallingdotseq 8.15\text{yr}$

10 ★★☆

다음 용어의 정의를 간략히 서술하시오.

(1) 0차 반응
(2) 1차 반응
(3) 슬러지여과 비저항계수(단위 서술)
(4) 슬러지용량 지표(단위 서술)
(5) Zeta Potential

정답

(1) 반응속도가 반응물의 농도에 영향을 받지 않는 반응이다.
(2) 반응물의 농도에 비례하여 반응속도가 결정되는 반응이다.
(3) 슬러지의 탈수성을 나타내는 지표(m/kg)로 값이 클수록 탈수성이 좋지 않다.
(4) 활성슬러지의 침강성을 보여주는 지표(mL/g)로 반응조 내 혼합액을 30분간 정체한 후 1g의 활성슬러지 부유물질이 포함하는 용적을 mL로 표시한다.
(5) 콜로이드 물질의 반발력을 나타내는 지표이다.

만점 KEYWORD

(1) 농도, 영향 받지 않음
(2) 농도, 비례, 반응속도, 결정
(3) 슬러지, 탈수성, m/kg
(4) 슬러지, 침강성, mL/g, 혼합액, 30분간, 1g 슬러지, 포함, 용적
(5) 콜로이드 물질, 반발력

11 ★★★

암모니아 탈기법에 의해 폐수 중의 암모니아성 질소를 제거하려고 한다. 암모니아성 질소 중의 NH_3를 99%로 하기 위한 pH를 구하시오. (단, 암모니아성 질소 중의 평형 $NH_3+H_2O \leftrightarrow NH_4^++OH^-$, 평형상수 $K=1.8\times10^{-5}$)

정답

11.25

해설

- NH_4^+/NH_3 비율 계산

$$NH_3(\%)=\frac{NH_3}{NH_3+NH_4^+}\times100$$

$$99=\frac{NH_3}{NH_3+NH_4^+}\times100$$

분모, 분자에 NH_3로 나누고 정리하면

$$\frac{99}{100}=\frac{1}{1+NH_4^+/NH_3}$$

$$\therefore NH_4^+/NH_3=0.0101$$

- 수산화이온의 몰농도(mol/L) 계산

$$NH_3+H_2O \rightleftarrows NH_4^++OH^-$$

$$K=\frac{[NH_4^+][OH^-]}{[NH_3]}$$

$$1.8\times10^{-5}=0.0101\times[OH^-]$$

$$[OH^-]=1.7822\times10^{-3}\text{mol/L}$$

- pH 계산

$$\therefore pH=14-\log\left(\frac{1}{1.7822\times10^{-3}}\right)=11.2510\fallingdotseq11.25$$

12 ★☆☆

막의 열화와 파울링에 대해 서술하시오.

(1) 열화

(2) 파울링

정답

(1) 압력에 의한 크립(creep) 변형이나 손상 등 물리적 열화, 가수분해나 산화 등 화학적 열화와 같이 막 자체의 비가역적인 변질로 생기는 막 성능 저하로 성능이 회복되지 않는다.(비가역적이다)

(2) 막 자체의 변화가 아니라 외적 요인으로 막 성능이 저하되는 것으로, 그 원인에 따른 세척으로 성능이 회복될 수 있다.(가역적이다)

만점 KEYWORD

(1) 막 자체, 비가역적 변질, 막 성능 저하

(2) 외적 요인, 막 성능 저하, 가역적

관련이론 | 열화와 파울링

구분	항목	내용
열화	정의	막 자체의 변질로 생긴 비가역적인 막 성능의 저하
	종류	• 물리적 열화: 장기적인 압력부하에 의한 막 구조의 압밀화 • 압밀화: 원수 중의 고형물이나 진동에 의한 막 면의 상처나 마모, 파단 • 손상건조: 건조되거나 수축으로 인한 막 구조의 비가역적인 변화
		• 화학적 열화: 막이 pH, 온도 등의 작용에 의해 분해 • 가수분해 산화: 산화제에 의하여 막 재질의 특성 변화나 분해
		생물화학적 변화: 미생물과 막 재질의 자화 또는 분비물의 작용에 의한 변화
파울링	정의	막 자체의 변질이 아닌 외적 인자로 생긴 막 성능의 저하
	종류	부착층 • 케익층: 공급수 중의 현탁물질이 막 면상에 축적되어 생성되는 층 • 겔층: 농축으로 용해성 고분자 등의 막 표면 농도가 상승하여 막 면에 형성된 겔(gel)상의 비유동성 층 • 스케일층: 농축으로 난용해성 물질이 용해도를 초과하여 막 면에 석출된 층 • 흡착층: 공급수 중에 함유되어 막에 대하여 흡착성이 큰 물질이 막 면상에 흡착되어 형성된 층
		막힘 • 고체: 막의 다공질부의 흡착, 석출, 포착 등에 의한 폐색 • 액체: 소수성 막의 다공질부가 기체로 치환(건조)
		유로폐색: 막모듈의 공급유로 또는 여과수 유로가 고형물로 폐색되어 흐르지 않는 상태

2010년 | 3회 기출문제

01 ★★☆

미생물의 화학식은 $C_5H_7O_2N$로 나타낼 수 있다. 이 미생물의 BOD를 환산할 때 1.42라는 계수를 사용한다. 이를 유도하시오. (단, 내생호흡 기준)

정답

$\underline{C_5H_7O_2N} + \underline{5O_2} \rightarrow NH_3 + 2H_2O + 5CO_2$

$113g : 5 \times 32g = 1 : X$

$\therefore X = \frac{5 \times 32g \times 1}{113g} = 1.4159 \fallingdotseq 1.42$

02 ★★☆

생물학적 질소제거공정에서 질산화로 생성된 NO_3-N 1g이 탈질되어 질소로 환원될 때 필요한 이론적인 메탄올(CH_3OH)의 양(g)을 구하시오.

정답

1.90g

해설

- 질산성 질소(NO_3-N)와 메탄올(CH_3OH)과의 반응비 계산

  $\underline{6NO_3-N} : \underline{5CH_3OH}$

  $6 \times 14g : 5 \times 32g = 1g : Xg$

  $\therefore X = \frac{5 \times 32 \times 1}{6 \times 14} = 1.9048 \fallingdotseq 1.90g$

03 ★★☆

SS가 100mg/L, 유량이 10,000m^3/day인 흐름에 황산제이철($Fe_2(SO_4)_3$)을 응집제로 사용하여 50mg/L가 되도록 투입한다. 침전지에서 SS가 90% 제거되었다면, 생산되는 고형물의 양(kg/day)을 구하시오. (단, Fe=56, S=32, O=16, Ca=40, H=1)

$$Fe_2(SO_4)_3 + 3Ca(OH)_2 \rightarrow 2Fe(OH)_3 + 3CaSO_4$$

정답

1,167.5kg/day

해설

- 응집제 투입에 의해 생성되는 고형물의 양(kg/day) 계산

  $\underline{Fe_2(SO_4)_3} : \underline{2Fe(OH)_3}$

  $400g : 2 \times 107g$

  $\frac{50mg}{L} \times \frac{10,000m^3}{day} \times \frac{1kg}{10^6mg} \times \frac{10^3L}{1m^3} : Xkg/day$

  $\therefore X = \frac{2 \times 107 \times 500}{400} = 267.5kg/day$

- SS 제거에 따른 고형물 발생량(kg/day) 계산

  $\frac{100mg}{L} \times \frac{10,000m^3}{day} \times \frac{1kg}{10^6mg} \times \frac{10^3L}{1m^3} \times \frac{90}{100} = 900kg/day$

- 생산되는 고형물의 양(kg/day) 계산

  $\therefore 267.5kg/day + 900kg/day = 1,167.5kg/day$

04 ★★★

인구 6,000명인 마을에 산화구를 설계하고자 한다. 유량은 380L/cap·day, 유입 BOD_5 200mg/L이며 BOD 제거율은 90%, 슬러지 생성율(Y)은 0.5g MLVSS/g BOD_5이고 내생호흡계수는 $0.06day^{-1}$, 총고형물 중 생물학적 분해 가능한 분율은 0.8, MLVSS는 MLSS의 70%라고 할 때 다음 물음에 답하시오.

(1) 체류시간이 1day, 반송비 0.5일 때 반응조의 부피(m^3)
(2) 운전 MLSS 농도(mg/L)

정답

(1) $3,420m^3$
(2) 1,785.71mg/L

해설

(1) 반응조의 부피(∀) 구하기

$\forall = (Q+Q_r)\times t$

∀: 반응조의 부피(m^3), Q: 유량(m^3/day)
Q_r: 반송유량(m^3/day), t: 시간(day)

$$\frac{380L}{인\cdot day}\times\frac{1m^3}{10^3L}\times 6,000인\times 1.5\times 1day = 3,420m^3$$

※ 반송비가 0.5이면 유량의 50%가 재순환하므로 원수유량×1.5를 해야 한다.

(2) 운전 MLSS 농도(mg/L) 구하기

$X_rQ_w = Y(BOD_i - BOD_o)Q - K_d\cdot\forall\cdot X$

X_rQ_w: 잉여슬러지의 양(kg/day), Y: 세포생산계수
BOD_i: 유입 BOD 농도(mg/L), BOD_o: 유출 BOD 농도(mg/L)
Q: 유량(m^3/day), K_d: 내생호흡계수(day^{-1})
∀: 부피(m^3), X: MLSS의 농도(mg/L)

이때, 산화구에서 발생하는 잉여슬러지는 0이므로

$Y(BOD_i - BOD_o)Q = K_d\cdot\forall\cdot X$

여기서, $BOD_i - BOD_o = BOD_i\times\eta$이므로

$$0.5\times\left(\frac{200mg}{L}\times 0.9\right)\times\left(\frac{380L}{cap\cdot day}\times 6,000인\times\frac{1m^3}{10^3L}\right)$$
$$=\frac{0.06}{day}\times 3,420m^3\times\frac{x\,mg}{L}\times 0.8\times 0.7$$

$\therefore x = 1,785.7143 \fallingdotseq 1,785.71mg/L$

05 ★★★

염소를 이용한 살균소독공정에서 온도가 20℃이고 pH가 6.8, 평형상수(K)가 2.2×10^{-8}이라면 이때 [HOCl]과 [OCl^-]의 비율([HOCl]/[OCl^-])을 구하시오.

정답

7.20

해설

• H^+ 농도(mol/L) 계산

$[H^+] = 10^{-pH} = 10^{-6.8}mol/L$

• [HOCl]과 [OCl^-]의 비율 계산

$HOCl \rightleftarrows OCl^- + H^+$

$$K = \frac{[OCl^-][H^+]}{[HOCl]} = 2.2\times10^{-8}$$

$$\therefore \frac{[HOCl]}{[OCl^-]} = \frac{[H^+]}{2.2\times10^{-8}} = \frac{10^{-6.8}}{2.2\times10^{-8}} = 7.2041 \fallingdotseq 7.20$$

06 ★★☆

유량이 10,000m^3/day인 처리시설이 있다. 포기조의 부피는 2,500m^3이고 MLSS의 농도는 3,000mg/L, 잉여슬러지량은 50m^3/day, 잉여슬러지의 농도는 15,000mg/L, 처리된 유출수의 SS 농도는 20mg/L라면 SRT(day)를 구하시오.

정답

7.90day

해설

$$SRT = \frac{\forall\cdot X}{X_rQ_w + X_e(Q-Q_w)}$$

SRT: 고형물 체류시간(day), ∀: 부피(m^3), X: MLSS 농도(mg/L)
X_r: 잉여슬러지 SS 농도(mg/L), Q_w: 잉여슬러지 발생량(m^3/day)
X_e: 유출 SS 농도(mg/L), Q: 유량(m^3/day)

SRT

$$=\frac{2,500m^3\times 3,000mg/L}{15,000mg/L\times 50m^3/day + 20mg/L\times(10,000-50)m^3/day}$$

$= 7.9031 \fallingdotseq 7.90day$

07 ★★☆

유역면적이 $2km^2$인 지역에서의 우수유출량을 산정하기 위해 합리식을 사용하였다. 관로 길이가 1,000m인 하수관의 우수유출량(m^3/sec)을 구하시오.

(단, 강우강도 I(mm/hr)$=\frac{3,600}{t+30}$, 유입시간 5분, 유출계수 0.7, 관 내의 평균 유속 40m/min)

정답

$23.33m^3/sec$

해설

$$Q=\frac{1}{360}CIA$$

Q: 최대계획우수유출량(m^3/sec), C: 유출계수

I: 유달시간(t) 내의 평균강우강도(mm/hr), A: 유역면적(ha)

t: 유달시간(min), t(min)=유입시간+유하시간$\left(=\frac{길이(L)}{유속(V)}\right)$

※ 합리식에 의한 우수유출량 공식은 특히 각 문자의 단위를 주의해야 한다.

- 유달시간(t) 계산

$$t(\text{min})=\text{유입시간}+\text{유하시간}\left(=\frac{\text{길이}(L)}{\text{유속}(V)}\right)$$

$$=5\text{min}+1,000\text{m}\times\frac{\text{min}}{40\text{m}}=30\text{min}$$

- 강우강도(I) 계산

$$I=\frac{3,600}{t+30}=\frac{3,600}{30+30}=60\text{mm/hr}$$

- 유역면적(A) 계산

$$A=2\text{km}^2\times\frac{100\text{ha}}{1\text{km}^2}=200\text{ha}$$

- 유량(Q) 계산

$$\therefore Q=\frac{1}{360}CIA$$

$$=\frac{1}{360}\times0.7\times60\times200=23.3333\fallingdotseq23.33\text{m}^3/\text{sec}$$

08 ★★★

다음 질소와 인을 동시에 제거하는 5단계 Bardenpho 공정의 공정도와 반응조 명칭, 역할을 서술하시오.

(1) 공정도 (반응조 명칭, 내부반송, 슬러지 반송 표시)

(2) 반응조 명칭과 역할

정답

(1)

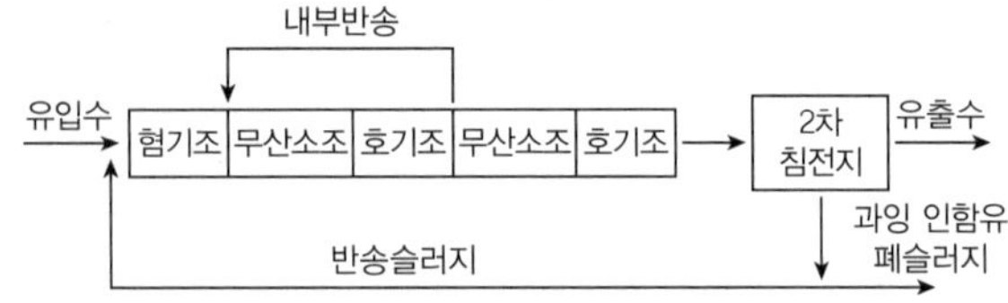

(2) ① 1단계 혐기조: 인의 방출이 일어난다.

② 1단계 무산소조: 탈질에 의한 질소를 제거한다.

③ 1단계 호기조: 질산화가 일어나고 인의 과잉흡수가 일어난다.

④ 2단계 무산소조: 잔류 질산성질소가 제거된다.

⑤ 2단계 호기조: 슬러지의 침강성을 좋게 유지하고 인의 재방출을 막는다.

09

★☆☆

인구 5,000명이 사는 마을의 하수처리시설 유입수를 분석한 결과 BOD 0.075kg/인·일, SS 0.091kg/인·일이었다. 이 처리시설의 BOD 제거효율은 95%이며 1차 침전지에서 BOD 33%, SS 65%가 제거된다. 1차 침전지에서 발생되는 슬러지 중 고형물 함량은 4%, 슬러지 비중 1.01이며 2차 침전지에서 발생되는 슬러지 중 고형물 함량은 5%, 슬러지 비중 1.02이고 생물학적 고형물의 양은 0.35kg/kg 제거 BOD_5일 때 1일 발생하는 슬러지의 양(L/day)을 구하시오. (단, 1차 침전지에서 제거되는 BOD는 대부분 부유상태의 유기물로 함)

(1) 1차 침전지 슬러지 발생량(L/day)

(2) 2차 침전지 슬러지 발생량(L/day)

정답

(1) 7,320.54L/day

(2) 1,595.59L/day

해설

- 유입 BOD＝5,000인×0.075kg/인·일＝375kg/day
- 유입 SS＝5,000인×0.091kg/인·일＝455kg/day

(1) **1차 침전지 슬러지 발생량(L/day) 구하기**

1차 침전지 슬러지 중 고형물의 양＝제거된 SS량

$$\frac{455\text{kg}}{\text{day}} \times \frac{65}{100} \times \frac{100}{4} \times \frac{\text{L}}{1.01\text{kg}} = 7,320.5446 ≒ 7,320.54\text{L/day}$$

(2) **2차 침전지 슬러지 발생량(L/day) 구하기**

2차 침전지 슬러지 중 고형물의 양＝제거된 BOD량

① 2차 침전지로 유입되는 BOD(kg/day) 계산

375kg/day×(1－0.33)＝251.25kg/day

② 2차 침전지에서 유출되는 BOD(kg/day) 계산

375kg/day×(1－0.95)＝18.75kg/day

③ 2차 침전지 슬러지 발생량(L/day) 계산

$$\frac{(251.25-18.75)\text{kg}}{\text{day}} \times \frac{0.35\text{kg}}{\text{kg}} \times \frac{100}{5} \times \frac{\text{L}}{1.02\text{kg}}$$

$$= 1,595.5882 ≒ 1,595.59\text{L/day}$$

10

★★☆

어떤 하천의 모델링 결과 아래와 같은 BOD 농도 그래프를 얻었다. Ⅱ구간과 Ⅲ구간에서의 농도곡선에 대해 서술하시오.

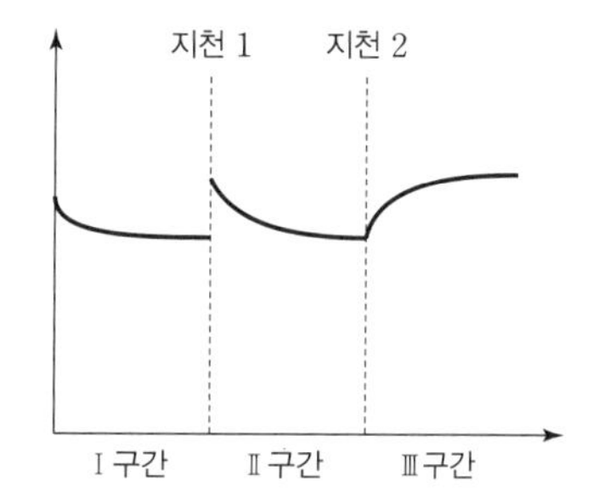

(1) Ⅱ구간

(2) Ⅲ구간

정답

(1) 지천 1의 유기물이 유입되어 하천의 BOD가 증가하였다가 하천 하류로 갈수록 유기물이 분해되어 BOD의 농도가 감소한다.

(2) 지천 2에서 난분해성 유기물이 유입되었고 점차 생분해성 유기물로 전환되어 하류로 갈수록 BOD의 농도가 증가한다.

만점 KEYWORD

(1) 유기물, 유입, BOD 증가, 하류, 유기물, 분해, BOD 감소

(2) 난분해성 유기물, 유입, 생분해성 유기물, 하류, BOD 증가

2010년 | 2회 기출문제

01 ★★☆

침전을 4가지 형태로 구분하고 특징을 서술하시오.

정답

(1) Ⅰ형 침전: 독립침전, 자유침전이라고 하며 스토크스 법칙에 따라 이웃 입자의 영향을 받지 않고 자유롭게 일정한 속도로 침전하는 형태이다.
(2) Ⅱ형 침전: 응집침전, 응결침전, 플록침전이라고 하며 응집제에 의해 입자가 플록을 형성하여 침전하는 형태로 서로의 위치를 바꾸며 침전한다.
(3) Ⅲ형 침전: 간섭침전, 계면침전, 지역침전, 방해침전이라고 하며 침강하는 입자들에 의해 방해를 받아 침전속도가 점점 감소하며 침전하는 형태로 계면을 유지하며 침강한다. 입자들은 서로의 위치를 바꾸려 하지 않는다.
(4) Ⅳ형 침전: 압축침전, 압밀침전이라고 하며 고농도의 폐수가 농축될 때 일어나는 침전의 형태로 침전된 입자가 쌓이면서 그 무게에 의해 수분이 빠져나가며 농축되는 형태의 침전이다.

만점 KEYWORD

(1) Ⅰ형 침전, 스토크스 법칙, 입자 영향 받지 않음, 일정한 속도
(2) Ⅱ형 침전, 응집제, 플록 형성, 위치 바꿈
(3) Ⅲ형 침전, 방해, 침전속도 감소, 계면 유지, 위치 바뀌지 않음
(4) Ⅳ형 침전, 농축, 입자 쌓임, 수분 빠짐

02 ★★☆

다음 조건으로 여과지를 운영할 때 물음에 답하시오.

- 처리유량: $50,000m^3/day$
- 여과속도: 120m/day
- 표면세척속도: 5cm/min
- 역세척속도: 60cm/min
- 세척시간: 10min(전 여과지에 1일 1회)
- 여과지 개수: 8지

(1) 여과지 1지당 여과면적(m^2)
(2) 전체 여과지에 필요한 총 세척수량(m^3/day)

정답

(1) $52.08m^2$
(2) $2,708.33m^3/day$

해설

(1) 여과지 1지당 여과면적(m^2) 구하기

$$\text{여과지 1지 면적} = \frac{\text{유량}}{\text{여과속도} \times \text{여과지개수}}$$

$$= \frac{50,000m^3/day}{120m/day \times 8\text{지}} = 52.0833 \fallingdotseq 52.08m^2/\text{지}$$

(2) 전체 여과지에 필요한 총 세척수량(m^3/day) 구하기

① 표면세척수량(m^3/day) 계산

$$\frac{5cm}{min} \times \frac{1m}{100cm} \times \frac{52.0833m^2}{\text{지}} \times \frac{10min}{day} \times 8\text{지}$$

$$= 208.3332m^3/day$$

② 역세척수량(m^3/day) 계산

$$\frac{60cm}{min} \times \frac{1m}{100cm} \times \frac{52.0833m^2}{\text{지}} \times \frac{10min}{day} \times 8\text{지}$$

$$= 2,499.9984m^3/day$$

③ 전체 여과지에 필요한 총 세척수량(m^3/day) 계산

$$\therefore 208.3332m^3/day + 2,499.9984m^3/day$$

$$= 2,708.3316 \fallingdotseq 2,708.33m^3/day$$

03 ★★☆

Chick's law에 의하면 염소 소독에 의한 미생물 사멸률은 1차 반응에 따른다고 한다. 미생물의 80%가 0.1mg/L 잔류염소로 2분 내에 사멸된다면 90%를 사멸시키기 위해서 요구되는 접촉시간(min)을 구하시오.

정답

2.86min

해설

1차 반응속도식을 이용한다.

$$\ln\frac{C_t}{C_0} = -K\cdot t$$

C_t: 나중 농도(mg/L), C_0: 처음 농도(mg/L)

K: 반응속도상수(min^{-1}), t: 반응시간(min)

- 반응속도상수(K) 계산

$$\ln\frac{(100-80)}{100} = -K\times 2\mathrm{min}$$

$$\therefore K = 0.8047\mathrm{min}^{-1}$$

- 90% 감소하는 데 걸리는 시간(t) 계산

$$\ln\frac{(100-90)}{100} = -0.8047\mathrm{min}^{-1}\times t$$

$$\therefore t = 2.8614 \fallingdotseq 2.86\mathrm{min}$$

04 ★★☆

유속이 0.05m/sec이고 수심 3.7m, 폭 12m일 때 레이놀즈수를 구하시오. (단, 동점성 계수=$1.3\times10^{-6}m^2/sec$)

정답

352,100

해설

- 등가직경(D_o) 계산

$$\text{등가직경}(D_o) = 4R = 4\times\frac{HW}{2H+W}$$

$$= 4\times\frac{3.7\times12}{2\times3.7+12} = 9.1546\mathrm{m}$$

- 레이놀즈 수(Re) 계산

$$Re = \frac{D_o\times V}{\nu}$$

Re: 레이놀즈 수, V: 유속(m/sec), D_o: 등가직경(m)

ν: 동점성계수(m^2/sec)

$$\therefore Re = \frac{9.1546\times0.05}{1.3\times10^{-6}} = 352{,}100$$

05 ★★☆

농도가 100mg/L이고 유량이 1L/min인 추적물질을 하천에 주입하였다. 하천의 하류에서 추적물질의 농도가 5.5mg/L로 측정되었다면 이때 하천의 유량(m^3/sec)을 구하시오. (단, 추적물질은 하천에 자연적으로 존재하지 않음)

정답

$2.86\times10^{-4}m^3/sec$

해설

혼합공식을 이용한다.

$$C_m = \frac{C_1Q_1+C_2Q_2}{Q_1+Q_2} \quad (1\text{: 추적물질, } 2\text{: 하천})$$

$$5.5 = \frac{100\times1+0\times Q_2}{1+Q_2}$$

$$\therefore Q_2 = \frac{100}{5.5} - 1 = 17.1818\mathrm{L/min}$$

$$\frac{17.1818\mathrm{L}}{\mathrm{min}}\times\frac{1\mathrm{m}^3}{10^3\mathrm{L}}\times\frac{1\mathrm{min}}{60\mathrm{sec}} = 2.8636\times10^{-4} \fallingdotseq 2.86\times10^{-4}\mathrm{m}^3/\mathrm{sec}$$

06 ★☆☆

도시인구 25,000명으로부터 발생되는 오수를 활성슬러지법으로 처리하고 혐기성 소화처리하였다. 생슬러지 중 고형물 발생량은 0.11kg/인·day, VS/TS는 70%, 함수율은 95%, 슬러지 비중은 1.01이다. 이 중 VS의 65%가 소화되고 소화슬러지의 함수율은 93%, 습윤 비중은 1.03이다. 운전온도는 35℃, 소화기간은 23일, 저장기간은 45일이다. 소화조의 부피를 총 슬러지 부피의 2배로 설계할 때 소화조의 부피(m^3)를 구하시오. $\left(단,\ V_{avg}=V_1-\frac{2}{3}(V_1-V_2)\right)$

정답

$3,343.29m^3$

해설

- V_1(생슬러지) 발생량 계산

$$\frac{0.11kg}{인 \cdot 일}\times 25,000인\times\frac{100}{5}\times\frac{m^3}{1,010kg}=54.4554m^3/day$$

- V_2(소화슬러지) 발생량 계산

소화슬러지=FS+잔류 VS+W

$$FS=\frac{0.11kg}{인 \cdot 일}\times 25,000인\times\frac{30}{100}=825kg/day$$

$$잔류\ VS=\frac{0.11kg}{인 \cdot 일}\times 25,000인\times\frac{70}{100}\times\frac{35}{100}$$

$$=673.75kg/day$$

$$\therefore \frac{(825+673.75)kg}{day}\times\frac{100}{7}\times\frac{m^3}{1,030kg}=20.7871m^3/day$$

- 소화슬러지를 저장하는 데 필요한 소화조 부피(m^3) 계산

$$\frac{20.7871m^3}{day}\times 45day=935.4195m^3$$

- V_{avg}(총 슬러지 부피) 계산

$$V_{avg}=V_1-\frac{2}{3}(V_1-V_2)$$

$$=54.4554-\frac{2}{3}(54.4554-20.7871)=32.0099m^3/day$$

- 소화조의 부피 계산(총 슬러지 부피의 2배)

$$\left(\frac{32.0099m^3}{day}\times 23day+\frac{20.7871m^3}{day}\times 45day\right)\times 2$$

$$=3,343.2944\fallingdotseq 3,343.29m^3$$

07 ★★★

메탄최대수율은 제거 1kg COD당 $0.35m^3$이다. 이를 증명하고, 유량이 $675m^3/day$이고 COD 3,000mg/L인 폐수의 COD 제거효율이 80%일 때의 CH_4의 발생량(m^3/day)을 구하시오.

(1) 증명과정

(2) CH_4의 발생량(m^3/day)

정답

(1) 증명과정

① $\underline{C_6H_{12}O_6}+\underline{6O_2}\rightarrow 6H_2O+6CO_2$

180g : 6×32g=Xkg : 1kg

$$\therefore X=\frac{180\times 1}{6\times 32}=0.9375kg/kg$$

② $\underline{C_6H_{12}O_6}\rightarrow \underline{3CH_4}+3CO_2$

180g : 3×22.4L=0.9375kg : Ym^3

$$\therefore Y=\frac{3\times 22.4\times 0.9375}{180}=0.35m^3/kg$$

(2) $567m^3/day$

해설

(1) 해설이 따로 없습니다. 정답에 증명과정을 쓰시면 됩니다.

(2) CH_4의 발생량(m^3/day) 구하기

$$\frac{675m^3}{day}\times\frac{3,000mg}{L}\times\frac{1kg}{10^6mg}\times\frac{10^3L}{1m^3}\times 0.8\times\frac{0.35m^3}{kg}$$

$$=567m^3/day$$

08 ★★★

CFSTR에서 물질을 분해하여 효율 95%로 처리하고자 한다. 이 물질은 0.5차 반응으로 분해되며, 속도상수는 $0.05(mg/L)^{1/2}/hr$이다. 또한, 유량은 300L/hr이고 유입농도는 150mg/L로 일정하다면 CFSTR의 필요 부피(m^3)를 구하시오. (단, 반응은 정상상태로 가정)

정답

$312.20m^3$

해설

$Q(C_0-C_t)=K\cdot\forall\cdot C_t^m$

Q: 유량(m^3/hr), C_0: 초기 농도(mg/L), C_t: 나중 농도(mg/L)

K: 반응속도상수(hr^{-1}), $\forall$: 반응조 체적(m^3), m: 반응차수

$$\therefore \forall=\frac{Q(C_0-C_t)}{K\cdot C_t^m}$$

$$=\frac{300L/hr\times(150-7.5)mg/L}{0.05(mg/L)^{1/2}/hr\times(7.5mg/L)^{0.5}\times10^3L/m^3}$$

$$=\frac{300\times142.5}{0.05\times7.5^{0.5}\times10^3}$$

$$=312.2019\fallingdotseq312.20m^3$$

관련이론 I **완전혼합반응조(CFSTR)**

- 유입과 유출이 동시에 있으며 반응조 내에서는 완전혼합되어 반응한 후 유출된다.
- 유입된 액체의 일부분은 즉시 유출된다.
- 충격부하에 강하다.
- 부하변동에 강하다.
- 동일 용량 PFR에 비해 제거효율이 좋지 않다.

09 ★★★

다음 공법에서의 역할을 서술하시오.

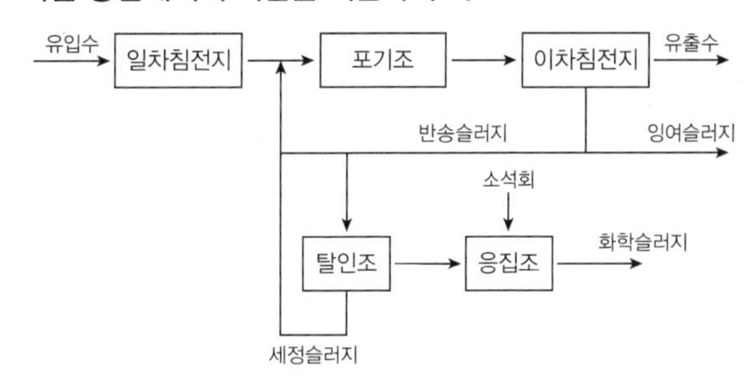

(1) 공법명
(2) 포기조(유기물 제거 제외)
(3) 탈인조
(4) 응집조(화학처리)
(5) 세정슬러지(탈인조 슬러지)

정답

(1) Phostrip 공법
(2) 반송된 슬러지의 인을 과잉흡수한다.
(3) 슬러지의 인을 방출시킨다.
(4) 응집제(석회)를 이용하여 상등수의 인을 응집침전시킨다.
(5) 인의 함량이 높은 슬러지를 포기조로 반송시켜 포기조에서 인을 과잉흡수시킨다.

만점 KEYWORD

(1) Phostrip 공법
(2) 인, 과잉흡수
(3) 인, 방출
(4) 응집제(석회), 인, 응집침전
(5) 포기조, 반송, 인, 과잉흡수

10

★★☆

인이 8mg/L 들어있는 하수의 인 침전(인을 침전시키는 실험에서 인 1몰당 알루미늄 2몰 필요)을 위해 필요한 액체 명반의 양(m^3/day)을 구하시오. (단, 유량 3,785m^3/day, 액체 명반 속 알루미늄은 4.37%, 단위중량 1,331kg/m^3이며, 알루미늄, 인 원자량은 각각 27, 31)

정답

0.91m^3/day

해설

- 제거해야 하는 인(P)의 양(kg/day) 계산

$$\frac{8mg}{L}\times\frac{3{,}785m^3}{day}\times\frac{1kg}{10^6mg}\times\frac{10^3L}{1m^3}=30.28kg/day$$

- 필요한 알루미늄(Al)의 양(kg/day) 계산

Al : P=2mol : 1mol=2×27g : 31g

$$\frac{30.28kg}{day}\times\frac{54g}{31g}=52.7458kg/day$$

- 주입해야 할 명반의 양(m^3/day) 계산

$$\frac{52.7458kg}{day}\times\frac{100}{4.37}\times\frac{m^3}{1{,}331kg}=0.9068\fallingdotseq 0.91m^3/day$$

11

★★☆

유출수에 암모니아성 질소 10mg/L가 함유되어 있다. 이를 완전 질산화시키기 위한 이론적 산소요구량(mg O_2/L)을 구하시오.

정답

45.71mg/L

해설

암모니아성 질소의 질산화 반응식을 이용한다.

$\underline{NH_3-N}+\underline{2O_2}\rightarrow HNO_3+H_2O$

14g : 2×32g=10mg/L : Xmg/L

$$\therefore X=\frac{2\times32\times10}{14}=45.7143\fallingdotseq 45.71mg/L$$

12

★★☆

박테리아($C_5H_7O_2N$)가 CO_2, H_2O, NH_3로 분해될 때 다음을 구하시오. (단, K_1=0.1/day, 반응은 1차 반응, 화합물은 100% 산화, 상용대수 기준, 이론적 COD는 최종 BOD와 같다고 가정함)

(1) BOD_5/COD
(2) BOD_5/TOC
(3) TOC/COD

정답

(1) 0.68
(2) 1.82
(3) 0.38

해설

$C_5H_7O_2N+5O_2\rightarrow 5CO_2+2H_2O+NH_3$

1mol의 $C_5H_7O_2N$가 반응한다고 가정한다.

- 이론적 COD(=BOD_u)=5×32g=160g
- $BOD_5=BOD_u\times(1-10^{-K_1\times5})$

  BOD_5: 5일동안 소모된 BOD(g), BOD_u: 최종 BOD(g)

  K_1: 탈산소계수(day^{-1})

  $BOD_5=160\times(1-10^{-0.1\times5})=109.4036g$
- TOC=12×5=60g

∴ (1) BOD_5/COD=109.4036/160=0.6838≒0.68
(2) BOD_5/TOC=109.4036/60=1.8234≒1.82
(3) TOC/COD=60/160=0.375≒0.38

2010년 | 1회 기출문제

01

★★☆

호수에서 총인의 농도가 20μg/L에서 100μg/L로 한 달만에 상승했다. 호수의 바닥면적이 1km^{2}이고 수심이 5m일 때 총인의 용출률(mg/m^2·day)을 구하시오. (단, 한 달은 30일이며 바닥의 흙에서만 총인이 용출됨)

정답

13.33mg/m^2·day

해설

$$용출률=\frac{\frac{(100-20)\mu g}{L}\times\frac{1mg}{10^3\mu g}\times\frac{10^3L}{1m^3}\times 5m\times 1km^2\times\frac{10^6m^2}{1km^2}}{1km^2\times\frac{10^6m^2}{1km^2}\times 30day}$$

$=13.3333 ≒ 13.33mg/m^2·day$

02

★★★

관의 유속이 0.6m/sec이고 경사가 40‰, 조도계수가 0.013일 때 수로의 직경(cm)을 구하시오. (단, 만관 기준, Manning 공식 이용)

정답

3.08cm

해설

Manning 공식을 이용한다.

$$V=\frac{1}{n}R^{\frac{2}{3}}I^{\frac{1}{2}}$$

V: 유속(m/sec), n: 조도계수, R: 경심(m), I: 동수경사

$$0.6m/sec=\frac{1}{0.013}\times\left(\frac{D}{4}\right)^{\frac{2}{3}}\times\left(\frac{40}{1,000}\right)^{\frac{1}{2}}$$

※ 원형인 경우, 경심(R)은 $\frac{D}{4}$로 구할 수 있다.

$\therefore D=0.0308m=3.08cm$

03

★★☆

고형물질의 분석결과 TS=325mg/L, FS=200mg/L, VSS=55mg/L, TSS=100mg/L라고 한다면 이때의 VS, VDS, TDS, FDS, FSS의 농도(mg/L)를 구하시오.

(1) VS
(2) VDS
(3) TDS
(4) FDS
(5) FSS

정답

(1) 125mg/L
(2) 70mg/L
(3) 225mg/L
(4) 155mg/L
(5) 45mg/L

해설

총고형물

TVS 휘발성 고형물	TFS 강열잔류 고형물	
VSS 휘발성 부유고형물	FSS 강열잔류성 부유고형물	TSS: 총부유고형물
VDS 휘발성 용존고형물	FDS 강열잔류성 용존고형물	TDS: 총용존고형물

(1) VS=TS−FS=325mg/L−200mg/L=125mg/L
(2) VDS=VS−VSS=125mg/L−55mg/L=70mg/L
(3) TDS=TS−TSS=325mg/L−100mg/L=225mg/L
(4) FDS=TDS−VDS=225mg/L−70mg/L=155mg/L
(5) FSS=FS−FDS=200mg/L−155mg/L=45mg/L

04 ★★☆

2차 반응에 따라 감소하는 오염물질의 초기 농도가 2.6×10^{-4}M 일 때 다음 물음에 답하시오. (단, 10℃에서의 속도상수는 106.8L/mol·hr)

(1) 2시간 후의 농도(mol/L)
(2) 10℃에서 30℃로 온도 상승 후 2시간 뒤 물질의 농도(mol/L) (단, 온도보정계수: 1.062)

정답

(1) 2.46×10^{-4}mol/L
(2) 2.19×10^{-4}mol/L

해설

(1) 2시간 후의 농도(mol/L) 구하기

$$\frac{1}{C_t}-\frac{1}{C_0}=K\cdot t$$

C_t: 나중 농도(mol/L), C_0: 처음 농도(mol/L)
K: 반응속도상수(L/mol·hr), t: 반응시간(hr)

$$\frac{1}{C_t}-\frac{1}{2.6\times10^{-4}}=106.8\times2$$

$\therefore C_t=2.4632\times10^{-4}\fallingdotseq2.46\times10^{-4}$mol/L

(2) 30℃로 온도 상승 후 2시간 뒤 물질의 농도(mol/L) 구하기

① 20℃에서의 K 계산

$$K_T=K_{20℃}\times\theta^{(T-20)}$$
$$106.8=K_{20℃}\times1.062^{(10-20)}$$
$$K_{20℃}=194.9021\text{L/mol}\cdot\text{hr}$$

② 30℃에서의 K 계산

$$K_T=K_{20℃}\times\theta^{(T-20)}$$
$$K_{30℃}=194.9021\times1.062^{(30-20)}=355.6818\text{L/mol}\cdot\text{hr}$$

③ 2시간 뒤 물질의 농도(C_t) 계산

$$\frac{1}{C_t}-\frac{1}{C_0}=K\cdot t$$
$$\frac{1}{C_t}-\frac{1}{2.6\times10^{-4}}=355.6818\times2$$

$\therefore C_t=2.1942\times10^{-4}\fallingdotseq2.19\times10^{-4}$mol/L

05 ★★★

인구 6,000명인 마을에 산화구를 설계하고자 한다. 유량은 380L/cap·day, 유입 BOD_5 200mg/L이며 BOD 제거율은 90%, 슬러지 생성율(Y)은 0.5g MLVSS/g BOD_5이고 내생 호흡계수는 0.06day^{-1}, 총고형물 중 생물학적 분해 가능한 분율은 0.8, MLVSS는 MLSS의 70%라고 할 때 다음 물음에 답하시오.

(1) 체류시간이 1day, 반송비 0.5일 때 반응조의 부피(m^3)
(2) 운전 MLSS 농도(mg/L)

정답

(1) 3,420m^3
(2) 1,785.71mg/L

해설

(1) 반응조의 부피(∀) 구하기

$$\forall=(Q+Q_r)\times t$$

∀: 반응조의 부피(m^3), Q: 유량(m^3/day)
Q_r: 반송유량(m^3/day), t: 시간(day)

$$\frac{380\text{L}}{\text{인}\cdot\text{day}}\times\frac{1\text{m}^3}{10^3\text{L}}\times6{,}000\text{인}\times1.5\times1\text{day}=3{,}420\text{m}^3$$

※ 반송비가 0.5이면 유량의 50%가 재순환하므로 원수유량×1.5를 해야 한다.

(2) 운전 MLSS 농도(mg/L) 구하기

$$X_rQ_w=Y(\text{BOD}_i-\text{BOD}_o)Q-K_d\cdot\forall\cdot X$$

X_rQ_w: 잉여슬러지의 양(kg/day), Y: 세포생산계수
BOD_i: 유입 BOD 농도(mg/L), BOD_o: 유출 BOD 농도(mg/L)
Q: 유량(m^3/day), K_d: 내생호흡계수(day^{-1})
∀: 부피(m^3), X: MLSS의 농도(mg/L)

이때, 산화구에서 발생하는 잉여슬러지는 0이므로

$$Y(\text{BOD}_i-\text{BOD}_o)Q=K_d\cdot\forall\cdot X$$

여기서, $\text{BOD}_i-\text{BOD}_o=\text{BOD}_i\times\eta$이므로

$$0.5\times\left(\frac{200\text{mg}}{\text{L}}\times0.9\right)\times\left(\frac{380\text{L}}{\text{cap}\cdot\text{day}}\times6{,}000\text{인}\times\frac{1\text{m}^3}{10^3\text{L}}\right)$$
$$=\frac{0.06}{\text{day}}\times3{,}420\text{m}^3\times\frac{x\,\text{mg}}{\text{L}}\times0.8\times0.7$$

$\therefore x=1{,}785.7143\fallingdotseq1{,}785.71$mg/L

06 ★★★

물리화학적 질소제거 방법인 Air stripping과 파과점염소주입법의 처리원리를 반응식과 함께 서술하시오.

정답

(1) Air stripping(공기탈기법)

① 반응식: $NH_3 + H_2O \rightleftharpoons NH_4^+ + OH^-$

② 처리원리: 공기를 주입하여 수중의 pH를 10 이상 높여 암모늄이온을 암모니아 기체로 탈기시키는 방법이다.

(2) 파과점염소주입법

① 반응식: $2NH_3 + 3Cl_2 \rightarrow N_2 + 6HCl$

② 처리원리: 물속에 염소를 파과점 이상으로 주입하여 클로라민 형태로 결합되어 있던 질소를 질소 기체로 처리하는 방법이다.

만점 KEYWORD

(1) 공기, pH 10 이상, 암모늄이온, 암모니아 기체, 탈기

(2) 염소, 파과점 이상, 주입, 질소 기체, 처리

07 ★★★

다음의 주요 막공법의 구동력을 쓰시오.

(1) 역삼투

(2) 전기투석

(3) 투석

정답

(1) 정수압차

(2) 전위차(기전력)

(3) 농도차

관련이론 | **막여과공법의 종류와 구동력**

종류	구동력
정밀여과	정수압차
한외여과	정수압차
역삼투	정수압차
전기투석	전위차(기전력)
투석	농도차

※ 투석: 선택적 투과막을 통해 용액 중에 다른 이온 혹은 분자의 크기가 다른 용질을 분리시키는 것이다.

08 ★★☆

봄과 가을에 발생하는 전도현상에 대해 서술하시오.

(1) 봄

(2) 가을

정답

(1) 봄이 되면 얼음이 녹으면서 수표면 부근의 수온이 증가하고 수직혼합이 활발해져 수질이 악화된다.

(2) 대기권의 기온 하강으로 호소수 표면의 수온이 감소되어 표수층의 밀도가 증가하고 수직혼합이 활발해져 수질이 악화된다.

만점 KEYWORD

(1) 얼음 녹음, 수온 증가, 수직혼합 활발, 수질 악화

(2) 기온 하강, 수온 감소, 밀도 증가, 수직혼합 활발, 수질 악화

09

★★★

다음 질소와 인을 동시에 제거하는 5단계 Bardenpho 공정의 공정도와 반응조 명칭, 역할을 서술하시오.

(1) 공정도 (반응조 명칭, 내부반송, 슬러지 반송 표시)

(2) 반응조 명칭과 역할

정답

(1)

(2) ① 1단계 혐기조: 인의 방출이 일어난다.

② 1단계 무산소조: 탈질에 의한 질소를 제거한다.

③ 1단계 호기조: 질산화가 일어나고 인의 과잉흡수가 일어난다.

④ 2단계 무산소조: 잔류 질산성질소가 제거된다.

⑤ 2단계 호기조: 슬러지의 침강성을 좋게 유지하고 인의 재방출을 막는다.

10

★★☆

완전혼합반응조로 염소를 접촉시켜 처리하는 염소 접촉실을 직렬방식으로 연결하여 박테리아를 살균하려고 한다. 체류시간은 20분이고 박테리아의 수가 1,000,000/mL에서 15.5/mL 이하로 감소시키고자 할 때 필요한 반응조의 수(개)를 구하시오. (단, 1차 반응이며 K=6.5/hr)

정답

10개

해설

$$\frac{C_t}{C_0}=\left[\frac{1}{(1+K\cdot t)}\right]^n$$

C_0: 초기 농도, C_t: 나중 농도, K: 반응속도상수(hr^{-1})

t: 시간(hr), n: 반응조의 수(개)

$$\frac{15.5}{1,000,000}=\left[\frac{1}{\left(1+20min\times\frac{6.5}{hr}\times\frac{1hr}{60min}\right)}\right]^n$$

양변에 log를 취해 n을 구한다.

$$\log\left(\frac{15.5}{1,000,000}\right)=n\log\left[\frac{1}{\left(1+20min\times\frac{6.5}{hr}\times\frac{1hr}{60min}\right)}\right]$$

$\therefore n=9.6078 \rightarrow 10$개

※ n값은 반응조의 개수로 소수가 정답이 될 수 없으므로 n값을 올림하여 10이다.

관련이론 | **완전혼합반응조(CFSTR)의 반응식**

(1) **일반식**

$Q(C_0-C_t)=K\cdot\forall\cdot C_t^m$

Q: 유량(m^3/day), C_0: 초기 농도(mg/L), C_t: 나중 농도(mg/L)

K: 반응속도상수(day^{-1}), $\forall$: 반응조 체적(m^3), m: 반응차수

(2) **일반식 변형**

① 체류시간: $\frac{\forall}{Q}=t=\frac{(C_0-C_t)}{KC_t^m}$

② 다단연결에서의 통과율(1차 반응)

$$\frac{C_t}{C_0}=\left[\frac{1}{1+K\cdot t}\right]^{n(단수)}$$

단순희석인 경우(1차 반응)

$$\ln\frac{C_t}{C_0}=-K\times t \rightarrow \ln\frac{C_t}{C_0}=-\frac{Q}{\forall}\times t$$

11

★★☆

여름철 호수의 성층현상에 대해 서술하시오. (각 층의 명칭 및 온도변화 그래프 포함)

정답

성층현상은 연직 방향의 밀도차에 의해 층상으로 구분되어지는 것을 말한다. 특히, 여름에는 밀도가 작은 물이 큰 물 위로 이동하며 온도차가 커져 수직운동은 점차 상부층에만 국한된다. 또한, 여름이 되면 연직에 따른 온도 경사와 용존산소(DO) 경사가 같은 모양을 나타낸다.

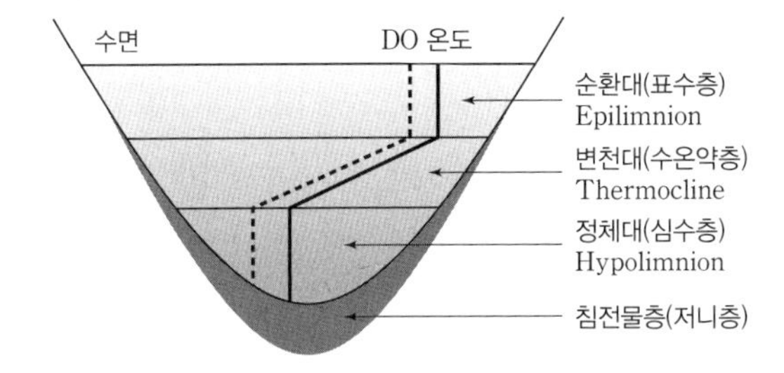

만점 KEYWORD

연직 방향, 밀도차, 층상, 여름, 온도차, 수직운동, 상부층 국한, 온도 경사, 용존산소 경사, 같은 모양

관련이론 | **성층현상과 전도현상의 순환**

(1) **봄(전도현상)**: 기온 상승 → 호소수 표면의 수온 증가 → 4℃일 때 밀도 최대 → 표수층의 밀도 증가로 수직혼합

(2) **여름(성층현상)**: 기온 상승 → 호소수 표면의 수온 증가 → 수온 상승으로 표수층의 밀도가 낮아짐 → 수직혼합이 억제됨 → 성층 형성

(3) **가을(전도현상)**: 기온 하강 → 호소수 표면의 수온 감소 → 4℃일 때 밀도 최대 → 표수층의 밀도 증가로 수직혼합

(4) **겨울(성층현상)**: 기온 하강 → 호소수 표면의 수온 감소 → 수온 감소로 표수층의 밀도가 낮아짐 → 수직혼합이 억제됨 → 성층 형성

내가 꿈을 이루면

나는 누군가의 꿈이 된다.

– 이도준

2025 에듀윌 수질환경기사 실기 2주끝장

발 행 일	2024년 8월 26일 초판
저 자	이찬범
펴 낸 이	양형남
펴 낸 곳	(주)에듀윌
등록번호	제25100-2002-000052호
주 소	08378 서울특별시 구로구 디지털로34길 55 코오롱싸이언스밸리 2차 3층

www.eduwill.net

대표전화 1600-6700

여러분의 작은 소리
에듀윌은 크게 듣겠습니다.

본 교재에 대한 여러분의 목소리를 들려주세요.
공부하시면서 어려웠던 점, 궁금한 점,
칭찬하고 싶은 점, 개선할 점, 어떤 것이라도 좋습니다.

에듀윌은 여러분께서 나누어 주신 의견을
통해 끊임없이 발전하고 있습니다.

에듀윌 도서몰 book.eduwill.net

- 부가학습자료 및 정오표: 에듀윌 도서몰 → 도서자료실
- 교재 문의: 에듀윌 도서몰 → 문의하기 → 교재(내용, 출간) / 주문 및 배송

수질환경기사 실기

D-DAY 노트

빈출공식&서술형

SUBJECT 01 필수암기 빈출공식

01 1차 반응, 2차 반응

1차 반응	2차 반응
$\ln \frac{C_t}{C_0} = -K \cdot t$	$\frac{1}{C_t} - \frac{1}{C_0} = K \cdot t$

C_0: 초기 농도(mg/L), C_t: 나중 농도(mg/L), K: 반응속도상수, t: 시간

02 소모 BOD

$$BOD_t = BOD_u(1 - 10^{-K_1 \cdot t})$$

BOD_t: t일 동안 소모된 BOD(mg/L), BOD_u: 최종 BOD(mg/L)

K_1: 탈산소계수(day^{-1}), t: 반응시간(day)

03 완전혼합반응조(CFSTR) 반응식

$$Q(C_0 - C_t) = K \cdot \forall \cdot C_t^m$$

Q: 유량(m^3/hr), C_0: 초기 농도(mg/L), C_t: 나중 농도(mg/L)

K: 반응속도상수(반응차수에 따라 다름)

$\forall$: 반응조 체적(m^3), m: 반응차수

04 혼합 공식

$$C_m = \frac{C_1Q_1 + C_2Q_2}{Q_1 + Q_2}$$

C_m: 혼합 농도(mg/L)

C_1: 1번 농도(mg/L), Q_1: 1번 유량(m^3/day)

C_2: 2번 농도(mg/L), Q_2: 2번 유량(m^3/day)

05 부피 공식

재순환이 없음	재순환이 있음
$\forall = Q \cdot t$	$\forall = (Q + Q_r) \times t$

$\forall$: 부피(m^3), Q: 유량(m^3/day), t: 시간(day)

06 온도 보정

$$K_T = K_{20℃} \times \theta^{(T-20)}$$

$K_{20℃}$: 20℃에서의 탈산소계수(day^{-1}), θ: 온도보정계수

07 DO 부족량

$$D_t = \frac{K_1 L_0}{K_2 - K_1}(10^{-K_1 \cdot t} - 10^{-K_2 \cdot t}) + D_0 \times 10^{-K_2 \cdot t}$$

D_t: t일 후 용존산소(DO) 부족농도(mg/L), K_1: 탈산소계수(day^{-1})

K_2: 재폭기계수(day^{-1}), L_0: 최종 BOD(mg/L)

D_0: 초기용존산소부족량(mg/L), t: 시간(day)

08 합리식 계획우수량

$$Q = \frac{1}{360} CIA$$

Q: 최대계획우수유출량(m^3/sec), C: 유출계수, A: 유역면적(ha, 100ha=1km^2)

I: 유달시간(t) 내의 평균강우강도(mm/hr)

※ t: 유달시간(min) $\left(t(\text{min}) = \text{유입시간} + \text{유하시간}\left(= \frac{\text{길이}(L)}{\text{유속}(V)}\right)\right)$

09 Manning의 유속 공식

$$V = \frac{1}{n} R^{\frac{2}{3}} I^{\frac{1}{2}}$$

V: 유속(m/sec), n: 조도계수

R: 경심(m)$\left(= \frac{\text{단면적}}{\text{윤변}}, \text{원형} = \frac{D}{4}\right)$, I: 동수경사

10 마찰손실수두

$$h_L = f \times \frac{L}{D} \times \frac{V^2}{2g}$$

h_L: 마찰손실수두(m), f: 마찰손실계수, L: 관의 길이(m)

D: 관의 직경(m), V: 유속(m/sec), g: 중력가속도(9.8m/sec^2)

11 임계시간

$$t_c = \frac{1}{K_1(f-1)} \log\left[f\left\{1-(f-1)\frac{D_0}{L_0}\right\}\right]$$

t_c: 임계시간(day), K_1: 탈산소계수(day^{-1}), f: 자정계수$\left(=\frac{K_2}{K_1}\right)$

D_0: 초기용존산소부족량(mg/L), L_0: 최종 BOD(mg/L)

12 동력

$$P = \frac{\gamma \times \triangle H \times Q}{102 \times \eta} \times \alpha$$

P: 동력(kW), γ: 물의 비중(1,000kg/m^3), $\triangle H$: 전양정(m)

Q: 유량(m^3/sec), η: 효율, α: 여유율

※ 1HP(마력)=0.746kW

13 중력침강속도, 부상속도

중력침강속도	부상속도
$V_g=\frac{d_p^{\ 2}(\rho_p-\rho_w)g}{18\mu}$	$V_F=\frac{d_p^{\ 2}(\rho_w-\rho_p)g}{18\mu}$

V_g: 중력침강속도(cm/sec), V_F: 부상속도(cm/sec), d_p: 입자의 직경(cm)

ρ_p: 입자의 밀도(g/cm^3), ρ_w: 물의 밀도(g/cm^3), g: 중력가속도(980cm/sec^2),

μ: 유체의 점성계수(g/cm·sec)

14 레이놀즈 수

$$Re=\frac{D\cdot V\cdot\rho}{\mu}=\frac{D\cdot V}{\nu}$$

Re: 레이놀즈 수, D: 직경(m), V: 유속(m/sec), ρ: 유체의 밀도(kg/m^3)

μ: 유체의 점성계수(kg/m·sec), ν: 동점성계수(m^2/sec)

15 등온흡착식

$$\frac{X}{M}=KC^{\frac{1}{n}}$$

X: 흡착된 용질의 농도(mg/L), M: 주입된 흡착제의 농도(mg/L)

C: 흡착 후 남은 농도(mg/L), K, n: 상수

16 중화 반응식

$$N_1V_1 = N_2V_2$$

N_1: 산의 노르말농도(eq/L), V_1: 산의 부피(L)

N_2: 염기의 노르말농도(eq/L), V_2: 염기의 부피(L)

17 속도경사

$$G = \sqrt{\frac{P}{\mu \cdot \forall}}$$

G: 속도경사(sec^{-1}), P: 동력(W), μ: 점성계수(kg/m·sec), $\forall$: 부피(m^3)

※ 1Watt$=$kg·m^2/sec^3

18 F/M비

$$\text{F/M비} = \frac{\text{BOD} \cdot Q}{\forall \cdot X} = \frac{\text{BOD}}{t \cdot X}$$

BOD: BOD의 농도(mg/L), Q: 유량(m^3/day)

$\forall$: 부피(m^3), X: MLSS 농도(mg/L) (MLSS 대신 MLVSS 적용가능)

t: 체류시간(day)

19 SRT

$$\mathrm{SRT}=\frac{\forall \cdot X}{X_r Q_w + X_e(Q-Q_w)}$$

SRT: 고형물 체류시간(day), $\forall$: 부피(m^3), X: MLSS 농도(mg/L)

X_r: 잉여슬러지 SS 농도(mg/L), Q_w: 잉여슬러지 배출량(m^3/day)

X_e: 유출 SS 농도(mg/L), Q: 유량(m^3/day)

20 반송비

$$R=\frac{Q_r}{Q}=\frac{X-SS}{X_r-X}\fallingdotseq\frac{X}{X_r-X}$$

Q_r: 반송슬러지 유량(m^3/day), Q: 유량(m^3/day), X: MLSS 농도(mg/L)

SS: 고형물질의 농도(mg/L), X_r: 잉여슬러지 SS 농도(mg/L)

21 잉여슬러지

$$X_r Q_w = Y \cdot \mathrm{BOD} \cdot Q \cdot \eta - K_d \cdot \forall \cdot X = Y(S_i - S)Q - K_d \cdot \forall \cdot X$$

X_r: 잉여슬러지 SS 농도(mg/L), Q_w: 잉여슬러지 배출량(m^3/day), Y: 세포생산계수

BOD: BOD의 농도(mg/L), Q: 유량(m^3/day), η: 효율, K_d: 내생호흡계수(day^{-1})

$\forall$: 부피(m^3), X: MLSS의 농도(mg/L), S_i: 유입 BOD 농도(mg/L)

S: 유출 BOD 농도(mg/L)

22 탈질반응조 체류시간

$$\theta=\frac{S_0-S}{R_{DN}\cdot X}$$

θ: 체류시간(day), S_0: 반응조로의 유입수 질산염 농도(mg/L)

S: 반응조로의 유출수 질산염 농도(mg/L), R_{DN}: 탈질율(day^{-1})

X: MLVSS의 농도(mg/L)

23 처리수량

$$Q_F=\frac{Q}{A}=K(\triangle P-\triangle\pi)$$

Q_F: 단위면적당 처리수량(L/m^2·day), Q: 처리수량(L/day), A: 막 면적(m^2)

K: 물질전달 전이계수(L/m^2·day·kPa), $\triangle P$: 압력차(kPa), $\triangle\pi$: 삼투압차(kPa)

24 처리 전/후 슬러지 발생량

$$\rho_1V_1(1-W_1)=\rho_2V_2(1-W_2)$$

ρ_1: 처리 전 밀도 또는 비중, V_1: 처리 전 슬러지 부피(m^3), W_1: 처리 전 슬러지 함수율

ρ_2: 처리 후 밀도 또는 비중, V_2: 처리 후 슬러지 부피(m^3), W_2: 처리 후 슬러지 함수율

SUBJECT 02

필수암기 서술형

01 5단계 Bardenpho 공정의 각 반응조 명칭과 역할

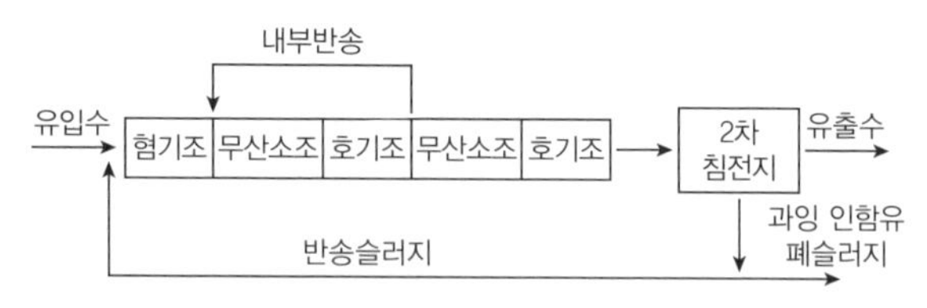

① 1단계 혐기조: 인의 방출이 일어난다.

② 1단계 무산소조: 탈질에 의한 일어난 질소를 제거한다.

③ 1단계 호기조: 질산화가 일어나고 인의 과잉흡수가 일어난다.

④ 2단계 무산소조: 잔류 질산성질소가 제거된다.

⑤ 2단계 호기조: 슬러지의 침강성을 좋게 유지하고 인의 재방출을 막는다.

02 Air stripping과 파과점염소주입법의 반응식과 처리원리

(1) Air stripping(공기탈기법)

① 반응식: $NH_3 + H_2O \rightleftarrows NH_4^+ + OH^-$

② 처리원리: 공기를 주입하여 수중의 pH를 10 이상 높여 암모늄이온을 암모니아 기체로 탈기시키는 방법이다.

(2) **파과점염소주입법**

① 반응식: $2NH_3 + 3Cl_2 \rightleftarrows N_2 + 6HCl$

② 처리원리: 물속에 염소를 파과점 이상으로 주입하여 클로라민 형태로 결합되어 있던 질소를 질소 기체로 처리하는 방법이다.

03 호소의 부영양화 물리적 방지대책

① 퇴적물을 준설한다.

② 호소 내 폭기 장치를 설치한다.

③ 호소 내 수초를 제거한다.

④ 차광막을 설치하여 조류의 증식을 막는다.

04 Phostrip 공법 각 역할

① 포기조(유기물 제거 제외): 반송된 슬러지의 인을 과잉흡수한다.

② 탈인조: 슬러지의 인을 방출시킨다.

③ 응집조(화학처리): 응집제(석회)를 이용하여 상등수의 인을 응집침전시킨다.

④ 세정슬러지(탈인조 슬러지): 인의 함량이 높은 슬러지를 포기조로 반송시켜 포기조에서 인을 과잉흡수시킨다.

05 막여과공법의 종류와 구동력

종류	구동력
정밀여과	정수압차
한외여과	정수압차
역삼투	정수압차
전기투석	전위차(기전력)
투석	농도차

06 봄과 가을에 발생하는 전도현상

(1) **봄:** 봄이 되면 얼음이 녹으면서 수표면 부근의 수온이 증가하고 수직혼합이 활발해져 수질이 악화된다.

(2) **가을:** 대기권의 기온 하강으로 호소수 표면의 수온이 감소되어 표수층의 밀도가 증가하고 수직혼합이 활발해져 수질이 악화된다.

07 R.O(Reverse Osmosis)와 Electrodialysis의 기본원리

(1) **R.O(Reverse Osmosis):** 용매만을 통과시키는 반투막을 이용하여 삼투압 이상의 압력을 가하여 용질을 분리해 내는 방법이다.

(2) **Electrodialysis(전기투석법):** 이온교환수지에 전하를 가하여 양이온과 음이온의 투과막으로 물을 분리해 내는 방법이다.

08 GAC(입상활성탄)와 PAC(분말활성탄)의 특성

(1) GAC

① 흡착속도가 느리다.

② 재생이 가능하다.

③ 취급이 용이하다.

(2) PAC

① 흡착속도가 빠르다.

② 고액분리가 어렵다.

③ 비산의 가능성이 높아 취급 시 주의를 필요로 한다.

09 수격현상과 공동현상의 원인과 방지대책

(1) 수격현상

① 원인

- 만관 내에 흐르고 있는 물의 속도가 급격히 변화할 경우
- 펌프가 정전 등으로 인해 정지 및 가동을 할 경우
- 펌프를 급하게 가동할 경우
- 토출측 밸브를 급격히 개폐할 경우

② 방지대책

- 펌프에 플라이휠(Fly－wheel)을 붙여 펌프의 관성을 증가시킨다.
- 토출관측에 조압수조를 설치한다.
- 관 내 유속을 낮추거나 관로상황을 변경한다.
- 토출측 관로에 한 방향 조압수조를 설치한다.
- 펌프 토출구 부근에 공기탱크를 두거나 부압 발생지점에 흡기 밸브를 설치하여 압력 강하 시 공기를 넣어준다.

(2) 공동현상

① 원인

- 펌프의 과속으로 유량이 급증할 경우
- 펌프의 흡수면 사이의 수직거리가 길 경우
- 관 내의 수온이 증가할 경우
- 펌프의 흡입양정이 높을 경우

② 방지대책

- 펌프의 회전수를 감소시켜 필요유효흡입수두를 작게 한다.
- 흡입측의 손실을 가능한 한 작게 하여 가용유효흡입수두를 크게 한다.
- 펌프의 설치위치를 가능한 한 낮추어 가용유효흡입수두를 크게 한다.
- 흡입측 밸브를 완전히 개방하고 펌프를 운전한다.
- 임펠러를 수중에 잠기게 한다.

10 황화수소에 의한 관정부식 방지대책

① 공기, 산소, 과산화수소, 초산염 등의 약품을 주입하여 황화수소의 발생을 방지한다.

② 환기를 통해 관 내 황화수소를 희석한다.

③ 산화제의 첨가에 의한 황화물의 산화, 금속염의 첨가에 의한 황화수소의 고정화로 기상 중으로의 확산을 방지한다.

④ 황산염 환원세균의 활동을 억제시킨다.

⑤ 유황산화 세균의 활동을 억제시킨다.

⑥ 방식 재료를 사용하여 관을 방호한다.

11 회분식연속반응조(SBR)의 장점

① 충격부하에 강하다.

② 고부하형의 경우 다른 처리방식과 비교하여 적은 부지면적에 시설을 건설할 수 있다.

③ 운전방식에 따라 사상균 벌킹을 방지할 수 있다.

④ 질소(N)와 인(P)의 동시 제거 시 운전의 유연성이 크다.

⑤ 2차 침전지와 슬러지 반송설비가 불필요하다.

12 THM(트리할로메탄)의 생성속도에 미치는 영향

① 수온이 높을수록 THM의 생성속도는 증가한다.

② pH가 높을수록 THM의 생성속도는 증가한다.

③ 불소의 농도가 높을수록 THM의 생성속도는 증가한다.

13 여름철 호수의 성층현상

성층현상은 연직 방향의 밀도차에 의해 층상으로 구분되어지는 것을 말한다. 특히, 여름에는 밀도가 작은 물이 큰 물 위로 이동하며 온도차가 커져 수직운동은 점차 상부층에만 국한된다. 또한, 여름이 되면 연직에 따른 온도 경사와 용존산소(DO) 경사가 같은 모양을 나타낸다.

14 침전의 4가지 형태

(1) Ⅰ형 침전

독립침전, 자유침전이라고 하며 스토크스 법칙에 따라 이웃 입자의 영향을 받지 않고 자유롭게 일정한 속도로 침전하는 형태이다.

(2) Ⅱ형 침전

응집침전, 응결침전, 플록침전이라고 하며 응집제에 의해 입자가 플록을 형성하여 침전하는 형태로 서로의 위치를 바꾸며 침전한다.

(3) Ⅲ형 침전

간섭침전, 계면침전, 지역침전, 방해침전이라고 하며 침강하는 입자들에 의해 방해를 받아 침전속도가 점점 감소하며 침전하는 형태로 계면을 유지하며 침강한다. 입자들은 서로의 위치를 바꾸려 하지 않는다.

(4) Ⅳ형 침전

압축침전, 압밀침전이라고 하며 고농도의 폐수가 농축될 때 일어나는 침전의 형태로 침전된 입자가 쌓이면서 그 무게에 의해 수분이 빠져나가며 농축되는 형태의 침전이다.

15 칼슘염 형태의 알칼리도를 반응시켜 Floc을 형성하는 반응식

(1) $2FeSO_4 \cdot 7H_2O + 2Ca(OH)_2 + \frac{1}{2}O_2 \rightarrow 2Fe(OH)_3 + 2CaSO_4 + 13H_2O$

(2) $Fe_2(SO_4)_3 + 3Ca(HCO_3)_2 \rightarrow 2Fe(OH)_3 + 3CaSO_4 + 6CO_2$

16 MBR의 하수처리원리와 특징

(1) 하수처리원리

생물반응조와 분리막을 결합하여 이차침전지 등을 대체하는 시설로서 슬러지 벌킹이 일어나지 않고 고농도의 MLSS를 유지하며 유기물, BOD, SS 등의 제거에 효과적이다.

(2) 특징

① 완벽한 고액분리가 가능하다.

② 높은 MLSS 유지가 가능하므로 지속적으로 안정된 처리수질을 획득할 수 있다.

③ 긴 SRT로 인하여 슬러지 발생량이 적다.

④ 분리막의 교체비용 및 유지관리비용 등이 과다하다.

⑤ 분리막의 파울링에 대처가 곤란하다.

⑥ 분리막을 보호하기 위한 전처리로 1mm 이하의 스크린 설비가 필요하다.

17 동적모델과 정적모델

(1) **동적모델:** 모델의 변수가 시간에 따라 변화하는 모델로, 주로 부영양화의 관리와 예측, 하천의 수위 변화 등에 이용된다.

(2) **정적모델:** 모델의 변수가 시간에 관계없이 항상 일정한 모델로, 주로 정상상태 모의를 위해 이용된다.

18 관수로에서의 유량측정방법

벤튜리미터, 유량측정용 노즐, 오리피스, 피토우관, 자기식 유량측정기